快学好用系列

快学好用

——Office高效办公手册

创锐文化 编著

中国铁道出版社
CHINA RAILWAY PUBLISHING HOUSE

内　容　简　介

本书为用户详细介绍了办公软件中三个重要组件的操作与应用方法。在讲解不同组件的操作功能时，不仅针对其基本的功能特性进行介绍，还从用户的角度考虑，为用户介绍了不同功能在实际学习、工作中的使用方法，从而帮助用户更快地掌握相关知识点的使用方法与技巧，达到快速学习、使用并活用的效果。

本书分为三大部分，共15章，为用户详细介绍了三款不同的Office办公组件，并在学习完相关知识点后分别配有一个综合实例，帮助用户熟悉并灵活运用所学的知识。

本书以快学、快用、活学、活用为宗旨，在写作时从初学者的角度出发，从基础入门到技术提高，分别详细介绍不同软件的相关操作与用法。本书另一大特色是全书以一问一答的形式将在操作软件时可能遇到的问题进行分析解决，所有的问题都是有针对性地提出，然后帮助用户找到最好的解决方法与操作途径，使用户在快速学习知识点的过程中，掌握更多的操作技巧与知识，从而活学活用所学的知识。

图书在版编目（CIP）数据

Office高效办公手册／创锐文化编著.—北京：中国铁道出版社，2008.12
（快学好用系列）
ISBN 978-7-113-09445-4

Ⅰ.O…　Ⅱ.创…　Ⅲ.办公室－自动化－应用软件，Office Ⅳ.TP317.1

中国版本图书馆CIP数据核字（2008）第205658号

书　　名：快学好用——Office高效办公手册
作　　者：创锐文化　编著

策划编辑：严晓舟　郑　双
责任编辑：苏　茜　　　　编辑部电话：（010）63583215
编辑助理：李　倩
封面设计：付　巍　　　　责任印制：李　佳

出版发行：中国铁道出版社（北京市宣武区右安门西街8号　邮政编码：100054）
印　　刷：化学工业出版社印刷厂
版　　次：2009年3月第1版　　2009年3月第1次印刷
开　　本：787mm×1092mm　1/16　印张：24.75　字数：575千
印　　数：4 000册
书　　号：ISBN 978-7-113-09445-4/TP・3074
定　　价：45.00元（附赠光盘）

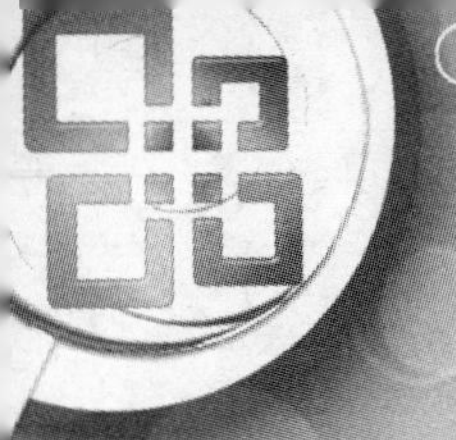

Preface

前　言

Office 2007 是美国微软公司发布的迄今最新版本办公软件，Office 系列办公软件以其强大的功能和优良的性能成为当代办公类人员的首选软件，同时也越来越被社会所接受与广泛应用。Office 2007 由多个不同的办公组件构成，可用于制作文档、电子表格及多媒体演示文稿等。

主要内容：

本书由三大部分组成，共 15 章。

第一部分包括第 1～5 章，介绍 Word 2007 的功能与应用，为用户讲解 Word 应用程序的各项功能与操作设置方法，由浅入深地带领用户学习不同类型文档的编辑与制作方法。

第二部分包括第 6～11 章，为 Excel 2007 部分，主要介绍如何使用 Excel 电子表格来分析与处理各类数据信息，从而对数据进行统计与分析比较，表达数据信息之间的相互关系。

第三部分包括第 12～15 章，为 PowerPoint 2007 部分，为用户介绍如何使用演示文稿来制作效果丰富的幻灯片内容，并使用添加动画、插入音频等功能使制作的演示文稿更加生动。

为了让读者系统、快速地掌握各类应用程序的使用，本书在每章最后为读者准备了一个小实例，逐步进行讲解，条理清楚、步骤简明、形象直观地讲解了本章的知识重点。通过学习本书，可使读者既能从整体上了解软件功能，又能通过具体实践加深理解所学的知识，达到快速学习灵活使用的目的，并在此基础上针对不同知识点在操作中常见的技术问题进行提问并解答，达到活学活用的效果。整本书概括了大量的知识点及技巧知识，在学习过程中由浅入深，使读者达到融会贯通的学习效果，是广大电脑入门与办公工作者不可多得的一本好书。

本书特色：

（1）知识点由浅入深，为用户全面介绍了 Office 2007 中不同组件的各项操作与设置功能，使用户通过本书能快速地学习并掌握 Office 2007 中不同组件提供的各类操作与设置功能。

（2）本书最大的一个特色就是在讲解软件的过程中采用“一问一答”形式来细化每一个知识点，详细讲述了 Office 2007 不同组件在使用过程中遇到的常见问题并进行解答，其中的讲解不乏技巧性，且内容全面，方便实用。

（3）具有很强的实用性，在知识点的讲解中贯穿各类小实例，帮助用户更快地学习并掌握相关知识。在每章的最后一节都采用一个实例的形式为用户进行本章相关知识的讲解与介绍，使用户能够更好更灵活地将所学知识应用到工作与学习中，更多参考资料请到 www.100tt.net 搜索下载。

适用读者群：

本书内容全面，讲解透彻，融入了作者实际工作的心得。本书适合各类 Office 办公软件的读者，尤其是从 Office 早期版本过渡到 Office 2007 的读者。从事管理工作或者行政工作的办公人员，也能从作者的实践经验中获益匪浅。

作　者

2009 年 1 月

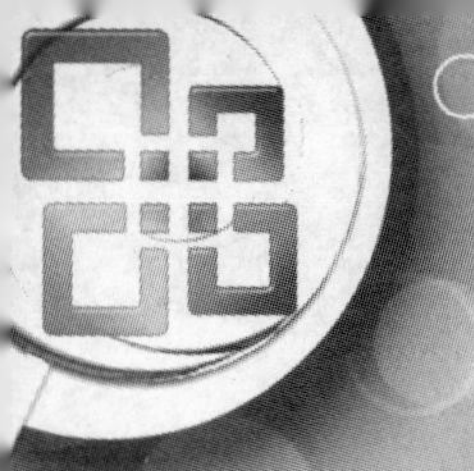

Contents

目　录

Chapter 3

Chapter 4

Chapter 5

Chapter 8

Chapter 9

Chapter 10

Word 基础办公知识与操作

Word 是 Office 办公软件中一款进行文字处理的软件，用户可以使用它对文档进行各种效果的设置，从而制作各种不同类型的文档内容。在操作 Word 应用程序时，用户首先需要了解一些基础的操作与设置功能。本章将以基础办公知识与操作方法为主，为用户介绍如何灵活使用 Word 进行简单的文本操作与设置。

1.1 执行文档操作

Word 具有强大的文档编辑功能，当用户需要使用 Word 对文档内容进行编辑与设置时，首先需要新建一个空白文档或打开已有文档，因此用户首先需要了解文档的新建与打开方法。在完成文档的编辑后，用户则需要对文档进行保存并关闭文档，退出其编辑与操作状态，本节将为用户介绍如何对文档执行这些基础的操作与设置。

1.1.1 新建与打开文档

当用户需要使用 Word 进行文档的编辑操作时，首先需要新建一个空白文档，在打开的编辑窗口中进行操作。当需要对已有的文档内容进行编辑修改时，则可以先将文档打开，再执行需要的操作。下面为用户介绍新建与打开文档的方法。

Step 01 在桌面上双击 Microsoft Office Word 2007 图标，如图 1-1 所示，即可启动 Word 应用程序。

Step 02 启动 Word 应用程序后，其会创建一个默认名为“文档 1”的文档，用户可以在此对文档内容进行编辑操作，如图 1-2 所示。

问题 1-1：　如何在桌面上创建 Word 2007 快捷方式图标？

单击桌面任务栏中的“开始”按钮，在弹出的菜单中单击“所有程序”命令，并单击“Microsoft Office”选项，在其级联菜单中的“Microsoft Office Word 2007”选项位置上右击，在弹出的快捷菜单中单击“发送到”选项，并单击“桌面快捷方式”命令。

图 1-1　启动 Word 2007

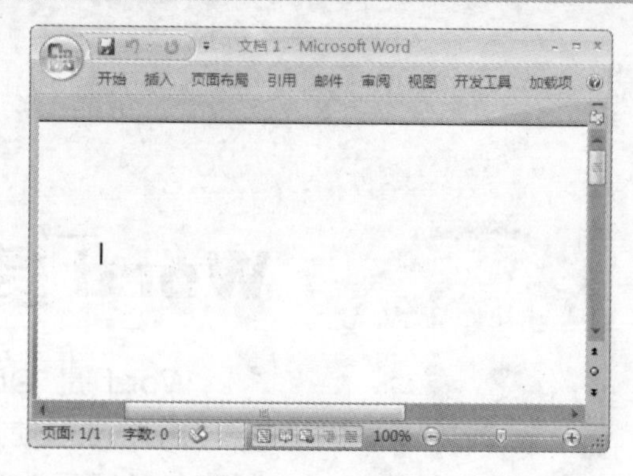

图 1-2　新建文档

Step 03 在窗口中单击左上角的 Office 按钮，在弹出的菜单中单击“打开”命令，如图 1-3 所示。

Step 04 打开“打开”对话框，在“查找范围”文本框中设置打开文档的路径位置，在列表中按下【Ctrl】键的同时选中多个需要打开的文档，再单击“打开”按钮，如图 1-4 所示。

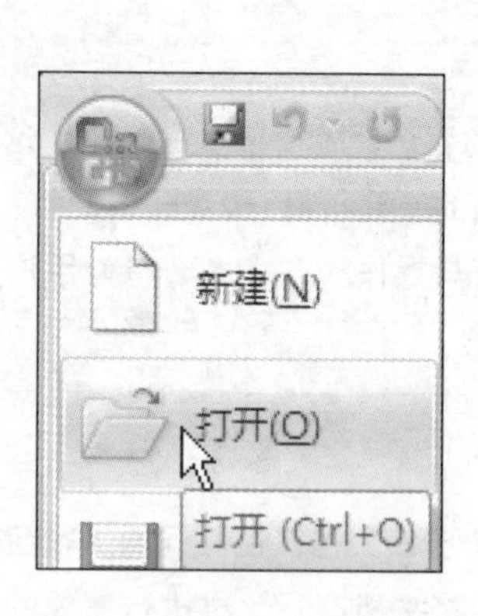

图 1-3　执行“打开”命令

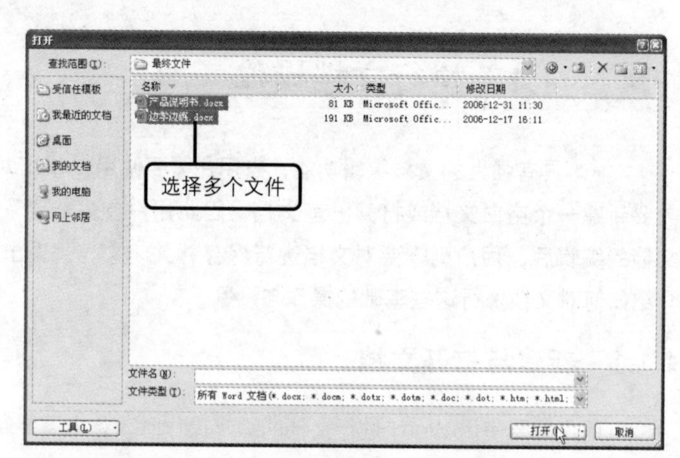

图 1-4　选择并打开文件

Step 05 同时打开选定的多个文档，用户可以查看并编辑打开的文档内容，如图 1-5 所示。

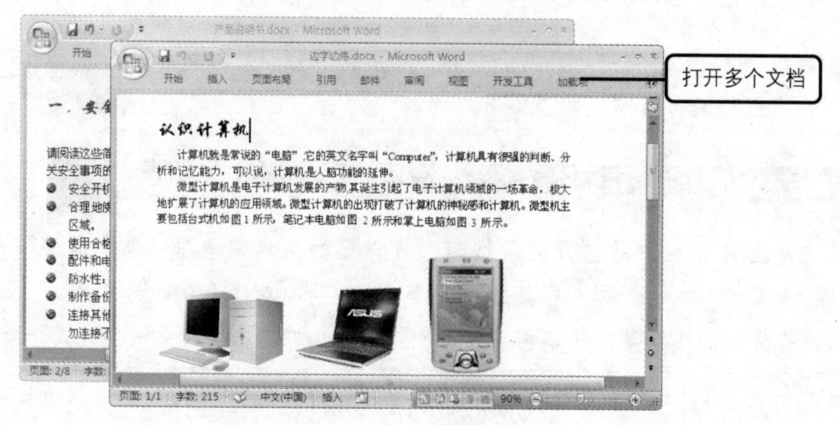

图 1-5　打开多个文档

问题 1-2： 如何不通过“打开”对话框直接打开文件？

用户可以在保存文档的文件夹中双击需要打开文档的图标，即可直接打开该文档进行编辑操作，但用户使用此方法一次只能打开一个文档。如果使用“打开”对话框进行操作，则可以一次性打开多个选定的文档。

1.1.2 保存与关闭文档

当用户完成文档的编辑操作后，需要对其进行保存，方便以后的使用。用户可以使用保存与另存为功能设置保存选项，再关闭已保存的文档，退出 Word 应用程序窗口。

Step 01 在窗口中单击 Office 按钮，在打开的菜单中单击“保存”命令，如图 1-6 所示。

Step 02 打开“另存为”对话框，在“保存位置”下拉列表框中选择需要保存的路径位置，如图 1-7 所示。

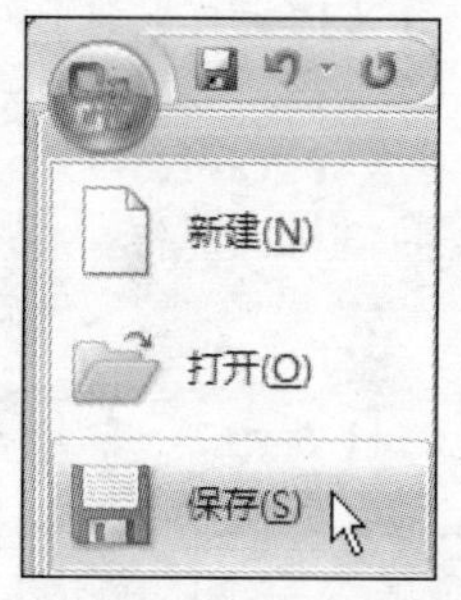

图 1-6 执行保存操作

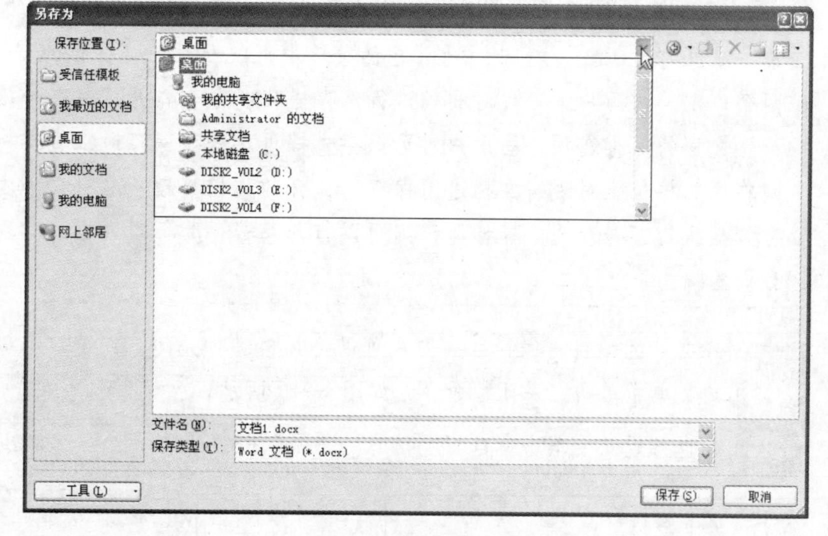

图 1-7 设置保存路径

问题 1-3： 如何快速执行保存操作？

用户在编辑文档的过程中，可以单击快速访问工具栏中的“保存”按钮，快速对文档进行保存，也可通过按快捷键【Ctrl+S】对文档进行保存。

Step 03 在“文件名”文本框中输入需要保存的文件名称，并设置保存类型，通常情况下以默认扩展名为.docx 的文件类型进行保存，再单击“保存”按钮，如图 1-8 所示。

Step 04 保存完成后，由于设置的保存位置为桌面，因此切换到桌面中可以看到保存的文档，如图 1-9 所示。

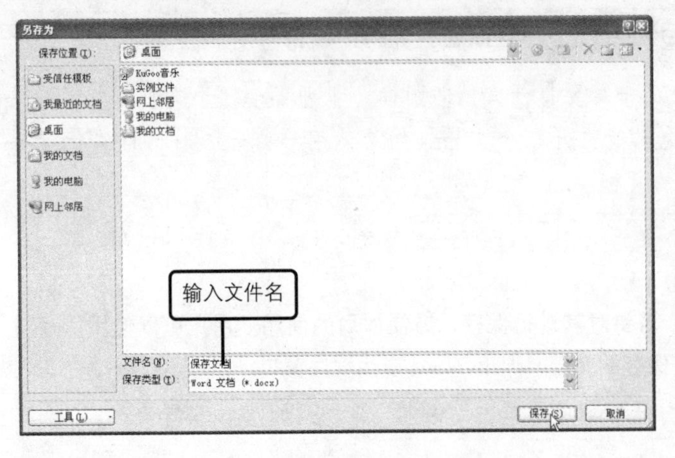

图 1-8　设置文件名及保存类型

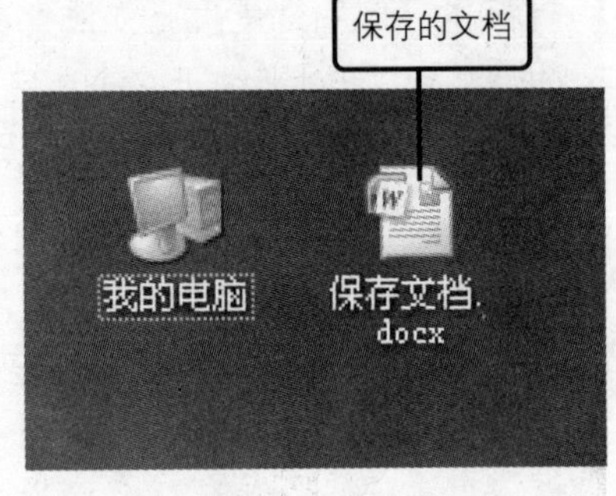

图 1-9　查看保存文件

问题 1-4：“保存”与“另存为”命令有何区别？

单击窗口中的 Office 按钮时，在弹出的菜单中可以看到 Word 提供的“保存”与“另存为”两个命令。当用户第一次对文档进行保存操作时，会打开“另存为”对话框，要求用户设置文档的保存选项。当用户对已保存文档再次进行保存时，直接执行“保存”操作，则在原文档位置对现有文档进行保存，保存的文档将覆盖原有文档内容。当用户对已保存文档执行“另存为”操作时，则可以打开“另存为”对话框，对现有文档进行其他保存设置。

Step 05 完成文档的编辑与保存后，用户可以将文档进行关闭，在窗口中单击 Office 按钮，在弹出的菜单中单击“关闭”命令，如图 1–10 所示。

Step 06 用户也可以直接单击窗口右上角的“关闭”按钮，关闭文档，如图 1–11 所示。

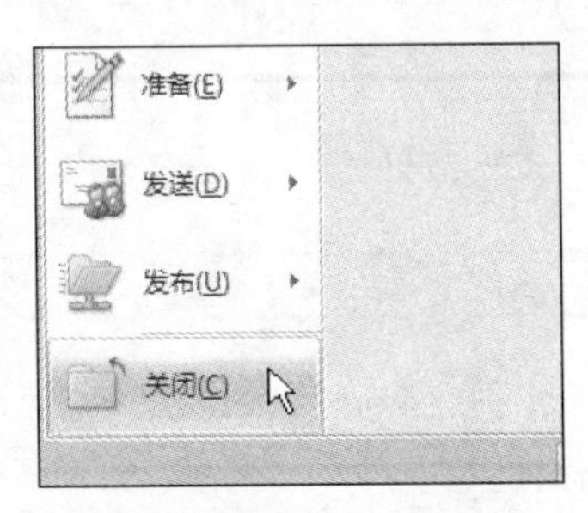

图 1-10　通过菜单命令关闭

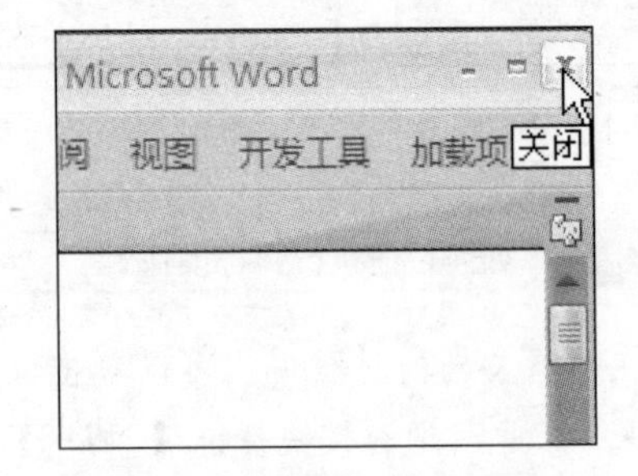

图 1-11　通过窗口中按钮关闭

问题 1-5：如何在系统操作界面任务栏中关闭文档？

在系统任务栏中需要关闭的文档位置上方右击，在弹出的快捷菜单中单击“关闭”命令即可。需要注意的是，用户在关闭文档的过程中，如果没有对文档进行保存操作，则会弹出提示对话框，询问用户是否对文档进行保存后再关闭，单击“是”按钮保存文档并关闭；单击“否”按钮不保存文档直接关闭；单击“取消”按钮取消对文档的关闭操作。

1.2 文档文本的编辑设置

当文档中含有大量的文本内容需要重复输入时，用户可以使用复制功能粘贴需要重复输入的数据，从而使输入操作变得简化。用户在复制或移动文本时，首先需要选定用于执行操作的文本。本节将详细为用户介绍如何选定不同类型文本并进行复制操作，同时介绍如何对文档中输入错误的内容进行查找与替换。

原始文件：第 1 章\原始文件\文档编辑.docx

1.2.1 结合鼠标键盘选定不同类型的文本

在编辑文档过程中，用户需要对不同的文本内容进行操作设置，此时首先需要选定不同类型的文本。下面介绍如何选定不同的文本内容：

Step 01 将鼠标放置在需要选定行的左侧，当鼠标呈向右箭头样式时，单击即可选定指定的行，如图 1-12 所示。

Step 02 将鼠标放置在需要选定的词语位置处，双击即可选定该词语，如图 1-13 所示。

选定行
彩云之南
我心的方向
孔雀飞去回忆悠长
玉龙雪山闪耀着银光
秀色丽江人在路上
彩云之南归去的地方
往事芬芳随风飘扬
蝴蝶泉边歌声在流淌

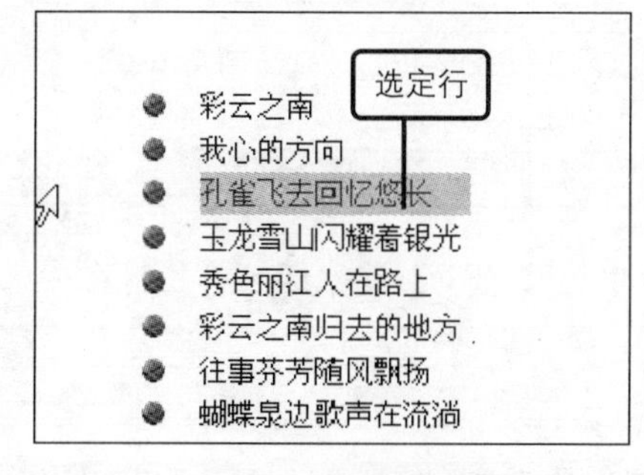

图 1-12 选定行

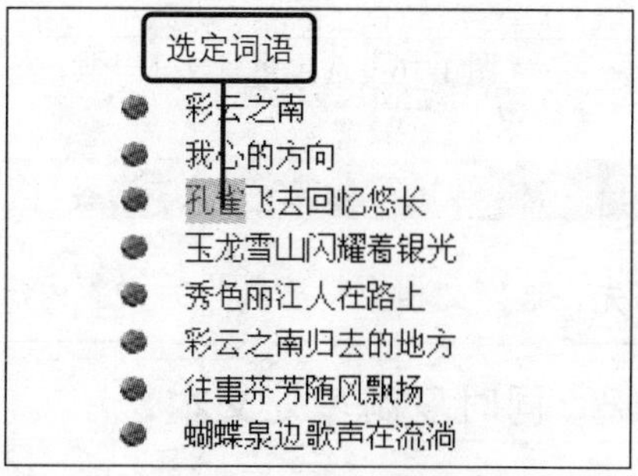

选定词语
彩云之南
我心的方向
孔雀飞去回忆悠长
玉龙雪山闪耀着银光
秀色丽江人在路上
彩云之南归去的地方
往事芬芳随风飘扬
蝴蝶泉边歌声在流淌

图 1-13 选定词语

问题 1-6：如何选定整段文本内容？

将鼠标放置在需要选定的段落的左侧，当鼠标呈向右箭头样式时，连续单击三次，即可选定指定的段落文本。

Step 03 按下键盘中的【Alt】键，拖动鼠标在文档中进行选定，即可选定鼠标拖动选中的竖排文本内容，如图 1-14 所示。

Step 04 按下键盘中的【Ctrl】键，拖动鼠标在文档中进行选定，即可选定多处任意位置的文本内容，如图 1-15 所示。

Step 05 将鼠标放置在窗口左侧，当鼠标呈向右箭头时，拖动鼠标即可选定多行文本，如图 1-16 所示。

Step 06 按下键盘中的【Ctrl+A】组合键，即可选中文档中的全部文本内容，如图 1-17 所示。

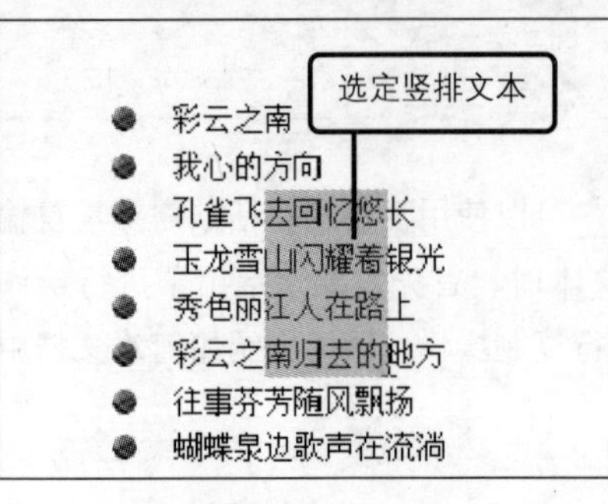

图 1-14　选定竖排文本

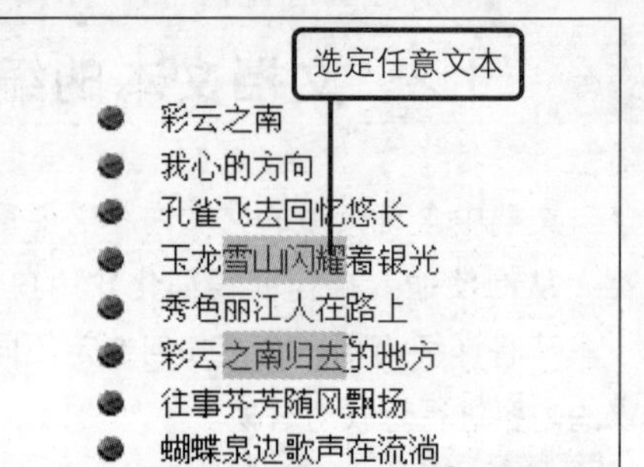

图 1-15　选定任意文本

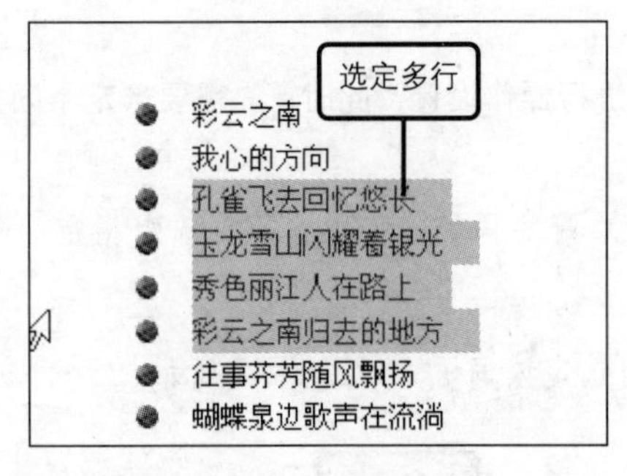

图 1-16　选定多行文本

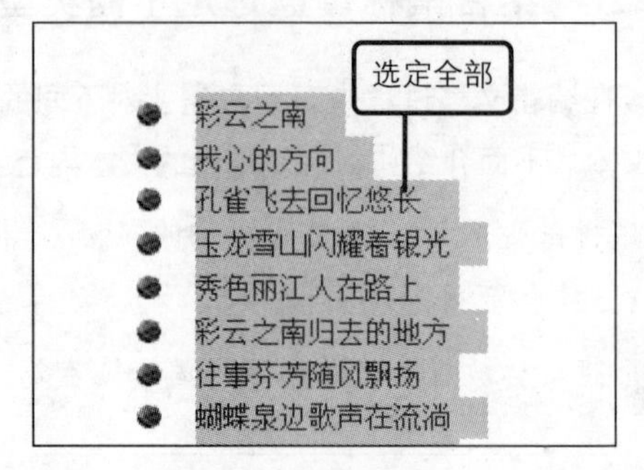

图 1-17　选定全部文本

问题 1-7：　如何删除选定的文本内容？

首先，选定文档中需要删除的文本内容，再按键盘中的【Delete】键，即可将其删除。

1.2.2　同时复制多处文本

当用户需要重复制输入大量相同的数据内容时，可以使用复制与粘贴功能，将需要重复输入的数据进行复制。复制文本的方法有多种，下面为用户介绍如何对文本内容进行复制操作。

Step 01 选定文档中需要复制的多处文本内容，按下【Ctrl】键的同时拖动鼠标进行移动，此时鼠标呈带“+”标记的箭头符号，如图 1—18 所示。

Step 02 将需要粘贴复制文本的位置处释放鼠标，即可将选定的文本复制到指定的位置处，如图 1—19 所示。

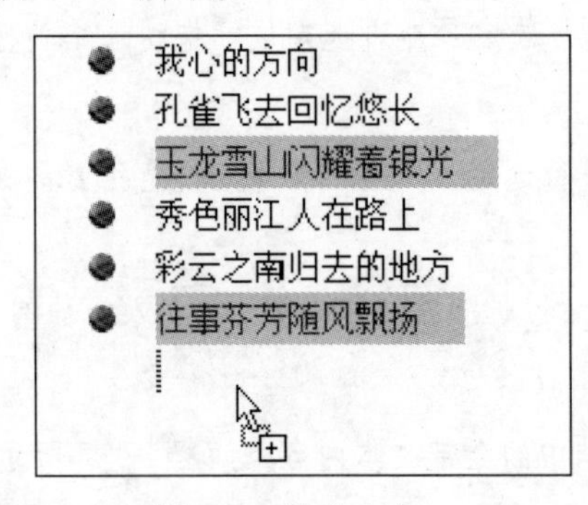

图 1-18　选定文本

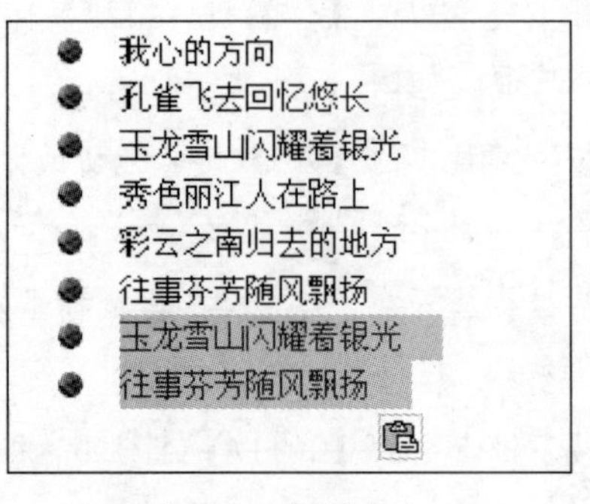

图 1-19　复制文本

问题 1-8： 如何仅移动而不复制选定的文本内容？

首先，选定文档中需要移动的文本内容，再拖动鼠标进行移动操作，在需要放置移动文本的位置处释放鼠标即可。

Step 03 用户也可以使用剪贴板功能进行复制粘贴操作，选定需要复制的文本，在“开始”选项卡下的“剪贴板”组中单击“复制”按钮，如图 1-20 所示。

Step 04 将鼠标放置在需要粘贴文本的位置处，在“剪贴板”组中单击“粘贴”按钮，在展开的列表中单击“粘贴”选项，即可粘贴复制的内容到指定的位置处，如图 1-21 所示。

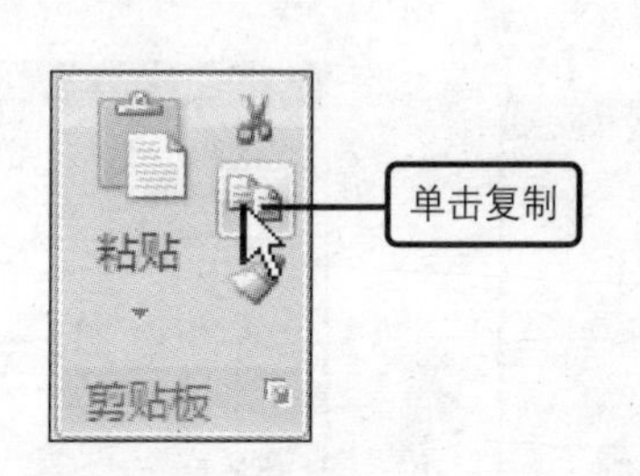

粘贴
单击复制
剪贴板

图 1-20 复制文本

宋体 (中文正
粘贴
B I U
粘贴(P)
选择性粘贴(V)...
粘贴为超链接(H)

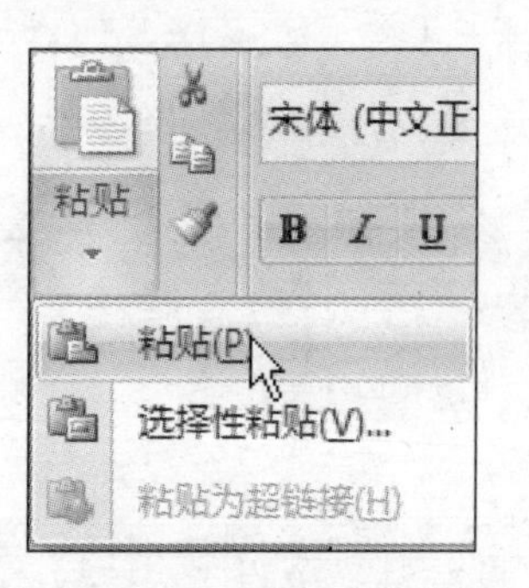

图 1-21 粘贴文本

问题 1-9： 粘贴功能中的粘贴与选择性粘贴有何区别？

用户执行粘贴功能时，是将复制的内容直接进行粘贴。当执行选择性粘贴操作时，会打开“选择性粘贴”对话框，用户可以设置粘贴的方式和类型。

1.2.3 查找与替换错误文本数据

当输入的数据或文本内容含有错误时，用户可以使用 Word 的查找与替换功能，指定需要查找和替换的内容，再根据需要对文档进行编辑修改，其具体的操作方法如下：

Step 01 用户在编辑文档的过程中，常常会出现输入错误的情况，如图 1-22 所示。当输入词语错误时，词语下方将显示红色的波浪线以提示用户该词语可能有错。

Step 02 在“开始”选项卡下单击“编辑”组中的“查找”按钮，如图 1-23 所示。

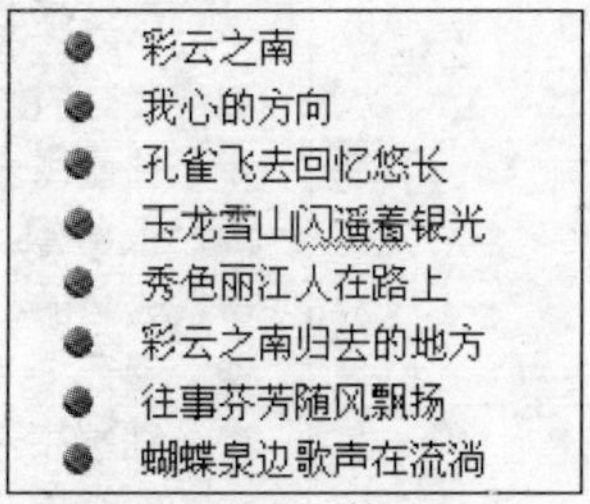

彩云之南
我心的方向
孔雀飞去回忆悠长
玉龙雪山闪遥着银光
秀色丽江人在路上
彩云之南归去的地方
往事芬芳随风飘扬
蝴蝶泉边歌声在流淌

图 1-22 提示错误词语

查找
替换
选择
编辑

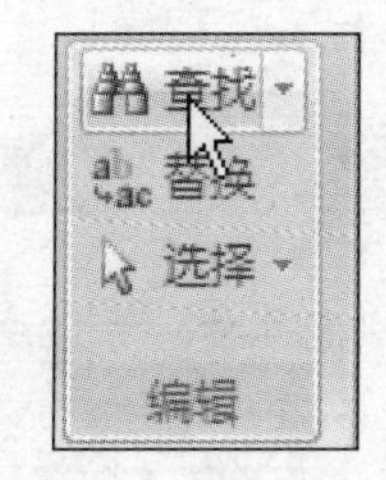

图 1-23 查找功能

问题 1-10：	如何在 Word 窗口中显示或隐藏选项卡？

选项卡为用户提供了不同的操作与设置功能，如在“开始”选项卡下用户可以对文本进行字体、段落、样式等效果的设置。而在 Word 窗口中，用户则可以设置将选项卡进行显示或隐藏，双击需要显示的选项卡标签，则可以将其显示，再次双击则将选项卡隐藏。用户也可以使用快捷键进行设置，按键盘中的【Ctrl+F1】键进行显示或隐藏切换操作。

Step 03 打开“查找和替换”对话框，在“查找内容”文本框中输入需要查找的文本，如图 1-24 所示。

Step 04 切换到“替换”选项卡下，在“替换为”文本框中输入需要替换的文本内容，再单击“替换”按钮，如图 1-25 所示。

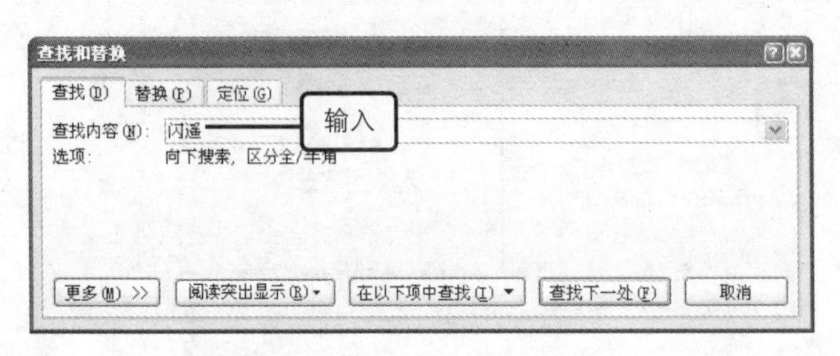

图 1-24 指定查找内容

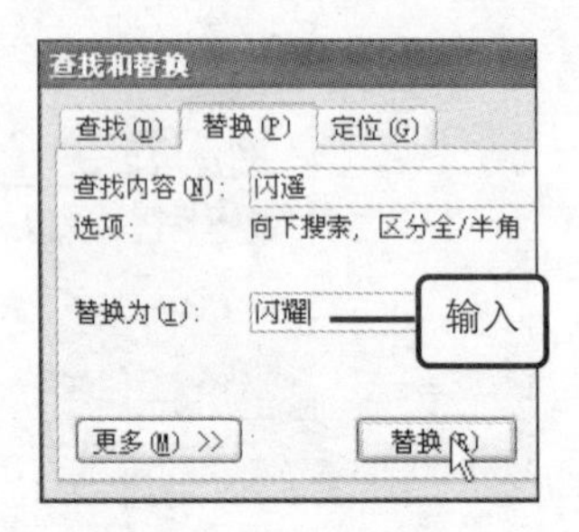

图 1-25 指定替换内容

Step 05 Word 开始对文档进行查找，并弹出提示对话框询问用户是否继续从开始处搜索，单击“是”按钮即可，如图 1-26 所示。

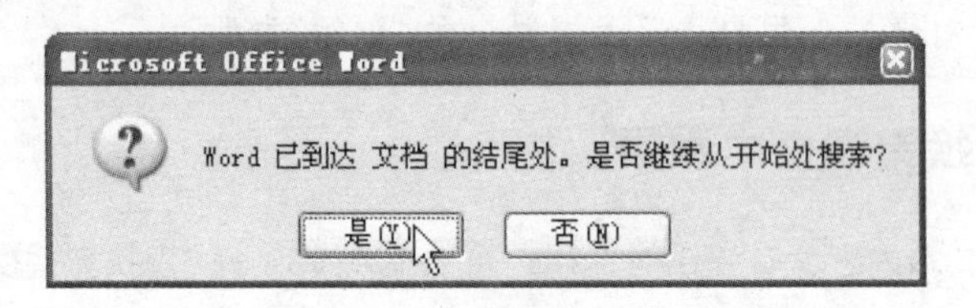

图 1-26 继续搜索

Step 06 完成对文档的搜索后，在弹出的提示对话框中单击“确定”按钮，如图 1-27 所示。

Step 07 返回到文档中，可以看到指定查找的文本内容被替换，如图 1-28 所示。

图 1-27 完成文档搜索

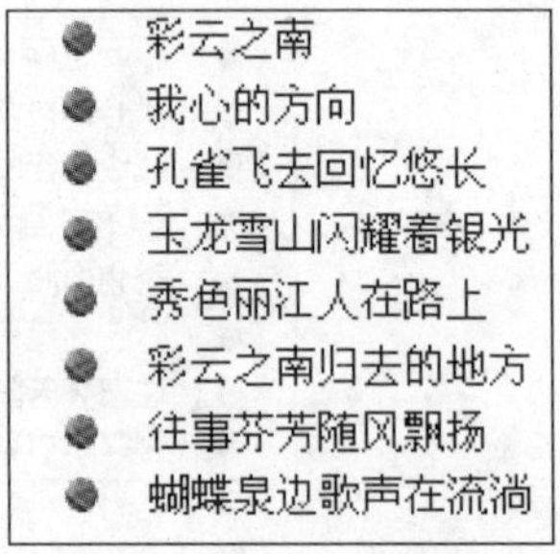

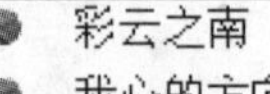

- 彩云之南
- 我心的方向
- 孔雀飞去回忆悠长
- 玉龙雪山闪耀着银光
- 秀色丽江人在路上
- 彩云之南归去的地方
- 往事芬芳随风飘扬
- 蝴蝶泉边歌声在流淌

图 1-28 文本被替换

问题 1-11： 如何在文档中逐个查找替换内容？

在“查找和替换”对话框中分别设置查找与替换的内容，再单击“查找下一处”按钮，在文档中查找的内容将呈选定状态，单击“替换”按钮即可将选定内容进行替换，如需要继续进行查找，则再次单击“查找下一处”按钮，在文档中逐个进行查找与替换操作。

1.3 文档格式设置

用户在编辑文档的过程中，除了在文档中输入需要的文本内容外，还可以对输入的文本进行格式效果的设置。如制作企业员工手册、公司管理制度等不同类型的文档，则需要对文档中文本进行字体及段落格式效果的设置。Word 还为用户提供了项目编号及符号功能，方便用户对文档段落进行层次效果的设置，运用样式直接套用带格式效果的不同样式，可以使文档的格式设置更为简便。

1.3.1 设置文档字体格式

为了使文档达到更美观的效果，用户可以对文档中的字体进行格式效果的设置，如设置文本的字体格式。在设置字体格式时，用户可以使用多种不同的方法进行设置，下面将分别为用户介绍不同的操作与设置方法。

原始文件： 第 1 章\原始文件\文档编辑.docx

最终文件： 第 1 章\原始文件\设置字体格式.docx

Step 01 选定文档中需要设置的文本内容，此时会自动弹出浮动工具栏，在浮动工具栏中用户可以设置字体、字号、字形、字体颜色等格式效果，如图 1-29 所示。

Step 02 用户也可以在“开始”选项卡下的“字体”组中对选定的文本进行字体格式的设置，如图 1-30 所示，并且可以在“字体”组中查看选定文本应用的格式效果。

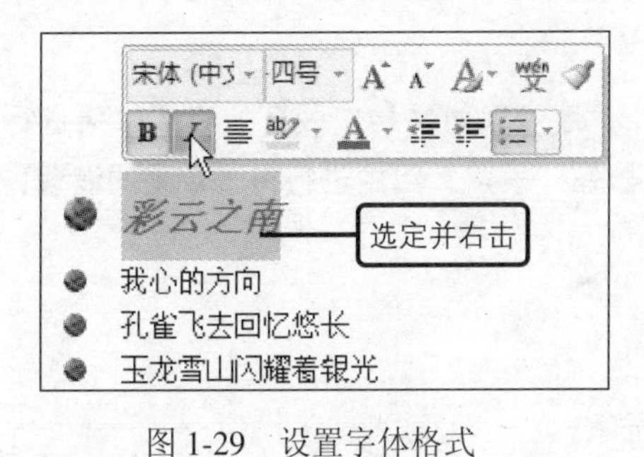

图 1-29 设置字体格式

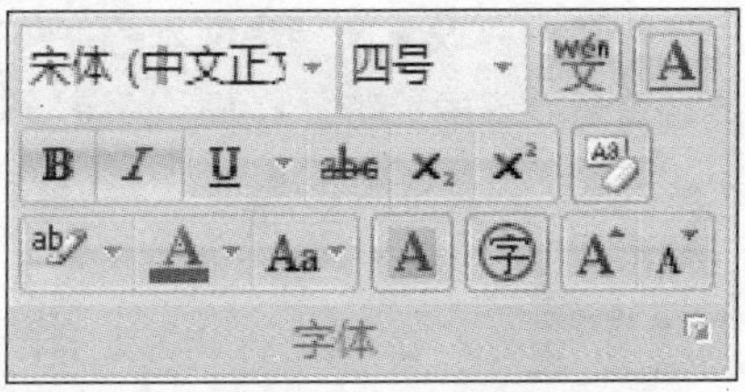

图 1-30 “字体”组

问题 1-12： 如何为文本添加拼音内容？

选定需要添加拼音的文本内容，在“字体”组中单击“拼音指南”按钮，打开“拼音指南”对话框，预览添加的拼音内容，再单击“确定”按钮，即可为选定的文本添加拼音内容。

Step 03 用户还可以打开“字体”对话框进行格式效果的设置，选中需要设置的文本，在“字体”组中单击对话框启动器按钮，打开如图 1-31 所示的“字体”对话框。切换到“字体”选项卡下，设置字体的格式效果。

Step 04 切换到“字符间距”选项卡下，可设置字体的缩放、间距等效果，设置的效果在“预览”区域可进行查看，单击“确定”按钮完成设置操作，如图 1-32 所示。

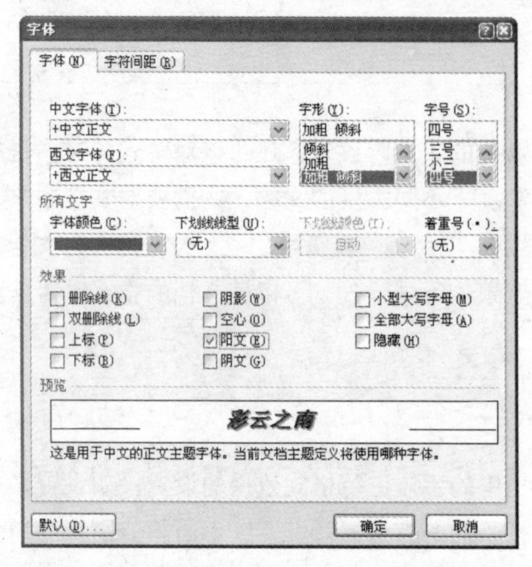

图 1-31　设置字体

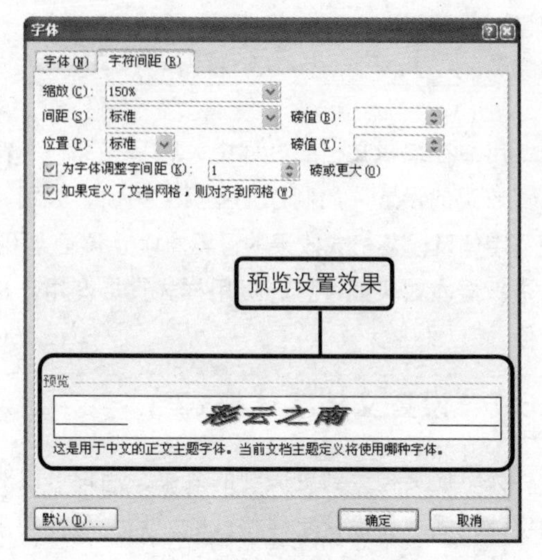

图 1-32　设置字符间距

问题 1-13：　如何为文本添加或删除下画线？

选定需要添加下画线的文本内容，在“字体”对话框中的“字体”选项卡下，单击“下画线类型”按钮，在展开的列表中选择需要添加的下画线类型即可。如果需要删除下画线，则再次单击“下画线类型”按钮，使其不呈选中状态即可。

1.3.2　设置文档段落格式

用户除了可以设置文档中文本的字体格式效果外，还可以对文档中段落的格式效果进行设置。选定需要设置的段落，打开“段落”对话框或直接在“段落”组中进行格式效果的设置，从而使文档段落达到满意的效果。

原始文件： 第 1 章\原始文件\文档编辑.docx

最终文件： 第 1 章\原始文件\设置段落格式.docx

Step 01 选定文档中需要设置的段落文本，如图 1-33 所示。

Step 02 在“开始”选项卡下的“段落”组中单击对话框启动器按钮，如图 1-34 所示。

问题 1-14：　如何显示文档的段落标记？

在“段落”组中单击“显示/隐藏编辑标记”按钮，即可设置在文档中显示或隐藏段落标记内容。

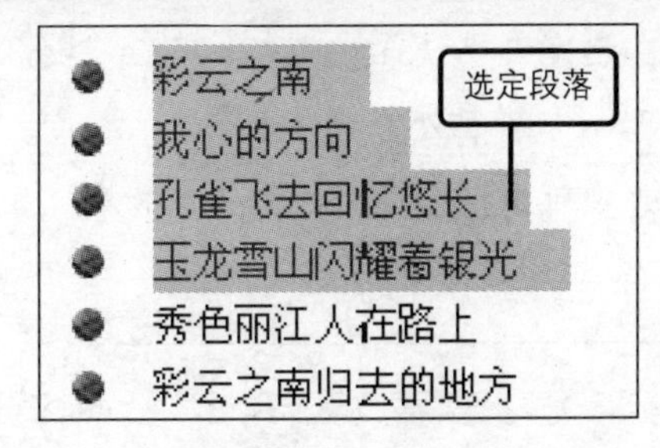

图 1-33 选定文本

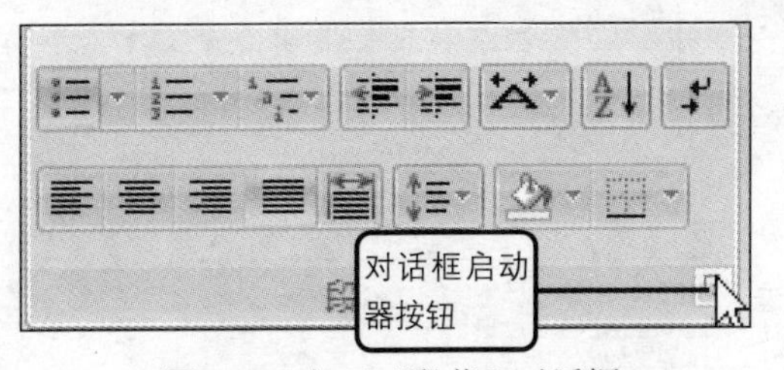

图 1-34 打开“段落”对话框

Step 03 打开“段落”对话框，切换到“缩进和间距”选项卡下，单击“对齐方式”下拉列表按钮，在展开的列表中单击“居中”选项，如图 1–35 所示。

Step 04 在“间距”区域中单击“行距”下拉列表按钮，在展开的列表中单击“2 倍行距”选项，如图 1–36 所示，设置完成后单击“确定”按钮即可。

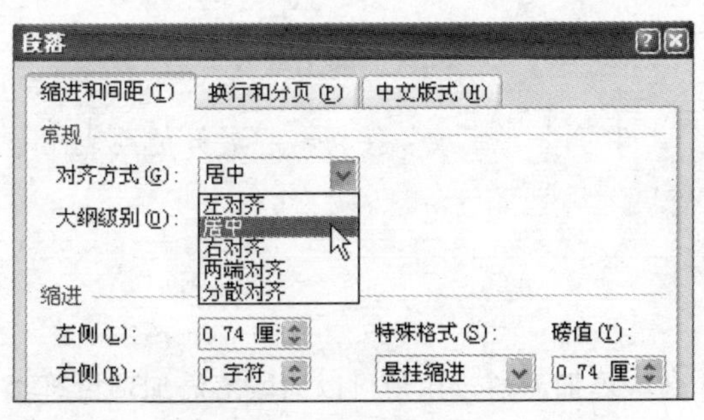

图 1-35 设置对齐方式

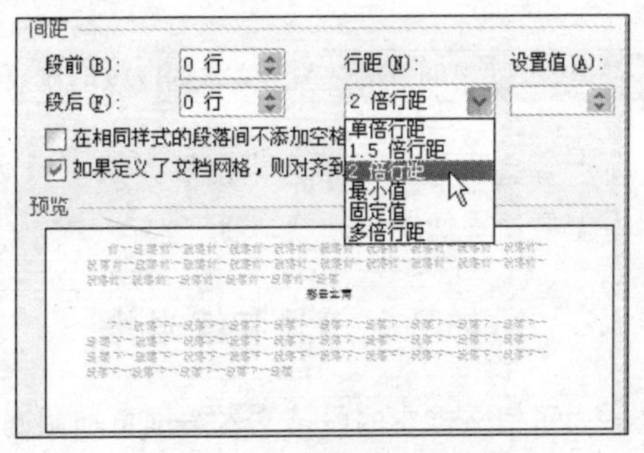

图 1-36 设置段落行距

问题 1-15: 如何设置段落的首行缩进效果？

选定需要设置的段落文本内容，打开“段落”对话框，在“缩进和间距”选项卡下单击“特殊格式”下拉列表按钮，在展开的列表中单击“首行缩进”选项，再单击“确定”按钮完成设置即可。

Step 05 设置完成后返回到文档中，可以看到选定的段落已按设置的格式效果进行显示，如图 1–37 所示。

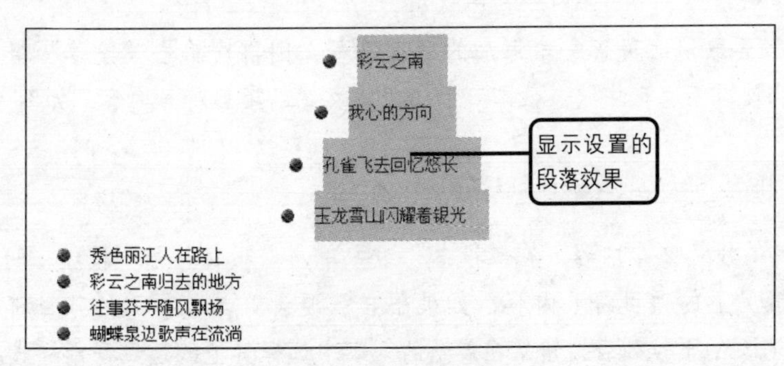

图 1-37 查看段落效果

Step 06 用户可以直接在“段落”组中设置文本对齐方式。选定需要设置的文本，单击“段落”组中的“文本左对齐”按钮设置文本对齐方式，如图 1–38 所示。

Step 07 单击“段落”组中的“行距”按钮，在展开的列表中可选择需要设置的行距效果，如图 1–39 所示。

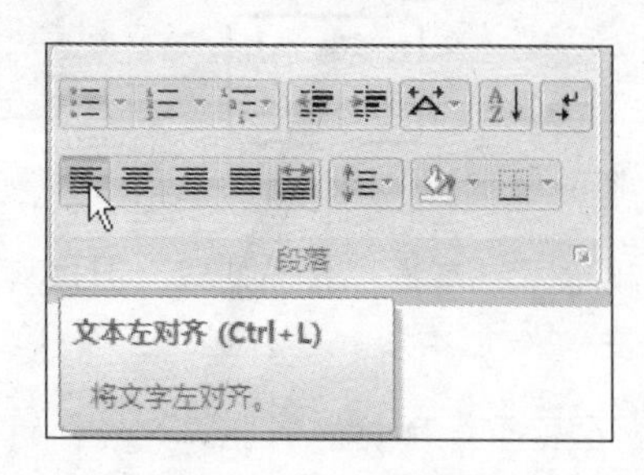

图 1-38　设置文本对齐方式

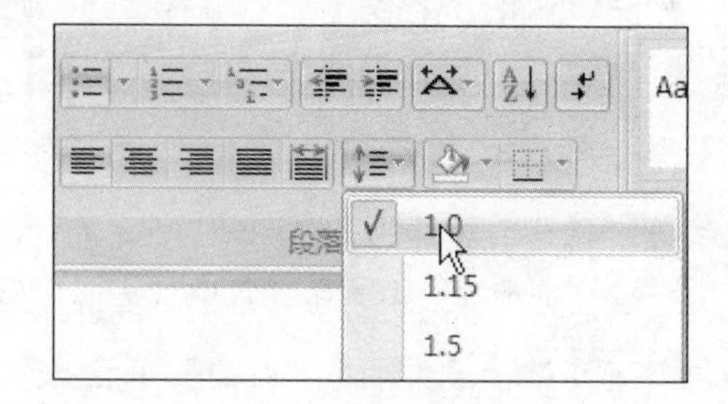

图 1-39　设置段落行距

问题 1-16：　如何设置段落文本的底纹填充效果？

选定需要设置的段落文本内容，在“段落”组中单击“底纹”按钮，在展开的列表中单击需要设置的颜色选项即可。

1.3.3　添加项目符号和编号

为了使文档中的段落文本条理更加明确，层次更加清晰，用户可以为段落添加项目符号、编号或多级编号，从而使段落关系更加明确。本节将分别为用户介绍针对不同对象的添加与设置方法。

原始文件： 第 1 章\原始文件\文档编辑.docx

最终文件： 第 1 章\最终文件\添加项目符号.docx、添加编号.docx、添加多级列表.docx

1. 添加项目符号

系统为用户提供了不同样式的项目符号内容，用户可以选择合适的项目符号设置文档的段落效果，也可以自定项目符号的样式效果。

Step 01 当用户为文档段落应用项目符号内容时，在“开始”选项卡下的“段落”组中可以看到“项目符号”按钮呈选中状态，如图 1–40 所示。

Step 02 如果用户需要取消对段落文本添加的项目符号，则再次单击“段落”组中的“项目符号”按钮，使其不呈选中状态，即可取消段落文本的项目符号内容，如图 1–41 所示。

问题 1-17：　如何应用默认的项目符号内容？

选定需要设置的段落文本内容，在“段落”组中单击“项目符号”按钮，可为选定的段落添加默认情况下的项目符号内容，如果用户需要设置其他样式的项目符号，则单击“项目符号”右侧的下拉列表按钮，在展开的列表中选择其他的项目符号样式。

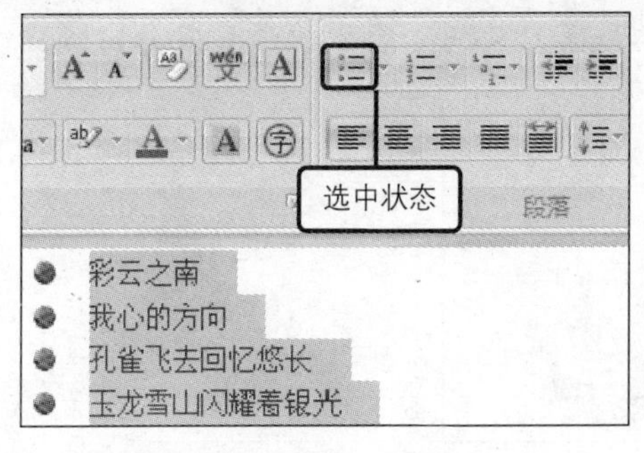

图 1-40　应用项目符号

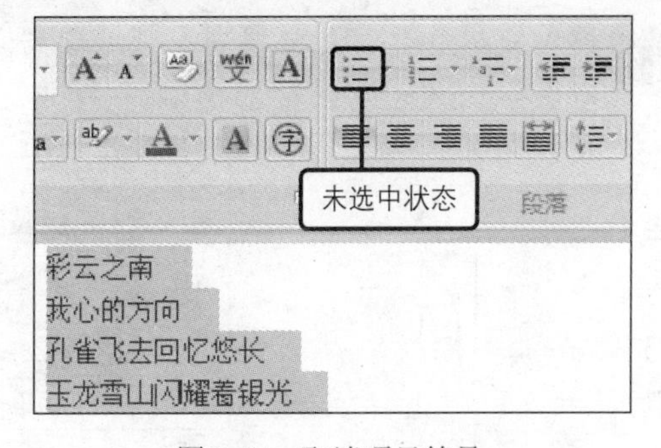

图 1-41　取消项目符号

Step 03 用户可以自定义新的项目符号内容，选中需要设置的段落，再单击“段落”组中的“项目符号”下拉列表按钮，在展开的列表中单击“定义新项目符号”选项，如图 1-42 所示。

Step 04 打开“定义新项目符号”对话框，单击“符号”按钮，如图 1-43 所示。

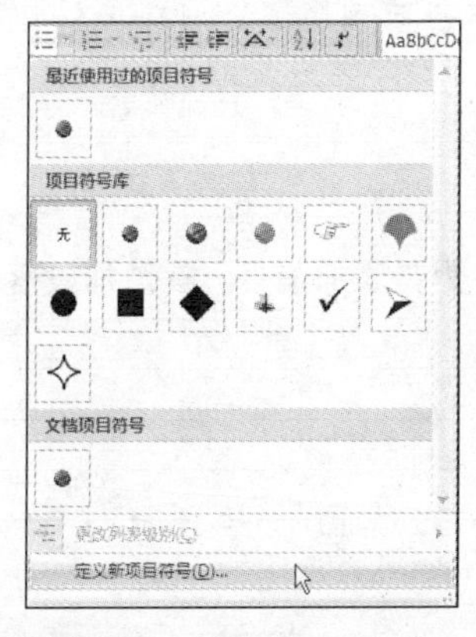

图 1-42　定义新项目符号

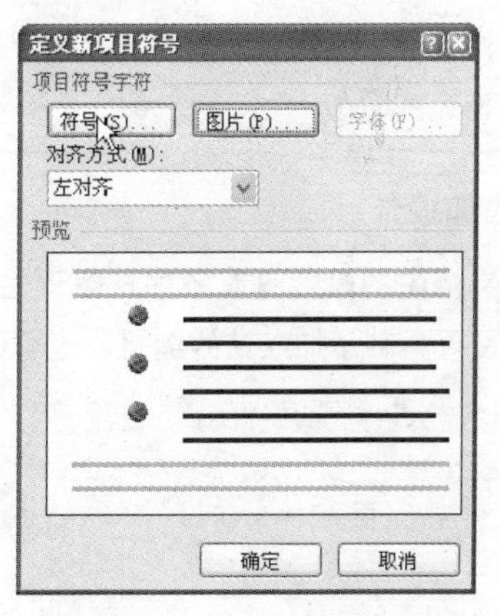

图 1-43　设置符号

Step 05 打开“符号”对话框，在提供的符号列表中单击需要使用的符号样式选项，再单击“确定”按钮，如图 1-44 所示。

Step 06 返回到“定义新项目符号”对话框，在“预览”区域中可查看已选择的项目符号的效果，再单击“确定”按钮，如图 1-45 所示。

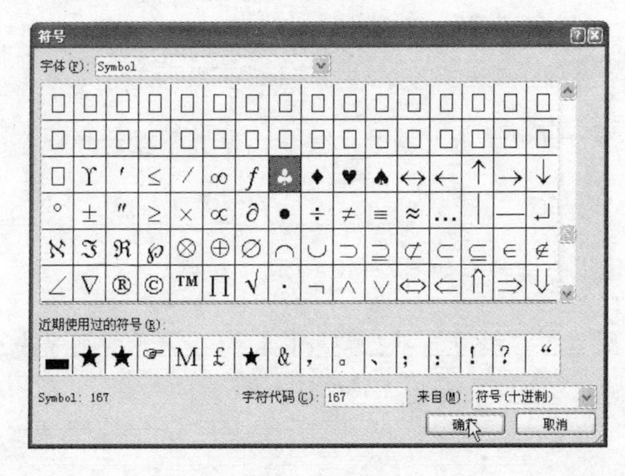

图 1-44　选择符号

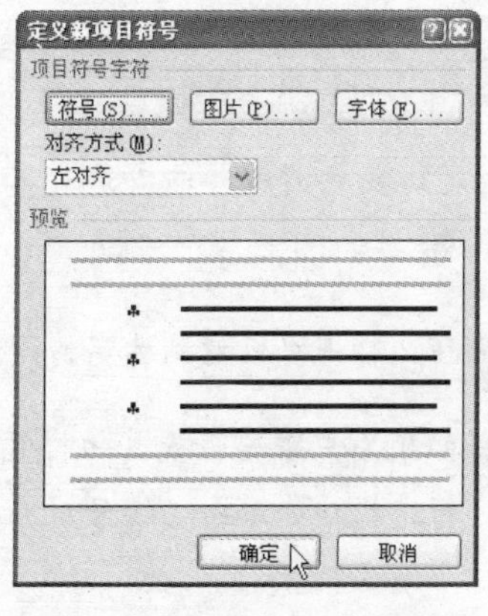

图 1-45　预览项目符号

Step 07 设置完成后返回到文档中，可以看到选定的段落已应用了设置的项目符号内容，如图 1—46 所示。

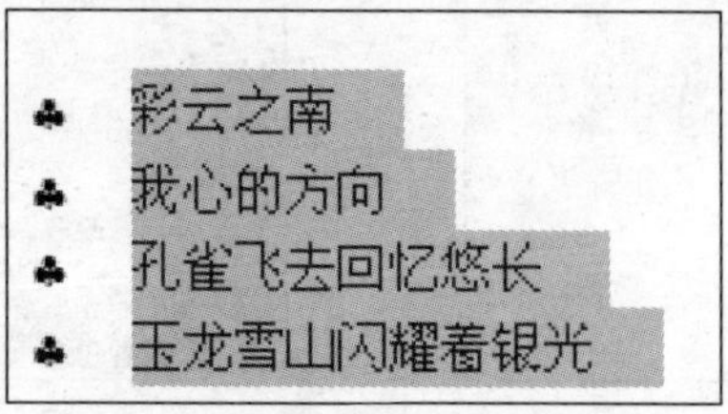

♣ 彩云之南
♣ 我心的方向
♣ 孔雀飞去回忆悠长
♣ 玉龙雪山闪耀着银光

图 1-46　使用设置的项目符号

问题 1-18：　如何设置图片样式的项目符号内容？

打开“定义新项目符号”对话框，单击“图片”按钮，在打开的“图片项目符号”对话框中选择需要应用的图片选项，再单击“确定”按钮，返回到“定义新项目符号”对话框中即可完成设置。

2. 添加编号

如果文档中的段落具有顺序及条理性，用户则可以选择为其添加编号。在添加段落编号时，用户可以设置为其添加默认的编号，也可以自定义编号样式。

Step 01 选中文档中需要添加编号的段落，如图 1—47 所示。

Step 02 在“开始”选项卡下的“段落”组中单击“编号”按钮，如图 1—48 所示 。

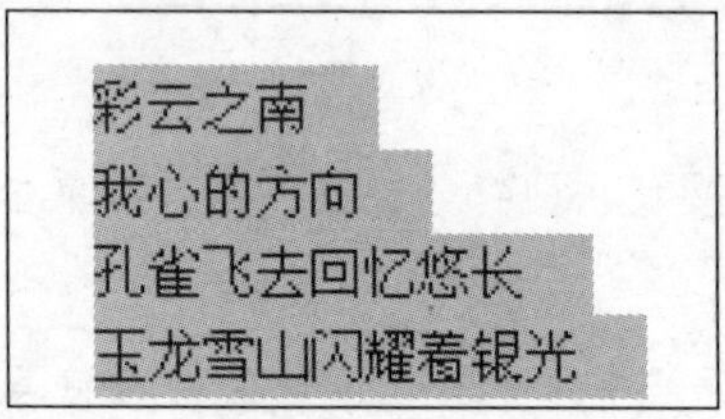

彩云之南
我心的方向
孔雀飞去回忆悠长
玉龙雪山闪耀着银光

图 1-47　选定段落

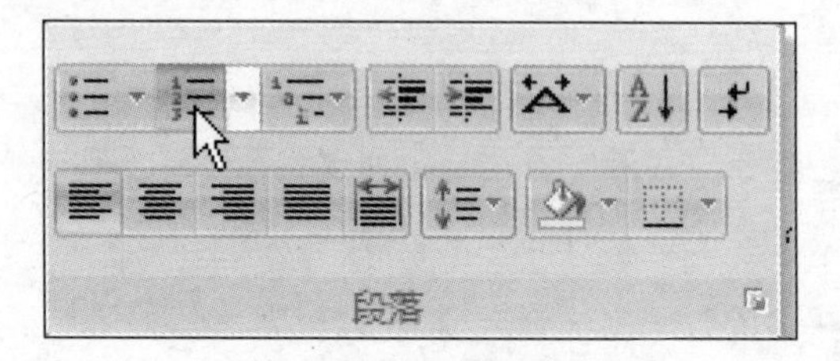

图 1-48　添加编号

问题 1-19：　如何取消段落文本应用的编号效果？

选定需要取消编号的段落文本，在“段落”组中单击“编号”按钮，使其不呈选中状态即可。

Step 03 在文档中可以看到选定的段落添加了默认的编号，如图 1—49 所示。

Step 04 如果用户需要设置其他样式的编号，则单击“编号”下拉列表按钮，在展开的列表中进行选择，如单击“编号对齐方式：左对齐”选项，如图 1—50 所示。

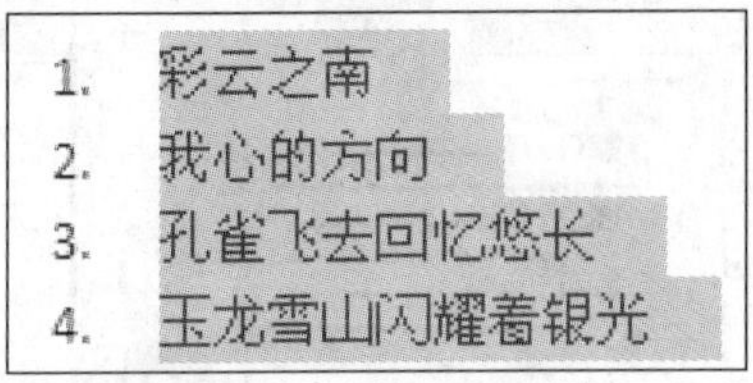

1. 彩云之南
2. 我心的方向
3. 孔雀飞去回忆悠长
4. 玉龙雪山闪耀着银光

图 1-49　查看编号效果

AaBbCcD
最近使用过的编号格式
1.
2.
3.
编号库
无
(1)
(2)
(3)
(1).
(2).
(3).
编号对齐方式: 左对齐

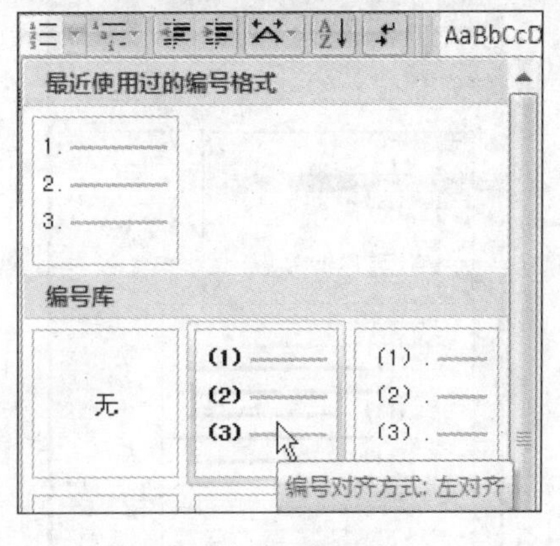

图 1-50　设置编号样式

Step 05 设置完成后返回到文档中查看应用指定样式编号后的段落效果，如图 1—51 所示 。

Step 06 用户还可以自定义新编号格式，单击“编号”按钮，在展开的列表中单击“定义新编号格式”选项，如图 1—52 所示。

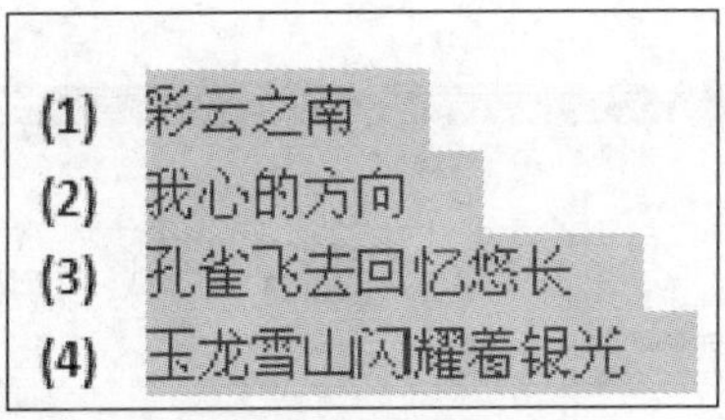

(1) 彩云之南
(2) 我心的方向
(3) 孔雀飞去回忆悠长
(4) 玉龙雪山闪耀着银光

图 1-51　查看编号效果

(一)
(二)
(三)
a)
b)
c)
i.
ii.
iii.
更改列表级别(C)
定义新编号格式(D)...
设置编号值(V)...
定义新编号格式

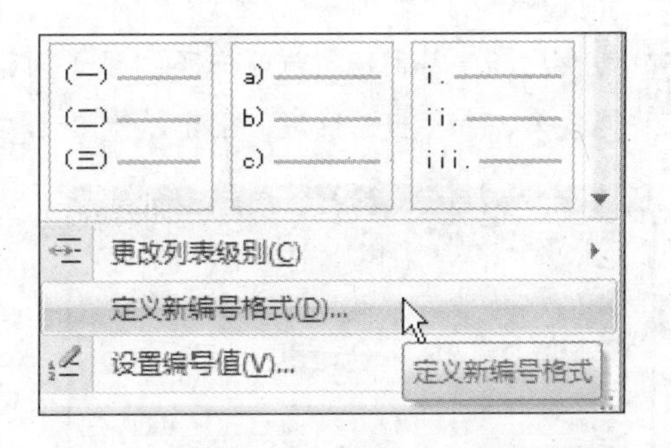

图 1-52　定义新编号格式

问题 1-20：　如何设置编号值？

单击“段落”组中的“编号”按钮，在展开的列表中单击“设置编号值”选项，打开“起始编号”对话框，在该对话框中对编号的起始数值进行设置即可。

Step 07 打开“定义新编号格式”对话框，单击“编号样式”下拉列表按钮，在展开的列表中选择需要使用编号样式选项，如图 1—53 所示。

Step 08 在“编号格式”文本框中添加需要显示的文本内容，如设置编号格式为“第（1）项”，再单击“字体”按钮，如图 1—54 所示。

问题 1-21：　如何设置编号的对齐方式？

打开“定义新编号格式”对话框，单击“对齐方式”下拉列表按钮，在展开的列表中选择需要应用的对齐方式效果即可。

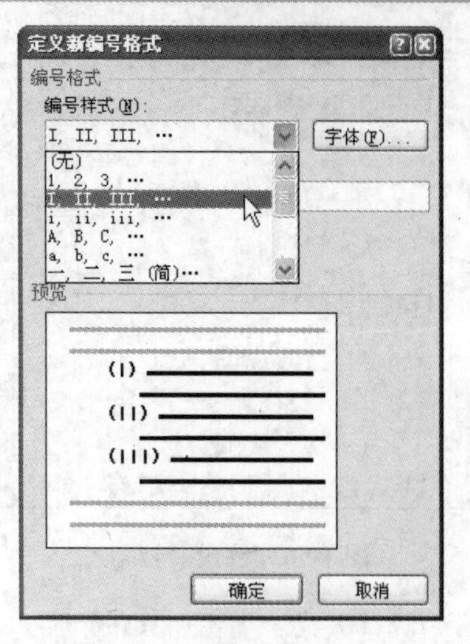

图 1-53　设置编号样式

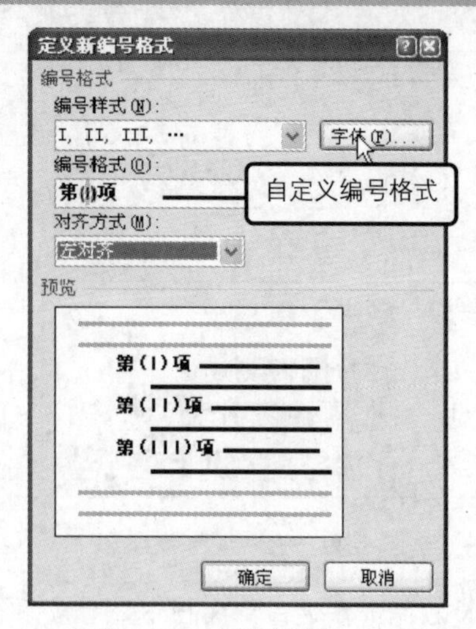

图 1-54　设置编号格式

Step 09 打开“字体”对话框，在“字体”选项卡下设置字体颜色为“红色”，并设置着重点样式，如图 1-55 所示。

Step 10 切换到“字符间距”选项卡下，设置间距为“紧缩”，并在“预览”区域查看设置的字体效果，再单击“确定”按钮，如图 1-56 所示。

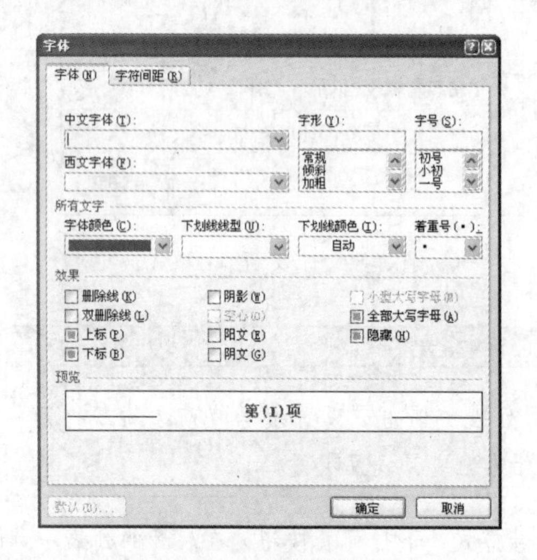

图 1-55　设置字体

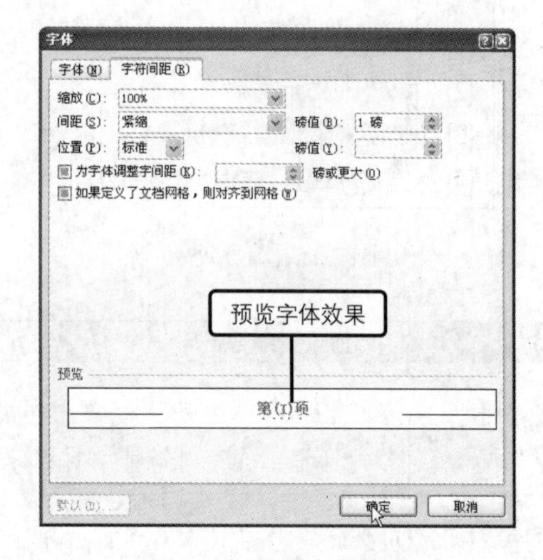

图 1-56　设置字符间距

问题 1-22：如何更改编号列表级别？

单击“段落”组中的“编号”按钮，在展开的列表中单击“更改列表级别”选项，在展开的列表中选择需要应用的级别选项即可。

Step 11 返回到“定义新编号格式”对话框，查看设置后的编号效果，再单击“确定”按钮，如图 1-57 所示。

Step 12 设置完成后返回到文档中，可以看到选定的段落文本已经显示设置的编号效果，如图 1–58 所示。

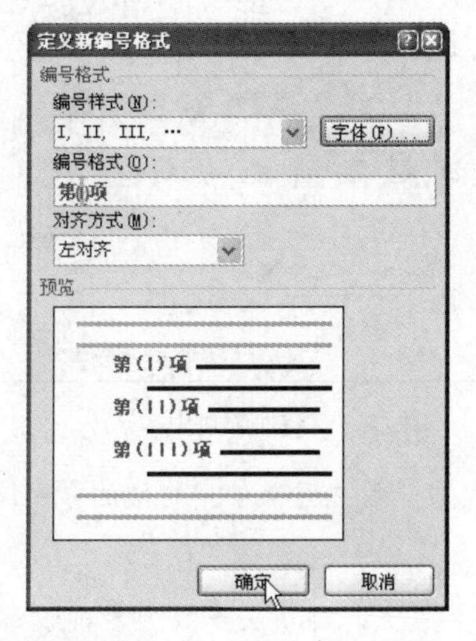

图 1-57 定义新编号格式

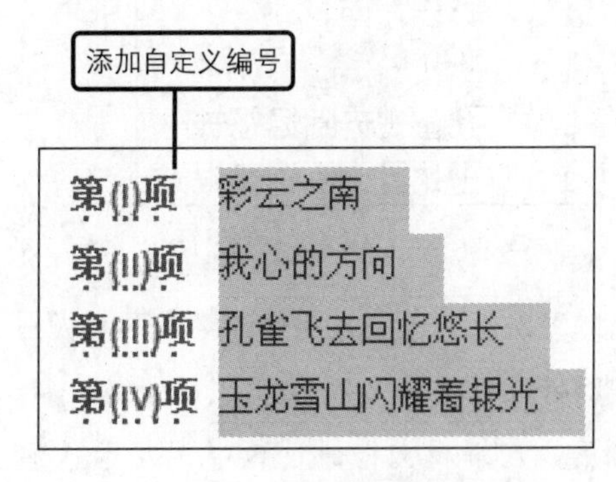

图 1-58 查看编号效果

3. 添加多级列表

当文档中的段落文本具有层次结构意义时，可以设置为其添加多级列表，并根据需要调整段落的缩进量，调整列表的级别。

Step 01 选中需要设置的段落文本，在“段落”组中单击“多级列表”按钮，在展开的列表中选择需要添加的列表样式，如图 1–59 所示。

Step 02 设置完成后，选定的段落文本应用了添加的多级编号内容，如图 1–60 所示。

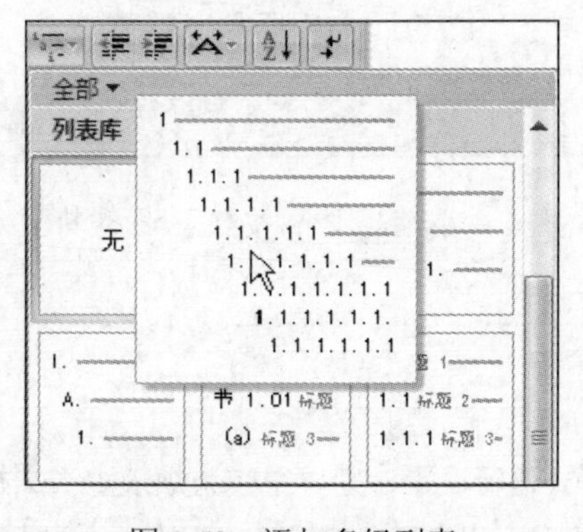

图 1-59 添加多级列表

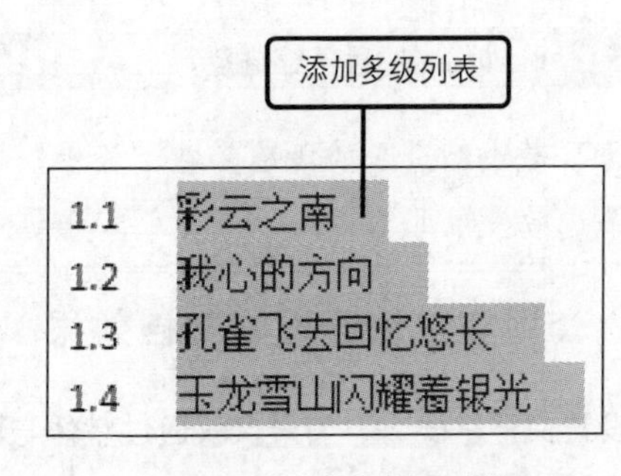

图 1-60 显示多级列表

问题 1-23: 如何定义新的多级列表？

单击“段落”组中的“多级列表”按钮，在展开的列表中单击“定义新的多级列表”选项，打开“定义新多级列表”对话框，用户可以根据需要设置编号格式、位置等格式效果，定义新的多级列表。

Step 03 用户可以设置多级列表的缩进效果，选中需要设置的段落，如图1-61所示。

Step 04 在“段落”组中单击“增加缩进量”按钮，增加选定段落的缩进量效果，如图1-62所示。

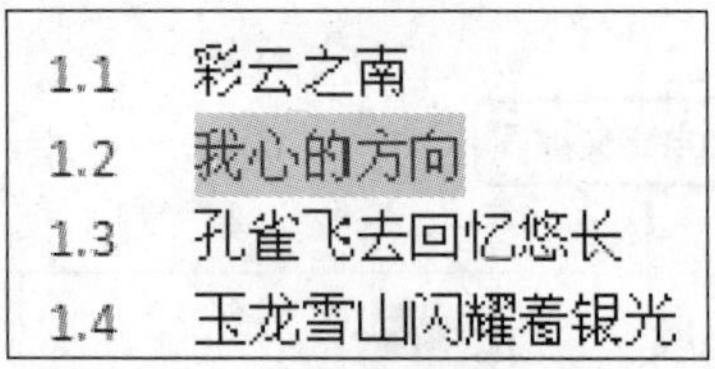

1.1 彩云之南
1.2 我心的方向
1.3 孔雀飞去回忆悠长
1.4 玉龙雪山闪耀着银光

图1-61 选定设置段落

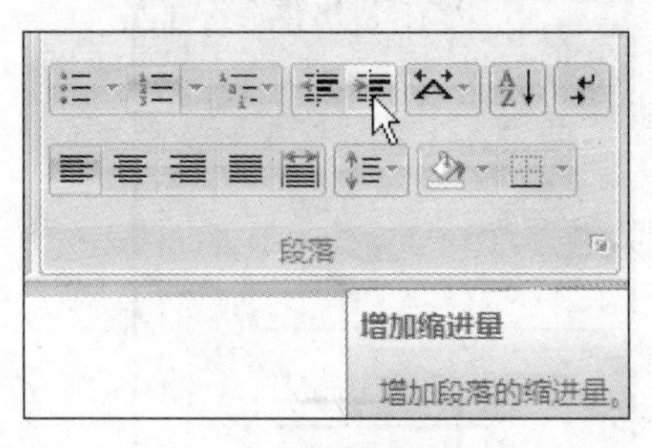

图1-62 增加缩进量

Step 05 此时可以看到选定的段落调整为下一级别的编号列表，用户可以使用相同的方法调整段落的级别，如图1-63所示。

Step 06 当用户在编辑文档的过程中，对于已添加了项目符号、编号或多级列表的段落，按【Enter】键插入新的段落时，新的段落会自动添加相应的编号或符号内容，如图1-64所示，则自动为插入段落添加多级列表。

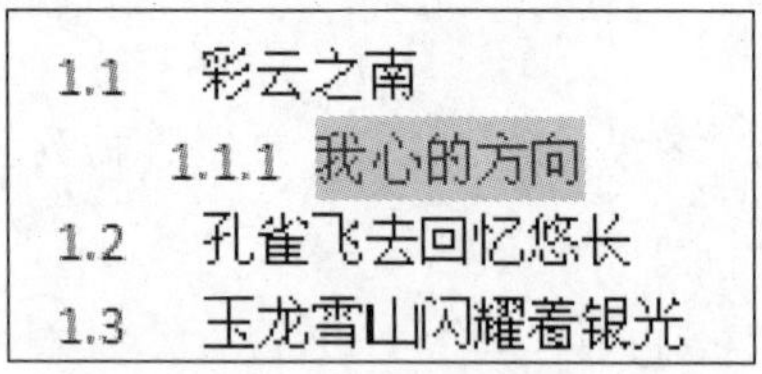

1.1 彩云之南
  1.1.1 我心的方向
1.2 孔雀飞去回忆悠长
1.3 玉龙雪山闪耀着银光

图1-63 调整级别编号

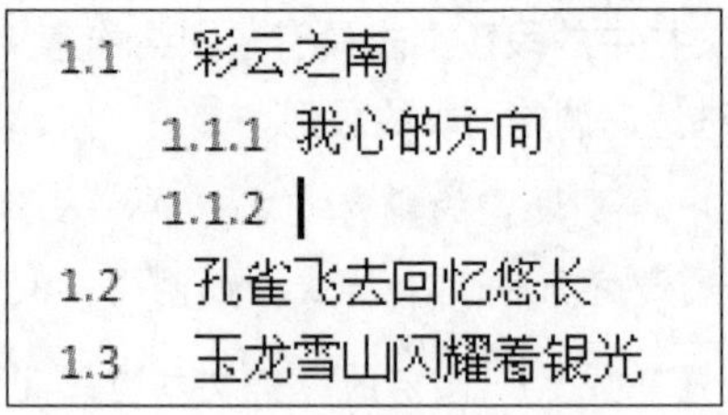

1.1 彩云之南
  1.1.1 我心的方向
  1.1.2
1.2 孔雀飞去回忆悠长
1.3 玉龙雪山闪耀着银光

图1-64 自动添加多级编号

问题1-24：如何减小段落缩进量？

选中需要减小缩进量的段落，在“段落”组中单击“减小缩进量”按钮，调整其显示合适的缩进效果即可。

1.3.4 套用样式快速设置文档效果

在设置文档格式时，如果仅仅通过字体与段落格式进行设置，则显得较为烦琐。当文档中大量的文本段落需要设置格式或需要使用相同的格式效果时，用户可以使用Word的样式功能，为文本套用内置的样式，或自定义需要的样式，对文档进行快速的格式效果设置。

原始文件： 第1章\原始文件\文档编辑.docx

最终文件： 第1章\原始文件\样式功能.docx

Step 01 选中文档中需要设置的文本内容，如图1-65所示。

Step 02 在“开始”选项卡下的“样式”组中单击“标题1”选项，如图1-66所示。

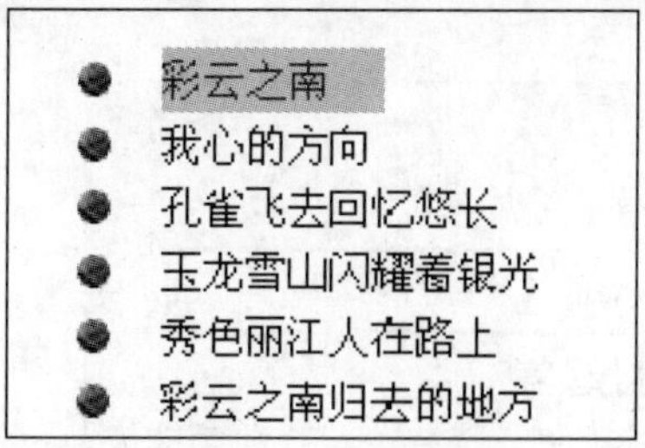

彩云之南
我心的方向
孔雀飞去回忆悠长
玉龙雪山闪耀着银光
秀色丽江人在路上
彩云之南归去的地方

图 1-65 选定文本

AaBbCcDd
正文
AaBbCcDd
无间隔
AaBb
标题 1
更改样式
样式

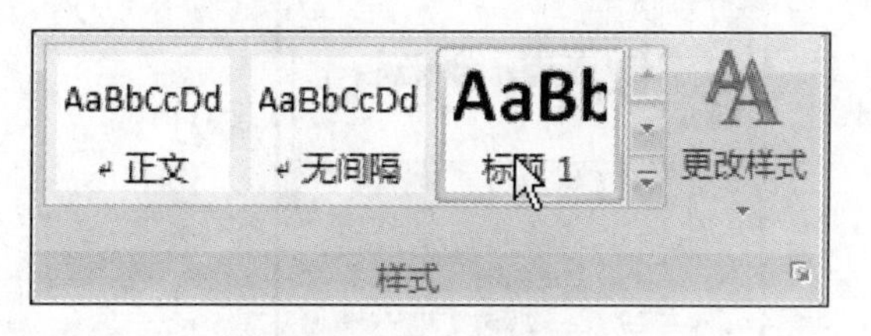

图 1-66 应用内置样式

问题 1-25: 如何使用内置的样式？

在“开始”选项卡下的“样式”组中，用户可以在“快速样式”列表中选择 Word 提供的多种不同的内置样式效果，使用这样样式可以快速高效的设置文档的格式效果。

Step 03 应用了内置样式后的文本效果如图 1-67 所示。

Step 04 用户还可以打开“样式”窗格，在其中对样式进行操作与设置，单击“样式”组中的对话框启动器按钮，即可打开“样式”窗格，如图 1-68 所示，在“样式”列表框中显示可使用的样式。

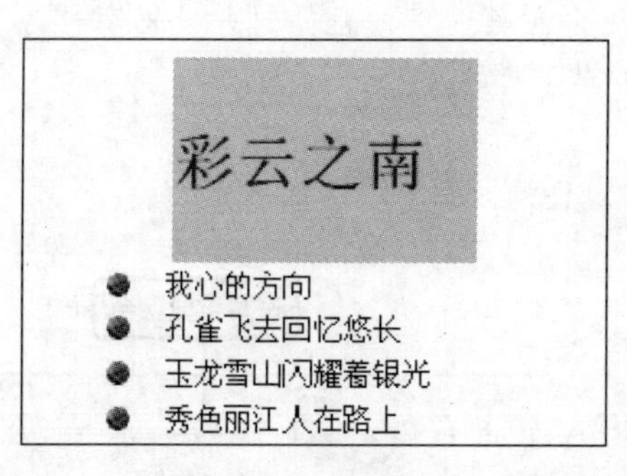

彩云之南
我心的方向
孔雀飞去回忆悠长
玉龙雪山闪耀着银光
秀色丽江人在路上

图 1-67 应用样式

样式
无间隔
标题 1
标题 2
显示预览
禁用链接样式
选项...

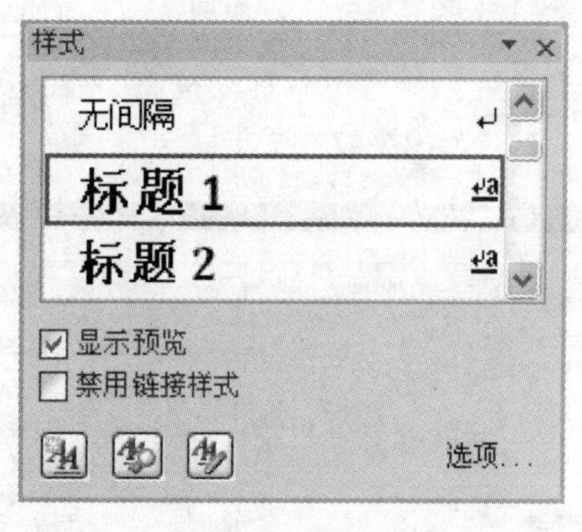

图 1-68 “样式”窗格

问题 1-26: 如何使用样式集设置文档样式？

在“开始”选项卡下的“样式”组中单击“更改样式”按钮，在展开的列表中单击“样式集”选项，在展开的级联列表中选择需要应用的样式集选项即可。

Step 05 如果需要设置样式选项，则在“样式”窗格中单击“选项”文字链接，打开“样式窗格选项”对话框，单击“选择要显示的样式”下拉列表按钮，在展开的列表中选择需要显示的样式，再单击“确定”按钮，如图 1-69 所示。

Step 06 设置完成后在“样式”窗格中按指定的方式显示需要的样式内容，图 1-70 所示。如果需要新建样式，则单击“新建样式”按钮。

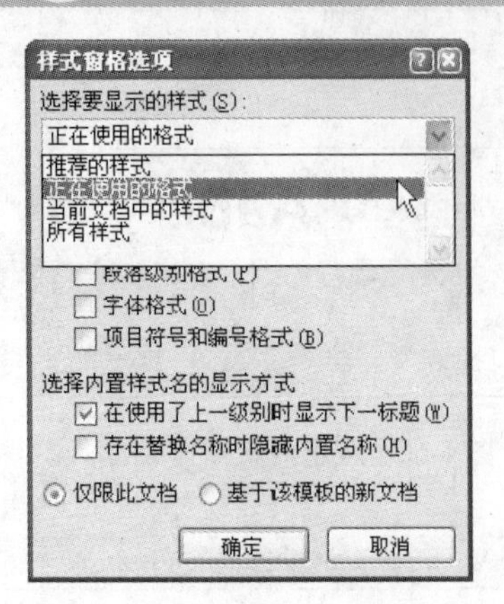

图 1-69　设置显示样式

图 1-70　新建样式

问题 1-27：　如何设置样式在“样式”列表中的排列方式？

在“样式”窗格中单击“选项”按钮，打开“样式窗格选项”对话框，单击“选择列表的排列方式”下拉列表按钮，在展开的列表中选择需要应用的方式即可。

Step 07 打开“根据格式设置创建新样式”对话框，在“格式”区域单击字体下拉列表按钮，设置字体为“隶书”，如图 1–71 所示。

Step 08 单击字体颜色下拉列表按钮，在展开的列表中设置其为“浅蓝”，并设置字号为“小一”，如图 1–72 所示。

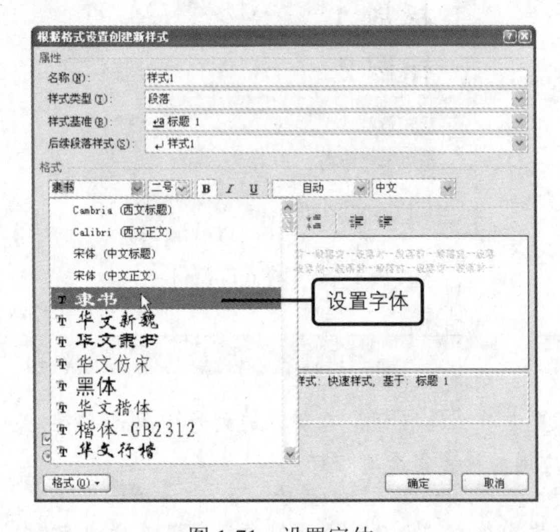

图 1-71　设置字体

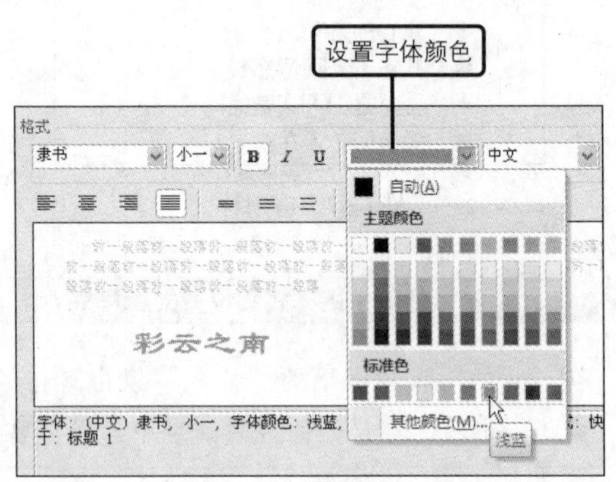

图 1-72　设置字体颜色和字号

问题 1-28：　如何新建表格样式？

打开“根据格式设置创建新样式”对话框，单击“样式类型”下拉列表按钮，在展开的列表中选择“表格”选项，再进行格式效果的设置及样式名称的定义即可。

Step 09 如果用户还需要对新建样式设置更多格式效果，可以在“根据格式设置创建新样式”对话框中单击“格式”按钮，在展开的列表中选择需要设置的内容，如图 1–73 所示，再进行设置操作即可。

Step 10 完成新建样式格式的设置后，在“名称”文本框中输入新建样式的名称，再单击“确定”按钮，如图 1–74 所示。

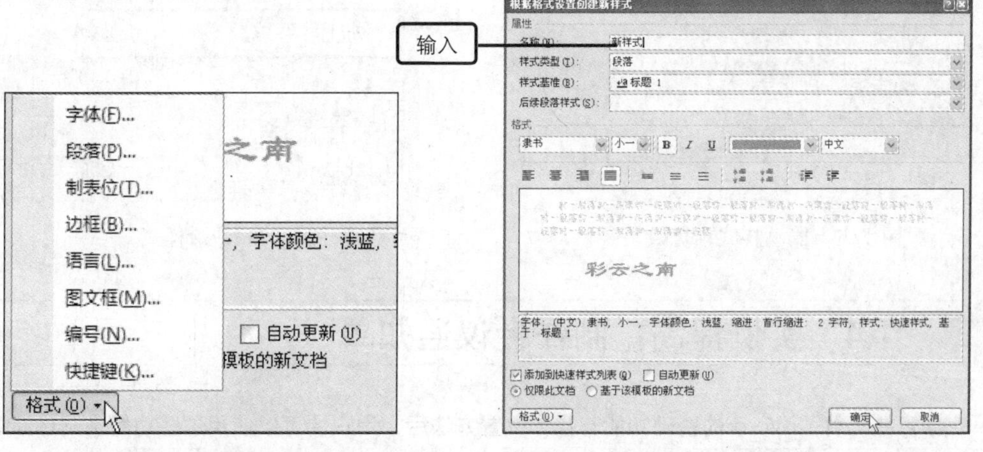

图 1-73　设置格式　　　　图 1-74　定义样式名称

Step 11 设置完成后，返回到“样式”窗格中，可以看到新建样式显示在“样式”列表中，如图 1–75 所示。

Step 12 选中文档中需要应用样式的文本，在“样式”列表中单击需要应用的样式选项，即可应用选定样式，如图 1–76 所示。

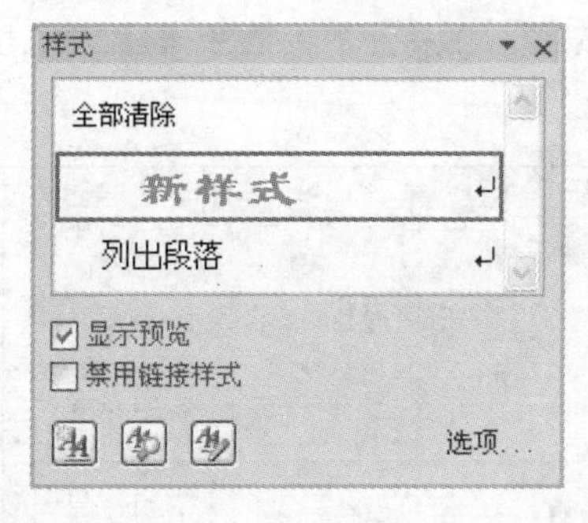

图 1-75　查看新样式　　　　图 1-76　应用新样式

问题 1-29：　如何快速查看样式应用的所有格式效果？

在“样式”列表中将鼠标放置于需要查看的样式选项位置上方，此时会弹出提示信息，显示该样式应用的所有格式效果。

Step 13 如果用户不需要在“样式”列表中预览样式的格式效果，则可以取消选中“显示预览”复选框，此时“样式”列表中仅显示相应的样式名称，如图 1–77 所示。

Step 14 如果用户需要将文档中应用了样式的文本内容清除样式效果，设置其显示默认的格式效果，则可以在“样式”列表中单击“全部清除”选项，如图 1-78 所示。

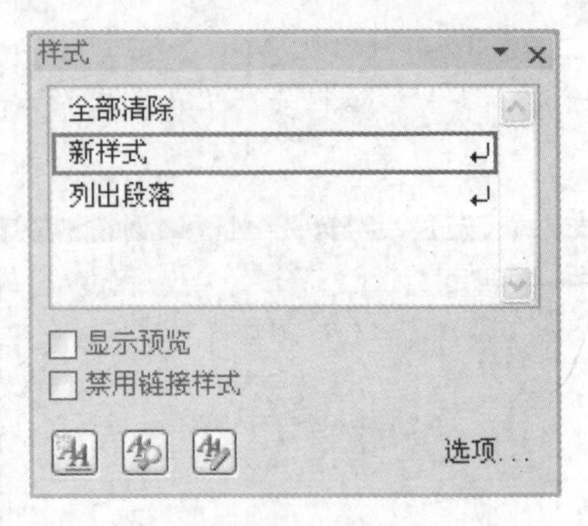

图 1-77 隐藏样式预览效果

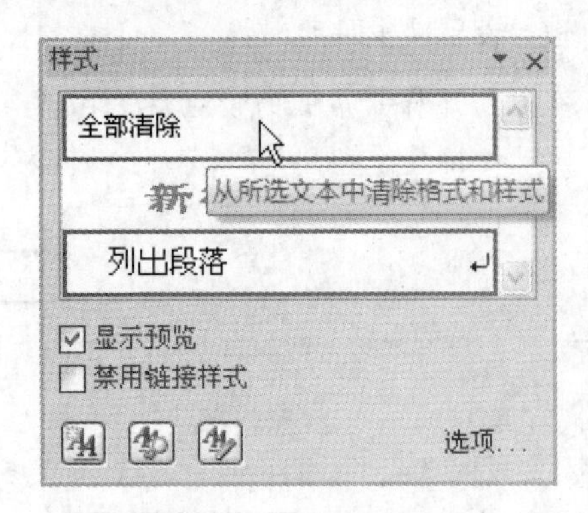

图 1-78 清除样式

1.4 实例提高：制作会议通知单

在学习并了解了 Word 的基础功能与操作设置方法后，用户便可以使用这些功能来制作简单的文档内容了。本例将为用户介绍如何使用格式设置功能来规范会议通知单文档，并将制作完成的文档进行保存，完成会议通知单的制作。

原始文件：第 1 章\原始文件\会议通知单.docx

最终文件：第 1 章\最终文件\会议通知单.docx

Step 01 打开原始文件“会议通知单.docx”，选中文档中需要添加编号的段落文本，如图 1-79 所示。

Step 02 在“开始”选项卡下单击“编号”右侧的下拉列表按钮，在展开的列表中单击“编号对齐方式：左对齐”选项，如图 1-80 所示。

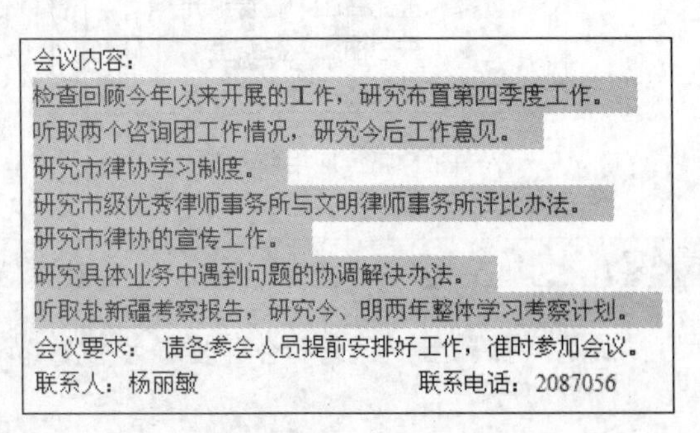

图 1-79 选定段落文本

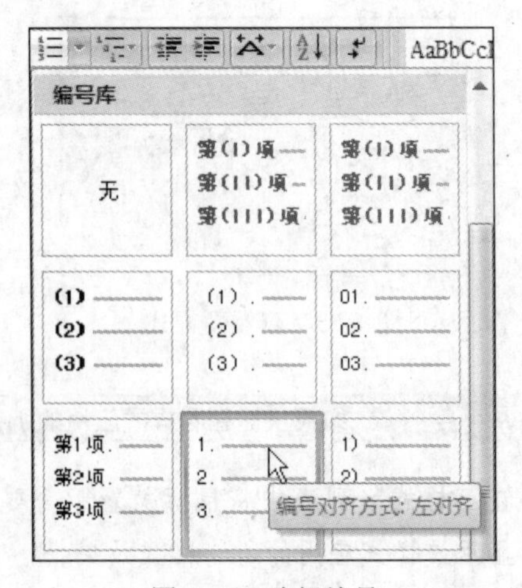

图 1-80 选择编号

Step 03 设置完成后返回到文档中，可以看到选定的段落添加了设置的编号内容，如图 1-81 所示。

Step 04 用户还需要对文档中的段落添加项目符号内容，按下【Ctrl】键的同时拖动鼠标选中需要设置的不相邻段落文本，如图 1-82 所示。

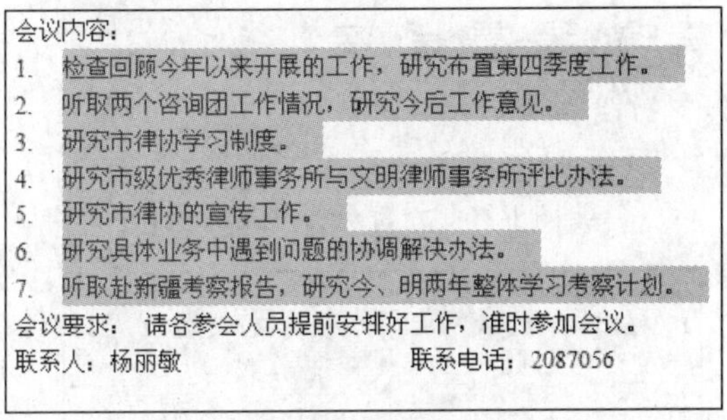

会议内容：
1. 检查回顾今年以来开展的工作，研究布置第四季度工作。
2. 听取两个咨询团工作情况，研究今后工作意见。
3. 研究市律协学习制度。
4. 研究市级优秀律师事务所与文明律师事务所评比办法。
5. 研究市律协的宣传工作。
6. 研究具体业务中遇到问题的协调解决办法。
7. 听取赴新疆考察报告，研究今、明两年整体学习考察计划。

会议要求：请各参会人员提前安排好工作，准时参加会议。
联系人：杨丽敏　　　　联系电话：2087056

图 1-81　应用编号

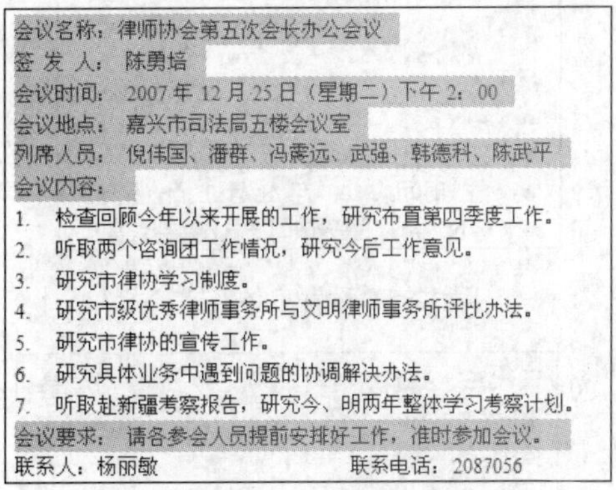

会议名称：律师协会第五次会长办公会议
签 发 人：陈勇培
会议时间：2007 年 12 月 25 日（星期二）下午 2：00
会议地点：嘉兴市司法局五楼会议室
列席人员：倪伟国、潘群、冯震远、武强、韩德科、陈武平
会议内容：
1. 检查回顾今年以来开展的工作，研究布置第四季度工作。
2. 听取两个咨询团工作情况，研究今后工作意见。
3. 研究市律协学习制度。
4. 研究市级优秀律师事务所与文明律师事务所评比办法。
5. 研究市律协的宣传工作。
6. 研究具体业务中遇到问题的协调解决办法。
7. 听取赴新疆考察报告，研究今、明两年整体学习考察计划。

会议要求：请各参会人员提前安排好工作，准时参加会议。
联系人：杨丽敏　　　　联系电话：2087056

图 1-82　选定段落文本

Step 05 在“开始”选项卡下单击“段落”组中的“项目符号”按钮，在展开的列表中单击需要使用的项目符号样式选项，如图 1-83 所示。

Step 06 设置完成后返回到文档中，可以看到选定的段落添加了设置的项目符号内容，如图 1-84 所示。

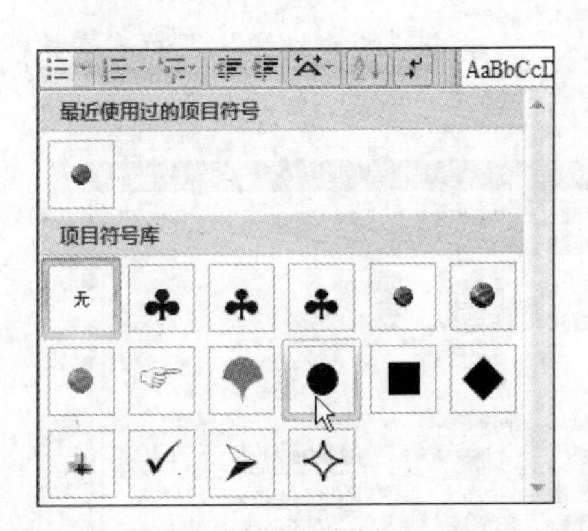

图 1-83　选择项目符号

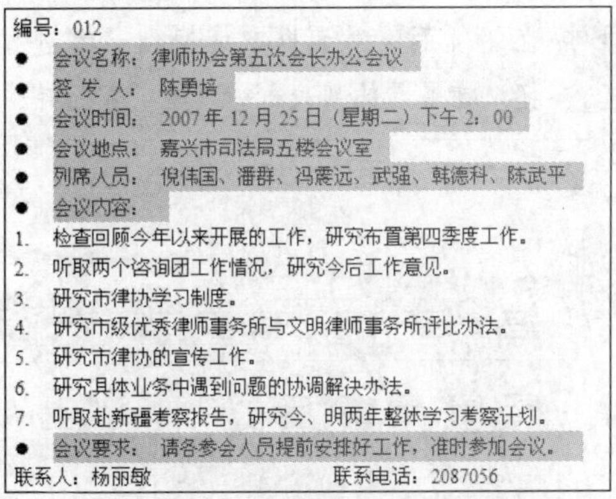

编号：012
- 会议名称：律师协会第五次会长办公会议
- 签 发 人：陈勇培
- 会议时间：2007 年 12 月 25 日（星期二）下午 2：00
- 会议地点：嘉兴市司法局五楼会议室
- 列席人员：倪伟国、潘群、冯震远、武强、韩德科、陈武平
- 会议内容：

1. 检查回顾今年以来开展的工作，研究布置第四季度工作。
2. 听取两个咨询团工作情况，研究今后工作意见。
3. 研究市律协学习制度。
4. 研究市级优秀律师事务所与文明律师事务所评比办法。
5. 研究市律协的宣传工作。
6. 研究具体业务中遇到问题的协调解决办法。
7. 听取赴新疆考察报告，研究今、明两年整体学习考察计划。

- 会议要求：请各参会人员提前安排好工作，准时参加会议。

联系人：杨丽敏　　　　联系电话：2087056

图 1-84　显示添加的项目符号

Step 07 选中文档中的标题文本内容，在弹出的浮动工具栏中设置字体为“楷体”，字号为“小二”，字体颜色为“红色”，并单击选中“加粗”按钮，设置字体的格式效果，如图 1-85 所示。

Step 08 在“段落”组中单击“居中”按钮，设置文本的对齐方式效果，如图 1-86 所示。

Step 09 选定文档标题下方的“编号：012”文本内容，在“段落”组中单击“文本右对齐”按钮，如图 1-87 所示。

Step 10 用户还需要对文档中的段落设置缩进效果，选中需要设置的段落，如图 1-88 所示。

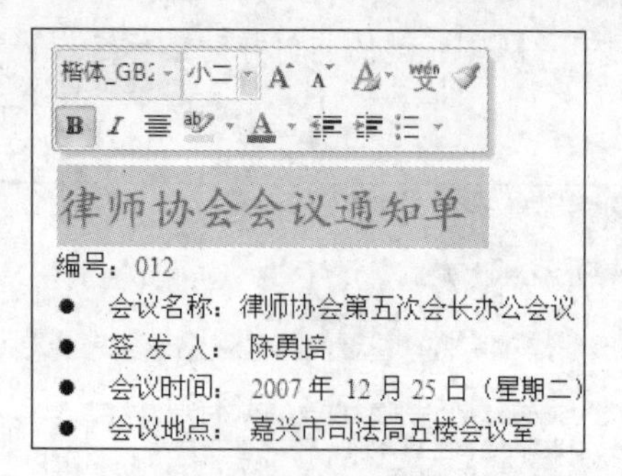

图 1-85 设置字体格式

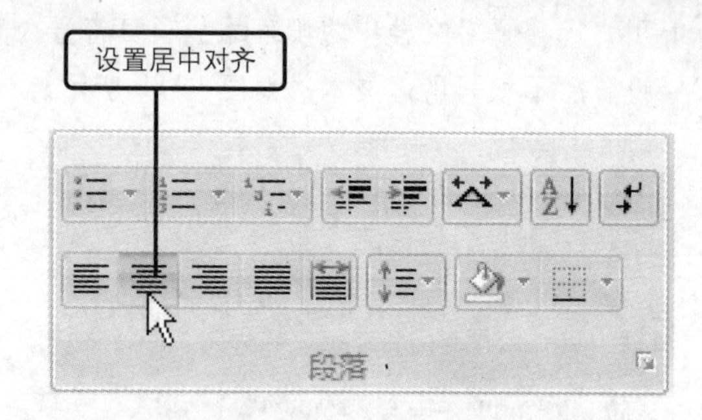

图 1-86 设置对齐方式

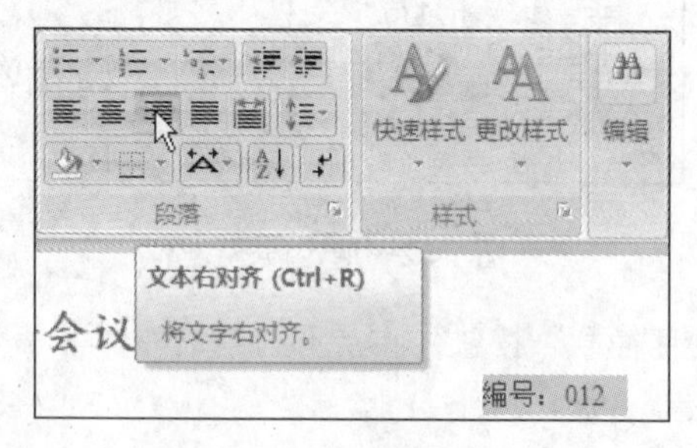

图 1-87 设置对齐方式

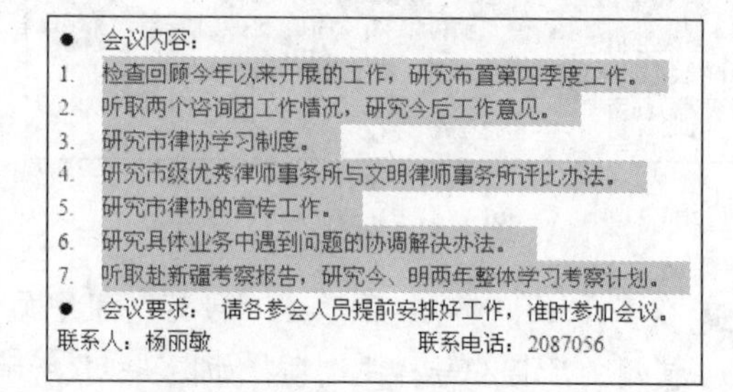

- 会议内容：
1. 检查回顾今年以来开展的工作，研究布置第四季度工作。
2. 听取两个咨询团工作情况，研究今后工作意见。
3. 研究市律协学习制度。
4. 研究市级优秀律师事务所与文明律师事务所评比办法。
5. 研究市律协的宣传工作。
6. 研究具体业务中遇到问题的协调解决办法。
7. 听取赴新疆考察报告，研究今、明两年整体学习考察计划。
- 会议要求：请各参会人员提前安排好工作，准时参加会议。

联系人：杨丽敏　　联系电话：2087056

图 1-88 选定文本

Step 11 在“段落”组中单击对话框启动器按钮，如图 1—89 所示，打开“段落”对话框。

Step 12 在“段落”对话框中切换到“缩进和间距”选项卡下，单击“特殊格式”下拉列表按钮，在展开的列表框中单击“首行缩进”选项，再单击“确定”按钮，如图 1—90 所示。

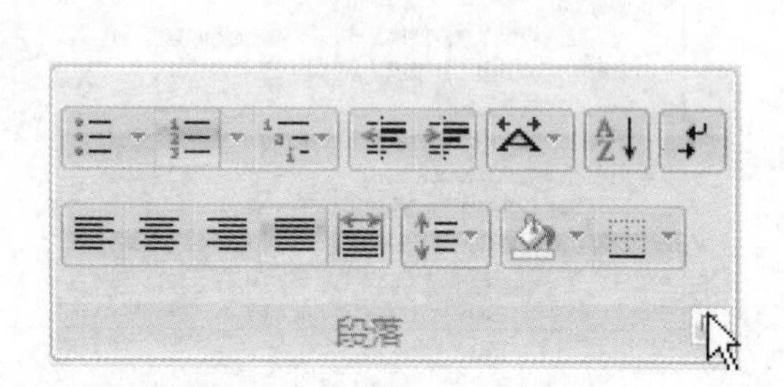

图 1-89 打开“段落”对话框

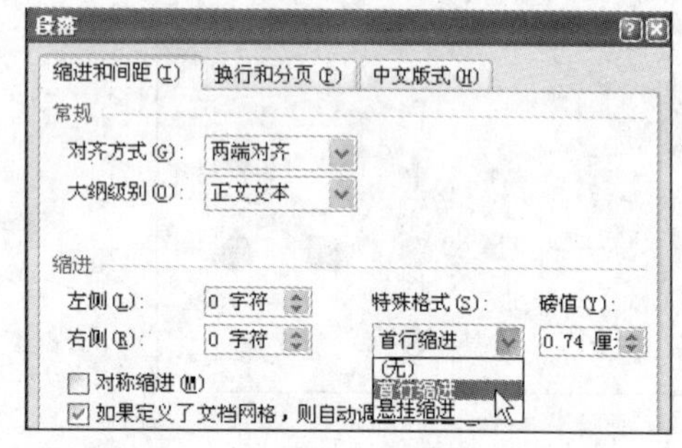

图 1-90 设置缩进特殊格式

Step 13 返回到文档中，可以看到选定的段落显示首行缩进效果，如图 1—91 所示。

Step 14 再次使用设置文本对齐的方法，将会议通知单中最后两行的文本设置为“文本右对齐”，完成整个文档格式效果的设置，如图 1—92 所示。

Step 15 完成文档的编辑后，在窗口中单击 Office 按钮，在打开的菜单中单击“保存”选项，如图 1—93 所示。

Step 16 打开“另存为”对话框，单击“保存位置”下拉列表按钮，在展开的列表中选择需要保存的路径位置，如图 1—94 所示。

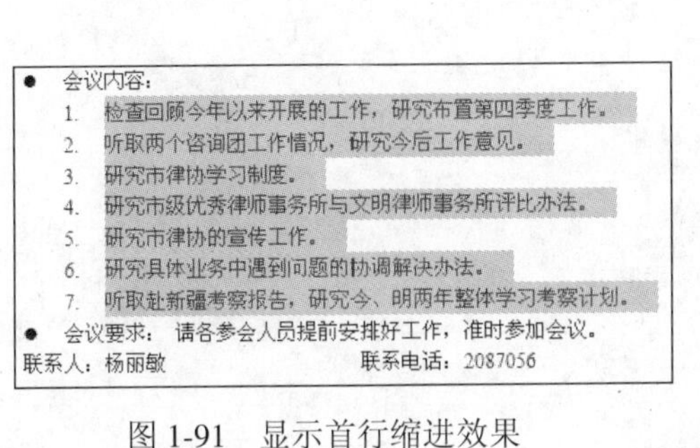

- 会议内容：
  1. 检查回顾今年以来开展的工作，研究布置第四季度工作。
  2. 听取两个咨询团工作情况，研究今后工作意见。
  3. 研究市律协学习制度。
  4. 研究市级优秀律师事务所与文明律师事务所评比办法。
  5. 研究市律协的宣传工作。
  6. 研究具体业务中遇到问题的协调解决办法。
  7. 听取赴新疆考察报告，研究今、明两年整体学习考察计划。
- 会议要求：请各参会人员提前安排好工作，准时参加会议。

联系人：杨丽敏　　联系电话：2087056

图 1-91　显示首行缩进效果

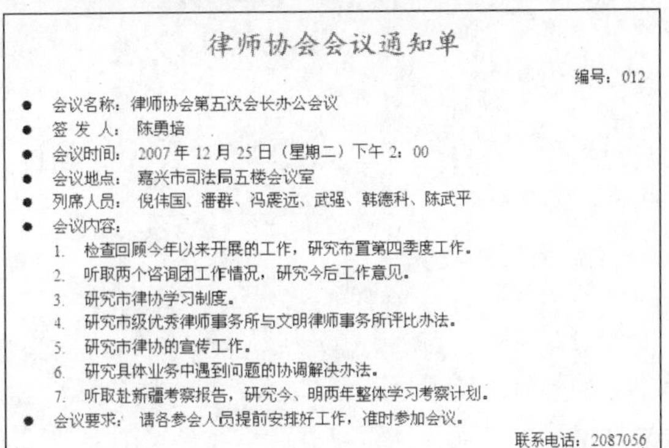

律师协会会议通知单

编号：012

- 会议名称：律师协会第五次会长办公会议
- 签 发 人：陈勇培
- 会议时间：2007 年 12 月 25 日（星期二）下午 2：00
- 会议地点：嘉兴市司法局五楼会议室
- 列席人员：倪伟国、潘群、冯震远、武强、韩德科、陈武平
- 会议内容：
  1. 检查回顾今年以来开展的工作，研究布置第四季度工作。
  2. 听取两个咨询团工作情况，研究今后工作意见。
  3. 研究市律协学习制度。
  4. 研究市级优秀律师事务所与文明律师事务所评比办法。
  5. 研究市律协的宣传工作。
  6. 研究具体业务中遇到问题的协调解决办法。
  7. 听取赴新疆考察报告，研究今、明两年整体学习考察计划。
- 会议要求：请各参会人员提前安排好工作，准时参加会议。

联系电话：2087056

联系人：杨丽敏

图 1-92　查看文档效果

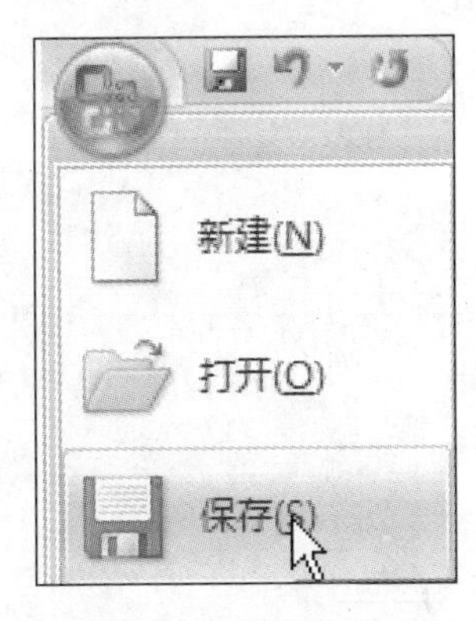

图 1-93　保存文档

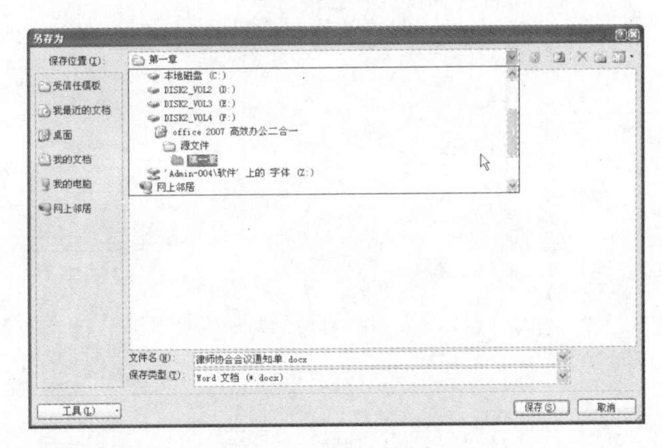

图 1-94　设置保存位置

Step 17 在“文件名”文本框中输入保存的文件名称，保持默认的保存类型，再单击“保存”按钮，如图 1—95 所示。

Step 18 完成文档的保存后，返回到 Word 窗口，在标题栏位置处，可以看到已显示定义的文件名称，如图 1—96 所示。编辑完成后单击窗口中的“关闭”按钮退出应用程序即可。

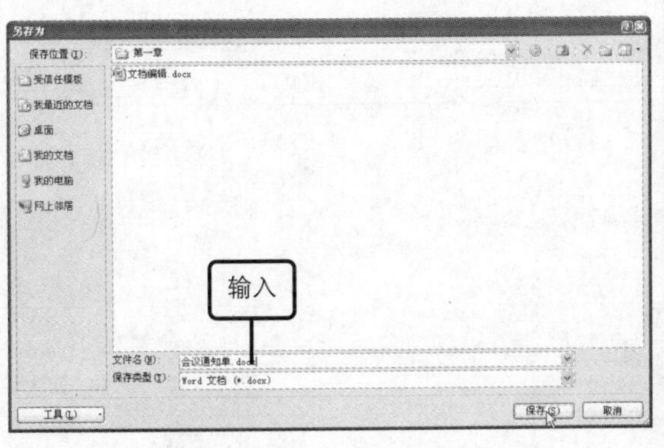

图 1-95　保存文档

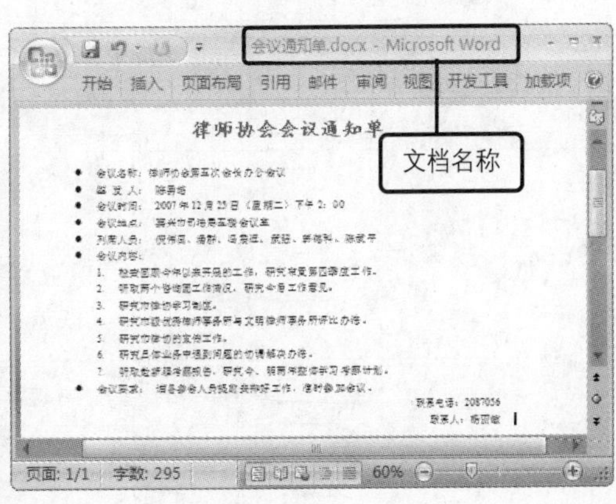

图 1-96　显示文件名称

Word 的常用高效办公功能

Word 为用户提供了多种不同的功能与设置方法。用户可以灵活地使用不同的功能对文档进行设置。在编辑制作不同类型文档的过程中，一些处理功能强大的设置方法，可以大大提高用户办公的效率，降低工作的烦琐性，如使用模板功能创建已定义好样式的文档，使用页眉页脚功能为文档添加页面效果等。通过这些常用的高效办公功能，提高处理文档的效率。

2.1 模板的应用

用户在创建文档时，通常默认情况下创建的文档为空白文档，如果用户需要创建带有样式的文档，或在已有文档的基础上创建新的文档，则可以使用 Word 的模板功能。灵活的使用模板功能，可以使文档的制作更加方便快捷，本节将为用户介绍两种常用的模板功能。

2.1.1 根据已安装模板创建

Word 的模板功能为用户提供了多种已安装的模板，这些模板是一些已定义好格式及样式的文档，用户可以直接套用需要使用的文档样式，根据模板创建新的文档，再对其进行编辑与修改，从而使文档的制作更加方便快捷。

Step 01 在 Word 窗口中单击 Office 按钮，在打开的菜单中单击“新建”命令，如图 2-1 所示。

Step 02 打开“新建文档”对话框，在“模板”列表框中单击“已安装的模板”选项，如图 2-2 所示。

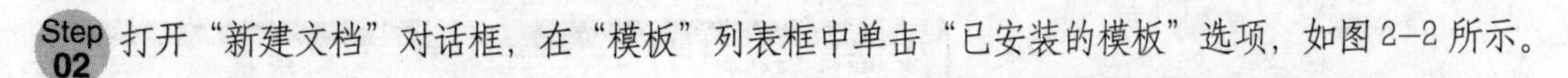

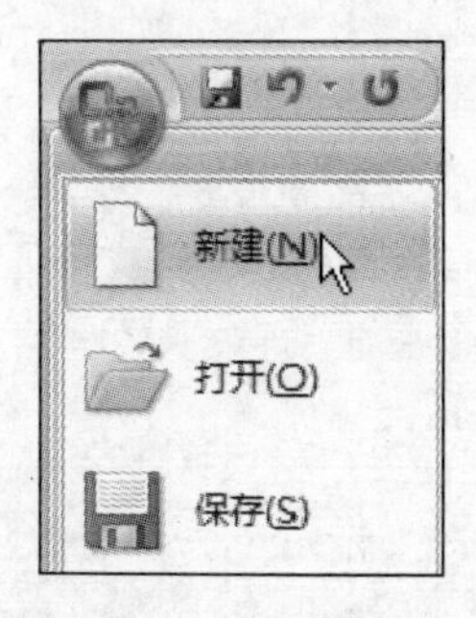

图 2-1 新建文档

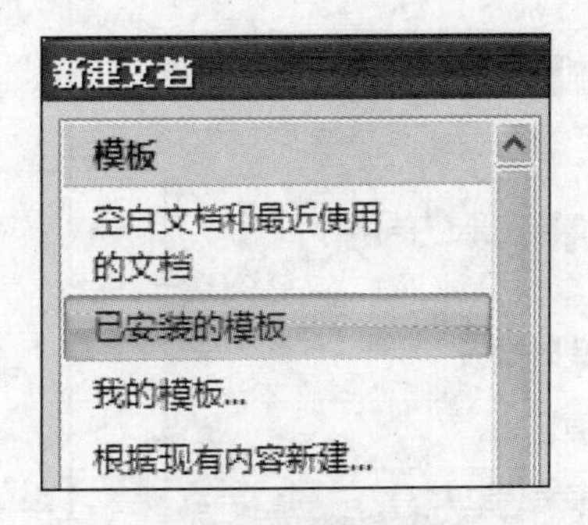

图 2-2 选择模板类型

问题 2-1： 如何快速创建一个空白文档？

在 Word 2007 应用程序窗口中按快捷键【Ctrl+N】，即可快速的创建一个新的空白文档。

Step 03 在“新建文档”对话框中的“已安装的模板”列表框中选择需要使用的模板类型如“平衡报告”，再单击“创建”按钮，如图 2-3 所示。

Step 04 创建一个新的文档，该文档应用了选定模板的文档效果，用户可以直接在文档中完成制作，从而使文档的编辑设置更加方便快捷，如图 2-4 所示。

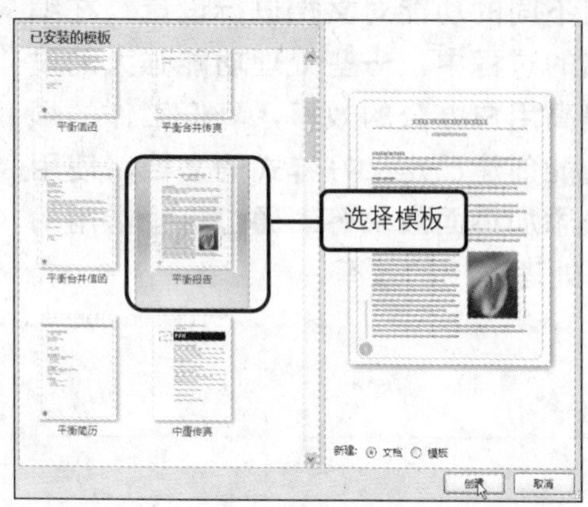

图 2-3　创建文档

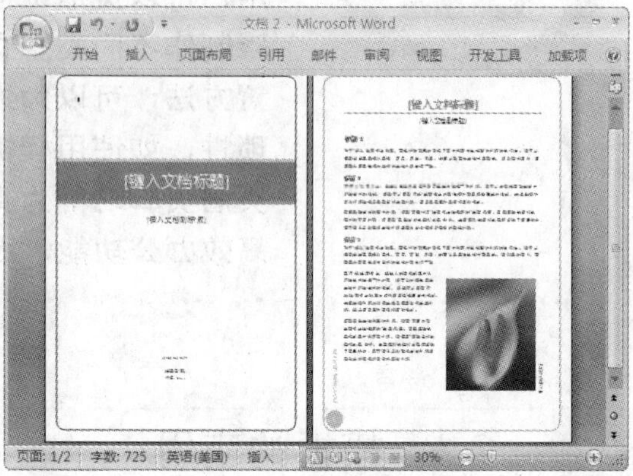

图 2-4　生成文档

2.1.2　根据现有内容新建

当用户需要使用已有文档创建新的文档内容时，可以使用新建文档中的“根据现有内容新建”功能，创建一个与现有文档相同的新文档，再对其进行编辑与保存。

原始文件： 第 2 章\原始文件\旅游企划书.docx

Step 01 打开“新建文档”对话框，在“模板”列表框中单击“根据现有内容新建”选项，如图 2-5 所示。

Step 02 打开“根据现有文档新建”对话框，在“查找范围”文本框中设置需要使用文档的路径位置，选中需要使用的文档，再单击“新建”按钮，如图 2-6 所示。

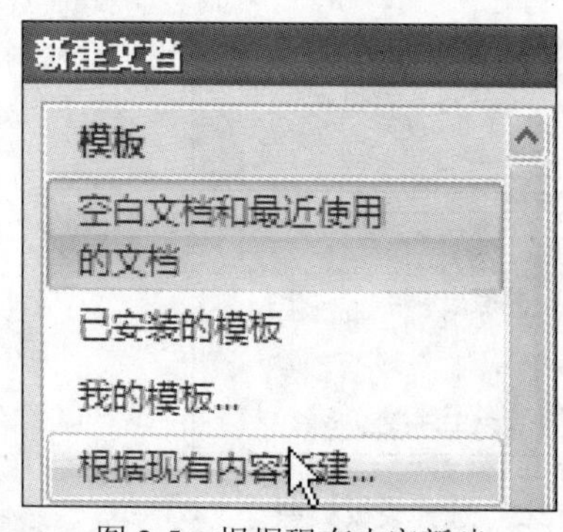

图 2-5　根据现有内容新建

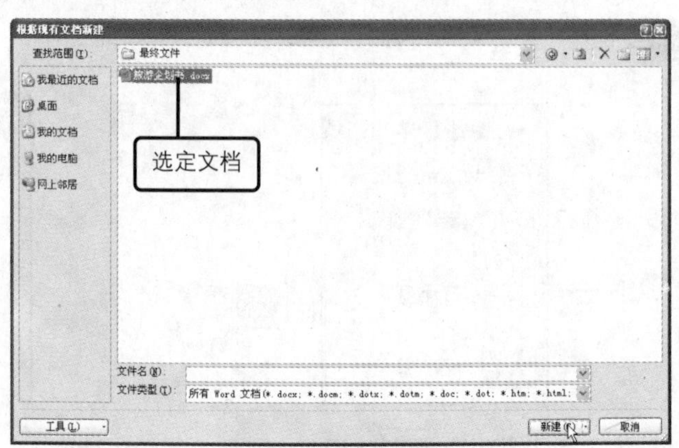

图 2-6　选择现有文档

问题 2-2：如何使用“我的模板”功能创建新的文档？

用户在使用“我的模板”功能时，首先需要注意保证“我的模板”内含有用户自定义的模板内容，否则该功能不可用。

当用户在编辑文档的过程中，如果编辑的文档需要经常性的使用，则可以将其保存为模板，打开“另存为”对话框，将保存类型设置为“Word 模板（.docx）”再进行保存，该文档将被保存到“我的模板”中。新建文档的过程中，选择模板为“我的模板”，在打开的“新建”对话框中“我的模板”列表框中将显示自定义保存的文档模板，选中模板并单击“创建”按钮，即可创建一个自定义模板样式的文档。

Step 03 新建一个文档，在文档中显示选定模板文档的相关内容，用户可以根据创建的现有文档对其进行编辑与修改，设置完成后将文档进行保存即可，如图 2-7 所示。

图 2-7　生成文档

2.2　页眉和页脚

用户在编辑文档的过程中，如果编制的文档内容较多，并需要制订成书稿样式，则通常需要为文档页面添加页眉或页脚内容，在其中插入页码、文档标题、文件名等信息内容，以方便用户的查看。在打印文档的过程中，添加的页眉和页脚内容也会同时被打印在页面中，使制作的文档更加完善。

原始文件： 第 2 章\原始文件\页眉和页脚.docx
最终文件： 第 2 章\最终文件\页眉和页脚.docx

2.2.1　插入页眉和页脚

在编辑文档的过程中，如果为了使页面达到更为丰富的效果，用户还可以为其添加页眉和页脚内容，用户可以为其插入 Word 自带样式的页眉或页脚内容，使操作更加的方便快捷。下面为用户介绍如何在文档中插入页眉或页脚内容。

Step 01 打开原始文件“页眉和页脚.docx”，可以看到现有文档的页面效果，此时页面上方并没有添加页眉内容，如图 2-8 所示。

Step 02 切换到“插入”选项卡下，在“页眉和页脚”组中单击“页眉”按钮，在展开的列表中单击“条纹型”选项，如图 2-9 所示。

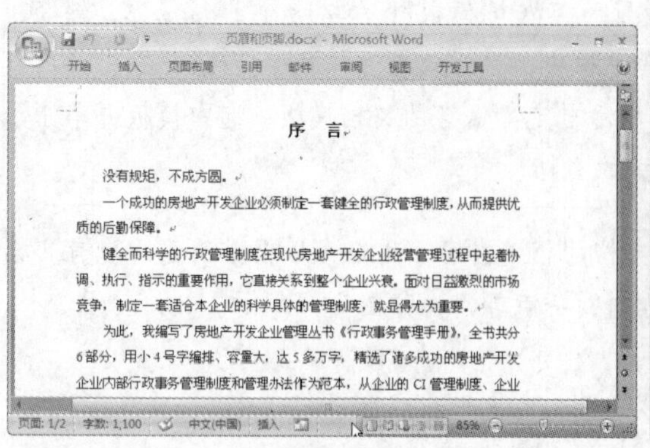

图 2-8　查看文档页面

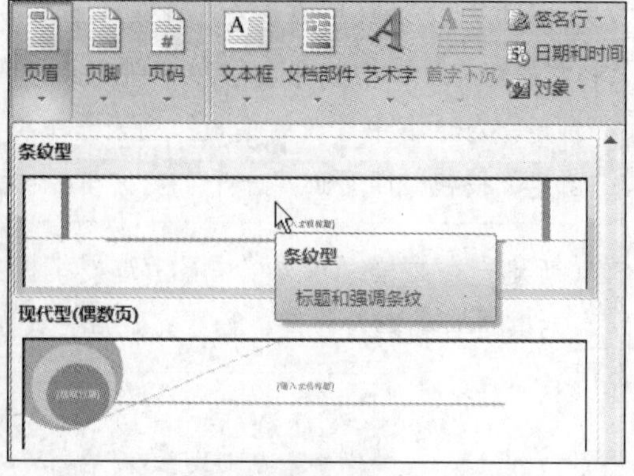

图 2-9　选择页眉

问题 2-3:	如何快速切换到页眉和页脚视图方式？

在文档上方页眉位置处双击，即可快速切换到页眉和页脚视图方式，在页眉或页脚编辑区域中，用户可以根据需要自定义设置页眉或页脚内容。

Step 03 切换到页眉页脚视图方式，在页眉区域中自动添加选定的页眉内容，在页眉中添加需要的标题或其他文本内容即可，如图 2-10 所示。

Step 04 在标题文本框中输入需要添加的页眉文本内容后，选中需要设置的文本并右击，在浮动工具栏中设置字体的格式效果，如图 2-11 所示。

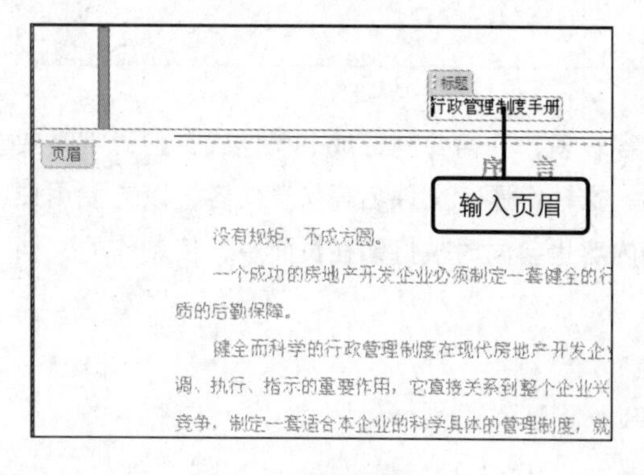

图 2-10　编辑页眉

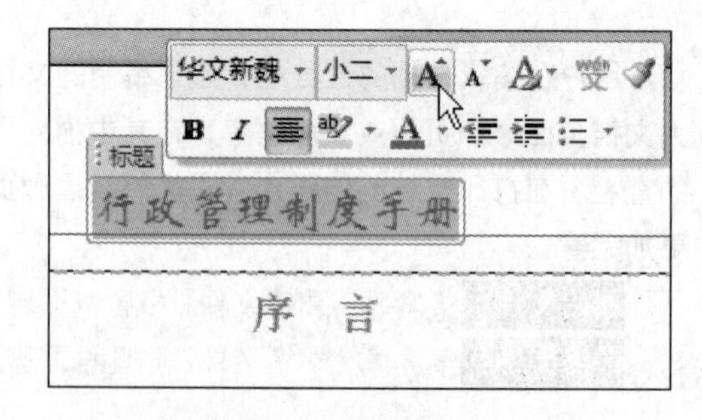

图 2-11　设置页眉格式

问题 2-4:	如何在页眉中插入图片或剪贴画内容？

切换到页眉页脚视图方式，将鼠标放置在页眉编辑区域中，在“设计”选项卡下单击“图片”或“剪贴画”按钮，在打开的对话框或任务窗格中选择需要插入的图片或剪贴画即可。

Step 05 用户还可以为文档页面添加页脚内容，在“设计”选项卡下单击“页眉和页脚”组中的“页脚”按钮，在展开的列表中单击“堆积型”选项，如图 2–12 所示。

Step 06 在文档页脚位置处可以看到添加的页脚内容，用户可以在页脚区域中编辑文档页脚内容，如图 2–13 所示。

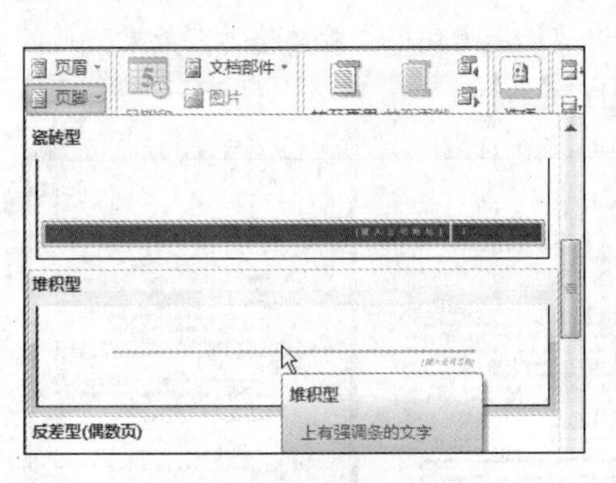

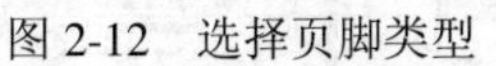

图 2-12　选择页脚类型

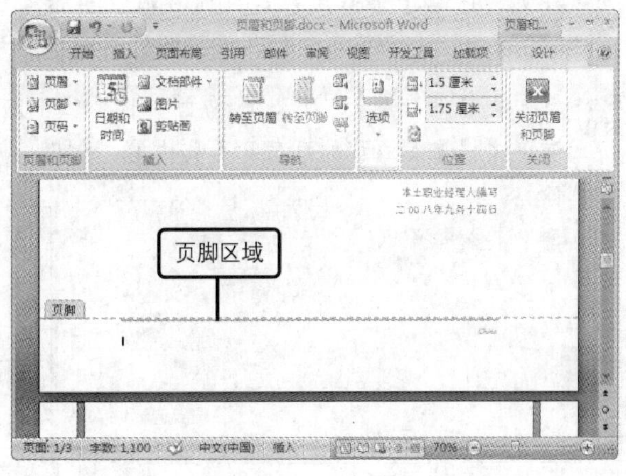

图 2-13　插入页脚

问题 2-5：　如何快速在页眉和页脚之间进行切换？

切换到页眉和页脚视图方式下，如果用户正在编辑页眉内容，需要快速切换到页脚区域，可以在“设计”选项卡下的“导航”组中单击“转至页眉”按钮，反之则单击“转至页脚”按钮。

Step 07 如果用户需要在页脚区域中插入当前日期和时间，则在“设计”选项卡下的“插入”组中单击“日期和时间”按钮，如图 2–14 所示。

Step 08 打开“日期和时间”对话框，在“可用格式”列表框中选择需要插入的时间类型，再单击“确定”按钮，如图 2–15 所示。

图 2-14　插入日期和时间

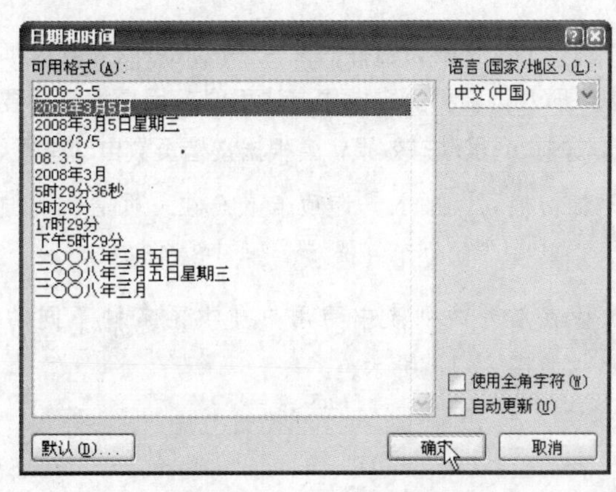

图 2-15　选择日期格式

问题 2-6: 如何设置文档显示奇偶页不同的页眉页脚效果?

切换到页眉页脚视图方式下，在“设计”组中的“选项”组中选中“奇偶页不同”复选框，即可设置在文档中显示奇偶页不同的页眉页脚效果。

Step 09 在页脚区域中插入当前日期内容后，单击“设计”选项卡下的“关闭页眉和页脚”按钮，如图 2-16 所示，即可退出页眉页脚视图方式并切换到普通视图中。

Step 10 返回到普通视图方式中，拖动窗口状态栏中的缩放比例滑块，查看文档页面效果，可以看到文档显示添加的页眉和页脚内容，如图 2-17 所示。

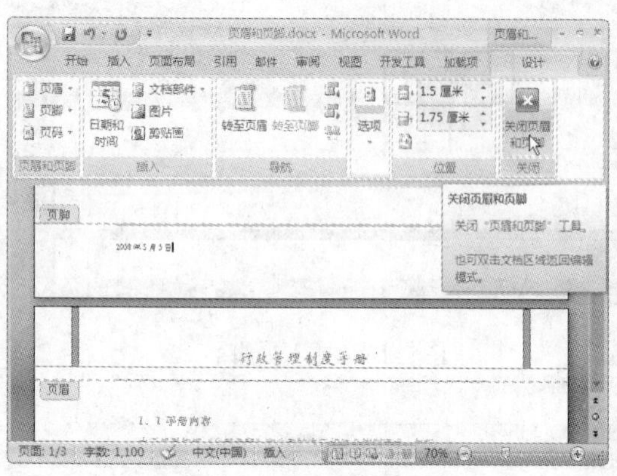

图 2-16 关闭页眉和页脚视图

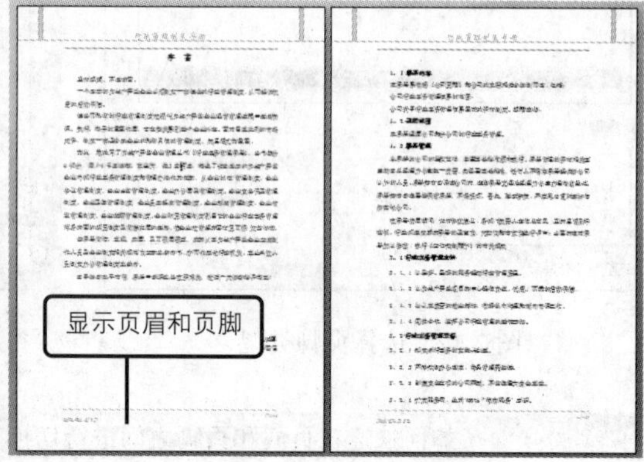

图 2-17 预览页面效果

问题 2-7: 如何设置在编辑页眉页脚内容时不显示文档内容?

切换到页眉页脚视图方式下，此时文档内容呈浅色效果显示，用户不能对其进行编辑操作，如果用户需要隐藏显示详细的文档内容，则在“设计”选项卡下的“选项”组中取消选中“显示文档文字”复选框即可。

2.2.2 插入动态页码

对于含有多页内容的文档，用户可以为其添加页码，以方便读者的查阅。插入页码的操作方法与插入页眉和页脚操作方法相似，用户根据需要设置插入的位置及页码样式即可，默认情况下插入的页码呈动态效果，会根据文档页数自动进行编号。

Step 01 切换到“插入”选项卡下，在“页眉和页脚”组中单击“页码”按钮，在展开的列表中单击“页边距”选项，如图 2-18 所示。

Step 02 在展开的列表中为用户提供了多种不同的页眉样式，如单击“箭头（右侧）”选项，如图 2-19 所示。

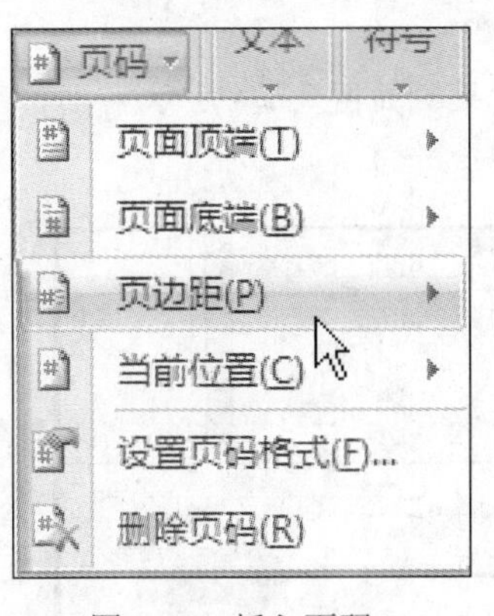

图 2-18 插入页码

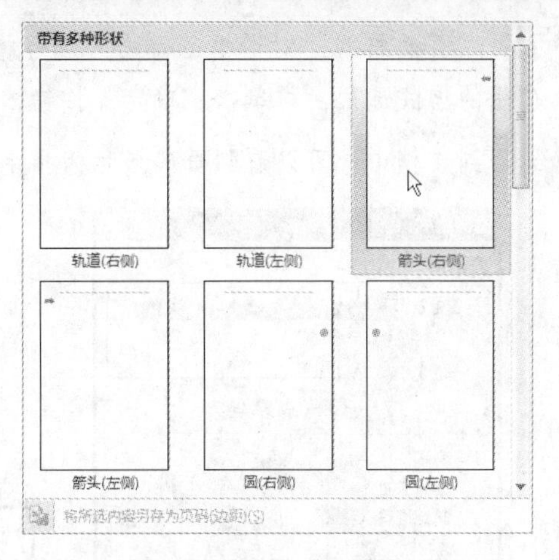

图 2-19 选择页码样式

问题 2-8: 如何在页面顶端插入页码内容?

在"插入"选项卡下单击"页眉和页脚"组中的"页码"按钮，在展开的列表中单击"页面顶端"选项，在级联列表中选择需要使用的页码样式，即可在页面顶端插入选定样式的页码内容。

Step 03 在文档页面页边距位置处显示插入的页码内容，如图 2-20 所示。

Step 04 如果用户需要对页码的格式效果进行设置，则在"设计"选项卡下单击"页码"按钮，在展开的列表中单击"设置页码格式"选项，如图 2-21 所示。

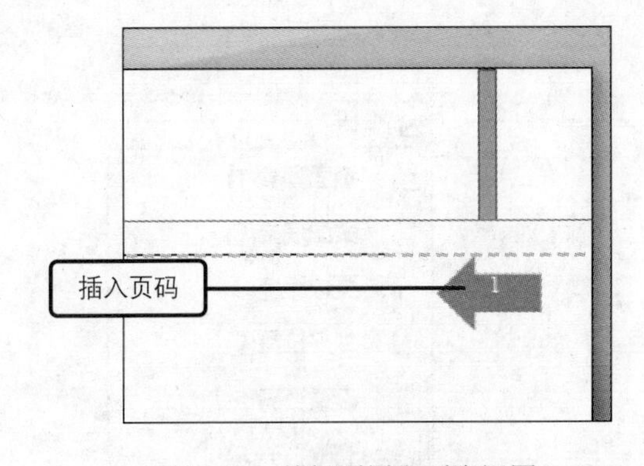

图 2-20 关闭页眉和页脚视图

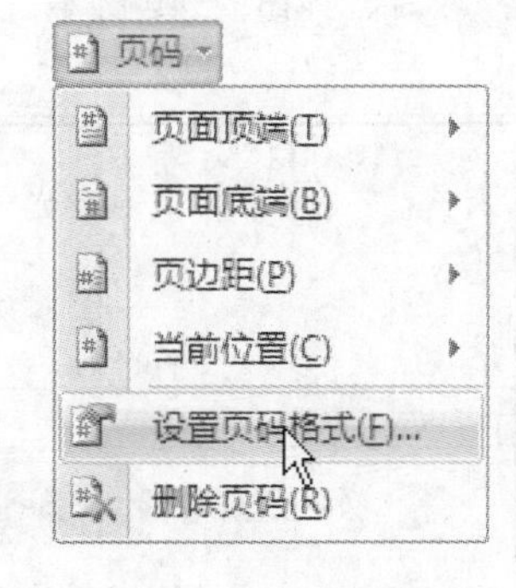

图 2-21 设置页码格式

问题 2-9: 如何在文档指定位置处插入页码内容?

将鼠标光标放置在需要插入页码的位置处，在"插入"选项卡下单击"页码"按钮，在展开的列表中单击"当前位置"选项，在级联列表中选择需要插入的页码样式，即可在文档的指定位置插入页码内容。

Step 05 打开“页码格式”对话框，单击“编号格式”下拉列表按钮，在展开的列表中单击需要应用的格式选项，再单击“确定”按钮，如图 2-22 所示。

Step 06 返回到文档中，可以看到页码显示为指定的编号格式效果，如图 2-23 所示。

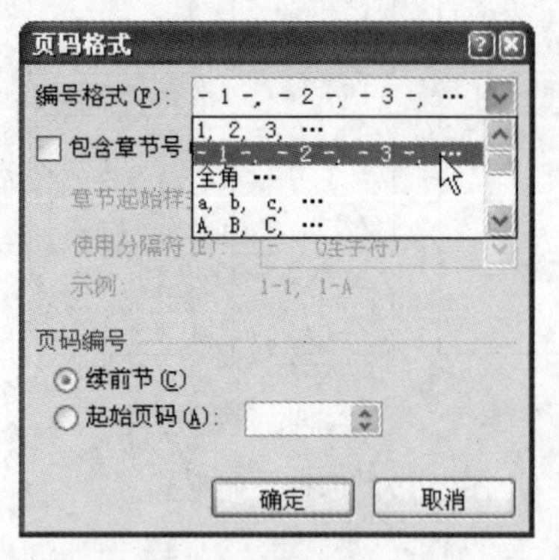

图 2-22　选择编号格式

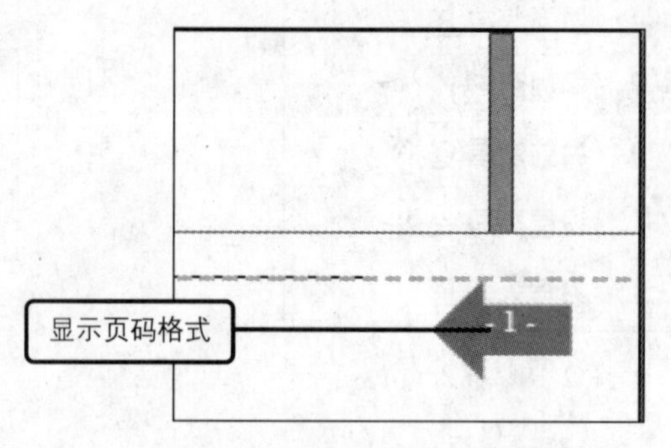

图 2-23　显示编号样式

问题 2-10：　如何设置页码的起始编号？

打开“页码格式”对话框，单击选中“起始页码”单选按钮，并输入需要开始的页码编号，即可设置页码按指定的起始编号进行显示。

Step 07 插入的页码显示动态的效果，在窗口右侧单击“下一页”按钮，切换到文档下一页面，可以看到页码自动进行页码编号，如图 2-24 所示。

Step 08 如果用户需要删除页码内容，则单击“页码”按钮，在展开的列表中单击“删除页码”选项即可，如图 2-25 所示。

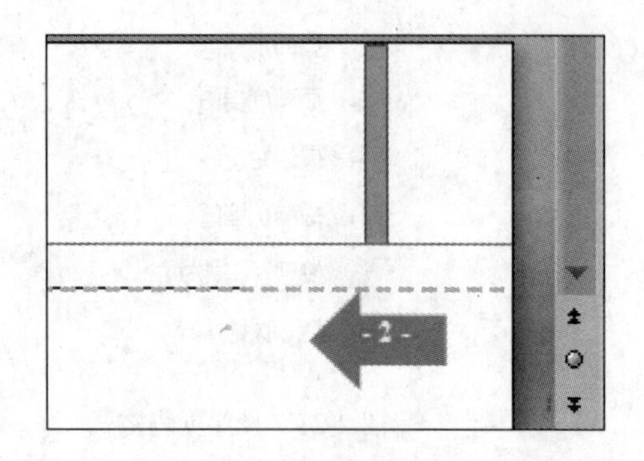

图 2-24　查看动态页码

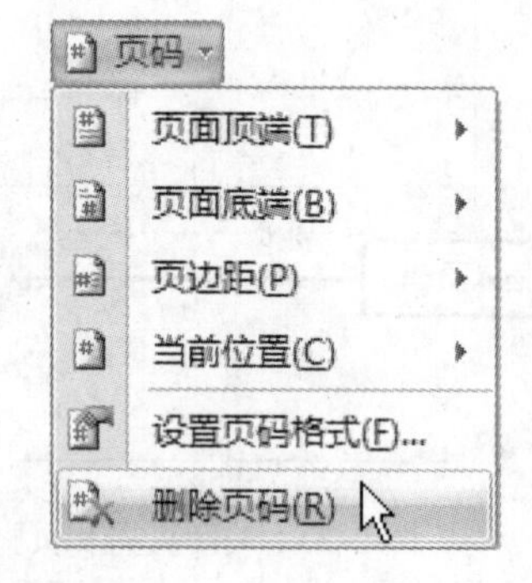

图 2-25　删除页码

2.3　自动生成目录功能

在处理长文档内容时，用户可以为其添加目录内容，以方便用户对文档内容的查找。在制作文档目录时，如果用户手动对其进行编制，则显得较为麻烦，此时用户可以使用 Word 中的自动生成目录功能，为文档自动生成相应的文档目录，以方便用户的使用，下面介绍如何为文档自动生成目录。

原始文件： 第 2 章\原始文件\自动生成目录.docx

最终文件： 第 2 章\最终文件\自动生成目录.docx

Step 01 打开原始文件，如果用户需要使用自动生成目录功能，则首先需要为文档套用 Word 的内置样式如标题 1、标题 2、标题 3 等效果，选中文档中需要应用标题 1 样式的段落文本，如图 2-26 所示。

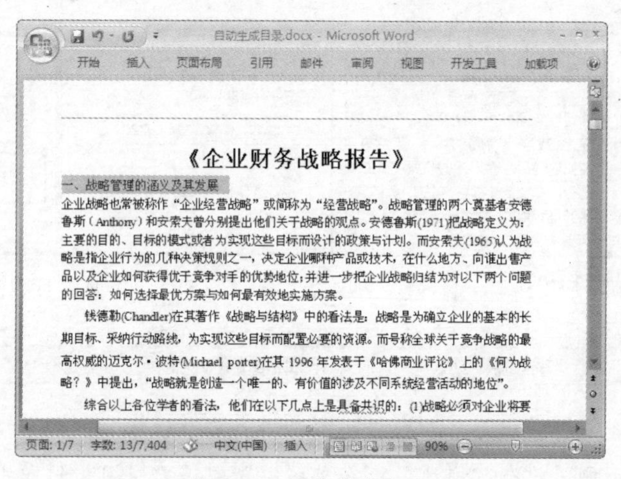

图 2-26　选定段落文本

Step 02 在“开始”选项卡下的“样式”组中单击“快速样式”按钮，在展开的列表中单击“标题 1”选项，如图 2-27 所示。

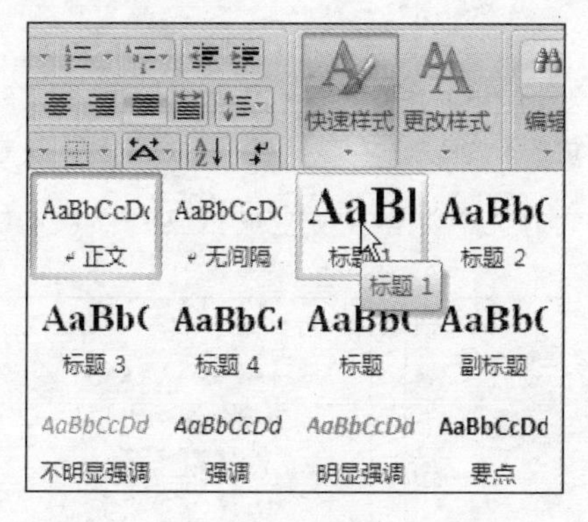

图 2-27　选择样式

问题 2-11：为什么在窗口中的“开始”选项卡下“样式”组中没有“快速样式”按钮？

当用户在窗口不同选项卡下找不到一些功能按钮时，是由于设置的窗口大小的原因，当用户将窗口设置为最大化显示时，所有的功能按钮都将显示在相应的选项卡下，当窗口缩小显示时，一些功能按钮则可能自动隐藏显示，用户需要查看全部按钮时，可将窗口调整为最大化，再进行操作。

Step 03 设置完成后，可以看到选定的文本应用了指定的样式效果，如图 2-28 所示。

Step 04 使用相同的方法为文档中不同的段落文本应用合适的标题样式效果，调整文档的显示比例，可以预览套用内置样式后的文档效果，如图 2-29 所示。

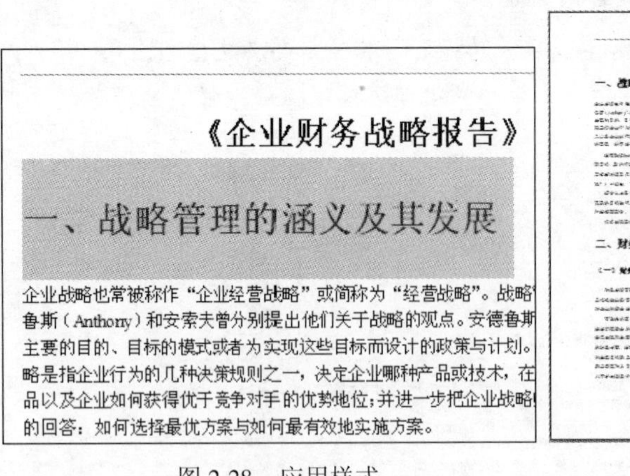

《企业财务战略报告》

一、战略管理的涵义及其发展

企业战略也常被称作“企业经营战略”或简称为“经营战略”。战略
鲁斯（Anthony）和安索夫曾分别提出他们关于战略的观点。安德鲁斯
主要的目的、目标的模式或者为实现这些目标而设计的政策与计划。
略是指企业行为的几种决策规则之一，决定企业哪种产品或技术，在
品以及企业如何获得优于竞争对手的优势地位；并进一步把企业战略
的回答：如何选择最优方案与如何最有效地实施方案。

图 2-28　应用样式

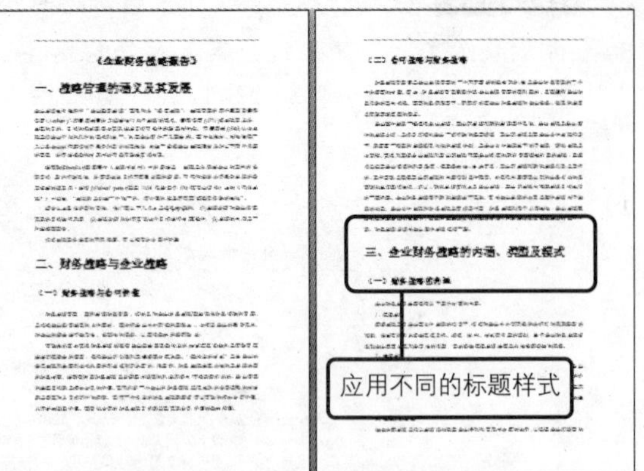

图 2-29　预览应用标题样式后的效果

问题 2-12：　如何使用“格式刷”功能快速应用相同的样式效果？

选中需要应用样式的段落文本，在“开始”选项卡的“剪贴板”组中双击“格式刷”按钮，此时鼠标呈小刷子状态，拖动鼠标在文档中选中需要应用相同样式的文本内容，此时选定的文本将应用相同的样式效果。使用格式刷功能还可以对需要应用相同字体、段落格式的文本进行设置，如果需要取消格式刷功能，则再次单击“格式刷”按钮，使其不呈选中状态即可。

Step 05 切换到“引用”选项卡下，在“目录”组中单击“目录”按钮，在展开的列表中单击“自动目录 1”选项，如图 2-30 所示。

Step 06 文档根据套用了内置样式的文本内容自动生成相应的目录，如图 2-31 所示。

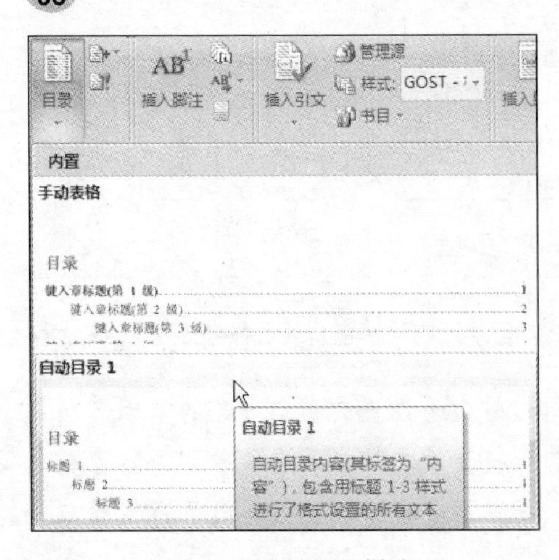

图 2-30　选择目录样式

目录

一、战略管理的涵义及其发展……1
二、财务战略与企业战略……1
（一）财务战略与公司价值……1
（二）公司战略与财务战略……2
三、企业财务战略的内涵、类型及模式……2
（一）财务战略的内涵……2
（二）财务战略的类型……3
（三）财务战略的模式……3
1、成本领先战略……4
2、利润领先战略……4
3、资产增值战略……4
4、风险规避战略……4
四、财务战略管理选择的理论分析……5

图 2-31　生成目录

问题 2-13：如何快速删除插入的目录？

选中需要删除的目录内容，按键盘中的【Delete】键即可。

Step 07 插入的目录显示在目录文本框中，当用户对文档应用了标题的文本内容进行修改后，同样需要将目录进行更新显示。单击目录上方的“更新目录”按钮，如图 2-32 所示 。

Step 08 打开“更改目录”对话框，选择“更新整个目录”单选按钮，再单击“确定”按钮，如图 2-33 所示。

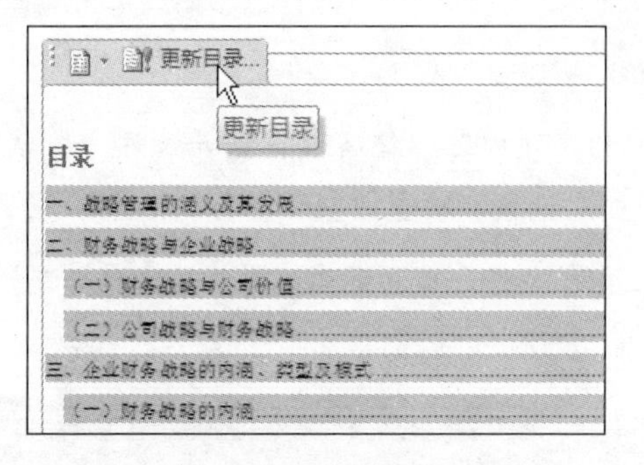

图 2-32　更改目录

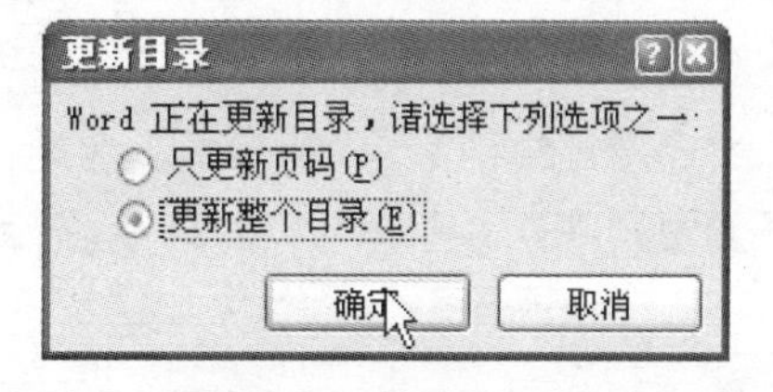

图 2-33　设置更新方式

问题 2-14：如何使用目录的超链接功能？

选中目录，将鼠标光标放置在需要查看详细文档内容的目录位置处，按下键盘中的【Ctrl】键，此时鼠标呈小手状，再单击鼠标，即可转到文档中相应的位置处，查看详细的文档内容。

Step 09 如果用户需要手动编辑详细的目录内容，则可以单击“目录”按钮，在展开的列表中单击“手动表格”选项，如图 2-34 所示。

Step 10 目录更改为手动编辑类型，用户可以在提示文本框中输入需要添加的目录内容，完成自定义目录内容的编辑，如图 2-35 所示。

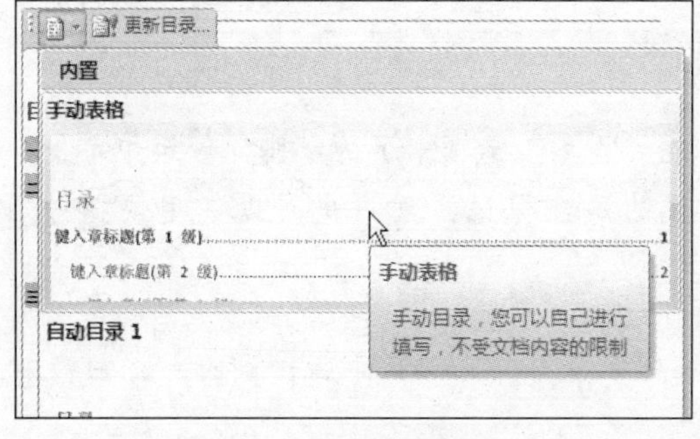

图 2-34　使用手动目录

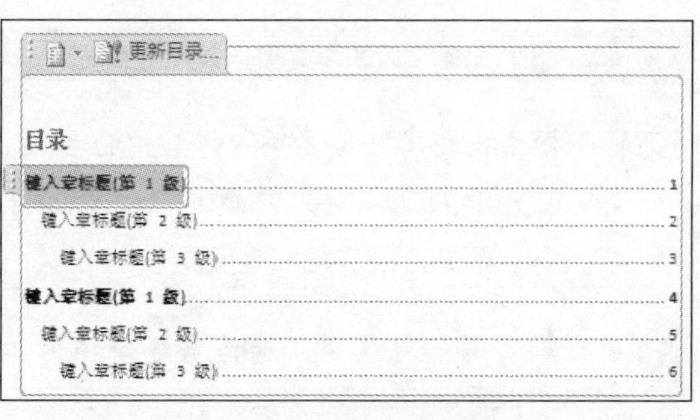

图 2-35　手动编辑目录

2.4 添加脚注和尾注

在编辑文档的过程中，用户常常需要为文档添加参考文献、名词解释、批注说明等相关信息，此时用户可以使用脚注和尾注功能对文档进行编辑设置。脚注通常显示在文档页面底端，用于对文档内容进行说明注释。尾注通常显示在文档末尾，用于说明文档的引用文献、参考资料等相关信息。在实际工作中，用户可以根据需要为文档添加脚注或尾注，也可以将文档中的脚注或尾注进行转换。

原始文件： 第 2 章\原始文件\脚注和尾注.docx

最终文件： 第 2 章\最终文件\脚注和尾注.docx

Step 01 打开原始文件，如果用户需要为文档标题添加尾注内容，需将鼠标光标放置在标题位置处，在“引用”选项卡下单击“脚注”组中的对话框启动器按钮，如图 2-36 所示。

Step 02 打开“脚注和尾注”对话框，选择“尾注”单选按钮，并设置其位置为“文档结尾”，再单击“符号”按钮，如图 2-37 所示，设置尾注的符号样式。

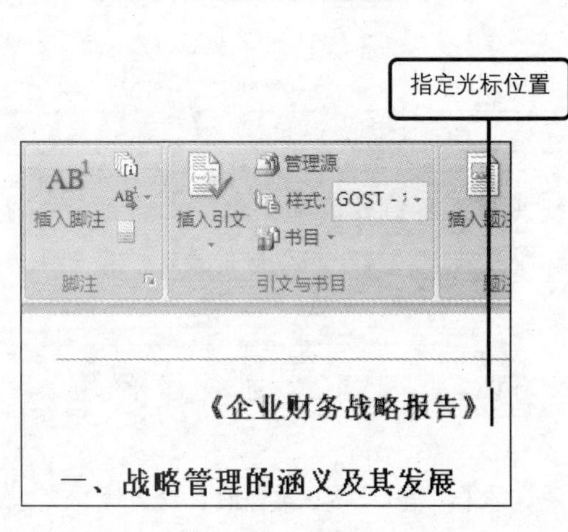

图 2-36 插入尾注

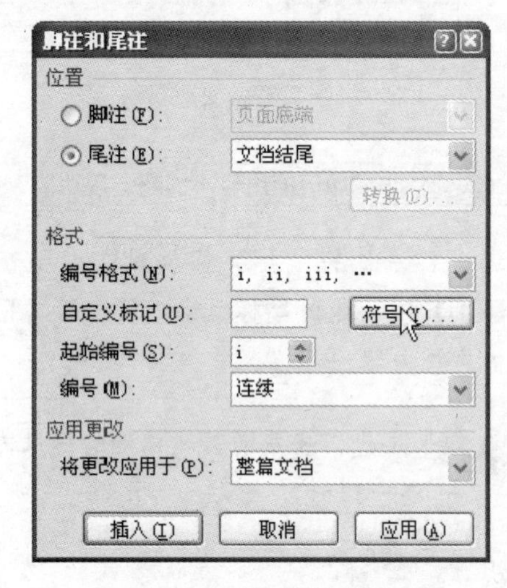

图 2-37 设置尾注样式

问题 2-15： 如何快速的为文档插入尾注标记？

鼠标光标放置在文档需要插入尾注的位置处，在“引用”选项卡下的“脚注”组中单击“插入尾注”按钮，即可快速的插入默认样式的尾注标记，用户也可以使用快捷键【Ctrl+Alt+D】快速插入尾注标记。

Step 03 打开“符号”对话框，选择需要使用的尾注标记符号样式，再单击“确定”按钮，如图 2-38 所示。

Step 04 返回到“脚注和尾注”对话框，此时“自定义标记”文本框中已显示尾注标记样式，设置完成后单击“插入”按钮，如图 2-39 所示。

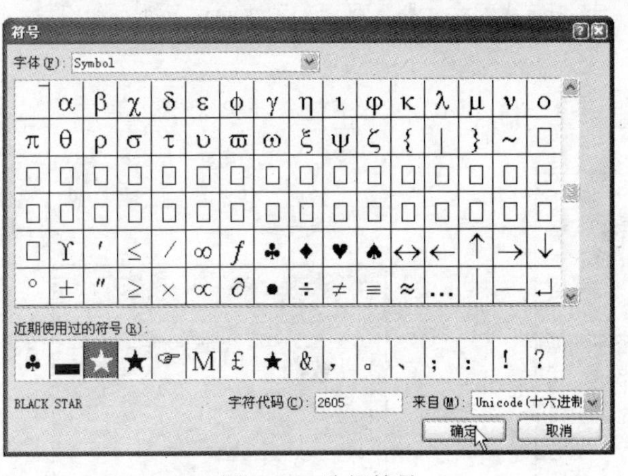

图 2-38　选择符号

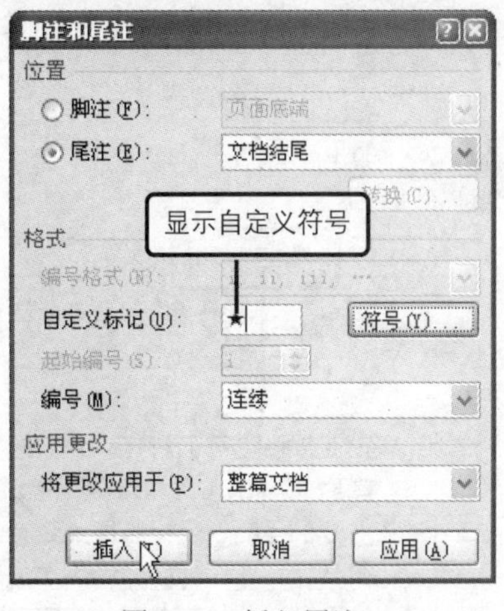

图 2-39　插入尾注

问题 2-16：　如何设置尾注应用编号标记？

打开“脚注和尾注”对话框，选择“尾注”单选按钮，在“格式”区域中单击“编号格式”下拉列表按钮，在展开的列表中选择需要应用的编号样式，并设置编号的起始数字及编号方式即可。

Step 05 返回到文档中，在文档末尾插入了尾注标记，并自动切换到文档末尾位置，用户在此输入需要添加的尾注内容即可，如图 2-40 所示。

Step 06 如果用户需要在尾注标记与尾注内容之间进行切换，则在文档末尾的尾注标记位置处双击，即可切换到文档中插入相应尾注的位置，如图 2-41 所示。

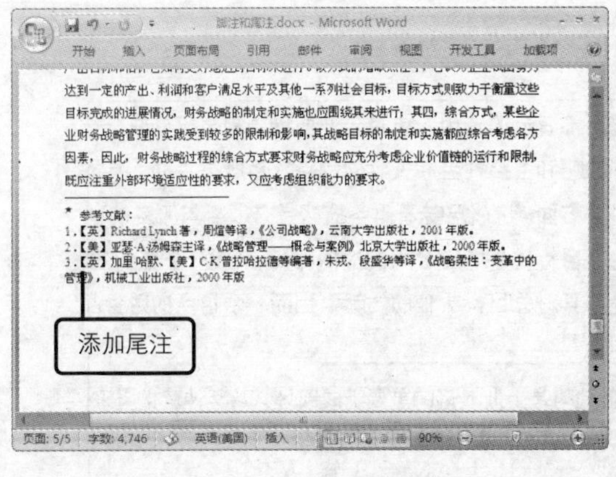

图 2-40　添加尾注内容

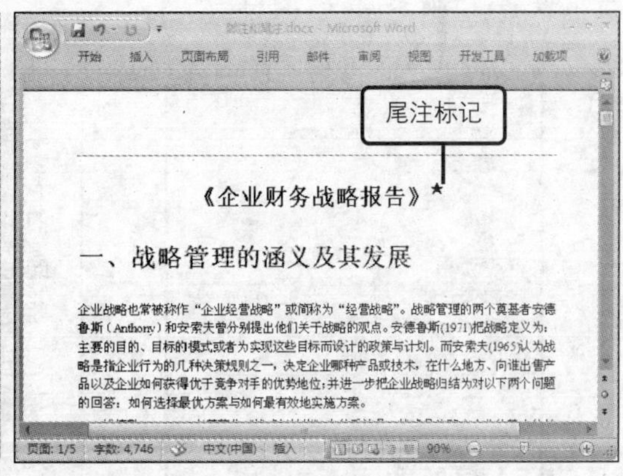

图 2-41　切换文档位置

问题 2-17：　如何删除尾注标记及尾注内容？

在文档中插入尾注的位置处选中插入的尾注标记，将该标记进行删除，即可同时将其对应的尾注内容进行删除。

Step 07 如果用户需要在文档中插入脚注内容，将光标放置在文档需要插入脚注的位置处，如图 2—42 所示。

Step 08 在“引用”选项卡下单击“脚注”组中的“插入脚注”按钮，如图 2—43 所示。

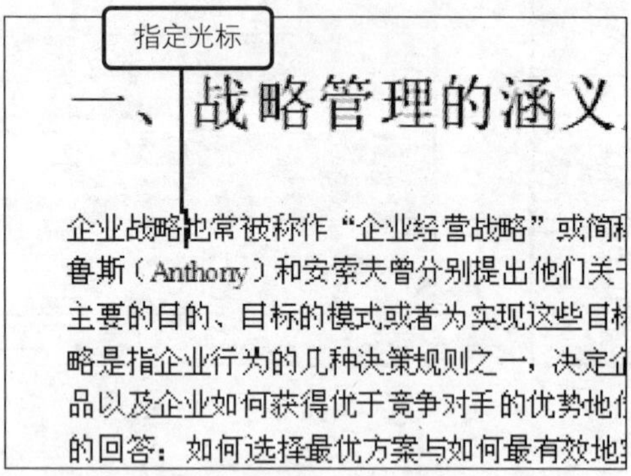

指定光标
一、战略管理的涵义
企业战略也常被称作“企业经营战略”或简称
鲁斯（Anthony）和安索夫曾分别提出他们关于
主要的目的、目标的模式或者为实现这些目标
略是指企业行为的几种决策规则之一，决定企
品以及企业如何获得优于竞争对手的优势地位
的回答：如何选择最优方案与如何最有效地实

图 2-42 指定插入位置

页面布局
引用
插入尾注
插入脚注
下一条脚注
显示备注
脚注

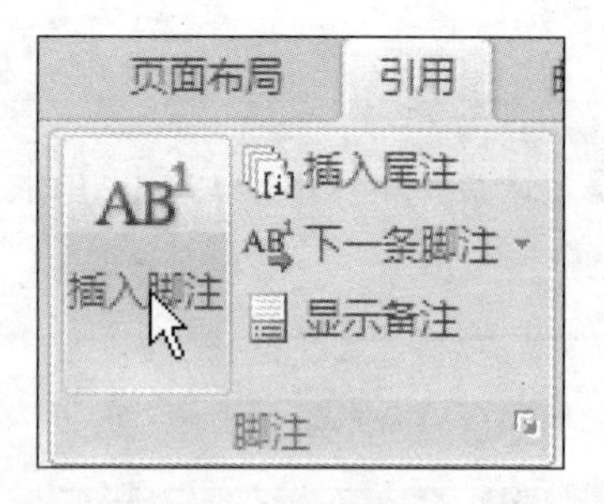

图 2-43 插入脚注

问题 2-18： 如何快速插入脚注？

将鼠标光标放置在需要插入脚注的文档位置处，按快捷键【Ctrl+Alt+F】即可快速插入脚注标记。

Step 09 用户也可以打开“脚注和尾注”对话框，选择“脚注”单选按钮，在“格式”区域中设置脚注的编号格式，再单击“插入”按钮，如图 2—44 所示。

Step 10 文档自动切换到当前页面的底端，显示脚注标记，用户根据需要输入脚注内容即可，如图 2—45 所示。

脚注和尾注
位置
脚注(F): 页面底端
尾注(E): 文档结尾
转换(C)...
格式
编号格式(N): 1, 2, 3, …
自定义标记(U):
符号(Y)...
起始编号(S): 1
编号(M): 连续
应用更改
将更改应用于(P): 整篇文档
插入(I)
取消
应用(A)

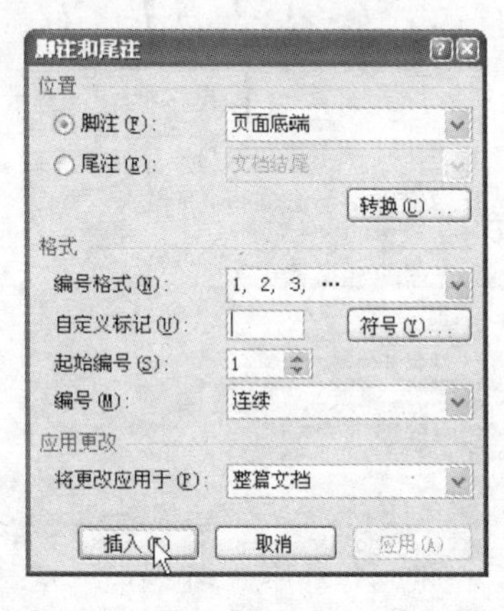

图 2-44 插入脚注

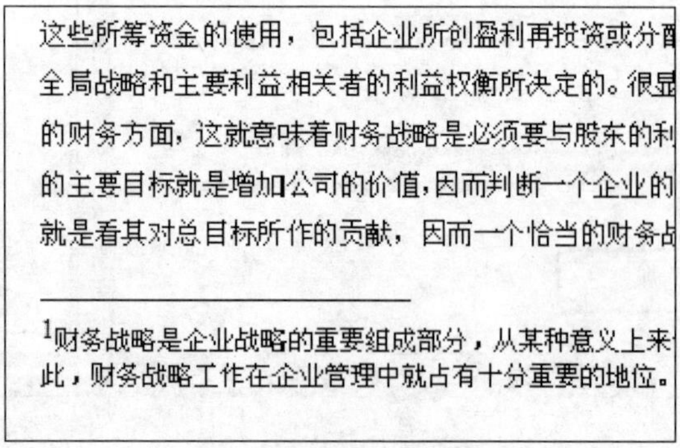

这些所筹资金的使用，包括企业所创盈利再投资或分配
全局战略和主要利益相关者的利益权衡所决定的。很显
的财务方面，这就意味着财务战略是必须要与股东的利
的主要目标就是增加公司的价值，因而判断一个企业的
就是看其对总目标所作的贡献，因而一个恰当的财务战
1财务战略是企业战略的重要组成部分，从某种意义上来
此，财务战略工作在企业管理中就占有十分重要的地位。

图 2-45 编辑脚注内容

问题 2-19： 如何设置在文字下方显示脚注内容？

打开“脚注和尾注”对话框，选择“脚注”单选按钮，并单击其后方的下拉列表按钮，在展开的列表中单击“文字下方”选项，完成脚注位置的设置即可。

Step 11 如果用户需要在脚注标记与脚注内容之间进行切换，则在页面底端的脚注标记位置处双击，即可切换到文档中插入相应脚注的位置，如图 2–46 所示。

Step 12 当用户需要将文档中的脚注或尾注内容进行转换时，则可以打开“脚注和尾注”对话框，单击“转换”按钮，如图 2–47 所示。

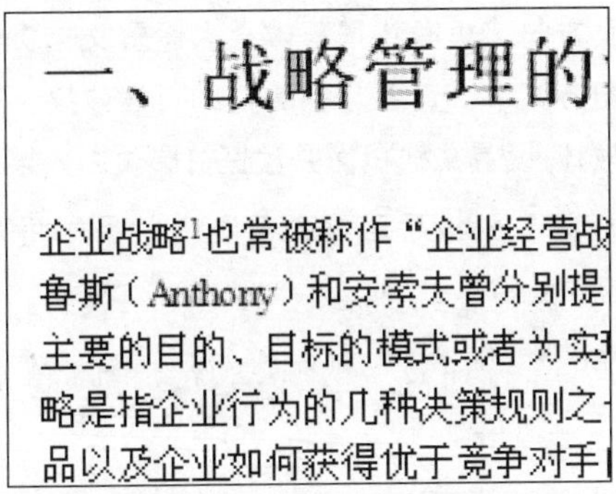

一、战略管理的

企业战略[1]也常被称作“企业经营战
鲁斯（Anthony）和安索夫曾分别提
主要的目的、目标的模式或者为实
略是指企业行为的几种决策规则之
品以及企业如何获得优于竞争对手

图 2-46　查看脚注标记

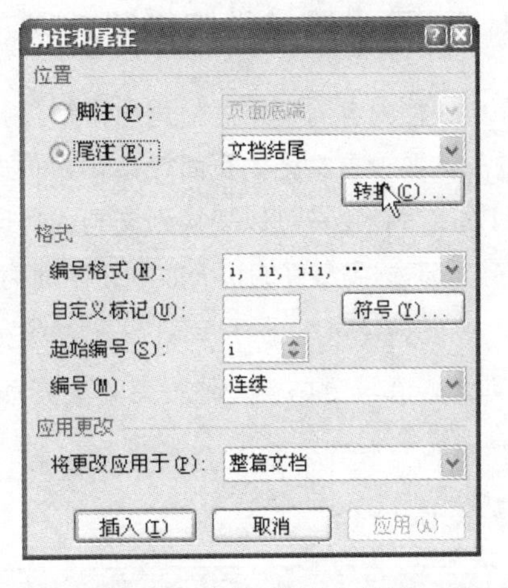

图 2-47　转换脚注和尾注

Step 13 打开“转换注释”对话框，选择“尾注全部转换成脚注”单选按钮，再单击“确定”按钮，如图 2–48 所示。

Step 14 设置完成后返回到文档中，可以看到尾注转换为脚注显示在文档页面底端位置处，并自动根据脚注内容对其进行编号，如图 2–49 所示。

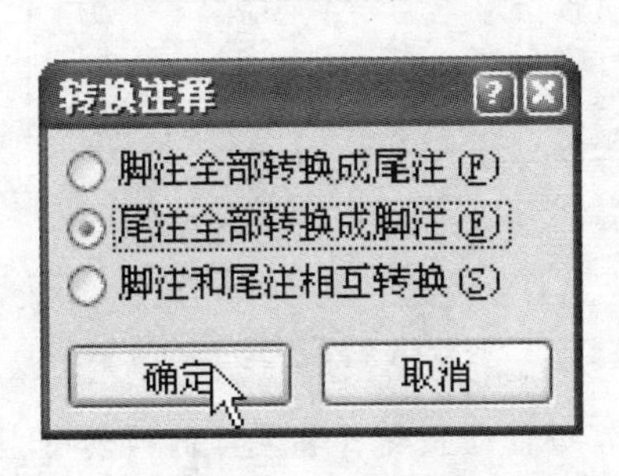

图 2-48　转换注释

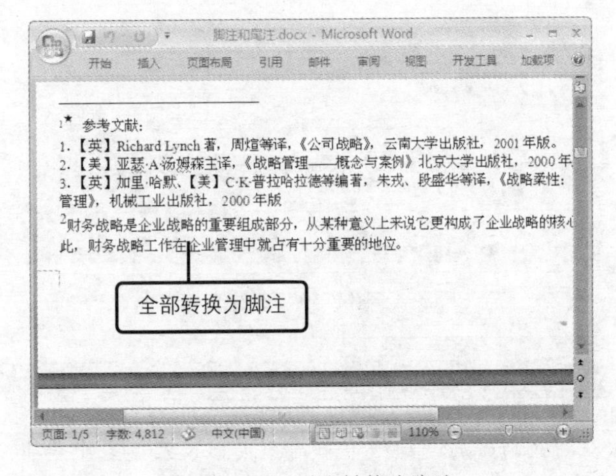

图 2-49　尾注转换为脚注

2.5　页面设置与打印

用户在编辑与设置文档的过程中，除了需要对文档内容进行详细的编辑设置外，常常还需要对文档的页面效果进行设置，从而使制作的文档更加美观。在设置文档页面效果时，用户可以根据需要对页面方向、页面背景等效果进行设置，设置完成后再对文档进行打印，将文档打印到纸张上，将更加方便用户的浏览与传阅。

原始文件： 第2章\原始文件\页面设置.docx

最终文件： 第2章\最终文件\页面设置.docx

2.5.1 页面设置与预览打印效果

完成文档内容的编辑后，用户常常需要将文档进行打印，为了使文档达到更好的打印效果，用户首先需要设置文档的页面效果，如页边距、页面方向、页面背景等效果。设置文档页面达到更好的效果后，用户可以切换到文档的打印预览视图方式中，查看文档的打印页面效果，以确保文档在打印时达到最好的页面效果，下面为用户介绍如何设置文档页面并预览打印页面效果。

Step 01 打开原始文件，查看文档的页面效果，默认情况下文档显示纵向的页面效果，用户可以调整显示比例查看文档页面效果，如图2-50所示。

Step 02 切换到"页面布局"选项卡下，在"页面设置"组中单击"纸张方向"按钮，在展开的列表中单击"横向"选项，如图2-51所示。

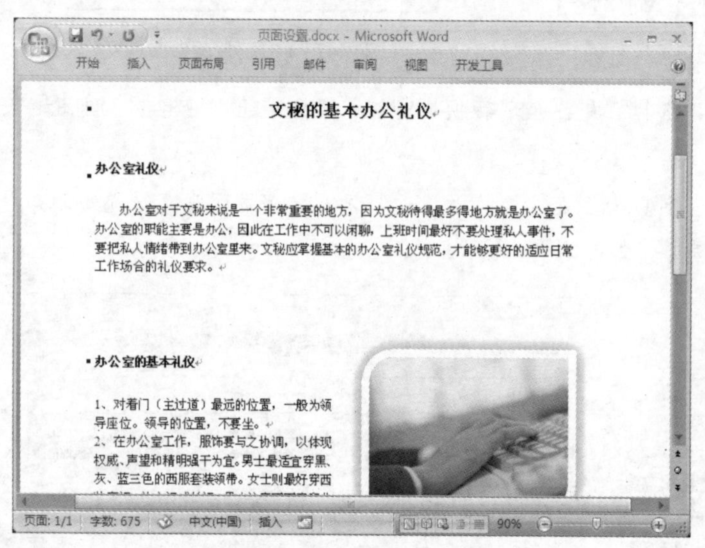

图2-50 查看文档页面

图2-51 设置纸张方向

问题 2-20： 如何更改文档页面中文本内容的文字方向效果？

在"页面布局"选项卡下的"页面设置"组中单击"文字方向"按钮，在展开的列表中选择需要应用的文字方向选项即可。

Step 03 此时文档页面转换为横向纸张效果，如图2-52所示。

Step 04 在"页面设置"组中单击"页边距"按钮，在展开的列表中单击"普通"选项，如图2-53所示。

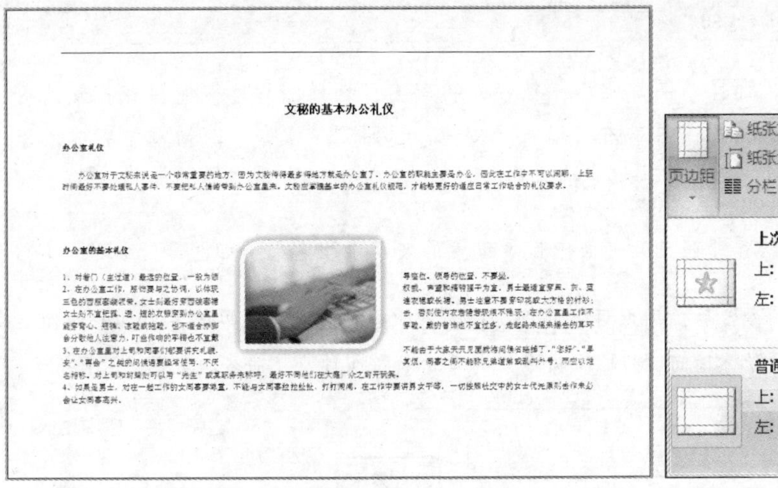

图 2-52　横向纸张效果

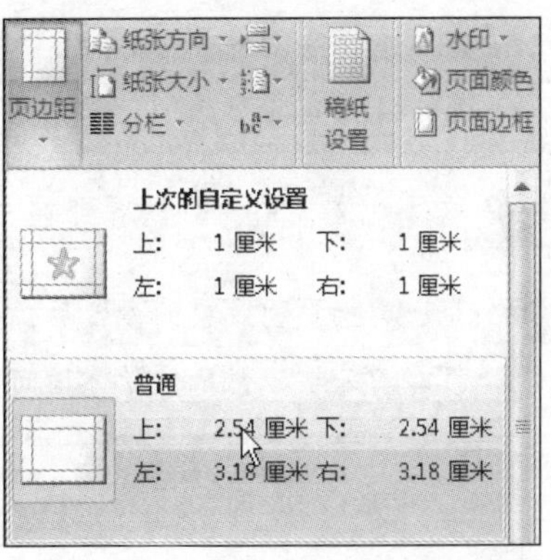

图 2-53　设置页边距

问题 2-21:　如何设置文档纸张大小?

在"页面设置"组中单击"纸张大小"按钮，在展开的列表中选择需要应用的纸张大小选项即可。

Step 05 在"页面布局"选项卡下的"页面背景"组中单击"水印"按钮，在展开的列表中单击"自定义水印"选项，如图 2-54 所示。

Step 06 打开"水印"对话框，选择"文字水印"单选按钮，在"文字"文本框中输入需要显示的水印文字内容，设置字体为"华文行楷"，颜色为"红色"，选中"半透明"复选框，选择"斜式"单选按钮，再单击"确定"按钮，如图 2-55 所示。

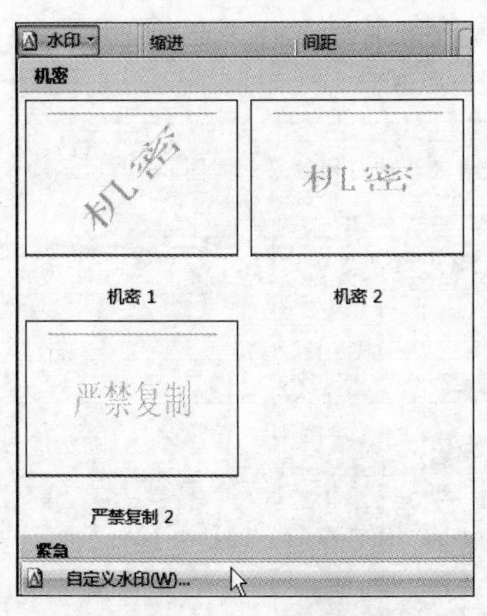

图 2-54　自定义水印

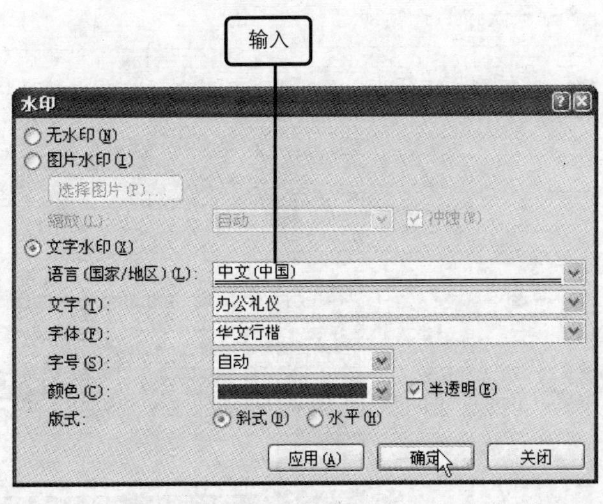

图 2-55　设置文字水印

问题 2-22：　如何设置图片水印？

打开“水印”对话框，选择“图片水印”按钮，再单击“选择图片”按钮，在打开的对话框中选择需要插入的图片，再单击“插入”按钮，返回到“水印”对话框中完成水印效果的设置，即可为文档添加图片样式的水印。

Step 07 返回到文档中，可以看到在文档页面中显示设置的文字水印效果，如图 2–56 所示。

Step 08 完成文档页面效果的设置后，用户可以预览文档的打印效果，在窗口中单击 Office 按钮，在打开的菜单中将鼠标光标指向“打印”命令，并单击“打印预览”命令，如图 2–57 所示。

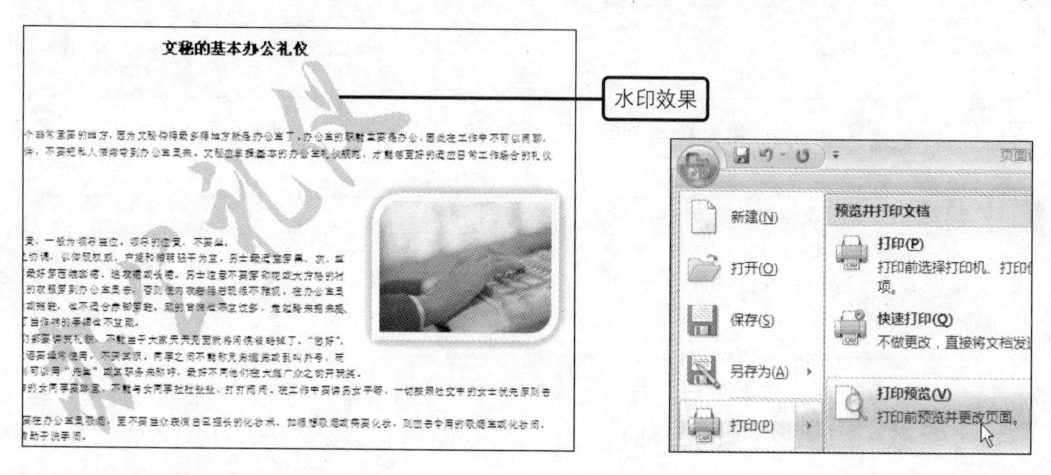

图 2-56　查看文字水印　　　　图 2-57　打印预览

问题 2-23：　如何删除文档中添加的水印效果？

在“页面布局”选项卡下的“页面背景”组中单击“水印”按钮，在展开的列表中单击“删除水印”选项即可。

Step 09 切换到打印预览视图方式下，用户可以在该视图中查看文档的打印效果，如图 2–58 所示。

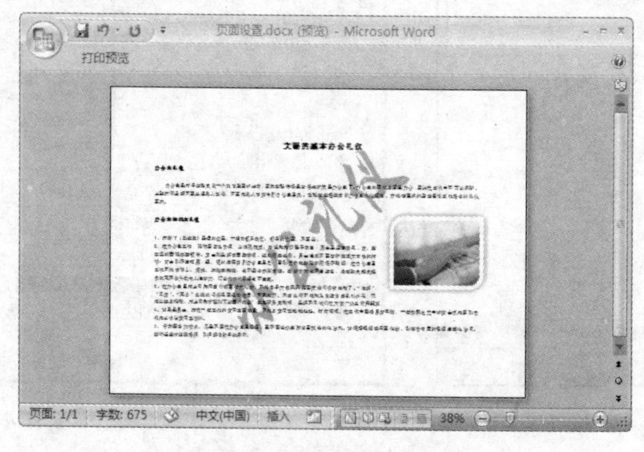

图 2-58　查看文档打印效果

问题 2-24: 如何快速切换到打印预览视图方式?

在普通视图方式下,按下快捷键【Ctrl+ F2】即可快速的切换到打印预览视图方式下,查看文档的打印页面效果。

2.5.2 批量打印文档

预览文档的打印效果满意后,用户便可以对文档进行打印操作了,在打印文档时,首先可以对打印选项内容进行设置,使文档按指定的方式进行打印,下面介绍如何将文档进行批量打印。

Step 01 在打印预览视图方式下,单击“打印预览”选项卡下的“打印”按钮,如图 2-59 所示。

Step 02 打开“打印”对话框,在“页面范围”区域中选择“全部”单选按钮,如图 2-60 所示。

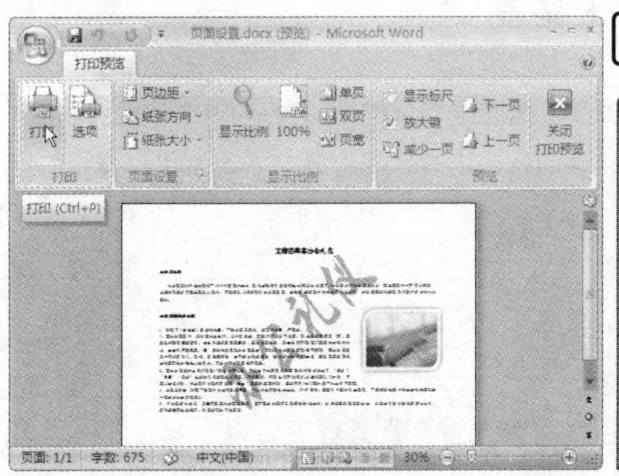

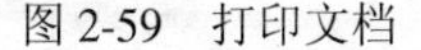

图 2-59 打印文档

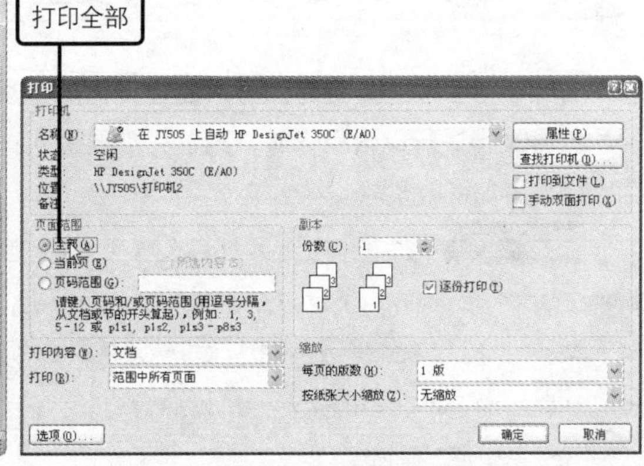

图 2-60 设置打印页面范围

问题 2-25: 如何快速打开“打印”对话框?

在需要打印的文档窗口中按【Ctrl+ P】键,即可快速的打开“打印”对话框,设置打印选项内容。

Step 03 单击“打印”下拉列表按钮,在展开的列表中单击“范围中所有页面”选项,设置打印的范围,如图 2-61 所示。

Step 04 在“副本”区域中的“份数”文本框中设置文档的打印份数,设置完成后单击“确定”按钮进行打印,如图 2-62 所示。

问题 2-26: 如何在功能区下方显示“快速访问”工具栏?

单击窗口上方的“快速访问”工具栏右侧的下三角按钮,在展开的列表中单击“在功能区下方显示”选项,即可设置将“快速访问”工具栏显示在功能区下方。

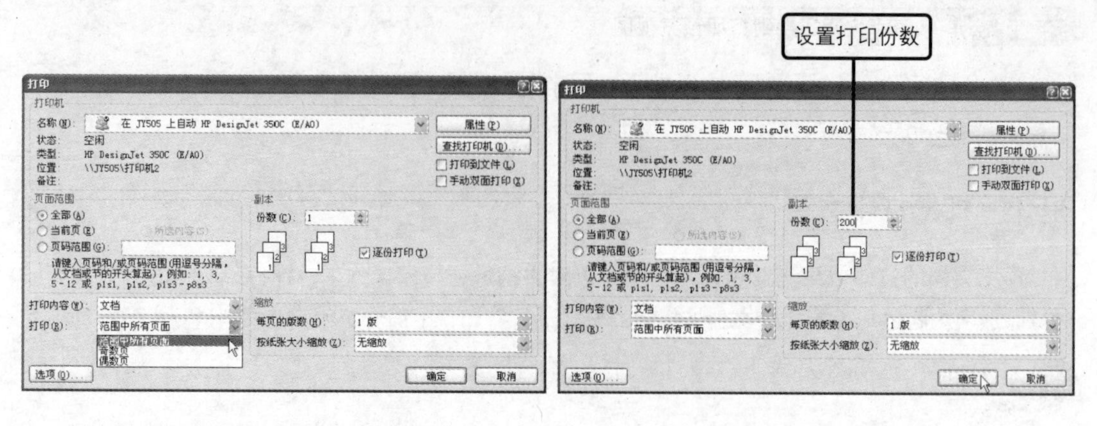

图 2-61　设置打印范围　　　　图 2-62　设置打印份数

2.6　文档的加密与安全性设置

当文档内容较为重要时，用户设置文档加密效果。为文档指定需要设置的密码内容，当用户再次打开文档进行编辑操作时，则首先需要输入正确的密码内容才能打开，下面为用户介绍如何为文档设置加密效果。

原始文件： 第 2 章\原始文件\文档加密.docx

Step 01 打开原始文件，在窗口中单击 Office 按钮，在打开的菜单中将鼠标指向“准备”选项，在弹出的级联菜单中单击“加密文档”选项，如图 2-63 所示。

Step 02 打开“加密文档”对话框，在“密码”文本框中输入需要设置的密码内容，再单击“确定”按钮，如图 2-64 所示。

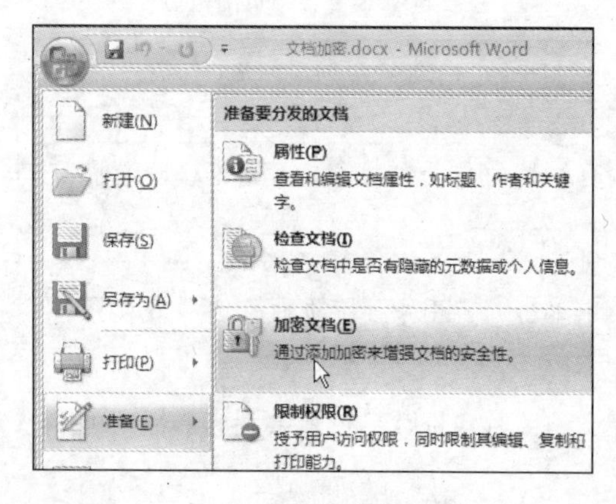

图 2-63　加密文档

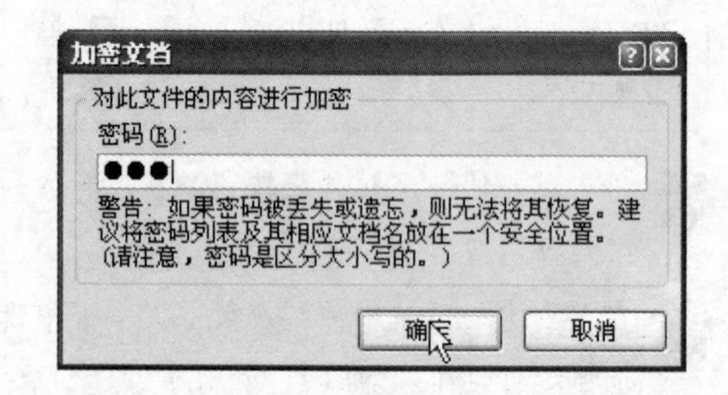

图 2-64　设置文档密码

Step 03 打开“确认密码”对话框，再次输入设置的密码内容，再单击“确定”按钮，如图 2-65 所示。

Step 04 设置完成后单击窗口中的“关闭”按钮，退出文档的编辑，此时会弹出如图 2-66 所示的提示对话框，提示用户保存文档，单击“是”按钮，如图 2-66 所示。

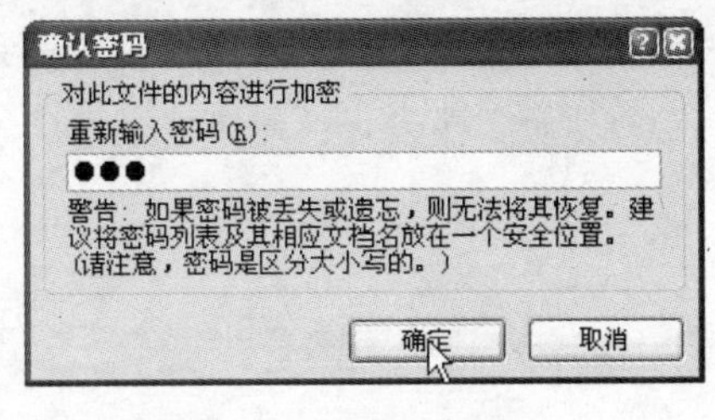

图 2-65 确认密码

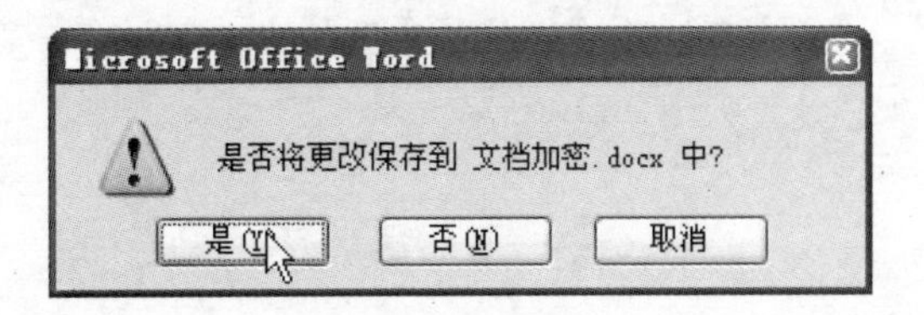

图 2-66 保存文档

Step 05 当用户需要再次打开加密的文档内容时，则会弹出“密码”对话框，要求输入打开文件所需的密码，输入正确的密码内容后，再单击“确定”按钮，如图 2-67 所示，即可打开文档进行编辑与查看操作。

Step 06 如果用户需要取消对文档的加密设置，则可以通过 Office 菜单再次打开“加密文档”对话框，在“密码”文本框中删除密码内容，再单击“确定”按钮即可，如图 2-68 所示。

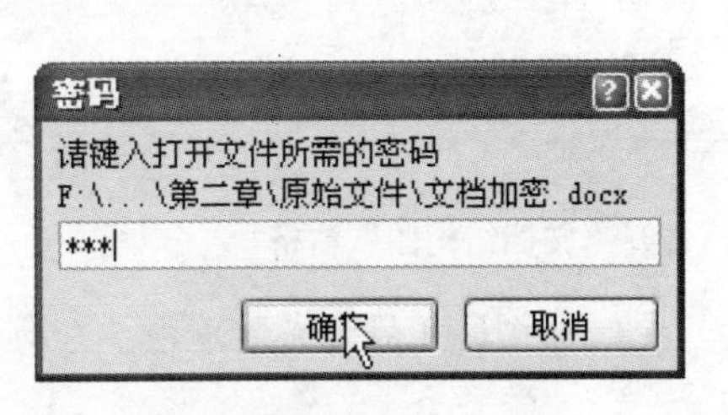

图 2-67 输入密码

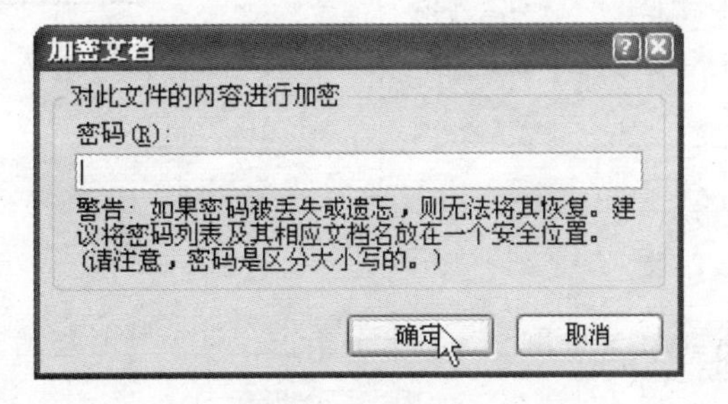

图 2-68 取消密码

问题 2-27：如何查看文档属性？

在窗口中单击 Office 按钮，在打开的菜单中鼠标指针指向“准备”选项，并单击“属性”选项，即可在窗口中打开的“文档属性”区域中查看文档作者、标题、状态等信息。

2.7 实例提高：制作与保护《人事管理工作制度》

在学习了 Word 常用高效办公功能及其用法后，用户便可以使用各项功能对一些较为复杂的文档内容进行设置与编辑了。本例将以制作《人事管理工作制度》为例，为用户介绍如何根据文档内置样式自动生成目录，并为文档插入页码内容。在完成文档的编辑后，设置限制文档格式与编辑，从而对制度内容加以保护，防止他人修改与编辑。

原始文件： 第 2 章\原始文件\人事管理工作制度.docx

最终文件： 第 2 章\最终文件\人事管理工作制度.docx

Step 01 打开原始文件，切换到“视图”选项卡下，在“显示/隐藏”组中选中“文档结构图”复选框，如图 2-69 所示。

Step 02 在文档窗口左侧打开“文档结构图”窗格，用户可以看到文档中套用了内置标题样式的文本内容，在“文档结构图”窗格中单击需要查看的标题，即可切换到文档中相应的位置处，如图 2–70 所示。

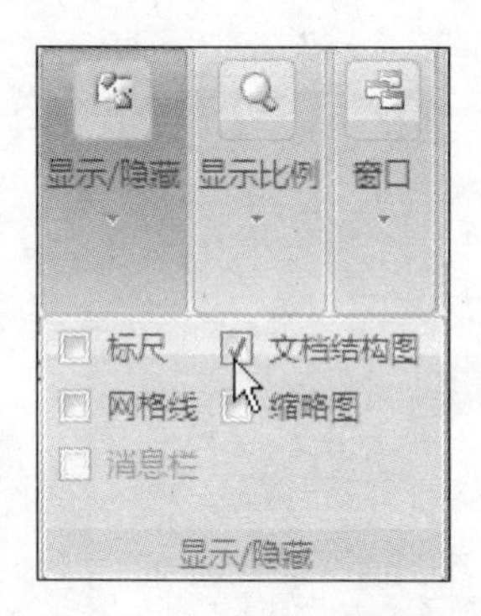

图 2-69　查看文档结构图

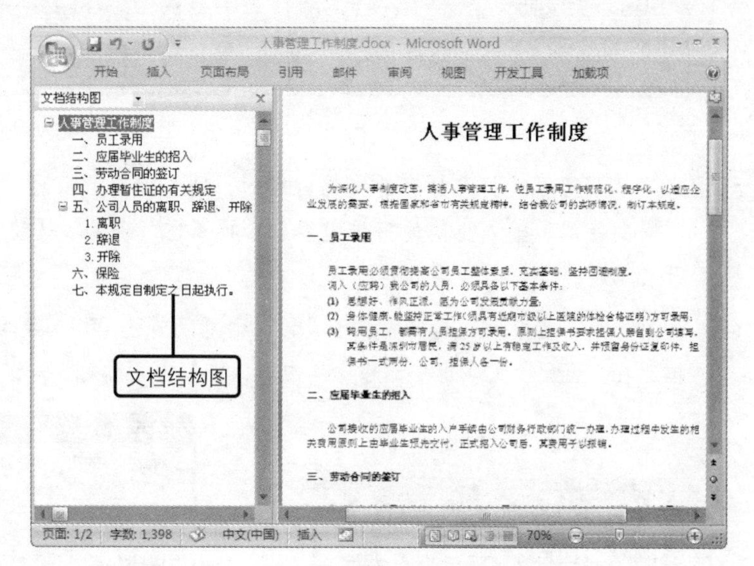

图 2-70　打开“文档结构图”窗格

Step 03 在“引用”选项卡下单击“目录”组中的“目录”按钮，在展开的列表中单击“自动目录 1”选项，如图 2–71 所示。

Step 04 在文档中插入自动生成的目录内容，如图 2–72 所示。

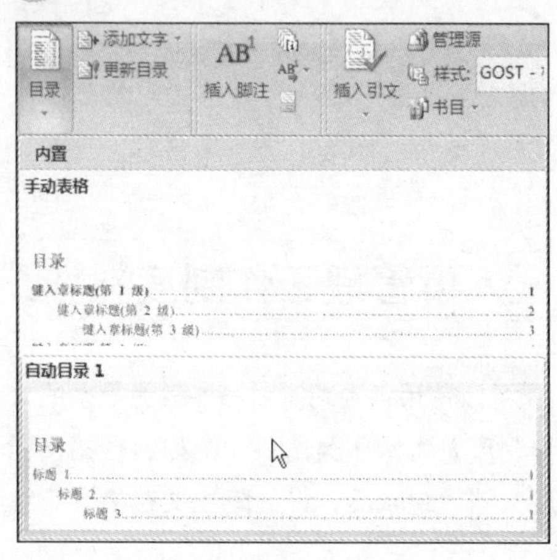

图 2-71　插入目录

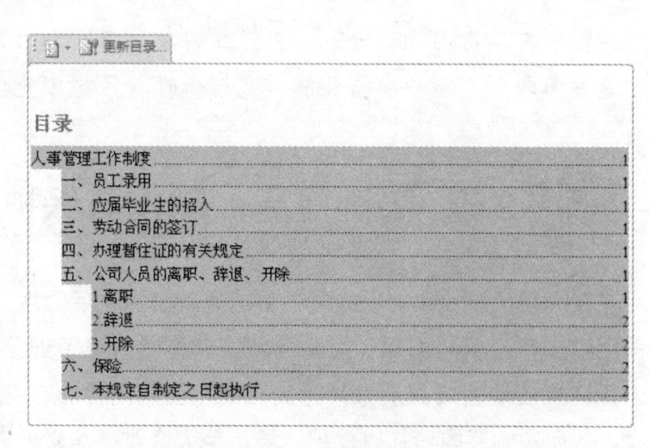

图 2-72　生成目录

Step 05 完成目录的生成后，为了方便用户对文档的查看，还可以为其添加页码内容，在“插入”选项卡下的“页眉和页脚”组中单击“页码”按钮，在展开的列表中单击“页面底端”选项，如图 2–73 所示。

Step 06 在展开的级联列表中选择插入页码的样式，单击“椭圆”选项，如图 2–74 所示。

图 2-73　插入页码

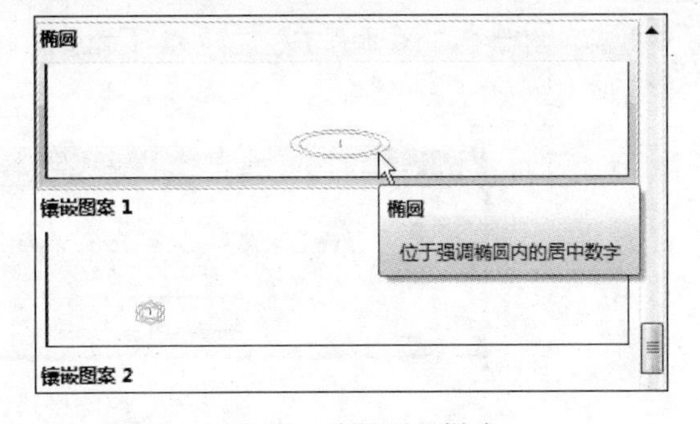

图 2-74　选择页码样式

Step 07 设置完成后，在文档页面底端可以看到插入的页码内容，如图 2–75 所示。

Step 08 完成文档的编辑后，用户可以对文档进行保护，切换到“审阅”选项卡下，单击“保护文档”按钮，在展开的列表中单击“限制格式和编辑”选项，如图 2–76 所示。

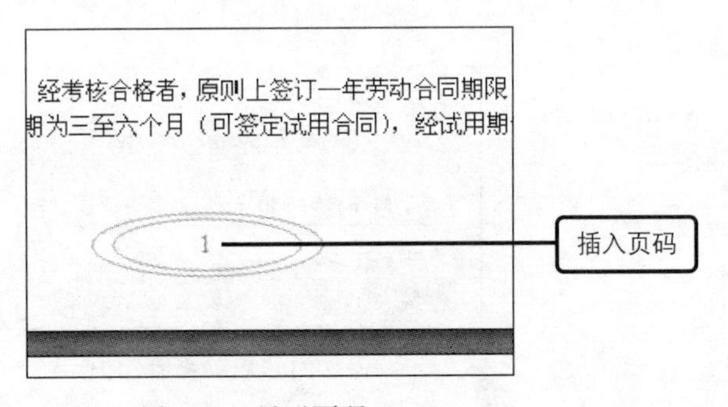

图 2-75　显示页码

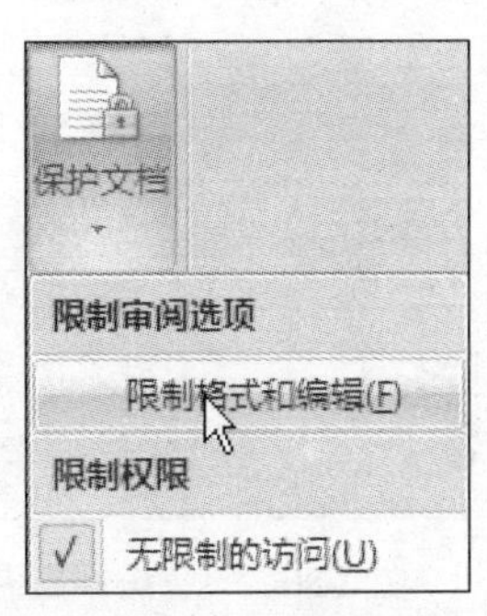

图 2-76　限制格式和编辑

Step 09 打开“限制格式和编辑”窗格，选中“限制对选定的样式设置格式”复选框，再单击“设置”链接，如图 2–77 所示。

Step 10 打开“格式设置限制”对话框，选中“限制对选定的样式设置格式”复选框，再单击“全部”按钮，如图 2–78 所示。

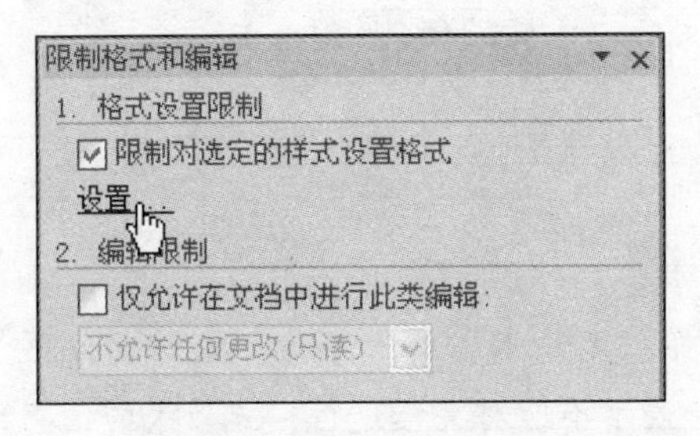

图 2-77　格式设置限制

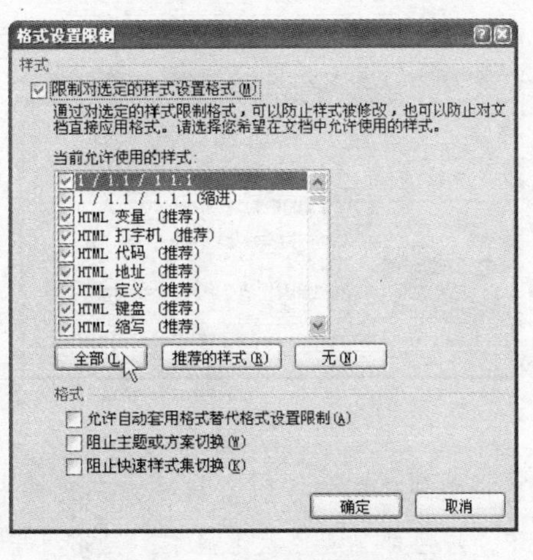

图 2-78　设置限制全部格式

1 Word 基础办公知识与操作
2 Word 的常用高效办公功能
3 表格与图形对象功能
4 邮件合并与宏功能
5 制作商业计划书

Step 11 弹出提示对话框，提示用户文档包含不允许的格式或样式，是否需要删除，单击“是”按钮即可，如图 2–79 所示。

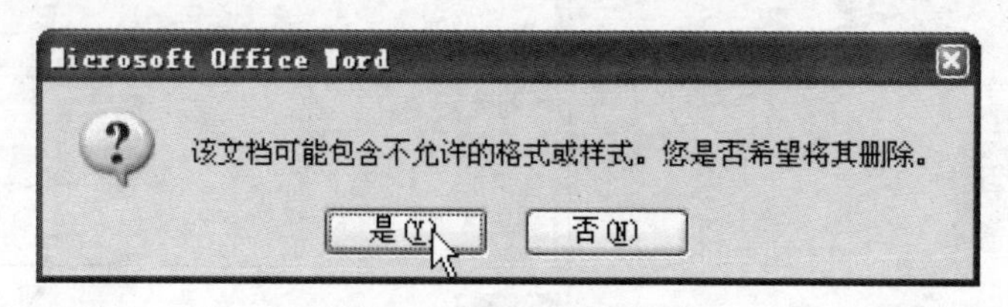

图 2-79　删除格式或样式

Step 12 在“限制格式和编辑”窗格中的“编辑限制”区域中选中“仅允许在文档中进行此类编辑”复选框，并单击下拉列表按钮，在展开的列表中单击“不允许任何更改（只读）”选项，如图 2–80 所示。

Step 13 设置完成格式与编辑限制后，在“启动强制保护”区域中单击“是，启动强制保护”按钮，如图 2–81 所示。

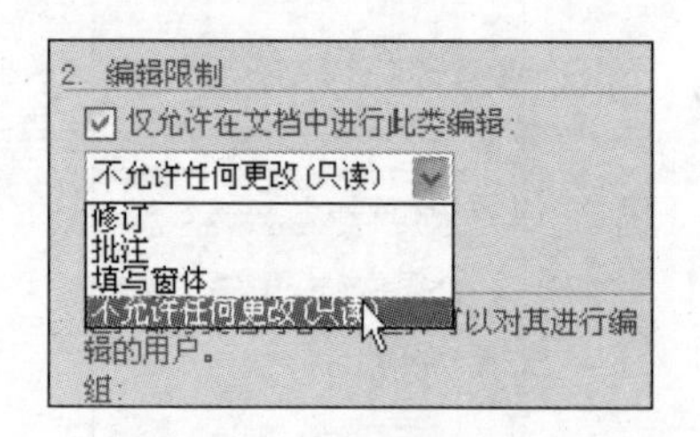

图 2-80　设置编辑限制

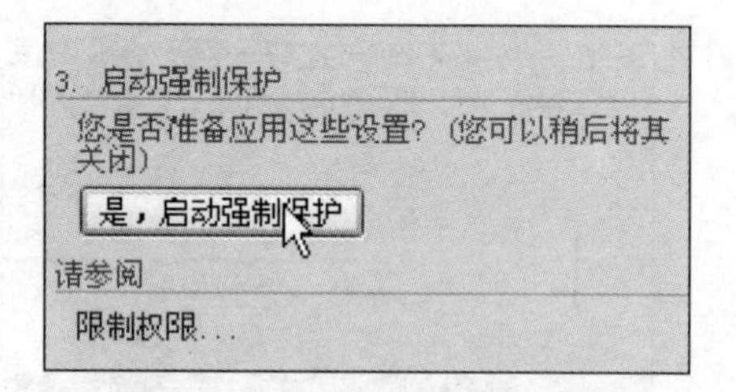

图 2-81　启动强制保护

Step 14 打开“启动强制保护”对话框，选择“密码”单选按钮，在“新密码”和“确认新密码”文本框中输入需要设置的密码内容，再单击“确定”按钮，如图 2–82 所示。

Step 15 返回到文档中，在“限制格式和编辑”窗格中可以看到提示“文档受保护，以防止误编辑”的提示文字，如图 2–83 所示。

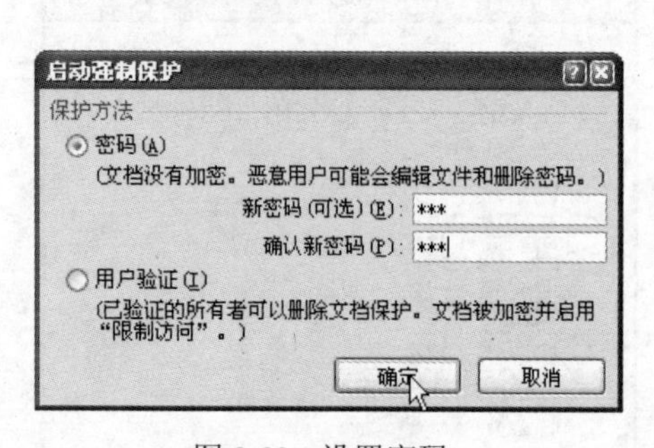

图 2-82　设置密码

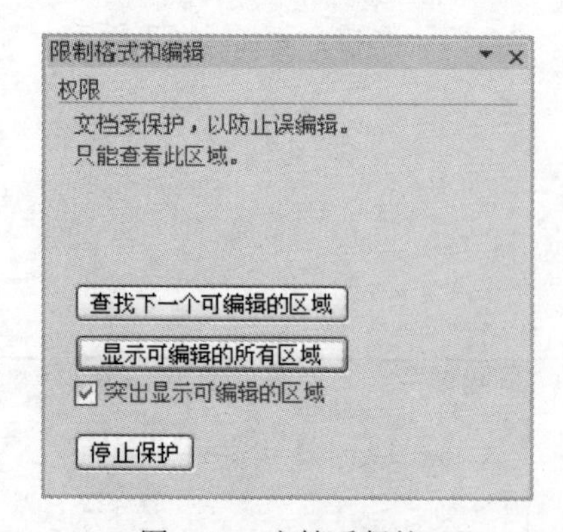

图 2-83　文档受保护

Step 16 文档受到格式和编辑限制后，在文档中“开始”选项卡下的“字体”组及“段落”组中，按钮都呈灰色状态显示，呈不可用状态，表示不能对文档进行格式效果的设置，如图 2–84 所示。

Step 17 当用户在文档中输入或删除文本内容时，在状态栏中可以看到显示的提示文字，提示用户文档不允许修改，所选内容已锁定，如图 2–85 所示。

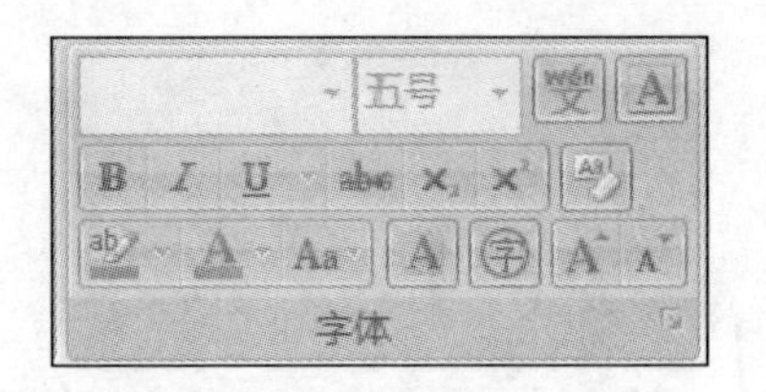

图 2-84 格式设置不可用

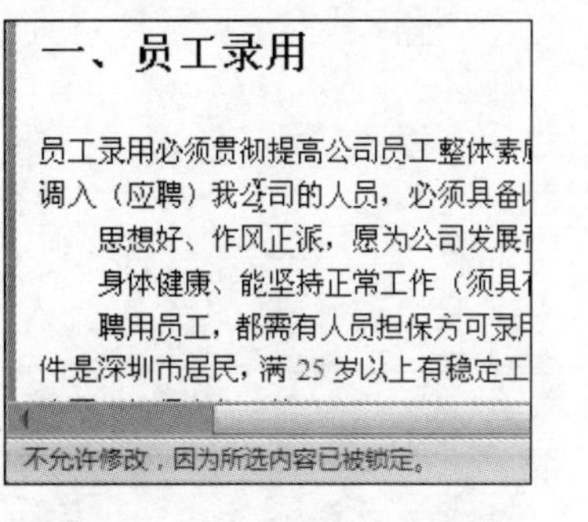

图 2-85 文档内容不可修改

Step 18 如果用户需要取消对文档的保护设置，则在“限制格式和编辑”窗格中单击“停止保护”按钮，如图 2–86 所示。

Step 19 打开“取消保护文档”对话框，在“密码”文本框中输入设置的密码内容，再单击“确定”按钮即可，如图 2–87 所示。

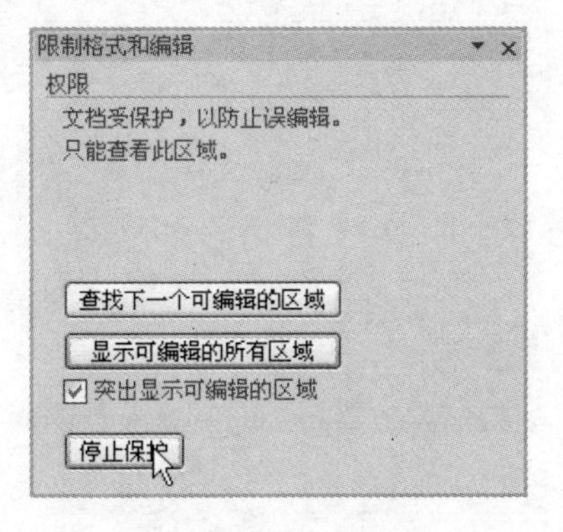

图 2-86 停止保护

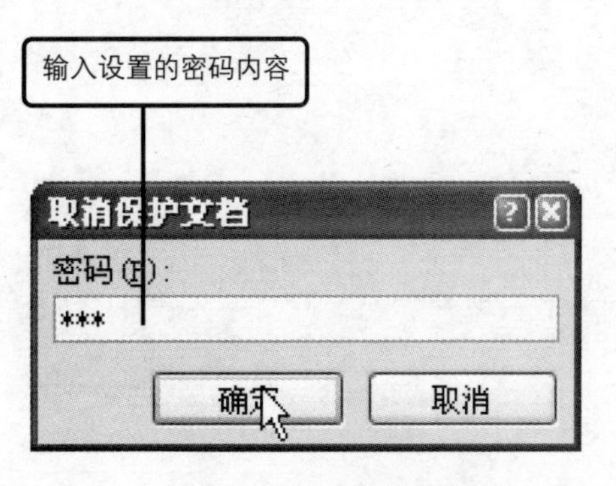

图 2-87 取消保护文档

表格与图形对象功能

Word 为用户提供了在文档中插入表格与图形对象功能，使用户可以在编辑文档的过程中，根据需要插入不同的对象使文档效果更加丰富生动。当用户需要对有规律的文字信息进行说明时，可以使用表格功能，将相关数据表现在表格中进行说明，从而使文档更加整洁。当用户需要增强文档的视觉效果时，可以设置为文档插入图片、艺术字、文本框等图形对象，并对插入的对象进行格式效果的设置，从而使制作的文档达到更好的效果。

3.1 插入内置样式表格

表格可以将数据信息进行组织和表达，使其更加规律的显示在文档中，以方便用户的查看与分析。在 Word 中表格也是重要的功能之一，用户可以有效的使用表格功能来制作各种不同类型的表格，从而提高办公效率。

Word 为用户提供了多种已定义样式的表格，使用这些内置样式的表格可以快速地进行表格的创建，再根据需要对其进行编辑修改即可，本节将为用户介绍如何创建内置样式的表格。

最终文件： 第 3 章\最终文件\创建表格.docx

Step 01 新建一个文档，切换到“插入”选项卡下，单击“表格”按钮，在展开的列表中单击“快速表格”选项，如图 3-1 所示。

Step 02 在展开的级联列表中单击“日历 3”选项，如图 3-2 所示。

问题 3-1： 如何使用鼠标拖动的方法快速插入空白表格？

在“插入”选项卡下单击“表格”按钮，在展开列表中的“插入表格”区域中拖动鼠标进行选择，指定需要插入表格的行数与列数后在相应位置处单击，即可插入相应尺寸大小的空白表格。但需要注意的是使用此方法插入的表格最大尺寸为 10×8。

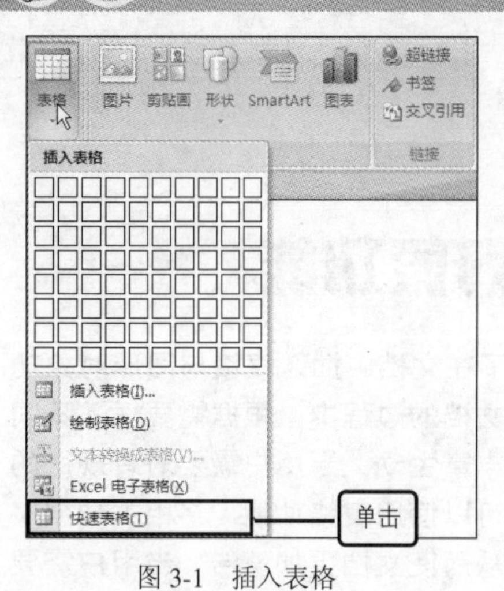

图 3-1　插入表格

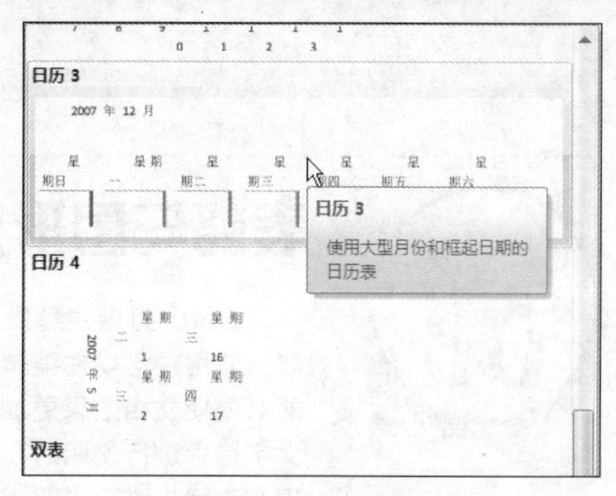

图 3-2　选择表格样式

Step 03 在工作表中插入选定样式的表格内容，如图 3-3 所示，用户可以对表格进行编辑与修改，制作需要的表格内容。

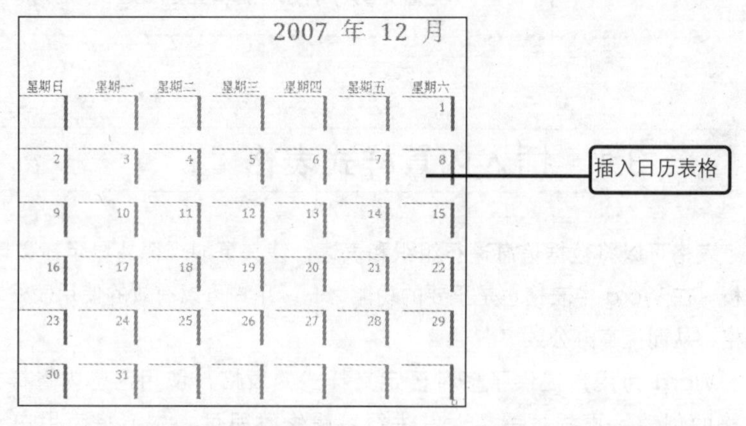

图 3-3　插入表格

问题 3-2：　如何插入自定义尺寸的空白表格？

在“插入”选项卡下单击“表格”按钮，在展开的列表中单击“插入表格”选项，打开“插入表格”对话框，在“列数”和“行数”文本框中指定插入表格的列数和行数，再单击“确定”按钮即可。

3.2　表格的布局

在文档中插入表格后，用户还需要对表格内容进行编辑。在编辑完善表格的过程中，常常还需要对表格标题所在的单元格设置合并效果，并对表格进行插入或删除操作。当表格中含有数据信息时，通常还需要对表格数据进行计算。在遇到此类问题时，用户可以切换到表格工具“布局”选项卡下，根据需要执行各类不同的操作。

原始文件：第 3 章\原始文件\年度销售报表.docx

最终文件：第 3 章\最终文件\表格布局.docx

3.2.1 合并多个单元格为一个

当用户创建的表格含有标题而需要将多个单元格合并显示时，可以使用表格的合并功能，将多个连续的单元格合并为一个，下面为用户介绍其具体的操作方法。

Step 01 打开原始文件“年度销售报表.docx”，查看已创建并输入数据的表格内容，如图 3-4 所示。

Step 02 拖动鼠标在表格中选中标题行所在的多个单元格，如图 3-5 所示。

年度销售报表			
产品名称	销售部门	销售数量	单价
索尼数码相机	销售一部	50	2300
佳能 DV	销售二部	32	4500
尼康数码相机	销售一部	40	2100
松下 DV	销售三部	26	3800

图 3-4 查看表格内容

选定

年度销售报表			
产品名称	销售部门	销售数量	单价
索尼数码相机	销售一部	50	2300
佳能 DV	销售二部	32	4500
尼康数码相机	销售一部	40	2100
松下 DV	销售三部	26	3800

图 3-5 选定多个单元格

问题 3-3： 如何选定表格中的整行或整列单元格？

将鼠标放置在需要选定行的左侧或选定列的上方，当鼠标呈向右或向下箭头样式时单击，即可选定指定的整行或整列单元格。

Step 03 切换到表格工具“布局”选项卡下，在“合并”组中单击“合并单元格”按钮，如图 3-6 所示。

Step 04 设置完成后，可以看到选定的多个单元格被合并为一个单元格，如图 3-7 所示。

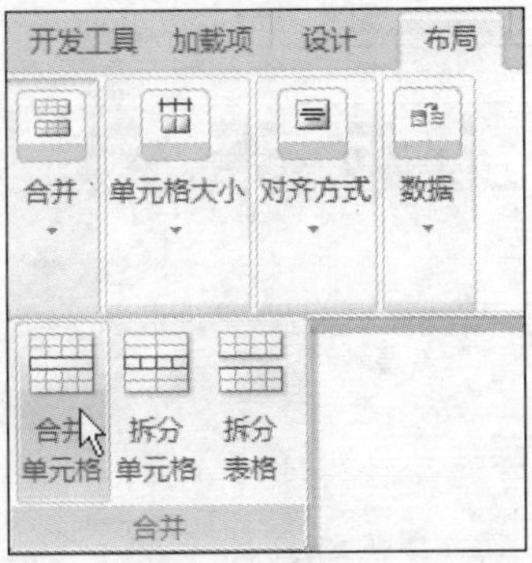

开发工具 加载项 设计 布局
合并 单元格大小 对齐方式 数据
合并单元格 拆分单元格 拆分表格
合并

图 3-6 合并单元格

年度销售报表			
产品名称	销售部门	销售数量	单价
索尼数码相机	销售一部	50	2300
佳能 DV	销售二部	32	4500
尼康数码相机	销售一部	40	2100
松下 DV	销售三部	26	3800

图 3-7 显示合并效果

问题 3-4：　如何将已合并的单元格拆分为多个单元格？

选中需要拆分的单元格，在“布局”选项卡下的“合并”组中单击“拆分单元格”按钮，打开“拆分单元格”对话框，设置需要拆分单元格的行数及列数，再单击“确定”按钮即可。

Step 05 用户还可以为合并的单元格设置对齐方式效果，在“对齐方式”组中单击“水平居中”按钮，如图 3-8 所示。

Step 06 设置完成后，查看选定单元格的设置效果，可以看到表格标题显示在表格上方单元格中并呈居中效果显示，如图 3-9 所示。

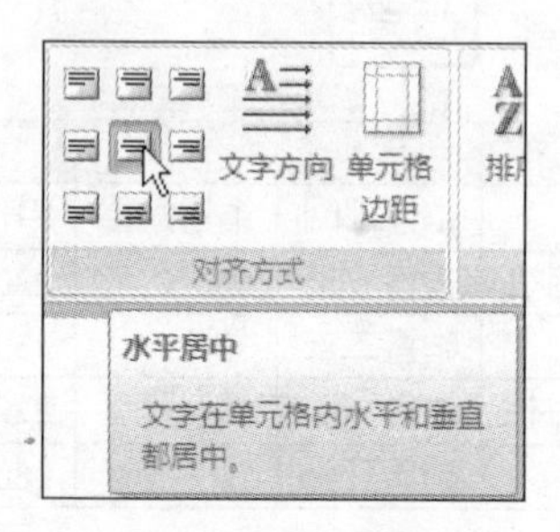

图 3-8　设置对齐方式

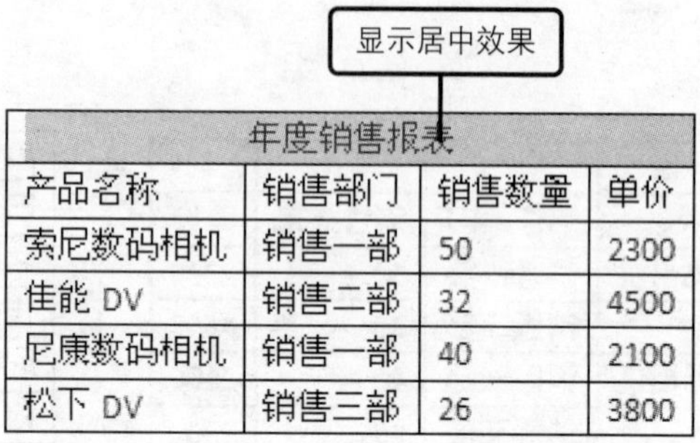

显示居中效果

年度销售报表			
产品名称	销售部门	销售数量	单价
索尼数码相机	销售一部	50	2300
佳能 DV	销售二部	32	4500
尼康数码相机	销售一部	40	2100
松下 DV	销售三部	26	3800

图 3-9　显示居中效果

问题 3-5：　如何更改单元格文本的文字方向效果？

选中需要更改文字方向的单元格，在“布局”选项卡下单击“对齐方式”组中的“文字方向”按钮，即可将文字在单元格中显示的方向在竖排与横排之间进行切换。

3.2.2　自动调整单元格大小

在完成表格数据的编辑后，为了使表格达到更好的效果，用户可以对表格中单元格的大小进行调整，如设置单元格的行高和列宽效果，下面为用户介绍如何使用 Word 的表格布局功能完成单元格大小的调整。

Step 01 在表格左上角单击全选按钮，可选中整个表格，如图 3-10 所示。

Step 02 切换到“布局”选项卡下，在“单元格大小”组中单击“自动调整”按钮，在展开的列表中单击“根据窗口自动调整表格”选项，如图 3-11 所示。

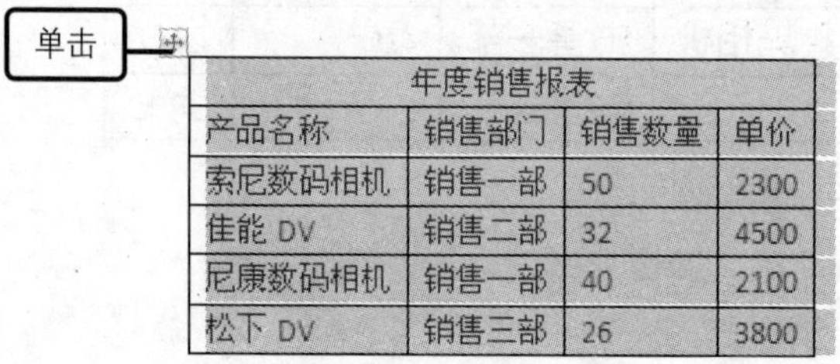

单击

年度销售报表			
产品名称	销售部门	销售数量	单价
索尼数码相机	销售一部	50	2300
佳能 DV	销售二部	32	4500
尼康数码相机	销售一部	40	2100
松下 DV	销售三部	26	3800

图 3-10　选中整个表格

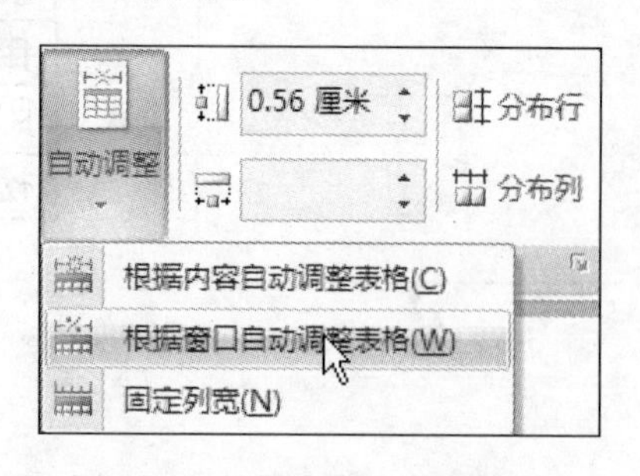

图 3-11　根据窗口自动调整表格

问题 3-6： 如何精确设置单元格的行高和列宽效果？

选中需要设置的单元格，在“布局”选项卡下的“单元格大小”组中的“行高”和“列宽”文本框中输入需要精确设置的数值大小即可。

Step 03 设置完成后可以看到表格根据文档窗口大小自动进行调整，调整到正好布满文档页面的效果，如图 3-12 所示。

年度销售报表			
产品名称	销售部门	销售数量	单价
索尼数码相机	销售一部	50	2300
佳能 DV	销售二部	32	4500
尼康数码相机	销售一部	40	2100
松下 DV	销售三部	26	3800

图 3-12 显示调整效果

问题 3-7： 如何设置表格单元格平均分布行高或平均分布列宽效果？

选中需要设置的单元格，在“单元格大小”组中单击“分布行”按钮，可调整选定的单元格显示为相同的行高效果，单击“分布列”按钮，可调整选定的单元格显示为相同的列宽效果。

Step 04 如果表格行数较少，设置按窗口显示则显得单元格较为空，此时则选中表格在“单元格大小”组中单击“自动调整”按钮，在展开的列表中单击“根据内容自动调整表格”选项，如图 3-13 所示。

Step 05 设置完成后表格按单元格中的数据内容自动进行调整，如果用户需要手动调整列宽，可以将鼠标放置在需要调整的边框位置处，当鼠标呈双向箭头样式时，拖动鼠标进行手动调整即可，如图 3-14 所示。

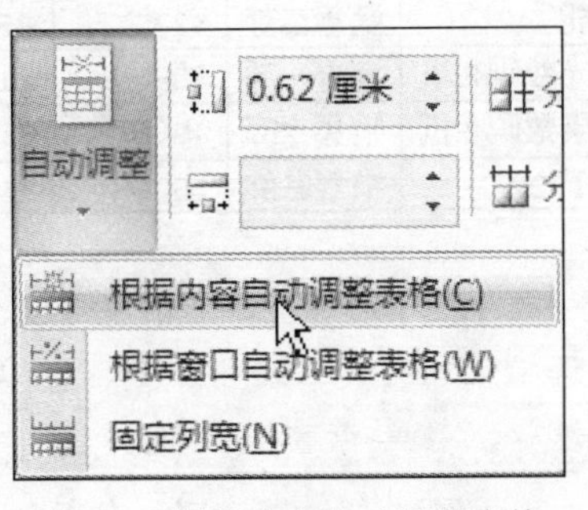

图 3-13 根据内容自动调整表格

年度销售报表			
产品名称	销售部门	销售数量	单价
索尼数码相机	销售一部	50	2300
佳能 DV	销售二部	32	4500
尼康数码相机	销售一部	40	2100
松下 DV	销售三部	26	3800

图 3-14 手动调整列宽

3.2.3 插入整行或整列单元格

用户在编辑表格的过程中，常常会有遗漏输入的数据内容，此时如果需要继续添加到表格中，则需要为表格插入单元格，用户可以在表格中指定位置处进行整行整列单元格的添加，下面介绍其具体的操作与设置方法。

Step 01 将光标放置在需要插入行的单元格中，如图 3–15 所示。

Step 02 切换到“布局”选项卡下，在“行和列”组中单击“在下方插入”按钮，如图 3–16 所示。

定位

年度销售报表			
产品名称	销售部门	销售数量	单价
索尼数码相机	销售一部	50	2300
佳能 DV	销售二部	32	4500
尼康数码相机	销售一部	40	2100
松下 DV	销售三部	26	3800

图 3-15　定位单元格

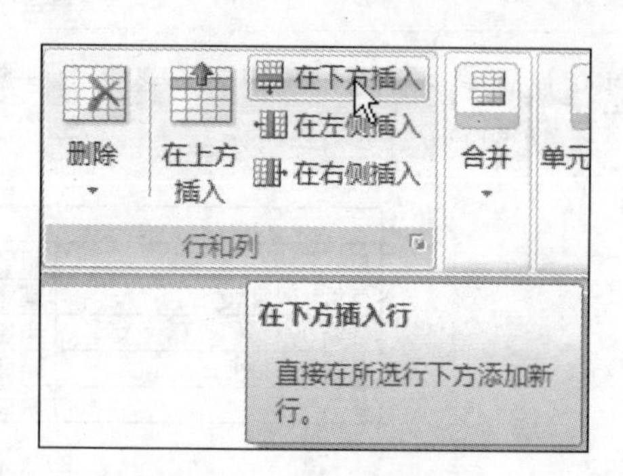

图 3-16　在下方插入行

问题 3-8：如何快速插入行单元格？

将光标放置在最后一列单元格的外侧，按下键盘中的【Enter】键，即可在放置行下方快速插入一行新的单元格。

Step 03 可以看到在指定位置下方插入一行新的空白单元格，如图 3–17 所示。

Step 04 在插入的行单元格中输入需要添加的数据信息，并将鼠标放置在需要插入列的单元格位置处，如图 3–18 所示。

年度销售报表			
产品名称	销售部门	销售数量	单价
索尼数码相机	销售一部	50	2300
佳能 DV	销售二部	32	4500
尼康数码相机	销售一部	40	2100
松下 DV	销售三部	26	3800

图 3-17　插入一行单元格

定位

年度销售报表			
产品名称	销售部门	销售数量	单价
索尼数码相机	销售一部	50	2300
佳能 DV	销售二部	32	4500
理光数码相机	销售一部	30	2200
尼康数码相机	销售一部	40	2100
松下 DV	销售三部	26	3800

图 3-18　定位单元格

问题 3-9：如何快速删除表格中的整行或整列单元格？

选中需要删除的整行或整列单元格，在键盘中按【Backspace】键，即可快速删除选定的行或列单元格。

Step 05 在“行和列”组中单击“在右侧插入”按钮，如图 3–19 所示。

Step 06 此时，在指定单元格右侧插入一列新的空白单元格，在其中输入需要添加的数据即可，如图 3–20 所示。

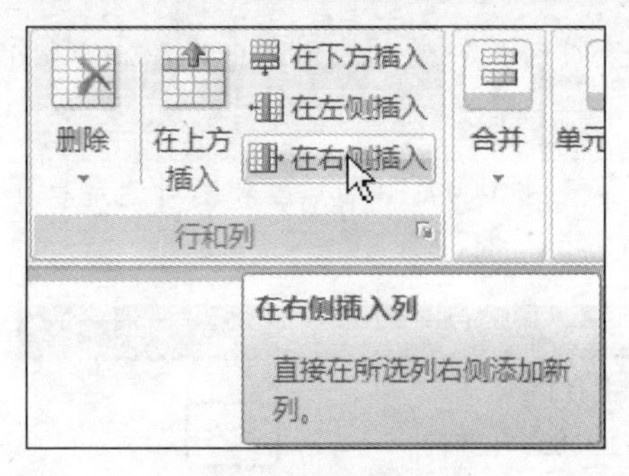

图 3-19　在右侧插入列

年度销售报表				
产品名称	销售部门	销售数量	单价	销售额
索尼数码相机	销售一部	50	2300	
佳能 DV	销售二部	32	4500	
理光数码相机	销售一部	30	2200	
尼康数码相机	销售一部	40	2100	
松下 DV	销售三部	26	3800	

图 3-20　插入列单元格

问题 3-10:　如何快速清除表格中的数据内容?

选中需要删除数据内容的单元格或单元格区域，在键盘中的按【Delete】键，即可快速删除选定单元格的数据内容。

3.2.4　在表格中进行数据计算

当表格中含有大量的数据内容时，用户常常还需要对表格数据进行计算，此时手动计算则显得较为复杂，其实用户可以使用 Word 中的公式功能，选择需要进行计算的函数，完成公式编辑进行求解。为了使表格达到更好的效果，用户还可以对表格数据进行重新排序，使其更具有规律，方便用户的查看。

Step 01 将鼠标放置在需要进行计算操作的单元格中，如图 3-21 所示。

Step 02 切换到“布局”选项卡下，在“数据”组中单击“公式”按钮，如图 3-22 所示。

定位

年度销售报表				
产品名称	销售部门	销售数量	单价	销售额
索尼数码相机	销售一部	50	2300	
佳能 DV	销售二部	32	4500	
理光数码相机	销售一部	30	2200	
尼康数码相机	销售一部	40	2100	
松下 DV	销售三部	26	3800	

图 3-21　选定单元格

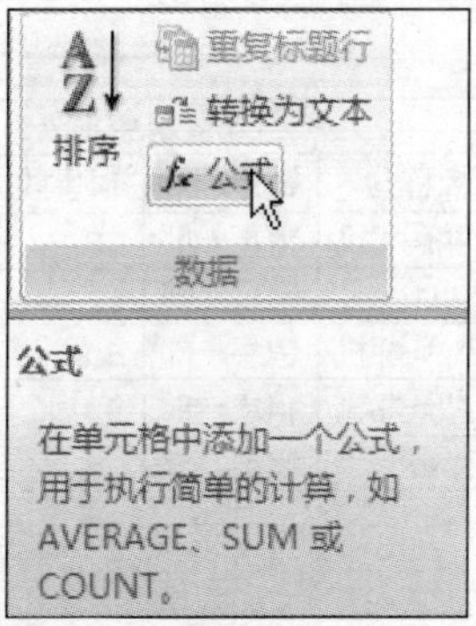

图 3-22　添加公式

问题 3-11:　如何使用重复标题行功能?

用户在编辑表格内容时，有时会出现输入的信息较多的情况，如输入的信息超过当前页面，则可以使用“数据”组中的“重复标题行”功能，启用该功能后当用户输入的数据超过当前页时，会自动对下一页的表格添加相同的标题行。

Step 03 打开“公式”对话框，单击“粘贴函数”下拉列表按钮，在展开的列表中选择 PRODUCT 选项，如图 3-23 所示。

Step 04 在“公式”文本框中输入需要编辑的公式具体内容“=PRODUCT(LEFT)”，表示对选定单元格左侧的单元格数据进行乘法计算，如图 3-24 所示。

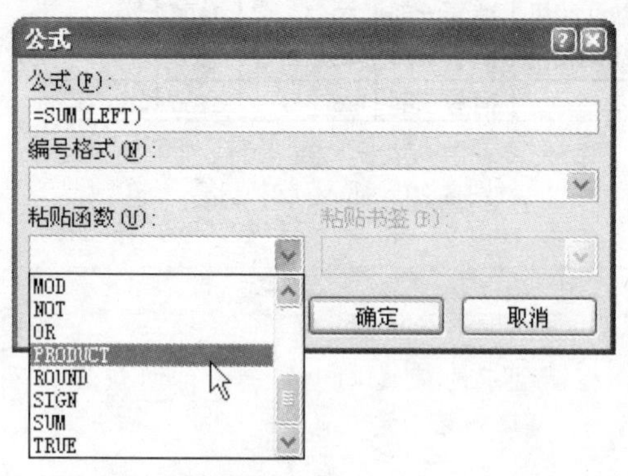

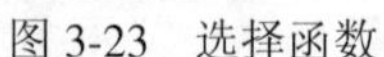

图 3-23　选择函数

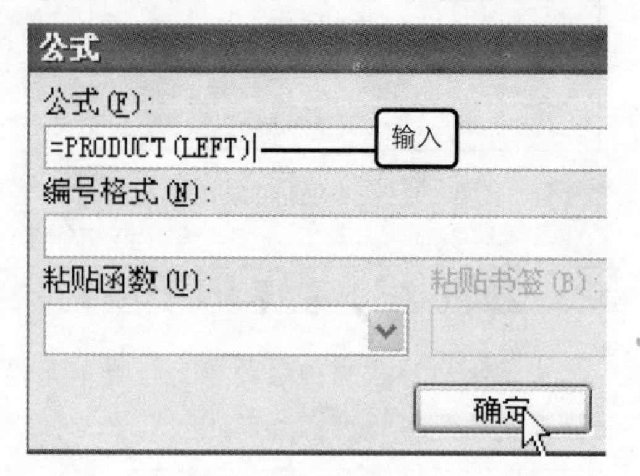

图 3-24　编辑公式

问题 3-12：如何对选定单元格上方单元格中的数据进行计算？

在“公式”对话框中的“公式”组中编辑需要进行计算的函数内容，并且在设置函数参数时，将其设置为 ABOVE。此处的参数 ABOVE 表示对上方单元格进行计算，参数 LEFT 则表示对左侧单元格进行计算。

Step 05 在选定单元格显示公式计算结果，即对销售额进行计算，如图 3-25 所示。

Step 06 使用相同的方法为单元格定义公式，计算不同产品的销售额，如图 3-26 所示。

年度销售报表				
产品名称	销售部门	销售数量	单价	销售额
索尼数码相机	销售一部	50	2300	115000
佳能 DV	销售二部	32	4500	
理光数码相机	销售一部	30	2200	
尼康数码相机	销售一部	40	2100	
松下 DV	销售三部	26	3800	

图 3-25　显示计算结果

年度销售报表				
产品名称	销售部门	销售数量	单价	销售额
索尼数码相机	销售一部	50	2300	115000
佳能 DV	销售二部	32	4500	144000
理光数码相机	销售一部	30	2200	66000
尼康数码相机	销售一部	40	2100	84000
松下 DV	销售三部	26	3800	98800

图 3-26　计算不同产品销售额

问题 3-13：如何计算单元格数据的平均值？

打开“公式”对话框，设置函数为 AVERAGE，并在“公式”文本框中指定函数的参数内容，完成公式的编辑，再单击“确定”按钮，即可在选定单元格中显示指定数据区域的平均值。

Step 07 用户还可以使用排序功能对表格进行重新排列，由于设置排序时需要指定排序的列，而此时表格的标题行为默认的列，因此用户需要首先将表格进行拆分，将光标放置在第二行中的任意单元格中，在“合并”组中单击“拆分表格”按钮，如图 3-27 所示。

Step 08 表格被拆分为两个不同的表格，此时第二个表格中的首行将作为表格默认的列标题，如图 3-28 所示。

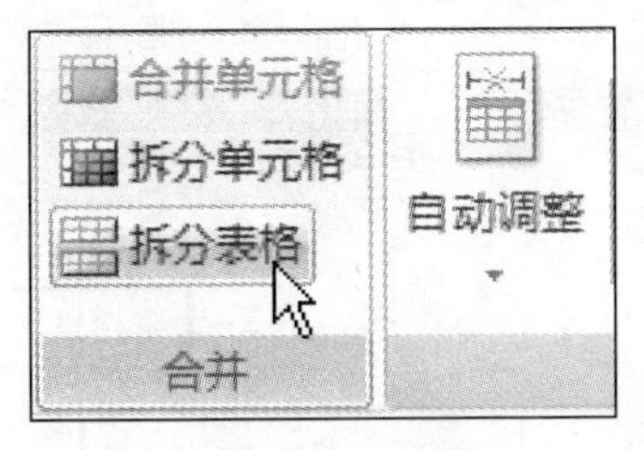

图 3-27　拆分表格

年度销售报表

产品名称	销售部门	销售数量	单价	销售额
索尼数码相机	销售一部	50	2300	115000
佳能 DV	销售二部	32	4500	144000
理光数码相机	销售一部	30	2200	66000
尼康数码相机	销售一部	40	2100	84000
松下 DV	销售三部	26	3800	98800

图 3-28　表格被拆分

问题 3-14：　如何将计算结果显示为不同的数字格式效果？

打开“公式”对话框，完成公式的编辑，并单击“编号格式”下拉列表按钮，在展开的列表中选择需要应用的格式选项，再单击“确定”按钮即可。

Step 09 将鼠标光标放置第二个表格中任意单元格中，在“数据”组中单击“排序”按钮，如图 3-29 所示。

Step 10 打开“排序”对话框，单击“主要关键字”下拉列表按钮，在展开的列表中单击“销售额”选项，如图 3-30 所示。

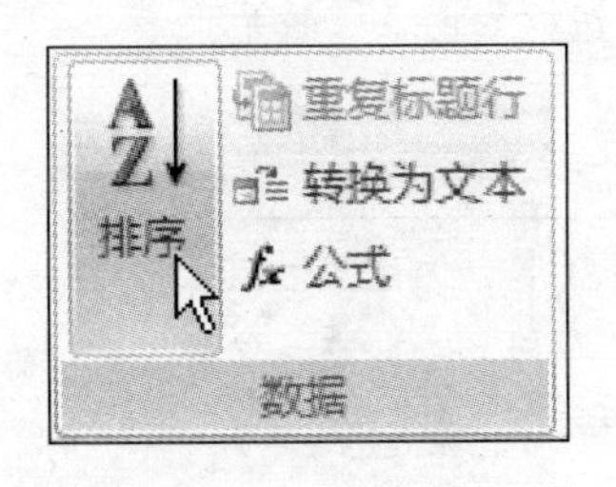

图 3-29　排序功能

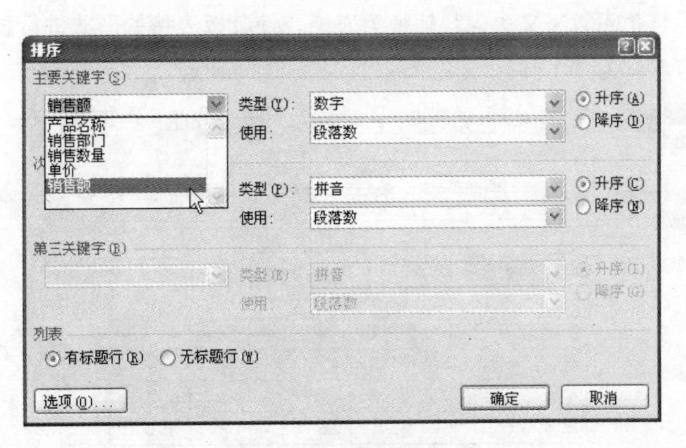

图 3-30　设置主要关键字

问题 3-15： 如何计算排序的次要关键字？

当用户指定的排序数据含有重复数据内容时，则可以对其进行第二关键字与第三关键字的排序设置，从而使含有重复数据的表格在排序时达到满意的效果。在“排序”对话框中首先对主要关键字进行设置，再根据需要依次对次要关键字和第三关键字进行排序设置即可。

Step 11 设置类型为“数字”，选择“降序”单选按钮，再单击“确定”按钮，如图 3–31 所示。

Step 12 返回到表格中，可以看到表格按销售额的降序顺序进行了重新排列，如图 3–32 所示。

图 3-31 设置排序方式

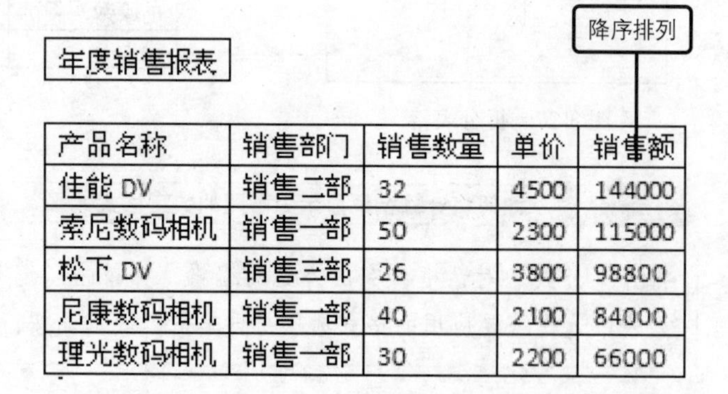

年度销售报表

产品名称	销售部门	销售数量	单价	销售额
佳能 DV	销售二部	32	4500	144000
索尼数码相机	销售一部	50	2300	115000
松下 DV	销售三部	26	3800	98800
尼康数码相机	销售一部	40	2100	84000
理光数码相机	销售一部	30	2200	66000

图 3-32 显示排序结果

3.2.5 文本与表格之间的转换

用户在编辑表格时，还可以根据需要将表格转换为文本，使其以文本的形式显示在文档中。同样也可以将文本内容转换为表格，使其以表格的形式进行显示。下面为用户介绍其具体的转换方法。

Step 01 选中表格中需要转换为文本的内容，如图 3–33 所示。

Step 02 在“布局”选项卡下单击“数据”组中的“转换为文本”按钮，如图 3–34 所示。

年度销售报表

选定表格

产品名称	销售部门	销售数量	单价	销售额
佳能 DV	销售二部	32	4500	144000
索尼数码相机	销售一部	50	2300	115000
松下 DV	销售三部	26	3800	98800
尼康数码相机	销售一部	40	2100	84000
理光数码相机	销售一部	30	2200	66000

图 3-33 选定表格

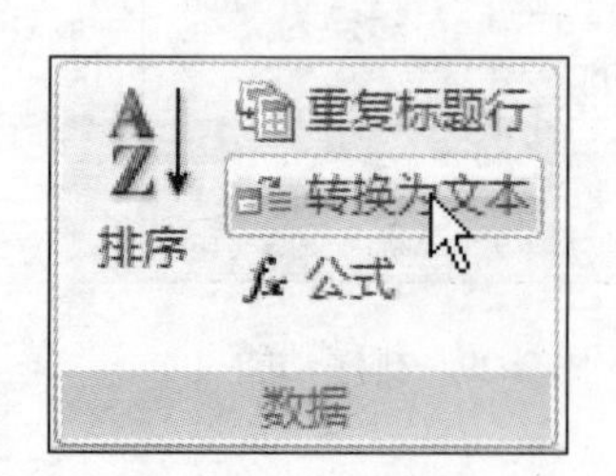

图 3-34 转换为文本

问题 3-16： 如何对文档操作步骤进行撤销操作？

用户在编辑文档的过程中，如果需要对上一步的操作进行撤销，则可以在快速访问工具栏中单击“撤销”按钮，如果需要恢复撤销的操作，则单击“恢复”按钮即可。

Step 03 打开“表格转换成文本”对话框，选择“制表符”单选按钮，再单击“确定”按钮，如图 3–35 所示。

Step 04 设置完成后返回到文档中，可以看到选定的表格转换为文本显示在页面中，如图 3–36 所示。

表格转换成文本
文字分隔符
段落标记(P)
制表符(T)
逗号(M)
其他字符(O):
转换嵌套表格(C)
确定
取消

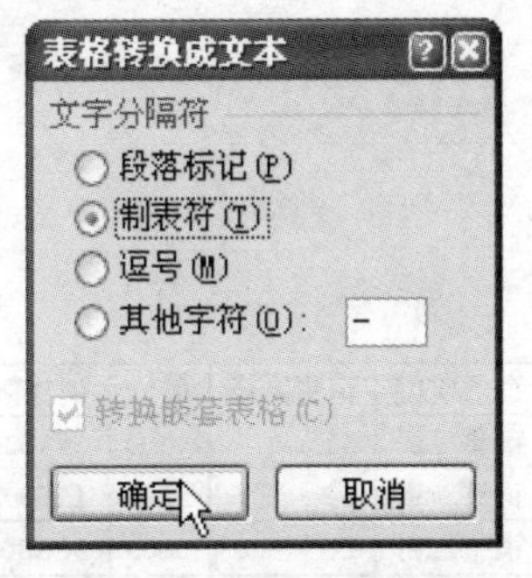

图 3-35　设置文字分隔符

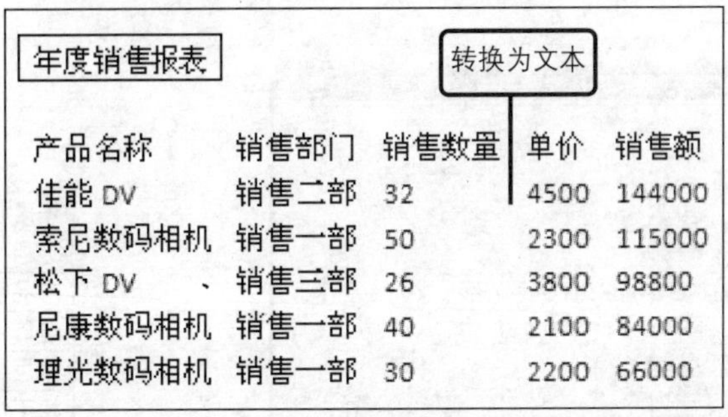

年度销售报表
转换为文本
产品名称 销售部门 销售数量 单价 销售额
佳能 DV 销售二部 32 4500 144000
索尼数码相机 销售一部 50 2300 115000
松下 DV 销售三部 26 3800 98800
尼康数码相机 销售一部 40 2100 84000
理光数码相机 销售一部 30 2200 66000

图 3-36　表格转换为文本

问题 3-17： 如何插入 Excel 电子表格？

在“插入”选项卡下单击“表格”按钮，在展开的列表中单击“插入 Excel 电子表格”选项，即可在文档中插入一个 Excel 电子表格，用户可以对其进行编辑操作，并且该电子表格具有 Excel 的操作功能，用户可以在 Excel 操作窗口中对其进行操作设置。

Step 05 如果用户需要将文本再次转换为表格，则选定需要转换的文本内容，如图 3–37 所示。

Step 06 切换到“插入”选项卡下，单击“表格”按钮，在展开的列表中单击“文本转换成表格”选项，如图 3–38 所示。

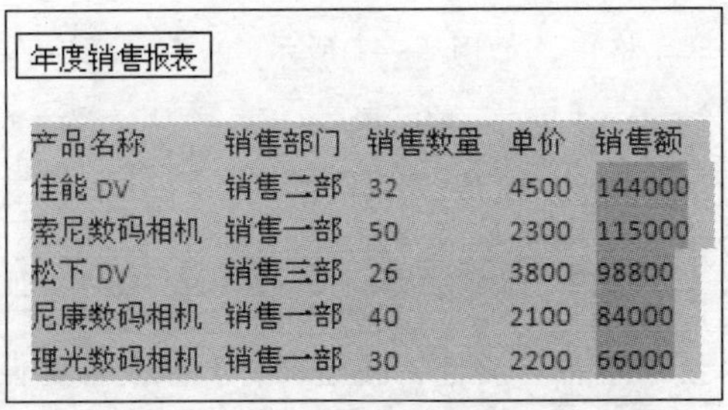

年度销售报表
产品名称 销售部门 销售数量 单价 销售额
佳能 DV 销售二部 32 4500 144000
索尼数码相机 销售一部 50 2300 115000
松下 DV 销售三部 26 3800 98800
尼康数码相机 销售一部 40 2100 84000
理光数码相机 销售一部 30 2200 66000

图 3-37　选定文本

表格
图片
剪贴画
形状
SmartArt
图表
超链接
书签
交叉引用
链接
插入表格
插入表格(I)...
绘制表格(D)
文本转换成表格(V)...
Excel 电子表格(X)
快速表格(T)

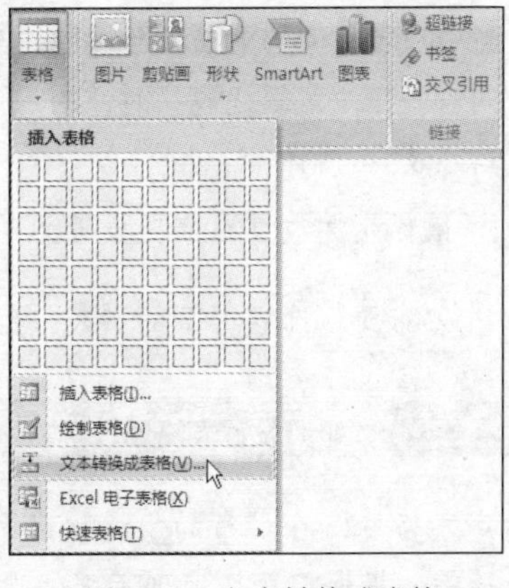

图 3-38　文本转换成表格

问题 3-18：如何将制作的表格保存为表格模板？

选中需要保存到快速表格库的表格，在“插入”选项卡下单击“表格”按钮，在展开的列表中单击“快速表格”选项，并单击“将所选内容保存到快速表格库”选项，在打开的“新建构建基块”对话框中设置保存选项，再单击“确定”按钮即可。

Step 07 打开“将文字转换成表格”对话框，设置表格的列数为“5”，选择“根据内容调整表格”和“制表符”单选按钮，再单击“确定”按钮，如图 3–39 所示。

Step 08 设置完成后返回到文档中，可以看到选定的文本内容已按指定的方式转换为表格，如图 3–40 所示。

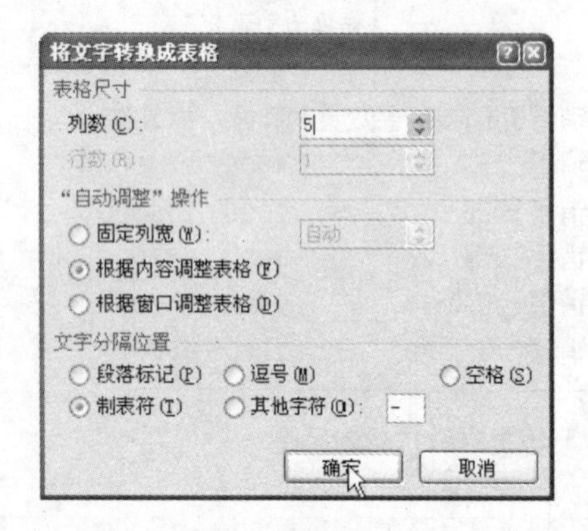

图 3-39　设置转换方式

年度销售报表

产品名称	销售部门	销售数量	单价	销售额
佳能 DV	销售二部	32	4500	144000
索尼数码相机	销售一部	50	2300	115000
松下 DV	销售三部	26	3800	98800
尼康数码相机	销售一部	40	2100	84000
理光数码相机	销售一部	30	2200	66000

图 3-40　文本转换为表格

问题 3-19：如何删除表格中的单元格？

将光标放置在需要删除的单元格中，在“布局”选项卡下单击“删除”按钮，在展开的列表中单击“删除单元格”选项，打开“删除单元格”对话框，选择需要删除的方式，再单击“确定”按钮即可。

3.2.6　绘制斜线表头

当用户表格中的列项目与行项目具有不同的规律时，可以使用斜线表头来说明行列标题相关项目内容。在设置斜线表头时，用户可以根据需要选择合适的表头样式，并添加相关标题内容，完成斜线表头的制作。

Step 01 将鼠标光标放置在需要设置为斜线表格的单元格中，如图 3–41 所示。

Step 02 在“布局”选项卡下的“表”组中单击“绘制斜线表头”按钮，如图 3–42 所示。

问题 3-20：如何设置表格属性？

选定表格后，在“布局”选项卡下的“表”组中单击“属性”按钮，打开“表格属性”对话框，根据需要切换到不同的选项卡下对表格进行属性效果的设置即可。

年度销售报表

产品名称	销售部门	销售数量	单价	销售额
佳能 DV	销售二部	32	4500	144000
索尼数码相机	销售一部	50	2300	115000
松下 DV	销售三部	26	3800	98800
尼康数码相机	销售一部	40	2100	84000
理光数码相机	销售一部	30	2200	66000

图 3-41　选定单元格

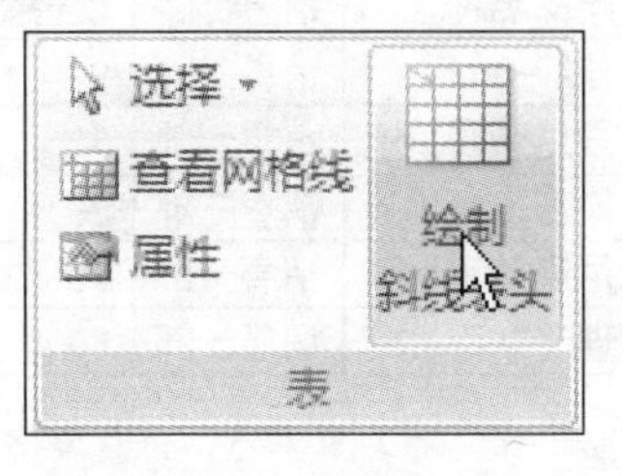

图 3-42　绘制斜线表头

Step 03 打开“插入斜线表头”对话框，设置表头样式为“样式一”，字体大小为“五号”，在“行标题”和“列标题”文本框中输入需要设置的标题内容，再单击“确定”按钮，如图 3-43 所示。

Step 04 返回到表格中，查看设置后的表格效果，选定的单元格显示斜线表头样式效果，如图 3-44 所示。

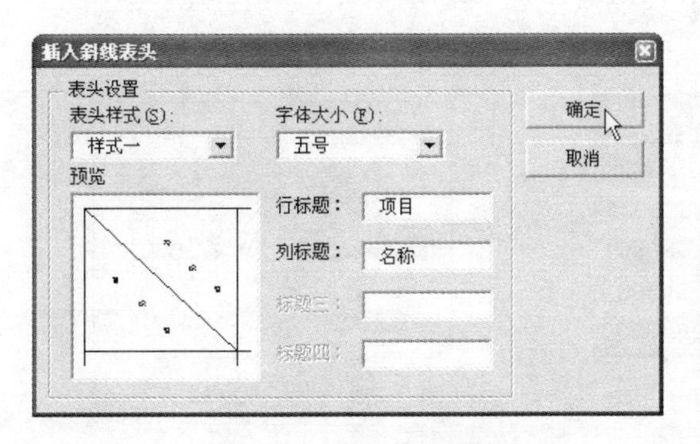

图 3-43　设置斜线表头

年度销售报表

项目 名称	销售部门	销售数量	单价	销售额
佳能 DV	销售二部	32	4500	144000
索尼数码相机	销售一部	50	2300	115000
松下 DV	销售三部	26	3800	98800
尼康数码相机	销售一部	40	2100	84000
理光数码相机	销售一部	30	2200	66000

图 3-44　查看斜线表头效果

3.3　表格的设计

完成表格内容的编辑后，为了使表格达到更好的视觉效果，用户可以为表格套用表格样式，设置底纹和边框效果，也可以根据需要为表格绘制和擦除边框，下面为用户介绍如何对表格进行效果设计。

原始文件：第 3 章\原始文件\表格设计.docx

最终文件：第 3 章\最终文件\表格设计.docx

Step 01 打开原始文件“表格设计.docx”，将鼠标光标放置在表格任意单元格中，如图 3-45 所示。

Step 02 在“设计”选项卡下单击“表样式”组中的“中等深浅底纹 2-强调文字颜色 5”选项，如图 3-46 所示。

产品名称	销售部门	销售数量	单价	销售额
佳能 DV	销售二部	32	4500	144000
索尼数码相机	销售一部	50	2300	115000
松下 DV	销售三部	26	3800	98800
尼康数码相机	销售一部	40	2100	84000
理光数码相机	销售一部	30	2200	66000

图 3-45　查看表格

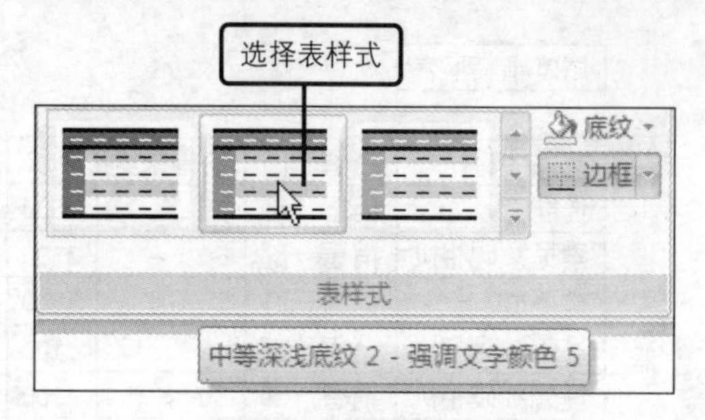

图 3-46　设置表样式

问题 3-21：　如何清除表格套用的样式效果？

选中表格，在“设计”选项卡下单击“表样式”下拉按钮，在展开的列表中单击“清除”选项即可。

Step 03 设置完成后，可以看到表格套用了选定的样式效果，如图 3–47 所示。

Step 04 用户还可以为套用样式的表格设置表格样式效果，在“表样式选项”组中选中需要设置的复选框即可，如图 3–48 所示。

产品名称	销售部门	销售数量	单价	销售额
佳能 DV	销售二部	32	4500	144000
索尼数码相机	销售一部	50	2300	115000
松下 DV	销售三部	26	3800	98800
尼康数码相机	销售一部	40	2100	84000
理光数码相机	销售一部	30	2200	66000

图 3-47　套用表样式

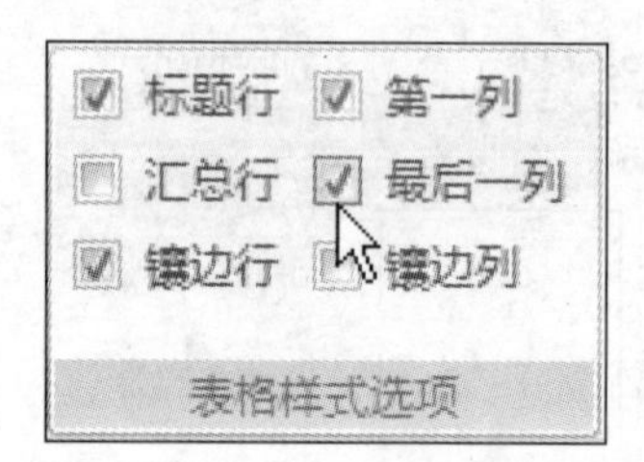

图 3-48　设置表格样式选项

问题 3-22：　当用户使用表样式功能设置表格效果时，能否只对表格中的局部单元格进行设置？

当用户使用表样式功能设置表格效果时，选定的表样式将应用到整个表格中，而无法只对局部单元格进行样式效果的设置。

Step 05 返回到表格中，此时可以看到表格最后一列套用表样式效果，如图 3–49 所示。

Step 06 选中表格中第一列单元格，如图 3–50 所示。

产品名称	销售部门	销售数量	单价	销售额
佳能 DV	销售二部	32	4500	144000
索尼数码相机	销售一部	50	2300	115000
松下 DV	销售三部	26	3800	98800
尼康数码相机	销售一部	40	2100	84000
理光数码相机	销售一部	30	2200	66000

图 3-49　显示最后一列效果

选定列

产品名称	销售部门	销售数量	单价	销售额
佳能 DV	销售二部	32	4500	144000
索尼数码相机	销售一部	50	2300	115000
松下 DV	销售三部	26	3800	98800
尼康数码相机	销售一部	40	2100	84000
理光数码相机	销售一部	30	2200	66000

图 3-50　选定列单元格

Step 07 在“设计”选项卡下的“表样式”组中单击“底纹”按钮，在展开的列表中单击“橙色”选项，如图 3-51 所示。

Step 08 设置完成后，可以看到表格第一列显示设置的底纹效果，如图 3-52 所示。

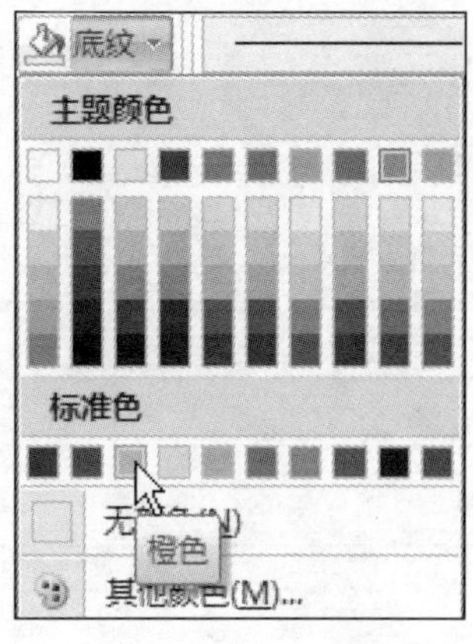

图 3-51 设置底纹

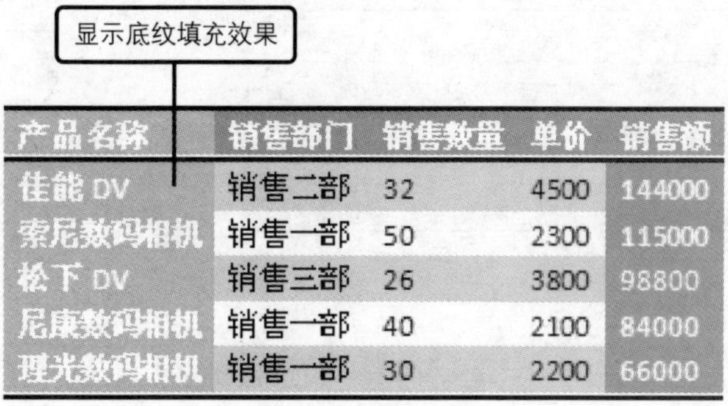

显示底纹填充效果

产品名称	销售部门	销售数量	单价	销售额
佳能 DV	销售二部	32	4500	144000
索尼数码相机	销售一部	50	2300	115000
松下 DV	销售三部	26	3800	98800
尼康数码相机	销售一部	40	2100	84000
理光数码相机	销售一部	30	2200	66000

图 3-52 应用底纹效果

问题 3-23： 如何为表格中的单元格设置边框效果？

选中需要设置的单元格，在“表样式”组中单击“边框”按钮右侧的下拉按钮，在展开的列表中选择需要添加的边框样式选项即可。

Step 09 用户可以使用绘制表格功能在表格中添加表格或边框线条，在“绘图边框”组中单击“绘制表格”按钮，使其呈选中状态，如图 3-53 所示。

Step 10 此时鼠标呈小笔状态，拖动鼠标在表格中绘制需要添加的线条即可，如图 3-54 所示。

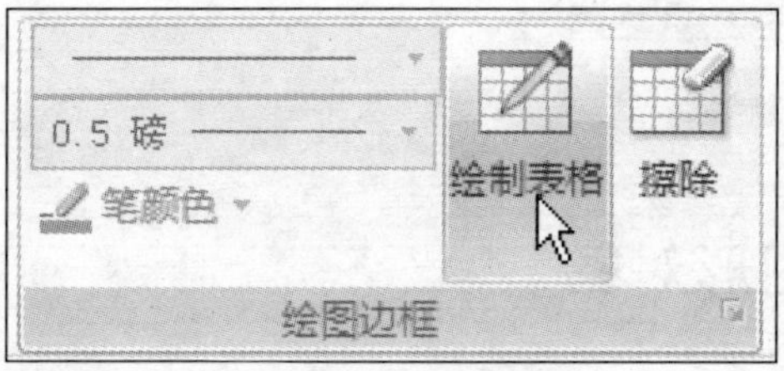

0.5 磅
笔颜色
绘制表格
擦除
绘图边框

图 3-53 绘制表格

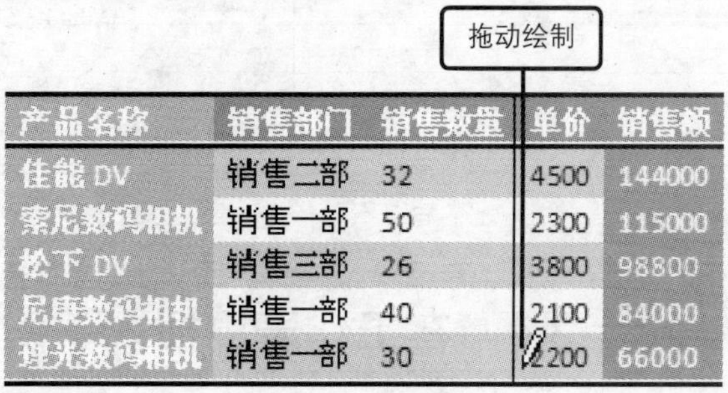

拖动绘制

产品名称	销售部门	销售数量	单价	销售额
佳能 DV	销售二部	32	4500	144000
索尼数码相机	销售一部	50	2300	115000
松下 DV	销售三部	26	3800	98800
尼康数码相机	销售一部	40	2100	84000
理光数码相机	销售一部	30	2200	66000

图 3-54 绘制边框

问题 3-24： 如何为表格设置边框和底纹效果？

选中需要设置的单元格，在“表样式”组中单击“边框”按钮右侧的下拉按钮，在展开的列表中单击“边框和底纹”选项，在打开的“边框和底纹”对话框中，切换到不同的选项卡下对表格边框和底纹效果进行设置即可。

Step 11 用户也可以使用擦除功能删除表格中的边框，在“绘图边框”组中单击“擦除”按钮，如图 3—55 所示。

Step 12 此时鼠标呈橡皮擦状态，在需要删除的边框位置处拖动鼠标进行删除即可，如图 3—56 所示。

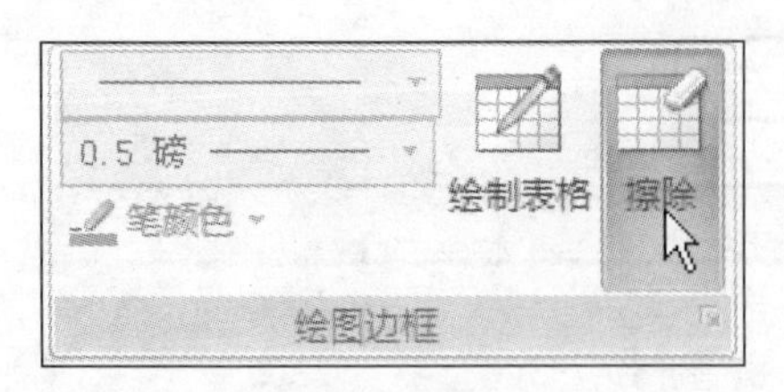

图 3-55 擦除功能

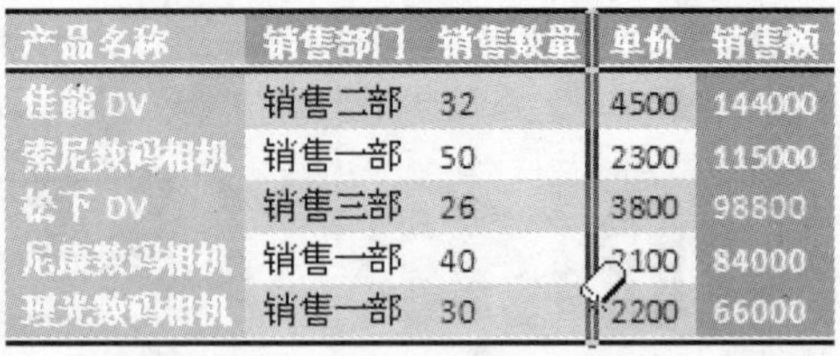

产品名称	销售部门	销售数量	单价	销售额
佳能 DV	销售二部	32	4500	144000
索尼数码相机	销售一部	50	2300	115000
松下 DV	销售三部	26	3800	98800
尼康数码相机	销售一部	40	2100	84000
理光数码相机	销售一部	30	2200	66000

图 3-56 擦除线条

问题 3-25：如何设置查看表格的网格线？

选中表格，在“布局”选项卡下的“表”组中单击“查看网格线”按钮，即可在表格中显示网格线。

Step 13 擦除边框线条后的单元格将显示合并效果，如图 3—57 所示。

产品名称	销售部门	销售数量 单价	销售额
佳能 DV	销售二部	32 4500	144000
索尼数码相机	销售一部	50 2300	115000
松下 DV	销售三部	26 3800	98800
尼康数码相机	销售一部	40 2100	84000
理光数码相机	销售一部	30 2200	66000

图 3-57 边框被删除

3.4 在工作表中插入不同图形对象

为了更好地说明与表达文档信息，Word 还为用户提供了插入不同图形对象的功能。在文档中插入图片可以为文档起到更好的说明作用，同时美化文档。在文档中插入艺术字和文本框则可以增强文档的视觉效果，使添加的文字内容更加丰富生动。本节将为用户介绍如何在文档中插入不同的图形对象。

3.4.1 插入图片美化文档

用户在编辑文档的过程中，可以为文档添加图片内容，在文档中起到说明注解的作用，同时也可以使用图片功能来美化编辑的文档。下面为用户介绍如何在文档中插入图片并对图片进行格式效果的设置，其具体的操作方法如下：

原始文件： 第 3 章\原始文件\公司简介.docx、32050.jpg

最终文件： 第 3 章\最终文件\公司简介.docx

Step 01 打开原始文件“公司简介.docx”，如图 3-58 所示，用户需要为文档中添加图片内容以增强文档效果。

Step 02 切换到“插入”选项卡下，单击“插图”组中的“图片”按钮，如图 3-59 所示。

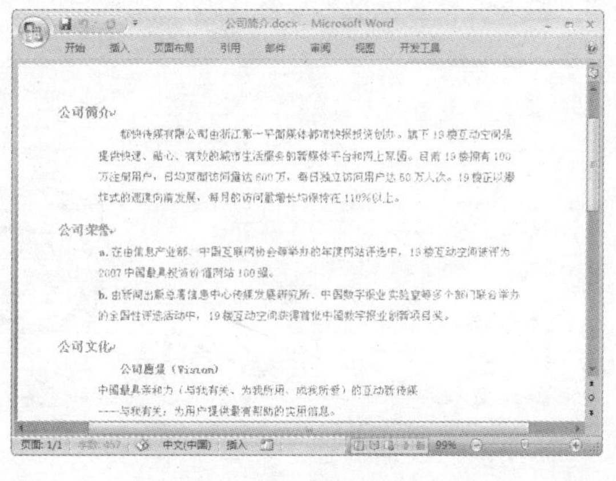

图 3-58　查看文档

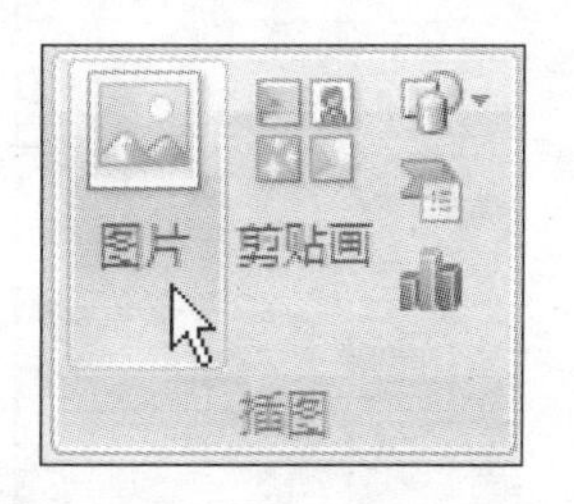

图 3-59　插入图片

问题 3-26：　如何在文档中插入剪贴画？

切换到“插入”选项卡下，在“插图”组中单击“剪贴画”按钮，打开“剪贴画”窗格，在该窗格中搜索需要插入的剪贴画类型，选择需要插入的剪贴画执行插入操作即可。

Step 03 打开“插入图片”对话框，在“查找范围”下拉列表框中设置需要插入图片的路径，选中需要插入的图片，再单击“插入”按钮，如图 3-60 所示。

Step 04 在文档中插入选定的图片，拖动图片四周的控点按钮，进行图片大小的调整，如图 3-61 所示。

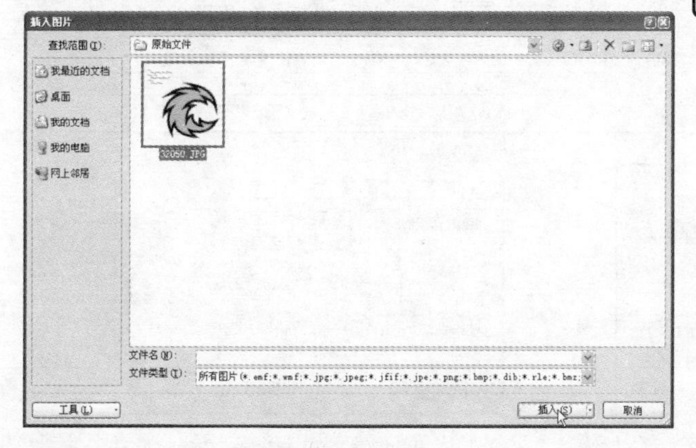

图 3-60　选择图片

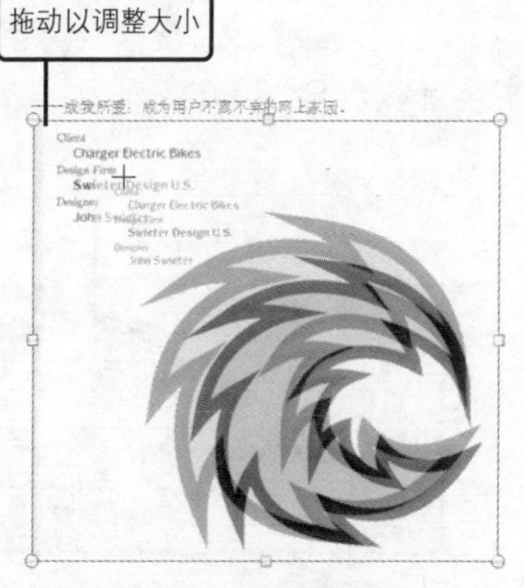

图 3-61　调整图片大小

问题 3-27：　如何设置图片的亮度和对比度效果？

选中需要设置的图片，在“格式”选项卡下的“调整”组中单击“亮度”或“对比度”按钮，在展开的列表中选择需要的设置选项即可。

Step 05 选中图片，在“格式”选项卡下单击“排列”组中的“文字环绕”按钮，在展开的列表中单击“紧密型环绕”选项，如图 3–62 所示。

Step 06 更改图片的文字环绕方式后，拖动图片调整其在文档中放置的位置，如图 3–63 所示。

图 3-62　设置文字环绕方式

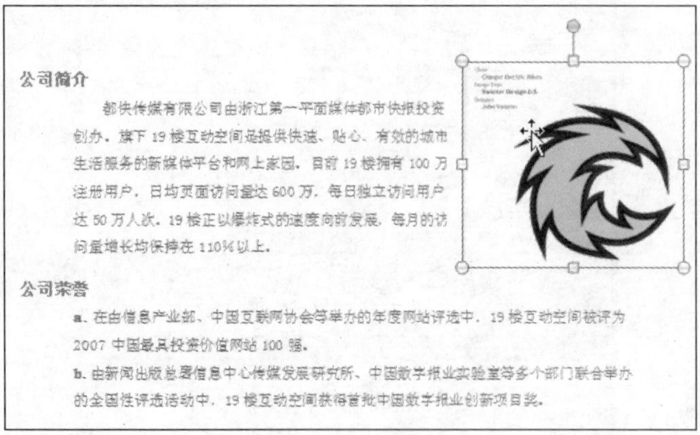

公司简介

都快传媒有限公司由浙江第一平面媒体都市快报投资创办。旗下 19 楼互动空间是提供快速、贴心、有效的城市生活服务的新媒体平台和网上家园。目前 19 楼拥有 100 万注册用户，日均页面访问量达 600 万，每日独立访问用户达 50 万人次。19 楼正以爆炸式的速度向前发展，每月的访问量增长均保持在 110%以上。

公司荣誉

a、在由信息产业部、中国互联网协会等举办的年度网站评选中，19 楼互动空间被评为 2007 中国最具投资价值网站 100 强。

b、由新闻出版总署信息中心传媒发展研究所、中国数字报业实验室等多个部门联合举办的全国性评选活动中，19 楼互动空间获得首批中国数字报业创新项目奖。

图 3-63　调整图片位置

问题 3-28：　如何快速设置图片在文档中的位置？

选中图片，在“格式”选项卡下的“排列”组中单击“位置”按钮，在展开的列表中选择需要设置的选项即可。

Step 07 在“格式”选项卡下的“图片样式”组中单击“居中矩形阴影”样式，如图 3–64 所示。

Step 08 在“图片样式”组中单击“图片形状”按钮，在展开的列表中单击“剪去对角的矩形”选项，如图 3–65 所示。

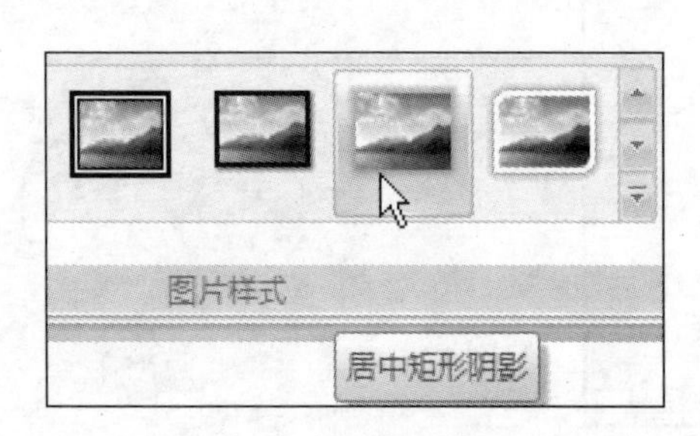

图 3-64　设置图片样式

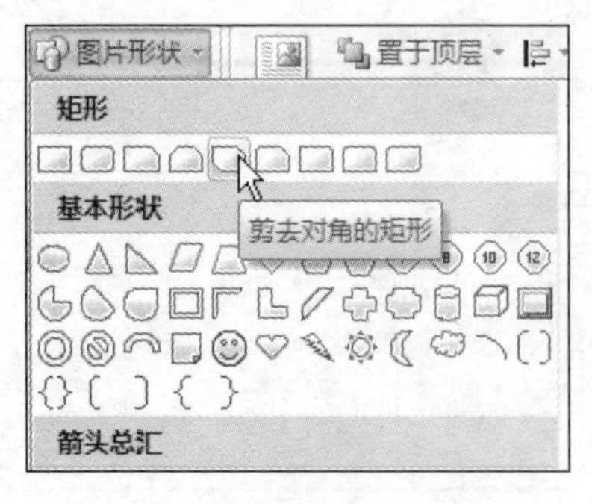

图 3-65　更改图片形状

Step 09 设置完成后，查看图片在文档中的效果，如图 3-66 所示。

公司简介

郜快传媒有限公司由浙江第一平面媒体都市快报投资创办。旗下 19 楼互动空间是提供快速、贴心、有效的城市生活服务的新媒体平台和网上家园。目前 19 楼拥有 100 万注册用户，日均页面访问量达 600 万，每日独立访问用户达 50 万人次。19 楼正以爆炸式的速度向前发展，每月的访问量增长均保持在 110%以上。

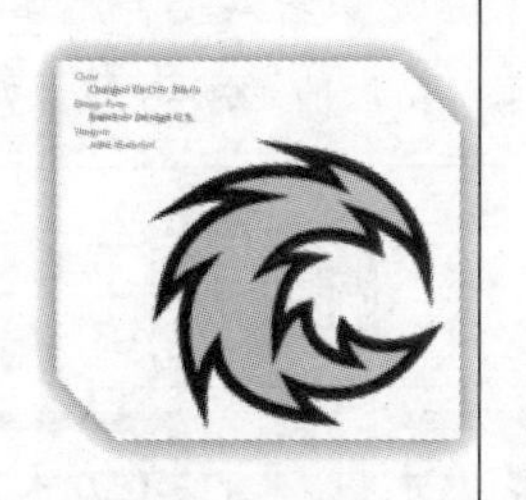

公司荣誉

a. 在由信息产业部、中国互联网协会等举办的年度网站评选中，19 楼互动空间被评为 2007 中国最具投资价值网站 100 强。

b. 由新闻出版总署信息中心传媒发展研究所、中国数字报业实验室等多个部门联合举办的全国性评选活动中，19 楼互动空间获得首批中国数字报业创新项目奖。

图 3-66　查看图片效果

问题 3-29：　如何快速恢复图片到默认插入时的效果？

选中图片，在“格式”选项卡下的“调整”组中单击“重设图片”按钮即可快速恢复图片到插入时的效果。

3.4.2　使用 SmartArt 图形分析结构组织关系

当用户需要对含有流程、列表、组织结构关系的文本进行表达时，可以使用 SmartArt 图形功能选择合适的图形以直观的形式来说明需要表达的文本信息，同时使制作的文档更加丰富生动，下面为用户介绍如何在文档中插入 SmartArt 图形。

最终文件： 第 3 章\最终文件\公司组织结构图.docx

Step 01 新建一个文档，切换到“插入”选项卡下，在“插图”组中单击“SmartArt”按钮，如图 3-67 所示。

Step 02 打开“选择 SmartArt 图形”对话框，在“层次结构”选项卡下单击“层次结构”选项，再单击“确定”按钮，如图 3-68 所示。

图 3-67　插入 SmartArt 图形

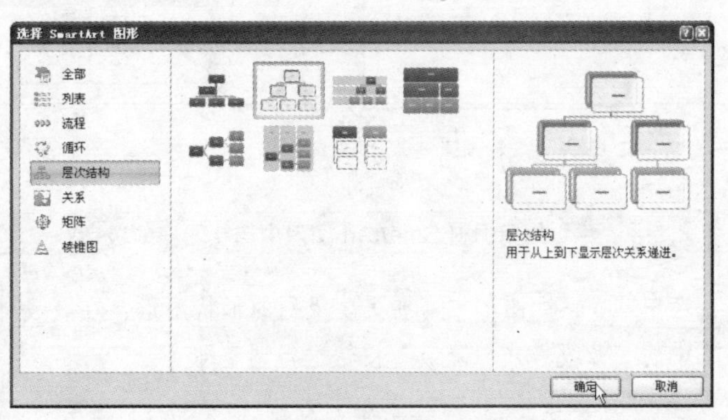

图 3-68　选择 SmartArt 图形

Step 03 在文档中插入默认的层次结构图形，用户可以对其进行编辑与设置，如图 3-69 所示。

Step 04 在 SmartArt 图形中输入需要添加的文本内容，如果还需要添加形状图形，则在需要添加的位置处选中相应的形状图形，如图 3-70 所示。

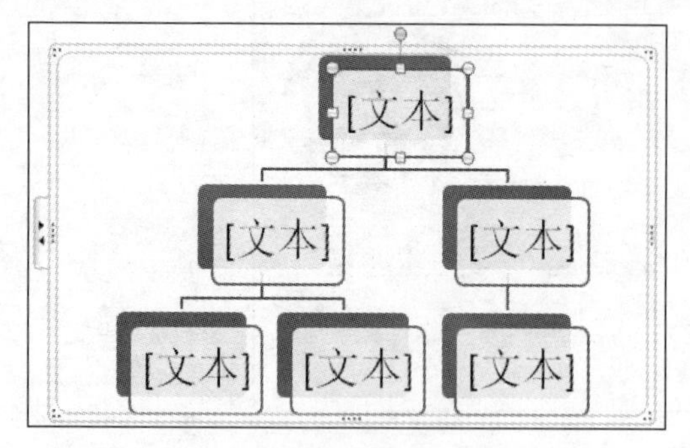

图 3-69　插入默认图形

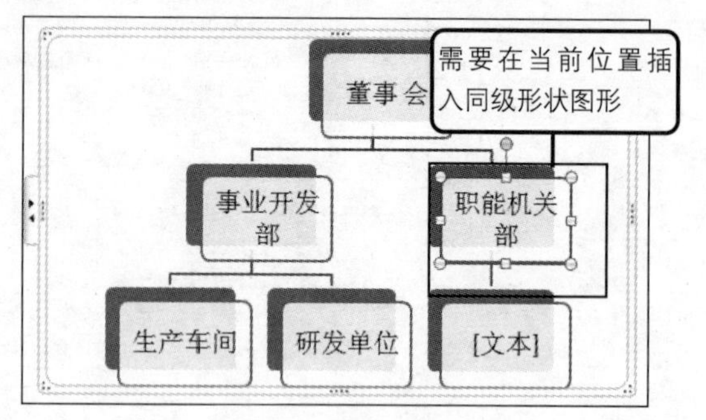

图 3-70　编辑图形内容

问题 3-30：　如何更改 SmartArt 图形的左右顺序？

选中文档中的 SmartArt 图形，在“设计”选项卡下单击“创建图形”组中的“从右向左”按钮，调整图形的左右顺序。

Step 05 在“设计”选项卡下单击“创建图形”组中的“添加形状”按钮，在展开的列表中单击“在后面添加形状”选项，如图 3-71 所示。

Step 06 在选定图形后方插入同级形状图形，并在其中输入需要添加的文本内容，如果还需要添加下属形状图形，则再次选中该形状图形，如图 3-72 所示。

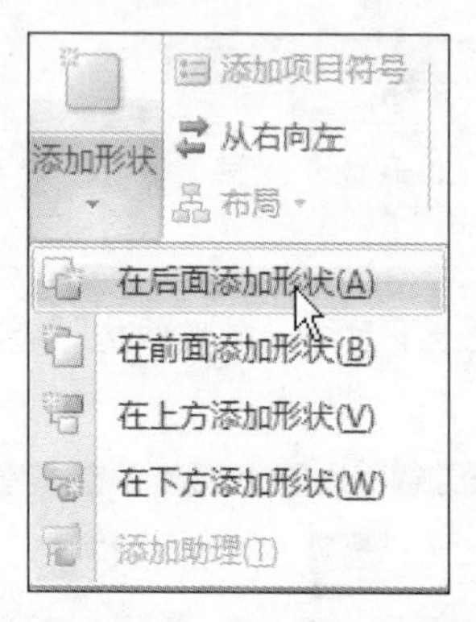

图 3-71　添加形状

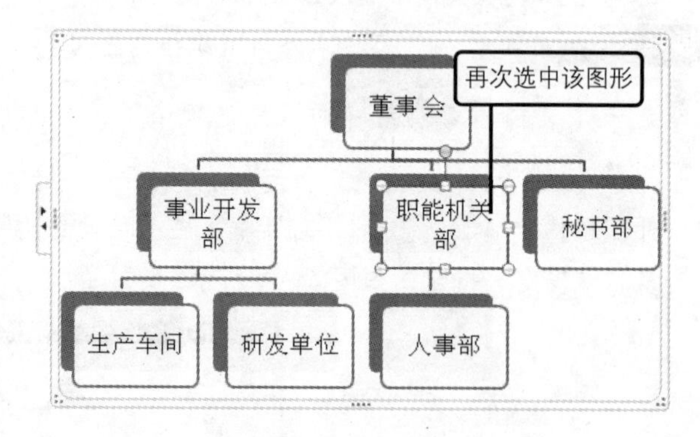

图 3-72　选定形状图形

问题 3-31：　如何调整 SmartArt 图形中形状图形的级别？

选中 SmartArt 图形中需要更改级别的形状图形，在“设计”选项卡下单击“创建图形”组中的“升级”或“降级”按钮进行调整即可。

Step 07 在“创建图形”组中单击“添加形状”按钮，在展开的列表中单击“在下方添加形状”选项，如图 3-73 所示。

Step 08 使用相同的方法为 SmartArt 图形添加需要的形状图形，并输入需要添加的文本内容，如图 3-74 所示。

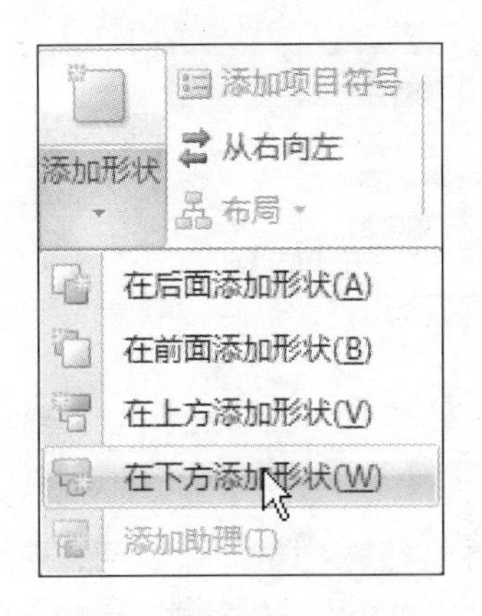

图 3-73　添加形状

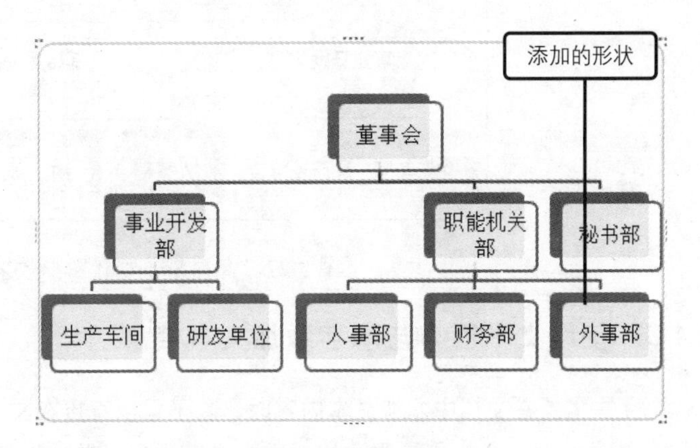

图 3-74　完成图形编辑

Step 09 选中 SmartArt 图形，在“设计”选项卡下的 SmartArt 样式组中，单击“更改颜色”按钮，在展开的列表中单击“彩色范围-强调文字颜色 2 至 3”选项，如图 3-75 所示。

Step 10 单击“设计”选项卡下的“快速样式”组中单击“强烈效果”选项，如图 3-76 所示。

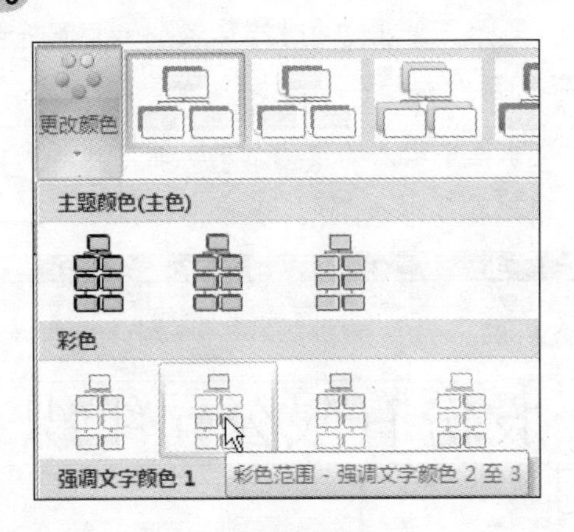

图 3-75　更改颜色

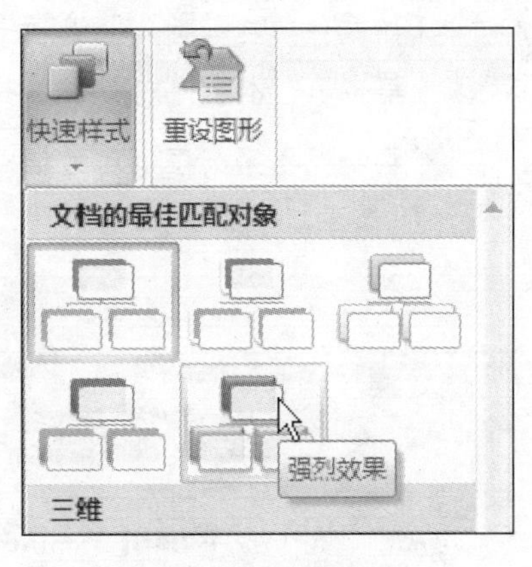

图 3-76　快速样式

问题 3-32：　如何调整 SmartArt 图形中形状图形的大小？

选中 SmartArt 图形中需要设置的形状图形，在“格式”选项卡下单击“形状”组中的“增大”或“减小”按钮进行调整即可。

Step 11 完成 SmartArt 图形的编辑与设置，查看制作完成的 SmartArt 图形效果，如图 3-77 所示。

问题 3-33：　如何设置 SmartArt 图形的旋转效果？

选中文档中的 SmartArt 图形，在“格式”选项卡下单击“排列”组中的“旋转”按钮，在展开的列表中选择需要旋转的方向效果即可。

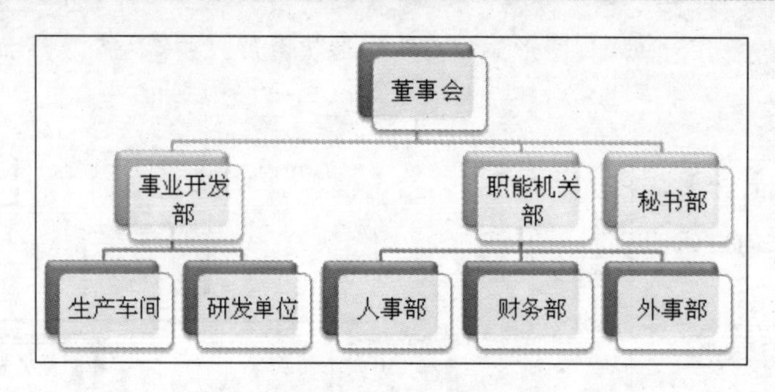

图 3-77 查看 SmartArt 图形效果

3.4.3 使用文本框与艺术字添加文本信息

当用户需要在文档中添加文本内容时，除了可以直接在文档中进行输入操作外，还可以使用艺术字与文本框功能，将需要添加的文本内容进行设置，以艺术字或文本框的形式显示在文档中。使用文本框与艺术字功能添加的文本内容更加方便用户对其格式效果的设置，起到突出美化文档的作用。

原始文件：第 3 章\原始文件\公司组织结构图.docx

最终文件：第 3 章\最终文件\文本框与艺术字.docx

Step 01 打开原始文件，在“插入”选项卡下的“文本”组中，单击“艺术字”按钮，在展开的列表中单击“艺术字样式 13”选项，如图 3-78 所示。

Step 02 打开“编辑艺术字文字”对话框，在“文本”文本框中输入需要添加的艺术字内容，如图 3-79 所示。

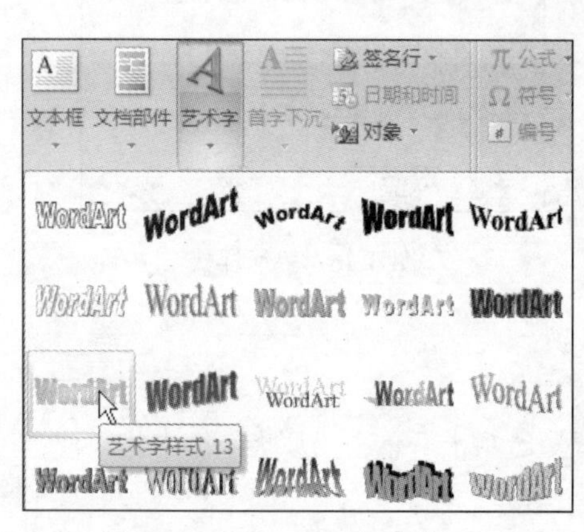

图 3-78 插入艺术字

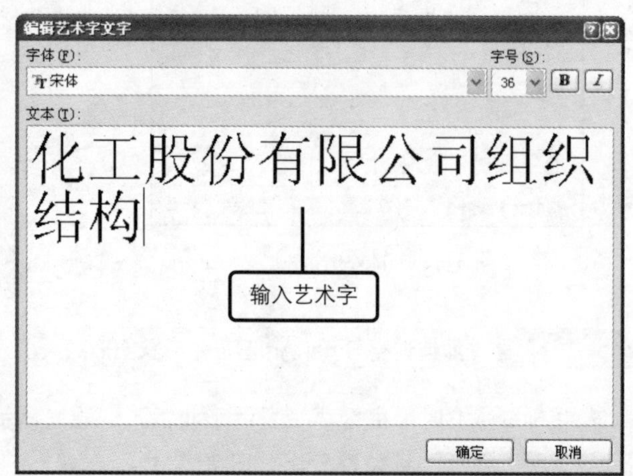

图 3-79 编辑艺术字内容

问题 3-34： 如何更改艺术字样式？

选中插入文档的艺术字，在“格式”选项卡下的“艺术字样式”组中选择需要应用的艺术字样式选项，即可进行更改设置。

Step 03 单击“字体”下拉列表按钮，在展开的列表中单击“华文行楷”选项，设置字号为“36”，单击“加粗”按钮，再单击“确定”按钮，如图3-80所示。

Step 04 完成艺术字文字内容的编辑后，返回到文档中，可以看到插入的艺术字文本内容，如图3-81所示。

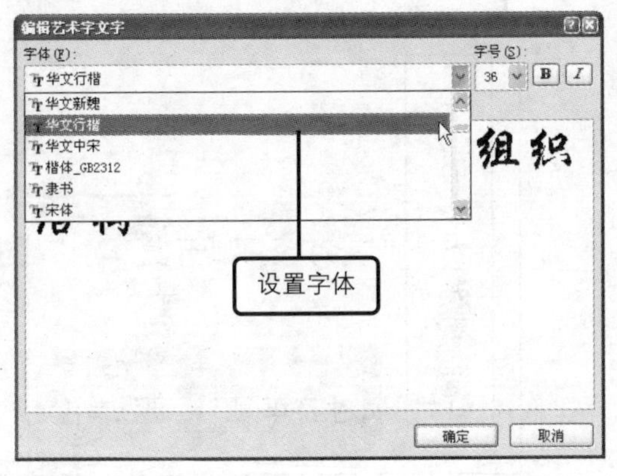

图3-80 设置字体格式

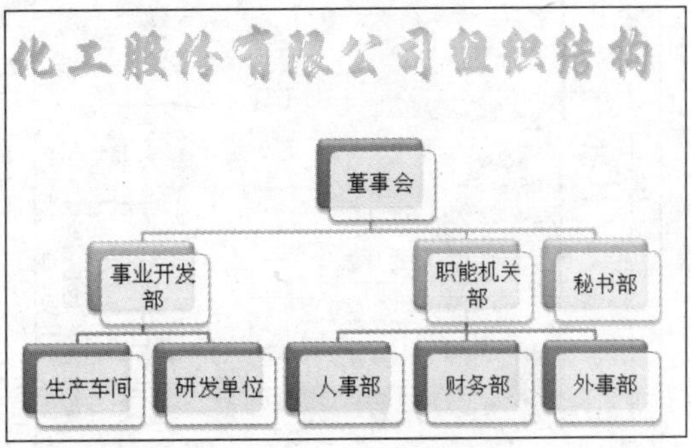

图3-81 插入艺术字

问题3-35： 如何更改艺术字文本内容？

选中文档中的艺术字，在“格式”选项卡下的“文字”组中单击“编辑文字”按钮，打开“编辑艺术字文字”对话框，输入需要设置的艺术字文本内容即可。

Step 05 用户还可以为文档插入文本框，在“插入”选项卡下的“文本”组中单击“文本框”按钮，如图3-82所示。

Step 06 在展开的列表中单击“绘制竖排文本框”选项，如图3-83所示。

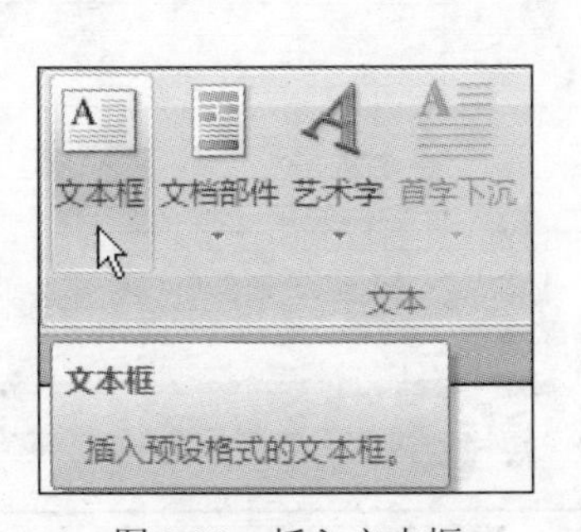

图3-82 插入文本框

图3-83 插入竖排文本框

问题3-36： 如何插入内置样式的文本框？

在“插入”选项卡下的“文本”组中单击“文本框”按钮，在展开的列表中的“内置”区域内选择需要使用的内置文本框样式，即可插入选定样式的文本框。

Step 07 拖动鼠标在文档中合适的位置处绘制竖排文本框，绘制完成后释放鼠标即可，如图 3-84 所示。

Step 08 在绘制的文本框中输入需要添加的文字内容，如图 3-85 所示。

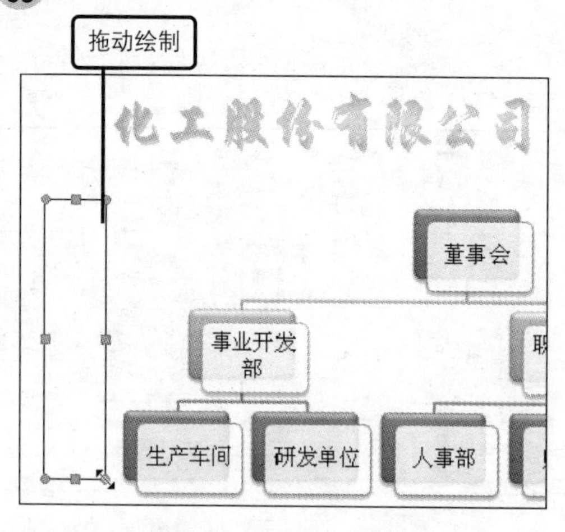

图 3-84　绘制文本框

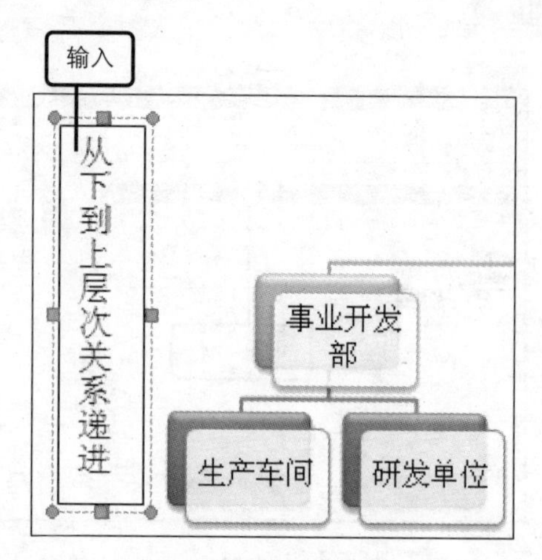

图 3-85　添加文本

问题 3-37：　如何设置文本框的三维格式效果？

选中需要设置的文本框，在“格式”选项卡下的“三维效果”组中，单击“三维效果”按钮，在展开的列表中选择需要应用的三维样式选项即可。

Step 09 选中竖排文本框，在“格式”选项卡下的“文本框样式”组中单击“对角渐变–强调文字颜色 2”选项，如图 3-86 所示。

Step 10 设置完成后，查看文档中插入的竖排文本框效果，如图 3-87 所示。

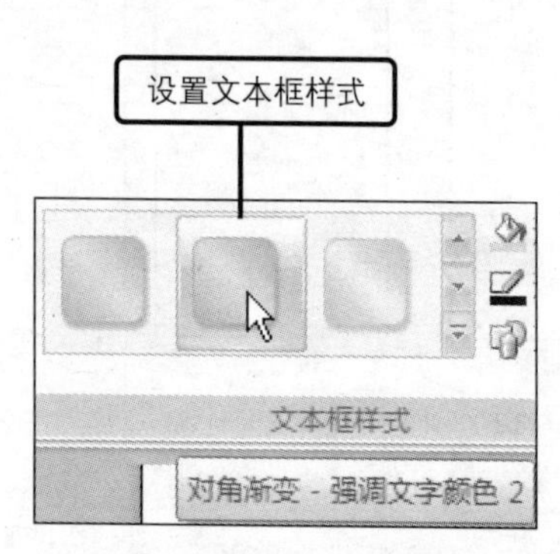

图 3-86　设置文本框样式

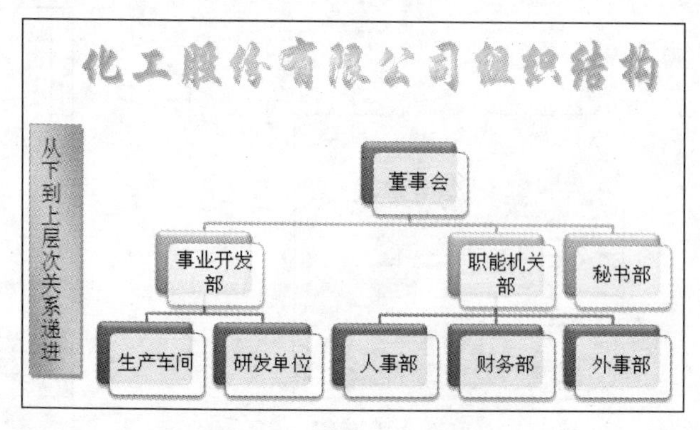

图 3-87　查看文本框效果

3.5　实例提高：制作产品价目表

在学习了本章知识后，用户学会了如何使用表格与图形功能来编辑、制作文档。下面将以制作产品价目表为例，为用户介绍如何灵活运用表格及插入艺术字、图片等功能，完成文档内容的制作。

原始文件： 第 3 章\原始文件\ neo.jpg

最终文件： 第 3 章\最终文件\产品价目表.docx

Step 01 新建一个文档，在“插入”选项卡下单击“表格”组中的“表格”按钮，在展开的列表中单击“插入表格”选项，如图 3–88 所示。

Step 02 打开“插入表格”对话框，设置列数为“4”，行数为“6”，选择“根据窗口调整表格”单选按钮，再单击“确定”按钮，如图 3–89 所示。

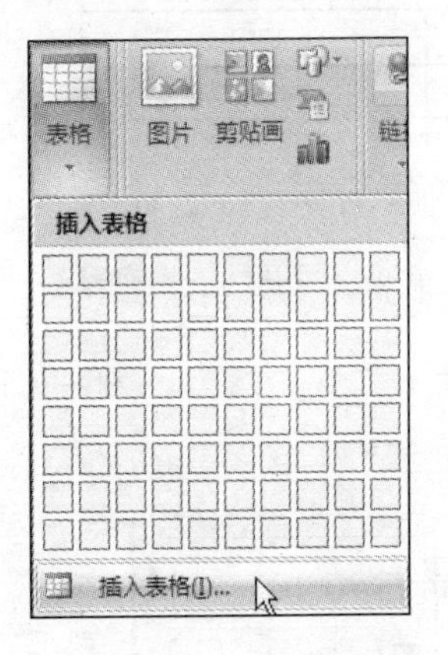

图 3-88　插入表格

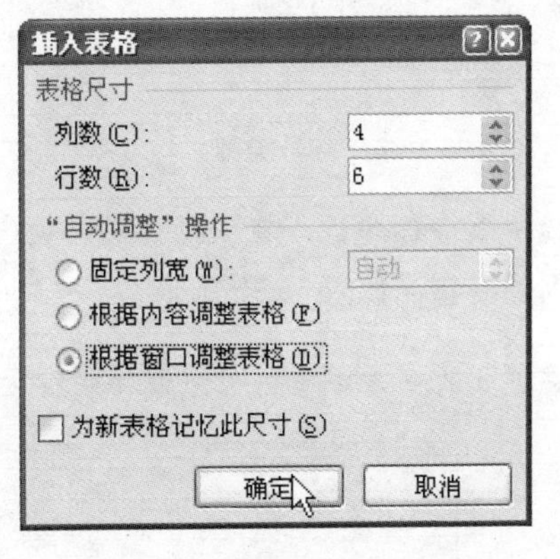

图 3-89　设置表格插入方式

Step 03 在文档中插入指定尺寸大小的表格，并在其中输入需要添加的文本内容，如图 3–90 所示。

产品名称	产品型号	单价	说明
焕颜保温霜	S10200	60	80ML
美白乳液	SK552	88	100ML
活肤洗面奶	M332	29	50ML
爽肤洁肤水	S2122	45	30ML
美白沐浴露	S3652	30	400ML

图 3-90　编辑表格内容

Step 04 选中整个表格，在“布局”选项卡下单击“对齐方式”组中的“水平居中”按钮，如图 3–91 所示。

Step 05 用户需要为表格插入货币符号，将光标放置需要插入的位置处，如图 3–92 所示。

文字方向　单元格边距

对齐方式

图 3-91　设置对齐方式

单价	说明
60	80ML
88	100ML
29	50ML
45	30ML
30	400ML

图 3-92　定位光标

Step 06 在“插入”选项卡下单击“特殊符号”组中的“符号”按钮，在展开的列表中单击需要插入的符号选项，如图3–93所示。

Step 07 使用相同的方法为表格中需要插入符号的单元格添加符号内容，如图3–94所示。

图3-93　选择符号类型

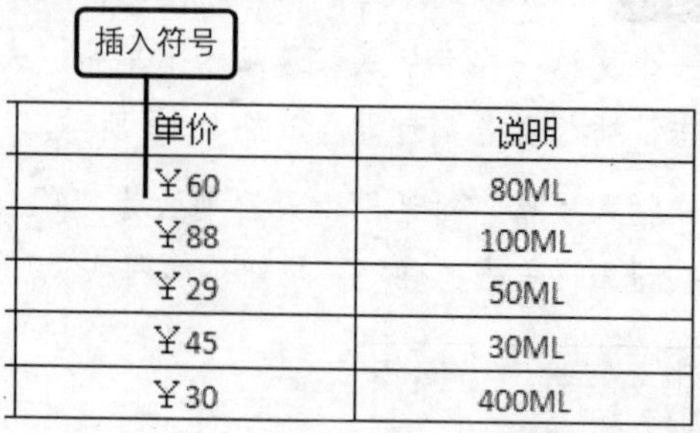

插入符号

单价	说明
￥60	80ML
￥88	100ML
￥29	50ML
￥45	30ML
￥30	400ML

图3-94　插入符号

Step 08 选中表格标题行，在“设计”选项卡下的“表样式”组中单击“边框”按钮右侧的下拉列表按钮，如图3–95所示。

Step 09 在展开的列表中单击“边框和底纹”选项，如图3–96所示。

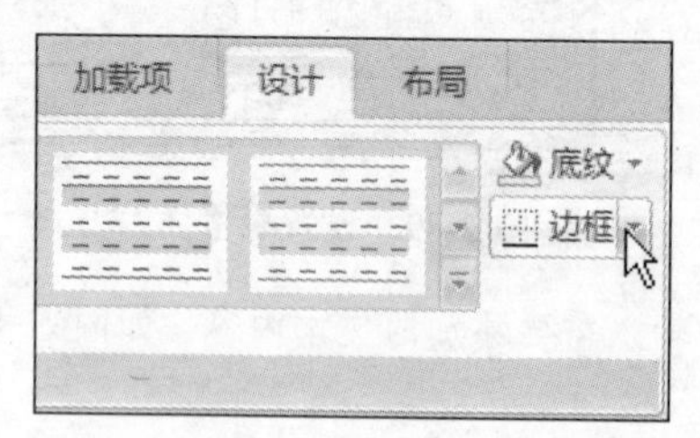

图3-95　设置边框

图3-96　设置边框和底纹

Step 10 打开“边框和底纹”对话框，切换到“边框”选项卡下，在“设置”区域中单击“全部”按钮，在“样式”列表框中选择合适的样式，设置颜色为“橙色”，如图3–97所示。

Step 11 切换到“底纹”选项卡下，单击“填充”下拉列表按钮，在展开的列表中单击“黄色”选项，再单击“确定”按钮，如图3–98所示。

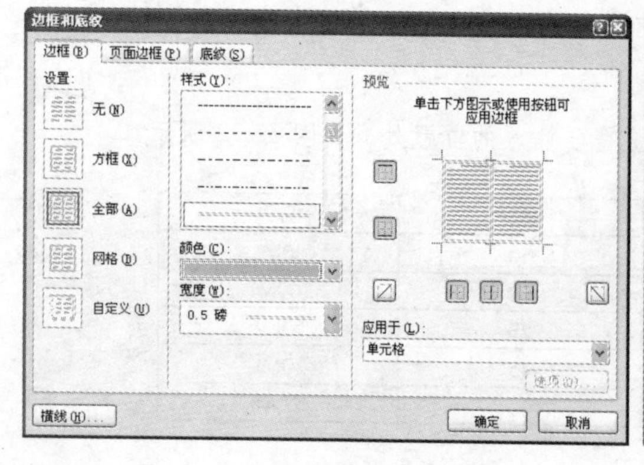

图3-97　设置边框

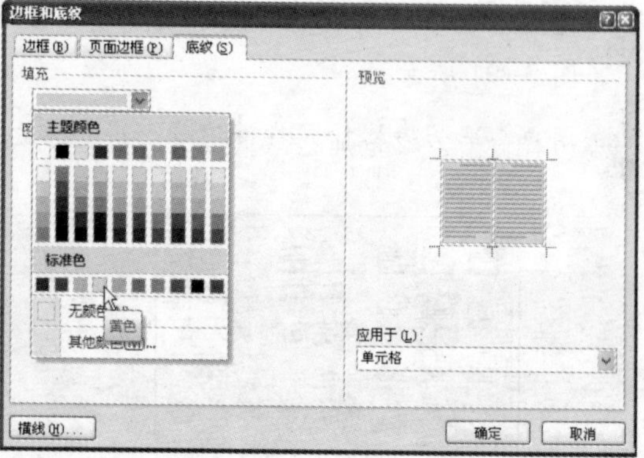

图3-98　设置底纹

Step 12 返回到文档中，查看设置后的表格行标题效果，如图 3-99 所示。

产品名称	产品型号	单价	说明
焕颜保温霜	S10200	￥60	80ML
美白乳液	SK552	￥88	100ML
活肤洗面奶	M332	￥29	50ML
爽肤洁肤水	S2122	￥45	30ML
美白沐浴露	S3652	￥30	400ML

图 3-99　查看表格效果

Step 13 用户需要为文档插入图片，打开“插入图片”对话框，选择需要插入的图片，然后单击“插入”按钮，如图 3-100 所示。

Step 14 选中插入的图片，在“格式”选项卡下单击“排列”组中的“文字环绕”按钮，在展开的列表中单击“衬于文字下方”选项，如图 3-101 所示。

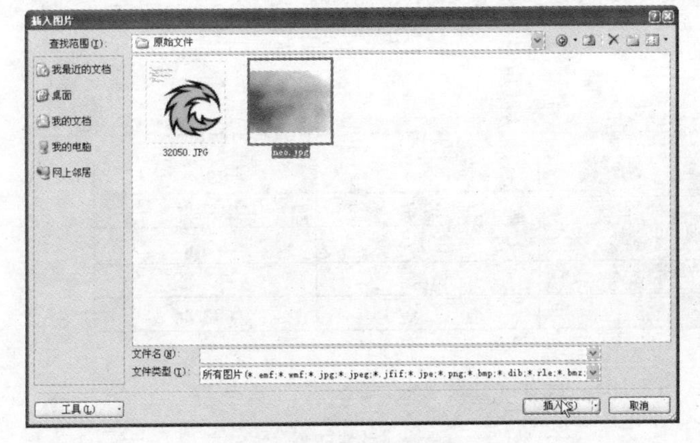

图 3-100　插入图片

图 3-101　设置图片文字环绕方式

Step 15 拖动鼠标调整图片的位置，将其放置在表格下方，并调整图片大小到与表格合适的大小，如图 3-102 所示。

调整图片大小

产品名称	产品型号	单价	说明
焕颜保温霜	S10200	￥60	80ML
美白乳液	SK552	￥88	100ML
活肤洗面奶	M332	￥29	50ML
爽肤洁肤水	S2122	￥45	30ML
美白沐浴露	S3652	￥30	400ML

图 3-102　调整图片

Step 16 在“插入”选项卡下单击“文本”组中的“艺术字”按钮，在展开的列表中单击“艺术字样式 16”选项，如图 3-103 所示。

Step 17 打开“编辑艺术字文字”对话框，输入需要添加的文本内容，并设置字体为“隶书”，字号为“24”，字形为“加粗”，再单击“确定”按钮，如图 3-104 所示。

图 3-103　插入艺术字

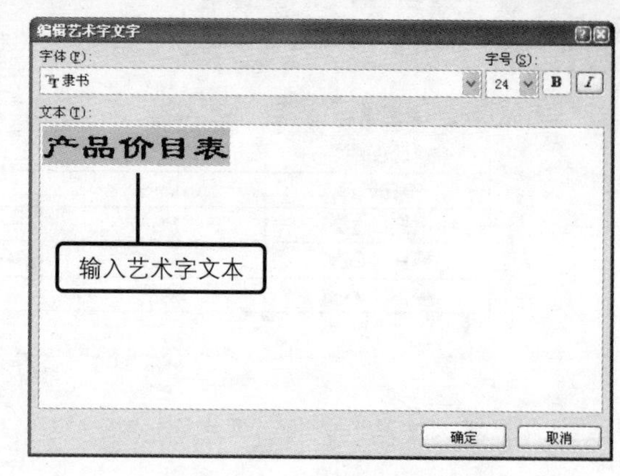

图 3-104　编辑艺术字

Step 18 完成艺术字的设置后，返回到文档中，可以看到插入的艺术字，将其放置在表格上方，完成产品价目表的制作，制作完成后的效果如图 3-105 所示。

产品价目表

产品名称	产品型号	单价	说明
焕颜保温霜	S10200	￥60	80ML
美白乳液	SK552	￥88	100ML
活肤洗面奶	M332	￥29	50ML
爽肤洁肤水	S2122	￥45	30ML
美白沐浴露	S3652	￥30	400ML

图 3-105　查看价目表效果

邮件合并与宏功能

邮件合并与宏功能，是 Word 应用功能中的重要操作功能。灵活的使用这些功能，可以大大的提高工作效率。当用户需要编辑大量的信函或信封，用于发送给不同的工作人员时，可以使用邮件合并功能来完成，实现自动生成不同收件人相同信函内容的多个文档。当需要执行大量重复的操作过程时，可以使用宏功能，将这些重复的操作步骤进行录制，当需要再次执行相同的操作时，执行录制的宏即可。

4.1 邮件合并功能

在日常的办公事务处理过程中，常常会需要处理大量的数据表，同时又需要根据这些数据信息制作出大量的信封、信函或标签等常用文档内容。面对繁杂的数据，如果只是通过重复编辑制作的方法来进行，则显得较为烦琐。此时可以使用 Word 提供的邮件合并功能，将数据信息导入到固定格式的主文档中，完成批量信函、信封文档的制作。

4.1.1 信封和标签

在实际的办公事务中，常常会需要制作信函、信封、标签类文档内容时，用于发送或传真文件。当用户需要制作信封和标签类文档时，则可以使用邮件功能中的创建功能，根据需要创建所需的文档类型，并根据实际情况编辑信封或标签内容，使操作更加简单方便。

1. 创建中文信封

Word 为用户提供了中文信封向导功能，用户在创建信封文档时，可以根据提示的向导步骤进行创建，使制作的信封更加规范，操作更加方便快捷。

最终文件： 第 4 章\最终文件\创建中文信封.docx

Step 01 新建一个文档，切换到“邮件”选项卡下，在“创建”组中单击“中文信封”按钮，如图 4-1 所示。

Step 02 打开“信封制作向导”对话框，单击“下一步”按钮，如图 4-2 所示。

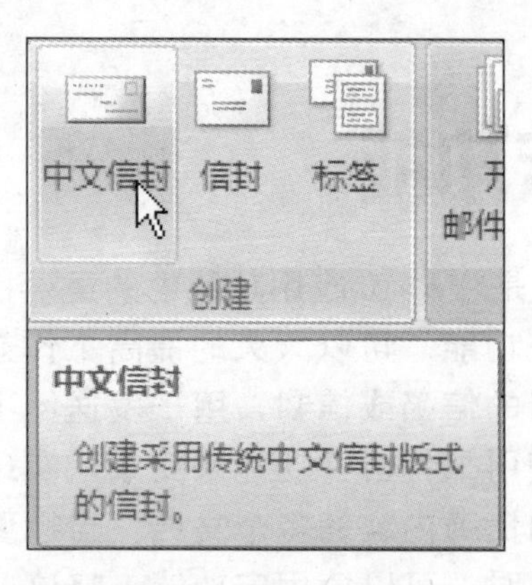

图 4-1　创建中文信封

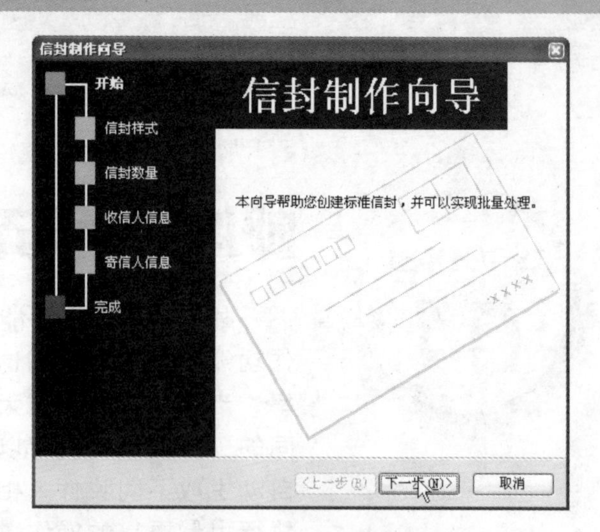

图 4-2　开始制作信封

问题 4-1：　如何创建可直接用于打印的信封？

在“邮件”选项卡下的“创建”组中单击“信封”按钮，打开“信封和标签”对话框，切换到“信封”选项卡下，设置需要创建信封的收信人地址、寄信人地址等相关信息，再单击“打印”按钮，即可将创建的信封进行打印。单击“添加到文档”按钮，可创建由设置信封生成的新文档。

Step 03 进入下一向导步骤，单击“信封样式”下拉列表按钮，在展开的列表中选择需要使用的样式选项，再单击“下一步”按钮，如图 4–3 所示。

Step 04 进入下一向导步骤，设置信封的方式和数量，选择“键入收信人信息，生成单个信封”单选按钮，再单击“下一步”按钮，如图 4–4 所示。

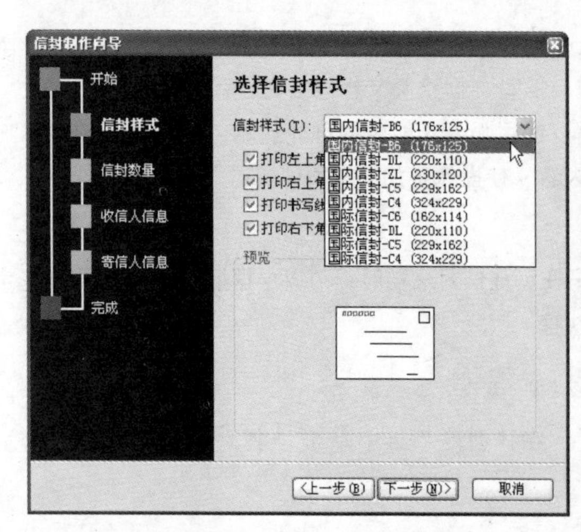

图 4-3　选择信封样式

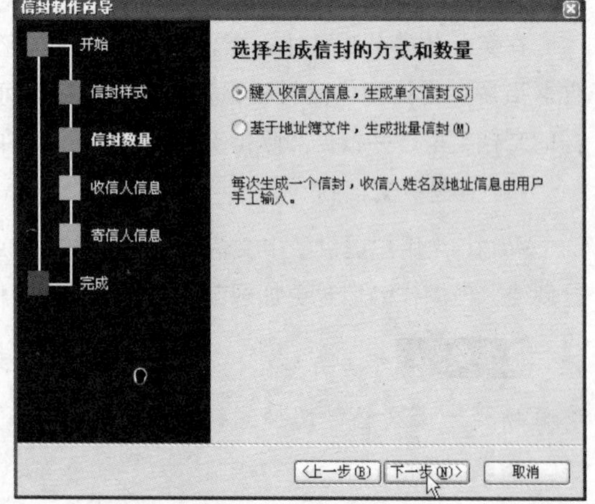

图 4-4　选择生成信封的方式和数量

问题 4-2:	如何选择需要设置的向导步骤?

在“信封制作向导”对话框中的左侧区域中，呈绿色标记的为当前设置步骤，如果用户需要切换到其他向导步骤中进行设置，双击相应的选项，使其呈绿色选中状态即可。

Step 05 进入下一向导步骤，设置收信人信息，在“姓名”、“称谓”、“单位”等文本框中输入相关信息，再单击“下一步”按钮，如图 4-5 所示。

Step 06 进入下一向导步骤，设置寄信人信息，在“姓名”、“单位”、“地址”等文本框中输入相关信息，再单击“下一步”按钮，如图 4-6 所示。

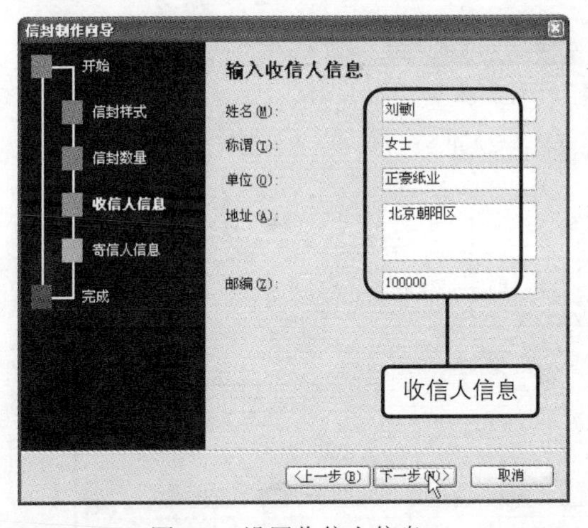

图 4-5 设置收信人信息

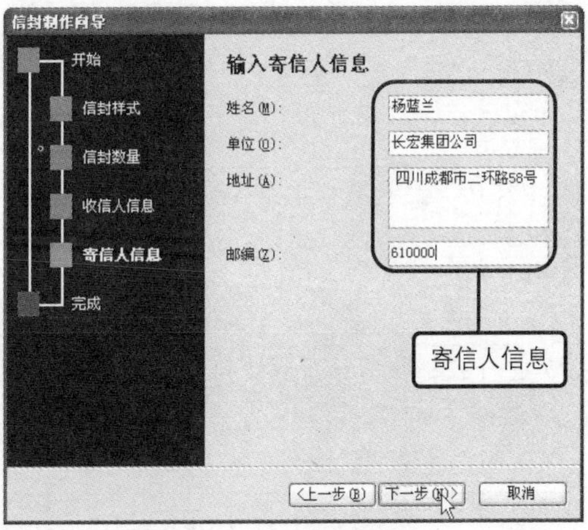

图 4-6 设置寄信人信息

Step 07 完成信封制作向导步骤的操作设置，单击“完成”按钮，如图 4-7 所示。

Step 08 生成新的文档，在文档中显示创建的信封，并显示相关收信人与寄信人信息，如图 4-8 所示。

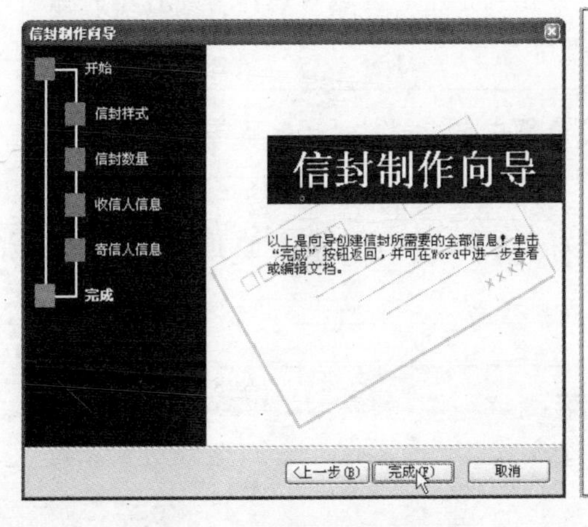

图 4-7 完成向导步骤设置

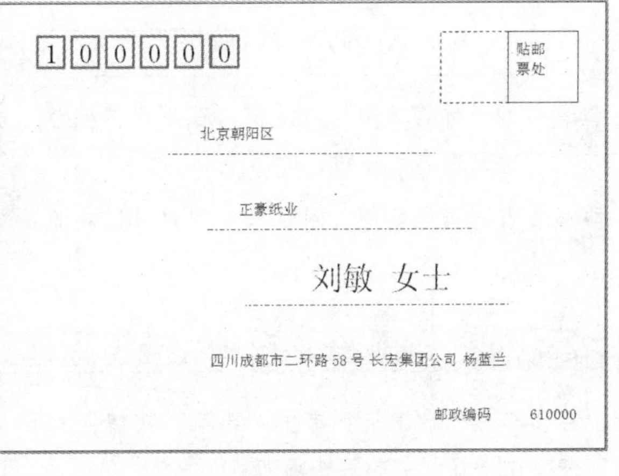

图 4-8 生成信封

2．创建标签

标签常用于粘贴在邮件外部，邮件标签通常需要指明收件人的地址或姓名等相关内容。在制作标签文档时，用户同样可以使用邮件选项卡下的创建功能，下面介绍其具体的操作与设置方法。

最终文件： 第4章\最终文件\标签.docx

Step 01 切换到“邮件”选项卡下，在“创建”组中单击“标签”按钮，如图4-9所示。

Step 02 打开“信封和标签”对话框，切换到“标签”选项卡下，在“地址”文本框中输入需要添加的收件人地址，单击“选项”按钮，如图4-10所示。

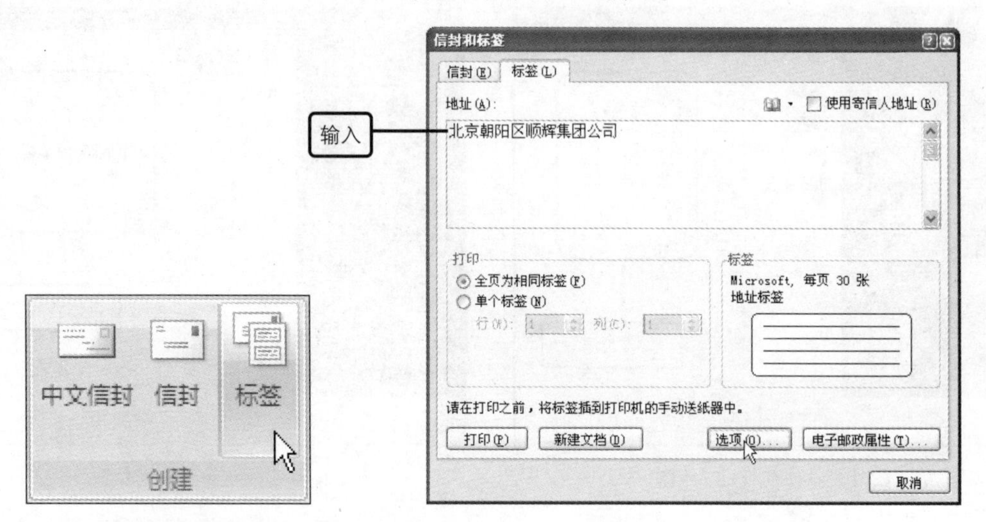

图4-9　创建标签　　　　图4-10　设置标签

问题4-3：　如何打印标签？

在“信封和标签”对话框中的“标签”选项卡下，在“打印”区域中选择需要打印的标签方式，再单击“打印”按钮，即可将标签进行打印。

Step 03 打开“标签选项”对话框，在“产品编号”列表框中单击“每页30张”选项，再单击“详细信息”按钮，如图4-11所示。

Step 04 打开“地址标签”对话框，用户可以在此预览标签效果，并设置标签的页面边距及页面大小，如图4-12所示。

问题4-4：　如何设置名片样式的标签？

在“标签”选项卡下单击“选项”按钮，打开“标签选项”对话框，在“产品编号”列表框中选择“名片”选项即可。

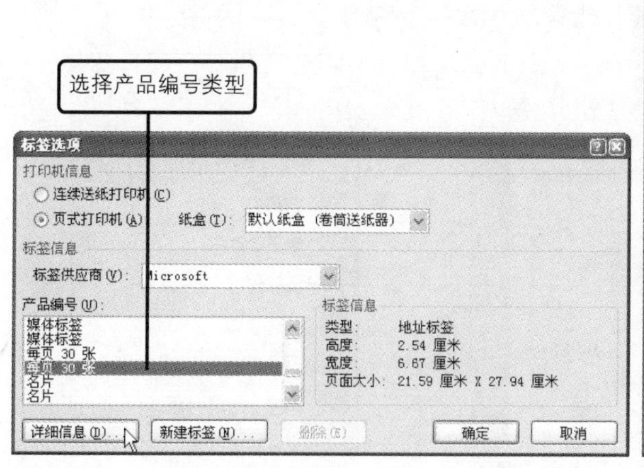

图 4-11　设置标签选项

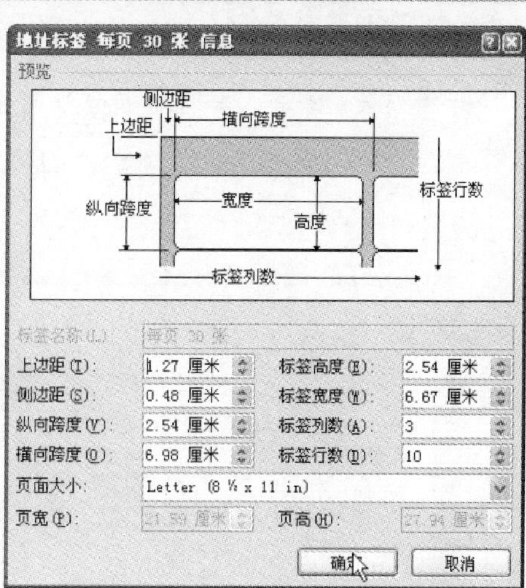

图 4-12　设置标签页面效果

Step 05 单击“确定”按钮，返回到“信封和标签”对话框中，完成标签内容的设置后，单击“新建文档”按钮，如图 4–13 所示。

Step 06 生成新的文档，并在文档中显示创建的标签内容，如图 4–14 所示。

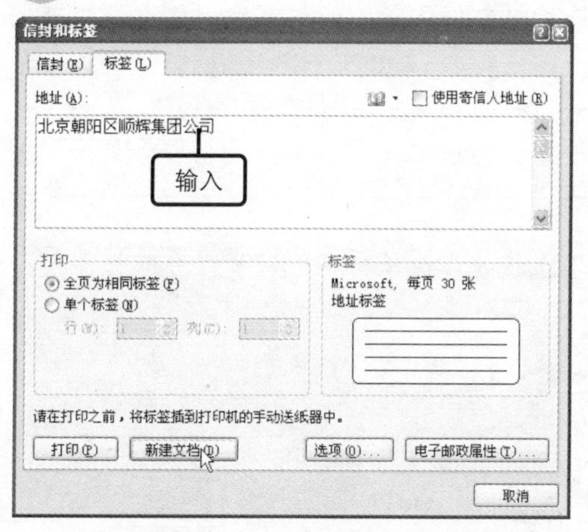

图 4-13　新建文档

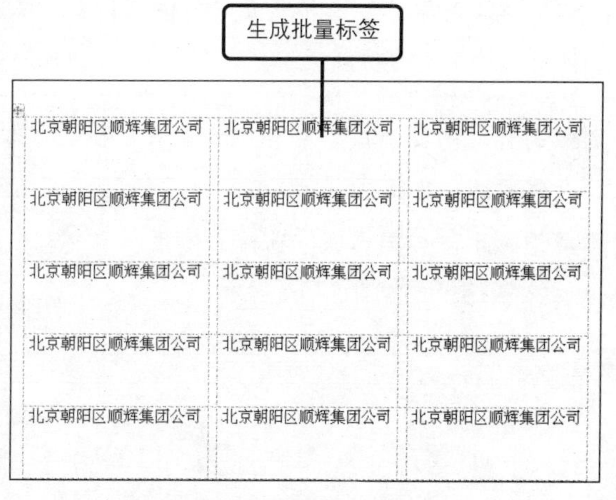

图 4-14　生成标签文档

4.1.2　制作批量信函

当用户需要制作大量相同的信函内容发送给不同的人员时，如果分别制作，则会使工作重复烦琐，此时可以使用邮件合并功能中的制作批量信函功能来完成工作，从而大大提高工作效率，减少工作时间，减轻重复操作的烦琐性。

原始文件： 第 4 章\原始文件\批量信函.docx

最终文件： 第 4 章\最终文件\批量信函.docx

Step 01 打开原始文件“批量信函.docx”，查看需要使用邮件合并功能制作的批量信函内容，如图 4–15 所示。

Step 02 切换到“邮件”选项卡下，单击“开始邮件合并”组中的“开始邮件合并”按钮，在展开的列表中单击“邮件合并分步向导”选项，如图 4-16 所示。

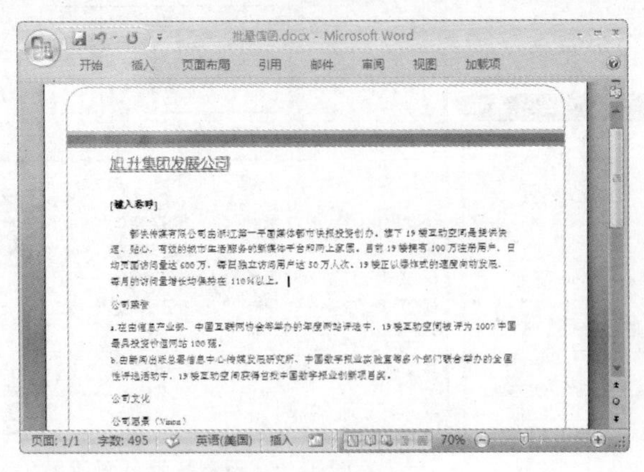

图 4-15　查看文档

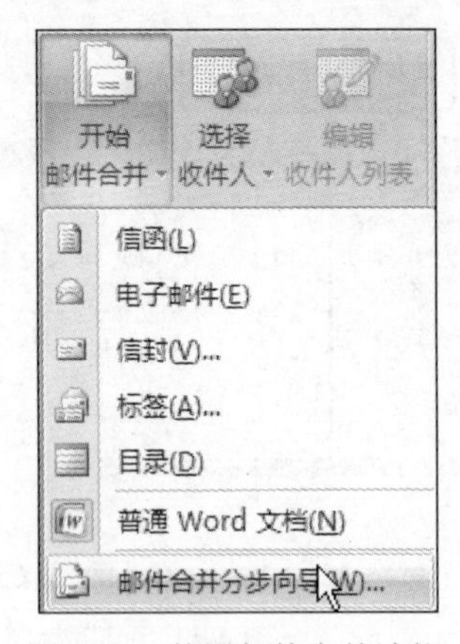

图 4-16　使用邮件合并功能

问题 4-5：　邮件合并功能的作用是什么？

可以创建一个需要多次打印或通过电子邮件发送，并且可发送给不同收件人的信函，在信函中插入域，使用联系人列表中的信息，自动替换每份信函中的相关域，使文档实现批量自动生成的功能。

Step 03 打开“邮件合并”窗格，选择“信函”单选按钮，再单击“下一步：正在启动文档”文字链接，如图 4-17 所示。

Step 04 进入下一向导步骤，选择“使用当前文档”单选按钮，再单击“下一步：选取收件人”文字链接，如图 4-18 所示。

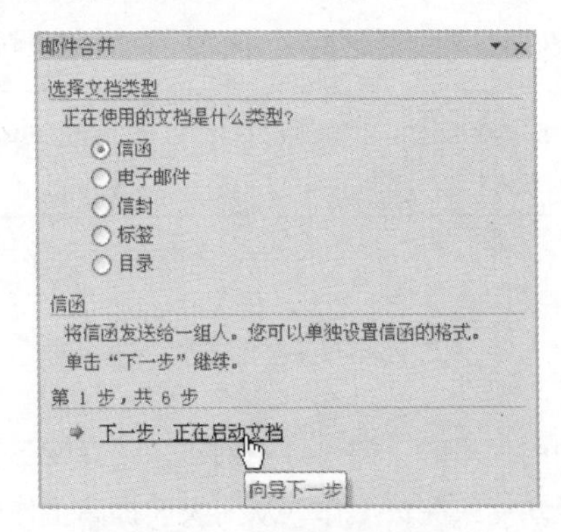

图 4-17　选择文档类型

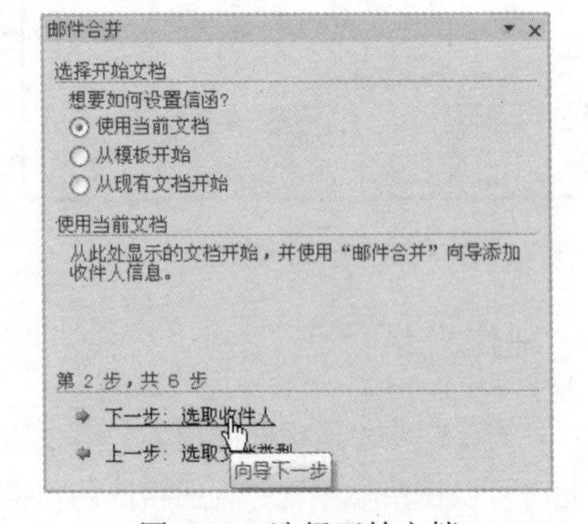

图 4-18　选择开始文档

问题 4-6：　如何设置从模板创建邮件合并文档？

启动邮件合并功能，在邮件合并向导步骤 2 中，选择开始文档类型为“从模板开始”，再单击“选择模板”文字链接，在打开的对话框中选择需要应用的模板类型即可。

Step 05 进入下一向导步骤，选择“键入新列表”单选按钮，再单击“创建”文字链接，如图 4–19 所示。

Step 06 打开“新建地址列表”对话框，在“收件人信息”列表框中按类别输入需要添加的信息内容，如果还需要添加其他条目，则单击“新建条目”按钮，如图 4–20 所示。

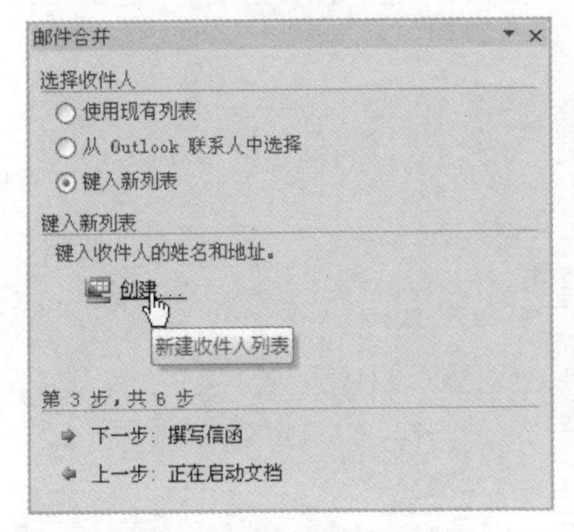

图 4-19　新建收件人列表

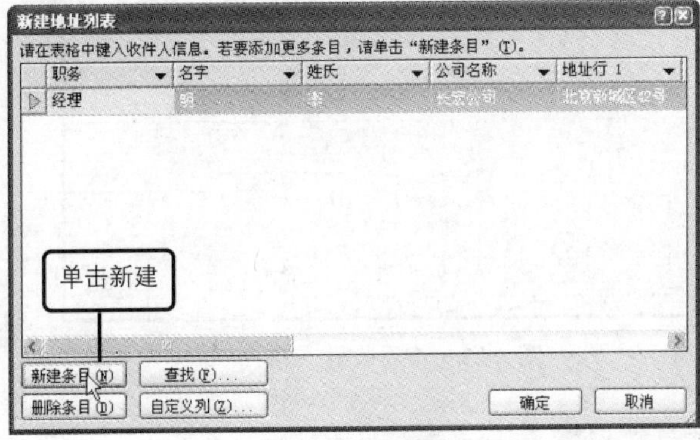

图 4-20　添加条目

Step 07 在“新建地址列表”对话框中完成收件人信息的添加，再单击“确定”按钮，如图 4–21 所示。

Step 08 打开“保存通讯录”对话框，保持默认的保存位置，在“文件名”文本框中输入需要保存的文件名称，再单击“保存”按钮，如图 4–22 所示。

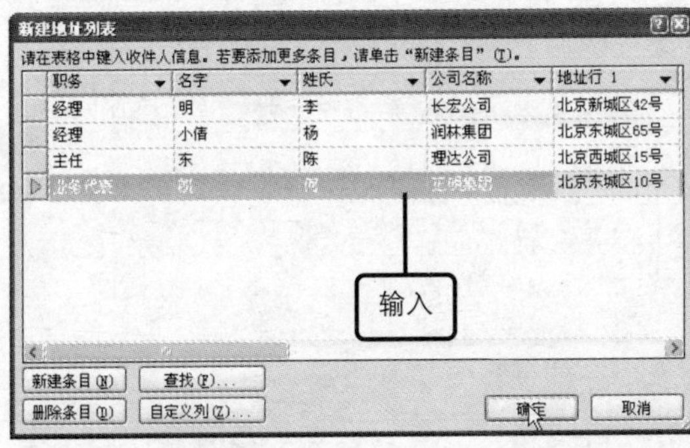

图 4-21　完成收件人列表编辑

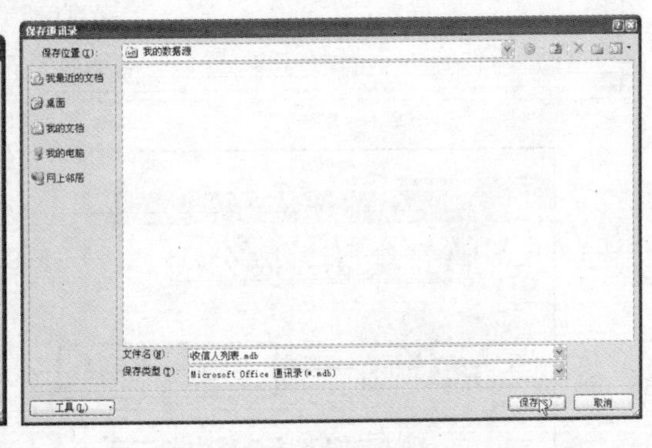

图 4-22　保存收件人列表

问题 4-7：如何删除收件人列表中的条目？

在“新建地址列表”对话框中，选中需要删除的条目，再单击“删除条目”按钮即可在编辑收件人信息时，对需要删除的条目进行删除。

Step 09 打开“邮件合并收件人”对话框，可以看到添加的收件人信息，再单击“确定”按钮，如图 4–23 所示。

Step 10 返回到窗口中，在“邮件合并”窗格中选择“使用现有列表”单选按钮，再单击“下一步：撰写信函”文字链接，如图 4-24 所示。

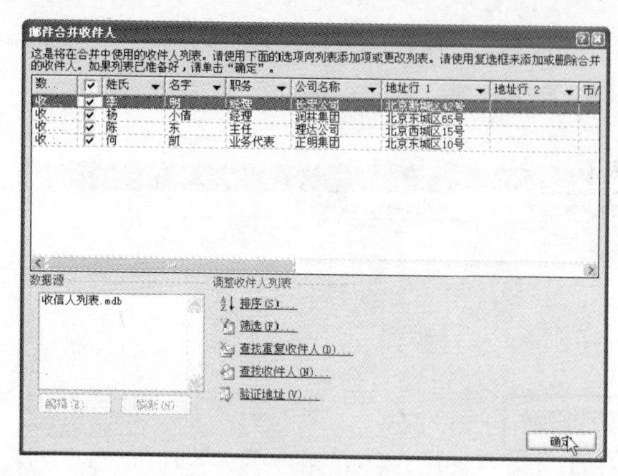

图 4-23　查看收件人信息

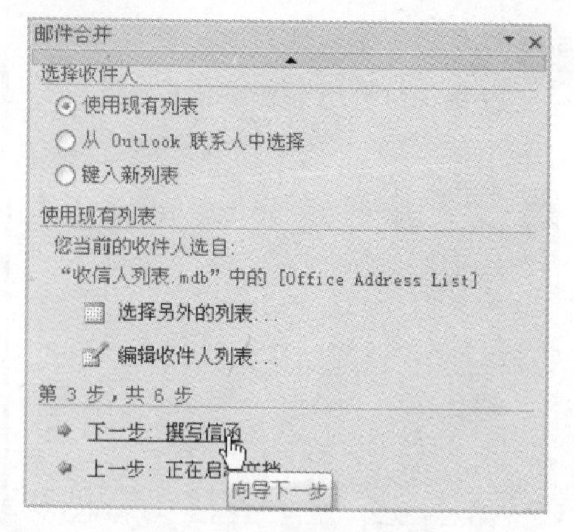

图 4-24　使用现有列表

问题 4-8：　如何对收件人列表进行重新排序？

在“邮件”选项卡的“开始邮件合并”组中单击“编辑收件人列表”按钮，打开“邮件合并收件人”对话框，单击“排序”选项，打开“排序和筛选”对话框，设置排序的方式，再单击“确定”按钮即可。

Step 11 在文档中选中需要插入域的文本内容，如图 4-25 所示。

Step 12 在“邮件合并”窗格中单击“其他项目”文字链接，如图 4-26 所示。

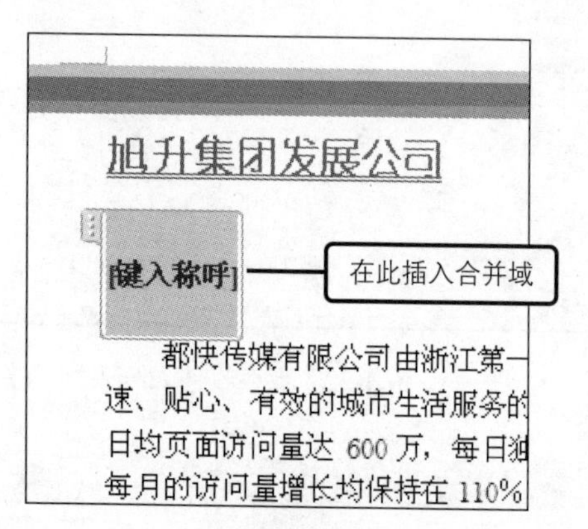

图 4-25　选定插入域文本

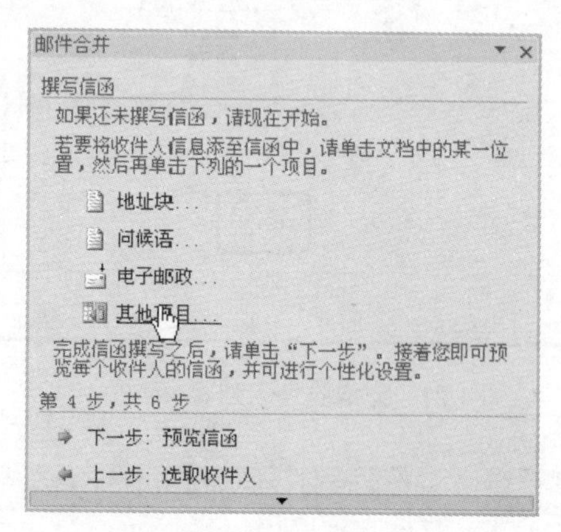

图 4-26　设置其他项目

问题 4-9：　如何使用已有的收件人列表？

在“开始邮件合并”组中单击“选择收件人”按钮，在展开的列表中单击“使用现有列表”选项，打开“选择数据源”对话框，选择需要使用的收件人列表，再单击“打开”按钮即可。

Step 13 打开“插入合并域”对话框，选择“数据库域”单选按钮，在“域”列表中单击“姓氏”选项，再单击“插入”按钮，如图 4-27 所示。

Step 14 在“域”列表中单击“名字”选项，再单击“插入”按钮，如图 4-28 所示。

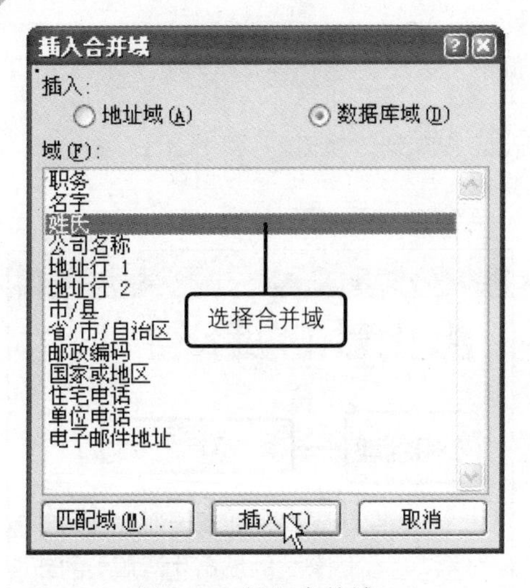

图 4-27 插入合并域

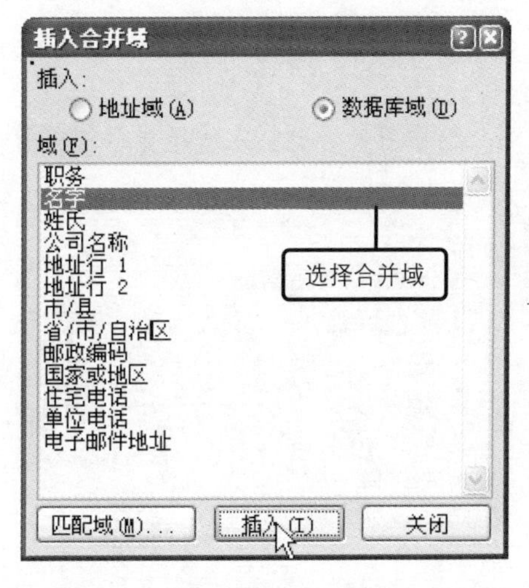

图 4-28 插入合并域

问题 4-10： 如何在文档中插入问候语？

在“编写和插入域”组中单击“问候语”按钮，打开“插入问候语”对话框，在对话框中设置需要插入的问候语相关内容，再单击“确定”按钮即可。

Step 15 在“域”列表中单击“职务”选项，再单击“插入”按钮，设置完成后单击“关闭”按钮，如图 4-29 所示。

Step 16 返回到文档中，可以看到文档中指定位置处插入的合并域内容，如图 4-30 所示。

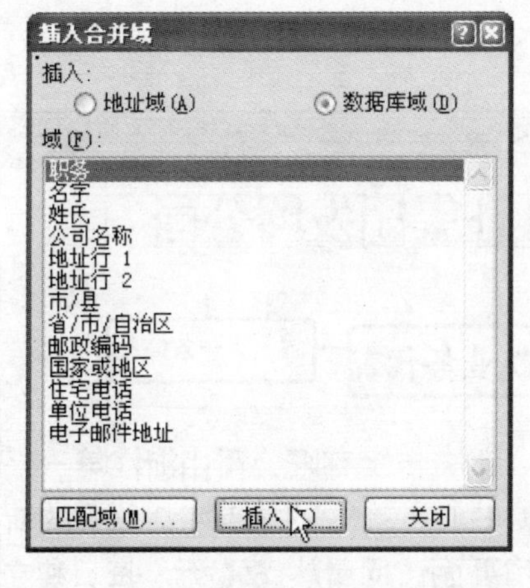

图 4-29 插入合并域

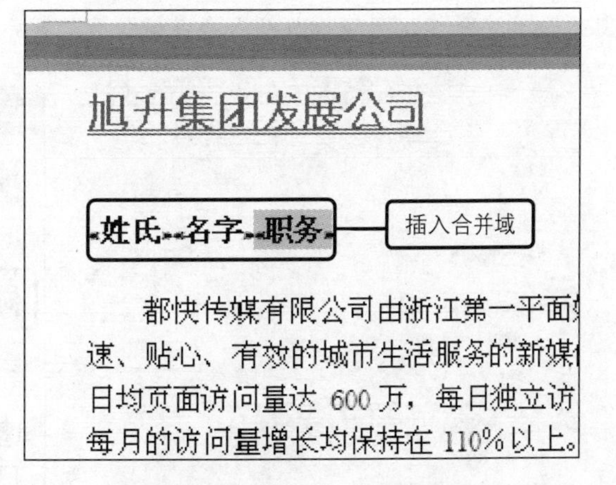

图 4-30 显示插入的合并域

问题 4-11：　如何在文档中突出显示插入的合并域？

在“编写和插入域”组中单击 “突出合并域”按钮，使其呈选中状态，此时文档中插入的合并域呈灰色底纹显示。

Step 17 在“邮件合并”窗格中单击“下一步：预览信函”文字链接，如图 4—31 所示。

Step 18 在文档中可以看到插入的域显示相应的收件人信息内容，如图 4—32 所示。

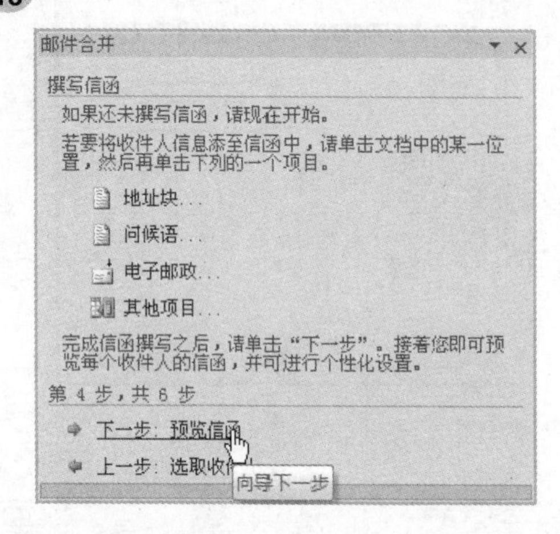

图 4-31　预览信函

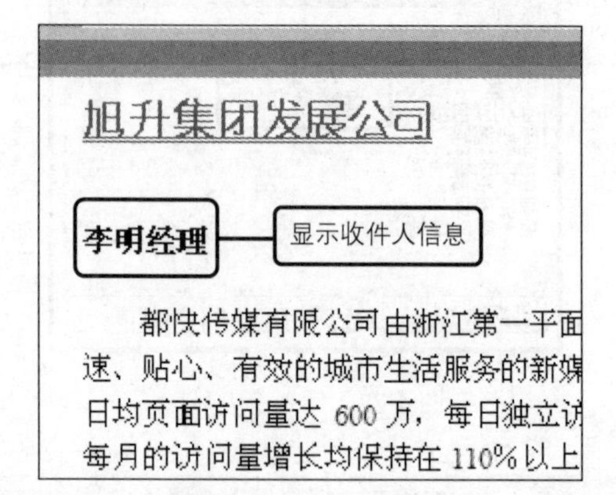

图 4-32　显示收件人信息

问题 4-12：　如何查看合并域相匹配的收件人信息内容？

在“编写和插入域”组中单击“匹配域”按钮，打开“匹配域”对话框，查看域名与收件人列表中相匹配的数据名称。

Step 19 如果用户需要查看下一条收件人信息，则在“邮件合并”窗格中单击“下一条”按钮，如图 4—33 所示。

Step 20 返回到文档中，可以看到插入合并域位置处显示下一条收件人信息，如图 4—34 所示。

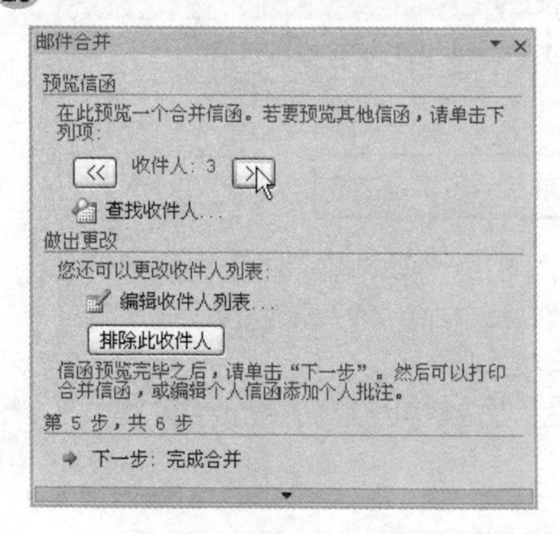

图 4-33　查看下一条信息

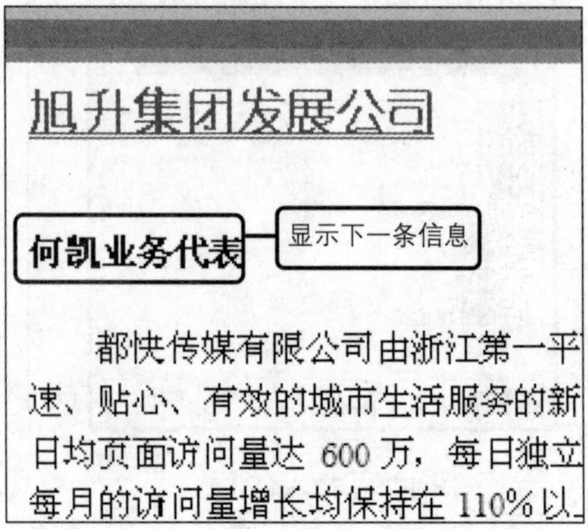

旭升集团发展公司

何凯业务代表　显示下一条信息

都快传媒有限公司由浙江第一平
速、贴心、有效的城市生活服务的新
日均页面访问量达 600 万，每日独立
每月的访问量增长均保持在 110% 以

图 4-34　显示下一条收件人信息

问题 4-13：如何在预览邮件合并文档的过程中对收件人进行删除？

当预览到需要删除的收件人信息时，在“邮件合并”窗格中的“预览信函”区域中单击“排队此收件人”按钮，即可删除当前收件人。

Step 21 完成邮件合并预览效果后，在“邮件合并”窗格中单击“下一步：完成合并”文字链接，如图 4—35 所示。

Step 22 完成合并后，如果需要打印制作的批量信函，则在“邮件合并”窗格中单击“打印”文字链接，如图 4—36 所示。

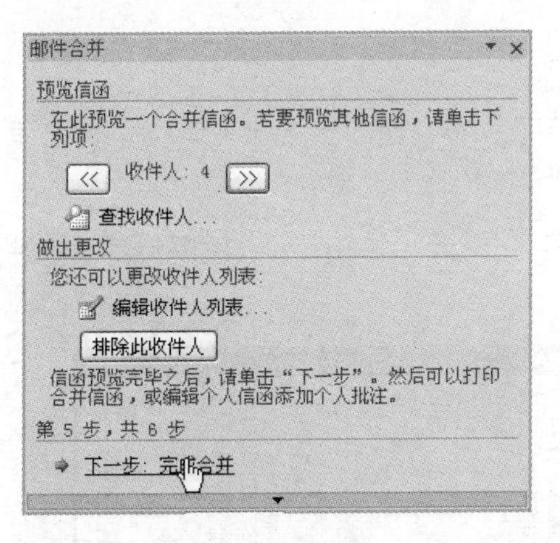

图 4-35 完成合并

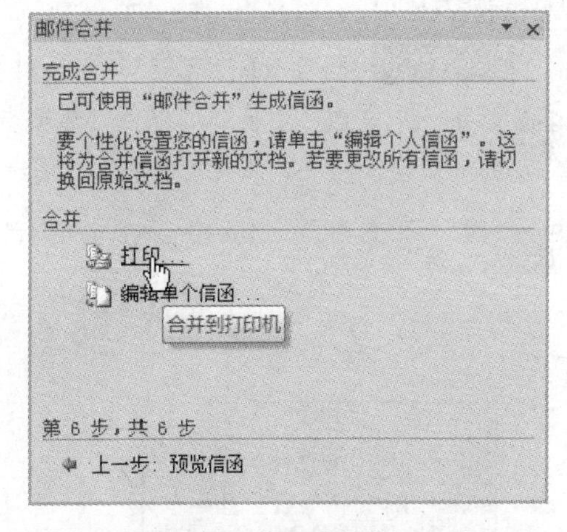

图 4-36 打印合并信函

Step 23 打开“合并到打印机”对话框，选择“全部”单选按钮，再单击“确定”按钮，如图 4—37 所示。

Step 24 打开“打印”对话框，设置打印选项内容，再单击“确定”按钮开始打印，如图 4—38 所示。

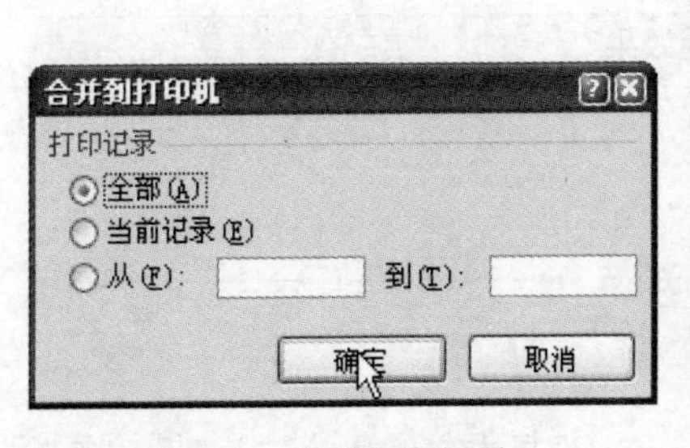

图 4-37 设置打印记录

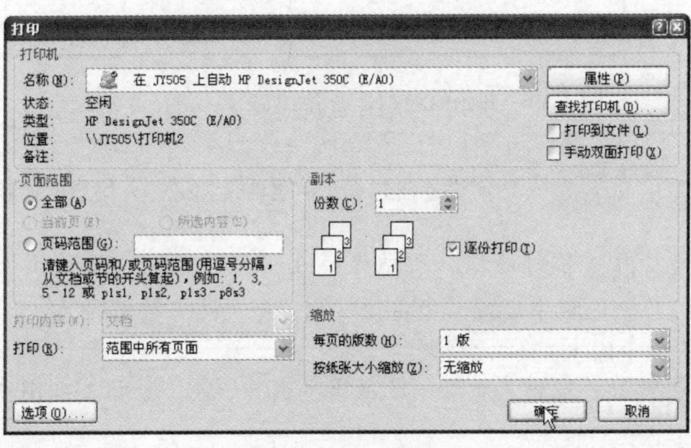

图 4-38 设置打印选项

问题 4-14： 如何设置只打印合并的批量信函中当前信函内容？

打开"合并到打印机"对话框，在"打印记录"区域中选择"当前记录"单选按钮，再单击"确定"按钮即可。

4.1.3 制作批量信封

用户在完成批量信函的制作后，常常还需要制作相应的信封内容用于将文件进行发送。因此用户可以使用已创建的收件人列表，快速地完成批量信封的编辑制作，下面介绍制作批量信封的具体操作方法：

最终文件： 第 4 章\最终文件\批量信封.docx

Step 01 新建一个文档，切换到"邮件"选项卡下，在"开始邮件合并"组中单击"开始邮件合并"按钮，在展开的列表中单击"信封"选项，如图 4-39 所示。

Step 02 打开"信封选项"对话框，在"信封选项"选项卡下的"信封尺寸"下拉列表框中单击"普通 1"选项，如图 4-40 所示。

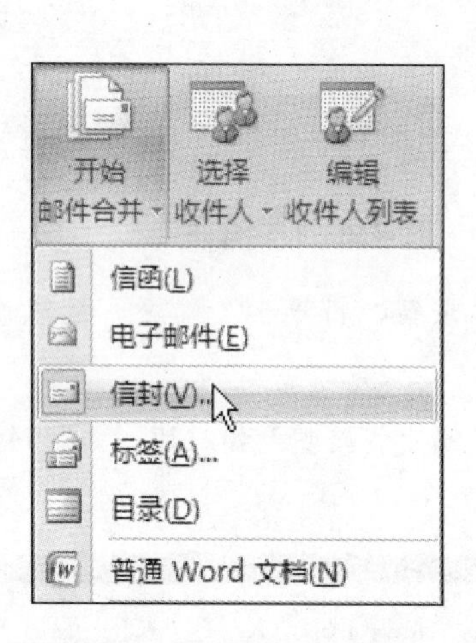

图 4-39 开始信封邮件合并

图 4-40 选择信封尺寸

问题 4-15： 如何设置信封页面中收件人和寄件人信息的边距效果？

打开"信封选项"对话框，在"信封选项"选项卡下的"收信人地址"和"寄信人地址"区域中设置"距左边"和"距上边"数值即可。

Step 03 在"收信人地址"区域中单击"字体"按钮，如图 4-41 所示。

Step 04 打开"收信人地址"对话框，切换到"字体"选项卡下，设置中文字体为"幼圆"，字形为"加粗"，字号为"三号"，字体颜色为"蓝色"，选中"阴影"复选框，如图 4-42 所示。

图 4-41　设置收信人地址字体

图 4-42　设置字体格式

问题 4-16：如何制作标签类邮件合并文档？

在“开始邮件合并”组中单击“开始邮件合并”按钮，在展开的列表中单击“标签”选项，再根据需要完成邮件合并的操作步骤即可。

Step 05 切换到“字符间距”选项卡下，单击“间距”下拉列表按钮，在展开的列表中单击“加宽”选项，如图 4-43 所示。

Step 06 返回到“信封选项”对话框，在“寄信人地址”区域中单击“字体”按钮，如图 4-44 所示。

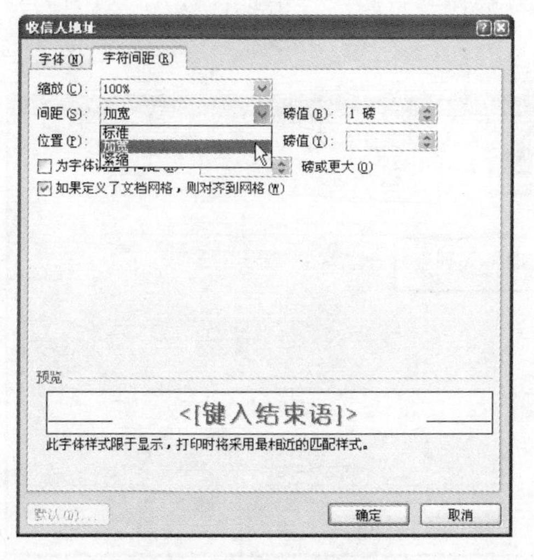

图 4-43　设置字符间距

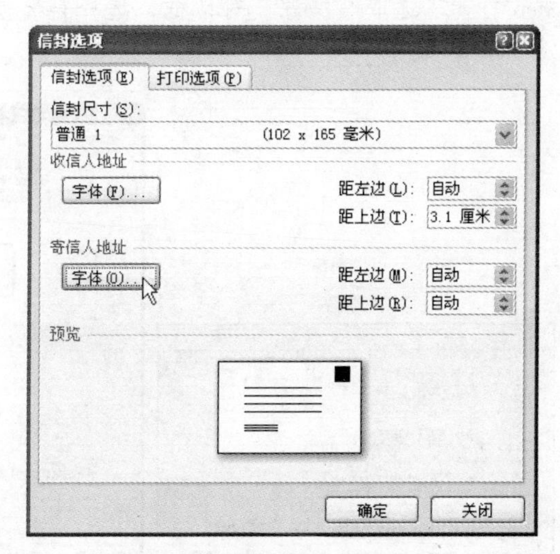

图 4-44　设置寄信人地址字体

Step 07 打开“寄信人地址”对话框，在“字体”选项卡下设置字形为“加粗”，字号为“12”，单击“确定”按钮，如图 4-45 所示。

Step 08 设置完成后返回到“信封选项”对话框，单击“确定”按钮，如图4-46所示。

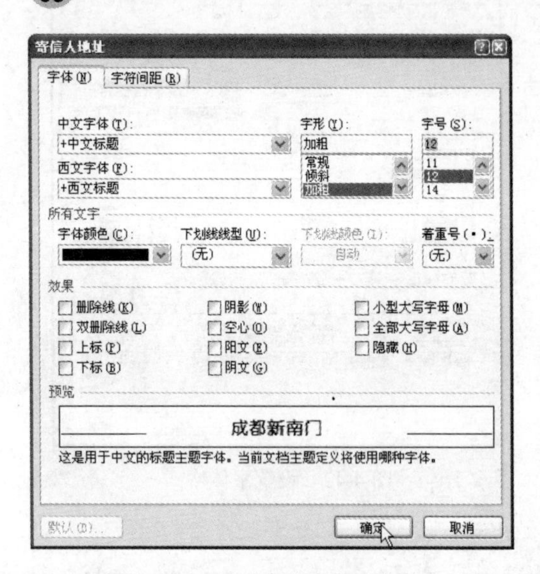

图4-45 设置寄信人地址字体

图4-46 完成信封选项设置

问题4-17： 默认保存的收件人列表为什么格式？

用户在新建收件人列表并将其进行保存时，保存的文档类型为.mdb文件。

Step 09 返回到文档中，在“开始邮件合并”组中单击“选择收件人”按钮，在展开的列表中单击“使用现有列表”选项，如图4-47所示。

Step 10 打开“选取数据源”对话框，选择需要使用的收件人信息，再单击“打开”按钮，如图4-48所示。

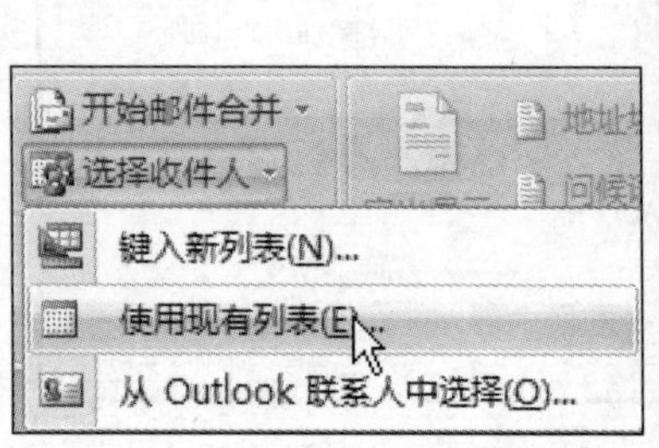

图4-47 使用现有收件人列表

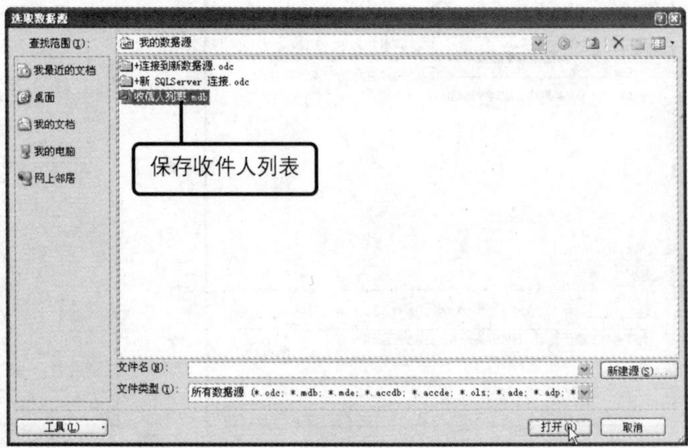

图4-48 选择收件人列表

问题 4-18：如何设置域不显示底纹效果？

在 Word 窗口中单击 Office 按钮，在弹出的菜单中单击“Word 选项”按钮，打开“Word 选项”对话框，切换到“高级”选项卡下，在“显示文档内容”区域中单击“域底纹”下拉列表按钮，在展开的列表中单击“不显示”选项，再单击“确定”按钮即可。

Step 11 生成信封样式的文档页面，选中需要插入合并域的文本框，如图 4-49 所示。

Step 12 在“编写和插入域”组中单击“插入合并域”按钮，在展开的列表中单击“地址行_1”选项，如图 4-50 所示。

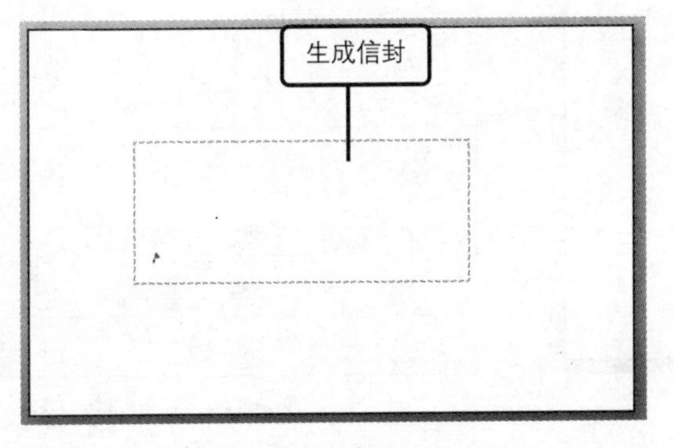

图 4-49 生成信封

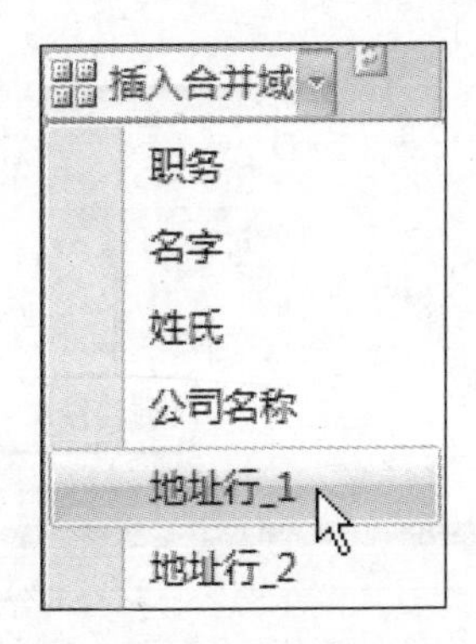

图 4-50 插入合并域

问题 4-19：如何在文档中显示域代码而非域值？

打开“Word 选项”对话框，切换到“高级”选项卡下，在“显示文档内容”区域中勾选“显示域代码而非域值”复选框，再单击“确定”按钮即可。

Step 13 使用相同的方法分别在信封页面插入公司名称、姓氏、名字、职务和邮政编号合并域内容，如图 4-51 所示。

Step 14 在“预览结果”组中单击“预览结果”按钮，如图 4-52 所示。

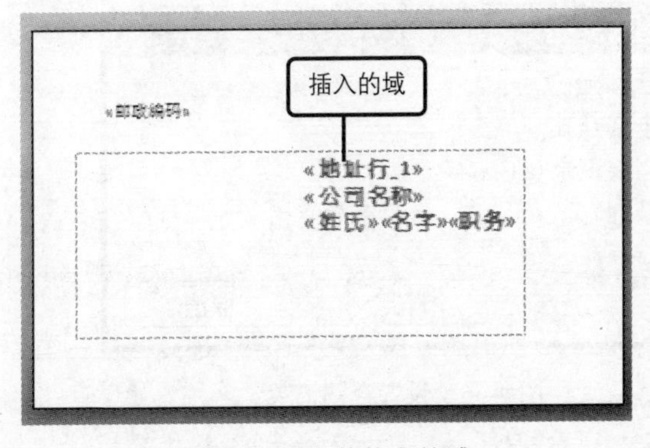

图 4-51 插入其他合并域

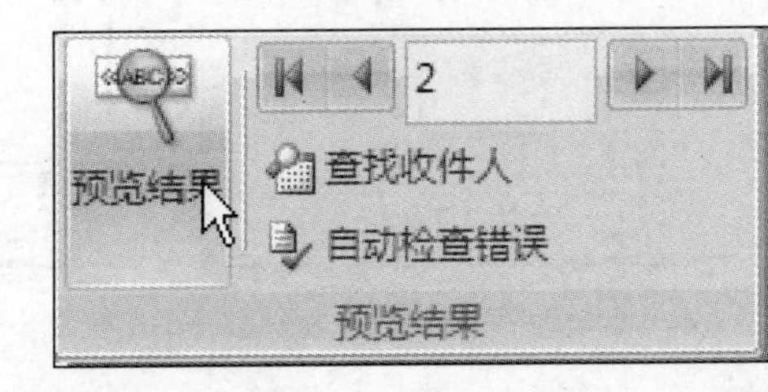

图 4-52 预览合并结果

问题 4-20：　如何查找指定的收件人？

在合并预览状态下，在“预览结果”组中单击“查找收件人”按钮，在打开的“查找条目”对话框中设置需要查找的信息，再单击“查找下一个”按钮即可。

Step 15 信封中显示合并后的结果，插入的域显示相应的收件人信息，如图 4-53 所示。

Step 16 如果需要查看下一条收件人信息，则在“预览结果”组中单击“下一记录”按钮，如图 4-54 所示。

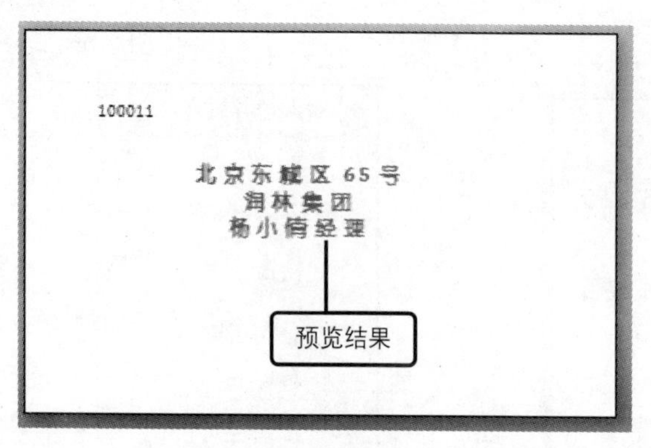

图 4-53　显示合并结果

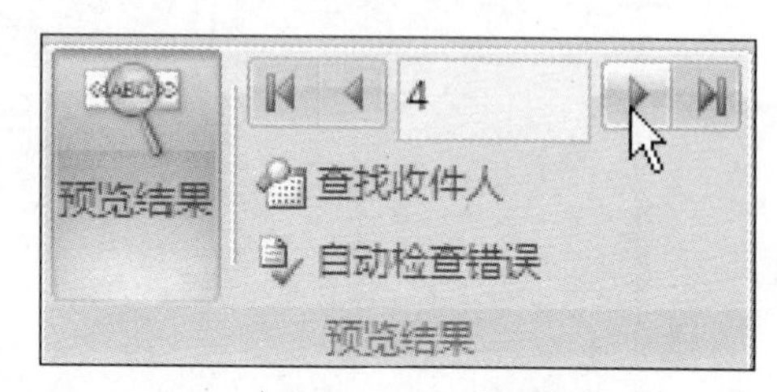

图 4-54　查看下一条收件人信息

问题 4-21：　如何查看收件人信息中的首记录和尾记录？

在“预览结果”状态下，单击“预览结果”组中的“首记录”按钮查看第一条收件人信息，单击“尾记录”按钮，查看最后一条收件人信息。

Step 17 完成信封合并后，单击“完成”组中的“完成并合并”按钮，在展开的列表中单击“编辑单个文档”选项，如图 4-55 所示。

Step 18 打开“合并到新文档”对话框，选择“全部”单选按钮，再单击“确定”按钮，如图 4-56 所示。

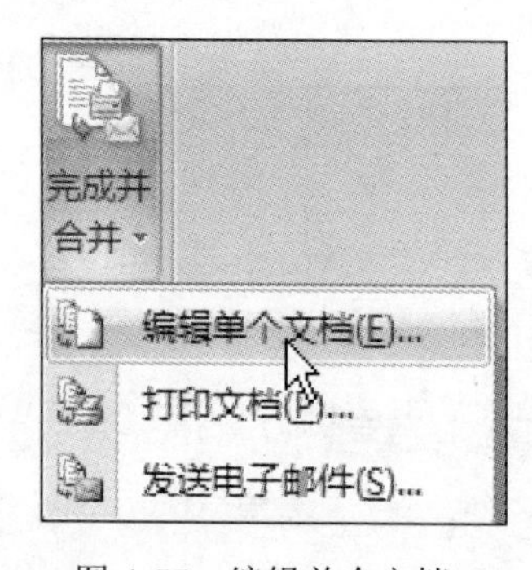

图 4-55　编辑单个文档

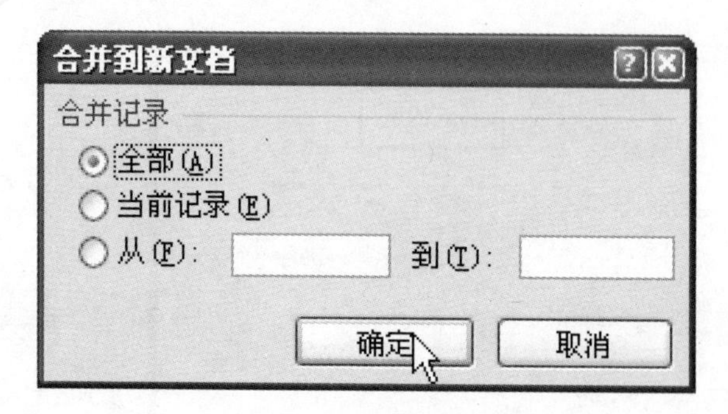

图 4-56　设置合并记录

Step 19 新建一个文档，在该文档中显示生成的所有信封内容，用户可以对不同的信封进行编辑设置，如图 4-57 所示。

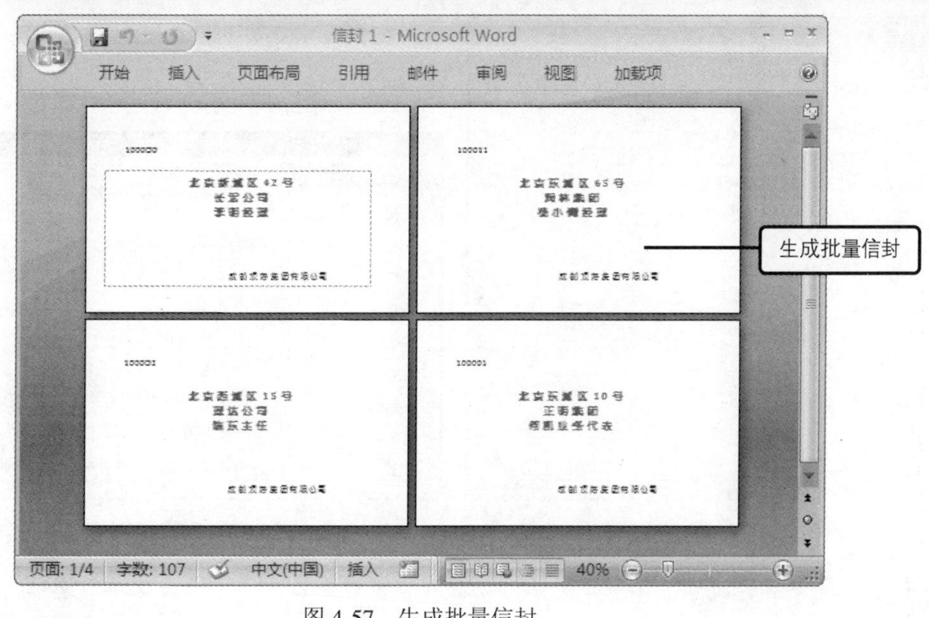

图 4-57 生成批量信封

4.2 宏功能

用户在编辑表格时，还可以根据需要将表格转换为文本，使其以文本的形式显示在文档中。同样也可以将文本内容转换为表格，使其以表格的形式进行显示。下面为用户介绍其具体的转换方法。

原始文件：第 4 章\原始文件\录制宏.docx

最终文件：第 4 章\最终文件\录制宏.docm

4.2.1 启用开发工具

当用户需要使用 Word 中的宏功能时，首先需要设置在窗口中显示“开发工具”选项卡，由于宏功能是集成在该选项卡中的，因此用户只有加载了该选项卡，才能执行相应的操作与设置。

Step 01 打开原始文件“录制宏.docx”，在 Word 窗口中单击 Office 按钮，在弹出的菜单中单击“Word 选项”按钮，如图 4-58 所示。

Step 02 打开“Word 选项”对话框，切换到“常用”选项卡下，选中“在功能区显示‘开发工具’选项卡”复选框，再单击“确定”按钮，如图 4-59 所示。

问题 4-22：如何更改 Word 窗口的配色方案？

打开“Word 选项”对话框，切换到“常用”选项卡下，单击“配色方案”下拉列表按钮，在展开的列表中选择需要应用的配色方案即可。

图 4-58　设置 Word 选项

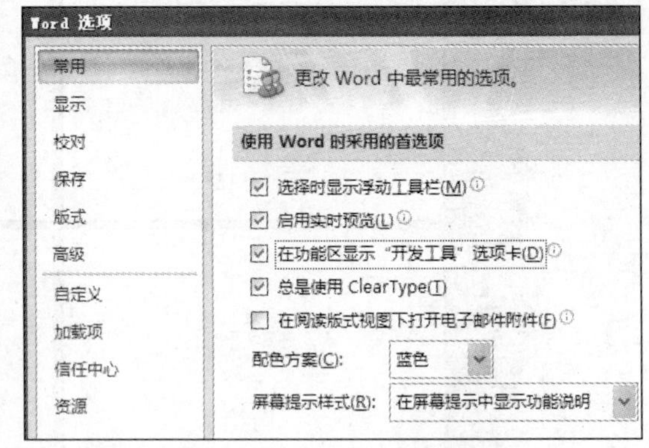

图 4-59　设置常用选项卡

Step 03 设置完成后返回到工作窗口中，可以看到在窗口中添加了“开发工具”选项卡，在该选项卡下为用户提供了宏、控件等功能，如图 4-60 所示。

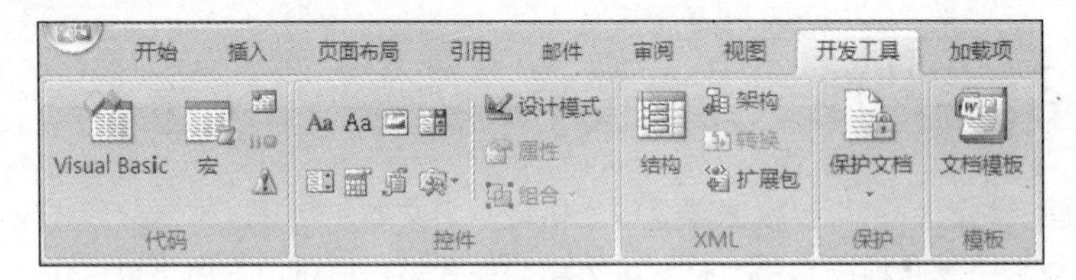

图 4-60　“开发工具”选项卡

4.2.2　录制设置字体的宏

宏的录制就是指录制用户在 Word 中执行一系列命令操作时存储该过程的每一步信息，然后通过运行录制的宏来重复所录制过程中执行的操作。为了帮助用户更好的理解宏功能，本节以录制设置字体格式的宏为例，详细介绍如何进行宏的录制操作。

Step 01 切换到“开发工具”选项卡下，单击“代码”组中的“录制宏”按钮，如图 4-61 所示。

Step 02 打开“录制宏”对话框，在“宏名”文本框中输入需要录制宏的名称，如图 4-62 所示。

图 4-61　录制宏

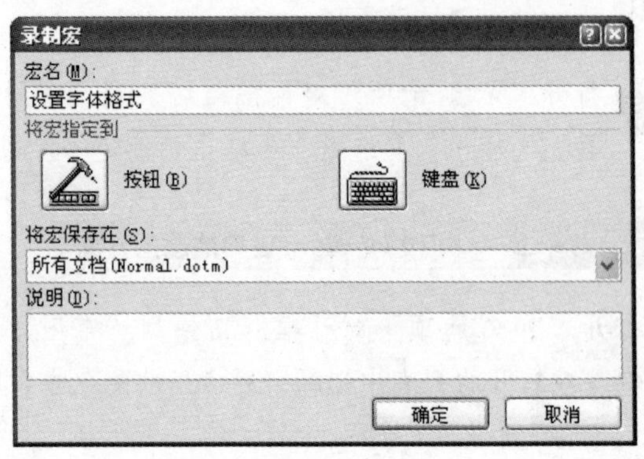

图 4-62　设置宏名

问题 4-23： **录制的宏名有哪些要求？**

宏名不能随意设置，必须有其规范。宏名不允许出现空格，并且不允许与单元格引用重名，否则会出现错误信息显示宏名无效。

Step 03 在“录制宏”对话框中单击“键盘”按钮，为需要录制的宏指定快捷键，如图 4-63 所示。

Step 04 打开“自定义键盘”对话框，按下键盘中的【Ctrl+Y】键，在“请按新快捷键”文本框中显示自定义的快捷键，再单击“指定”按钮，如图 4-64 所示。

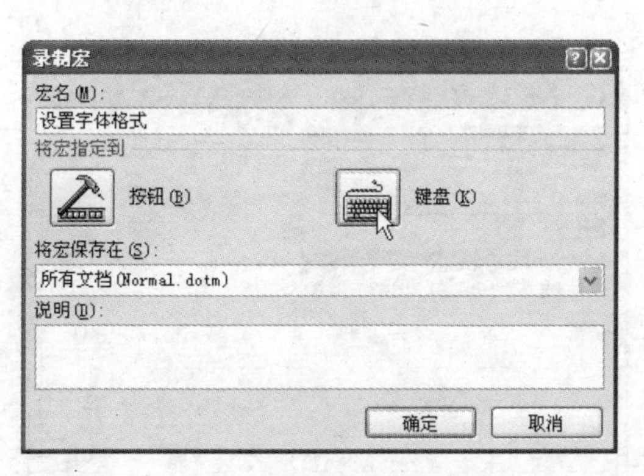

图 4-63　将宏指定键盘

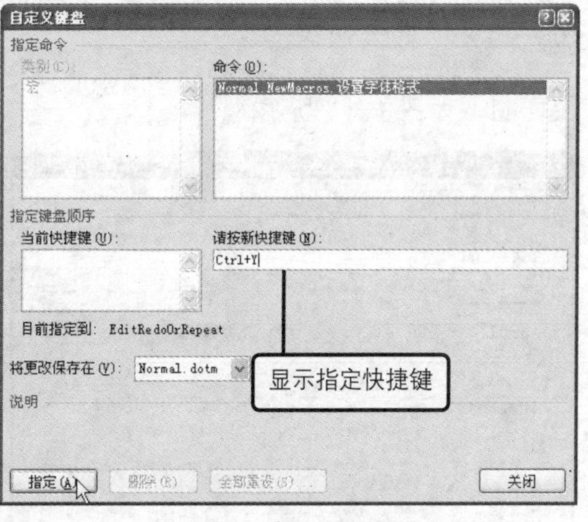

图 4-64　自定义快捷键

Step 05 指定快捷键后，可以看到设置的快捷键显示在“当前快捷键”列表框中，再单击“关闭”按钮，如图 4-65 所示。

Step 06 返回到文档中，此时鼠标呈录制状态，表示正在录制宏内容，在“字体”组中单击对话框启动器按钮，如图 4-66 所示。

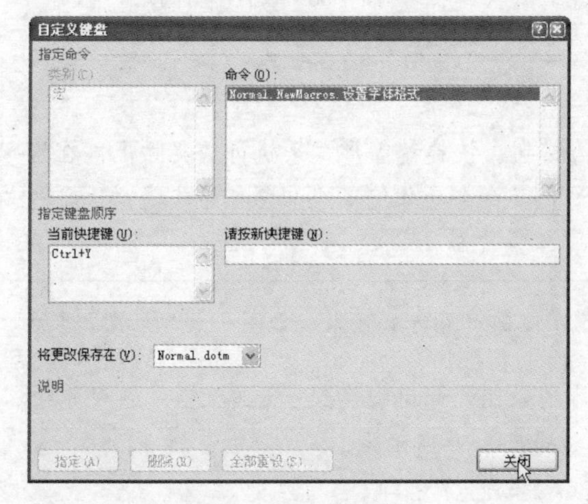

图 4-65　完成指定

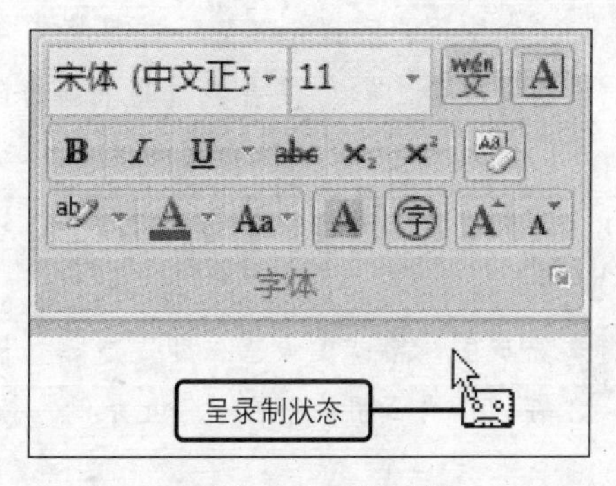

图 4-66　开始录制

问题 4-24：　如何将宏指定到按钮？

打开“录制宏”对话框，编辑宏名后单击“按钮”按钮，打开“Word 选项”对话框，在“自定义”选项卡下的命令列表框中显示宏按钮，选中并将其添加到“自定义快捷访问工具栏”列表框中，再单击“确定”按钮，即可在文档窗口中的快速访问工具栏中添加相应的宏按钮。

Step 07 打开“字体”对话框，切换到“字体”选项卡下，设置中文字体为“华文隶书”，字形为“加粗”，字号为“20”，字体颜色为“橙色”，选中“阳文”复选框，如图 4–67 所示。

Step 08 切换到“字符间距”选项卡下，单击“间距”下拉列表按钮，在展开的列表中单击“紧缩”选项，再“预览”区域中可查看设置的字体格式效果，再单击“确定”按钮，如图 4–68 所示。

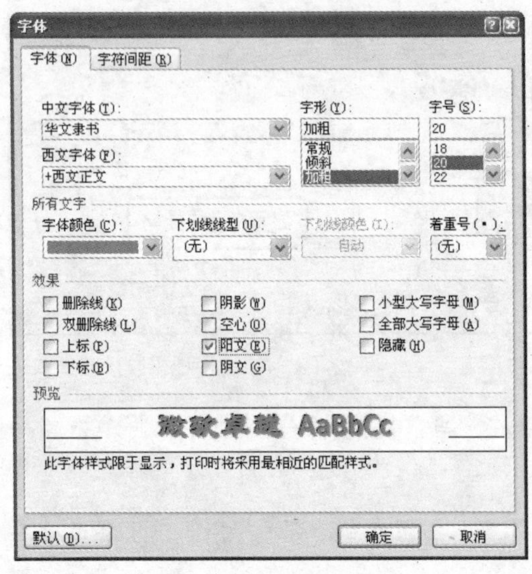

图 4-67　设置字体

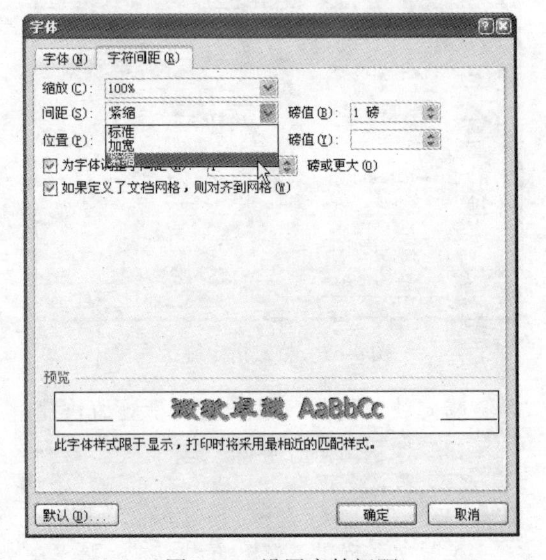

图 4-68　设置字符间距

问题 4-25：　宏与 VBA 有什么关系？

在文档中用户可以创建宏，并且将宏转变为按钮、快捷键等形式来执行。实际上，在宏录制完成后，Word 便会把这些录制的操作过程及命令动作编译成一段程序代码，这段程序代码也就是所谓的 VBA 代码。

Step 09 在“段落”组中单击“居中”按钮，设置字体的对齐方式效果，如图 4–69 所示。

Step 10 完成字体格式的设置，即完成相关宏内容的录制，此时切换到“开发工具”选项卡下，在“代码”组中单击“停止录制”按钮，如图 4–70 所示。

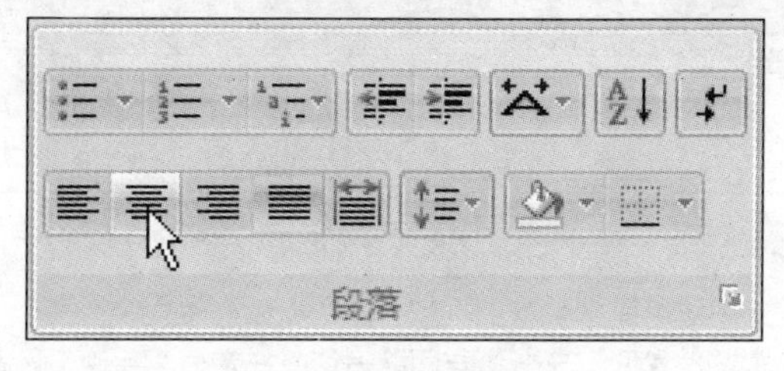

图 4-69　设置对齐方式

图 4-70　停止录制

问题 4-26：　如何在录制宏的过程中暂停录制？

当用户在录制宏的过程中，如果含有一些不需要执行操作的内容，则可以使用暂停录制功能，在“代码”组中单击“暂停录制”按钮即可，如果需要继续录制，则单击“恢复录制”按钮。

4.2.3　执行与编辑宏

当用户完成宏的录制后，便可以使用录制的宏快速执行需要的操作了。当需要对文档中文本内容应用相同的字体格式效果时，则可以使用已录制的设置字体格式的宏。用户还可以根据需要对录制的宏进行编辑与修改，其具体的操作方法如下：

Step 01 在打开的“录制宏.docx”文件中，选中文档中需要设置字体的文本内容，如图 4–71 所示。

Step 02 在“开发工具”选项卡下单击“代码”组中的“宏”按钮，如图 4–72 所示。

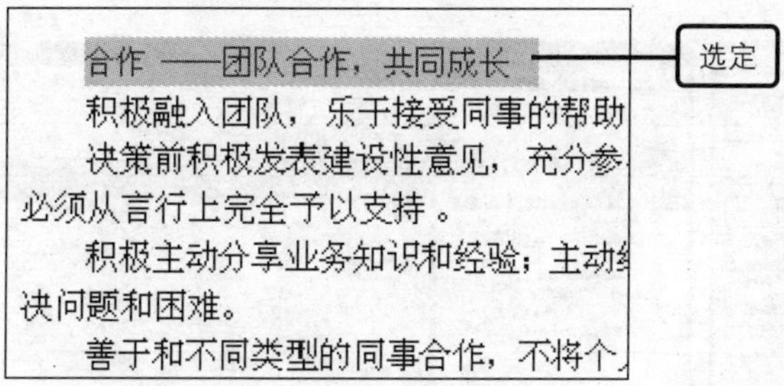

合作 ——团队合作，共同成长　　选定
积极融入团队，乐于接受同事的帮助
决策前积极发表建设性意见，充分参
必须从言行上完全予以支持。
积极主动分享业务知识和经验；主动
决问题和困难。
善于和不同类型的同事合作，不将个

图 4-71　选中文本

图 4-72　使用宏

问题 4-27：　如何删除不需要的宏？

单击“代码”组中的“宏”按钮，打开“宏”对话框，在“宏名”列表中选中需要删除的宏，再单击“删除”按钮即可。

Step 03 打开“宏”对话框，选中需要使用的宏，再单击“运行”按钮，如图 4–73 所示。

Step 04 返回到文档中，可以看到选定的文本应用了宏中指定的格式效果，使用录制的宏快速完成了对字体格式效果的设置，如图 4–74 所示。

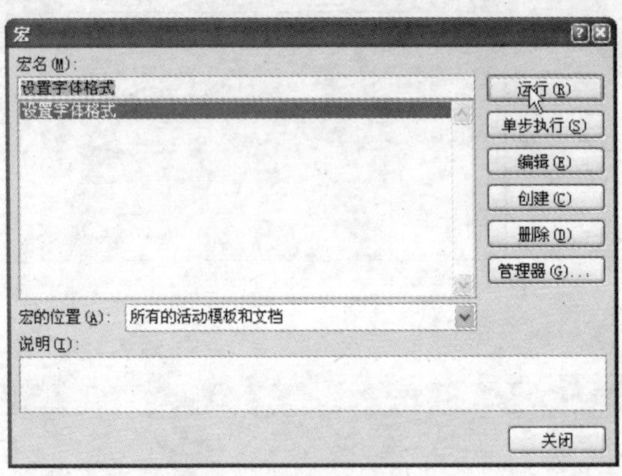

图 4-73　运行宏

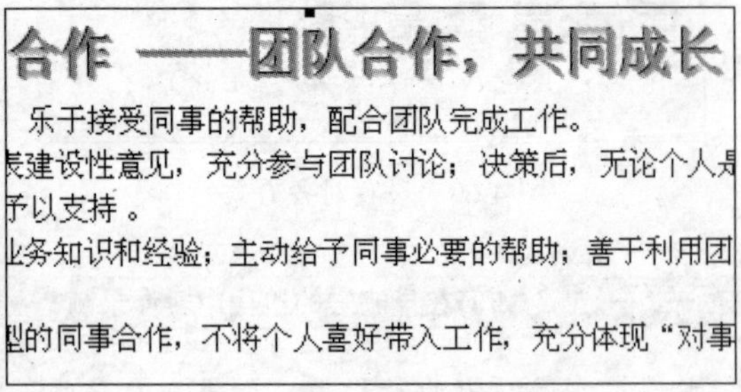

合作 ——团队合作，共同成长
乐于接受同事的帮助，配合团队完成工作。
表建设性意见，充分参与团队讨论；决策后，无论个人是
予以支持 。
业务知识和经验；主动给予同事必要的帮助；善于利用团
型的同事合作，不将个人喜好带入工作，充分体现“对事

图 4-74　应用宏效果

问题 4-28：　如何使用快捷键执行宏？

对于指定快捷键的宏，用户可以使用快捷键来完成宏的运行。如本例中指定录制的宏快捷键为【Ctrl+Y】键，在文档中选定需要设置的文本后，再按快捷键【Ctrl+Y】，即可对选定文本快速进行字体格式效果的设置。

Step 05 如果用户需要对宏进行编辑，则在“宏”对话框中单击“编辑”按钮，如图 4–75 所示。

Step 06 打开 VB 代码编辑窗口，用户可以在该窗口中查看录制宏的代码内容，并根据需要对代码进行编辑修改，如图 4–76 所示。

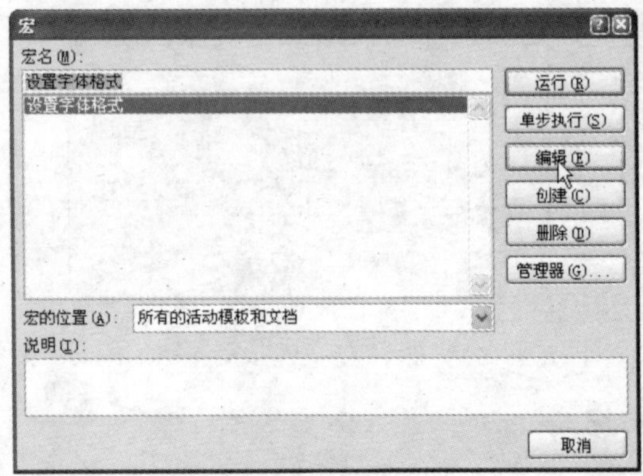

图 4-75　编辑宏

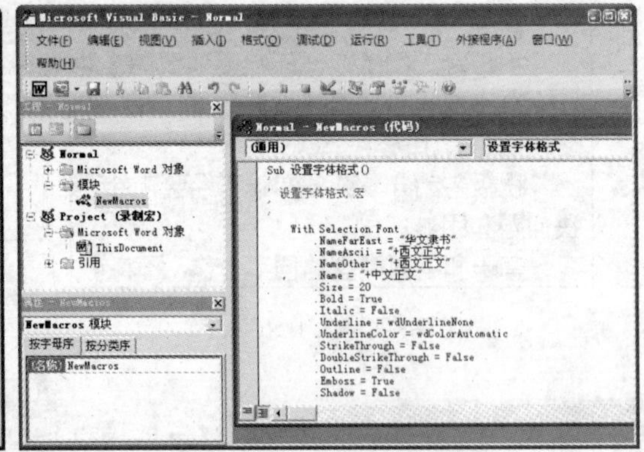

图 4-76　打开 VB 编辑器

问题 4-29：　如何删除快速访问工具栏中的按钮？

在窗口上方的快速访问工具栏右侧单击下三角按钮，在展开的列表中取消选中需要显示按钮的选项，即可设置将选定的按钮取消显示的效果。

Step 07 录制的宏实质是以程序代码的形式进行编辑与录制的，Word 将用户执行操作的步骤自动编译成代码，记录在代码窗口中，如图 4–77 所示，查看完成后单击“关闭”按钮关闭代码窗口。

Step 08 用户还可以对宏进行管理，在“宏”对话框中单击“管理器”按钮，如图 4–78 所示。

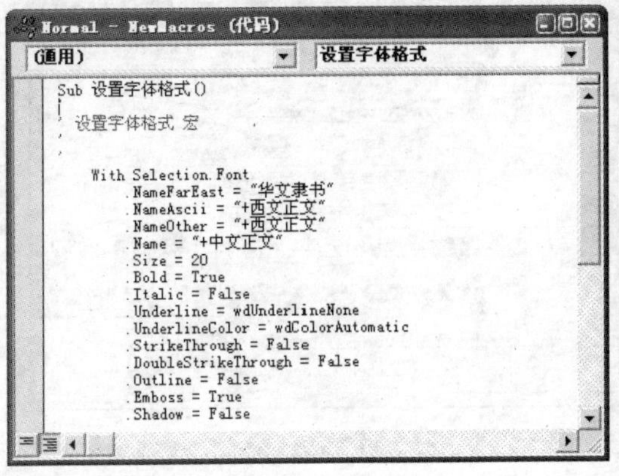

图 4-77 查看代码

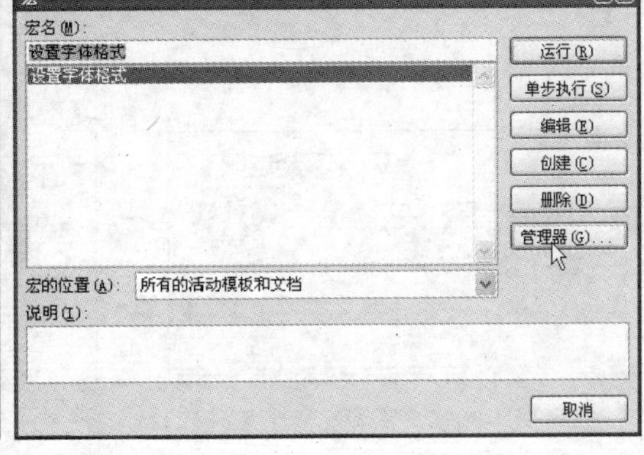

图 4-78 打开管理器

问题 4-30: 如何设置宏位置?

打开“宏”对话框，选中需要设置的宏，再单击“宏的位置”下拉列表按钮，在展开的列表中选择需要设置的位置即可。

Step 09 打开“管理器”对话框，在“宏方案项”选项卡下，用户可以设置宏方案的有效范围，单击“宏方案项的有效范围”下拉列表按钮，在展开的列表中进行选择即可，设置完成后单击“关闭”按钮，如图 4–79 所示。

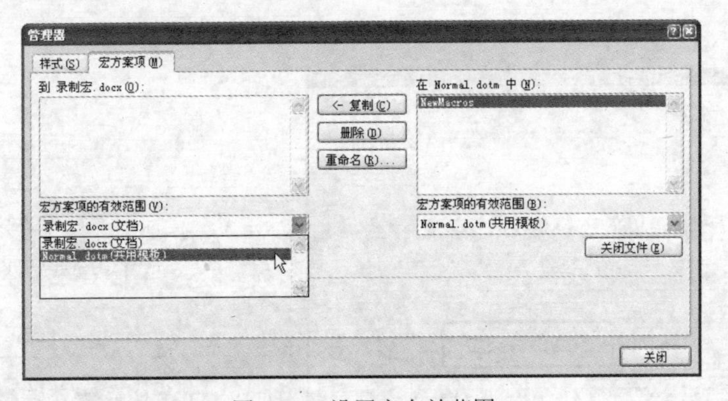

图 4-79 设置宏有效范围

4.2.4 设置宏安全性

由于宏存在不安全性，因此在使用带有宏的文档时，常常需要对文档进行设置。用户也可以直接设置文档的宏安全性，以保证文档不受损坏，从而避免数据信息的丢失。

Step 01 切换到“开发工具”选项卡下，在“代码”组中单击“宏安全性”按钮，如图 4-80 所示。

Step 02 打开“信任中心”对话框，切换到“宏设置”选项卡下，为了保护文档的安全性，此时需选择“禁用所有宏，并发出通知”单选按钮，如图 4-81 所示。

图 4-80 设置宏安全性

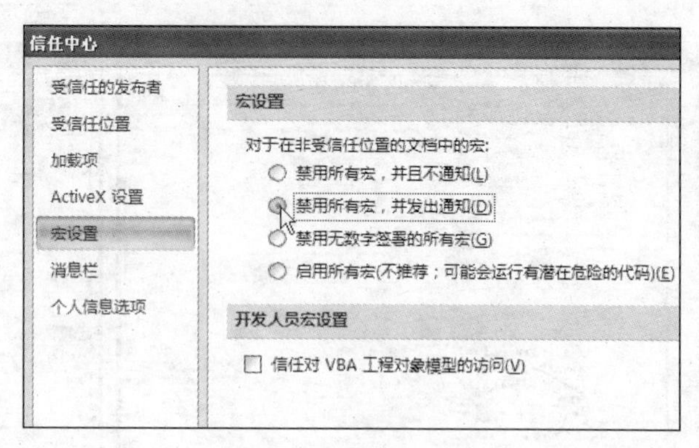

图 4-81 设置信任中心

问题 4-31：如何设置信任中心消息栏？

打开“信任中心”对话框，切换到“消息栏”选项卡下，在“显示消息栏”区域中选择需要的显示方式即可。

Step 03 对于含有宏的文档，用户在保存时需要将其进行另存，在窗口中单击 Office 按钮，在弹出的菜单中单击“另存为”命令，打开如图 4-82 所示的“另存为”对话框，设置保存类型为“启用宏的 Word 文档(*.docm)”，再单击“确定”按钮即可。

Step 04 保存启用宏的文档图标附带了一个黄色的感叹号图标，并且当用户打开启用宏的文档时，可以在标题栏中看到文件后缀名为.docm，如图 4-83 所示。

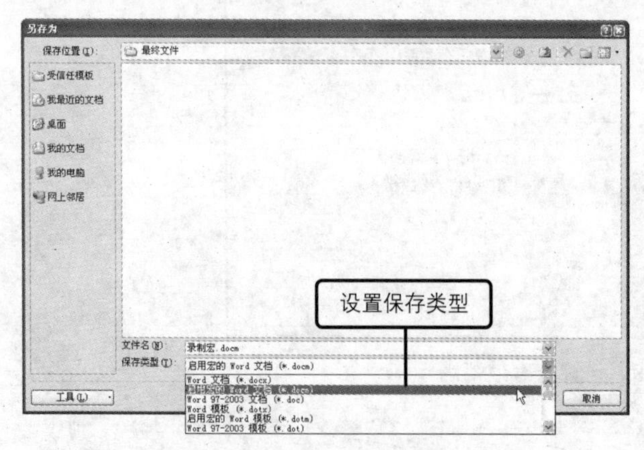

图 4-82 另存文档

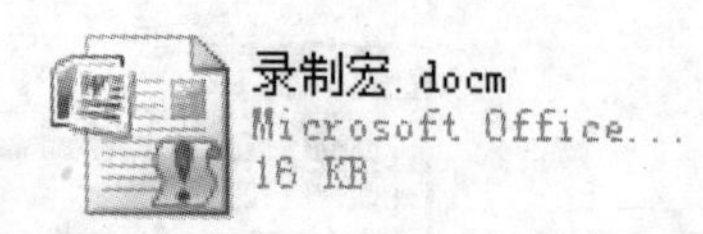

图 4-83 查看文件名

4.3 实例提高：制作批量会议邀请函

本章为用户介绍了如何使用邮件合并功能制作批量信函与信封，本例将以制作批量会议邀请函为例，为用户介绍如何快速生成多个邀请函，并发送给不同会议参与人员。

原始文件： 第 4 章\原始文件\会议邀请函.docx、收信人列表.mdb

最终文件： 第 4 章\最终文件\会议邀请函.docx

Step 01 打开原始文件，用户需要将邀请函发送给不同的会议参与人员，因此可以使用制作批量信函功能，来完成文档的编辑与发送。在选定位置处用于插入合并域内容，如图 4–84 所示。

Step 02 切换到“邮件”选项卡下，在“开始邮件合并”组中单击“选择收件人”按钮，在展开的列表中单击“使用现有列表”选项，如图 4–85 所示。

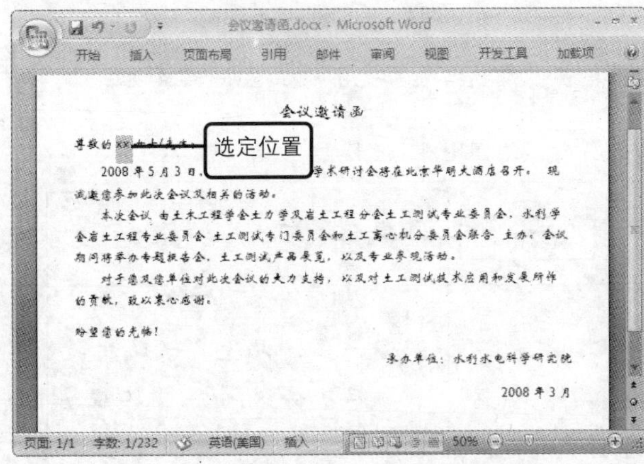

图 4-84 打开邀请函

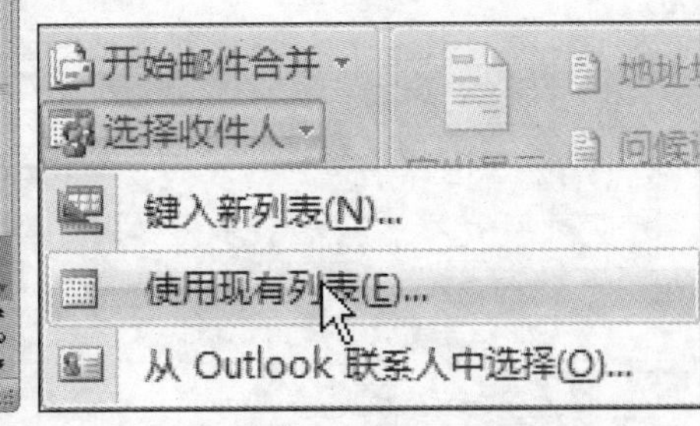

图 4-85 选择收件人

Step 03 打开“选取数据源”对话框，选择需要使用的收件人列表，再单击“打开”按钮，如图 4–86 所示。

Step 04 返回到文档中，选定需要替换合并域的文本，在“编写和插入域”组中单击“插入合并域”按钮，在展开的列表中单击“姓氏”选项，如图 4–87 所示。

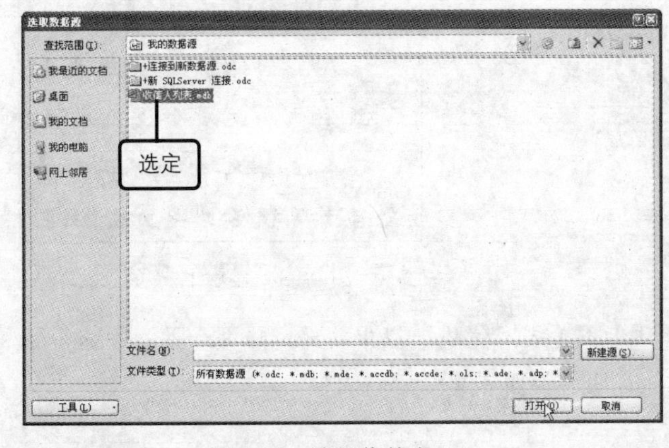

图 4-86 选择收件人

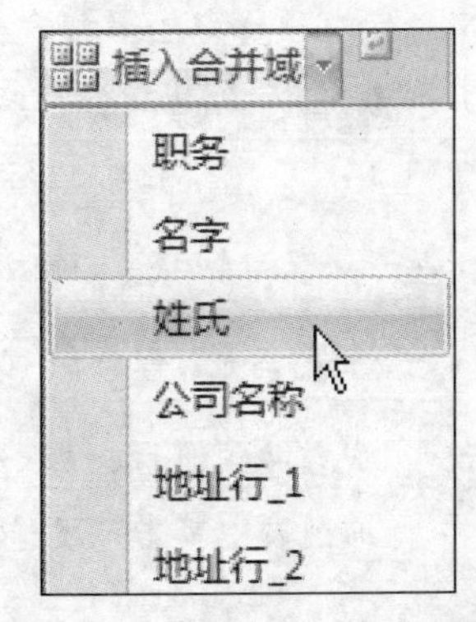

图 4-87 插入合并域—姓氏

Step 05 再次单击“插入合并域”按钮，在展开的列表中单击“名字”选项，如图 4–88 所示。

Step 06 设置完成后，在文档中可以看到插入的合并域内容，并以灰色域底纹突出显示，如图 4–89 所示。

插入合并域
职务
名字
姓氏
公司名称
地址行_1
地址行_2

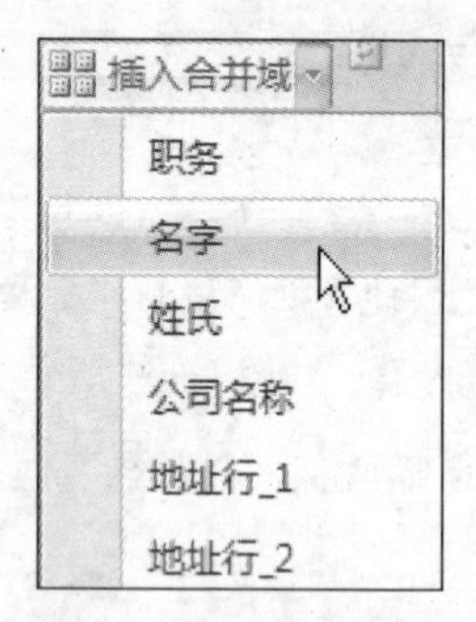

图 4-88　插入合并域—名字

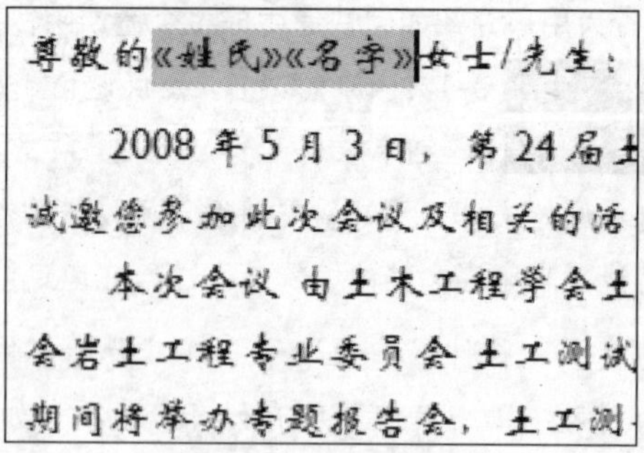

尊敬的«姓氏»«名字»女士/先生：
2008 年 5 月 3 日，第 24 届土
诚邀您参加此次会议及相关的活
本次会议 由土木工程学会土
会岩土工程专业委员会 土工测试
期间将举办专题报告会，土工测

图 4-89　查看插入的域

Step 07 完成域的插入后，在“预览结果”组中单击“预览结果”按钮，如图 4–90 所示。

Step 08 在文档中显示域对应收件人列表中的姓名内容，如图 4–91 所示。

1
预览结果
查找收件人
自动检查错误
预览结果

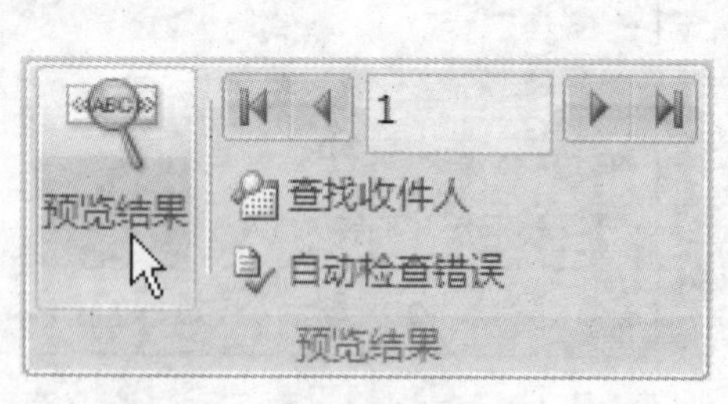

图 4-90　预览结果

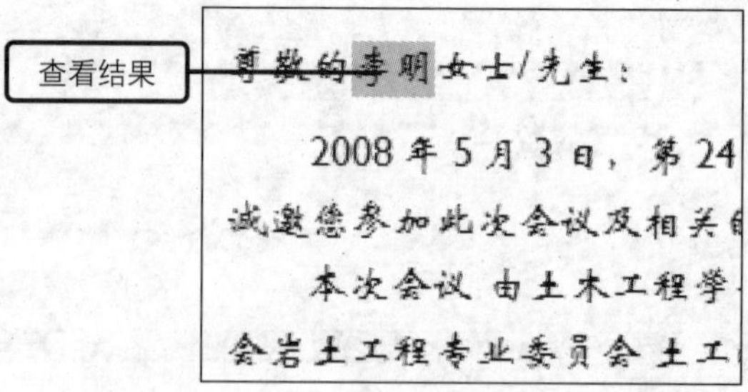

查看结果
尊敬的李明女士/先生：
2008 年 5 月 3 日，第 24
诚邀您参加此次会议及相关
本次会议 由土木工程学
会岩土工程专业委员会 土工

图 4-91　查看域对应信息

Step 09 如果用户需要预览下一条信息，则在“预览结果”组中单击“下一记录”按钮，如图 4–92 所示。

Step 10 在文档插入合并域的位置处就会显示下一条信息，如图 4–93 所示。

3
预览结果
查找收件人
自动检查错误
预览结果

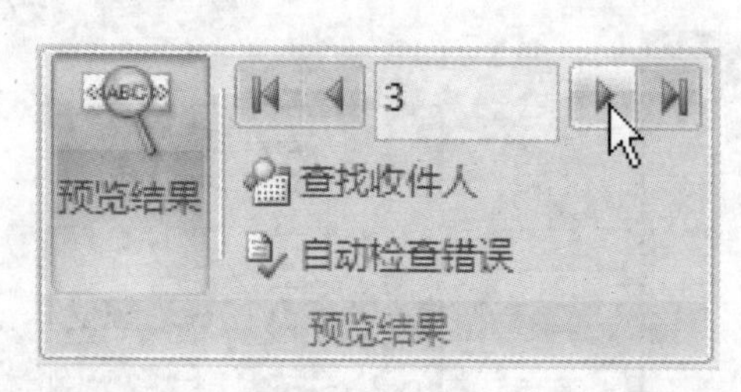

图 4-92　查看下一条记录

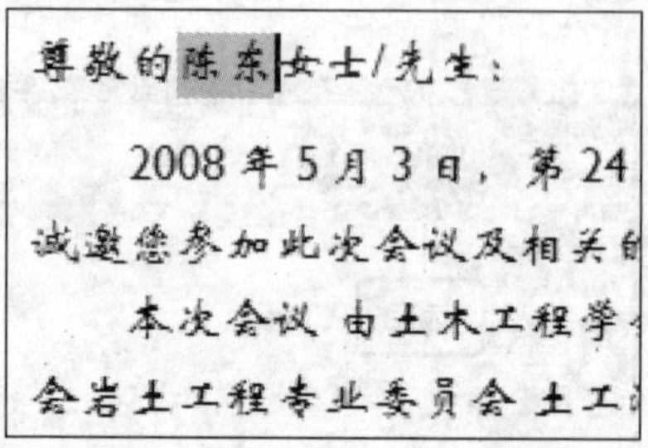

尊敬的陈东女士/先生：
2008 年 5 月 3 日，第 24
诚邀您参加此次会议及相关
本次会议 由土木工程学
会岩土工程专业委员会 土工

图 4-93　显示下一条记录

Step 11 完成合并预览后，在“邮件”选项卡下单击“完成”组中的“完成并合并”按钮，在展开的列表中单击“发送电子邮件”选项，如图 4–94 所示。

Step 12 打开"合并到电子邮件"对话框，设置收件人为"电子邮件地址"，选择"全部"单选按钮，再单击"确定"按钮，即可将信函按收件人列表中不同的收件人邮件地址进行发送，如图 4-95 所示。

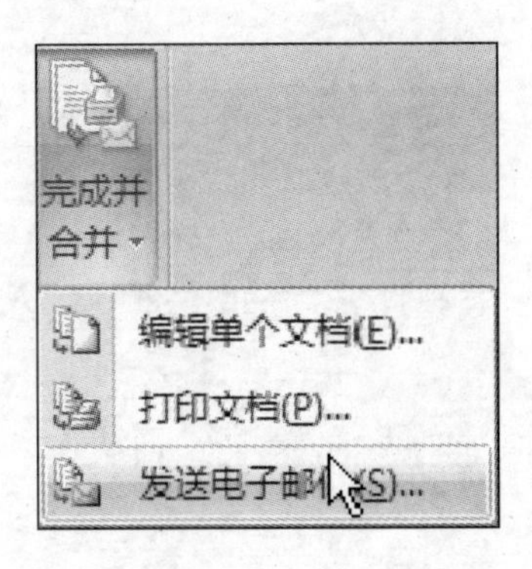

图 4-94　完成合并

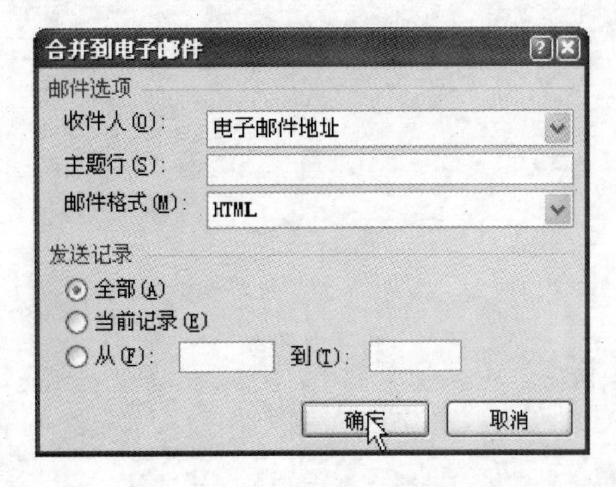

图 4-95　合并到电子邮件

制作商业计划书

优秀的商业计划书是融资成功最重要的敲门砖之一，用户可以使用 Word 编辑制作相关文档内容，并使用 Word 中的各项操作与设置功能使制作的计划书更加完善。本章将为用户介绍如何使用 Word 文档编辑制作商业计划书，通过对封面页的设计使计划书更加精美，使用样式设置、自动生成目录、添加项目符号等功能完成计划书内容的编辑。在完成商业计划书的制作后，使用打印功能进行文档打印操作，并对制作完成的文档进行保护。

原始文件： 第 5 章\原始文件\商业计划书.docx

最终文件： 第 5 章\最终文件\商业计划书.docx

5.1 制作计划书封面

在制作商业计划书时，用户常常还需要为其添加一个精美的封面页。Word 为用户提供了封面功能，用户可以直接选择已有的封面页，为文档进行添加并编辑，从而使制作的文档更加完善。

Step 01 打开原始文件“商业计划书.docx”，查看已编辑完成的商业计划书文档的相关内容，用户可以查看计划书详细内容，如图 5-1 所示。

Step 02 用户需要为文档添加封面页内容，因此将鼠标光标放置在文档开始位置处，如图 5-2 所示。

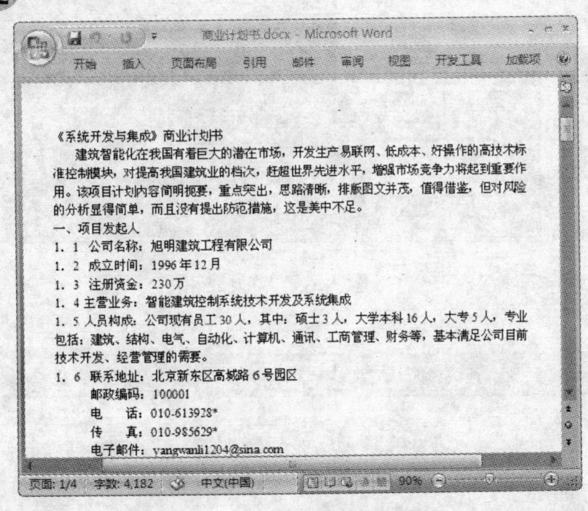

图 5-1 打开原始文件

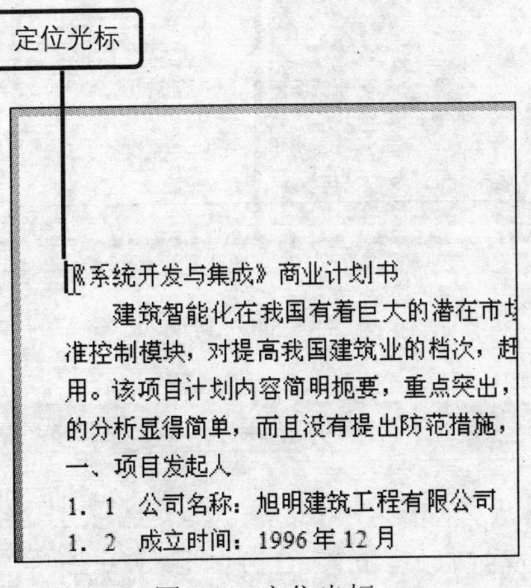

图 5-2 定位光标

问题 5-1：　如何为文档设置自动保存？

单击 Office 按钮，在弹出的菜单中单击“Word 选项”按钮，在打开的对话框中切换到“保存”选项卡，选中“保存自动恢复信息时间间隔”复选框，或在其后的文本框中直接输入保存的时间间隔，再单击“确定”按钮即可。

Step 03 切换到“插入”选项卡下，在“页”组中单击“封面”按钮，如图 5-3 所示。

Step 04 在展开的列表中单击“拼板型”选项，如图 5-4 所示。

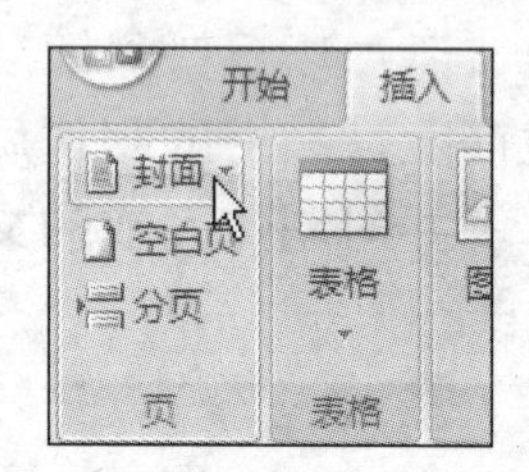

图 5-3　插入封面

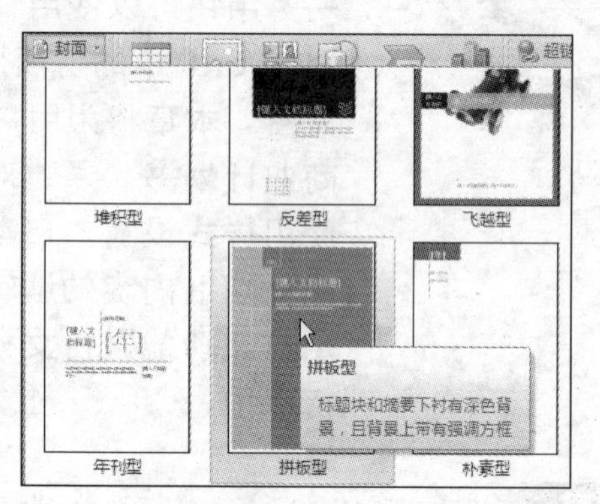

图 5-4　选择封面页

Step 05 插入完成后可以看到，在文档首页显示插入的封面页，如图 5-5 所示。

Step 06 在封面页标题与副标题文本框中分别输入需要添加的标题文本内容，单击“年”文本框右侧的下拉列表按钮，在展开的列表中单击“今日”按钮，如图 5-6 所示。

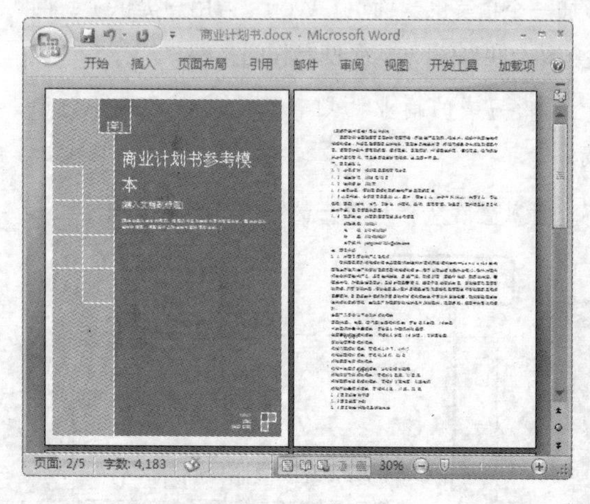

图 5-5　插入封面页

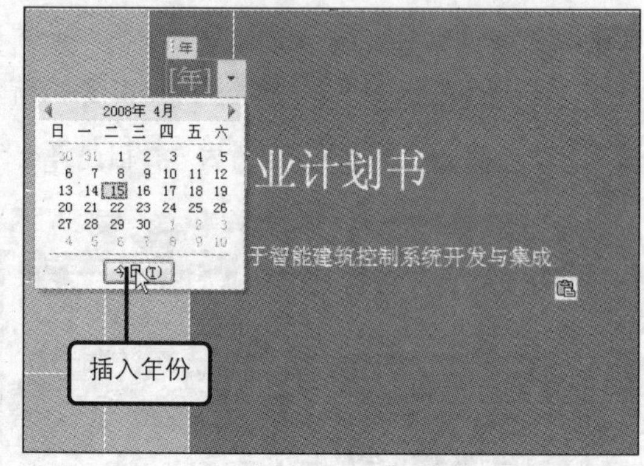

图 5-6　插入年份

问题 5-2：　如何以只读方式打开文档？

打开“打开”对话框，选定需要打开的文档，单击“打开”按钮右侧的下三角按钮，在打开的列表中单击“以只读方式打开”选项即可。

Step 07 选中标题文本框中的文本内容并右击，在弹出的浮动工具栏中设置字体的格式效果，如图 5–7 所示。

Step 08 选中标题文本框，在文本框工具“格式”选项卡下的“文本”组中单击“文字方向”按钮，如图 5–8 所示。

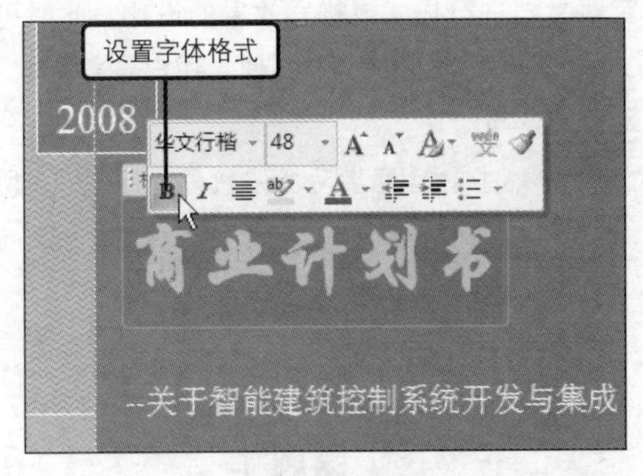

图 5-7　设置字体格式

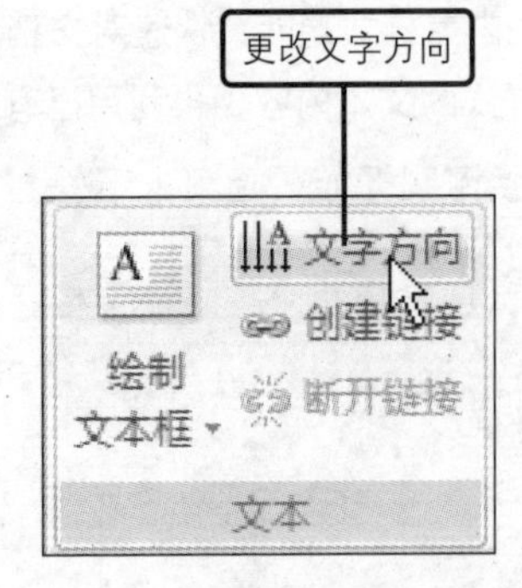

图 5-8　设置文字方向

Step 09 完成封面页的制作后，用可以调整窗口的显示比例，查看封面页的制作效果，如图 5–9 所示。

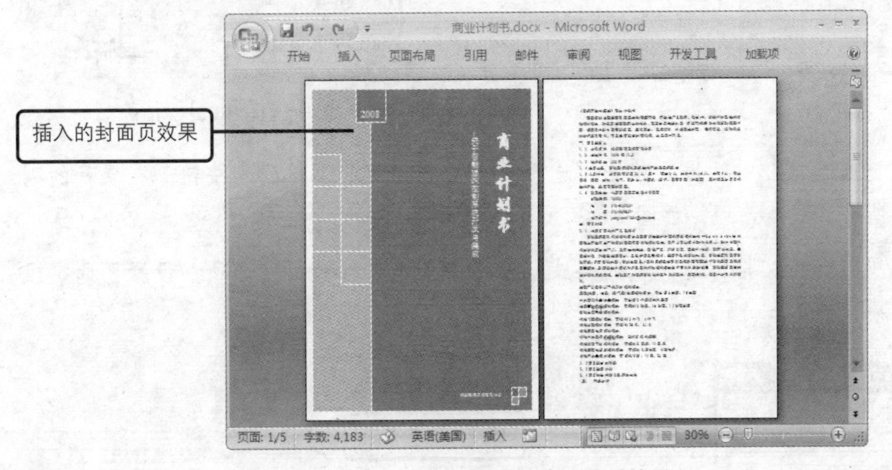

图 5-9　查看封面页效果

问题 5-3：　如何重复性执行上次操作？

按下一次【F4】键，可以将之前进行的最后一次操作重复一次，如可以重复执行添加底纹、重复插入图片等操作。

5.2　编辑计划书文档内容

完成商业计划书封面页的制作后，用户可以对计划书文档内容进行详细的编辑与制作，如为计划书套用内置样式、自动生成文档目录、添加页眉页脚、制作与设置表格等，从而使制作的计划书内容更加完善，使用更为方便。本节将为用户详细介绍如何对计划书文档内容进行进一步编辑与设置。

5.2.1 套用内置样式设置计划书

在编辑计划书文档内容时，用户并没有对文档进行格式或样式效果的设置，此时可以使用 Word 的内置样式功能，快速对文档进行格式效果设置。套用内置样式时，用户只需要选定需要应用相同样式的文本内容，再利用已有样式进行设置即可。

Step 01 切换到“开始”选项卡下，在“样式”组中单击对话框启动器按钮，如图 5-10 所示。

Step 02 在窗口中打开“样式”窗格，单击“选项”文字链接，如图 5-11 所示。

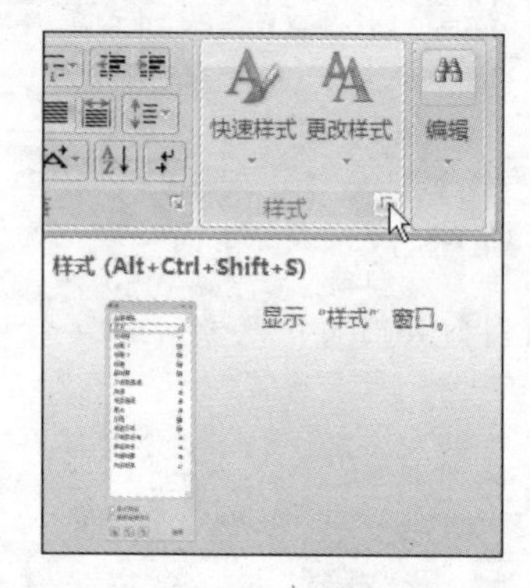

图 5-10 “样式”组

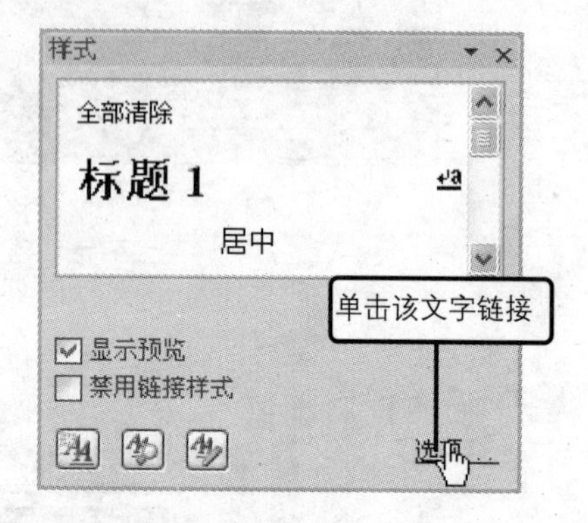

图 5-11 设置选项

Step 03 打开“样式窗格选项”对话框，单击“选择要显示的样式”下拉列表按钮，在展开的列表中单击“所有样式”选项，如图 5-12 所示，再单击“确定”按钮。

Step 04 返回到文档中，选中文档标题，在“样式”窗格中单击“标题 1”选项，设置已选定段落的样式效果，如图 5-13 所示。

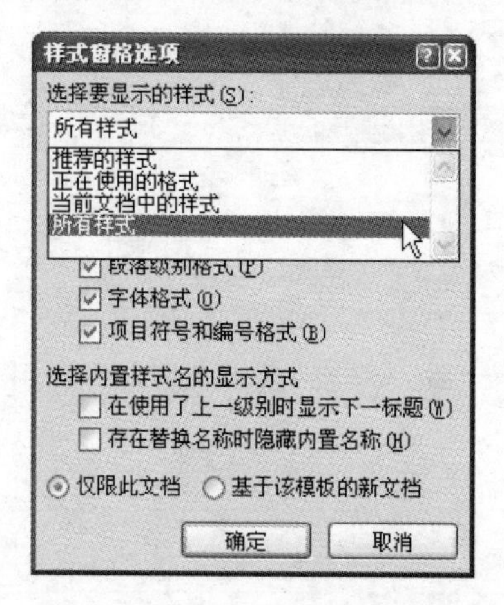

图 5-12 设置显示的样式

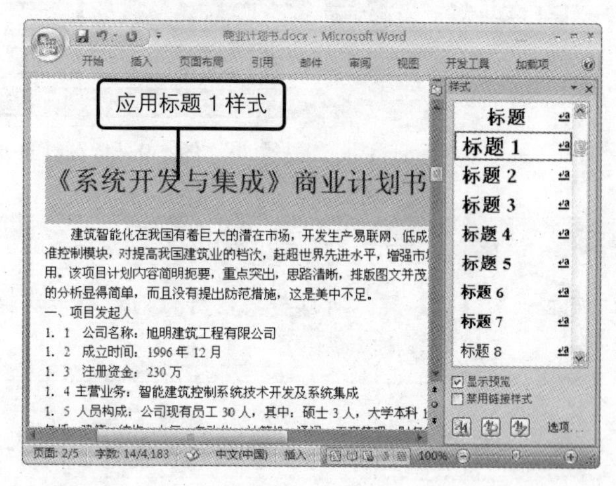

图 5-13 应用样式

问题 5-4：文档中为何出现“□”符号或“·”符号，怎样才能取消？

在文档中出现“□”符号或“·”符号都是空格在全角和半角输入法中的标记符号。可通过单击“开始”选项卡的“段落”组中的“显示/隐藏编辑标记”按钮，取消其显示。

Step 05 选中文档中需要应用“标题 2”样式的多处文档段落内容，在“样式”窗格中单击“标题 2”选项，如图 5-14 所示。

Step 06 如果用户需要修改内置的样式效果（如在“标题 3”样式），可单击其右侧的下拉列表按钮，在展开的列表中单击“修改”选项，如图 5-15 所示。

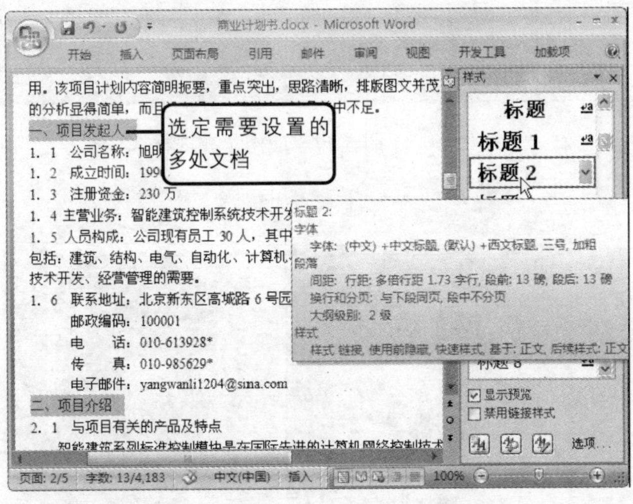

图 5-14 应用“标题 2”样式

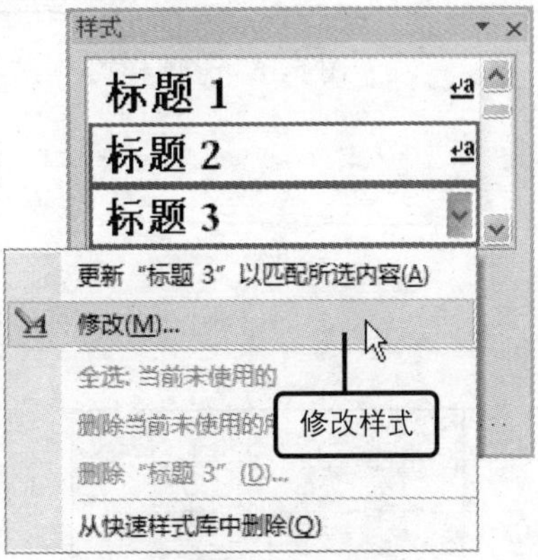

图 5-15 修改样式

问题 5-5：为何在文档中输入文字或单词时，会在部分文本下方显示红色或绿色的波浪线？

文档中出现的红色波浪线表明文本有拼写错误，绿色波浪线表明有语法错误。

Step 07 打开“修改样式”对话框，在“格式”区域中设置字体为“华文楷体”，字号为“五号”，单击字体颜色下拉列表按钮，在展开的列表中单击“深蓝”选项，设置完成后单击“确定”按钮，如图 5-16 所示。

Step 08 返回到文档中，选中需要应用“标题 3”样式的文本内容，在“样式”窗格中单击“标题 3”选项，如图 5-17 所示。

Step 09 设置完成后切换到“视图”选项卡下，在“显示/隐藏”组中选中“文档结构图”复选框，如图 5-18 所示。

Step 10 在窗口左侧显示文档结构图，文档结构图中显示应用了标题样式的相关文本内容，以方便用户对文档内容进行浏览和查看，如图 5-19 所示。

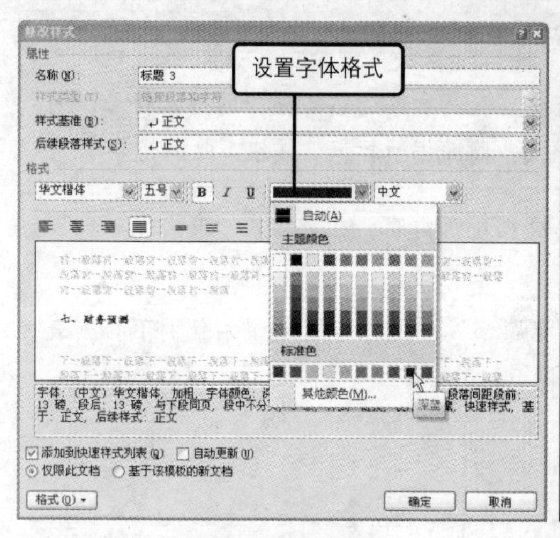

图 5-16　修改样式

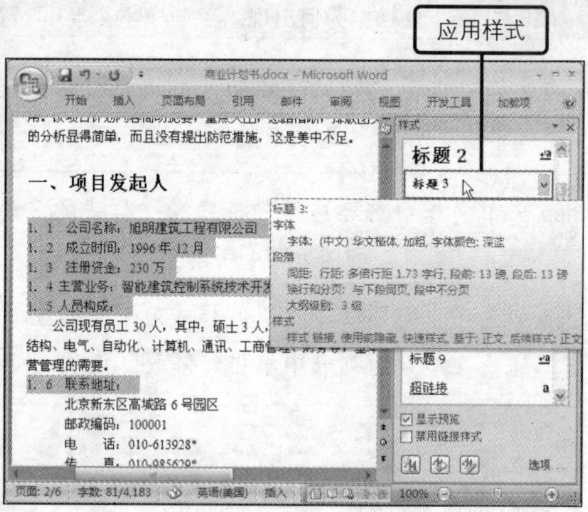

图 5-17　应用标题 3 样式

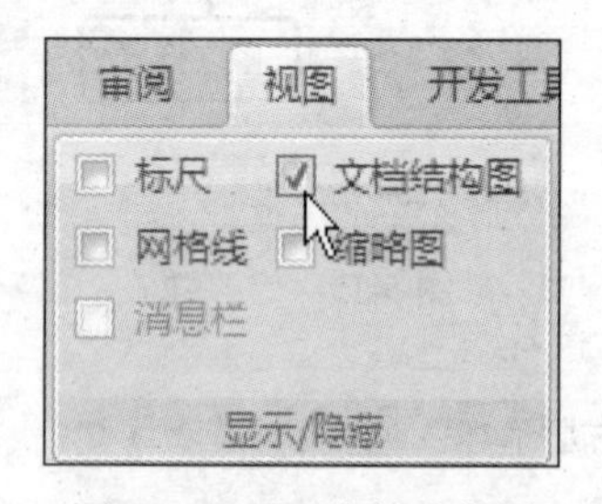

图 5-18　显示文档结构图

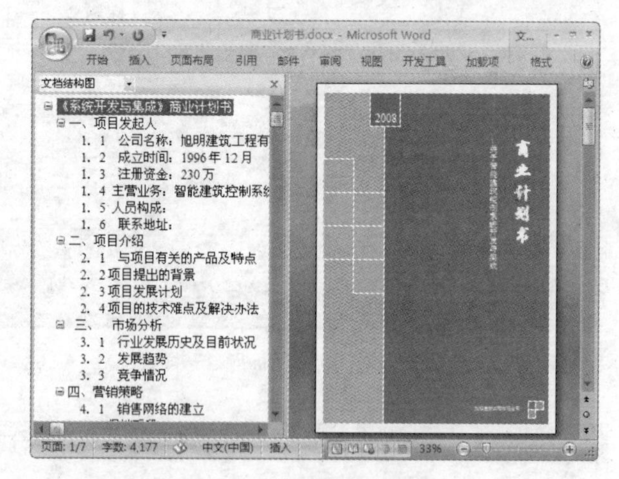

图 5-19　查看文档结构图

问题 5-6：　如何在 Word 中使用快捷键进行字体的放大和缩小？

选中需要更改字体大小的文本，按下快捷键【Ctrl+Shift+>】可放大文本；按下快捷键【Ctrl+Shift+<】可缩小文本。使用快捷键进行操作，可以突破最小 5 磅，最大 72 磅的限制，自由往来于 1～1638 磅之间。

5.2.2　自动生成计划书目录

为了便于用户浏览与查看计划书相关内容，用户可以根据套用了内置样式的文档内容来自动生成目录。用户还可以根据需要指定目录的字体格式效果、设置目录样式等，下面为用户介绍如何自动生成计划书目录内容。

Step 01 把鼠标光标定位到文档开始位置处，即文档标题前，切换到“引用”选项卡下，在“目录”组中单击“目录”按钮，在展开的列表中单击“插入目录”选项，如图 5-20 所示。

Step 02 打开“目录”对话框，切换到“目录”选项卡下，单击“选项”按钮，如图 5-21 所示。

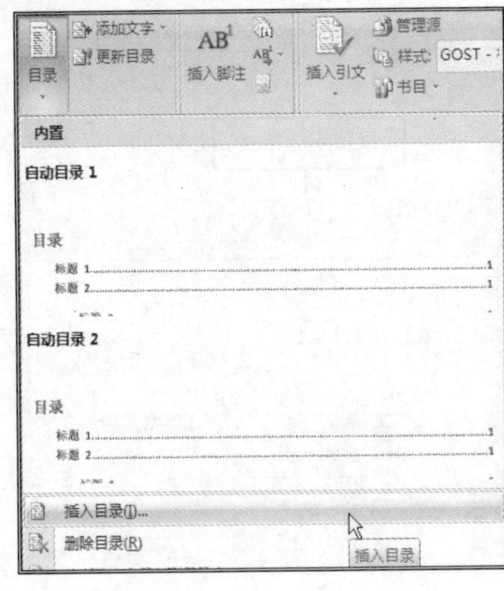

图 5-20　插入目录

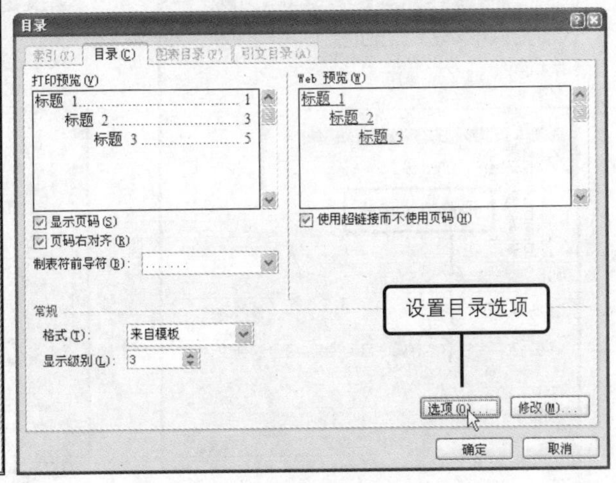

图 5-21　设置目录选项

Step 03 打开“目录选项”对话框，选中“样式”复选框，并设置目录级别，设置完成后单击“确定”按钮，如图 5-22 所示。

Step 04 返回到“目录”对话框中，单击“修改”按钮，如图 5-23 所示。

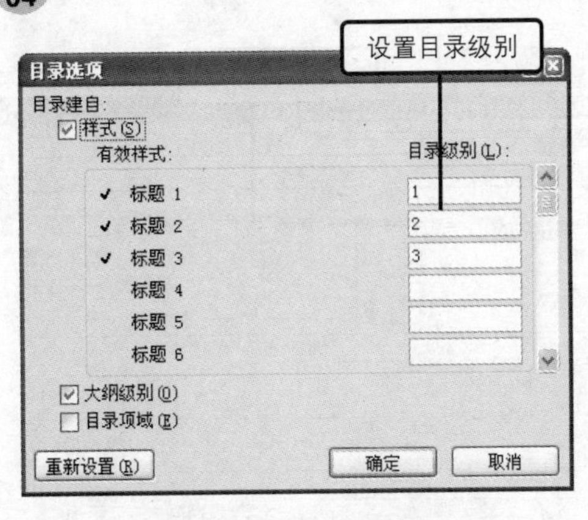

图 5-22　设置目录级别

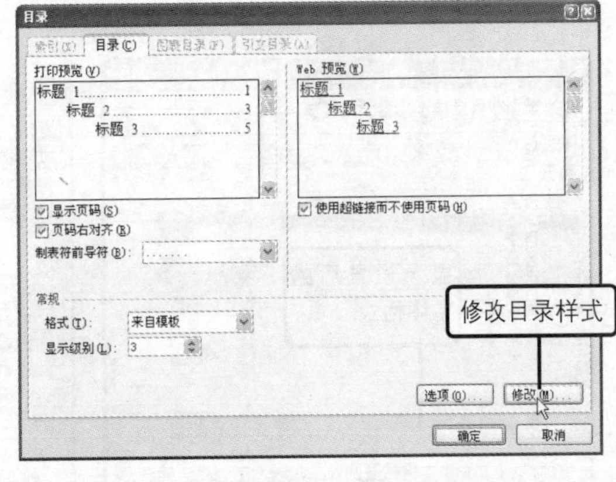

图 5-23　修改目录

问题 5-7：　如何利用 Word 轻松识别生僻字？

当出现生僻字时，可将该字选中，再切换到“开始”选项卡下，在“字体”组中单击“拼音指南”按钮，即可查看该字的拼音。

Step 05 打开“样式”对话框，在“样式”列表框中单击“目录 2”选项，在“预览”区域中可查看该目录的字体格式效果，如果需要更改字体格式，则单击“修改”按钮，如图 5-24 所示。

Step 06 打开“修改样式”对话框，设置字体为“华文楷体”，字号为“四号”，单击“下画线”按钮，再单击“确定”按钮，如图 5–25 所示。

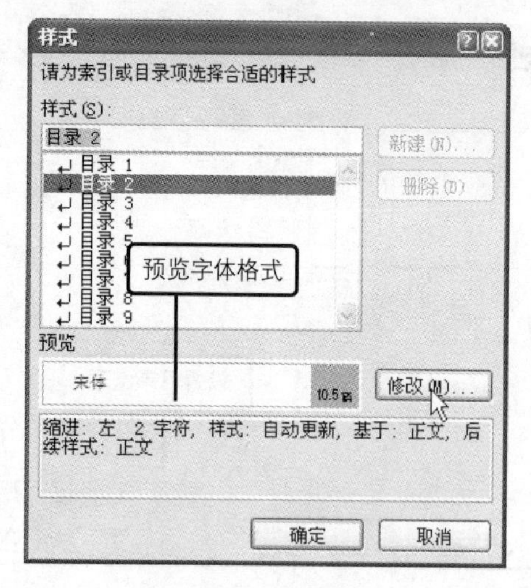

图 5-24 设置目录样式

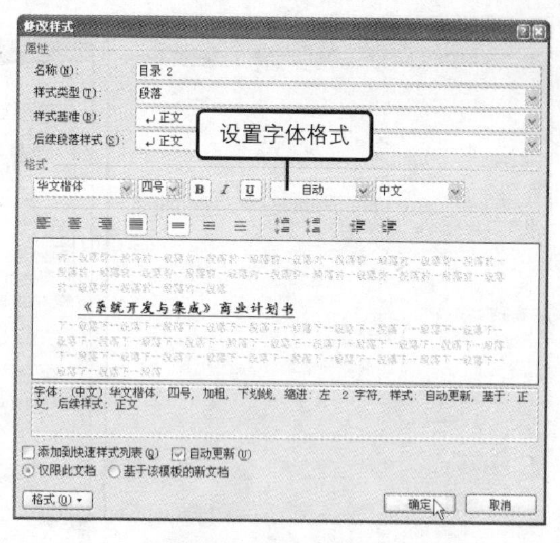

图 5-25 设置字体样式

Step 07 返回到“样式”对话框，完成目录样式的更改后，单击“确定”按钮，如图 5–26 所示，用户可以使用相同的方法分别对不同的目录进行样式效果的设置。

Step 08 返回到“目录”对话框，完成目录选项内容的设置后，单击“确定”按钮，如图 5–27 所示。

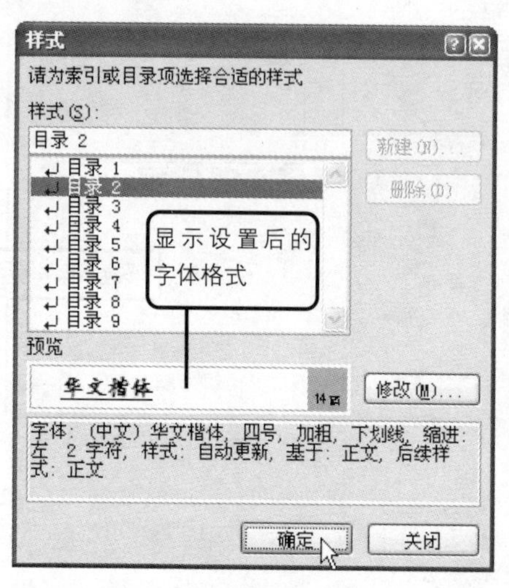

图 5-26 完成样式设置

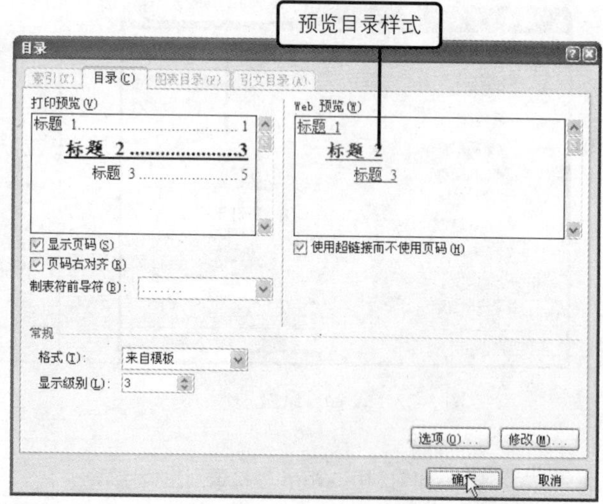

图 5-27 确定生成目录

问题 5-8： 新建 Word 2007 文档的默认格式是什么？

其默认格式为：中文字体为宋体，英文字体为 Times New Roman，字号为五号，字体缩放为 100%，采用两端对齐，行距为最小值，纸张为 A4，上下边距为 2.54cm，左右边距为 3.17cm。

Step 09 返回到文档中，可以看到在指定位置处已插入文档目录相关内容，如图 5–28 所示。

Step 10 插入的目录具有自动链接的功能，用户可以将鼠标光标放置在需要查看的目录文档位置处，单击即可实现文档的跳转切换，快速切换到与指定目录相对应的文档位置处，如图 5–29 所示。

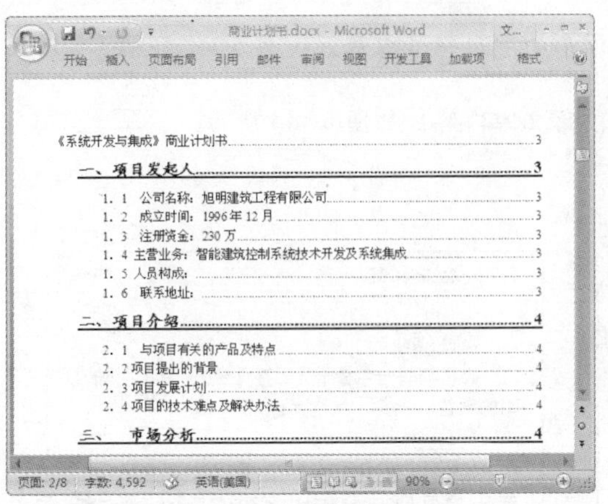

图 5-28　生成目录

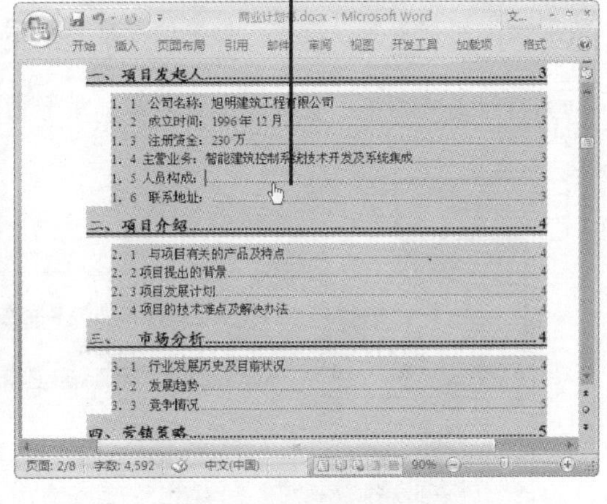

图 5-29　使用链接

5.2.3　添加项目符号与指定邮件超链接

对于计划书中具有清晰层次结构的段落文档内容，用户可以根据需要为其添加项目符号或编号内容，从而使计划书的说明更加详细明确。由于计划书中含有公司电子邮件地址内容，方便用户发送邮件内容，此时用户还可以为电子邮件指定邮件超链接，当用户使用该链接时，可以快速地将邮件发送到指定的邮箱中。下面为用户介绍具体的操作与设置方法：

Step 01 切换到文档第四页位置处，选中需要添加项目符号的段落文本内容，如图 5–30 所示。

Step 02 切换到“开始”选项卡下，在“段落”组中单击“项目符号”按钮，在展开的列表中选择需要应用的符号样式选项，如图 5–31 所示。

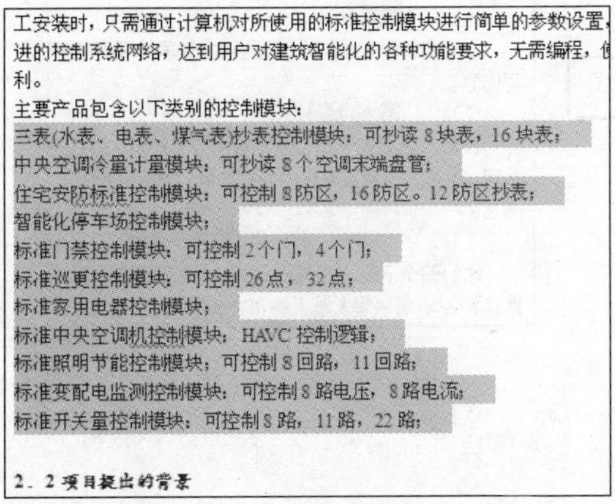

工安装时，只需通过计算机对所使用的标准控制模块进行简单的参数设置，
进的控制系统网络，达到用户对建筑智能化的各种功能要求，无需编程，
利。
主要产品包含以下类别的控制模块：
三表(水表、电表、煤气表)抄表控制模块：可抄读 8 块表，16 块表；
中央空调冷量计量模块：可抄读 8 个空调末端盘管；
住宅安防标准控制模块：可控制 8 防区，16 防区。12 防区抄表；
智能化停车场控制模块；
标准门禁控制模块：可控制 2 个门，4 个门；
标准巡更控制模块：可控制 26 点，32 点；
标准家用电器控制模块；
标准中央空调机控制模块：HAVC 控制逻辑；
标准照明节能控制模块：可控制 8 回路，11 回路；
标准变配电监测控制模块：可控制 8 路电压，8 路电流；
标准开关量控制模块：可控制 8 路，11 路，22 路；

2．2 项目提出的背景

图 5-30　选定段落文本

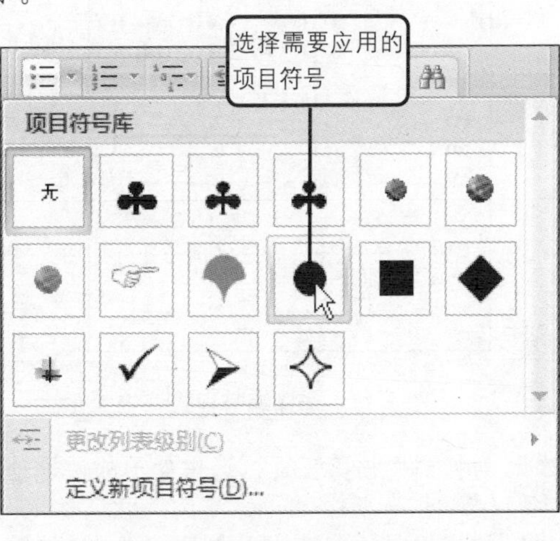

图 5-31　选择项目符号

问题 5-9：如何设置每页的字数与行数？

切换到“页面布局”选项卡下，在“页面设置”对话框中单击对话框启动器按钮，在打开的“页面设置”对话框中切换到“文档网格”选项卡下，选中“指定行和字符网格”单选按钮，然后再对“字符”、“行”选项组进行设置，最后单击“确定”按钮即可。

Step 03 设置完成后可以看到，选定的段落已显示添加的项目符号内容，如图 5-32 所示。

Step 04 切换到文档第七页，选中需要添加编号的段落文本内容，如图 5-33 所示。

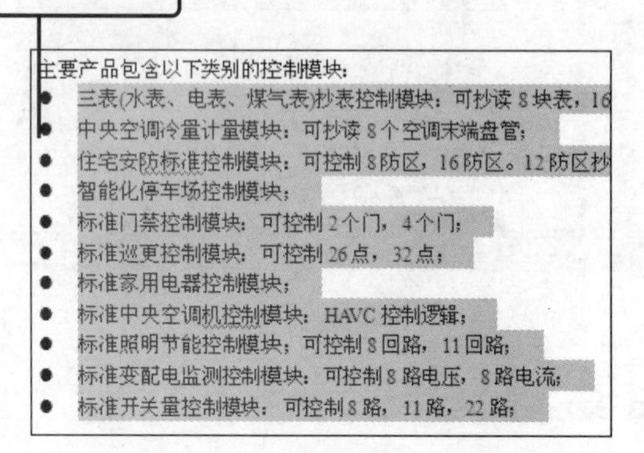

添加项目符号
主要产品包含以下类别的控制模块：
三表(水表、电表、煤气表)抄表控制模块：可抄读 8 块表，16
中央空调冷量计量模块：可抄读 8 个空调末端盘管；
住宅安防标准控制模块：可控制 8 防区，16 防区。12 防区抄
智能化停车场控制模块；
标准门禁控制模块：可控制 2 个门，4 个门；
标准巡更控制模块：可控制 26 点，32 点；
标准家用电器控制模块；
标准中央空调机控制模块：HAVC 控制逻辑；
标准照明节能控制模块：可控制 8 回路，11 回路；
标准变配电监测控制模块：可控制 8 路电压，8 路电流；
标准开关量控制模块：可控制 8 路，11 路，22 路；

图 5-32 显示添加的项目符号

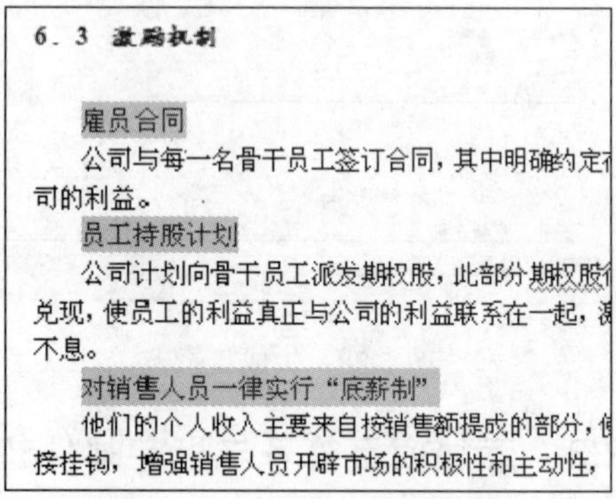

6．3 激励机制
雇员合同
公司与每一名骨干员工签订合同，其中明确约定
司的利益。
员工持股计划
公司计划向骨干员工派发期权股，此部分期权股
兑现，使员工的利益真正与公司的利益联系在一起，
不息。
对销售人员一律实行“底薪制”
他们的个人收入主要来自按销售额提成的部分，
接挂钩，增强销售人员开辟市场的积极性和主动性，

图 5-33 选定段落文本

Step 05 在“开始”选项卡下单击“段落”组中的“编号”按钮，在展开的列表中单击“编号对齐方式：左对齐”选项，如图 5-34 所示。

Step 06 设置完成后可以看到文档中选定的段落添加了指定的段落编号内容，如图 5-35 所示。

编号库
无
选择编号样式
编号对齐方式：左对齐

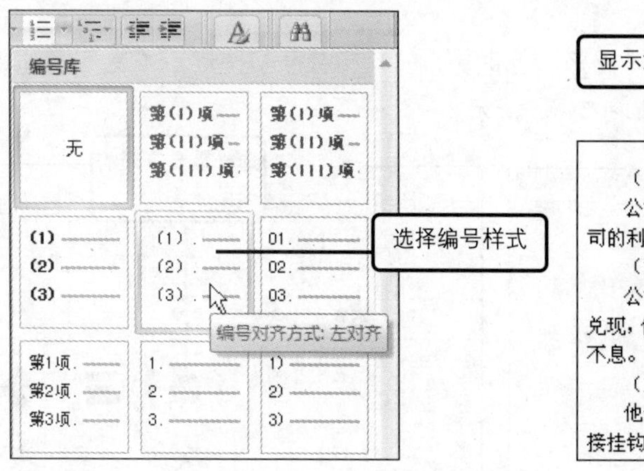

图 5-34 选择编号样式

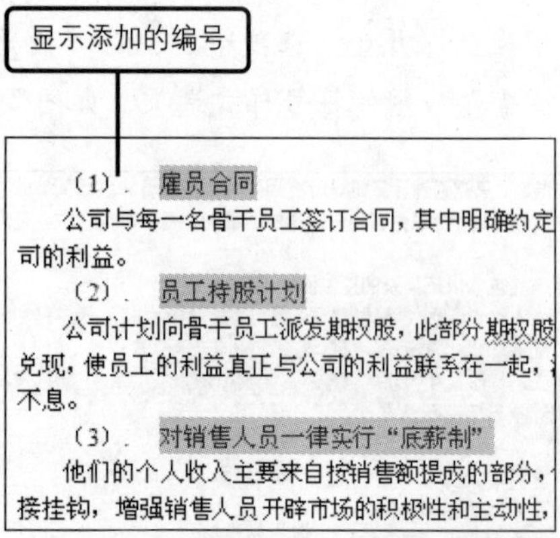

显示添加的编号
（1）. 雇员合同
公司与每一名骨干员工签订合同，其中明确约定
司的利益。
（2）. 员工持股计划
公司计划向骨干员工派发期权股，此部分期权股
兑现，使员工的利益真正与公司的利益联系在一起，
不息。
（3）. 对销售人员一律实行“底薪制”
他们的个人收入主要来自按销售额提成的部分，
接挂钩，增强销售人员开辟市场的积极性和主动性，

图 5-35 显示添加的编号

Step 07 切换到文档第三页，选中电子邮件地址相关文本内容，如图 5-36 所示。

Step 08 切换到“插入”选项卡下，在“链接”组中单击“超链接”按钮，如图 5-37 所示。

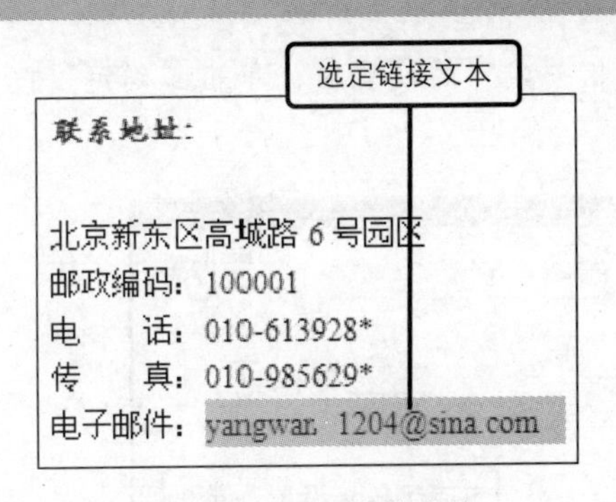

图 5-36　选定邮件地址

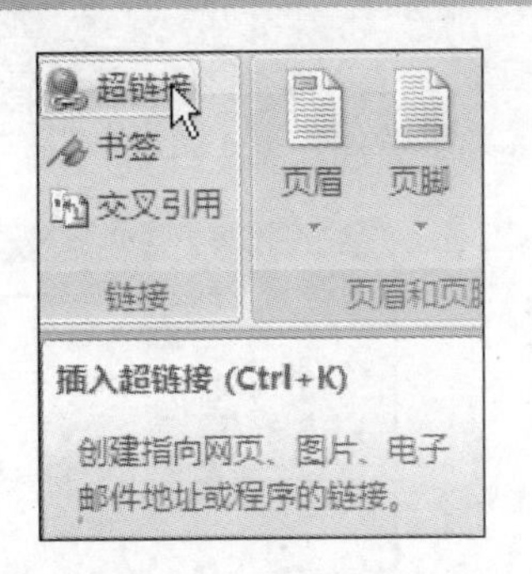

图 5-37　超链接按钮

问题 5-10：　如何快速统计文档字数？

如果需要对文档中的字数、页数等信息进行快速统计，则可以切换到"审阅"选项卡下，在"校对"组中单击"字数统计"按钮，在打开的"字数统计"对话框中查看相关统计信息即可。

Step 09 打开"插入超链接"对话框，在"链接到"区域中单击"电子邮件地址"选项，在"电子邮件地址"文本框中输入需要链接的地址，再单击"屏幕提示"按钮，如图 5-38 所示。

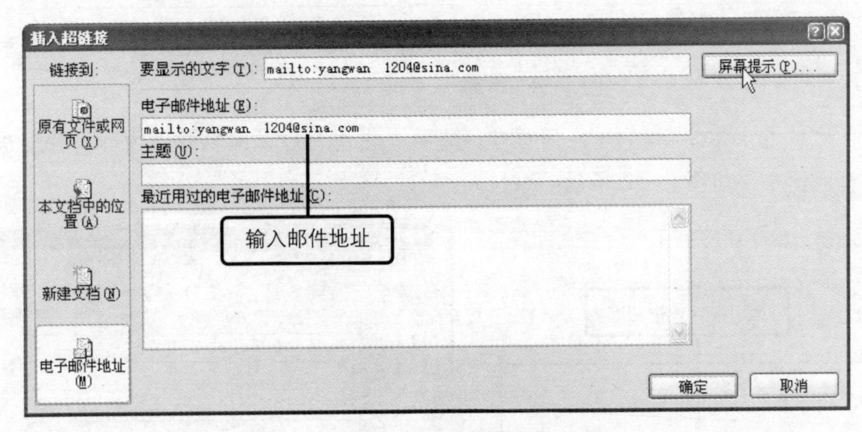

图 5-38　设置链接地址

Step 10 打开"设置超链接屏幕提示"对话框，在"屏幕提示文字"文本框中输入需要显示的相关文本内容，再单击"确定"按钮，如图 5-39 所示。

图 5-39　设置屏幕提示文字

Step 11 返回到“插入超链接”对话框，完成链接相关内容的设置后，单击“确定”按钮，如图 5-40 所示。

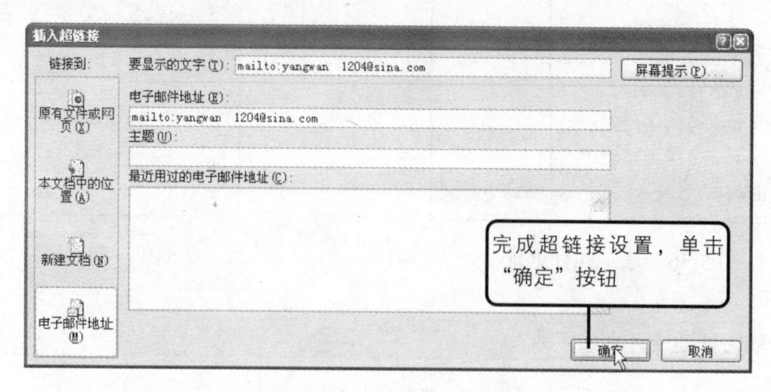

图 5-40 完成链接设置

问题 5-11: 如何在同一文档中同时使用纵向和横向页面方向?

选定需要更改页面方向的页或段落，再单击“页面设置”组中的对话框启动器按钮，打开“页面设置”对话框并切换到“页边距”选项卡下，选择需要应用的纸张方向，在“应用于”列表框中单击“所选文字”选项即可。

Step 12 设置完成后返回到文档中，将鼠标放置在电子邮件位置上方，此时显示屏幕提示内容，单击即可打开链接对象，如图 5-41 所示。

Step 13 系统自动启用 Outlook Express 应用程序，在窗口中用户可以编辑邮件内容，并发送到指定的邮箱地址中，如图 5-42 所示。

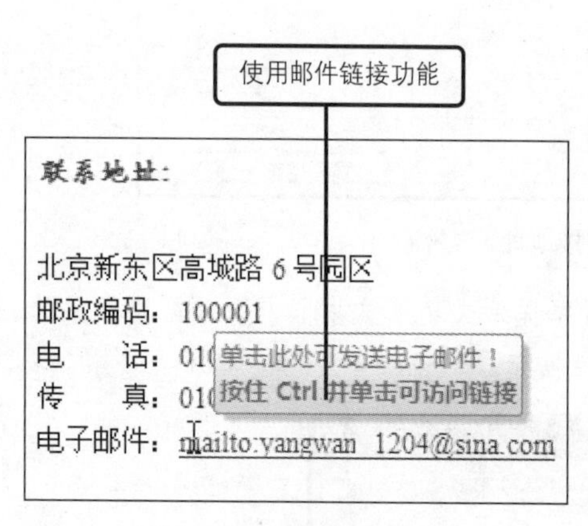

图 5-41 使用超链接

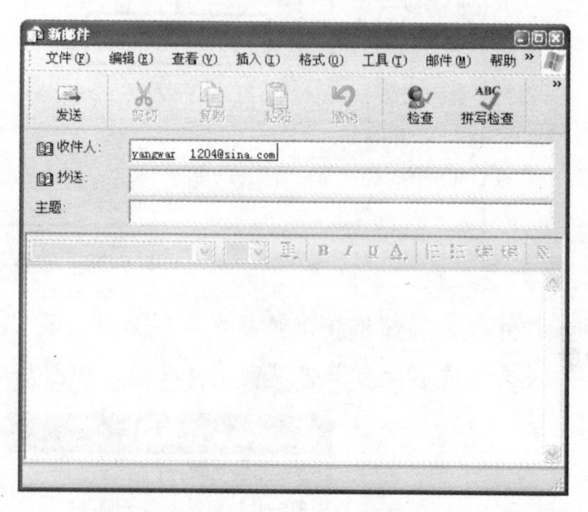

图 5-42 发送邮件

5.2.4 制作盈亏平衡分析表格

在计划书中用户常常需要制作表格来分析与表达烦琐的数据信息，此时用户可以使用文本转换为表格功能，将输入的文本直接转换为表格，并对表格进行格式效果的设置，重新排序表格数据更好的分析与说明表格中的数据信息。

Step 01 切换到文档第八页位置处，选中需要转换为表格的文本内容，如图 5–43 所示。

Step 02 切换到“插入”选项卡下，单击“表格”按钮，在展开的列表中单击“文本转换成表格”选项，如图 5–44 所示。

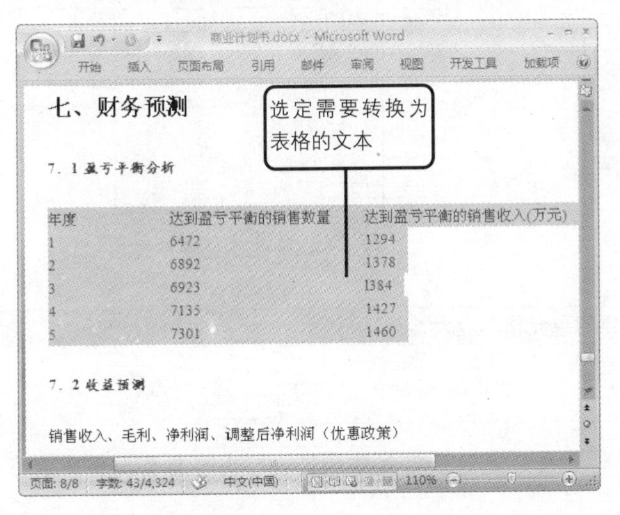

图 5-43　选定文本

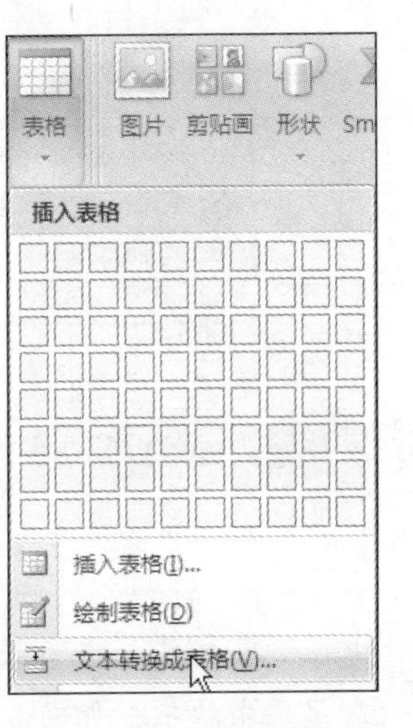

图 5-44　文本转换成表格

问题 5-12：　如何绘制斜线表头？

单击需要添加斜线表头的单元格，在表格工具“布局”选项卡下单击“表”组中的“绘制斜线表头”按钮，在打开的“表头样式”对话框中进行设置即可。

Step 03 打开“将文字转换成表格”对话框，设置列数为“3”，选择“固定列宽”和“制表符”单选按钮，再单击“确定”按钮，如图 5–45 所示。

Step 04 设置完成后返回到文档中，可以看到选定的文本内容转换为表格内容显示在文档中，如图 5–46 所示。

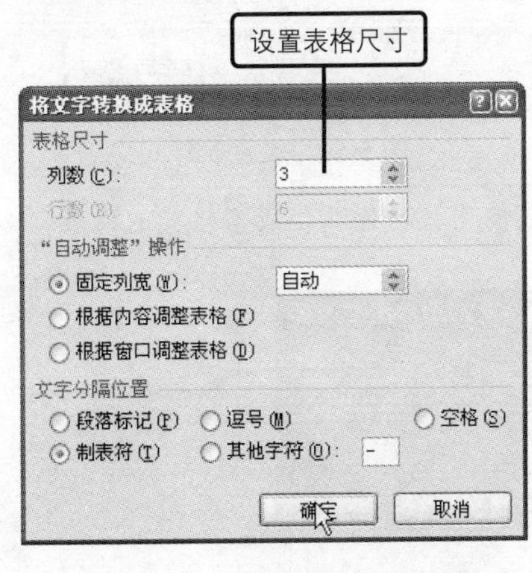

图 5-45　将文字转换成表格

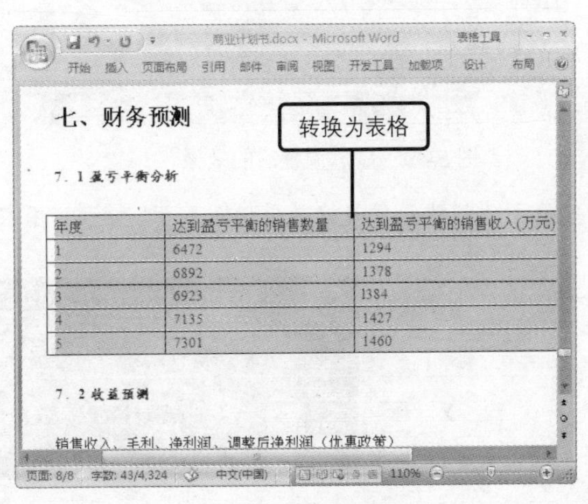

图 5-46　转换为表格

Step 05 选中整个表格，在表格工具“布局”选项卡下单击“自动调整”按钮，在展开的列表中单击“根据内容自动调整表格”选项，如图 5-47 所示。

Step 06 在“对齐方式”组中单击“水平居中”按钮，如图 5-48 所示。

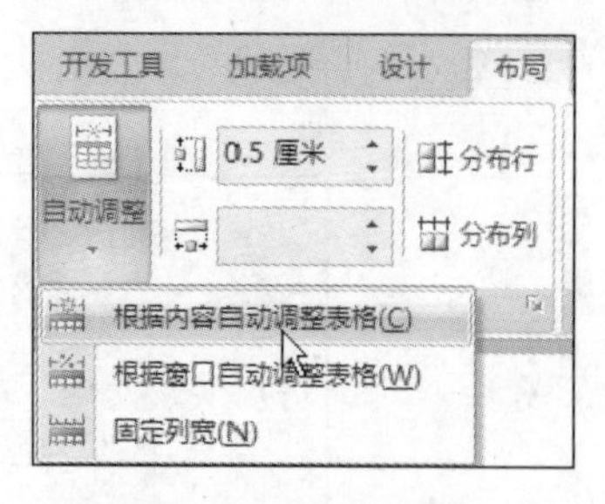

图 5-47　自动调整表格大小

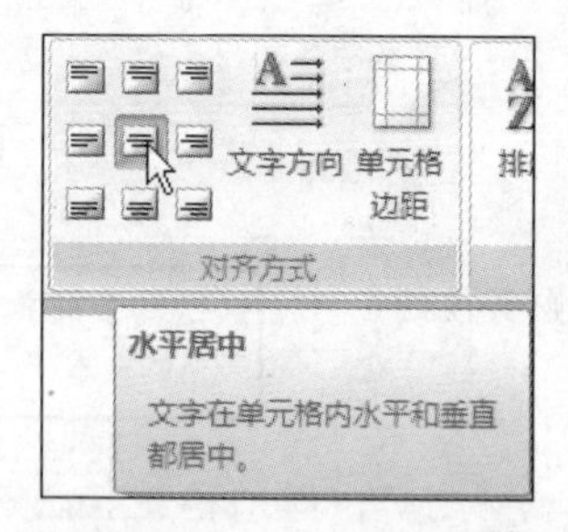

图 5-48　设置对齐方式

问题 5-13：　如何控制在表格中输入文字时单元格不变大？

选中整个表格并单击鼠标右键，在弹出的菜单中单击“固定列宽”命令。

Step 07 返回到文档中，查看设置后的表格效果，此时表格尺寸根据表格内容自行调整，表格内容呈居中状态，如图 5-49 所示。

Step 08 在“设计”选项卡下单击“表格式”组中的“彩色型 1”选项，如图 5-50 所示。

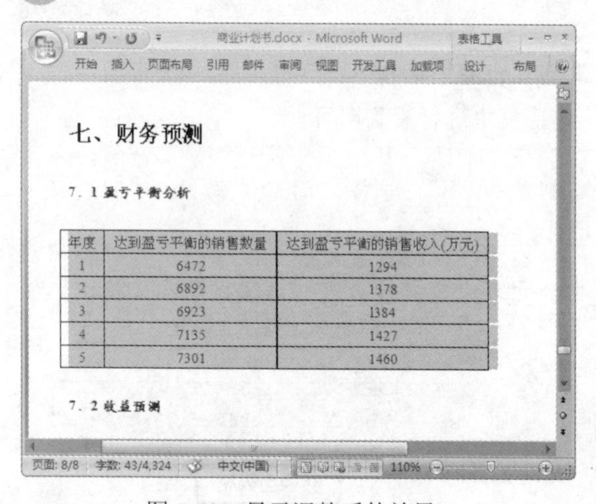

图 5-49　显示调整后的效果

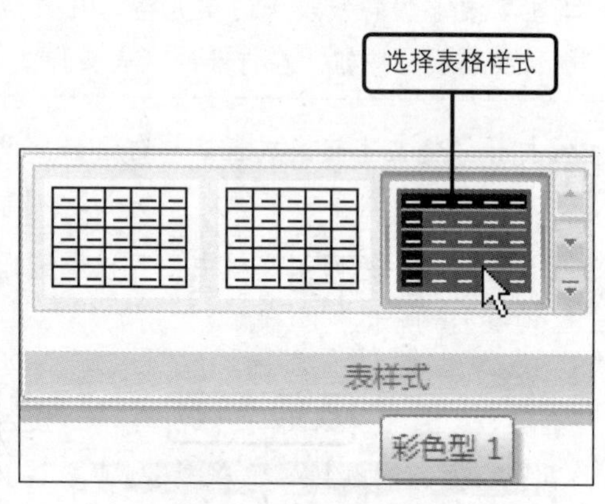

图 5-50　设置表样式

Step 09 套用表样式后的表格效果如图 5-51 所示，用户可以使用该功能简化表格格式的设置。

年度	达到盈亏平衡的销售数量	达到盈亏平衡的销售收入(万元)
1	6472	1294
2	6892	1378
3	6923	1384
4	7135	1427
5	7301	1460

图 5-51　查看表格效果

Step 10 用户可以对表格中的数据进行排序，选中表格中“达到盈亏平衡的销售收入（万元）”列，如图 5–52 所示。

Step 11 在“布局”选项卡下单击“数据”组中的“排序”按钮，如图 5–53 所示。

选定需排序的列

平衡的销售数量	达到盈亏平衡的销售收入(万元)
6472	1294
6892	1378
6923	1384
7135	1427
7301	1460

图 5-52　选定需排序的列

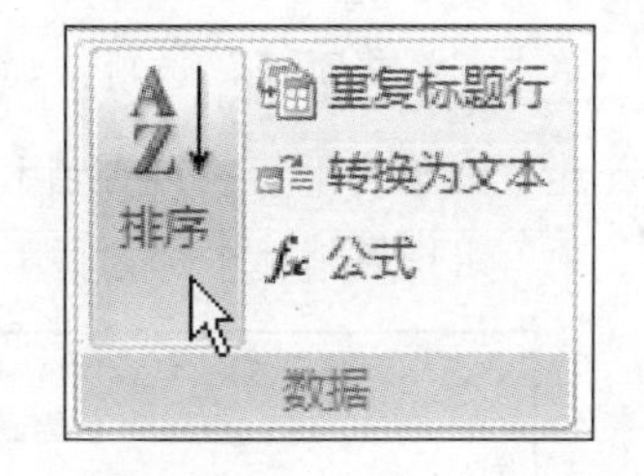

图 5-53　使用排序功能

问题 5-14：　如何设置每页的字数与行数？

切换到“页面布局”选项卡下，在“页面设置”对话框中单击对话框启动器，在打开的“页面设置”对话框中切换到“文档网格”选项卡下，单击“指定行和字符网格”单选按钮，然后再对“字符”、“行”选项组进行设置，最后单击“确定”按钮即可。

Step 12 打开“排序”对话框，设置主要关键字为“达到盈亏平衡的销售收入（万元）”，类型为“数字”，选择“降序”单选按钮，再单击“确定”按钮，如图 5–54 所示。

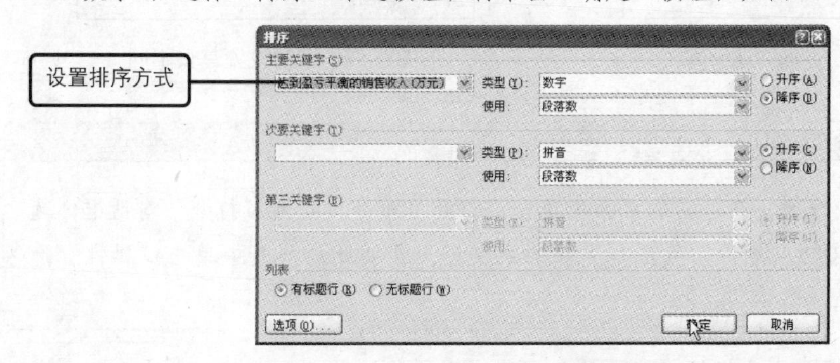

图 5-54　设置排序选项

Step 13 设置完成后返回到文档中，可以看到表格数据按指定的排序方式进行重新排列，如图 5–55 所示。

年度	达到盈亏平衡的销售数量	达到盈亏平衡的销售收入(万元)
5	7301	1460
4	7135	1427
2	6892	1378
1	6472	1294
3	6923	1384

图 5-55　重新排列数据

5.2.5 为计划书添加页眉和页脚

为商业计划书添加页眉和页脚内容，可以大大方便用户浏览与查阅文档。页眉中通常包含主要的文档信息或公司标志等相关内容，页脚中则常常包含页码、日期时间等相关信息内容，用户可以根据需要自定义页眉与页脚中的相关信息内容。

Step 01 切换到“插入”选项卡下，在“页眉和页脚”组中单击“页眉”按钮，在展开的列表中单击“编辑页眉”选项，如图 5-56 所示。

Step 02 此时文档自动切换到页眉和页脚视图方式下，在页眉和页脚工具“设计”选项卡的“选项”组中取消选中“首页不同”复选框，如图 5-57 所示。

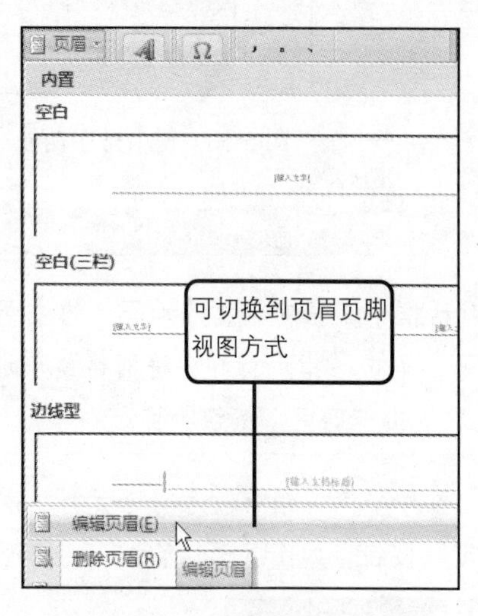

图 5-56 编辑页眉

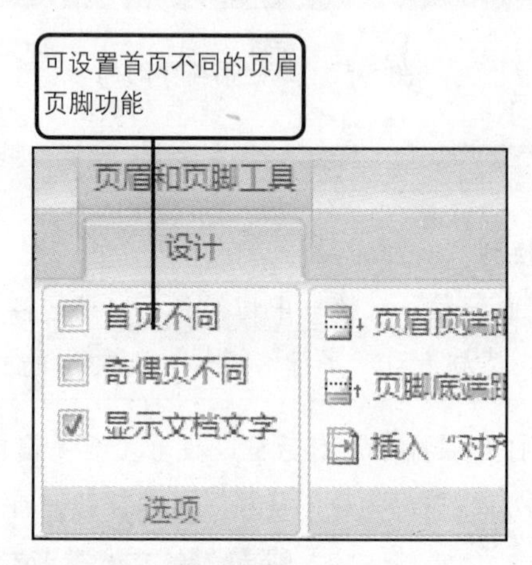

图 5-57 取消设置首页不同

问题 5-15： 如何查看文档属性?

单击窗口中的 Office 按钮，在弹出的菜单中单击“打开”命令，打开“打开”对话框，选择需要查看属性的文档，单击“视图”下拉列表按钮，在展开的列表中单击“属性”选项即可。

Step 03 切换到文档第二页，在页眉编辑区中输入需要添加的页眉文本内容，选中输入的文本并右击，在弹出的浮动工具栏中设置字体的格式效果，如图 5-58 所示。

Step 04 将鼠标光标放置在页眉区中，在“设计”选项卡下单击“插入”组中的“剪贴画”按钮，如图 5-59 所示。

Step 05 打开“剪贴画”窗格，单击“搜索”按钮，在剪贴画列表框中选择需要插入的剪贴画，并单击其右侧的下拉列表按钮，在展开的列表中单击“插入”选项，如图 5-60 所示。

Step 06 在页眉区域中插入选定的剪贴画，在控制柄处拖动鼠标调整剪贴画的大小，如图 5-61 所示。

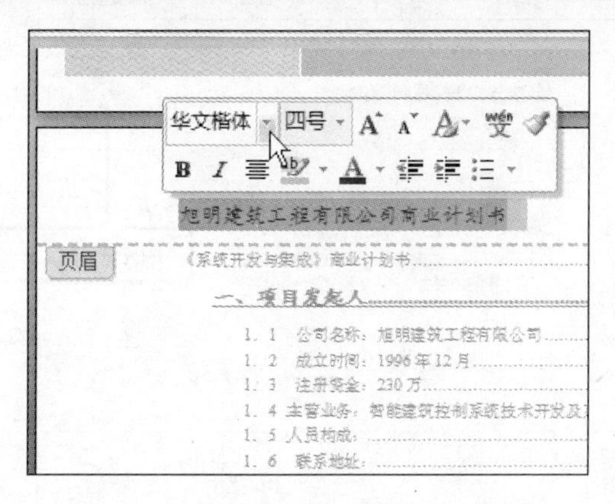

图 5-58 设置字体格式

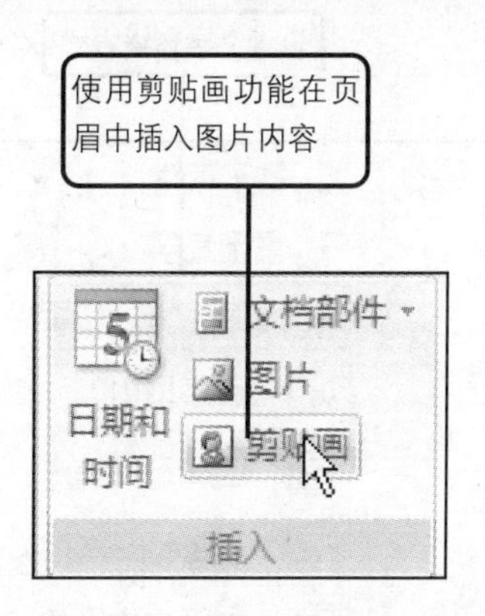

图 5-59 插入剪贴画

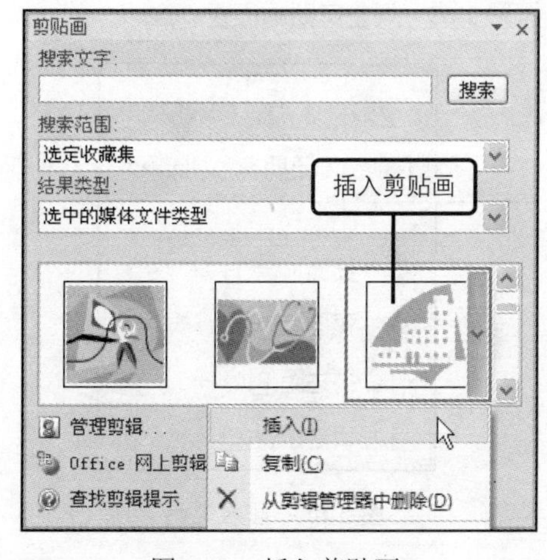

图 5-60 插入剪贴画

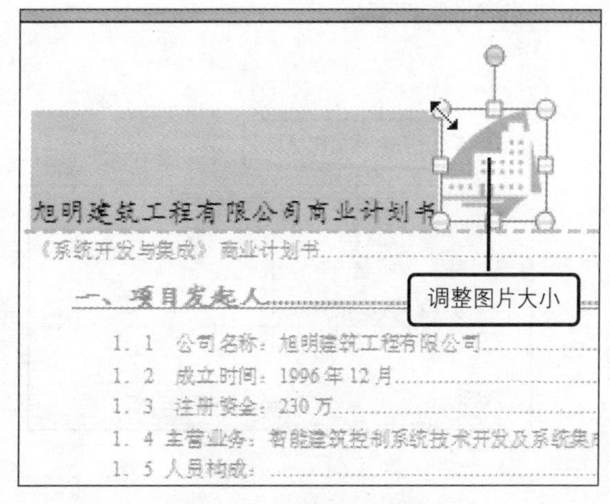

图 5-61 调整剪贴画大小

问题 5-16: 如何关闭自动项目符号和编号功能？

打开“Word 选项”对话框，切换到“校对”选项卡下，单击“自动更正选项”按钮，打开“自动更正”对话框，切换到“键入时自动套用格式”选项卡下，取消选中“自动项目符号列表”和“自动编号列表”复选框即可。

Step 07 由于默认插入的剪贴画为嵌入型，因此无法拖动调整其在页眉区域中的位置，此时可以选中剪贴画，在图片工具“格式”选项卡下的“排列”组中单击“文字环绕”按钮，在展开的列表中单击“紧密型环绕”选项，如图 5-62 所示。

Step 08 拖动鼠标调整剪贴画在页眉区域的放置位置，如图 5-63 所示。

Step 09 完成页眉内容的编辑后，用户可以在“设计”选项卡下的“导航”组中单击“转至页脚”按钮，快速地切换到页脚编辑区域，如图 5-64 所示。

Step 10 切换到页脚编辑区后，在“设计”选项卡下单击“页眉和页脚”组中的“页码”按钮，在展开的列表中单击“页面底端”选项，如图 5-65 所示。

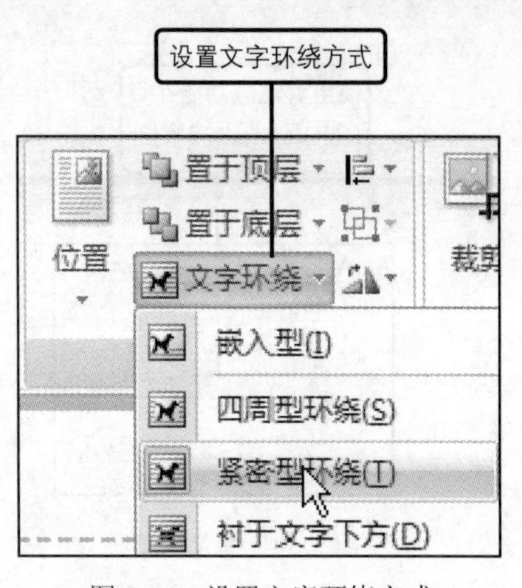

图 5-62　设置文字环绕方式

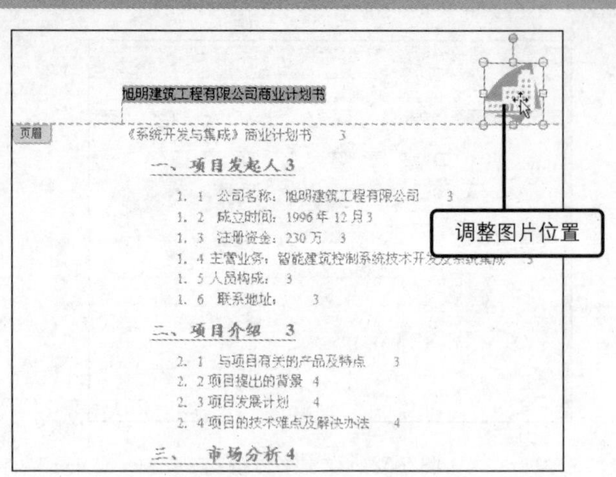

图 5-63　调整剪贴画位置

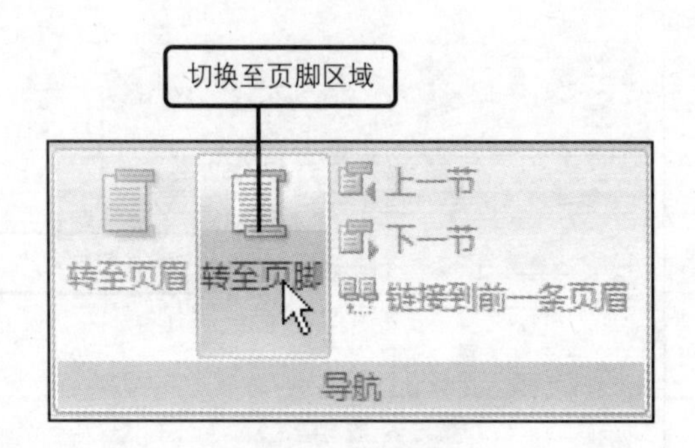

图 5-64　转至页脚

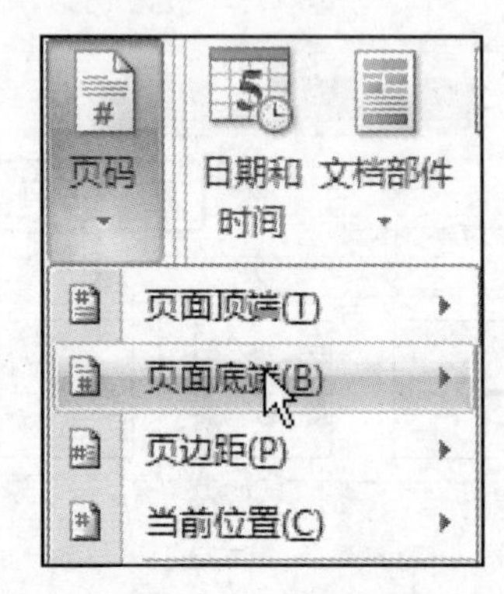

图 5-65　插入页码

Step 11 在展开的级联列表中选择需要插入的页码样式，如单击“卷形”选项，如图 5−66 所示。

Step 12 设置完成后，在文档页脚区域中可以看到插入的页码内容，如图 5−67 所示。

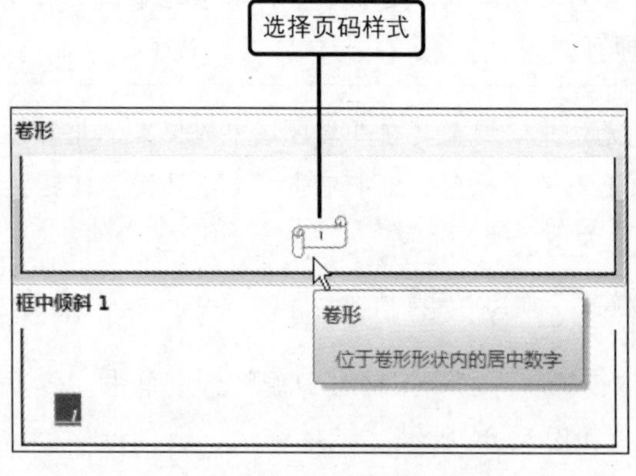

图 5-66　选择页码样式

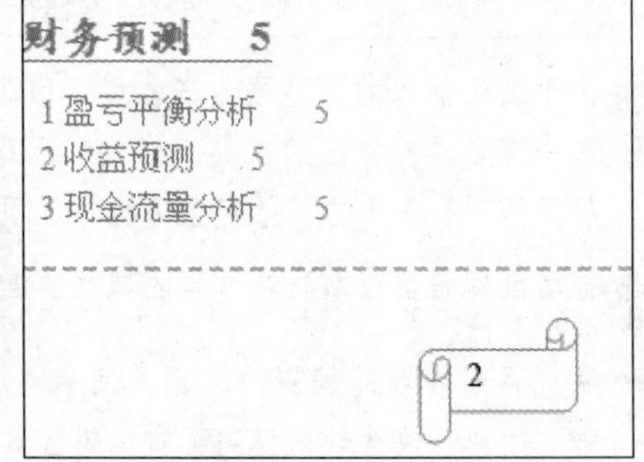

图 5-67　插入页码

问题 5-17：全角输入和半角输入的区别是什么？

在全角输入模式下，输入的所有字母和数字等符号均为双字节。在半角模式下，输入的所有字母和数字均为单字节。

Step 13 完成页眉和页脚内容的编辑后，用户可以退出页眉页脚视图，在“设计”选项卡下单击“关闭”组中的“关闭页眉和页脚”按钮，如图 5-68 所示。

Step 14 返回到普通视图方式下，调整窗口的显示比例，设置在窗口中同时显示双页，此时可以看到在文档页眉和页脚区域中显示的相关内容，如图 5-69 所示。

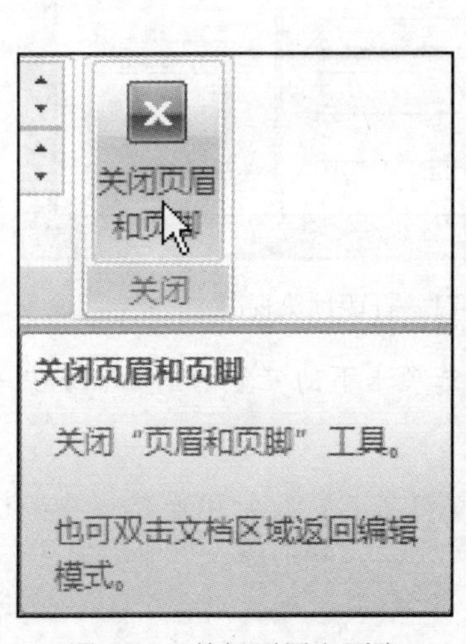

图 5-68　关闭页眉和页脚

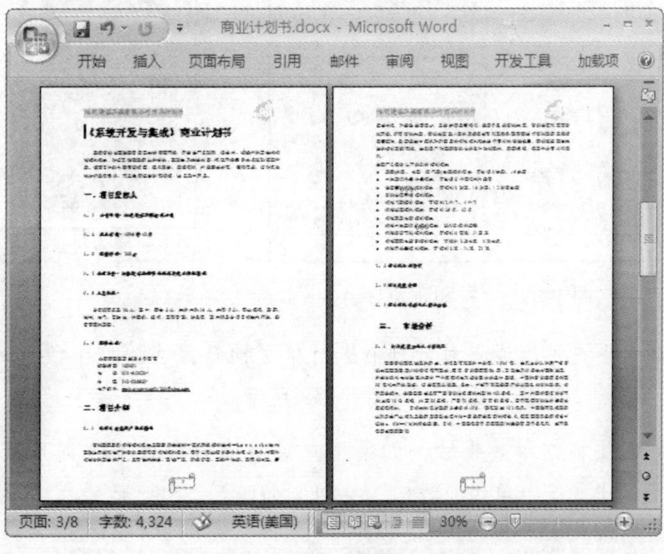

图 5-69　查看页眉和页脚

问题 5-18：为什么不能更改或删除页码？

如果更改或删除页码，Word 将自动修改或删除整篇文档的所有页码。

5.3　打印与保护计划书

在编辑完成商业计划书详细的文档内容后，用户便可以对计划书内容进行打印，以方便用户的携带与传阅。由于商业计划书通常含有重要的信息内容，因此用户还需要将制作完成的计划书进行保护，以避免他人随意编辑与修改。本节将为用户介绍文档的打印与保护方法。

5.3.1　打印计划书

完成商业计划书的制作后，用户需要将其进行打印，从而方便用户在进行企业商业发展策划与商讨时使用。用户在打印文档之前，首先需要对打印效果进行预览，当打印页面效果达到满意时，用户便可以对文档进行打印了，下面具体地介绍打印操作的步骤与方法。

Step 01 单击窗口中的 Office 按钮，在弹出的菜单中单击“打印”命令，在级联菜单中单击“打印预览”命令，如图 5-70 所示。

Step 02 切换到打印预览视图方式下，用户可以查看计划书的打印效果，如图 5-71 所示。

图 5-70 “打印预览”命令

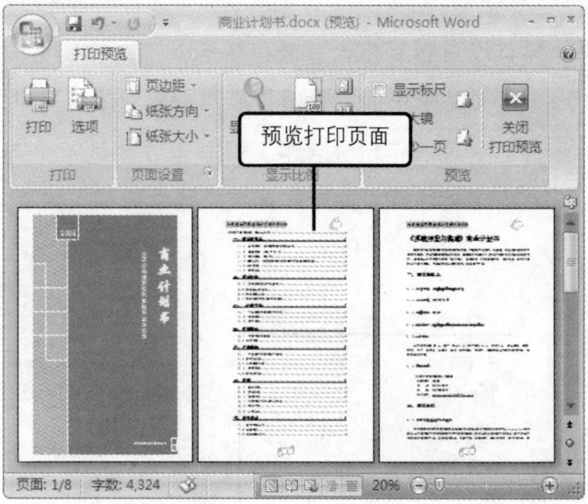

图 5-71 打印预览视图

Step 03 用户可以设置对计划书进行单页预览，在“打印预览”选项卡下的“显示比例”组中单击“单页”按钮，如图 5-72 所示。

Step 04 预览打印效果后，如果用户满意该打印效果，则可以直接对其执行打印操作，在“打印”组中单击“打印”按钮，如图 5-73 所示。

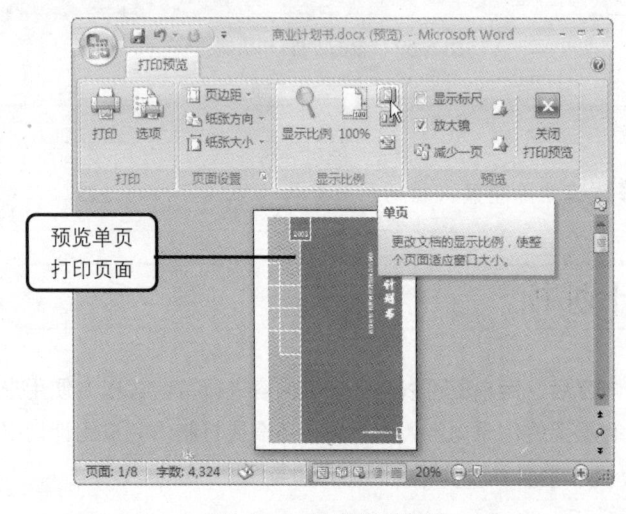

图 5-72 设置单页预览

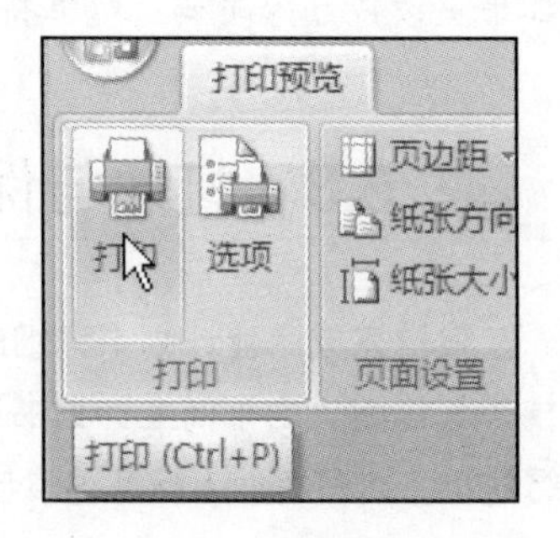

图 5-73 打印计划书

Step 05 打开“打印”对话框，在其中设置文档打印的页面范围、份数、打印内容等相关选项，完成后单击“确定”按钮即可，如图 5-74 所示。

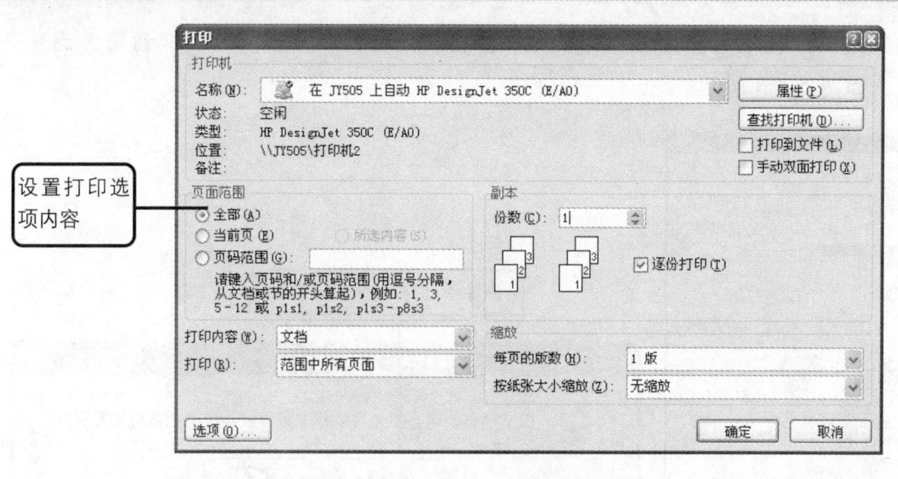

图 5-74　设置打印选项

问题 5-19：如何在 A4 纸张上打印两页文档？

打开“打印”对话框，在“缩放”区域设置“每页的版数”为“2 版”即可。

5.3.2　保护计划书

由于商业计划书中通常含有重要的信息内容，因此用户在完成商业计划书的制作后，常常需要对文档进行保护。用户可以使用保护文档功能设置文档限制格式和编辑，从而防止他人随意修改与编辑，下面为用户介绍如何保护制作完成的商业计划书。

Step 01 切换到“审阅”选项卡下，单击“保护文档”按钮，在展开的列表中单击“限制格式和编辑”选项，如图 5–75 所示。

Step 02 打开“限制格式和编辑”窗格，选中“限制对选定的样式设置格式”复选框，单击“设置”文字链接，如图 5–76 所示。

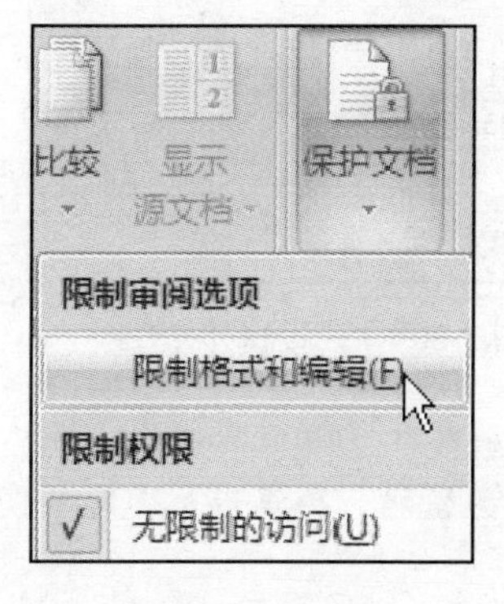

图 5-75　保护文档

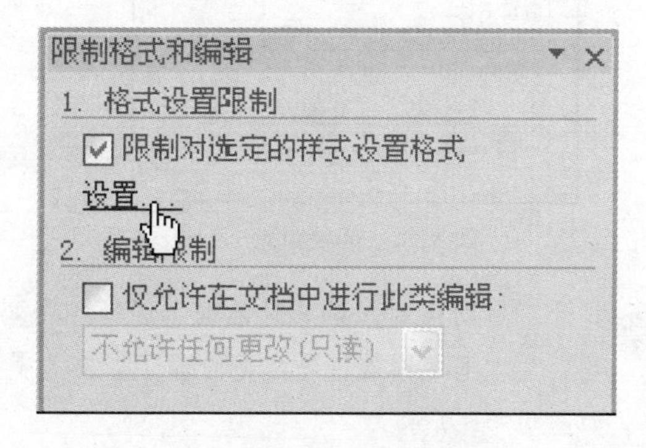

图 5-76　格式设置限制

Step 03 打开“格式设置限制”对话框，选中“限制对选定的样式设置格式”复选框，单击“全部”按钮，再单击“确定”按钮，如图 5–77 所示。

Step 04 打开提示对话框，提示用户文档包含不允许的格式或样式，单击“是”按钮将其删除并保护格式，如图 5-78 所示。

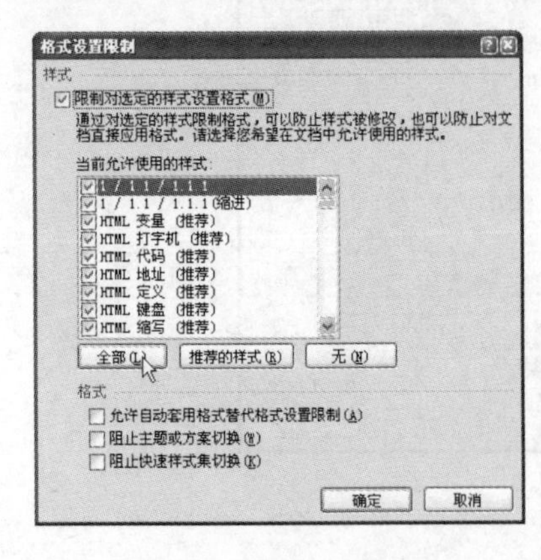

图 5-77　设置格式限制

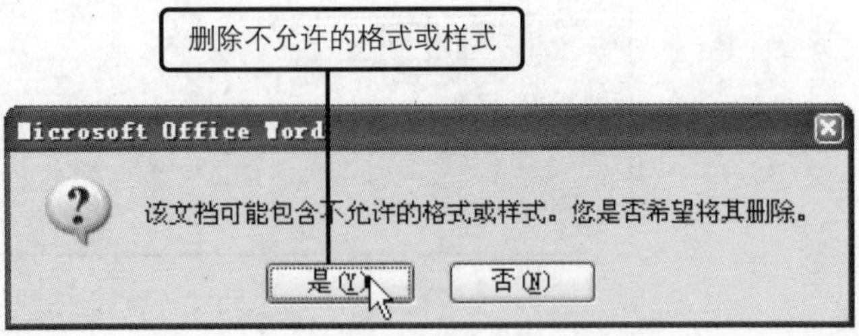

图 5-78　删除样式

问题 5-20：为什么文档不再受密码保护？

用户可能以不同的格式保存了文件，如将其保存为网页，则密码将被删除。

Step 05 返回到文档中，在“限制格式和编辑”窗格中选中“仅允许在文档中进行此类编辑”复选框，并单击下拉列表按钮，在展开的列表中单击“不允许任何更改（只读）”选项，如图 5-79 所示。

Step 06 在“限制格式和编辑”窗格中单击“是，启动强制保护”按钮，如图 5-80 所示。

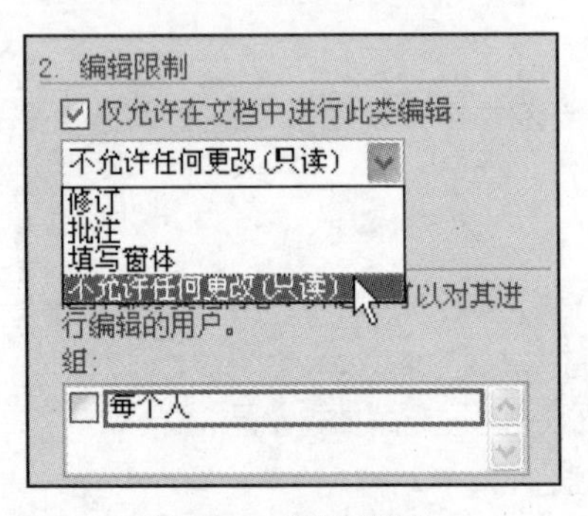

图 5-79　编辑限制

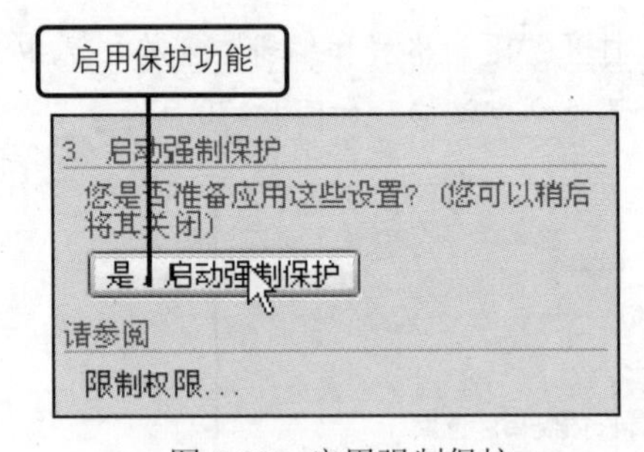

图 5-80　启用强制保护

Step 07 打开“启动强制保护”对话框，选择“密码”单选按钮，并在“新密码”和“确认新密码”文本框中输入密码相关内容，如在此输入“123”作为密码，再单击“确定”按钮，如图 5-81 所示。

Step 08 此时文档受保护，用户不可对文档进行编辑与设置操作，在“限制格式和编辑”窗格中可以看到文档受保护的提示信息，如果用户需要取消对文档的保护，则单击“停止保护”按钮，即可取消对文档的保护，如图 5-82 所示。

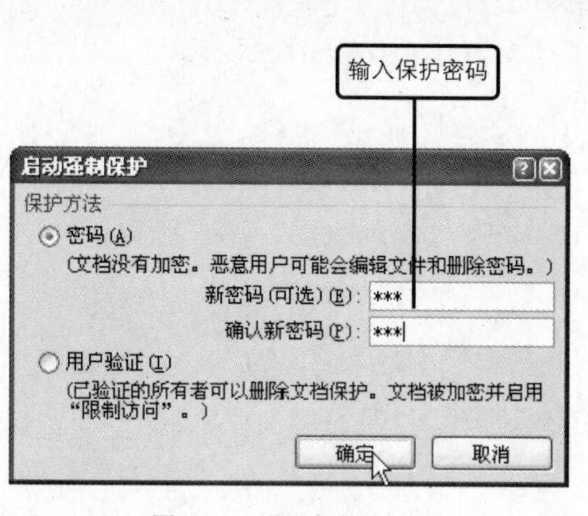

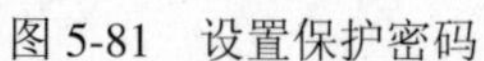
图 5-81 设置保护密码

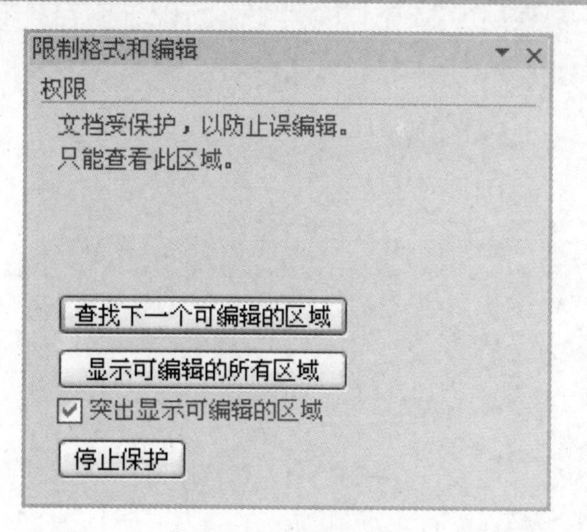

图 5-82 .文档受保护

问题 5-21： 如何显示页边距？

单击 Office 按钮，在弹出的菜单中单击“Word 选项”按钮，在打开的对话框中切换到“高级”选项卡下，再选中“显示文档内容”区域中的“显示正文边框”复选框，即可在文档中以虚线显示页边距。

Excel 基础办公知识与操作

Excel 是一款重要的电子表格处理软件，当用户需要对大量的数据信息进行处理与分析时，可以使用 Excel 应用程序进行操作与设置。其用于对大量烦琐的数据进行统计计算、比较分析。在学习 Excel 的各项操作功能与用法之前，本章将首先为用户介绍如何使用 Excel 进行简单的操作与设置，从而了解该应用程序的功能与相关基础知识点。

6.1 工作表基础操作

工作簿由工作表组成，当用户需要编辑表格、统计与分析表格数据信息时，都需要在工作表中执行操作。因此用户首先需要对工作表的基础操作有所了解，本节将为用户介绍如何对工作表进行重命名、移动复制、删除等操作设置。

原始文件： 第 6 章\原始文件\工作表基础操作.xlsx

6.1.1 重命名工作表标签

用户在编辑工作表时，默认情况下的工作表标签以"Sheet+数字"进行命名，为了方便用户的查看与使用，可以将工作表名称设置与其中的内容相对应，因此用户可以对工作表标签进行重命名，下面介绍重命名工作表标签的具体操作方法。

Step 01 打开原始文件"工作表基础操作.xlsx"，可以看到工作簿中含有三个不同的工作表，并且在工作表 Sheet1 和 Sheet2 中已编辑了相关表格内容，如图 6-1 所示。

Step 02 在需要重命名的工作表标签 Sheet1 上方右击，在弹出的快捷菜单中单击"重命名"命令，如图 6-2 所示。

问题 6-1： 默认情况下创建的工作簿含有多少个工作表？

启动 Excel 2007 应用程序，即可创建一个新的空白工作簿，在创建的工作簿中默认含有三个空白的工作表。

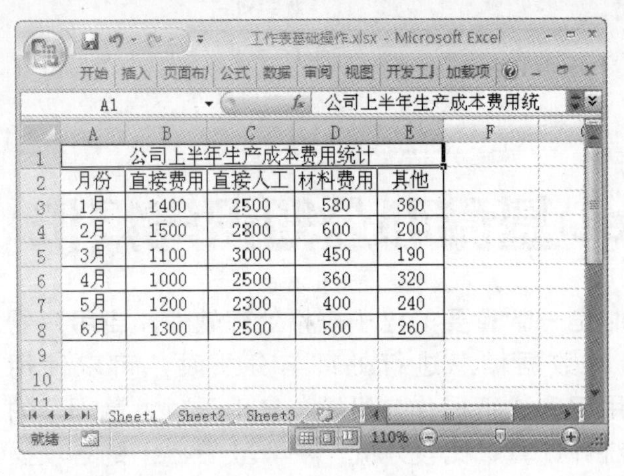

图 6-1　打开工作簿

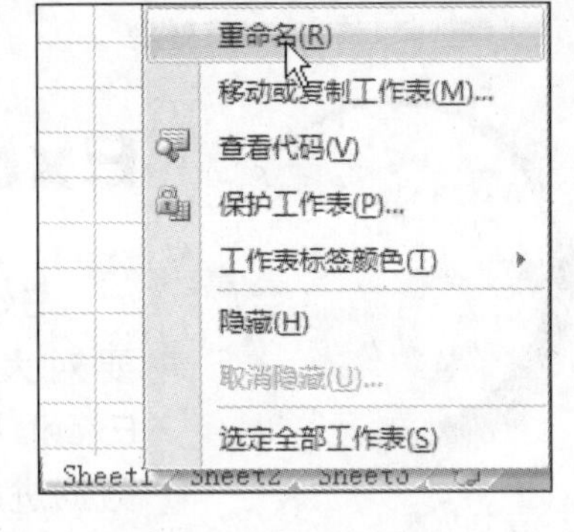

图 6-2　重命名工作表

Step 03 当用户执行重命名操作后，选定的工作表标签呈选中状态，用户直接输入需要定义的名称即可，如图 6-3 所示。

Step 04 输入需要定义的名称，即可将工作表标签进行重命名，使用相同的方法将工作表 Sheet2 标签也进行重命名，如图 6-4 所示。

图 6-3　工作表标签呈选中状态

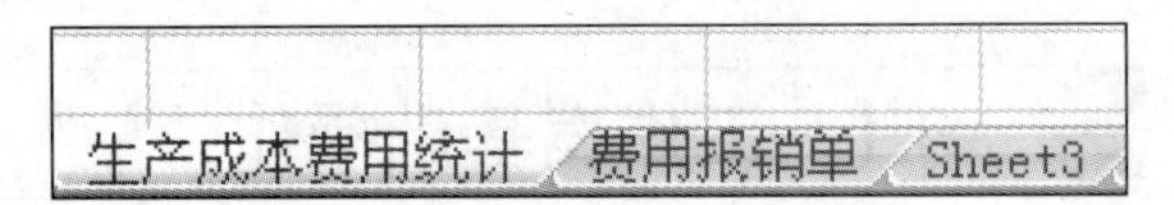

图 6-4　重命名工作表标签

问题 6-2：如何快速的对工作表标签进行重命名？

在需要重命名的工作表标签位置上方双击，使其呈选中状态，再输入需要定义的名称即可。

6.1.2　删除工作簿中多个工作表

在编辑工作簿的过程中，用户可以根据需要在工作簿中插入新的工作表，也可以将多余的工作表进行删除，下面为用户介绍如何同时删除多个工作表。

Step 01 用户可以在工作簿中插入空白工作表，在工作表标签位置处单击“插入工作表”按钮，即可插入一个新的工作表，如图 6-5 所示。

Step 02 按下【Ctrl】键的同时选中工作簿中需要删除的多个工作表标签，如选中 Sheet3 和 Sheet4 工作表标签，此时可以看到工作簿窗口标题栏位置处显示“[工作组]”文字内容，表示当用户选中多个工作表时，将组合成为工作组，如图 6-6 所示。

问题 6-3：如何快速的插入工作表？

打开需要创建新工作表的工作簿，按下键盘中的【Shift+F11】组合键，即可快速的插入一个新的工作表。

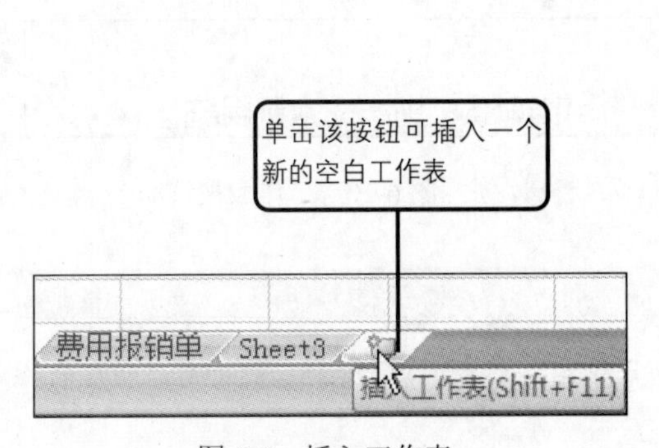

图 6-5 插入工作表

图 6-6 工作组

Step 03 在选定的工作表标签位置上方右击，在弹出的快捷菜单中单击“删除”命令，如图 6-7 所示。

Step 04 删除选定的多个空白工作表后，在工作表标签位置处可以看到工作表标签也删除被删除，如图 6-8 所示。

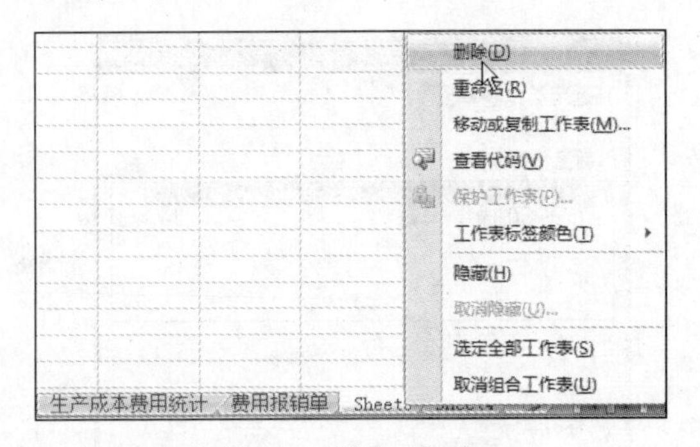

图 6-7 删除工作表

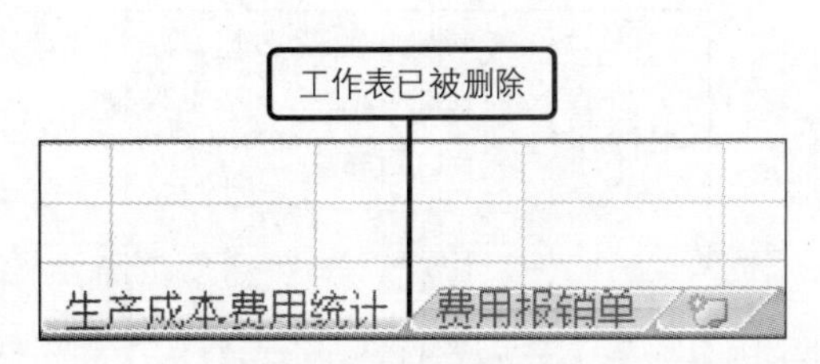

图 6-8 工作表被删除

问题 6-4：如何取消工作组状态？

当用户同时选中多个工作表标签时，选中的工作表将呈工作组状态显示，如果需要取消工作组状态，则单击工作表标签中的任意一个即可。

6.1.3 在不同工作簿中复制工作表

当用户编辑制作的工作表内容需要在其他工作簿中再次使用时，可以将工作表进行复制。用户可以在当前工作簿中移动或复制工作表，也可以在不同的工作簿之间移动或复制工作表，下面介绍其具体的操作与设置方法。

Step 01 用户可以在打开的工作簿中进行工作表的移动操作，选中需要移动的工作表标签，并拖动鼠标将其放置在指定的位置处即可，如图 6-9 所示。

Step 02 释放鼠标后，选定的工作表即可被移动到指定的位置处，如图 6-10 所示。

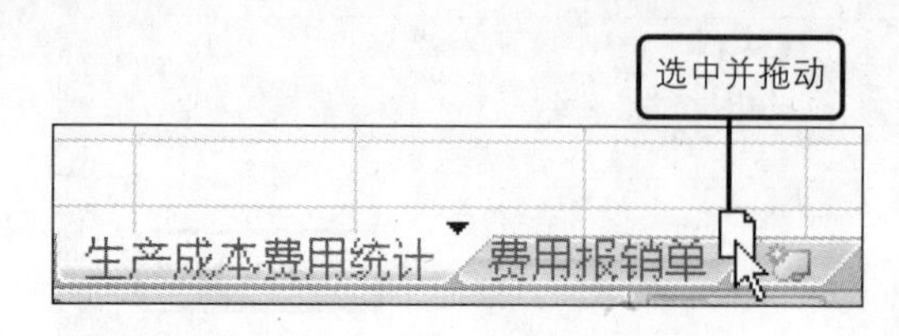

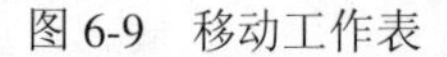

图 6-9 移动工作表

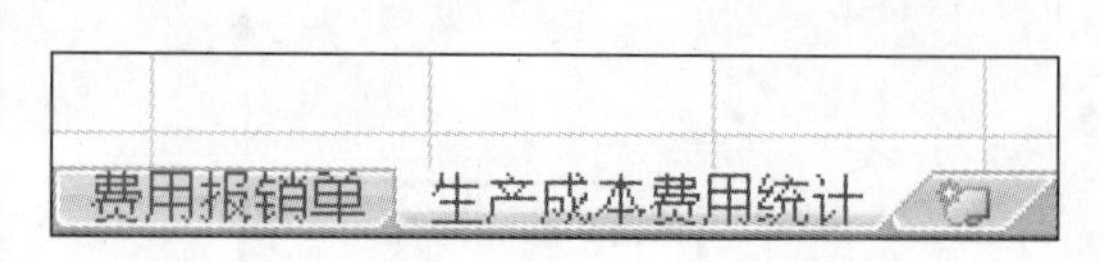

图 6-10 工作表被移动

问题 6-5： 如何在当前工作簿中复制工作表？

选中需要复制的工作表，按下【Ctrl】键的同时进行拖动复制，释放鼠标后即可在指定的位置处插入一个复制的工作表。

Step 03 用户还可以在不同的工作簿之间移动或复制工作表，在需要复制的工作表标签位置上方右击，在弹出的快捷菜单中单击“移动或复制工作表”命令，如图 6–11 所示。

Step 04 打开“移动或复制工作表”对话框，单击“工作簿”下拉列表按钮，在展开的列表中单击“(新工作簿)”选项，如图 6–12 所示。

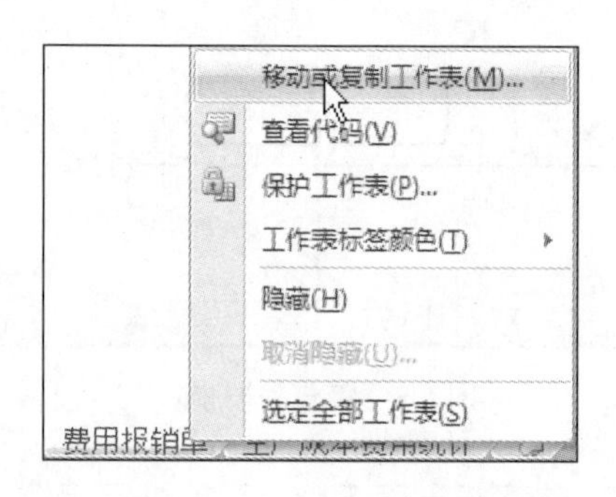

图 6-11 移动或复制工作表

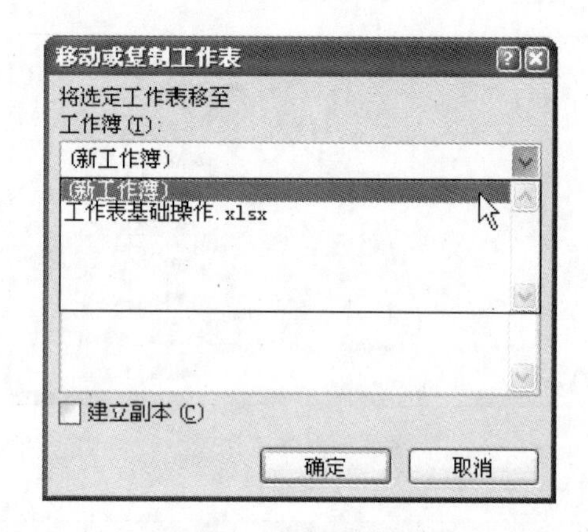

图 6-12 选择工作簿

问题 6-6： 如何在不同的工作簿中移动工作表？

选中需要移动的工作表，打开“移动或复制工作表”对话框，指定需要移动到的工作簿，并在“下列选定工作表之前”列表框中设置移动放置的位置，再单击“确定”按钮即可。

Step 05 指定需要移动或复制的工作簿后，选中“建立副本”复选框，再单击“确定”按钮，如图 6–13 所示。

Step 06 新建一个工作簿，并在工作簿中显示复制的工作表内容，如图 6–14 所示。

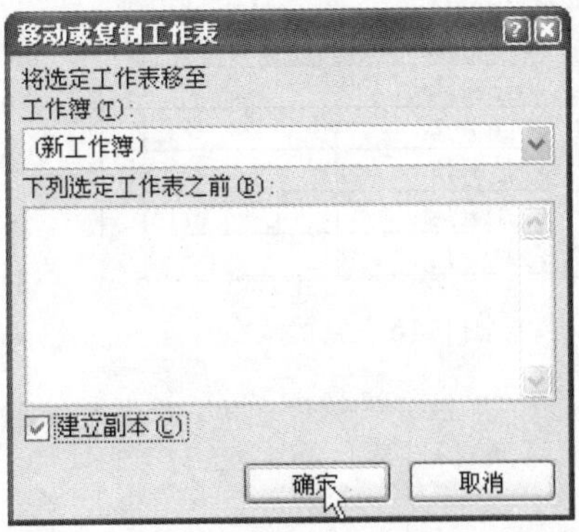

图 6-13　建立副本

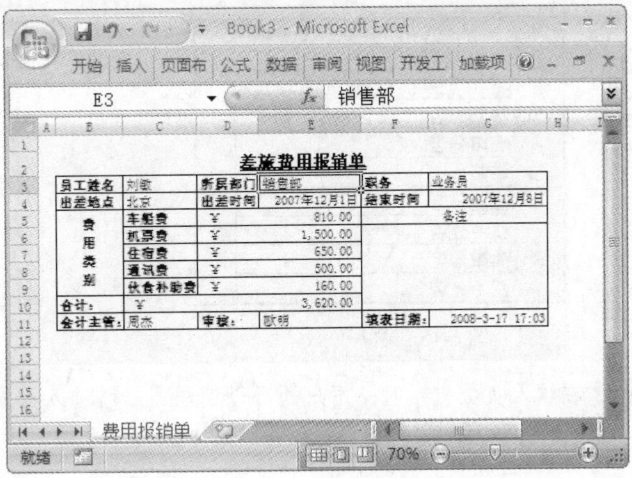

图 6-14　复制工作表

问题 6-7：　如何设置工作表标签颜色？

在需要设置的工作表标签位置上方右击，在弹出的快捷菜单中单击“工作表标签”命令，在其级联菜单中选择需要应用的颜色选项即可。

6.2　输入不同类型的数据

在日常的办公事务处理过程中，常常会需要处理大量的数据表，同时又需要根据这些数据信息制作出大量的信封、信函或标签等常用文档内容。面对繁杂的数据，如果只是通过重复编辑制作的方法来进行，则显得较为烦琐。此时则可以使用 Word 提供的邮件合并功能，将数据信息导入到固定格式的主文档中，完成批量信函、信封文档的制作。

1. 输入负数

当用户需要在单元格中输入负数内容时，可以直接输入负数形式的数据，也可以使用特定的输入方法进行输入操作，下面介绍两种不同的负数输入方法。

原始文件： 第 6 章\原始文件\输入负数.xlsx

最终文件： 第 6 章\最终文件\输入负数.xlsx

Step 01 打开原始文件，在 B3 单元格中输入负号后再输入数字，如“-1200”，如图 6-15 所示。

Step 02 输入完成后按键盘中的【Enter】键完成输入操作，可以看到在 B3 单元格中输入的负数，如图 6-16 所示。

问题 6-8：　如何在编辑栏中输入数据？

当用户需要在单元格中输入数据内容时，可以首先选定输入数据的单元格，再在公式编辑栏中进行输入操作，输入的内容即可同时输入到选定的单元格中。

	A	B
1	企业账款分析	
2	代理商	应收账款
3	华阳分店	-1200
4	绵阳分店	
5	华阳分店	
6	江油分店	
7	江油分店	
8	简阳分店	
9	江油分店	

图 6-15　输入负数

	A	B
1	企业账款分析	
2	代理商	应收账款
3	华阳分店	-1200
4	绵阳分店	
5	华阳分店	
6	江油分店	
7	江油分店	
8	简阳分店	
9	江油分店	

图 6-16　显示负数

Step 03 在输入负数内容时，用户还可以使用另一种输入方法，如图 6-17 所示在 B4 单元格中输入“(1500)”。

Step 04 输入完成后按键盘中的【Enter】键完成输入操作，可以看到在 B4 单元格中输入的负数，如图 6-18 所示。

	A	B
1	企业账款分析	
2	代理商	应收账款
3	华阳分店	-1200
4	绵阳分店	(1500)
5	华阳分店	
6	江油分店	
7	江油分店	
8	简阳分店	
9	江油分店	

图 6-17　输入数据

	A	B
1	企业账款分析	
2	代理商	应收账款
3	华阳分店	-1200
4	绵阳分店	-1500
5	华阳分店	
6	江油分店	
7	江油分店	
8	简阳分店	
9	江油分店	

图 6-18　显示负数

问题 6-9:　如何在单元格中输入分数?

选定需要输入分数的单元格，如需要输入分数“2/3”，则在单元格中首先输入“0”，再按一次空格键，再输入“2/3”，即可在单元格中输入分数内容，同时在编辑栏中可查看分数转化为小数的计算结果。

2. 输入日期

在工作表中输入日期内容时，用户可以设置输入的日期以指定的日期格式进行显示，用户可以在“设置单元格格式”对话框中进行格式效果的选择，下面介绍其具体的操作设置方法。

最终文件: 第 6 章\最终文件\输入日期.xlsx

Step 01 在 C3 单元格中输入日期“2008-2-23”，输入完成后的数据显示为默认的日期格式效果，如图 6-19 所示。

Step 02 在“开始”选项卡下的“数字”组中单击对话框启动器按钮，如图 6-20 所示。

图 6-19 输入日期

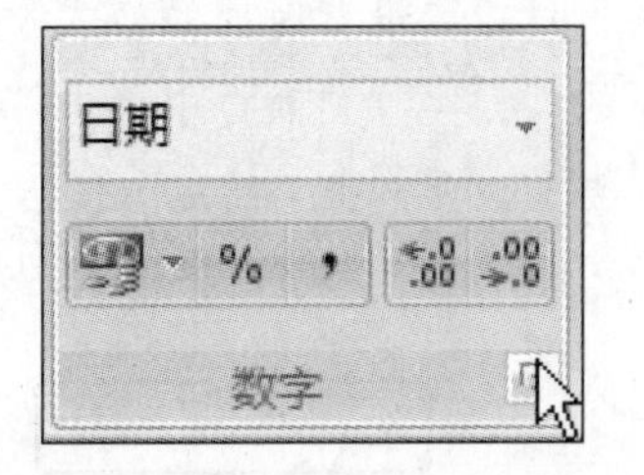

图 6-20 对话框启动器按钮

问题 6-10： 如何在单元格中快速输入以 0 开头的数据？

选中需要输入数据的单元格，首先输入“'”，再输入以 0 开头的数据，如输入“'0010”即可。

Step 03 打开“设置单元格格式”对话框，切换到“数字”选项卡下，在“类型”列表框中选择需要使用的日期格式选项，再单击“确定”按钮，如图 6-21 所示。

Step 04 设置完成后返回到工作表中，可以看到 C3 单元格中的数据以指定的日期格式显示，如图 6-22 所示。

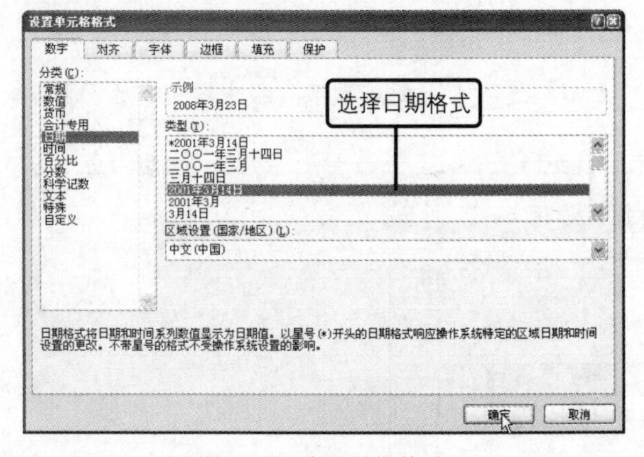

图 6-21 选择日期格式

应收账款	收款日期
-1200	2008年3月23日
-1500	

图 6-22 显示日期格式

问题 6-11： 如何输入自定义格式的数据？

选中需要输入数据的单元格，打开“设置单元格格式”对话框，切换到“数字”选项卡下，在“分类”列表框中单击“自定义”选项，在“类型”文本框中输入自定义的单元格格式即可。

3. 输入时间

在单元格中输入时间与输入日期的操作方法相似，用户可以直接输入时间内容，也可以指定时间的格式效果，下面介绍其具体的操作方法。

最终文件： 第 6 章\最终文件\输入日期.xlsx

Step 01 在D3单元格中输入时间数据，如图6-23所示，在公式编辑栏中可查看详细的时间。

Step 02 如果用户需要设置时间的格式效果，打开“设置单元格格式”对话框，在“数字”选项卡下的“分类”列表框中单击“时间”选项，在“类型”列表框中选择需要使用的时间格式类型，再单击“确定”按钮，如图6-24所示。

图6-23 输入时间

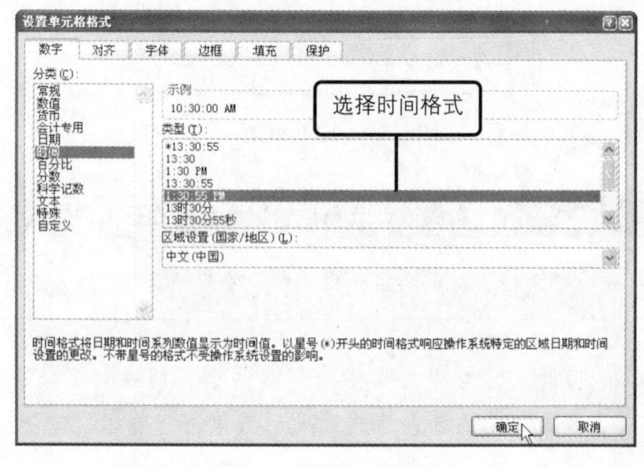

图6-24 设置时间格式

问题6-12：如何设置使输入的数据以百分比的形式显示？

选中需要设置百分比样式的单元格，在“开始”选项卡下的“数字”组中单击“百分比样式”按钮即可。

Step 03 在D3单元格中显示指定格式的时间数据，如图6-25所示。

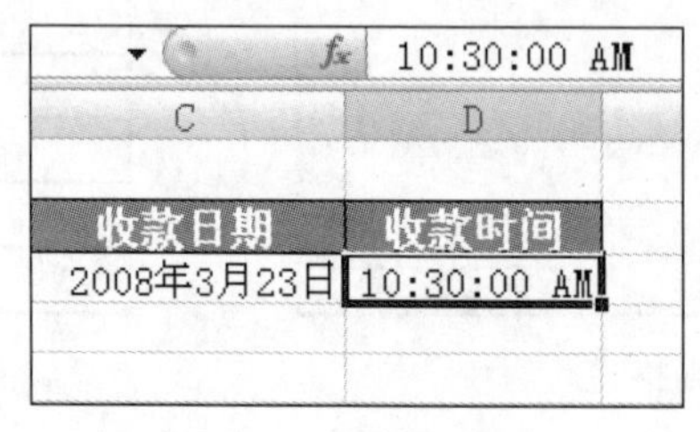

图6-25 显示时间数据

6.3 使用自动填充功能输入

当用户需要在工作表中输入大量重复的数据或有规律的数据内容时，可以使用Excel的自动填充功能进行快速输入。对于有规律的数据，用户可能直接进行序列填充，对于一些需要经常输入的序列内容，用户可以首先将自定义列表进行编辑，再使用自定义的列表内容进行序列的填充。

原始文件： 第6章\原始文件\自动填充序列功能.xlsx

最终文件： 第6章\最终文件\自动填充序列功能.xlsx

Step 01 打开原始文件，在 A3 单元格中输入星期数“星期一”，选中 A3 单元格将鼠标放置在其右下角，当鼠标呈十字样式时，拖动鼠标选中需要填充序列的单元格区域，如拖动鼠标到 A8 单元格，如图 6–26 所示。

Step 02 选定的单元格中将显示自动填充相关数据，此时可以看到单元格中输入以星期数填充的数据内容，如图 6–27 所示。

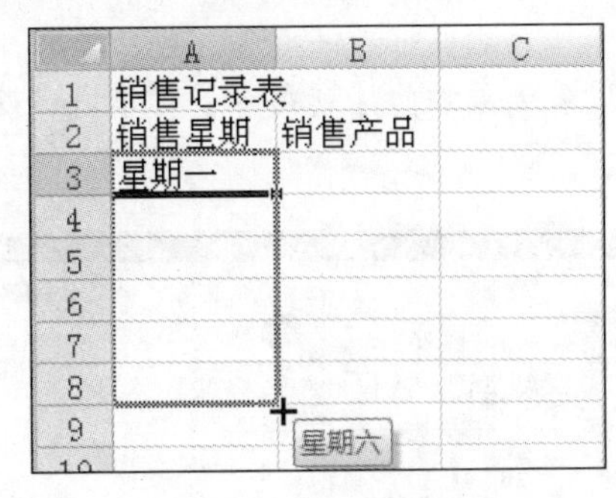

图 6-26　输入星期数

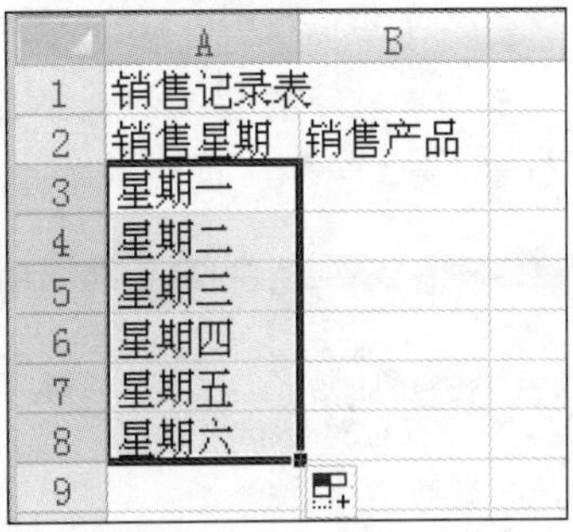

图 6-27　显示星期数填充结果

问题 6-13：　如何使用自动填充功能复制数据？

当用户输入的内容具有一定的规律，如输入星期、月份数时，系统会自动按星期和月份进行序列填充，如果用户需要输入相同的数据内容，则单击填充后的“自动填充选项”按钮，在展开的列表中选择“复制单元格”单选按钮。

Step 03 如果用户需要自定义填充的序列内容，则需要对自定义序列列表进行编辑。在窗口中单击“Office”按钮，在展开的列表中单击“Excel 选项”按钮，如图 6–28 所示。

Step 04 打开“Excel 选项”对话框，切换到“常用”选项卡下，单击“编辑自定义列表”按钮，如图 6–29 所示。

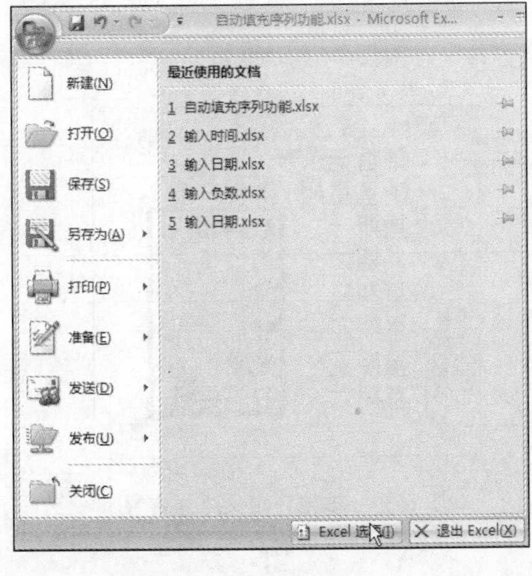

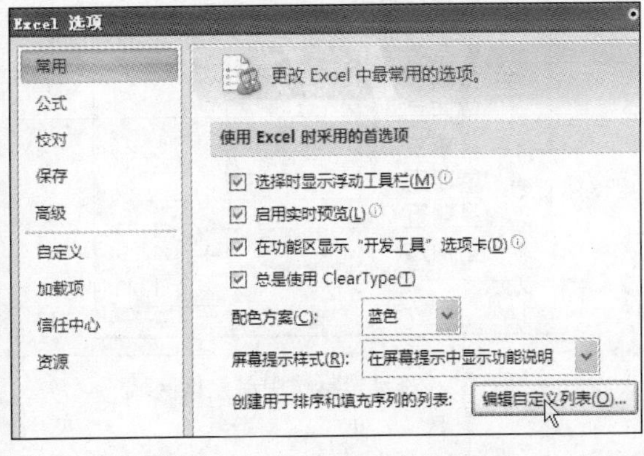

图 6-28　设置 Excel 选项

图 6-29　编辑自定义列表

问题 6-14：如何在单元格中插入符号？

选定需要插入符号的单元格，切换到“插入”选项卡下，在“特殊符号”组中单击“符号”按钮，在展开的列表中选择需要插入的符号即可。

Step 05 打开“自定义序列”对话框，在“输入序列”列表框中输入需要添加的列表内容，再单击“添加”按钮，如图 6–30 所示。

Step 06 添加完成后，在“自定义序列”列表框中可以看到添加的序列内容，再单击“确定”按钮，如图 6–31 所示。

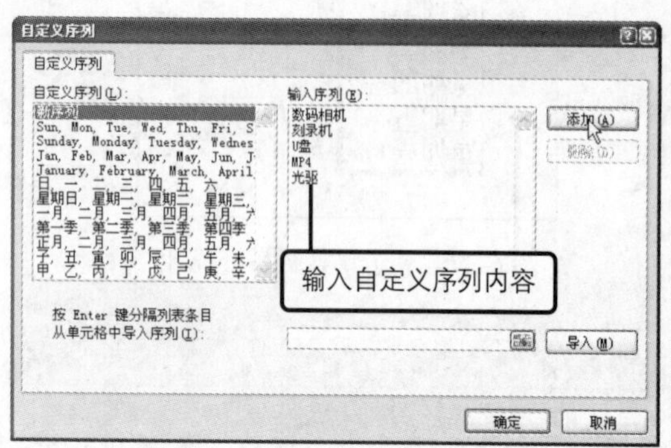

图 6-30　添加序列

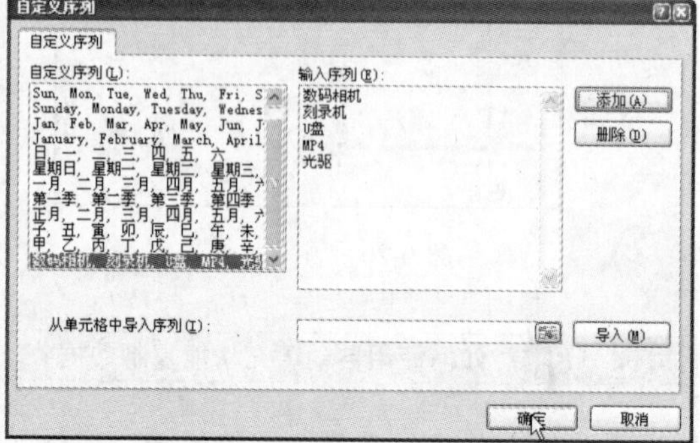

图 6-31　完成自定义序列添加

问题 6-15：如何删除自定义的序列？

打开“自定义序列”对话框，在“自定义序列”列表框中选中需要删除的序列，再单击“删除”按钮即可。

Step 07 返回到工作表中，在 B3 单元格中输入自定义序列中的任意数据内容，并拖动鼠标选中需要填充序列的单元格区域，如图 6–32 所示。

Step 08 在选定的单元格区域中将显示自定义序列填充的结果，如图 6–33 所示。

	A	B	C
1	销售记录表		
2	销售星期	销售产品	
3	星期一	数码相机	
4	星期二		
5	星期三		
6	星期四		
7	星期五		
8	星期六		
9			
10			

图 6-32　拖动鼠标选中单元格区域

	A	B
1	销售记录表	
2	销售星期	销售产品
3	星期一	数码相机
4	星期二	刻录机
5	星期三	U盘
6	星期四	MP4
7	星期五	光驱
8	星期六	数码相机
9		

图 6-33　填充自定义序列内容

问题 6-16： 如何设置缩小字体显示单元格数据？

由于工作表中的单元格显示默认的单元格大小，因此当用户输入过多的数据信息时，右侧的单元格常常会将左侧的单元格覆盖，此时用户可以选定需要全部显示数据的单元格，打开“设置单元格格式”对话框，切换到“对齐”选项卡下，选中“缩小字体填充”复选框，再单击“确定”按钮即可。

6.4 单元格操作与设置

单元格是构成工作表的基本元素，当用户需要在工作表中编辑表格内容时，首先需要对单元格执行数据的输入、格式效果的设置等各种不同的操作与设置步骤。为了帮助用户更好地在工作表中从事数据的处理与分析，本节将为用户介绍如何对单元格进行基础的操作与设置，从而为后面的学习奠定坚实的基础。

原始文件： 第 6 章\原始文件\单元格操作与设置.xlsx

6.4.1 选定不同区域单元格

在编辑工作表内容的过程中，需要对工作表中的单元格执行各种不同的操作，在执行操作之前，用户首先需要确定执行操作的单元格，本节为用户介绍多种不同的单元格选定方式，如选定行或列单元格、选定全部单元格等。

Step 01 打开原始文件“单元格操作与设置.xlsx”，单击 C4 单元格，即可选定该单元格，在公式编辑栏中可对其内容进行编辑，在名称栏中显示单元格名称，如图 6—34 所示。

Step 02 如果需要选定整列单元格，则将鼠标光标放置需要选列的列标位置处，当鼠标呈向下箭头时单击即可，如图 6—35 所示。

C4 | fx 3000

	A	B	C	D	E
1	企业上半年日常费用统计				
2	月份	材料费	交通费	通讯费	运输费
3	1	1550	1200	750	880
4	2	700	3000	930	1100
5	3	640	2700	1200	1200
6	4	1450	3000	640	1800
7	5	840	2400	2300	1700
8	6	650	2900	1200	2150
9					
10					

图 6-34 选定单元格

C1 | fx

	A	B	C	D	E
1	企业上半年日常费用统计				
2	月份	材料费	交通费	通讯费	运输费
3	1	1550	1200	750	880
4	2	700	3000	930	1100
5	3	640	2700	1200	1200
6	4	1450	3000	640	1800
7	5	840	2400	2300	1700
8	6	650	2900	1200	2150
9					
10					
11					

图 6-35 选定整列

问题 6-17： 如何选定连续的多个单元格？

选定连续单元格区域的首个单元格并拖动鼠标，即可选定多个连续的单元格。

Step 03 将鼠标光标放置在需要选定行的行号位置处，当光标呈向右箭头样式时单击，即可选定整行单元格，如图 6—36 所示。

Step 04 当用户需要选定整个工作表中的所有单元格时，可将鼠标光标放置在行号与列标交叉位置处，再单击即可，如图 6—37 所示。

A4 | 2

	A	B	C	D	E
1	企业上半年日常费用统计				
2	月份	材料费	交通费	通讯费	运输费
3	1	1550	1200	750	880
4	2	700	3000	930	1100
5	3	640	2700	1200	1200
6	4	1450	3000	640	1800
7	5	840	2400	2300	1700
8	6	650	2900	1200	2150
9					
10					
11					

图 6-36 选定整行

A1 | 企业上半年日常费用

	A	B	C	D	E	F
1	企业上半年日常费用统计					
2	月份	材料费	交通费	通讯费	运输费	
3	1	1550	1200	750	880	
4	2	700	3000	930	1100	
5	3	640	2700	1200	1200	
6	4	1450	3000	640	1800	
7	5	840	2400	2300	1700	
8	6	650	2900	1200	2150	
9						
10						
11						
12						

图 6-37 选定整个工作表

问题 6-18： 如何选定多行连续单元格？

将鼠标光标放置在行号位置处，当鼠标呈向右箭头样式时，拖动鼠标即可选中多行连续单元格。

Step 05 当用户需要选定多个不相邻的单元格时，按下键盘中的【Ctrl】键的同时单击需要选中多个单元格即可，如图 6—38 所示。

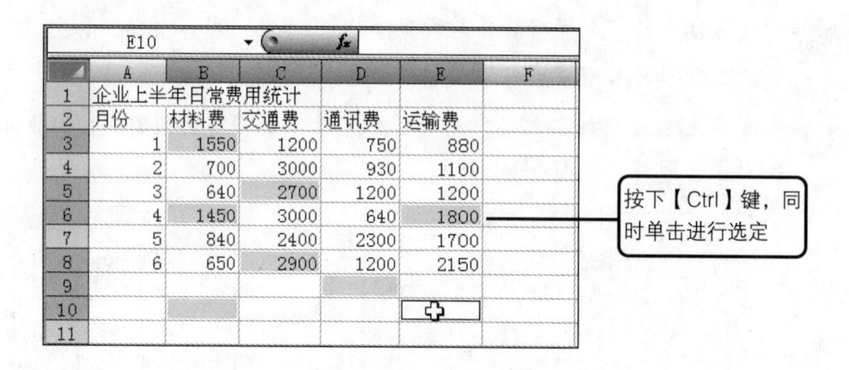
E10

	A	B	C	D	E	F
1	企业上半年日常费用统计					
2	月份	材料费	交通费	通讯费	运输费	
3	1	1550	1200	750	880	
4	2	700	3000	930	1100	
5	3	640	2700	1200	1200	
6	4	1450	3000	640	1800	
7	5	840	2400	2300	1700	
8	6	650	2900	1200	2150	
9						
10						
11						

图 6-38 选定不相邻单元格

6.4.2 插入与删除单元格

用户在编辑工作表时，如果需要添加表格数据或内容，可以在工作表中指定位置处插入单元格，如果表格中的含有多余的单元格数据需要删除时，可以使用删除功能来删除指定的单元格，下面介绍其具体的操作与设置方法。

Step 01 在需要插入单元格的位置处单击相应的单元格，如单击选中 B4 单元格，如图 6—39 所示。

Step 02 在“开始”选项卡下单击“单元格”组中的“插入”按钮，在展开的列表中单击“插入单元格”选项，如图 6—40 所示。

	A	B	C
1	企业上半年日常费用统计		
2	月份	材料费	交通费
3	1	1550	1200
4	2	700	3000
5	3	640	2700
6	4	1450	3000
7	5	840	2400
8	6	650	2900

图 6-39　选定单元格

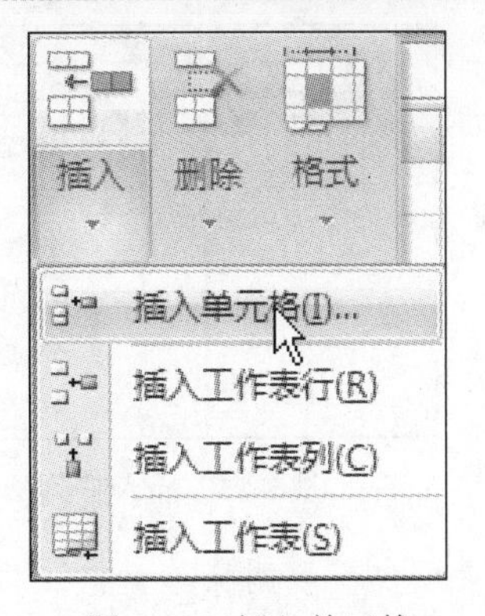

图 6-40　插入单元格

问题 6-19：　如何使用鼠标右键插入单元格？

在需要插入单元格的位置处右击相应的单元格，在弹出的快捷菜单中单击“插入”命令，打开“插入”对话框选择需要插入的方式即可。

Step 03 打开“插入”对话框，选择“活动单元格下移”单选按钮，再单击“确定”按钮，如图 6-41 所示。

Step 04 在选定单元格位置处即可插入一个新的空白单元格，原单元格向下移动，如图 6-42 所示。

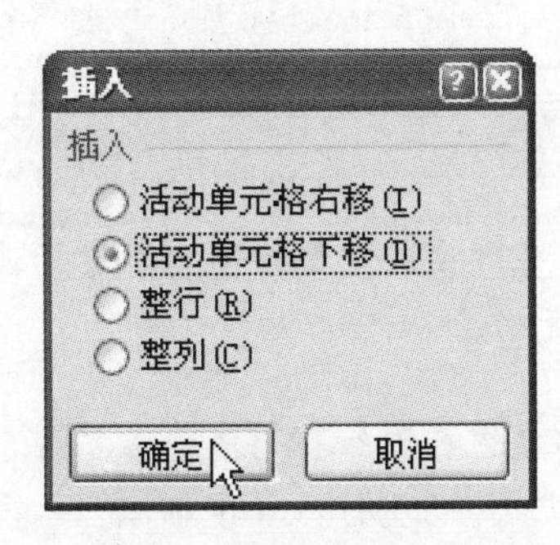

图 6-41　选择插入方式

	A	B	C
1	企业上半年日常费用统计		
2	月份	材料费	交通费
3	1	1550	1200
4	2		3000
5	3	700	2700
6	4	640	3000
7	5	1450	2400
8	6	840	2900
9		650	

图 6-42　插入单元格

问题 6-20：　如何插入整行单元格？

在需要插入的行中单击任意单元格，并单击“开始”选项卡的“单元格”组中的“插入”按钮，在展开的列表中单击“插入单元格”选项，打开“插入”对话框，选择“整行”单选按钮，再单击“确定”按钮即可。

Step 05 当用户需要插入整列单元格时，在需要插入的位置处选中整列单元格并右击，在弹出的快捷菜单中单击“插入”命令，如图 6-43 所示。

Step 06 此时，在指定位置处已插入一列新的空白单元格，如图 6-44 所示。

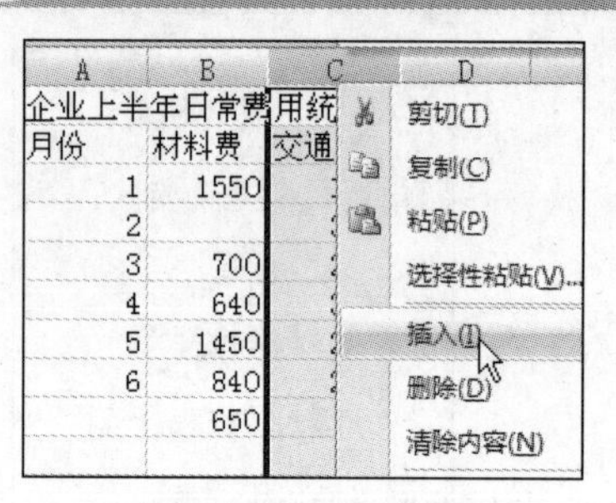

图 6-43　插入整列

	A	B	C	D
	企业上半年日常费用统计			
	月份	材料费		交通费
	1	1550		1200
	2			3000
	3	700		2700
	4	640		3000
	5	1450		2400
	6	840		2900
		650		

图 6-44　插入空白列

Step 07 如果用户需要删除单元格，则首先选中需要删除的 B2 单元格，在“开始”选项卡下的“单元格”组中单击“删除”按钮，在展开的列表中单击“删除单元格”选项，如图 6–45 所示。

Step 08 打开“删除”对话框，选择“下方单元格上移”单选按钮，再单击“确定”按钮，如图 6–46 所示。

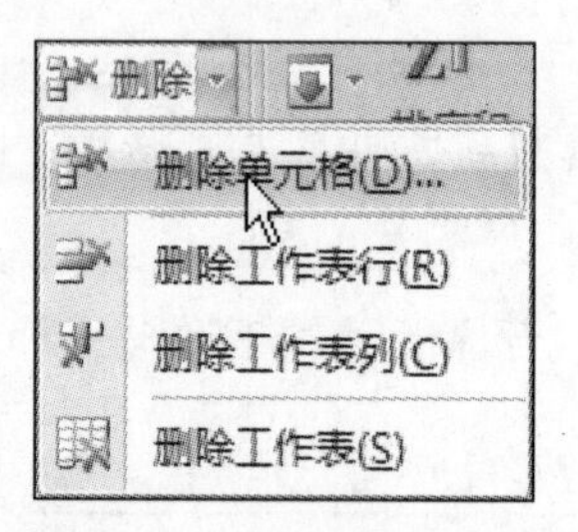

图 6-45　删除单元格

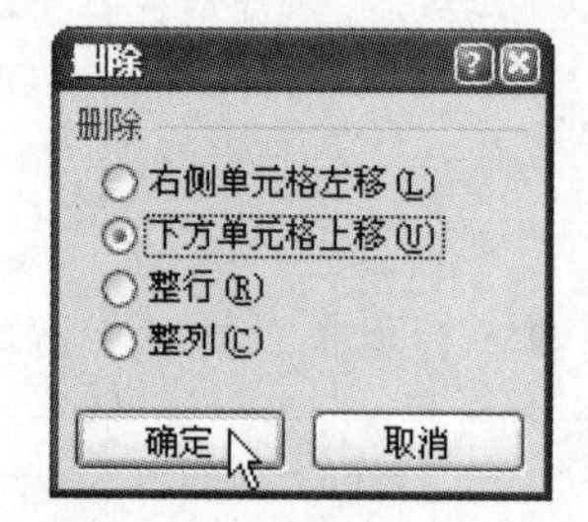

图 6-46　设置删除方式

问题 6-21：　如何一次性插入多列单元格？

在需要插入列的位置处同时选中多列单元格并右击，在弹出的快捷菜单中单击“插入”命令，即可在所有选定列的左侧插入一列新的空白单元格。

Step 09 选定单元格被删除，并且下方单元格向上移动，如果需要删除整列单元格，则选中需要删除的列并右击，在弹出的快捷菜单中单击“删除”命令，如图 6–47 所示。

Step 10 此时可以看到选定的列被删除，如图 6–48 所示。

B	C
年日常费	用统计
材料费	
1550	
700	
640	
1450	
840	
650	

剪切(T)
复制(C)
粘贴(P)
选择性粘贴(V)...
插入(I)
删除(D)
清除内容(N)

图 6-47　删除列

	A	B	C	D	E
1	企业上半年日常费用统计				
2	月份	材料费	交通费	通讯费	运输费
3	1	1550	1200	750	880
4	2	700	3000	930	1100
5	3	640	2700	1200	1200
6	4	1450	3000	640	1800
7	5	840	2400	2300	1700
8	6	650	2900	1200	2150
9					
10					

图 6-48　选定列已被删除

6.4.3 隐藏与显示行、列单元格

当工作表中含有重要的数据内容时，用户可以设置将行、列单元格进行隐藏，从而隐藏显示相关单元格中的数据内容，下面为用户介绍隐藏与取消隐藏行、列单元格的具体操作方法。

Step 01 选中需要隐藏的 B 列单元格并右击，在弹出的快捷菜单中单击“隐藏”命令，如图 6-49 所示。

Step 02 设置隐藏后，可以看到选定的 B 列单元格在工作表中被隐藏，如图 6-50 所示。

	A	B
1	企业上半	年日常
2	月份	材料费
3	1	155
4	2	70
5	3	6
6	4	145
7	5	8
8	6	65

剪切(T)
复制(C)
粘贴(P)
选择性粘贴(V)...
插入(I)
删除(D)
清除内容(N)
设置单元格格式(F)...
列宽(C)...
隐藏(H)
取消隐藏(U)

图 6-49　设置隐藏

选定的列被隐藏

	A	C	D
1	企业上半年日常费用统计		
2	月份	交通费	通讯费
3	1	1200	750
4	2	3000	930
5	3	2700	1200
6	4	3000	640
7	5	2400	2300
8	6	2900	1200
9			
10			

图 6-50　隐藏列单元格

问题 6-22：　如何在不删除单元格的情况下仅删除单元格中的数据内容？

选定需要删除数据的单元格，按键盘中的【Delete】键即可。

Step 03 选中需要隐藏的行单元格，如图 6-51 所示。

Step 04 在“开始”选项卡下单击“单元格”组中的“格式”按钮，在展开的列表中单击“隐藏和取消隐藏”选项，如图 6-52 所示。

	A	C	D	E
1	企业上半年日常费用统计			
2	月份	交通费	通讯费	运输费
3	1	1200	750	880
4	2	3000	930	1100
5	3	2700	1200	1200
6	4	3000	640	1800
7	5	2400	2300	1700
8	6	2900	1200	2150
9				

图 6-51　选定隐藏的行

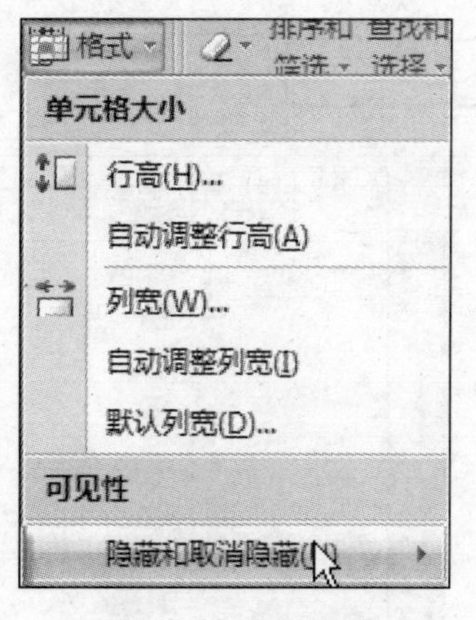

图 6-52　设置隐藏

问题 6-23：如何手动调整单元格行高？

将鼠标光标放置在需要调整行高的行号位置处，当光标呈双向箭头样式时，拖动鼠标进行调整即可。

Step 05 在展开的级联列表中单击“隐藏行”选项，如图 6—53 所示。

Step 06 设置完成后，可以看到选定的第 4 行单元格被隐藏，如图 6—54 所示。

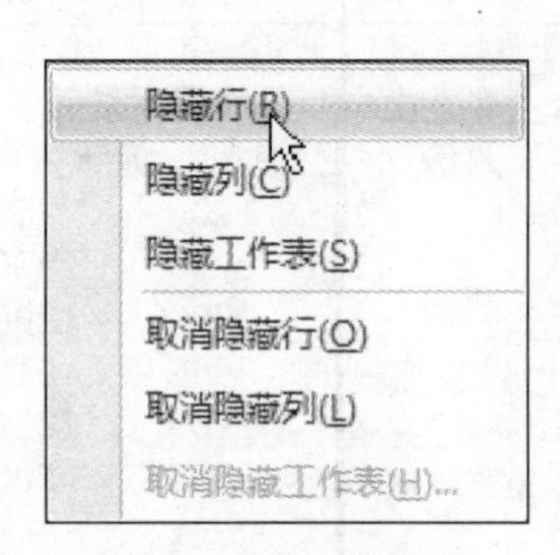

图 6-53 设置隐藏行

选定行被隐藏

	A	C	D	E
1	企业上半年日常费用统计			
2	月份	交通费	通讯费	运输费
3	1	1200	750	880
5	3	2700	1200	1200
6	4	3000	640	1800
7	5	2400	2300	1700
8	6	2900	1200	2150
9				
10				

图 6-54 选定行被隐藏

问题 6-24：如何精确设置行高效果？

选中需要设置的行，在“单元格”组中单击“格式”按钮，在展开的列表中单击“行高”选项，打开“行高”对话框，在其中设置行高数值，再单击“确定”按钮即可。

Step 07 如果需要显示隐藏的列，则选中隐藏列相邻的左右两列单元格在中间移动鼠标，当鼠标变为⫲时右击，在弹出的快捷菜单中单击“取消隐藏”命令，如图 6—55 所示。

Step 08 取消隐藏后，可以看到隐藏的列被再次显示出来，如图 6—56 所示。用户也可以使用相同的方法将隐藏的行显示出来。

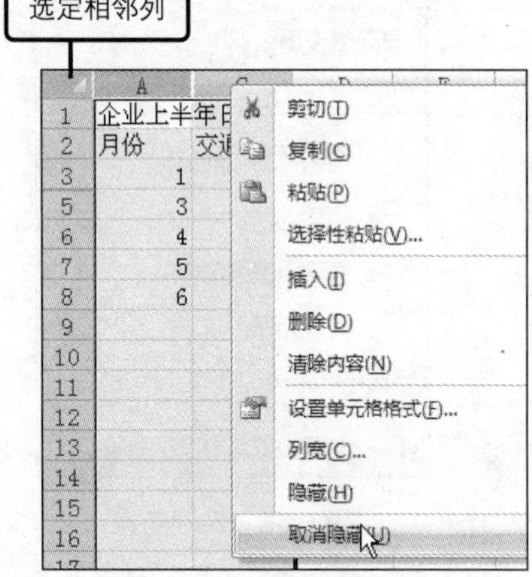

选定相邻列

企业上半年日 / 月份 交通 / 1 / 3 / 4 / 5 / 6

剪切(T)
复制(C)
粘贴(P)
选择性粘贴(V)...
插入(I)
删除(D)
清除内容(N)
设置单元格格式(F)...
列宽(C)...
隐藏(H)
取消隐藏(U)

图 6-55 取消隐藏

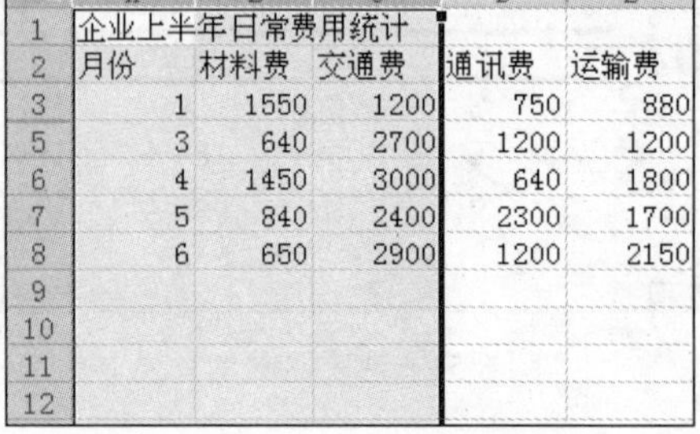

	A	B	C	D	E
1	企业上半年日常费用统计				
2	月份	材料费	交通费	通讯费	运输费
3	1	1550	1200	750	880
5	3	640	2700	1200	1200
6	4	1450	3000	640	1800
7	5	840	2400	2300	1700
8	6	650	2900	1200	2150
9					
10					
11					
12					

图 6-56 显示隐藏的列

6.4.4 使用格式功能设置单元格效果

为了使单元格达到更好的效果，用户可以根据需要对单元格进行格式效果的设置，如设置单元格的字体、边框、填充、对齐方式等效果，从而使单元格达到更好的视觉效果，使编辑的表格更加美观大方。

最终文件： 第 6 章\最终文件\设置单元格格式.xlsx

Step 01 选中需要设置格式效果的单元格区域，如选中 A1:E1 单元格区域，如图 6–57 所示。

Step 02 切换到"开始"选项卡下，在"数字"组中单击对话框启动器按钮，如图 6–58 所示。

	A	B	C	D	E
1	企业上半年日常费用统计				
2	月份	材料费	交通费	通讯费	运输费
3	1	1550	1200	750	880
4	2	700	3000	930	1100
5	3	640	2700	1200	1200
6	4	1450	3000	640	1800
7	5	840	2400	2300	1700
8	6	650	2900	1200	2150

图 6-57 选定单元格

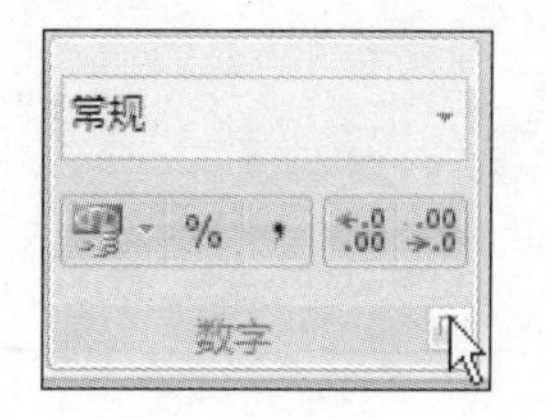

图 6-58 对话框启动器按钮

问题 6-25：如何在"开始"选项卡下设置单元格字体格式效果？

选中需要设置的单元格，在"开始"选项卡下的"字体"组中设置字体的格式效果即可。

Step 03 打开"设置单元格格式"对话框，切换到"对齐"选项卡下，单击"水平对齐"下拉列表按钮，在展开的列表中单击"居中"选项，如图 6–59 所示。

Step 04 在"文本控制"区域中选中"合并单元格"复选框，如图 6–60 所示。

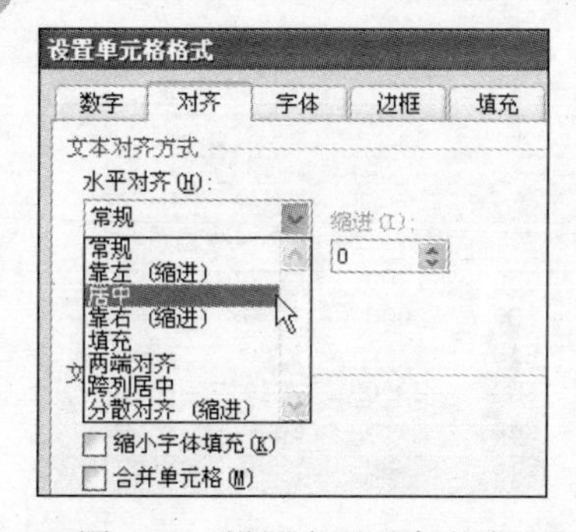

图 6-59 设置水平对齐方式

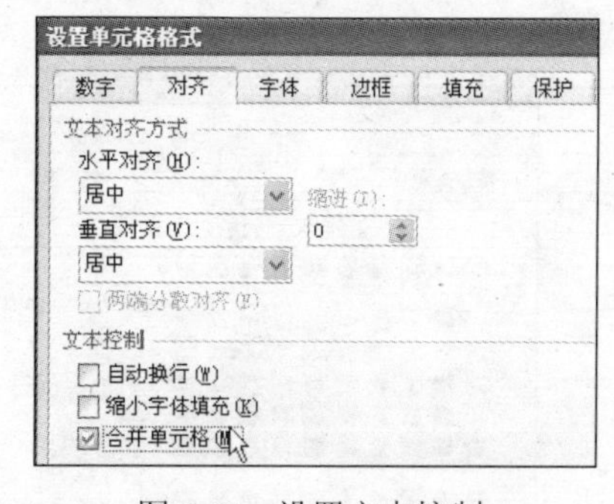

图 6-60 设置文本控制

问题 6-26：如何设置单元格数据自动换行显示？

当单元格中含有较多数据内容时，用户除了可以设置该单元格缩小字体填充外，还可以在"设置单元格格式"对话框中的"对齐"选项卡下，选中"自动换行"复选框，设置单元格自动换行，以显示所有数据内容。

Step 05 切换到“字体”选项卡下，设置字体为“华文楷体”，字形为“加粗”，字号为“20”，字体颜色为“橙色”，如图 6-61 所示。

Step 06 切换到“边框”选项卡下，在“样式”列表框中选择需要使用的线条样式，设置颜色为“紫色”，单击“外边框”按钮，如图 6-62 所示。

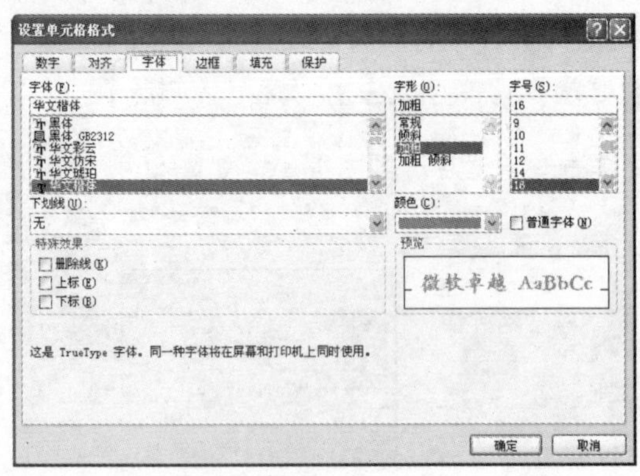

图 6-61　设置字体

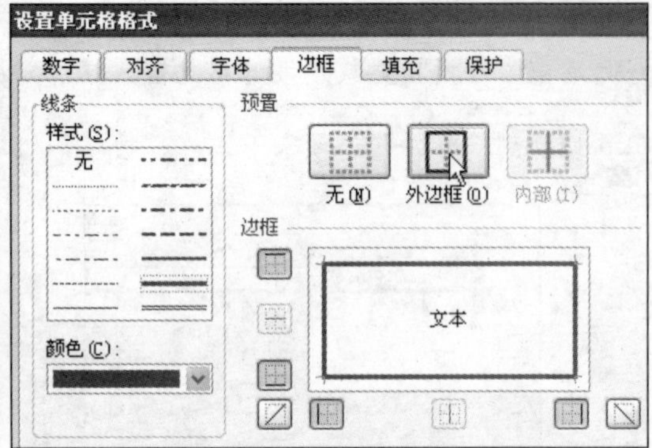

图 6-62　设置边框

问题 6-27：　如何插入整行单元格？

选中需要设置的单元格，打开“设置单元格格式”对话框，切换到“边框”选项卡下，在“预置”区域中单击“无”选项，再单击“确定”按钮即可。

Step 07 切换到“填充”选项卡下，在“背景色”区域中单击需要设置的颜色选项，如图 6-63 所示，再单击“确定”按钮。

Step 08 设置完成后，返回到工作表中，可以看到选定单元格已显示设置后的格式效果，如图 6-64 所示。

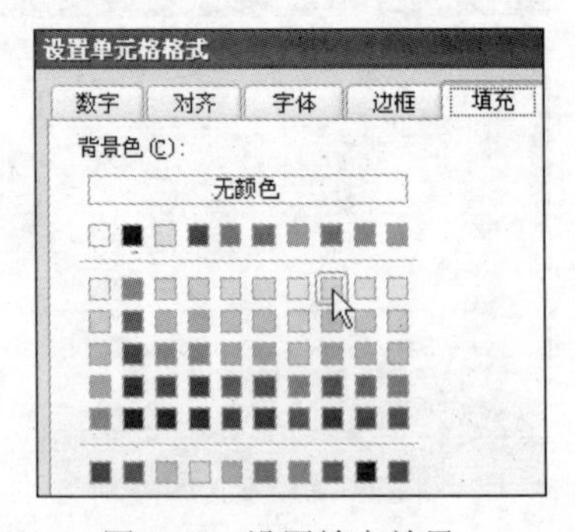

图 6-63　设置填充效果

	A	B	C	D	E
1	企业上半年日常费用统计				
2	月份	材料费	交通费	通讯费	运输费
3	1	1550	1200	750	880
4	2	700	3000	930	1100
5	3	640	2700	1200	1200
6	4	1450	3000	640	1800
7	5	840	2400	2300	1700
8	6	650	2900	1200	2150
9					
10					

图 6-64　查看单元格格式效果

问题 6-28：　如何快速清除单元格的格式效果？

选中需要清除格式的单元格，在“开始”选项卡下的“编辑”组中单击“清除”按钮，在展开的列表中单击“清除格式”选项即可。

6.4.5 应用内置样式效果

Excel 为用户提供了多种内置的样式效果，用户可以直接套用这些样式对单元格、单元格区域及整个表格进行格式效果的设置，下面为用户介绍其具体的操作设置方法。

最终文件：第 6 章\最终文件\应用内置样式.xlsx

Step 01 选中 A2:E8 单元格区域，用户需要为该区域套用表格格式，如图 6-65 所示。

Step 02 在“开始”选项卡下单击“样式”组中的“套用表格格式”按钮，在展开的列表中单击“表样式浅色 10”选项，如图 6-66 所示。

选定表格区域

A2 | 月份

	A	B	C	D	E
1	企业上半年日常费用统计				
2	月份	材料费	交通费	通讯费	运输费
3	1	1550	1200	750	880
4	2	700	3000	930	1100
5	3	640	2700	1200	1200
6	4	1450	3000	640	1800
7	5	840	2400	2300	1700
8	6	650	2900	1200	2150
9					

图 6-65 选定单元格区域

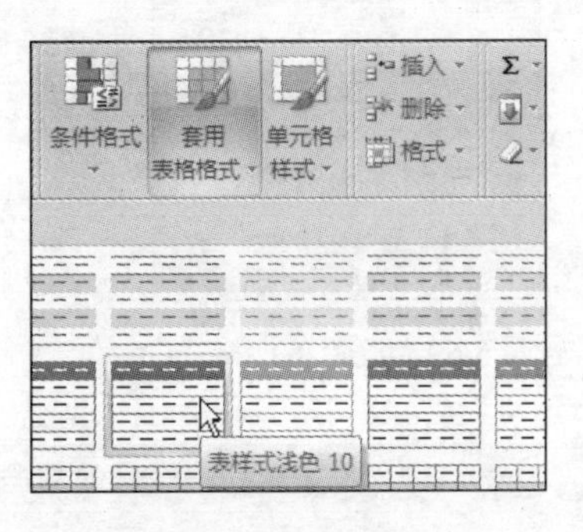

图 6-66 套用表格格式

问题 6-29： 如何将套用表格格式的表格转换为普通的单元格区域？

选中套用表格格式后的表格中任意单元格，在表工具“设计”选项卡下单击“工具”组中的“转换为区域”按钮即可。

Step 03 打开“套用表格式”对话框，在“表数据的来源”文本框中显示选定的单元格区域，选中“表包含标题”复选框，再单击“确定”按钮，如图 6-67 所示。

Step 04 设置完成后，返回到工作表中，可以看到套用表格格式后的单元格区域效果，如图 6-68 所示。

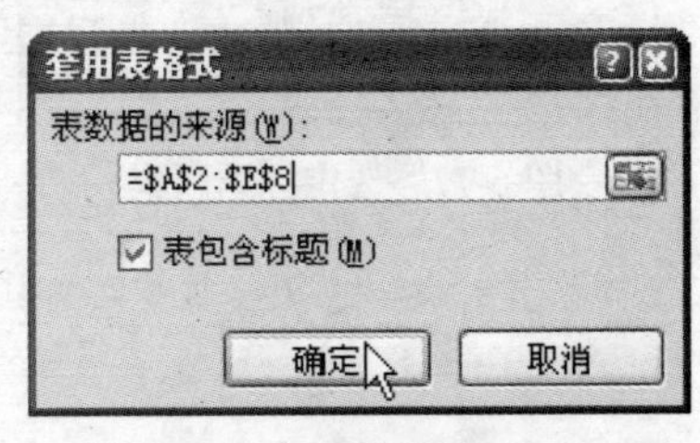

图 6-67 设置套用表格式

	A	B	C	D	E
1	企业上半年日常费用统计				
2	月份	材料费	交通费	通讯费	运输费
3	1	1550	1200	750	880
4	2	700	3000	930	1100
5	3	640	2700	1200	1200
6	4	1450	3000	640	1800
7	5	840	2400	2300	1700
8	6	650	2900	1200	2150
9					

图 6-68 套用表格格式

问题 6-30： 如何取消套用表格格式后列标题右侧的下拉列表按钮？

选中表格中相应的单元格区域，切换到“数据”选项卡下，在“排序和筛选”组中取消“筛选”按钮的选中状态即可。

Step 05 选定 B3:E8 单元格区域，在“样式”组中单击“条件格式”按钮，在展开的列表中单击“图标集”选项，如图 6–69 所示。

Step 06 在展开的级联列表中单击“三色交通灯”选项，如图 6–70 所示。

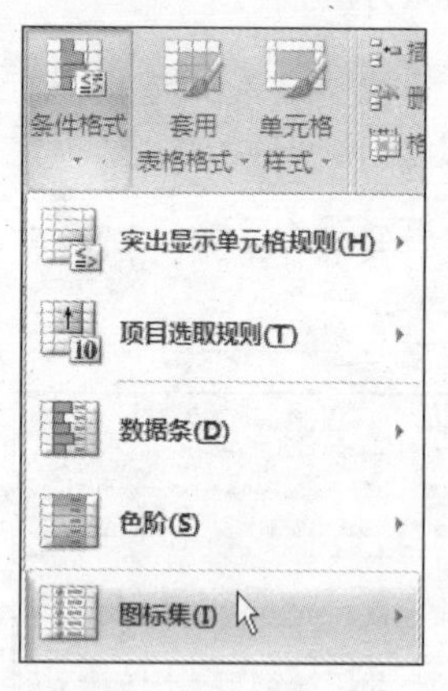

图 6-69　设置条件格式

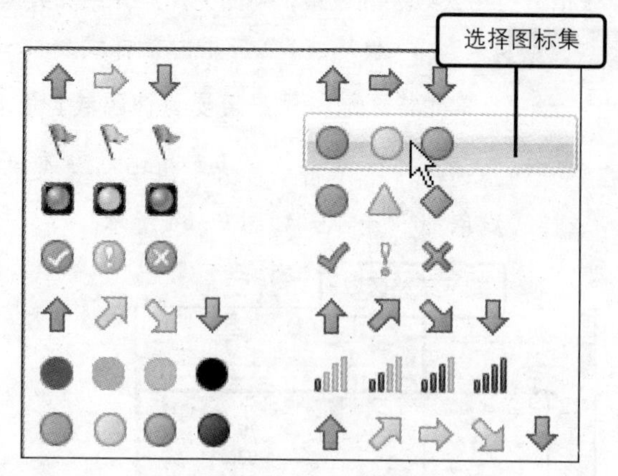

图 6-70　选择图标集样式

问题 6-31：　如何设置单元格区域的数据条效果？

当选定的单元格中含有不同的数据内容时，在“开始”选项卡下单击“样式”组中的“条件格式”按钮，在展开的列表中单击“数据条”选项，并单击需要应用的数据条样式选项，即可为选定的单元格区域设置数据条格式效果。

Step 07 返回到工作表中，可以看到选定区域显示应用的条件格式效果，如图 6–71 所示。

Step 08 选中表格标题所在的单元格区域 A1:E1，如图 6–72 所示。

材料	交通	通讯	运输
1550	1200	750	880
700	3000	930	1100
640	2700	1200	1200
1450	3000	640	1800
840	2400	2300	1700
650	2900	1200	2150

图 6-71　套用条件格式

A1　企业上半年日常

	A	B	C	D	E
1	企业上半年日常费用统计				
2	月份	材料	交通	通讯	运输
3	1	1550	1200	750	880
4	2	700	3000	930	1100
5	3	640	2700	1200	1200
6	4	1450	3000	640	1800
7	5	840	2400	2300	1700
8	6	650	2900	1200	2150

图 6-72　选定标题区域

Step 09 在“样式”组中单击“单元格样式”按钮，在展开的列表中单击“适中”选项，如图 6–73 所示。

Step 10 套用单元格样式后的单元格效果如图 6–74 所示。

问题 6-32：　如何设置单元格中的文字方向？

选中需要更改文字方向的单元格，在“开始”选项卡下的“对齐方式”组中单击“方向”按钮，在展开的列表中选择需要设置的方向效果选项即可。

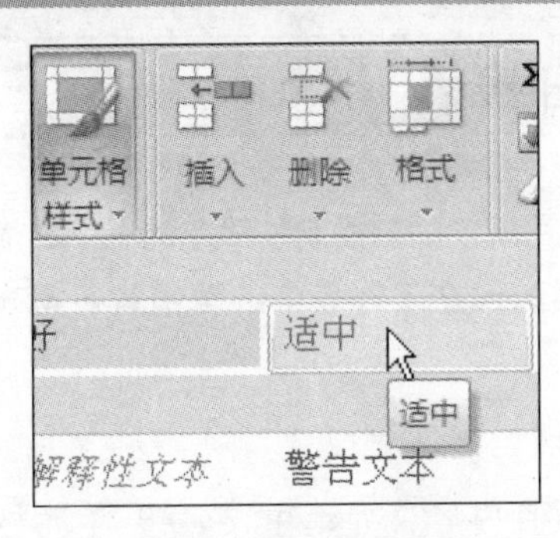

图 6-73 选择单元格样式

企业上半年日常费用统计

月份	材料	交通	通讯	运输
1	1550	1200	750	880
2	700	3000	930	1100
3	640	2700	1200	1200
4	1450	3000	640	1800
5	840	2400	2300	1700
6	650	2900	1200	2150

图 6-74 套用单元格样式

Step 11 套用了表格格式的表格列标题右侧显示下拉列表按钮，用户可以使用该按钮对表格进行数据分析，如单击“月份”右侧的下拉列表按钮，在展开的列表中单击“降序”选项，如图 6–75 所示。

Step 12 此时可以看到表格中的数据按月份的降序顺序进行重新排列，如图 6–76 所示。

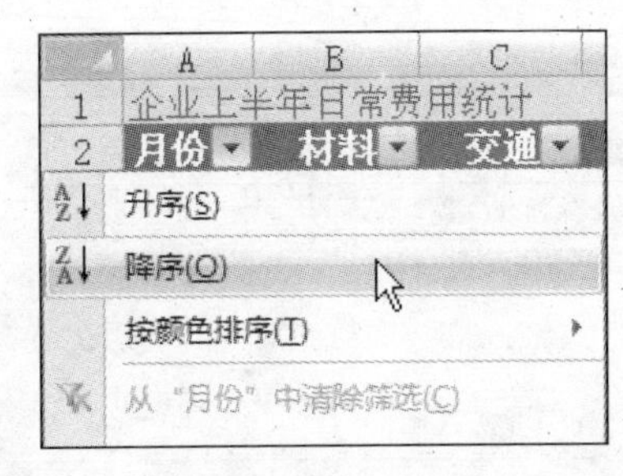

图 6-75 设置排序

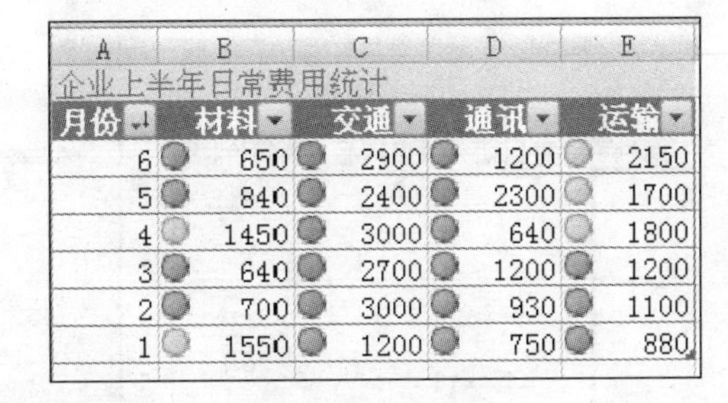

企业上半年日常费用统计

月份	材料	交通	通讯	运输
6	650	2900	1200	2150
5	840	2400	2300	1700
4	1450	3000	640	1800
3	640	2700	1200	1200
2	700	3000	930	1100
1	1550	1200	750	880

图 6-76 重新排序

Step 13 用户还可以对表格数据进行筛选操作，再次单击“月份”右侧的下拉列表按钮，在展开的列表中取消选中“全选”复选框，并选中需要显示的复选框，再单击“确定”按钮，如图 6–77 所示。

Step 14 设置筛选后，可以看到表格中仅显示筛选后的数据信息，如图 6–78 所示。

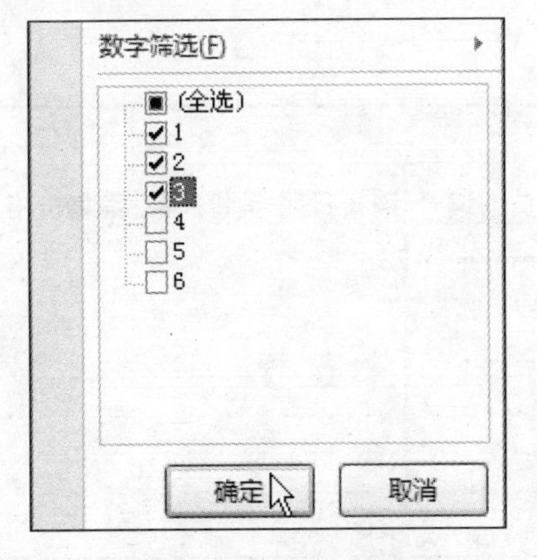

图 6-77 设置数字筛选

企业上半年日常费用统计

月份	材料	交通	通讯	运输
3	640	2700	1200	1200
2	700	3000	930	1100
1	1550	1200	750	880

图 6-78 显示筛选结果

6.5 实例提高：制作公司销售日报表

在学习了 Excel 的基础操作与设置方法后，用户便可以使用所学的功能制作简单的 Excel 表格内容了。本实例将以制作公司销售日报表为例，为用户介绍如何在工作表中编辑销售日报表内容，并使用格式设置功能完成表格的制作。

最终文件： 第 6 章\最终文件\公司销售日报表.xlsx

Step 01 新建一个工作簿，在工作表中输入销售记录表相关项目内容，并选中 A3:A9 单元格区域，如图 6-79 所示。

Step 02 打开"设置单元格格式"对话框，切换到"数字"选项卡下，在"分类"列表框中单击"自定义"选项，如图 6-80 所示。

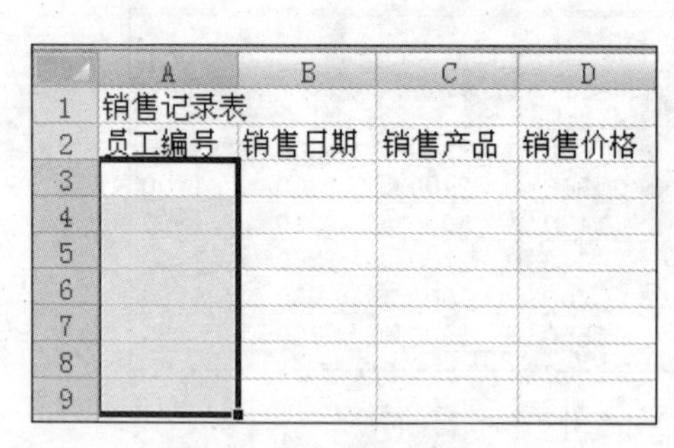

图 6-79 选中相关区域

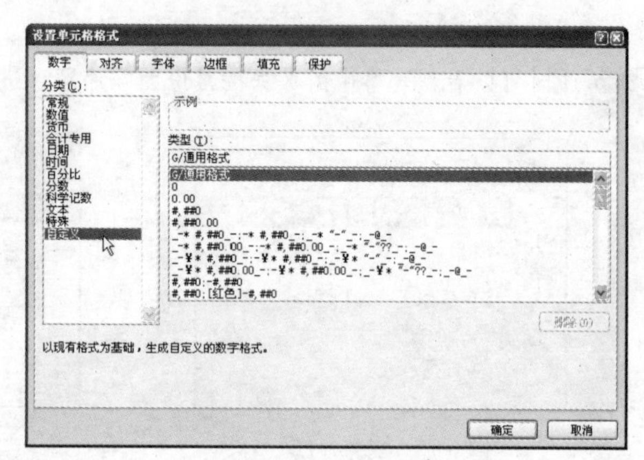

图 6-80 设置自定义格式

Step 03 在"类型"文本框中输入需要自定义的格式样式，如在此输入"0000"，再单击"确定"按钮，如图 6-81 所示。

Step 04 返回到工作表中，在 A3 单元格中输入 1，将以自定义的格式显示输入的数据，拖动鼠标选中 A3:A9 单元格区域进行序列填充，如图 6-82 所示。

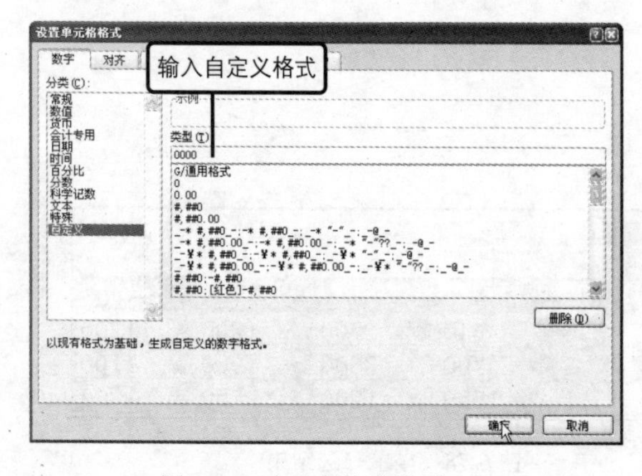

图 6-81 自定义格式类型

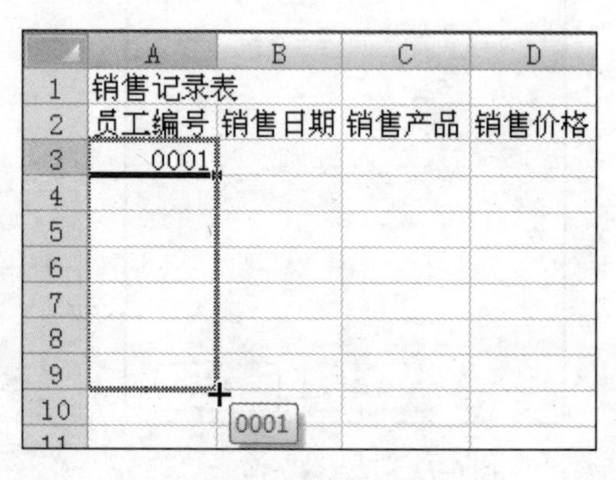

图 6-82 使用序列填充

Step 05 填充完成后，单击“自动填充选项”按钮，在展开的列表中选择“填充序列”单选按钮，如图 6–83 所示。

Step 06 此时，可以看到选定区域以序列的方式进行填充，再选中需要设置日期格式效果的 B3:B9 单元格区域，如图 6–84 所示。

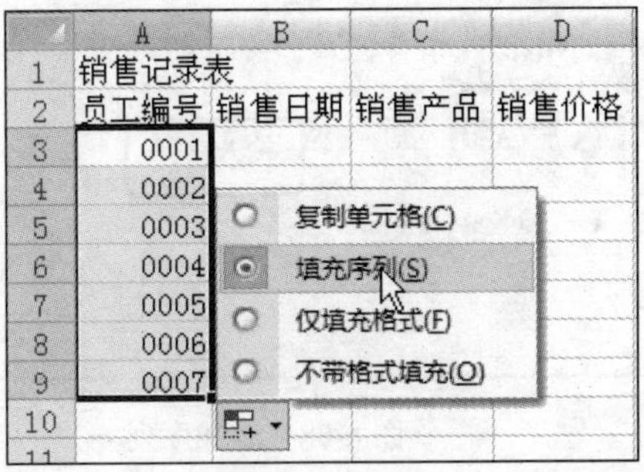

图 6-83　设置填充方式

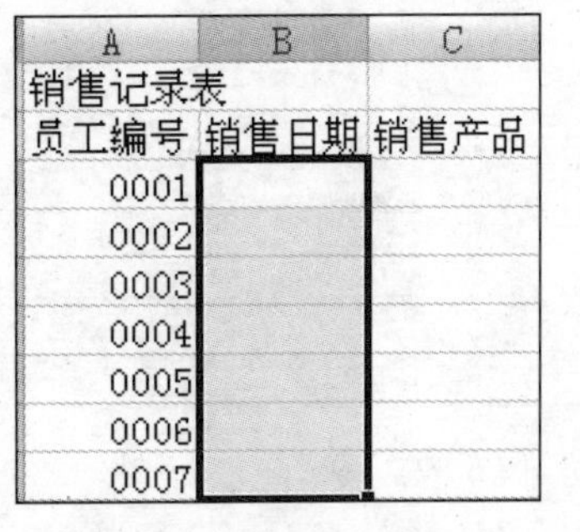

图 6-84　选定单元格区域

Step 07 打开“设置单元格格式”对话框，切换到“数字”选项卡下，在“分类”列表框中单击“日期”选项，在“类型”列表框中选择需要应用的日期样式，再单击“确定”按钮，如图 6–85 所示。

Step 08 返回到工作表中，在 B3 单元格中输入日期，输入的数据将以指定的格式效果进行显示，如图 6–86 所示。

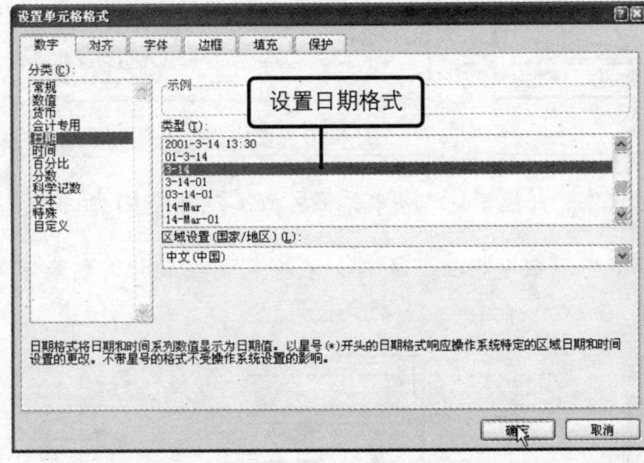

图 6-85　设置日期格式

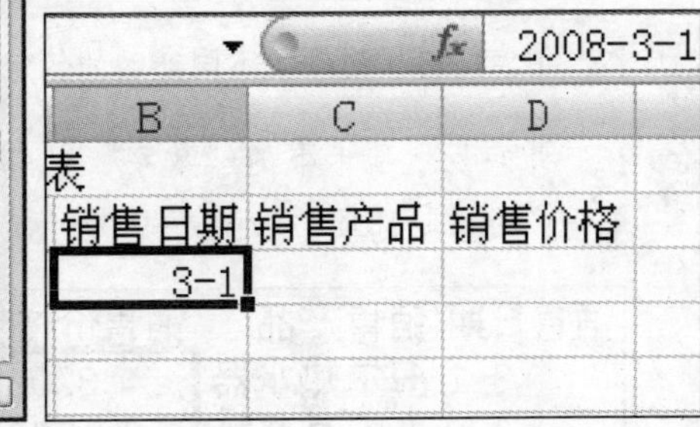

图 6-86　显示日期格式

Step 09 用户需要自定义序列内容，因此打开“Excel 选项”对话框，在“常用”选项卡下单击“编辑自定义列表”按钮，如图 6–87 所示。

Step 10 打开“自定义序列”对话框，在“输入序列”列表框中输入需要添加的序列内容，再单击“添加”按钮，如图 6–88 所示。

Step 11 添加的序列将显示在“自定义序列”列表框中，设置完成后单击“确定”按钮，如图 6–89 所示。

Step 12 在 C3 单元格中输入自定义序列中的任意序列内容，再使用序列填充功能进行填充输入，如图 6-90 所示。

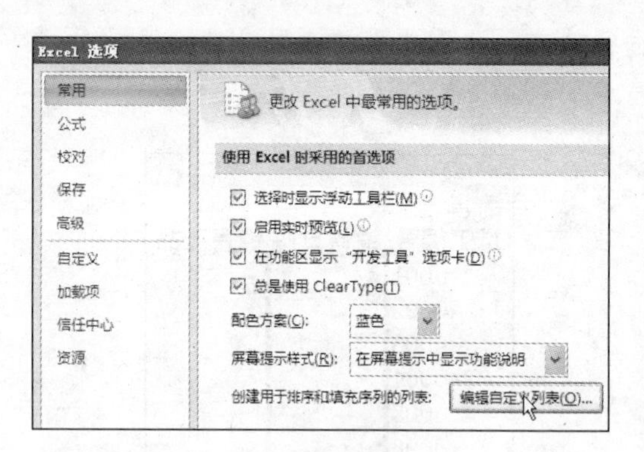

图 6-87　编辑自定义列表

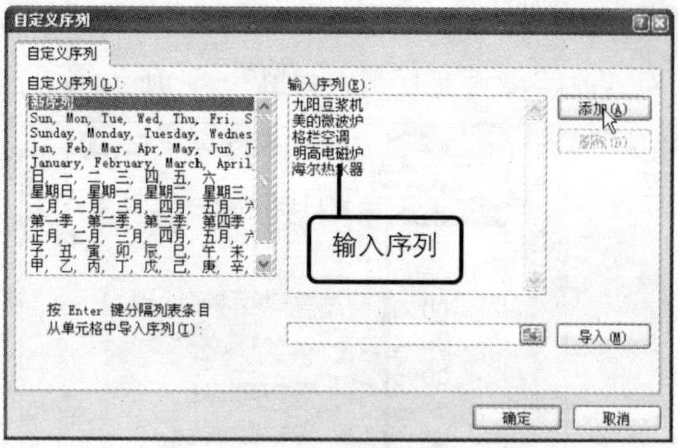

图 6-88　添加序列

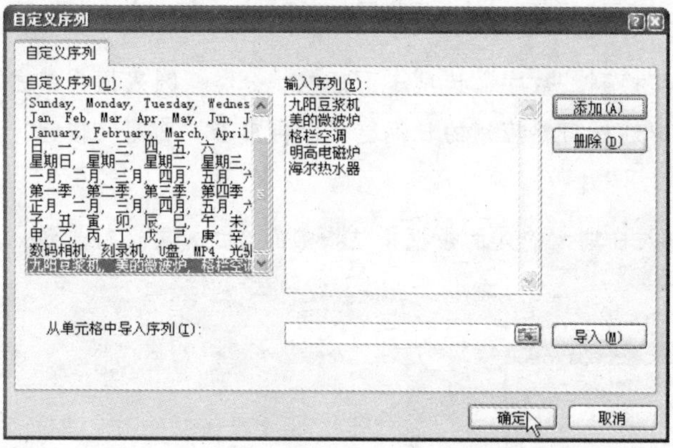

图 6-89　完成自定义序列添加

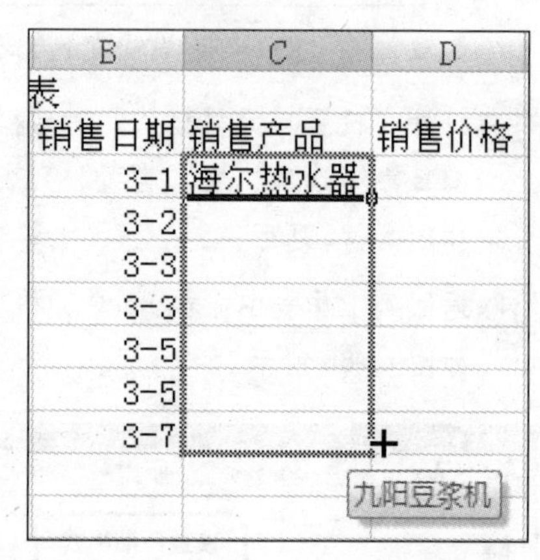

图 6-90　使用自定义序列填充

Step 13 在"销售价格"列输入不同产品的销售价格，并选中 D3:D9 单元格区域，如图 6-91 所示。

Step 14 在"开始"选项卡下的"数字"组中单击"数字格式"下拉列表按钮，在展开的列表中单击"货币"选项，如图 6-92 所示。

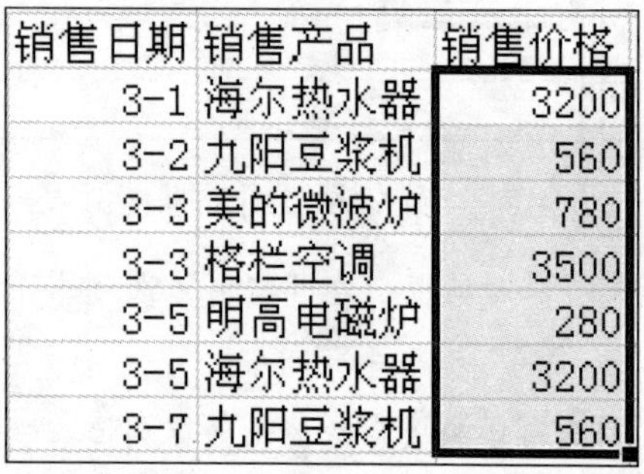

销售日期	销售产品	销售价格
3-1	海尔热水器	3200
3-2	九阳豆浆机	560
3-3	美的微波炉	780
3-3	格栏空调	3500
3-5	明高电磁炉	280
3-5	海尔热水器	3200
3-7	九阳豆浆机	560

图 6-91　选定单元格

图 6-92　设置货币格式

Step 15 返回到工作表中，可以看到设置货币格式的单元格自动添加了货币符号，如图 6-93 所示。

Step 16 在“开始”选项卡下单击“样式”组中的“条件格式”按钮，在展开的列表中单击“数据条”选项，并单击“橙色数据条”选项，如图 6-94 所示。

销售日期	销售产品	销售价格
3-1	海尔热水器	￥3,200
3-2	九阳豆浆机	￥560
3-3	美的微波炉	￥780
3-3	格栏空调	￥3,500
3-5	明高电磁炉	￥280
3-5	海尔热水器	￥3,200
3-7	九阳豆浆机	￥560

图 6-93　显示货币格式

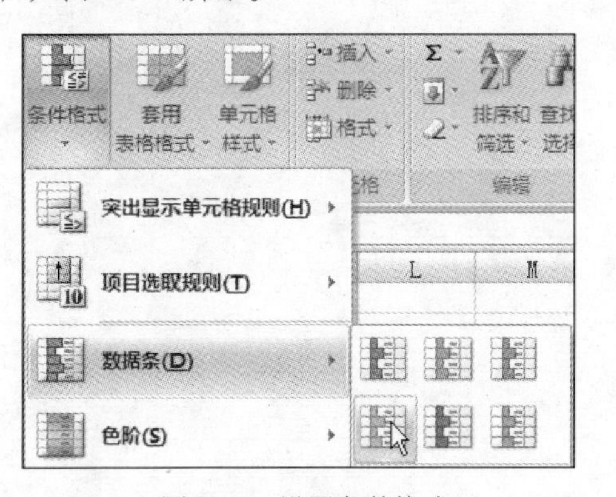

图 6-94　设置条件格式

Step 17 设置完成后返回到工作表中查看销售价格列数据显示的条件格式效果，如图 6-95 所示，再选中表格标题所在的 A1:D1 单元格区域。

Step 18 在“开始”选项卡下的“字体”组中设置字体为“华文行楷”，字号“16”，字体颜色“紫色”，填充颜色“橙色”，如图 6-96 所示。

	A	B	C	D
1	销售记录表			
2	员工编号	销售日期	销售产品	销售价格
3	0001	3-1	海尔热水器	￥3,200
4	0002	3-2	九阳豆浆机	￥560
5	0003	3-3	美的微波炉	￥780
6	0004	3-3	格栏空调	￥3,500
7	0005	3-5	明高电磁炉	￥280
8	0006	3-5	海尔热水器	￥3,200
9	0007	3-7	九阳豆浆机	￥560

图 6-95　查看条件格式效果

图 6-96　设置字体格式

Step 19 选中表格中 A2:D9 单元格区域，在“字体”组中单击“边框”按钮，在展开的列表中单击“所有框线”选项，如图 6-97 所示。

Step 20 完成单元格格式效果的设置后，查看制作完成的销售记录表效果，如图 6-98 所示。

边框
下框线(O)
上框线(P)
左框线(L)
右框线(R)
无框线(N)
所有框线(A)

图 6-97　设置边框线条

销售记录表			
员工编号	销售日期	销售产品	销售价格
0001	3-1	海尔热水器	￥3,200
0002	3-2	九阳豆浆机	￥560
0003	3-3	美的微波炉	￥780
0004	3-3	格栏空调	￥3,500
0005	3-5	明高电磁炉	￥280
0006	3-5	海尔热水器	￥3,200
0007	3-7	九阳豆浆机	￥560

图 6-98　查看表格效果

使用图表表达数据信息

Excel 为用户提供了图表功能，用于在处理表格中数据时进行分析与表达。在创建图表的过程中，用户可以根据需要选择合适的图表类型进行创建，并对创建的图表进行布局、格式、设计等效果的设置，从而使制作的图表达到更加完善的效果。使用图表分析数据，可使对数据信息的说明更加形象化，易于用户的查看与理解，有效帮助用户分析数据，查看差异、预测走势，同时也起到美化文档的作用。

7.1 图表的创建

创建图表是为了使表格中的数据达到更好的说明效果，使用图形来说明数据之间的相互关系及变化情况，更加便于用户理解与查看。用户在使用图表分析数据信息时，首先需要选择合适的图表类型并进行创建操作，下面以创建柱形图为例，为用户介绍创建图表的具体方法。

原始文件：第 7 章\原始文件\产品销售比较.xlsx

最终文件：第 7 章\最终文件\创建图表.xlsx

Step 01 打开原始文件“产品销售比较.xlsx”，选中表格中需要用于创建图表的源数据区域 A2:E5，如图 7-1 所示。

Step 02 在“插入”选项卡下的“图表”组中单击“柱形图”按钮，在展开的列表中单击“簇状柱形图”选项，如图 7-2 所示。

	A	B	C	D	E
1	产品销售量明细表				
2	产品	一季度	二季度	三季度	四季度
3	格林空调	200	300	450	500
4	美的风扇	65	90	120	110
5	海尔热水器	180	230	150	160

图 7-1　选定图表源数据

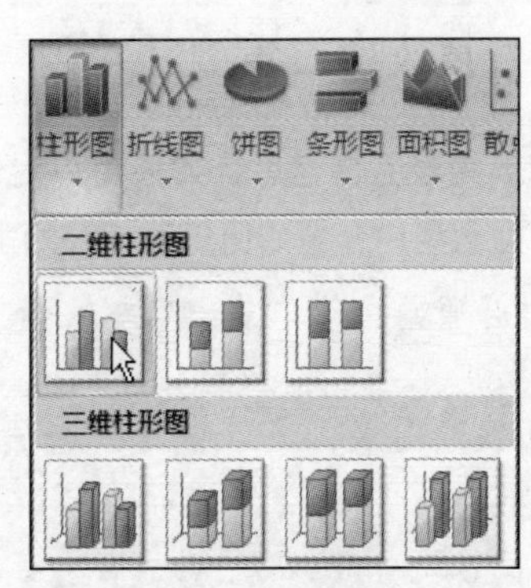

图 7-2　插入图表

问题 7-1： 图表的主要组成部分有哪些？

图表由不同的对象元素构成，主要分为五个部分：图表标题、坐标轴、数据系列、图例和绘图区。

Step 03 在工作表中即可生成由选定数据创建的柱形图，如图 7–3 所示。

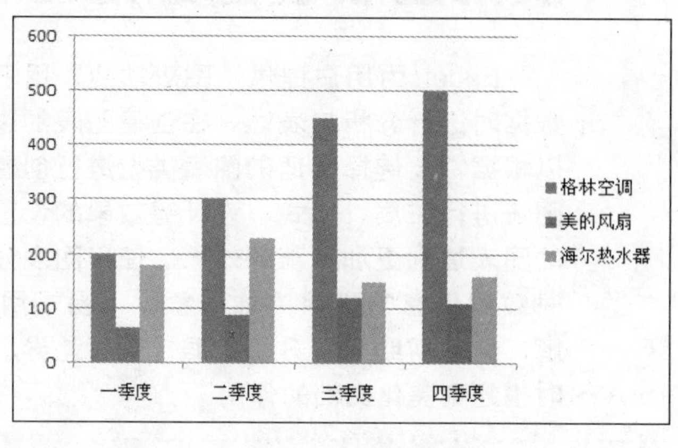

图 7-3 生成图表

问题 7-2： 图表中的柱形图主要用于什么情况？

柱形图是最常用的图表类型之一，用于显示一段时间内数据的变化或进行各项目之间数据的比较。强调的是一段时间内某类别数据值的变化。

7.2 设计图表

对于创建的图表，其显示的仅为默认的图表效果，当用户需要对图表类型进行更改、设置图表的布局、样式等效果时，可以在图表工具“设计”选项卡下进行操作设置。本节将主要为用户介绍图表工具“设计”选项卡下的各项操作与设置功能。

原始文件： 第 7 章\原始文件\设计图表.xlsx

最终文件： 第 7 章\最终文件\设计图表.xlsx

7.2.1 更改图表类型

完成图表的创建后，如果用户对选定的图表类型不满意，则可以选择其他的图表类型进行更改，下面为用户介绍如何更改图表的类型。

Step 01 打开原始文件“设计图表.xlsx”，选中工作表中的图表，如图 7–4 所示。

Step 02 切换到图表工具“设计”选项卡下，在“类型”组中单击“更改图表类型”按钮，如图 7–5 所示。

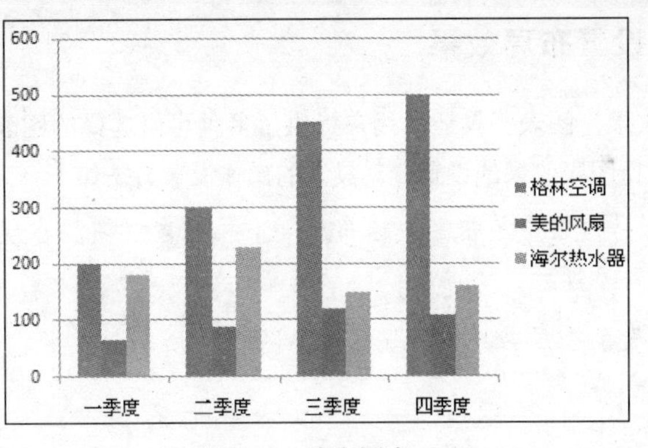

图 7-4 选定图表

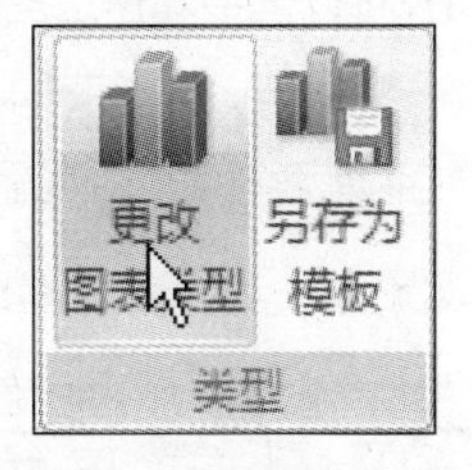

图 7-5 更改图表类型

问题 7-3: 图表中的条形图主要用于什么情况?

条形图可以看做是顺时针旋转 90° 的柱形图，是用于描绘各项目之间数据差别情况的图形。条形图和柱形图相比，较不重视时间的考虑，而强调在特定时间点上分类轴和数值的比较。

Step 03 打开“更改图表类型”对话框，切换到“条形图”选项卡下，单击“簇状条形图”选项，再单击“确定”按钮，如图 7–6 所示。

Step 04 设置完成后返回到工作表中，可以看到选定的图表更改为指定的图表类型，如图 7–7 所示。

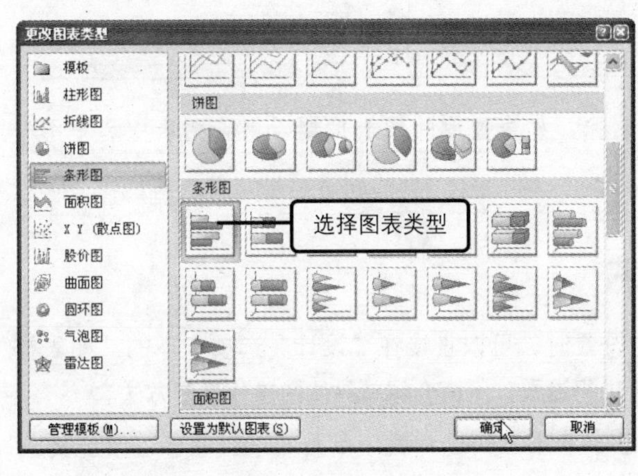

图 7-6 选择图表类型

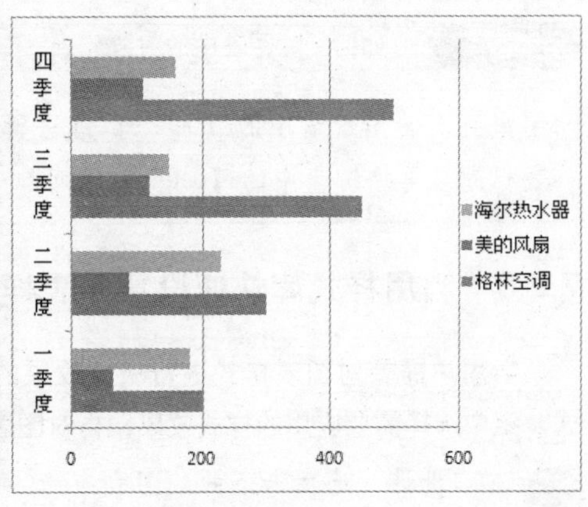

图 7-7 显示条形图

问题 7-4: 图表中的饼图主要用于什么情况?

饼图用于显示数据系列中的项目和该项目数值总和的比例关系。只能显示一个系列的数据比例关系，如果有两个数据系列同时被选中，也只会显示其中的一个系列。因此，饼图常用于强调重要的数据。

7.2.2 使用内置布局效果快速设置布局效果

插入的图表显示默认的图表布局效果，图表工具还为用户提供了多种可供选择的图表布局效果，用户可以直接套用这些布局样式进行图表效果的设置，其具体的操作设置方法如下。

Step 01 在“设计”选项卡下的“图表布局”组中单击“快速布局”下拉列表按钮，在展开的列表中单击“布局 2”选项，如图 7-8 所示。

Step 02 设置完成后，可以看到图表按设置的布局效果进行显示，如图 7-9 所示。

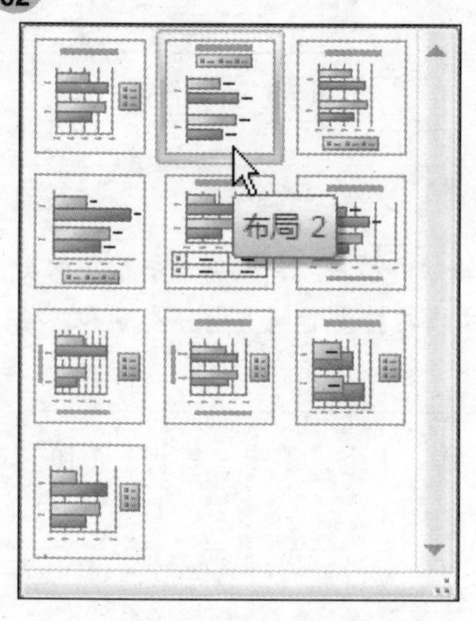

图 7-8 选择布局样式

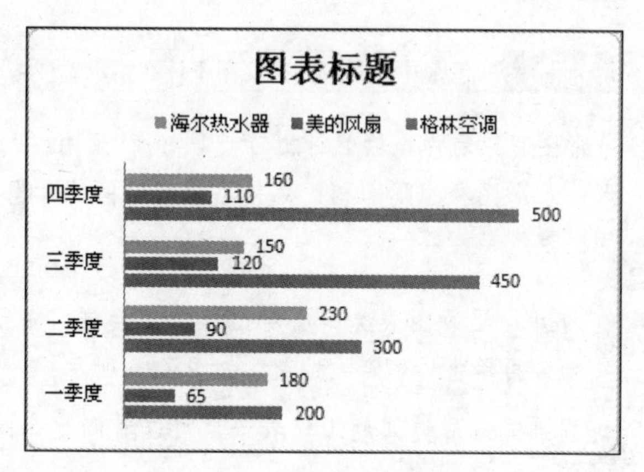

图 7-9 显示布局效果

问题 7-5: 如何删除图表中的对象元素？

用户可以使用键盘中的【Delete】键进行删除，如需要删除图表标题，则在图表中选中图表标题，再按键盘中的【Delete】即可。

7.2.3 利用样式库快速设置图表样式

当用户需要对图表样式进行格式效果的设置时，可以直接在“设计”选项卡下的“图表样式”组中选择需要应用的样式效果，再对图表进行设置，下面介绍其具体的操作设置方法。

Step 01 在“设计”选项卡下的“图表布局”组中单击“快速样式”下拉列表按钮，在展开的列表中单击“样式 42”选项，如图 7-10 所示。

Step 02 设置完成后可以看到图表按指定的样式效果进行显示，如图 7-11 所示。

问题 7-6: 如何设置将条形图中的行、列数据切换显示？

选中图表，在“设计”选项卡下的“数据”组中单击“切换行/列”按钮，即可将图表中的数据系列与图例项进行切换显示。

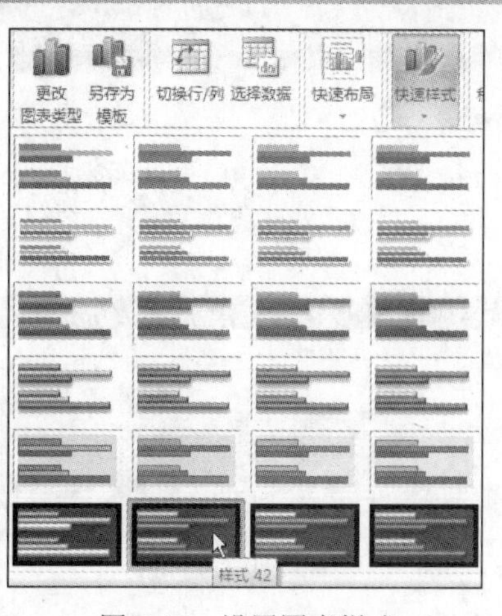

图 7-10　设置图表样式

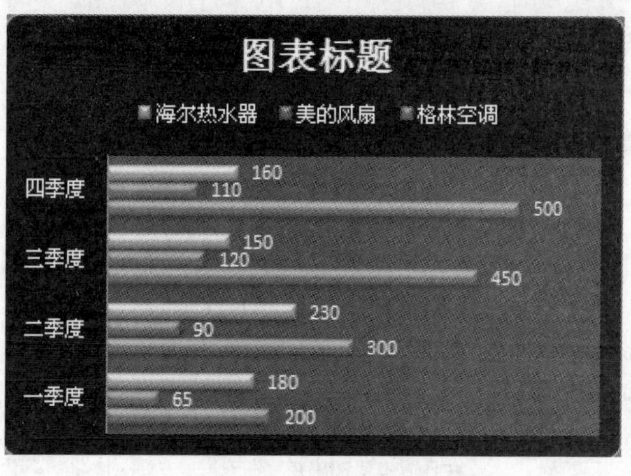

图 7-11　显示样式效果

7.2.4 更改图表数据源

在编辑图表的过程中，用户可以根据需要调整图表的源数据区域，从而更改图表中显示的数据系列内容，也可以根据需要对图表中的数据系列名称、水平轴标签名称等进行更改，下面介绍更改图表数据源的具体操作与设置方法。

Step 01 选中图表，在“设计”选项卡下的“数据”组中单击“选择数据”按钮，如图 7-12 所示。

Step 02 打开“选择数据源”对话框，在“图表数据区域”文本框中显示当前图表的数据源区域，如果需要更改，则单击其右侧的折叠按钮，如图 7-13 所示。

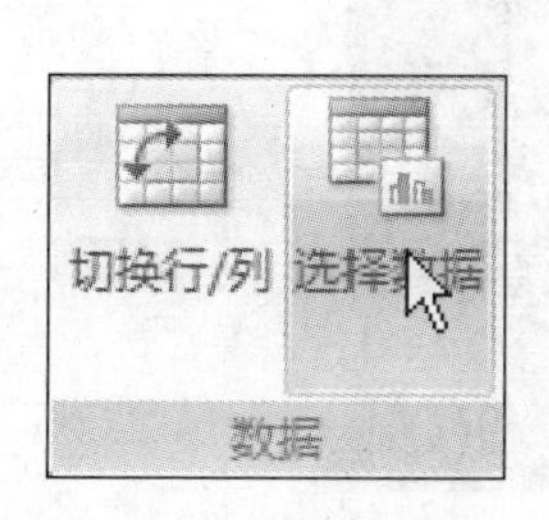

图 7-12　选择数据

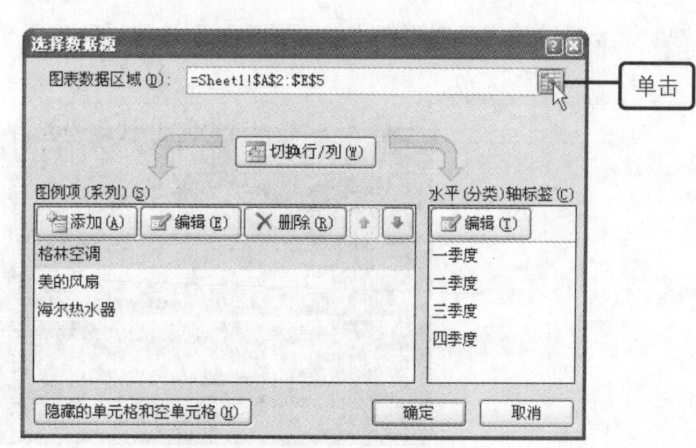

图 7-13　设置图表数据区域

问题 7-7：　如何更改图表数据系列的系列名称？

打开“选择数据源”对话框，在“图例项（系列）”列表框中选中需要更改名称的系列，再单击“编辑”按钮，打开“编辑数据系列”对话框，在“系列名称”文本框中设置需要重新定义的名称内容即可。

Step 03 拖动鼠标在工作表中选中图表新源数据区域，在“选择数据源”对话框中显示选定的区域，再次单击该对话框中的折叠按钮，如图 7–14 所示。

Step 04 返回到“选择数据源”对话框中，完成图表数据区域的设置后，单击“确定”按钮，如图 7–15 所示。

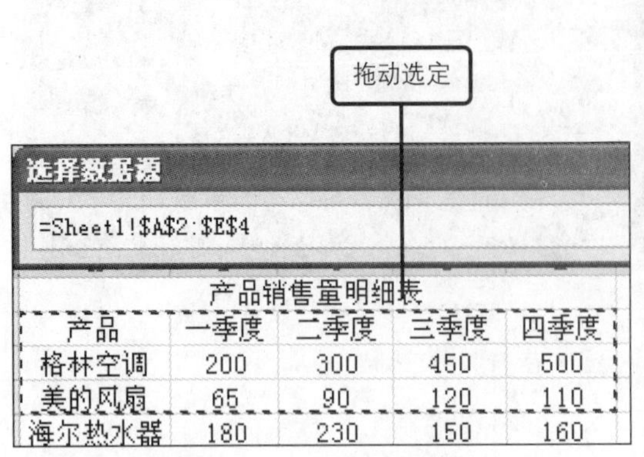

图 7-14 选定图表源数据

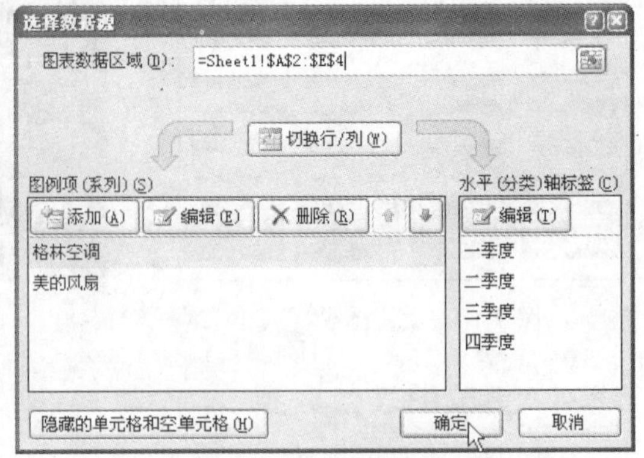

图 7-15 完成图表数据源的设置

问题 7-8：如何设置图表的水平轴标签内容？

选中图表，打开“选择数据源”对话框，在“水平（分类）轴标签”区域中单击“编辑”按钮，打开“轴标签”对话框，在“轴标签区域”文本框中设置图表的水平轴标签内容即可。

Step 05 设置完成后返回到图表中，可以看到图表绘图区中仅显示设置的数据系列内容，如图 7–16 所示。

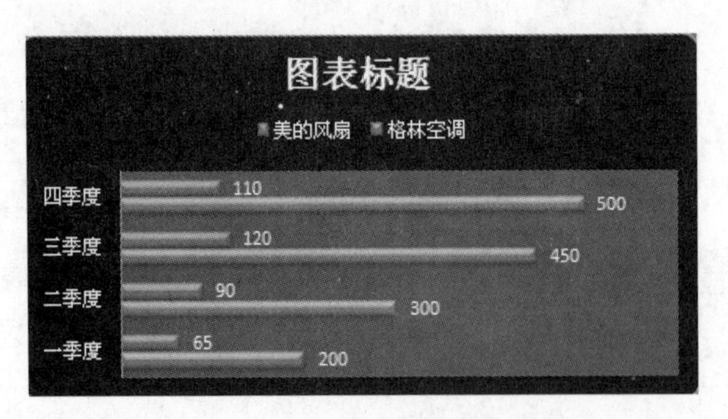

图 7-16 查看图表效果

7.3 图表的布局

用户除了可以使用“设计”选项卡下的快速布局功能对图表进行布局效果的设置外，还可以在图表工具“布局”选项卡下对图表进行详细的布局设置，如添加图表标题、图例、趋势线等内容，下面为用户介绍其具体的操作方法。

原始文件： 第 7 章\原始文件\设计图表.xlsx

最终文件： 第 7 章\最终文件\图表布局.xlsx

7.3.1 添加与删除图表标签

用户在工作表中插入图表后，常常还需要为图表添加图表标题、图例、数据标签等对象内容，以完善图表效果，用户可以在“布局”选项卡下的“标签”组中添加与修改这些对象元素，其具体的操作方法如下。

Step 01 打开原始文件“设计图表.xlsx”，选中工作表中的图表，如图 7-17 所示。

Step 02 切换到图表工具“布局”选项卡下，在“标签”组中单击“图表标题”按钮，在展开的列表中单击“图表上方”选项，如图 7-18 所示。

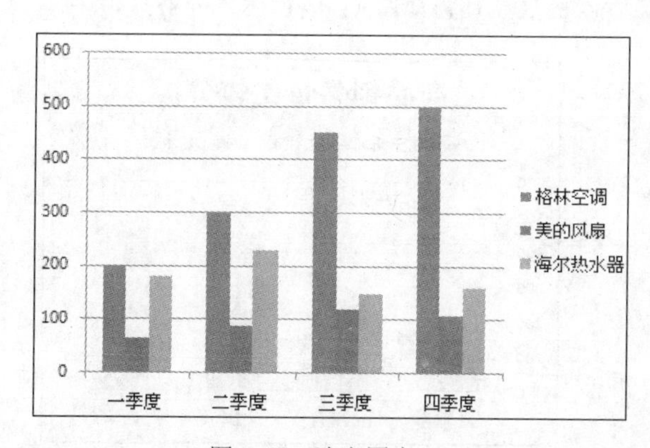

图 7-17 选定图表

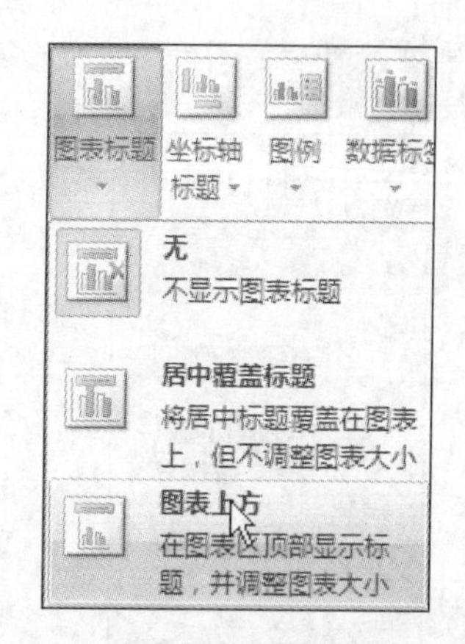

图 7-18 添加图表标题

问题 7-9： 如何设置在图表中显示数据表？

选中图表，在“布局”选项卡下单击“标签”组中的“数据表”按钮，在展开的列表中选择需要添加的数据表类型即可。

Step 03 在图表上方添加默认的图表标题，用户可以在该文本框中输入需要添加的标题文本内容，如图 7-19 所示。

Step 04 在图表标题文本框中输入需要添加的标题文本内容，完成图表标题的编辑，如图 7-20 所示。

问题 7-10： 如何调整图表绘图区的大小？

选中图表绘图区（即图表中显示数据系列的区域），将鼠标光标放置在选定区域四周的控点按钮上方，拖动即可调整其大小。

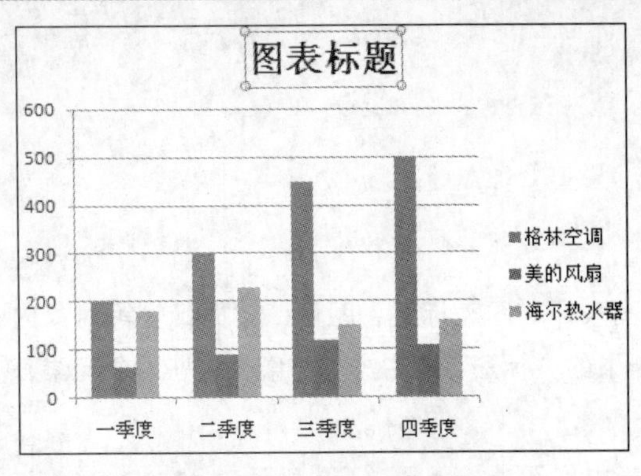

图 7-19　添加图表标题

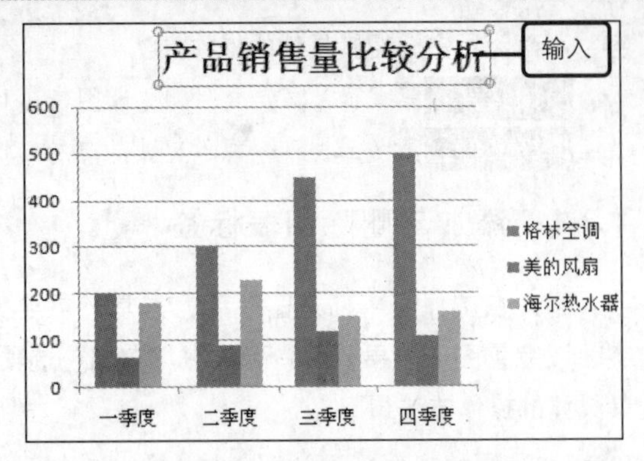

图 7-20　编辑标题文本内容

Step 05 在“布局”选项卡下单击“标签”组中的“图例”按钮，在展开的列表中单击“在顶部显示图例”选项，如图 7-21 所示。

Step 06 在设置后的图表中可以看到，图例显示在图表顶部，如图 7-22 所示。

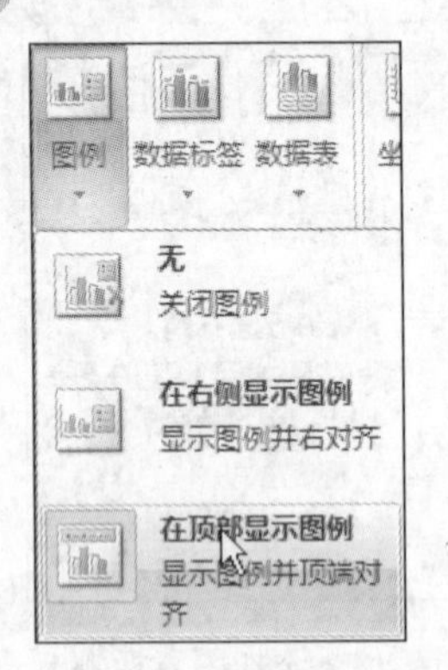

图 7-21　设置图例位置

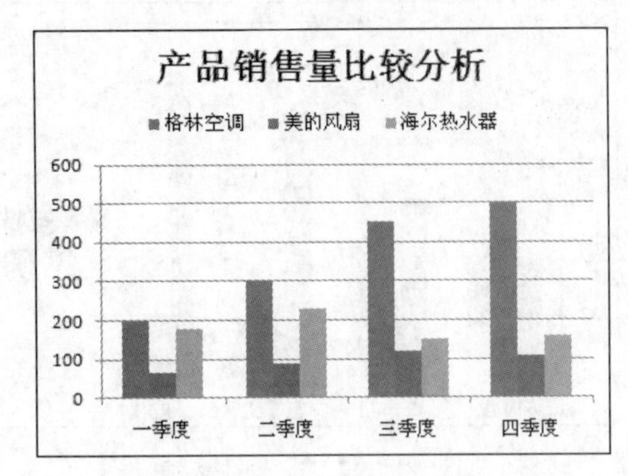

图 7-22　在顶部显示图例

Step 07 在“布局”选项卡下的“标签”组中单击“数据标签”按钮，在展开的列表中单击“数据标签外”选项，如图 7-23 所示。

Step 08 在图表数据系列上方显示数据标签信息，如图 7-24 所示。

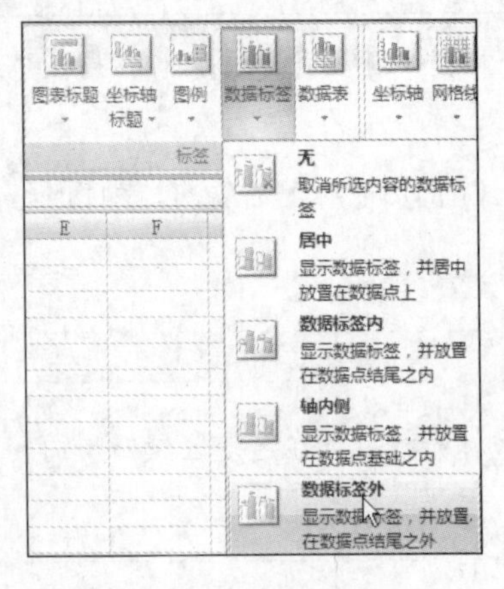

图 7-23　设置数据标签

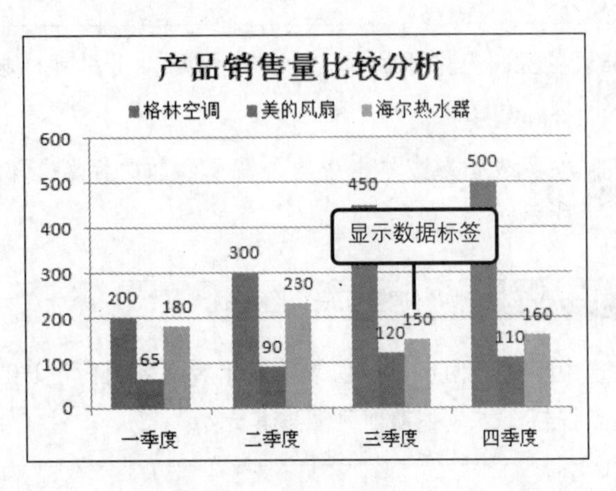

图 7-24　显示数据标签

问题 7-11：如何精确选定图表中的对象元素？

在“布局”选项卡下的“当前所选内容”组中单击“图表元素”下拉列表按钮，在展开的列表中选择需要选定的对象内容即可。

7.3.2 设置网格线与背景效果

为了使图表达到更好的效果，用户可以为图表添加或删除网格线，并根据需要对图表绘图区进行格式效果的设置，从而使图表绘图区达到更加突出的强调效果。

Step 01 选中图表，在“布局”选项卡下的“坐标轴”组中单击“网格线”按钮，在展开的列表中单击“主要横网格线”选项，如图 7–25 所示。

Step 02 在展开的级联列表中单击“主要网格线和次要网格线”选项，如图 7–26 所示。

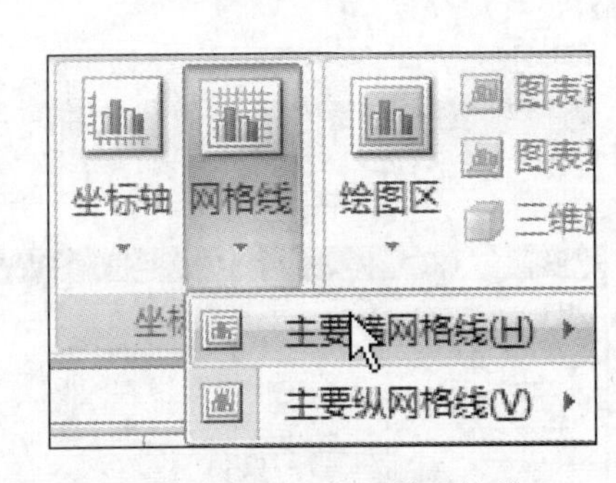

图 7-25 设置主要横网格线

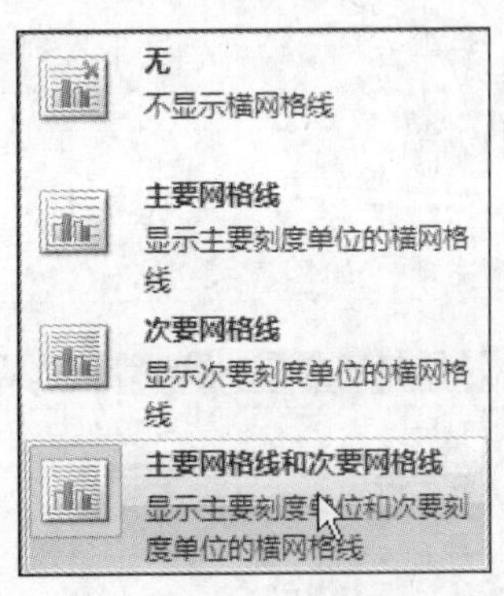

图 7-26 添加主要和次要网格线

问题 7-12：如何删除图表中的横向网格线？

选中图表，在“布局”选项卡下单击“坐标轴”组中的“网格线”按钮，在展开的列表中单击“主要横网格线”选项，并单击“无”选项即可。

Step 03 设置完成后可以看到图表中显示主要和次要网格线内容，如图 7–27 所示。

Step 04 在“布局”选项卡下单击“背景”组中的“绘图区”按钮，在展开的列表中单击“其他绘图区选项”选项，如图 7–28 所示。

问题 7-13：如何设置绘图区纯色填充效果？

打开“设置绘图区格式”对话框，在“填充”选项卡下选择“纯色填充”单选按钮，并单击“颜色”下拉列表按钮，在展开的列表中选择需要设置的颜色选项即可。

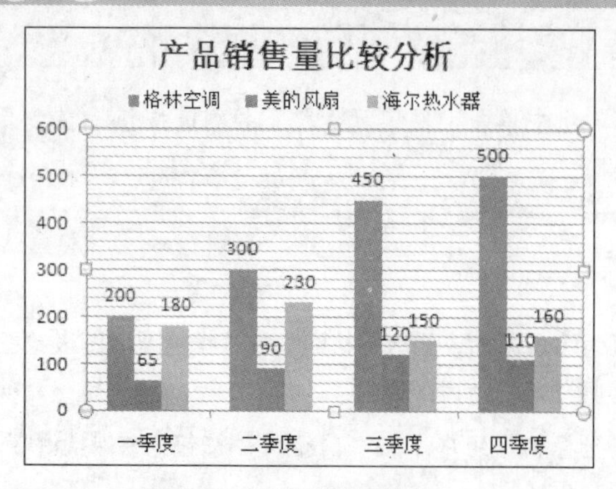

图 7-27　查看网格线效果

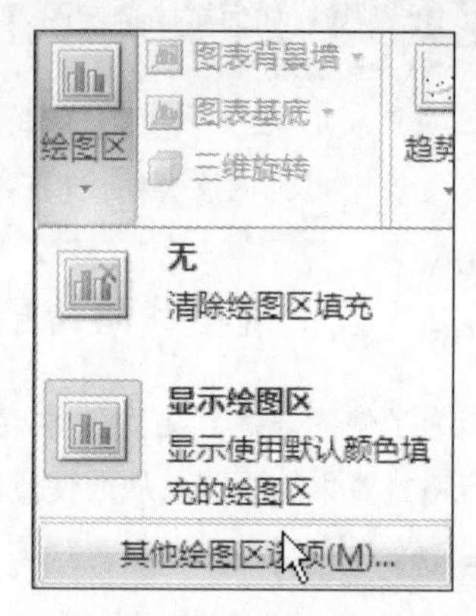

图 7-28　设置绘图区效果

Step 05 打开“设置绘图区格式”对话框，切换到“填充”选项卡下，选择“渐变填充”单选按钮，并单击“预设颜色”下拉列表按钮，在展开的列表中单击“雨过初晴”选项，如图 7–29 所示。

Step 06 切换到“三维格式”选项卡，单击“顶端”下拉列表按钮，在展开的列表中单击“角度”选项，如图 7–30 所示。

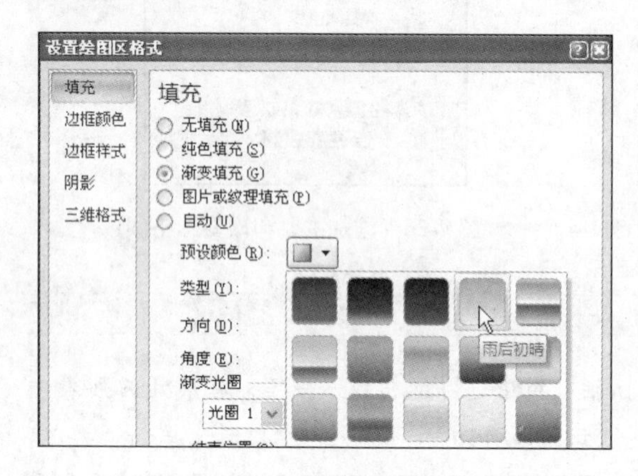

图 7-29　设置填充效果

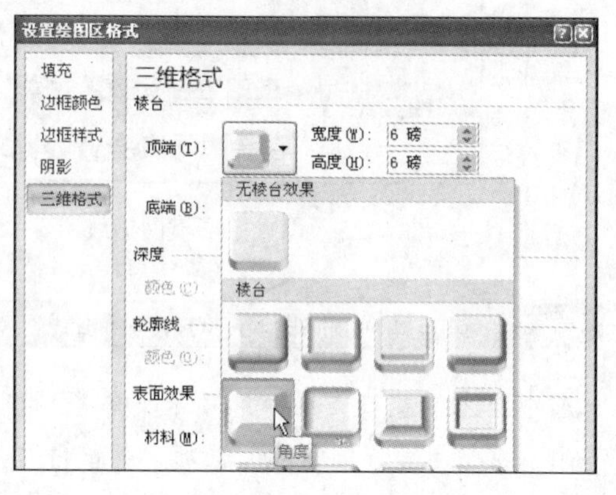

图 7-30　设置三维格式

Step 07 设置完成后，查看设置后的图表布局效果，如图 7–31 所示。

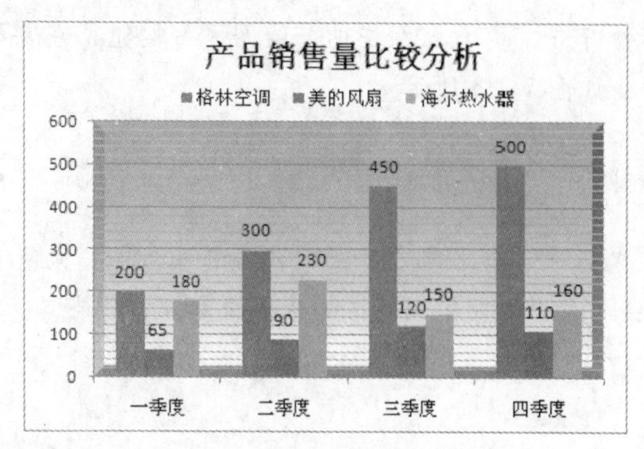

图 7-31　查看图表布局效果

问题 7-14：　如何定义图表名称？

切换到图表工具在“布局”选项卡下，在“属性”组中的“图表名称”文本框中输入需要定义的名称内容即可，其用于在对工作表对象排序和进行 VBA 代码编辑时对图表的引用。

7.3.3　添加趋势线预测分析数据走势

当用户需要对图表中的数据进行更好的预测与分析时，可以使用趋势线功能，为图表中指定的数据系列添加趋势线内容，从而了解数据的走势情况，更好的预测未来的发展情况。

Step 01 选中图表，在“布局”选项卡下的“分析”组中单击“趋势线”按钮，如图 7–32 所示。

Step 02 在展开的列表中单击“其他趋势线选项”选项，如图 7–33 所示。

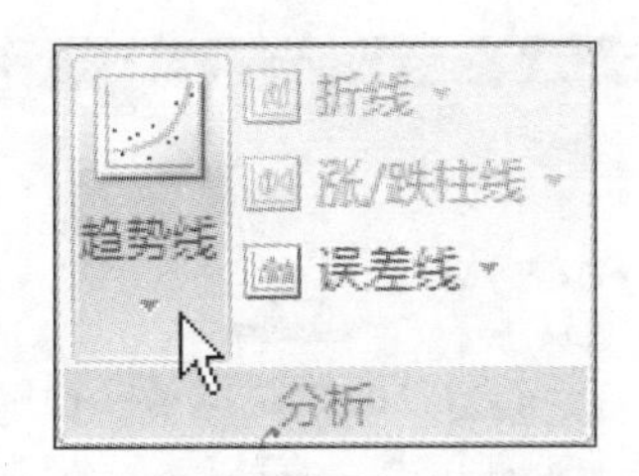

图 7-32　趋势线按钮

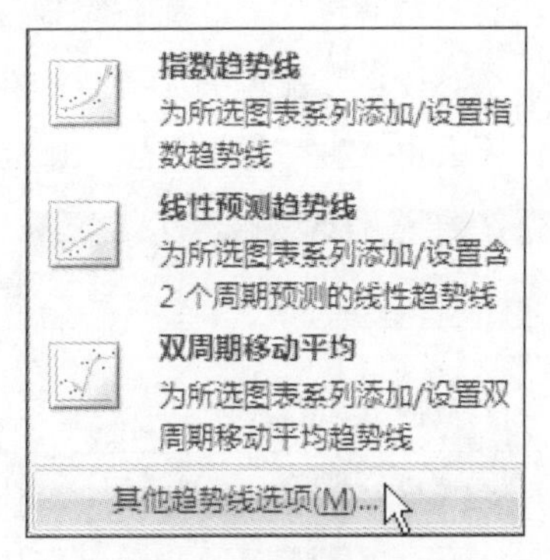

图 7-33　设置趋势线选项

问题 7-15：　如何快速添加趋势线？

选中需要添加趋势线的数据系列，在“布局”选项卡下单击“分析”组中的“趋势线”按钮，在展开的列表中单击需要添加的趋势线类型即可。

Step 03 打开“添加趋势线”对话框，在“添加基于系列的趋势线”列表框中选择需要添加趋势线的数据系列，再单击“确定”按钮，如图 7–34 所示。

Step 04 打开“设置趋势线格式”对话框，切换到“趋势线选项”选项卡下，选择“线性”单选按钮，如图 7–35 所示。

问题 7-16：　如何自定义趋势线的名称？

打开“设置趋势线格式”对话框，切换到“趋势线选项”选项卡下，在“趋势线名称”区域中选择“自定义”单选按钮，并在其后面的文本框中输入需要定义的名称内容即可。

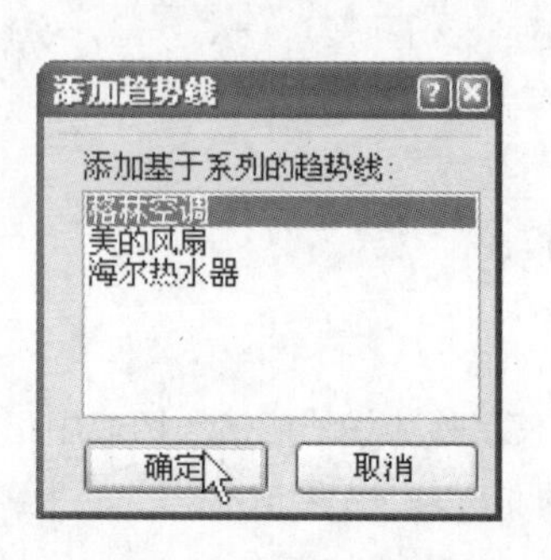

图 7-34　选择添加的系列

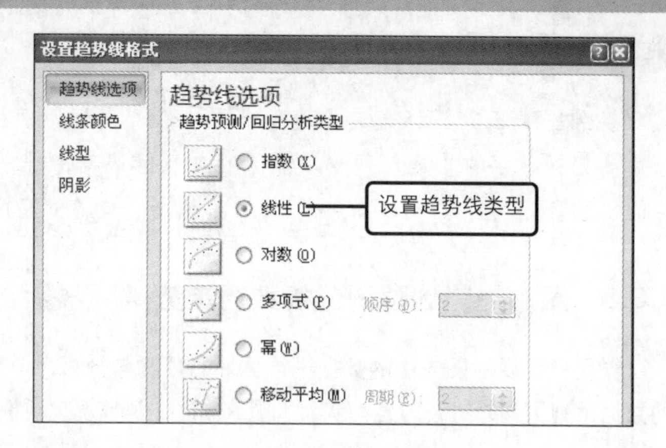

图 7-35　设置趋势线类型

Step 05 切换到“线条颜色”选项卡下，选择“实线”单选按钮，再单击“颜色”下拉列表按钮，在展开的列表中单击“橙色”选项，如图 7—36 所示。

Step 06 切换到“线型”选项卡下，设置宽度为“5 磅”，单击“复合类型”下拉列表按钮，在展开的列表中单击“由粗到细”选项，如图 7—37 所示。

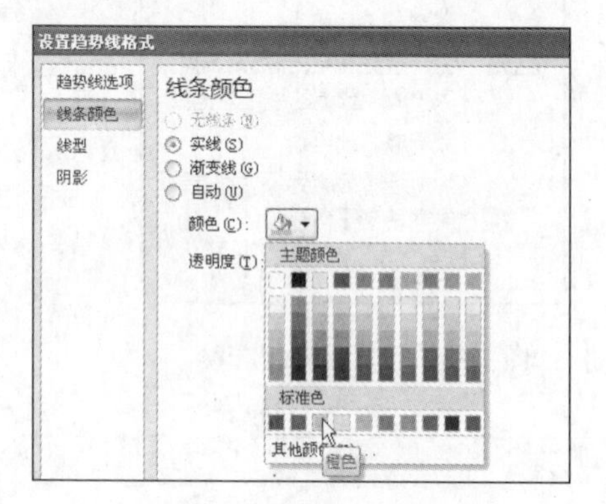

图 7-36　设置线条颜色

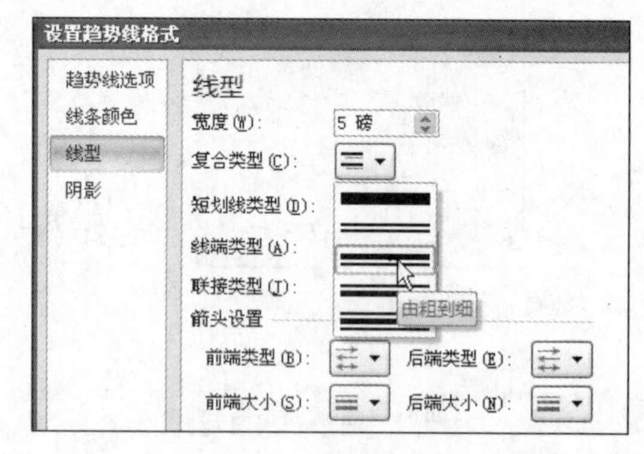

图 7-37　设置线型

Step 07 在“线型”选项卡下的“箭头设置”区域中单击“后端类型”下拉列表按钮，在展开的列表中单击“燕尾箭头”选项，如图 7—38 所示。

Step 08 设置完成后返回到工作表中，查看图表中添加的趋势线效果，如图 7—39 所示。

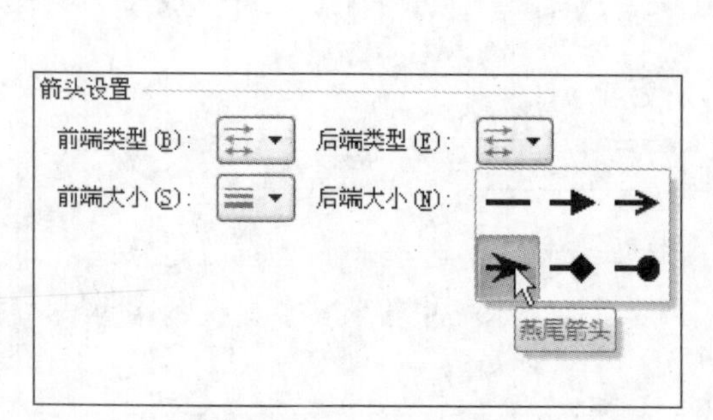

图 7-38　设置箭头样式

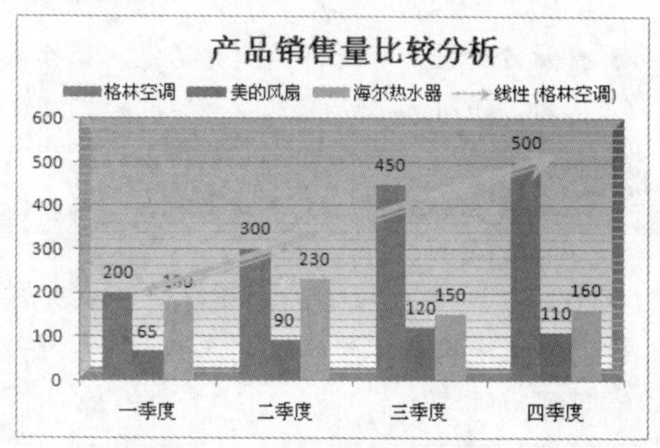

图 7-39　查看趋势线效果

问题 7-17：如何显示趋势线的公式内容？

选中需要添加公式的趋势线，打开“设置趋势线格式”对话框，切换到“趋势线选项”选项卡下，选中“显示公式”复选框即可。

7.4 图表格式效果设置

用户在编辑与设置图表的过程中，为了使图表达到更好的视觉效果，可以对图表中的不同对象元素进行格式效果的设置，同样的用户也可以对图表中的文字内容进行格式效果的设置，设置其显示艺术字样式，下面为用户介绍如何对图表格式效果进行设置，从而使图表达到更好的视觉效果。

原始文件： 第 7 章\原始文件\图表格式.xlsx

最终文件： 第 7 章\最终文件\图表格式.xlsx

Step 01 打开原始文件“图表格式.xlsx”，选中图表，在“格式”选项卡下的“当前所选内容”组中选定图表对象“图表区”，并单击“设置所选内容格式”按钮，如图 7-40 所示。

Step 02 打开“设置图表区格式”对话框，切换到“填充”选项卡下，选择“纯色填充”单选按钮，并单击“颜色”下拉列表按钮，在展开的列表中单击“黄色”选项，如图 7-41 所示。

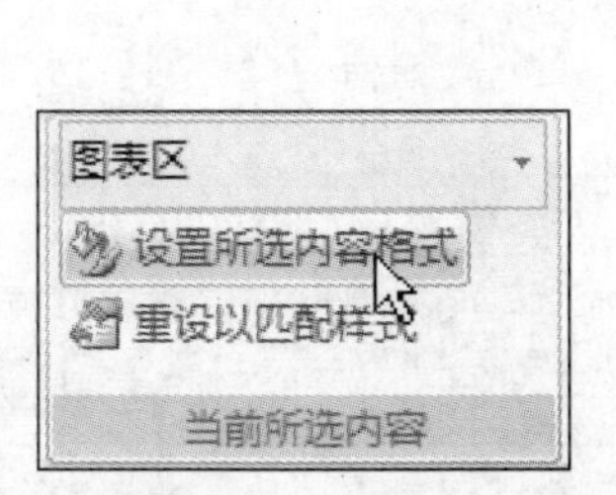

图 7-40　设置图表区格式

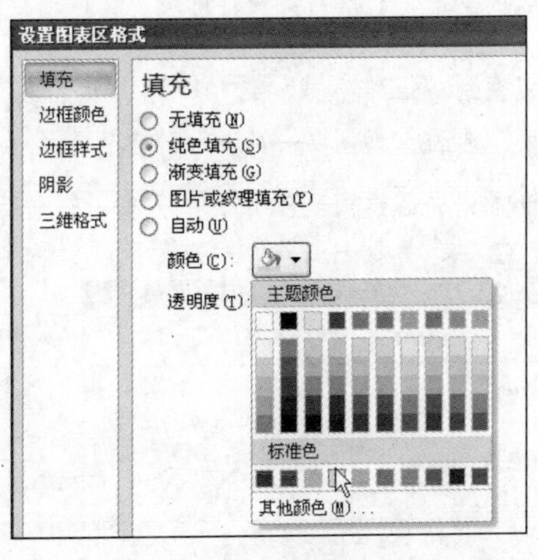

图 7-41　设置填充效果

问题 7-18：如何在工作表中移动图表？

选中图表，将鼠标放置在图表上方，当鼠标光标呈十字箭头样式时，拖动即可进行移动。

Step 03 切换到“边框颜色”选项卡下，选择“渐变线”单选按钮，并单击“预设颜色”下拉列表按钮，在展开的列表中单击“彩虹出岫 II”选项，如图 7-42 所示。

Step 04 切换到“边框样式”选项卡下，设置宽度为“5 磅”，单击“复合类型”下拉列表按钮，在展开的列表中单击“三线”选项，并选中“圆角”复选框，如图 7-43 所示。

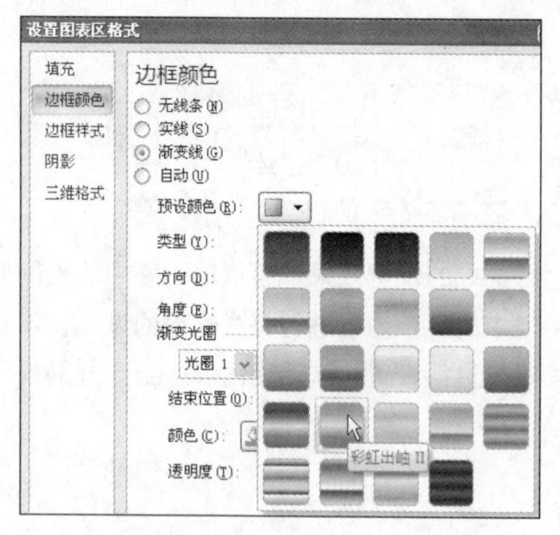

图 7-42 设置边框颜色

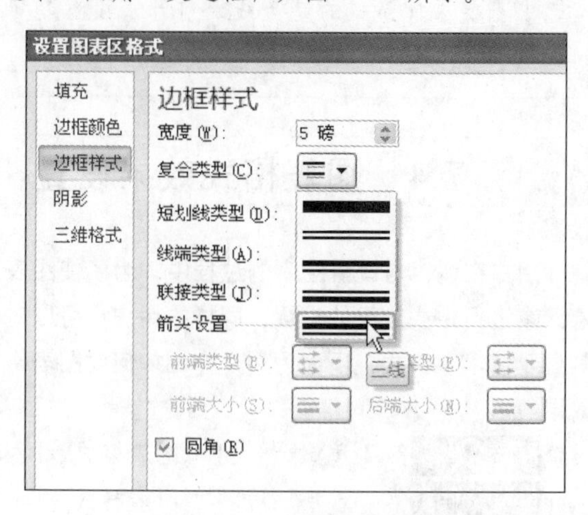

图 7-43 设置边框样式

问题 7-19：如何设置图表显示无轮廓线条效果？

选中图表，在“格式”选项卡下的“形状样式”组中单击“形状轮廓”按钮，在展开的列表中单击“无轮廓”选项即可。

Step 05 切换到“三维格式”选项卡下，单击“顶端”下拉列表按钮，在展开的列表中单击“角度”选项，如图 7-44 所示，设置完成后单击“关闭”按钮即可。

Step 06 设置完成后返回到工作表中，查看设置后的图表区格式效果，如图 7-45 所示。

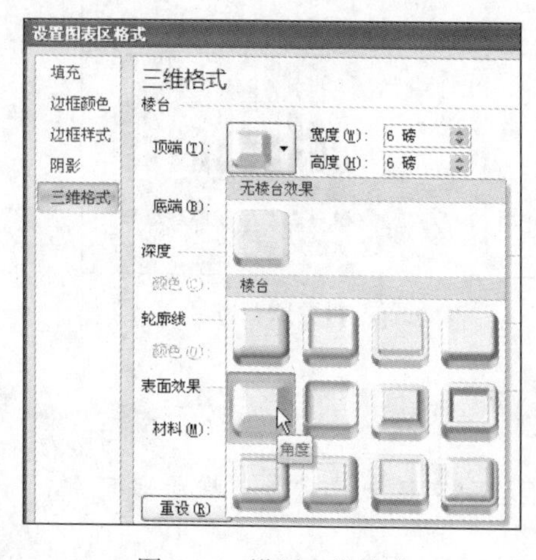

图 7-44 设置三维格式

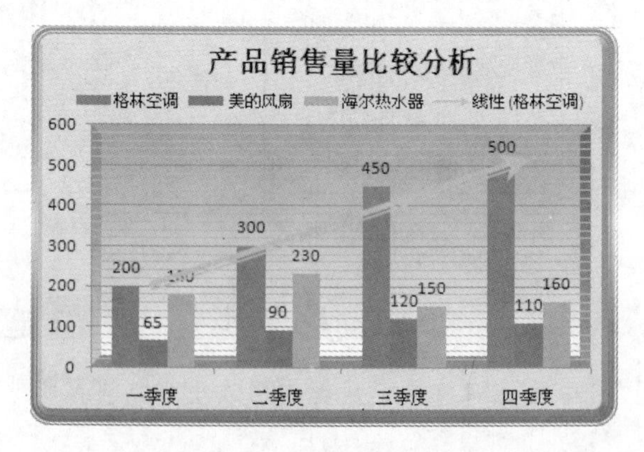

图 7-45 查看图表区效果

Step 07 选中图表，在“格式”选项卡下的“艺术字样式”组中单击“渐变填充–强调文字颜色 1”选项，如图 7-46 所示。

Step 08 可以看到设置后图表中的文字显示指定的艺术字样式效果，选中图表标题，如图 7-47 所示。

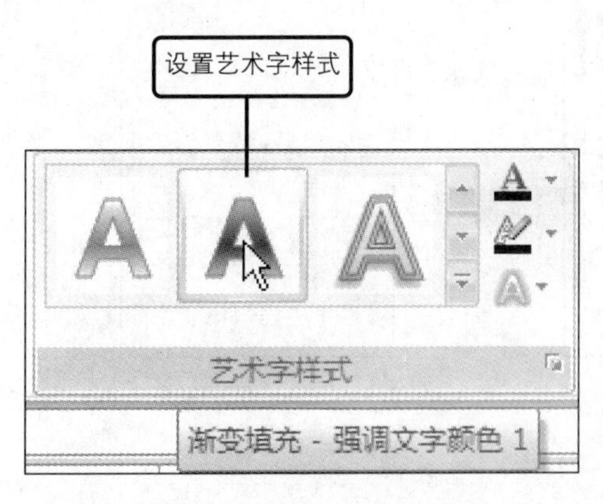

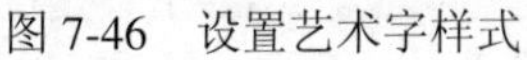

图 7-46　设置艺术字样式

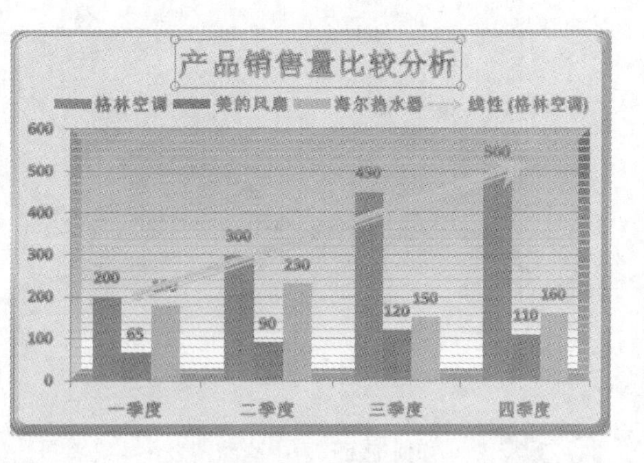

图 7-47　应用艺术字样式

问题 7-20：如何恢复图表使其显示默认的图表效果？

选中图表，在“格式”选项卡下的“当前所选内容”组中单击“重设以匹配样式”按钮，即可恢复图表到默认的图表效果，所有应用的格式效果将被删除。

Step 09 在“格式”选项卡下的“形状样式”组中单击“细微效果–强调颜色 5”选项，为图表标题设置格式效果，如图 7-48 所示。

Step 10 设置完成后，图表中的图表标题应用指定的样式效果，如图 7-49 所示。

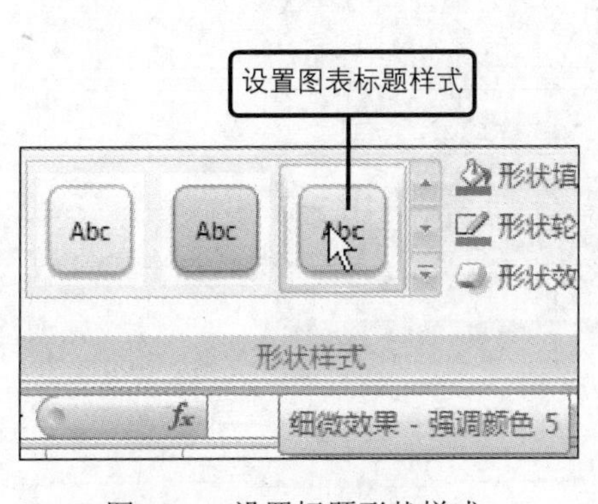

图 7-48　设置标题形状样式

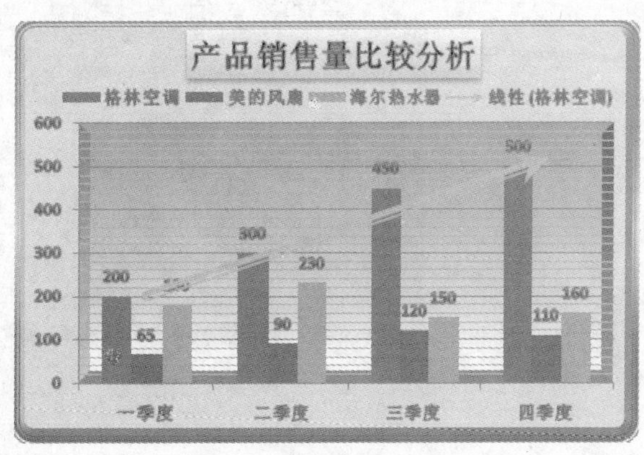

图 7-49　应用形状样式效果

Step 11 选定图表，将鼠标放置在其边框位置处，当鼠标光标呈双向箭头时，拖动以调整图表的大小，如图 7-50 所示。

Step 12 用户也可以在“格式”选项卡下的“大小”组中精确设置图表的高度和宽度数值，从而根据需要指定图表的大小，如图 7-51 所示。

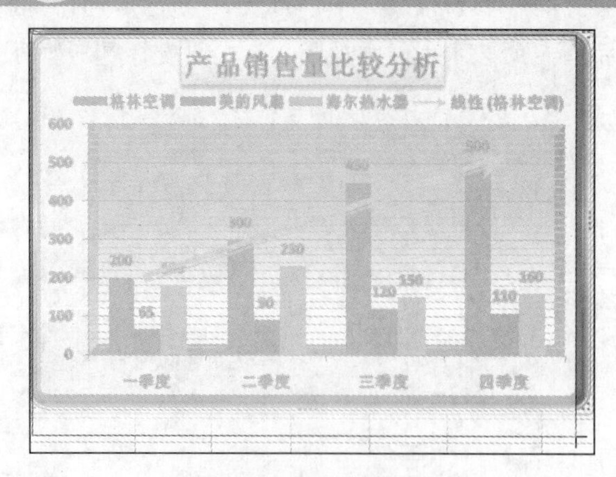

图 7-50　调整图表大小

图 7-51　确定设置图表大小

问题 7-21：　如何在工作表中隐藏图表？

在“格式”选项卡下单击“排列”组中的“选择窗格”按钮，打开“选择和可见性”窗格，在“工作表中的图形”列表框中选择需要隐藏的图表，并单击其右侧的小眼睛按钮，使其不显示，即可设置在工作表中隐藏图表。

Step 13 完成图表的设置，查看制作完成后的图表效果，如图 7—52 所示。

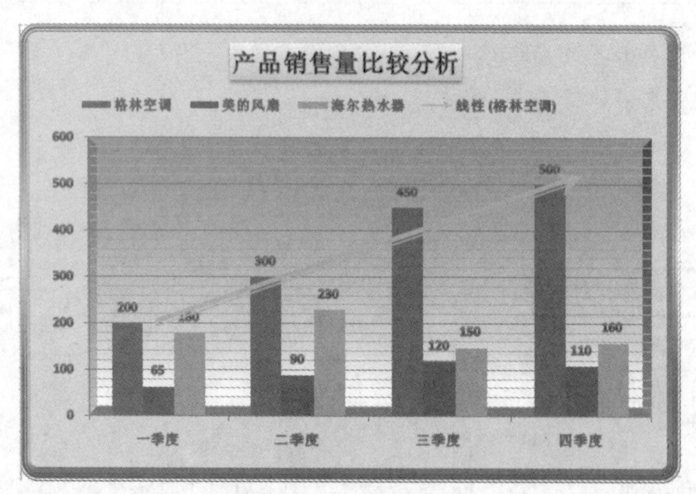

图 7-52　查看图表效果

7.5　实例提高：创建销售情况分析图表

本章主要为用户介绍了如何创建与设置图表，在分析表格数据时，有效地使用图表可使数据信息达到更好的表达效果。本例将为用户介绍如何在已有工作表中创建销售情况分析图表，使用柱形图和折线图结合的方法，将不同的数据系列以不同的数据类型展示在同一个图表中，并使用格式设置功能使制作的图表更加美观。

原始文件： 第 7 章\原始文件\销售情况分析.xlsx

最终文件： 第 7 章\最终文件\销售情况分析.xlsx

Step 01 打开原始文件“销售情况分析.xlsx”，创建图表的源数据区域 A2:C8 单元格区域，如图 7-53 所示。

Step 02 切换到“插入”选项卡下，单击“图表”组中的“柱形图”按钮，在展开的列表中单击“簇状柱形图”选项，如图 7-54 所示。

	A	B	C
1	上半年销售情况		
2	销售月份	销售量	百分比
3	1月	3600	13%
4	2月	7800	27%
5	3月	5000	17%
6	4月	3000	10%
7	5月	2800	10%
8	6月	6400	22%
9			
10			

图 7-53 选定图表源数据

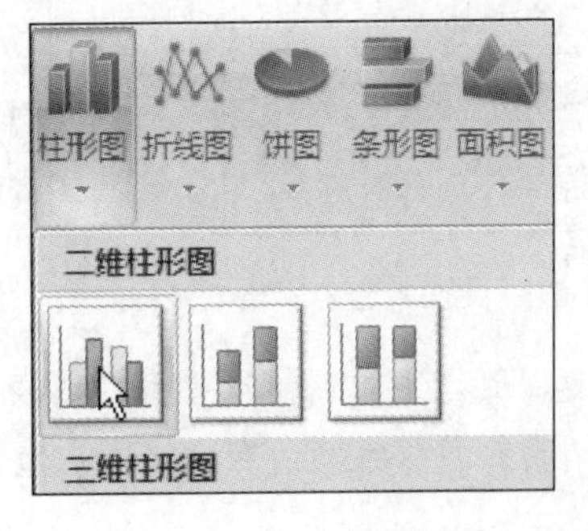

图 7-54 插入柱形图

Step 03 在工作表中生成由选定数据创建的图表，如图 7-55 所示。

Step 04 由于销售量与百分比数据系列的值相差太多，因此在图表中无法显示百分比数据系列，因此用户可以设置将其显示在次坐标轴中。首先，在图表工具“布局”选项卡下的“当前所选内容”组中单击“图表元素”下拉列表按钮，在展开的列表中单击“系列‘百分比’”选项，如图 7-56 所示。

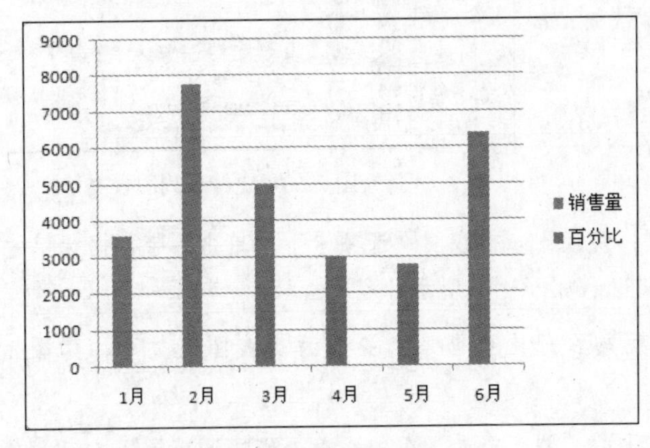

图 7-55 生成图表

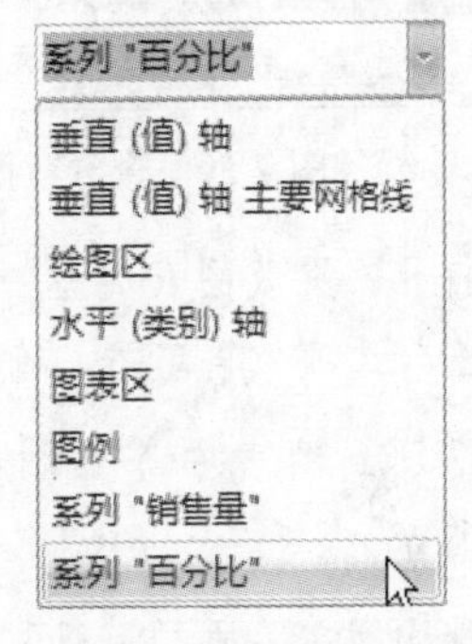

图 7-56 选择图表元素

Step 05 选定需要设置的图表对象后，再单击该组中的“设置所选内容格式”按钮，如图 7-57 所示。

Step 06 打开“设置数据系列格式”对话框，切换到“系列选项”选项卡下，设置“系列重叠”为“-100%”，分类间距为“500%”，选择“次坐标轴”单选按钮，如图 7-58 所示。

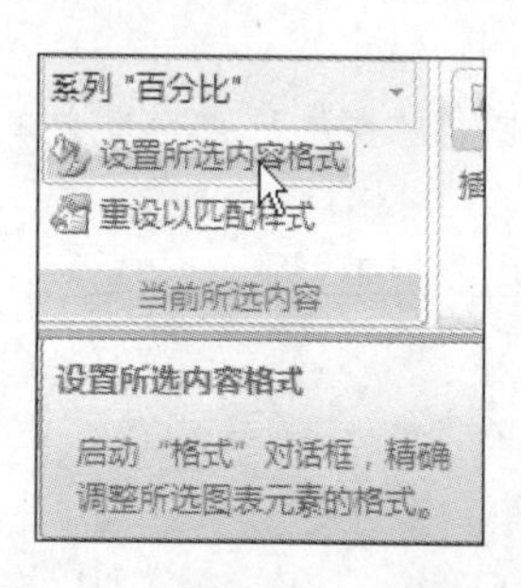

图 7-57 设置所选内容格式

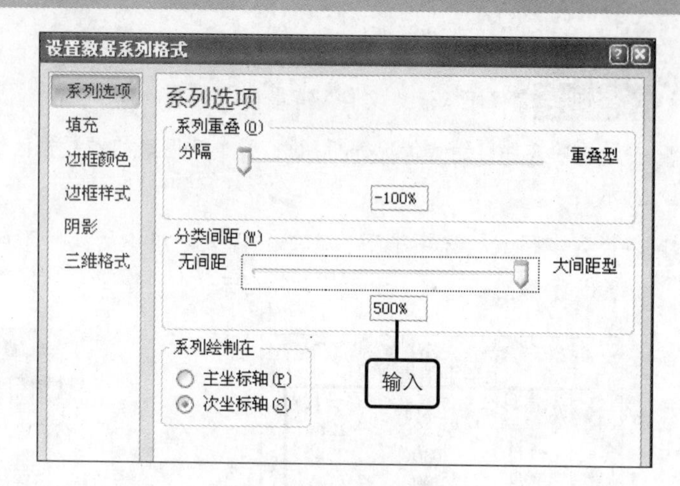

图 7-58 设置系列选项

Step 07 返回到图表中，可以看到在图表中同时显示百分比数据系列，用户可以在图表中同时查看两个数据系列的变化情况，如图 7-59 所示。

Step 08 在百分比数据系列位置上方右击，在弹出的快捷菜单中单击"更改系列图表类型"命令，如图 7-60 所示。

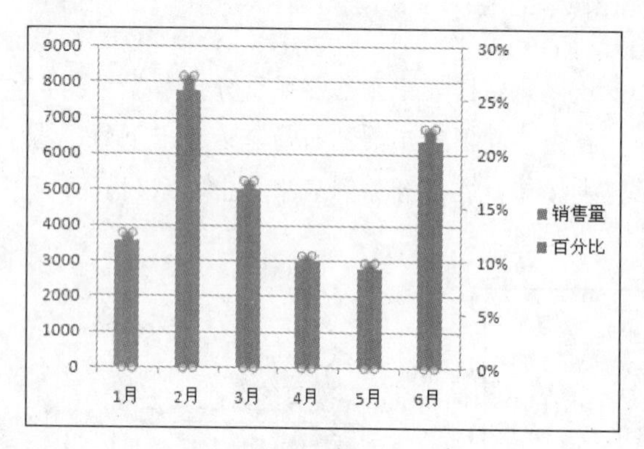

图 7-59 查看数据系列

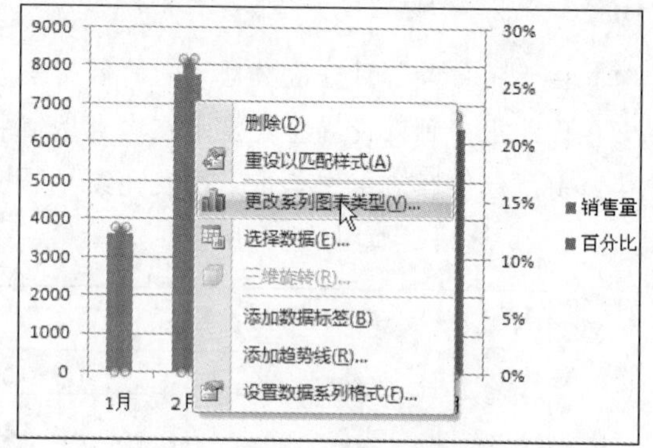

图 7-60 更改系列图表类型

Step 09 打开"更改图表类型"对话框，切换到"折线图"选项卡下，单击"带数据标记的折线图"选项，再单击"确定"按钮，如图 7-61 所示。

Step 10 返回到图表中，可以看到选定的百分比数据系列更改为折线图表类型，如图 7-62 所示。

Step 11 选中图表，在"设计"选项卡下的"图表布局"组中，单击"快速布局"按钮，在展开的列表中单击"布局 10"选项，如图 7-63 所示。

Step 12 返回到图表中，图表显示指定的布局效果，并在图表标题文本框中输入需要添加的标题文本内容，如图 7-64 所示。

图 7-61 选择图表类型

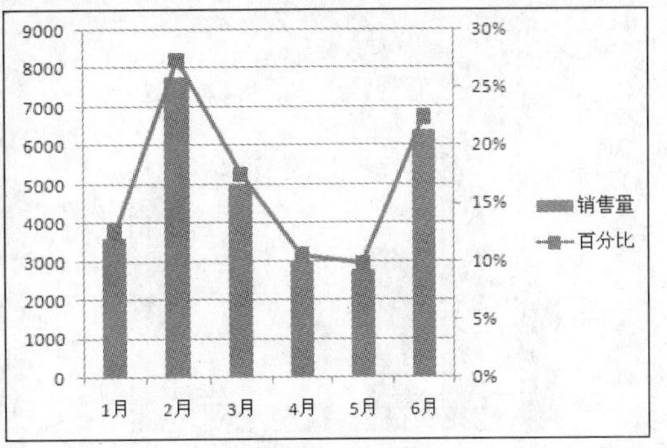

图 7-62 查看图表类型

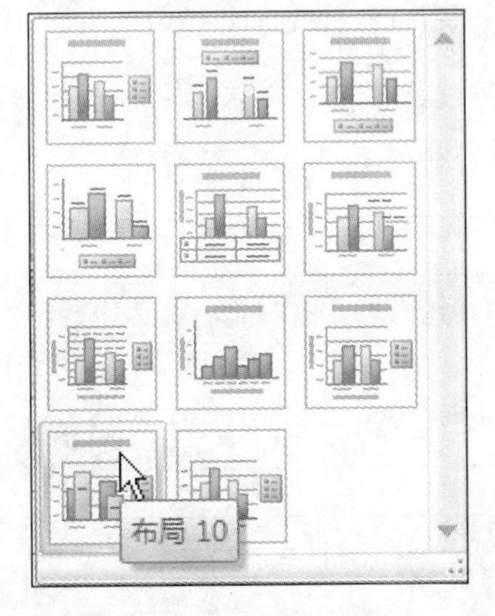

图 7-63 设置图表布局

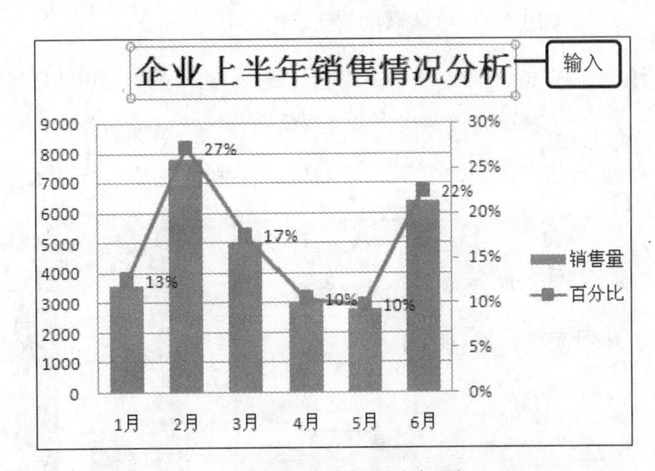

图 7-64 编辑图表标题

Step 13 切换到“设计”选项卡下，单击“位置”组中的“移动图表”按钮，如图 7–65 所示。

Step 14 打开“移动图表”对话框，选择“新工作表”单选按钮，并输入新工作表名称，再单击“确定”按钮，如图 7–66 所示。

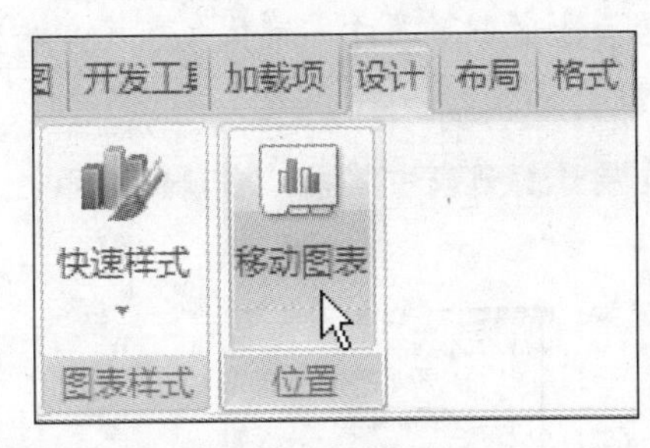

图 7-65 移动图表

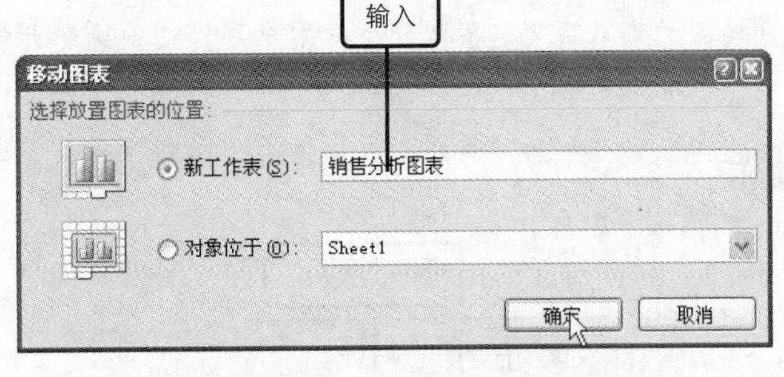

图 7-66 设置图表位置

Step 15 返回到工作簿窗口中，可以看到图表被移动到新的工作表中，如图 7–67 所示。

Step 16 选中图表，在“格式”选项卡下单击“形状样式”组中的“浅色 1 轮廓，彩色填充–强调颜色 3”选项，如图 7–68 所示。

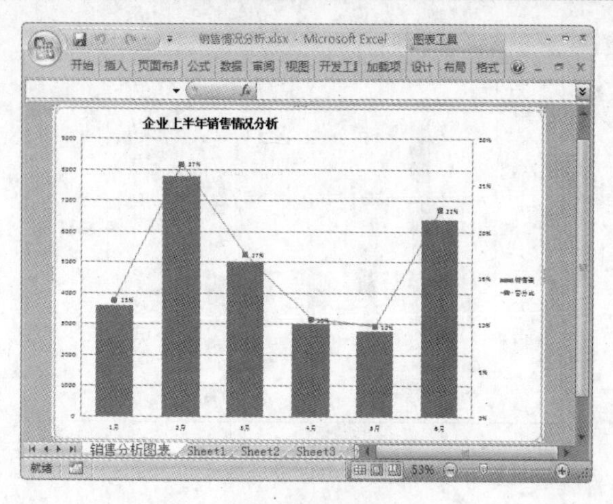

图 7-67　图表移动到新工作表中

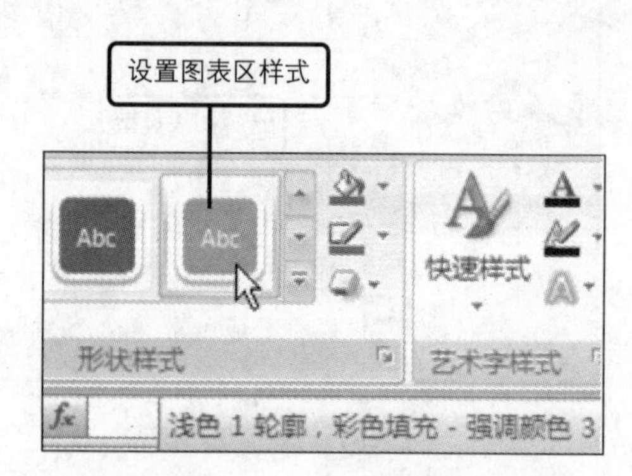

图 7-68　设置图表样式

Step 17 在“格式”选项卡下单击“艺术字样式”组中的“快速样式”按钮，在展开的列表中单击“填充－强调文字颜色 3，轮廓－文本 2”选项，如图 7－69 所示。

Step 18 返回到图表中，可以看到图表中的文字显示为艺术字样式效果，如图 7－70 所示。

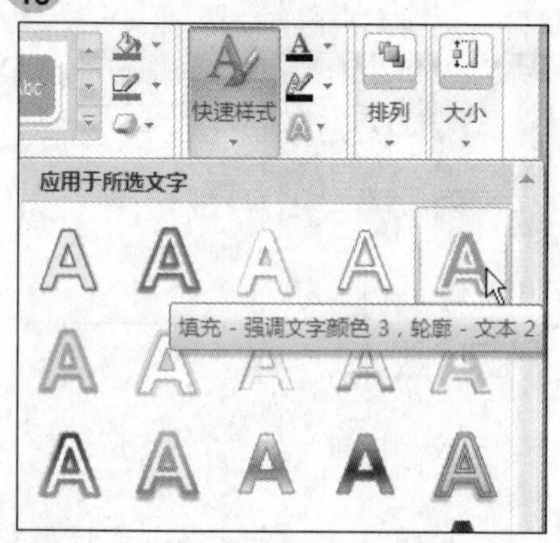

图 7-69　设置艺术字样式

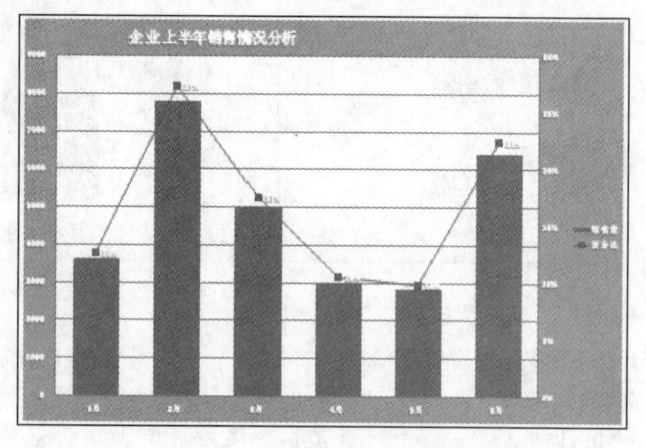

图 7-70　文字显示艺术字效果

Step 19 由于艺术字文本字体较小，用户可以切换到“开始”选项卡下，在“字体”组中单击“增加字号”按钮，将其设置为“18”号，如图 7－71 所示。

Step 20 切换到“布局”选项卡下，单击“图例”按钮，在展开的列表中单击“在顶部显示图例”选项，如图 7－72 所示。

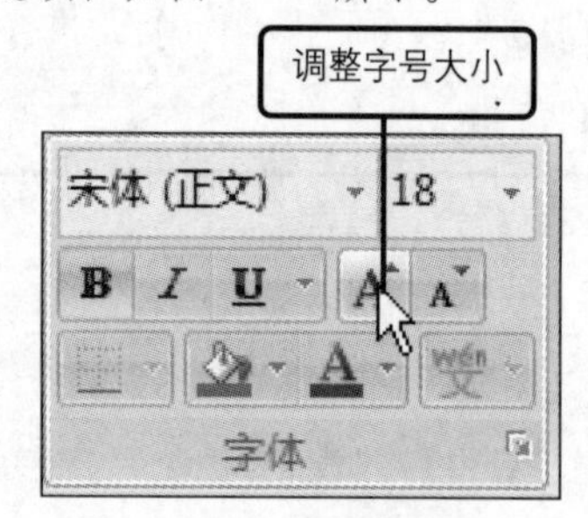

图 7-71　增加字号

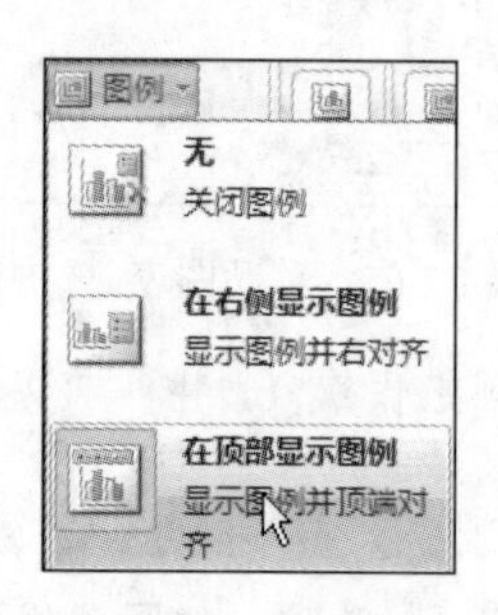

图 7-72　设置图例

Step 21 图例显示在图表上方，选中图表中百分比数据系列标签内容，设置其字体颜色效果，如图 7–73 所示。

Step 22 选中图表绘图区并右击，在弹出的快捷菜单中单击“设置绘图区格式”命令，如图 7–74 所示。

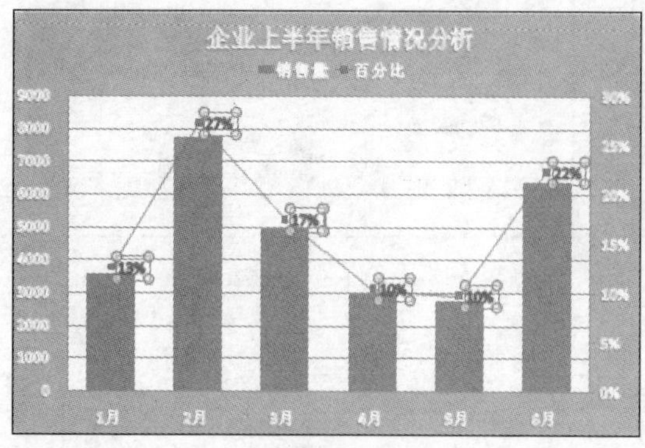

图 7-73　设置数据标签字体格式

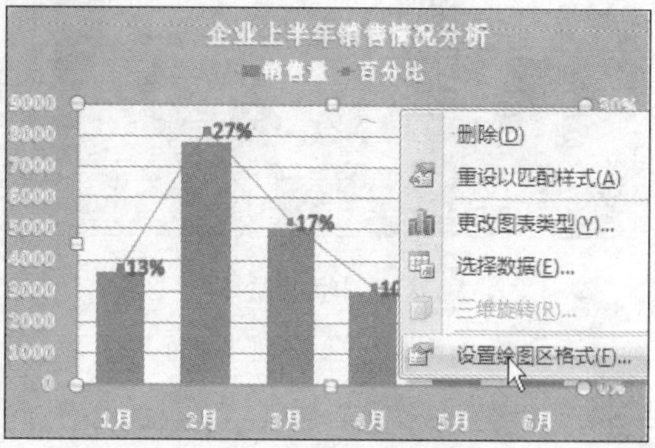

图 7-74　设置绘图区格式

Step 23 打开“设置绘图区格式”对话框，切换到“填充”选项卡下，选择“渐变填充”单选按钮，并单击“预设颜色”下拉列表按钮，在展开的列表中单击“羊皮纸”选项，如图 7–75 所示。

Step 24 切换到“三维格式”选项卡下，单击“顶端”下拉列表按钮，在展开的列表中单击“硬边缘”选项，如图 7–76 所示。

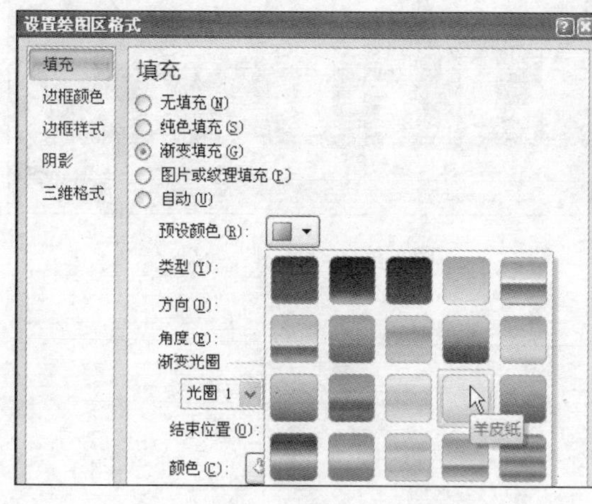

图 7-75　设置填充效果

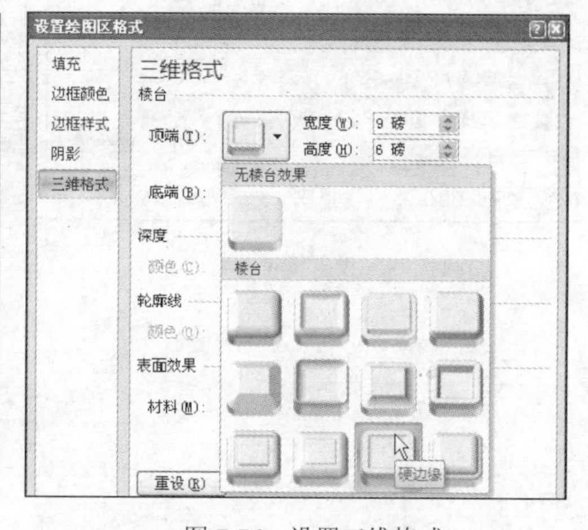

图 7-76　设置三维格式

Step 25 设置完成后，返回到图表中查看绘图区格式效果。选中图表中销售量数据系列，如图 7–77 所示。

Step 26 在“格式”选项卡下单击“形状样式”组中的“形状效果”按钮，在展开的列表中单击“预设”选项，并单击“预设 2”选项，如图 7–78 所示。

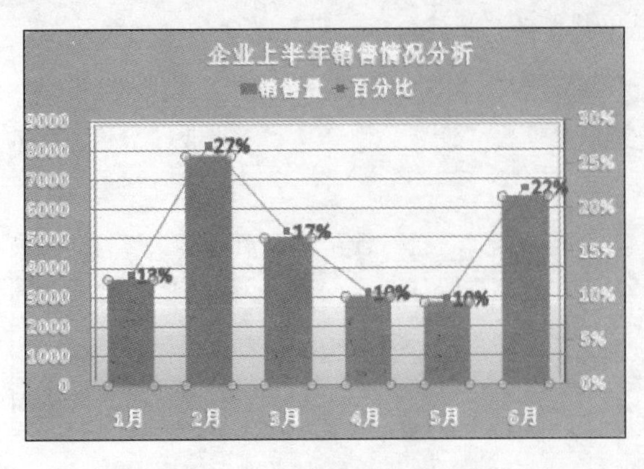

图 7-77　选中销售量数据系列

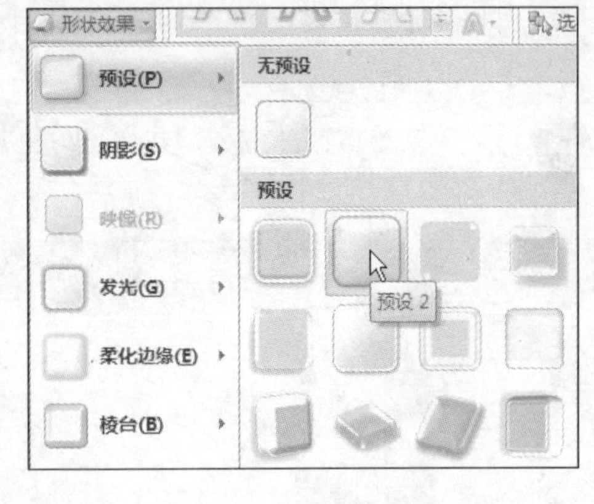

图 7-78　设置形状效果

Step 27 在“布局”选项卡下的“坐标轴”组中，单击“网格线”按钮，在展开的列表中单击“主要横网格线”选项，并单击“无”选项，如图 7-79 所示。

Step 28 设置完成后，用户可以查看制作的图表效果，如图 7-80 所示，也可以根据需要再进一步设置图表的格式效果。

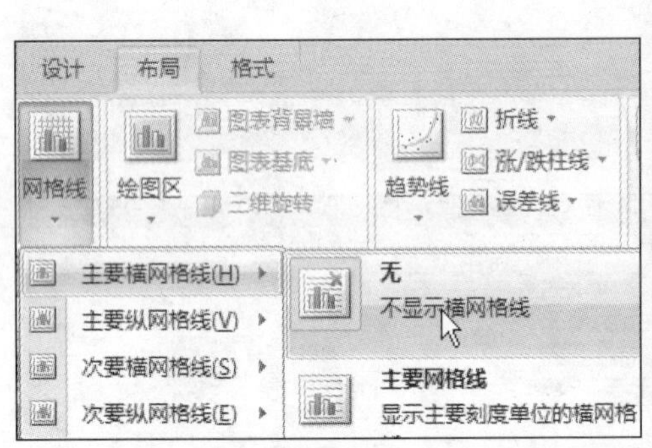

图 7-79　设置横网格线

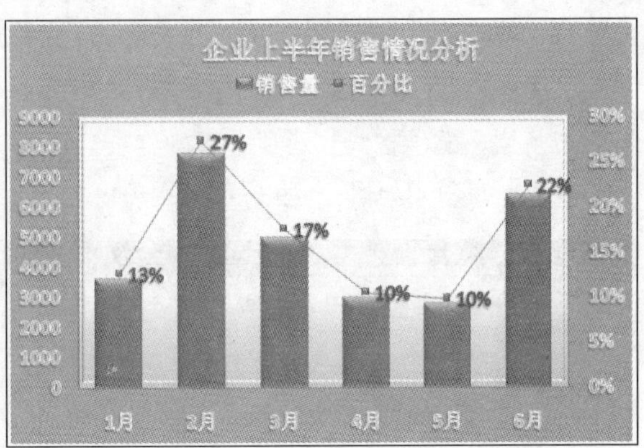

图 7-80　查看图表效果

Excel 的高效数据处理功能

Excel 为用户提供高效数据处理功能，用户可以使用多种不同的数据分析与处理功能来快速对表格中的数据信息进行统计与分析。当用户需要大量更改数据内容时，可以使用查找与替换功能；当用户需要将表格数据进行重新排列时，可以使用排序功能；当表格中数据较为繁杂时，可以使用筛选功能筛选满足条件的数据信息。用户还可以使用数据透视表和数据透视图功能来快速分析表格中的数据，并使用其自带的各项功能对数据进行排序、筛选等设置。

8.1 数据的查找与替换

用户在编辑表格的过程中，常常会因为输入了大量的错误数据信息，而需要进行修改，如果手动进行查找与更正，则显得较为烦琐，并大幅增加了工作量。Excel 为用户提供了查找与替换功能，用户可以指定需要查找的数据内容，再根据需要进行替换操作，从而简化了查找与替换的过程，提高工作效率。

原始文件： 第 8 章\原始文件\数据处理.xlsx

最终文件： 第 8 章\最终文件\数据的查找和替换.xlsx

Step 01 打开原始文件“数据处理.xlsx”，在表格中已输入企业收款相关项目数据信息，如图 8-1 所示。

Step 02 切换到“开始”选项卡下，在“编辑”组中单击“查找和选择”按钮，在展开的列表中单击“查找”选项，如图 8-2 所示。

	A	B	C	D
1	客户代码	客户名称	应收账款金额	已付定金
2	k0001	奇声实业	230000	30000
3	k0002	仁和春天百货	16800	6000
4	k0003	富贵集团	17800	5000
5	k0004	明威公司	16800	16800
6	k0005	风凡集团	56000	38000
7	k0006	星星实业	3800	3800
8	k0007	罗天胜集团	36500	6500
9	k0008	摩尔百盛	56000	56000
10	k0009	万达集团	62000	2000
11	k0010	怡东公司	320000	200000
12	k0011	王府井百货	5000	5000
13	k0012	太平洋百货	50000	25000

图 8-1　查看表格

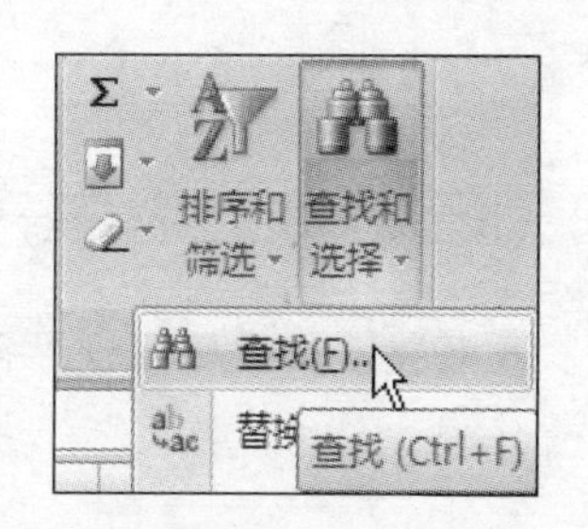

图 8-2　使用查找功能

问题 8-1：	如何快速打开“查找与替换”对话框？

在 Excel 应用程序中，按下键盘中的快捷键【Ctrl+F】，即可快速打开“查找和替换”对话框。

Step 03 打开“查找和替换”对话框，在“查找”选项卡下的“查找内容”文本框中输入需要查找的数据内容，如“星星实业”，再单击“查找下一个”按钮，如图 8-3 所示。

Step 04 返回到表格中，可以看到查找数据内容所在的单元格呈选中状态，如图 8-4 所示。

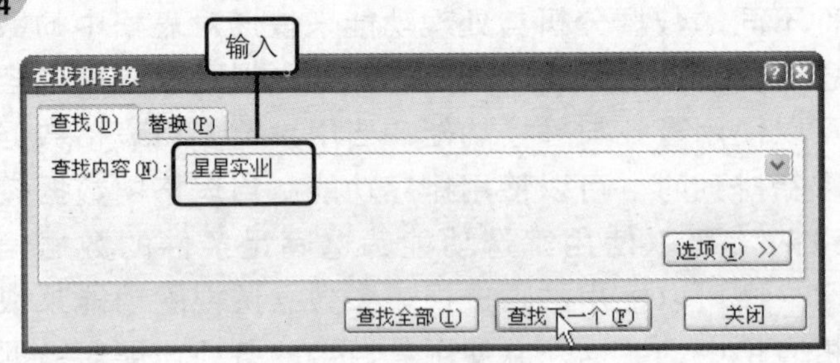

图 8-3　设置查找内容

	A	B
1	客户代码	客户名称
2	k0001	奇声实业
3	k0002	仁和春天百货
4	k0003	富贵集团
5	k0004	明威公司
6	k0005	风凡集团
7	k0006	星星实业
8	k0007	罗天胜集团

图 8-4　选定查找数据

问题 8-2：	如何查找全部的数据信息，并以列表的形式显示查找结果？

打开“查找和替换”对话框，在“查找内容”文本框中输入需要查找的内容，再单击“查找全部”按钮，即可在该对话框中显示所有的查找信息，用户可以查看不同数据所在的单元格位置。

Step 05 切换到“替换”选项卡下，在“替换为”文本框中输入需要替换的数据内容，再单击“选项”按钮，如图 8-5 所示。

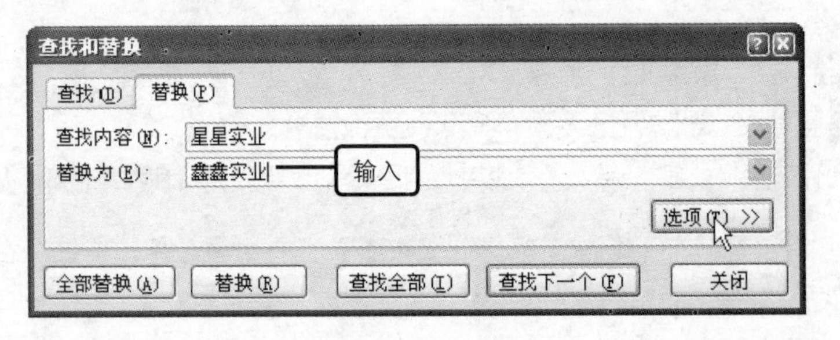

图 8-5　设置替换内容

Step 06 展开“选项”设置区域，单击“替换为”文本框后的“格式”按钮，如图 8-6 所示。

问题 8-3：	如何指定在整个工作簿中进行数据的查找与替换？

打开“查找和替换”对话框，设置需要查找与替换的内容，并单击“选项”按钮，展开选项设置区域，单击“范围”下拉列表按钮，在展开的列表中单击“工作簿”选项即可。

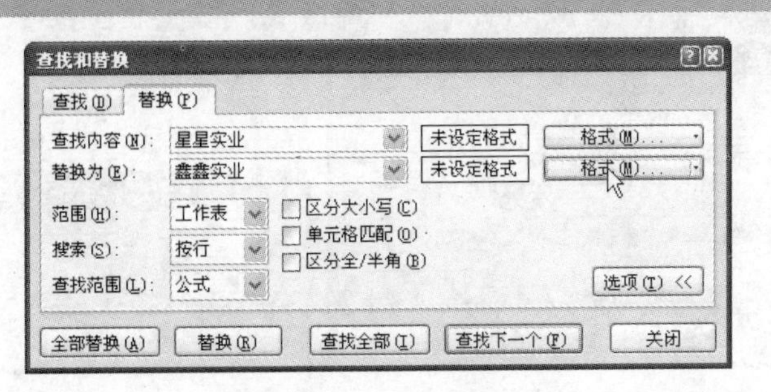

图 8-6　设置替换格式

Step 07 打开“替换格式”对话框，切换到“字体”选项卡下，设置字形为“加粗”，字体颜色为“红色”，如图 8–7 所示。

Step 08 切换到“填充”选项卡下，设置背景色为“浅红”，再单击“确定”按钮，如图 8–8 所示。

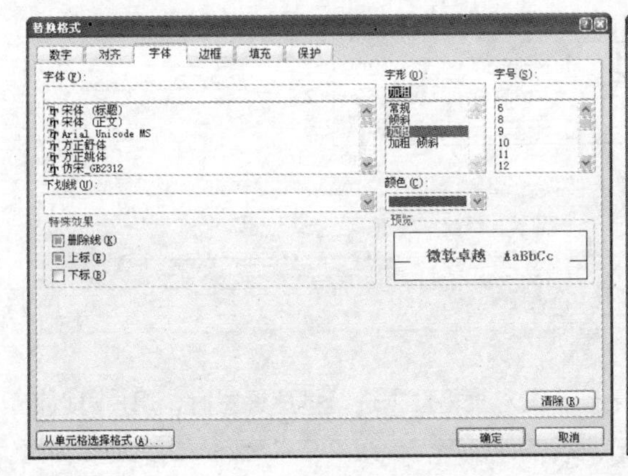

图 8-7　设置字体格式

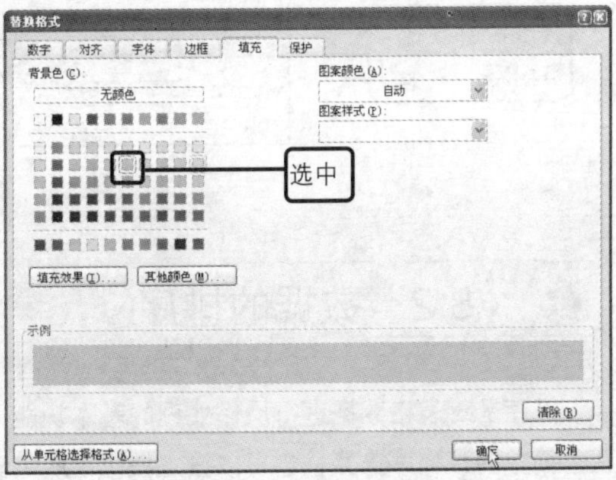

选中

图 8-8　设置填充颜色

问题 8-4：　如何逐个替换查找的数据？

在“查找和替换”对话框中设置查找与替换内容，再单击“查找下一个”按钮，确定需要替换时，再单击“替换”按钮，接着重复执行这样的操作，对工作表中的数据进行依次替换即可。

Step 09 返回到“查找和替换”对话框中的“替换”选项卡下，此时可以预览设置替换的格式效果，再单击“全部替换”按钮，如图 8–9 所示。

Step 10 替换完成后，Excel 会弹出提示对话框，提示用户替换完成并统计替换的次数，单击“确定”按钮，如图 8–10 所示。

问题 8-5：　如何对单元格中的数据内容进行清除但保留原格式效果？

选中需要清除内容的单元格，在“开始”选项卡下的“编辑”组中单击“清除”按钮，在展开的列表中单击“清除内容”选项即可。

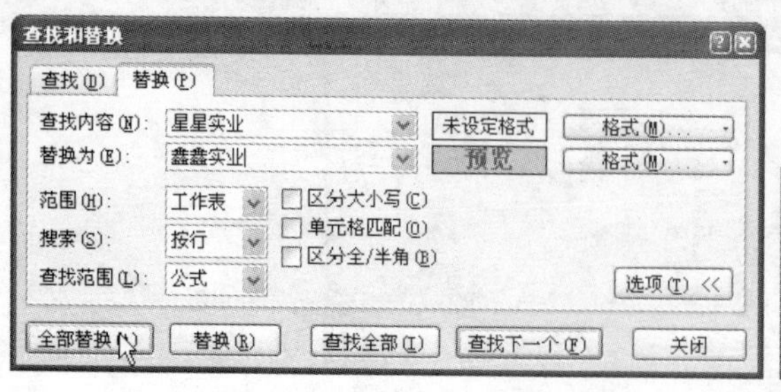

图 8-9　全部替换

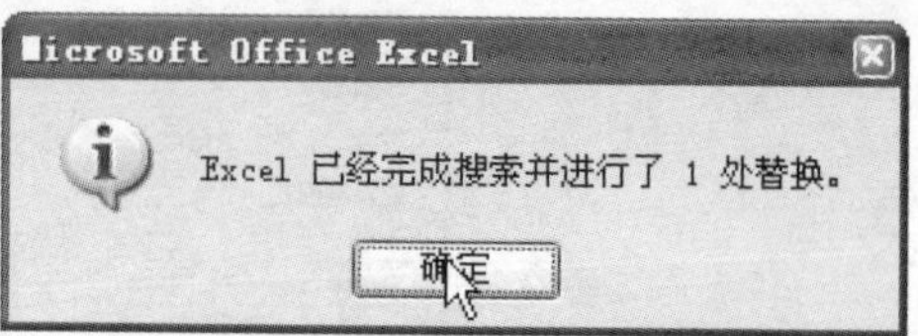

图 8-10　完成替换

Step 11 返回到工作表中，可以看到查找的数据按指定的替换格式进行替换，如图 8–11 所示。

客户代码	客户名称	应收账款金额	已付定金
k0001	奇声实业	230000	30000
k0002	仁和春天百货	16800	6000
k0003	富贵集团	17800	5000
k0004	明威公司	16800	16800
k0005	风凡集团	56000	38000
k0006	鑫鑫实业	3800	3800
k0007	罗天胜集团	36500	6500
k0008	摩尔百盛	56000	56000

图 8-11　显示替换结果

8.2　数据的排序

排序是对表格数据进行操作处理的基本功能之一。在对表格数据进行排序设置时，用户可以设置为简单的升降序排列，也可以设置按指定的方式进行条件排序，如果表格中含有自定义的序列内容，则可以设置按自定义的序列内容进行排序，下面为用户介绍几种不同的数据排序方法。

8.2.1　升降序排列设置

当表格中含有大量数据内容时，常常需要根据不同数据将表格进行重新排序，以方便用户对表格数据的查询与浏览。在对表格数据进行排序时，用户可以直接使用排序功能中的升序与降序设置，快速的对表格数据进行重新排列。

原始文件： 第 8 章\原始文件\数据处理.xlsx

Step 01 打开原始文件“数据处理.xlsx”，选定需要排序列的任意单元格，如需要对 C 列数据进行排序，选中 C2 单元格，如图 8–12 所示。

Step 02 切换到“数据”选项卡下，在“排序和筛选”组中单击“升序”按钮，如图 8–13 所示。

问题 8-6：如何为单元格文本添加拼音内容？

选中需要添加拼音的单元格，在“开始”选项卡下的“字体”组中单击“显示或隐藏拼音字段”右侧的下拉列表按钮，在展开的列表中单击“编辑拼音”选项，并在拼音编辑区域输入需要添加的拼音即可。

	A	B	C	D
1	客户代码	客户名称	应收账款金额	已付定金
2	k0001	奇声实业	230000	30
3	k0002	仁和春天百货	16800	6
4	k0003	富贵集团	17800	5000
5	k0004	明威公司	16800	16800
6	k0005	风凡集团	56000	38000
7	k0006	星星实业	3800	3800
8	k0007	罗天胜集团	36500	6500
9	k0008	摩尔百盛	56000	56000
10	k0009	万达集团	62000	2000
11	k0010	怡东公司	320000	200000
12	k0011	王府井百货	5000	5000
13	k0012	太平洋百货	50000	25000

指定排序列

图 8-12　指定排序的列

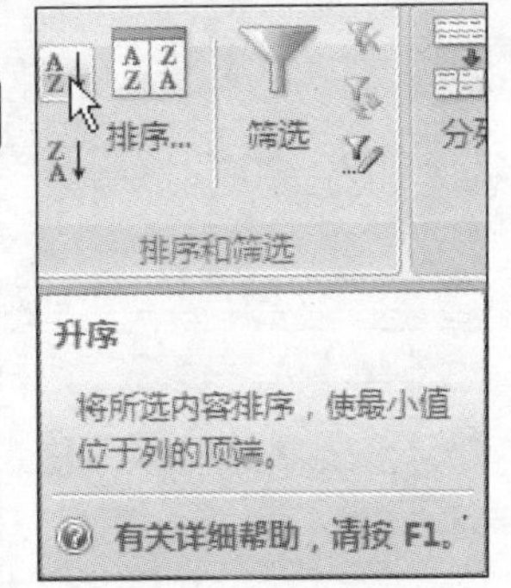

图 8-13　设置升序

Step 03 设置完成后返回到表格中，可以看到表格中的数据按应收账款金额从低到高进行重新排列，如图 8–14 所示。

Step 04 如果用户还需要将表格设置按已付定金的降序进行排列，则选中 D2 单元格，如图 8–15 所示。

客户代码	客户名称	应收账款金额	已付定金
k0006	星星实业	3800	3800
k0011	王府井百货	5000	5000
k0002	仁和春天百货	16800	6000
k0004	明威公司	16800	16800
k0003	富贵集团	17800	5000
k0007	罗天胜集团	36500	6500
k0012	太平洋百货	50000	25000
k0005	风凡集团	56000	38000
k0008	摩尔百盛	56000	56000
k0009	万达集团	62000	2000
k0001	奇声实业	230000	30000
k0010	怡东公司	320000	200000

图 8-14　显示排序结果

	A	B	C	D
1	客户代码	客户名称	应收账款金额	已付定金
2	k0006	星星实业	3800	3800
3	k0011	王府井百货	5000	5000
4	k0002	仁和春天百货	16800	6000
5	k0004	明威公司	16800	16800
6	k0003	富贵集团	17800	5000
7	k0007	罗天胜集团	36500	6500
8	k0012	太平洋百货	50000	25000
9	k0005	风凡集团	56000	38000
10	k0008	摩尔百盛	56000	56000
11	k0009	万达集团	62000	2000
12	k0001	奇声实业	230000	30000
13	k0010	怡东公司	320000	200000

图 8-15　指定排序的列

问题 8-7：　如何减少单元格数据的小数位数？

选中需要设置的单元格，在“开始”选项卡下的“数字”组中，单击“减少小数位数”按钮，进行小数位数的调整即可。

Step 05 切换到“数据”选项卡下，在“排序和筛选”组中单击“降序”按钮，如图 8–16 所示。

Step 06 设置完成后返回到表格中，可以看到表格数据按已付定金的降序进行重新排列，如图 8–17 所示。

问题 8-8：　如何设置单元格数据显示斜体效果？

选中需要设置的单元格，在“开始”选项卡下单击“字体”组中的“倾斜”按钮，设置字体显示斜体效果。

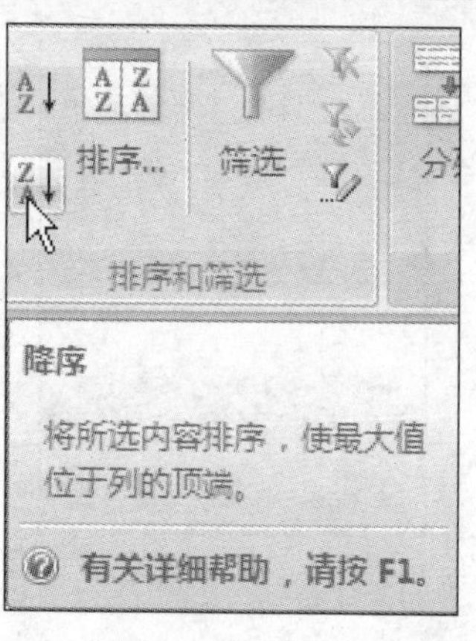

图 8-16　设置降序

客户代码	客户名称	应收账款金额	已付定金
k0010	怡东公司	320000	200000
k0008	摩尔百盛	56000	56000
k0005	风凡集团	56000	38000
k0001	奇声实业	230000	30000
k0012	太平洋百货	50000	25000
k0004	明威公司	16800	16800
k0007	罗天胜集团	36500	6500
k0002	仁和春天百货	16800	6000
k0011	王府井百货	5000	5000
k0003	富贵集团	17800	5000
k0006	星星实业	3800	3800
k0009	万达集团	62000	2000

图 8-17　显示排序结果

8.2.2　按指定方式进行条件排序

用户除了可以对表格中的数据进行简单的升序与降序排列设置外，还可以使用条件排序功能，设置表格数据按指定的排序方式进行重新排序。条件排序功能使排序设置更加完善，用户可以根据需要设置表格数据按指定的方式进行排列。

原始文件： 第 8 章\原始文件\数据处理.xlsx

最终文件： 第 8 章\最终文件\按条件排序数据.xlsx

Step 01 打开原始文件“数据处理.xlsx”，选中表格中的任意单元格，切换到“数据”选项卡下，在“排序和筛选”组中单击“排序”按钮，如图 8–18 所示。

Step 02 打开“排序”对话框，单击“主要关键字”下拉列表按钮，在展开的列表中单击“应收账款金额”选项，如图 8–19 所示。

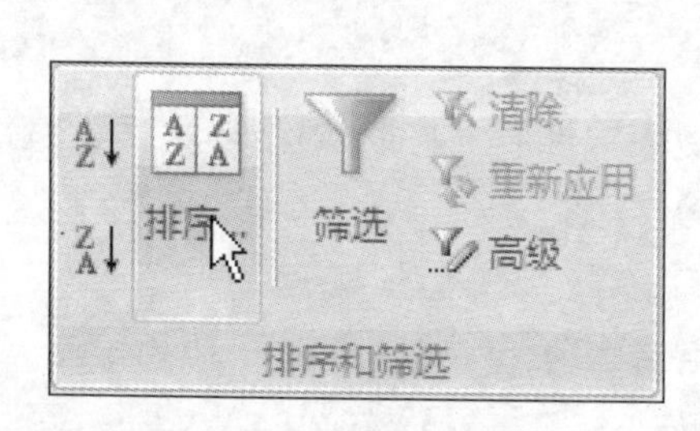

图 8-18　设置排序

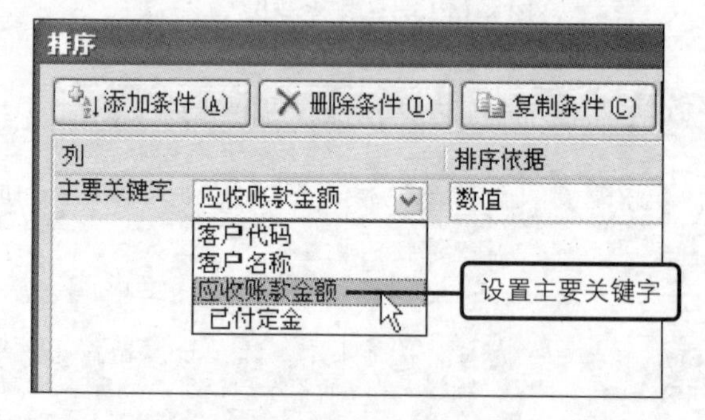

图 8-19　设置主要关键字

问题 8-9： 如何删除已有的排序条件？

打开“排序”对话框，如果需要删除已设置的条件内容，则选中需要删除的条件，再单击“删除条件”按钮即可。

Step 03 设置排序依据为“数值”，并单击“次序”下拉列表按钮，在展开的列表中单击“降序”选项，如图 8–20 所示。

Step 04 设置完成主要关键字条件后，再单击“添加条件”按钮，如图 8-21 所示。

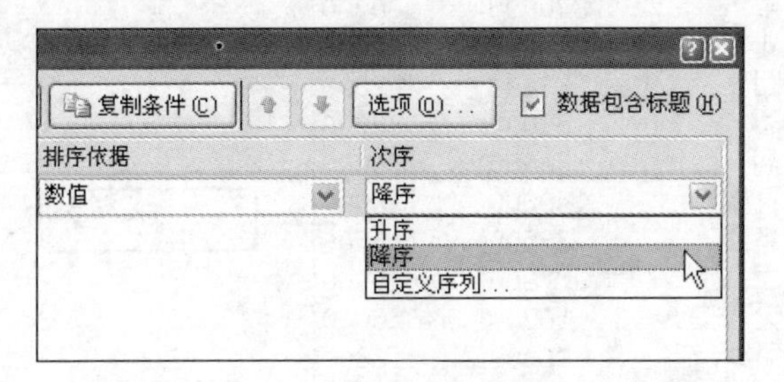

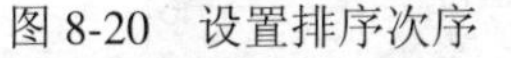

图 8-20 设置排序次序

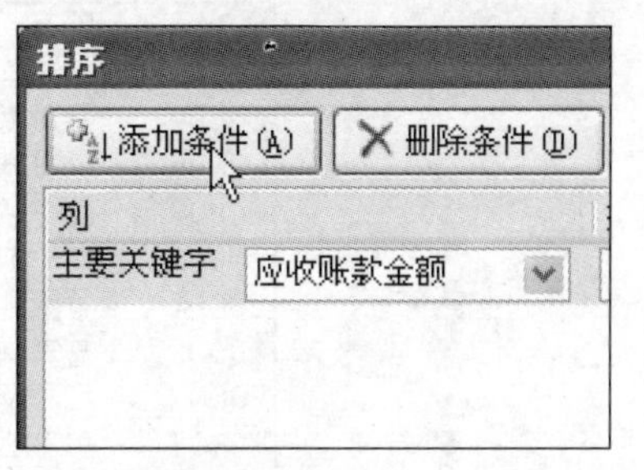

图 8-21 添加条件

问题 8-10: 如何设置按行排序？

当表格中的数据按列分类显示时，如果需要对表格进行排序设置，可以打开“排序”对话框，单击“选项”按钮，在打开的对话框中选择“按行排序”单选按钮，再单击“确定”按钮即可。

Step 05 设置“次要关键字”为“客户代码”，排序依据为“数值”，次序为“升序”，再单击“确定”按钮，如图 8-22 所示。

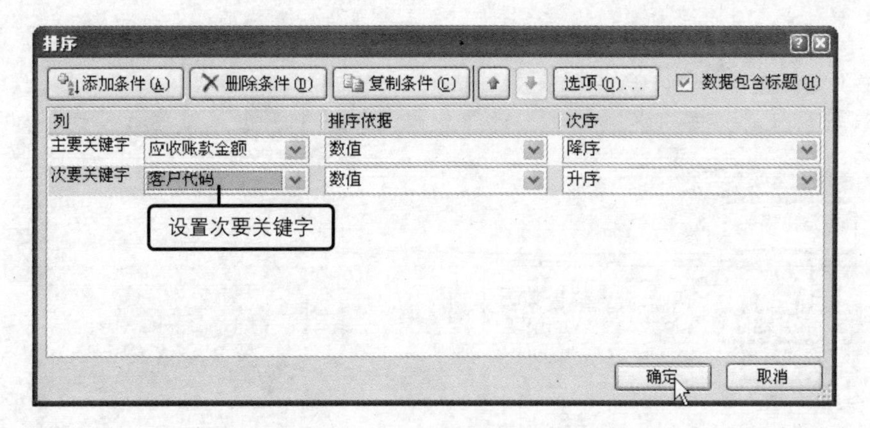

图 8-22 设置次要关键字

问题 8-11: 如何添加“第三关键字”排序条件？

当用户设置了主要关键字和次要关键字排序条件后，如果还可能存在含有重复数据信息的情况，则可以在“排序”对话框中再次单击“添加条件”按钮，设置“第三关键字”排序条件。

Step 06 返回到表格中，可以看到表格数据按指定的排序方式进行重新排列，如图 8-23 所示。

客户代码	客户名称	应收账款金额	已付定金
k0010	怡东公司	320000	200000
k0001	奇声实业	230000	30000
k0009	万达集团	62000	2000
k0005	风凡集团	56000	38000
k0008	摩尔百盛	56000	56000
k0012	太平洋百货	50000	25000
k0007	罗天胜集团	36500	6500
k0003	富贵集团	17800	5000
k0002	仁和春天百货	16800	6000
k0004	明威公司	16800	16800
k0011	王府井百货	5000	5000
k0006	星星实业	3800	3800

显示排序结果

图 8-23 显示排序结果

8.2.3 自定义序列内容排序

用户可以设置表格按自定义的序列方式进行重新排序。使用自定义序列功能，便于用户对表格进行特定方式的序列排序，下面介绍其具体的操作与设置方法。

原始文件： 第 8 章\原始文件\自定义序列排序.xlsx

最终文件： 第 8 章\最终文件\自定义序列排序.xlsx

Step 01 打开原始文件“自定义序列排序.xlsx”，单击需要进行排列的任意单元格，如单击 A2 单元格，如图 8-24 所示。

Step 02 切换到“数据”选项卡下，在“排序和筛选”组中单击“排序”按钮，如图 8-25 所示。

指定排序列

	A	B	C
1	产品名称	单价	销售数量
2	美好火腿肠	￥2.5	600
3	香香面包	￥4.5	5420
4	洽洽瓜子	￥5.6	8400
5	吉吉果冻	￥3.2	3000
6	南溪豆干	￥1.8	8700

图 8-24 指定排序列

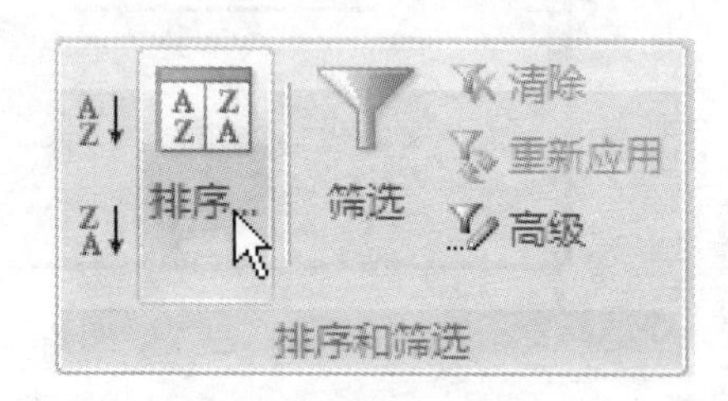

图 8-25 设置排序

Step 03 打开“排序”对话框，设置主要关键字为“产品名称”，单击“次序”下拉列表按钮，在展开的列表中单击“自定义序列”选项，如图 8-26 所示。

问题 8-12： 如何使用已有的自定义序列进行排序？

打开“排序”对话框，设置主要关键字及排序依据，再单击“次序”下拉列表按钮，在展开的列表中单击“自定义序列”选项，在打开的“自定义序列”列表中选择需要使用的序列，再单击“确定”按钮。

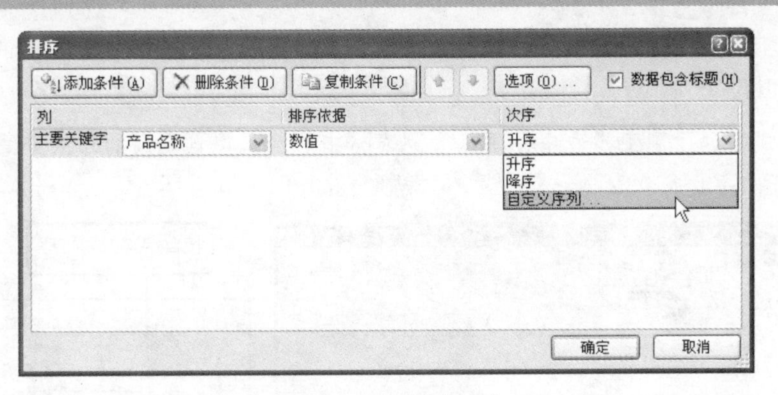

图 8-26　设置排序次序

Step 04 打开“自定义序列”对话框，在“输入序列”列表框中输入自定义的排序序列内容，再单击“添加”按钮，如图 8-27 所示。

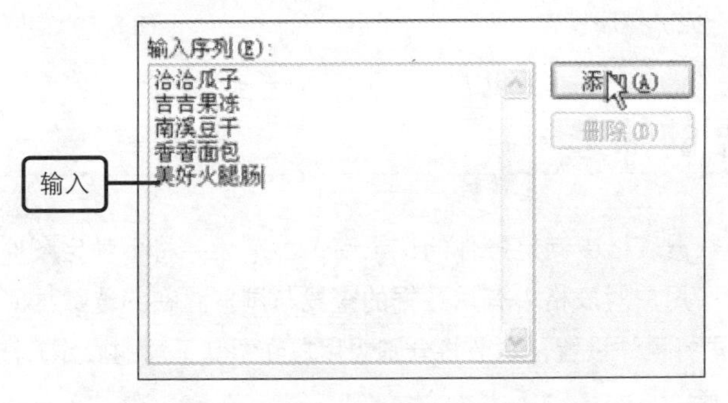

图 8-27　自定义排序序列

Step 05 返回到“自定义序列”对话框中，添加的序列显示在“自定义序列”列表框中，再单击“确定”按钮，如图 8-28 所示。

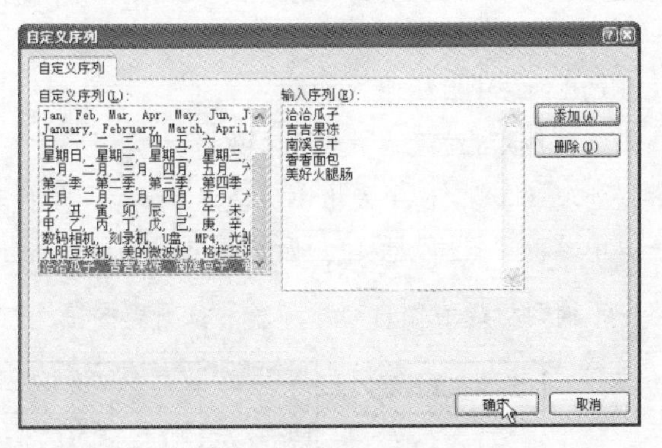

图 8-28　完成序列添加

问题 8-13：　如何设置数据按字体颜色进行排序？

选中需要排序的列，打开“排序”对话框，设置主要关键字，并单击“排序依据”下拉列表按钮，在展开的列表中选择“字体颜色”选项，并设置次序方式即可。

Step 06 返回到“排序”对话框中，设置次序按自定义的序列进行排序后，再单击“确定”按钮，如图 8-29 所示。

Step 07 设置完成后返回到工作表中，可以看到表格中的数据按自定义的序列方式进行重新排列，如图 8-30 所示。

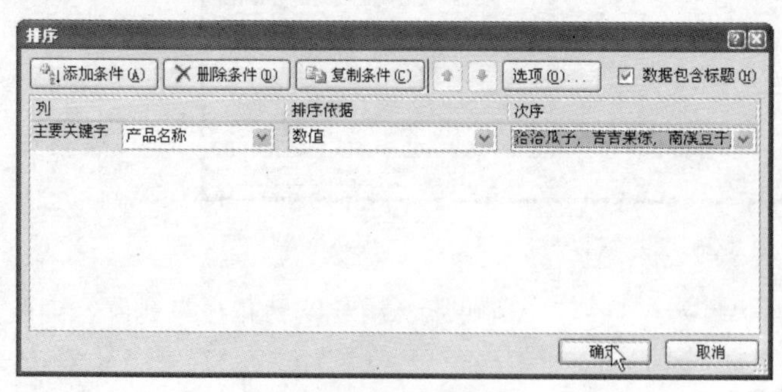

图 8-29　完成排序设置

按自定义方式排序

	A	B	C
1	产品名称	单价	销售数量
2	洽洽瓜子	￥5.6	8400
3	吉吉果冻	￥3.2	3000
4	南溪豆干	￥1.8	8700
5	香香面包	￥4.5	5420
6	美好火腿肠	￥2.5	600
7			

图 8-30　重新排序数据

8.3　数据的筛选

数据筛选功能用于将数据表格中满足条件的记录筛选出来，并将不满足条件的数据记录暂时隐藏。筛选功能大大方便了用户对表格中有用数据的查找与浏览。在筛选数据时，用户可以使用自动筛选及高级筛选功能进行操作设置，本节将分别为用户介绍其不同的操作方法。

8.3.1　自动筛选最大五项数据

Excel 为用户提供了自动筛选功能，用户可以为表格添加自动筛选按钮，并根据需要指定合适的筛选方法进行数据的筛选操作，下面为用户介绍如何使用自动筛选功能筛选表格中某列数据的最大五项数据内容。

原始文件： 第 8 章\原始文件\数据处理.xlsx

最终文件： 第 8 章\最终文件\自动筛选最大五项数据.xlsx

Step 01 打开原始文件“数据处理.xlsx”，选中表格中的任意单元格，切换到“数据”选项卡下，在“排序和筛选”组中单击“筛选”按钮，如图 8-31 所示。

Step 02 此时可以看到表格中不同列标题右侧自动添加了下拉列表按钮，如图 8-32 所示。

排序...　筛选　清除　重新应用　高级

排序和筛选

图 8-31　设置筛选

显示筛选按钮

客户代	客户名称	应收账款金	已付定
k0001	奇声实业	230000	30000
k0002	仁和春天百货	16800	6000
k0003	富贵集团	17800	5000
k0004	明威公司	16800	16800
k0005	风凡集团	56000	38000
k0006	星星实业	3800	3800
k0007	罗天胜集团	36500	6500
k0008	摩尔百盛	56000	56000
k0009	万达集团	62000	2000
k0010	怡东公司	320000	200000
k0011	王府井百货	5000	5000
k0012	太平洋百货	50000	25000

图 8-32　添加筛选按钮

问题 8-14：如何取消数据的自动筛选功能？

选中应用筛选功能的表格中任意单元格，在“排序和筛选”组中取消“筛选”按钮的选中状态即可。

Step 03 单击“应收账款金额”下拉列表按钮，在展开的列表中单击“数字筛选”选项，如图 8–33 所示。

Step 04 在展开的级联列表中单击“10 个最大的值”选项，如图 8–34 所示。

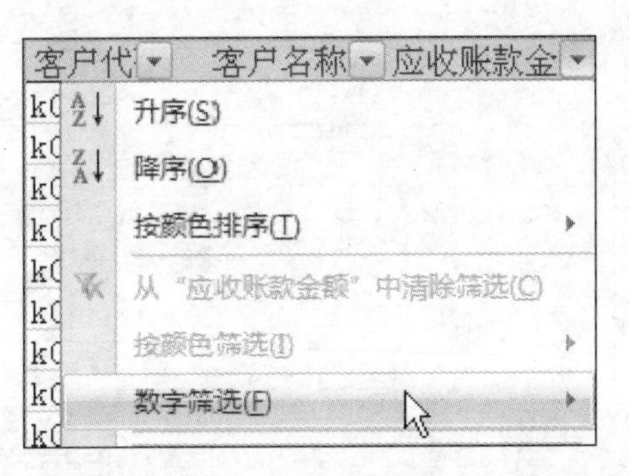

图 8-33　设置数字筛选

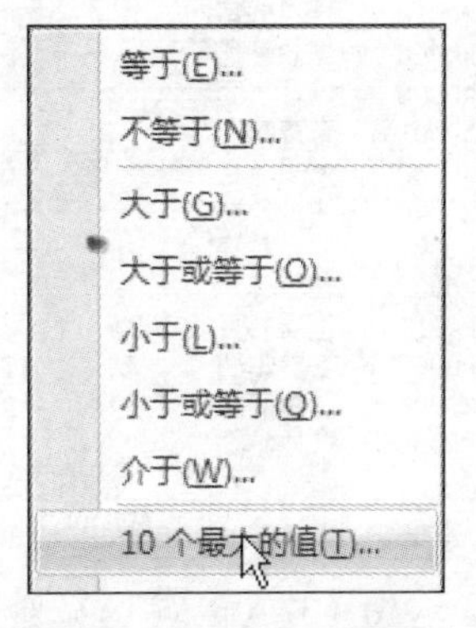

图 8-34　设置 10 个最大的值

问题 8-15：如何设置表格显示高于平均值的数据信息？

设置表格自动筛选功能，在需要设置的数据列标题右侧单击下拉列表按钮，在展开的列表中单击“数字筛选”选项，并单击“高于平均值”选项即可。

Step 05 打开“自动筛选前 10 个”对话框，设置显示为最大五项，再单击“确定”按钮，如图 8–35 所示。

Step 06 设置完成后，可以看到表格中仅显示应收账款金额最大五项数据内容，如图 8–36 所示。

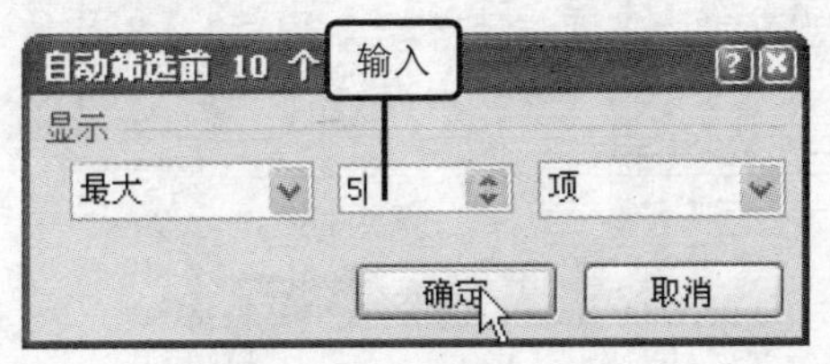

图 8-35　设置自动筛选

	A	B	C	D
1	客户代	客户名称	应收账款金	已付定
2	k0001	奇声实业	230000	30000
6	k0005	风凡集团	56000	38000
9	k0008	摩尔百盛	56000	56000
10	k0009	万达集团	62000	2000
11	k0010	怡东公司	320000	200000

图 8-36　显示筛选结果

8.3.2　自定义条件筛选指定数据

当用户需要设置表格在满足更多条件下的筛选结果时，则可以使用数据的高级筛选功能。设置表格在满足条件区域中相关条件内容的情况下，筛选满足条件的数据信息，下面为用户介绍其具体的操作与设置方法。

原始文件： 第 8 章\原始文件\数据处理.xlsx

最终文件： 第 8 章\最终文件\自定义条件筛选.xlsx

Step 01 打开原始文件“数据处理.xlsx”，在表格下方输入筛选条件内容，如图 8-37 所示。

Step 02 切换到“数据”选项卡下，在“排序和筛选”组中单击“高级”按钮，如图 8-38 所示。

	A	B	C	D
1	客户代码	客户名称	应收账款金额	已付定金
2	k0010	怡东公司	320000	200000
3	k0008	摩尔百盛	56000	56000
4	k0005	风凡集团	56000	38000
5	k0001	奇声实业	230000	30000
6	k0012	太平洋百货	50000	25000
7	k0004	明威公司	16800	16800
8	k0007	罗天胜集团	36500	6500
9	k0002	仁和春天百货	16800	6000
10	k0011	王府井百货	5000	5000
11	k0003	富贵集团	17800	5000
12	k0006	星星实业	3800	3800
13	k0009	万达集团	62000	2000
14	客户代码	客户名称	应收账款金额	已付定金
15			>50000	>30000

图 8-37 输入筛选条件

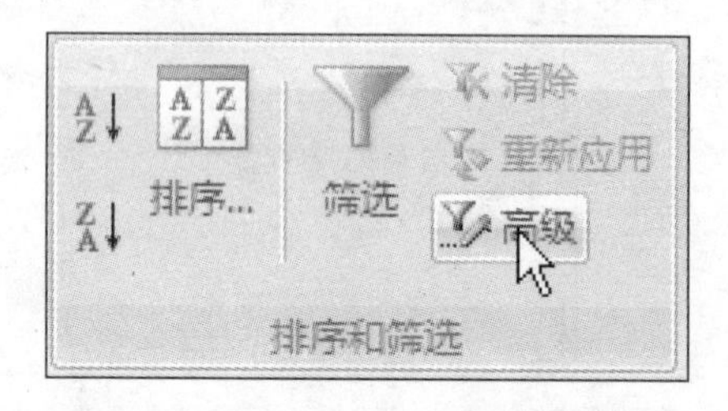

图 8-38 设置高级筛选

问题 8-16：如何设置表格数据自动换行显示？

选中需要设置的单元格，在“开始”选项卡下的“对齐方式”组中单击“自动换行”按钮，即可设置表数据在超出列宽时自动换行显示。

Step 03 打开“高级筛选”对话框，单击“列表区域”文本框后的折叠按钮，如图 8-39 所示。

Step 04 返回到工作表中，拖动鼠标选中 A1:D13 单元格区域，再单击“高级筛选-列表区域:”对话框后的折叠按钮，如图 8-40 所示。

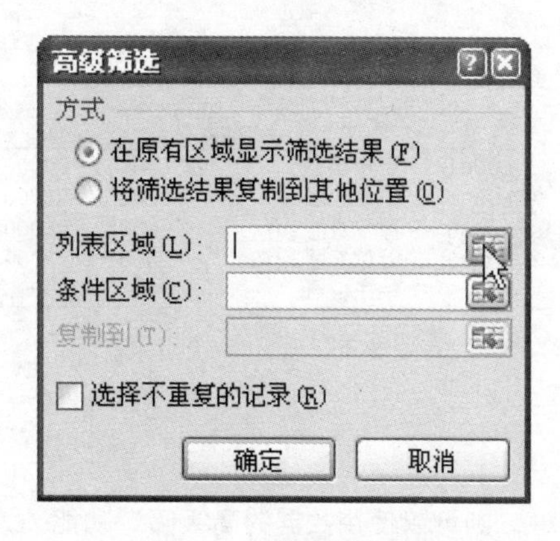

图 8-39 设置列表区域

	A	B	C	D
1	客户代码	客户名称	应收账款金额	已付定金
2	k0010	怡东公司	320000	200000
3	k0008	摩尔百盛	56000	56000
4	k0005	风凡集团	56000	38000
5	k0001	奇声实业	230000	30000
6	k0012	太平洋百货	50000	25000
7	k0004			6800
8	k0007			6500
9	k0002	仁和春天百货	16800	6000
10	k0011	王府井百货	5000	5000
11	k0003	富贵集团	17800	5000
12	k0006	星星实业	3800	3800
13	k0009	万达集团	62000	2000

高级筛选 - 列表区域:
Sheet1!$A$1:$D$13

图 8-40 选定列表区域

问题 8-17：如何设置在原表格区域显示高级筛选结果？

打开“高级筛选”对话框，设置“列表区域”及“条件区域”引用的单元格，在“方式”区域选择“在原有区域显示筛选结果”单选按钮，再单击“确定”按钮即可。

Step 05 返回到“高级筛选”对话框，单击“条件区域”文本框后的折叠按钮，如图 8-41 所示。

Step 06 返回到工作表中，拖动鼠标选中 A14:D15 单元格区域，再单击“高级筛选-条件区域”文本框后的折叠按钮，如图 8-42 所示。

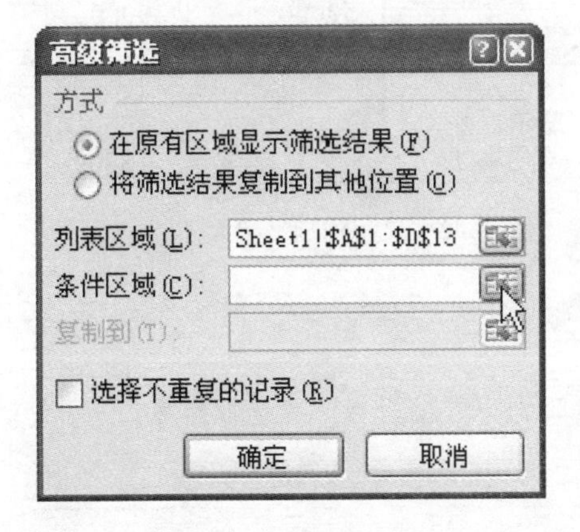

图 8-41 设置条件区域

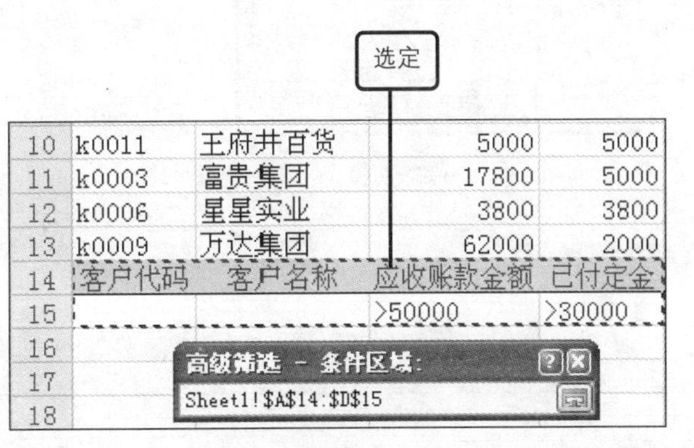

图 8-42 选定条件区域

问题 8-18：如何取消显示工作表中的网格线？

切换到“视图”选项卡下，在“显示/隐藏”组中取消选中“网格线”复选框即可。

Step 07 返回到“高级筛选”对话框，选择“将筛选结果复制到其他位置”单选按钮，再单击“复制到”文本框后的折叠按钮，如图 8-43 所示。

Step 08 在工作表中拖动鼠标选定 A16:D22 单元格区域，并单击“高级筛选-复制到”对话框后的折叠按钮，如图 8-44 所示。

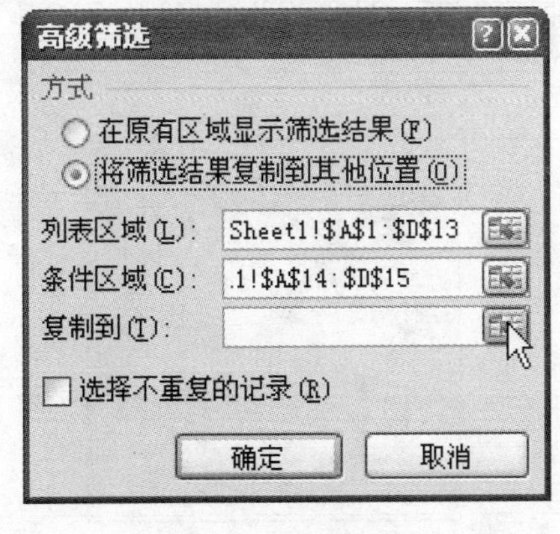

图 8-43 设置复制区域

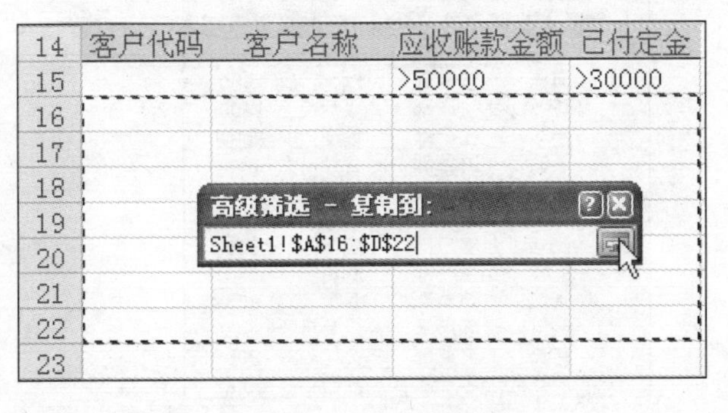

图 8-44 选定复制区域

Step 09 返回到“高级筛选”对话框，完成筛选设置后单击“确定”按钮，如图8-45所示。

Step 10 返回到工作表中，在选定的复制区域中显示数据的筛选结果，如图8-46所示。

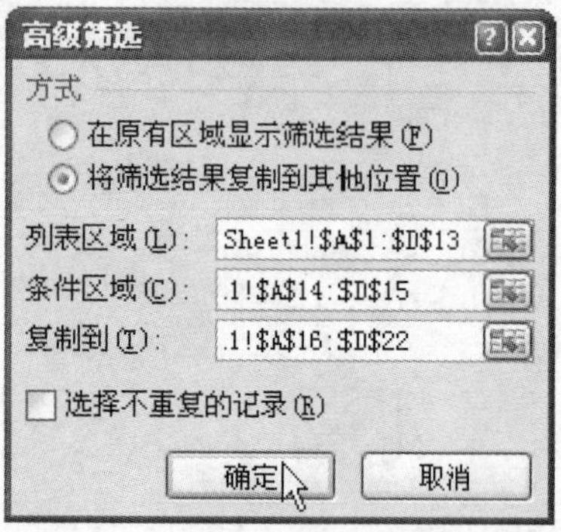

高级筛选

方式

○ 在原有区域显示筛选结果(F)

◉ 将筛选结果复制到其他位置(O)

列表区域(L): Sheet1!$A$1:$D$13

条件区域(C): .1!$A$14:$D$15

复制到(T): .1!$A$16:$D$22

☐ 选择不重复的记录(R)

确定 取消

图8-45 完成筛选设置

显示筛选结果

11	k0003	富贵集团	17800	5000
12	k0006	星星实业	3800	3800
13	k0009	万达集团	62000	2000
14	客户代码	客户名称	应收账款金额	已付定金
15			>50000	>30000
16	客户代码	客户名称	应收账款金额	已付定金
17	k0010	怡东公司	320000	200000
18	k0008	摩尔百盛	56000	56000
19	k0005	风凡集团	56000	38000

图8-46 显示筛选结果

问题8-19: 如何设置隐藏工作窗口中的编辑栏?

切换到“视图”选项卡下，在“显示/隐藏”组中取消选中“编辑栏”复选框即可。

8.4 分类汇总统计表格数据

当用户需要对表格中的数据按不同的类别进行汇总计算时，可以使用分类汇总功能进行操作设置。分类汇总是对数据表格中的数据进行统计管理的重要工具之一，可以快速地汇总各项数据，用户在使用分类汇总功能之前，需要注意的是首先将汇总的分类字段进行重新排序。

原始文件： 第8章\原始文件\分类汇总计算.xlsx

最终文件： 第8章\最终文件\分类汇总计算.xlsx

Step 01 打开原始文件“分类汇总计算.xlsx”，在所属部门列中单击任意单元格，设置指定该列数据进行重新排序，如图8-47所示。

Step 02 切换到“数据”选项卡下，在“排序和筛选”组中单击“升序”按钮，如图8-48所示。

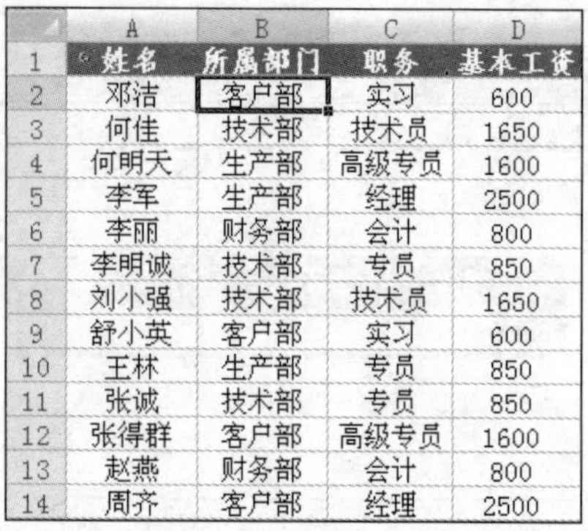

	A	B	C	D
1	姓名	所属部门	职务	基本工资
2	邓洁	客户部	实习	600
3	何佳	技术部	技术员	1650
4	何明天	生产部	高级专员	1600
5	李军	生产部	经理	2500
6	李丽	财务部	会计	800
7	李明诚	技术部	专员	850
8	刘小强	技术部	技术员	1650
9	舒小英	客户部	实习	600
10	王林	生产部	专员	850
11	张诚	技术部	专员	850
12	张得群	客户部	高级专员	1600
13	赵燕	财务部	会计	800
14	周齐	客户部	经理	2500

图8-47 指定排序列

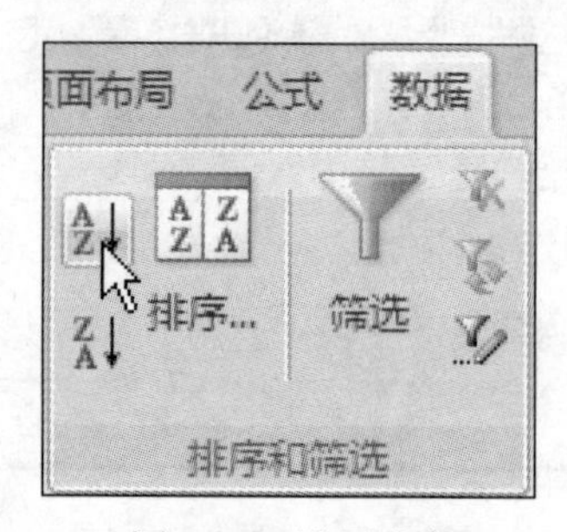

图8-48 设置升序

问题 8-20： 如何设置工作表的背景效果？

切换到“页面布局”选项卡下，在“页面设置”组中单击“背景”按钮，打开“工作表背景”对话框，选择需要插入的背景图片即可。

Step 03 此时可以看到表格中的数据按所属部门列中的数据进行重新排列，如图 8–49 所示。

Step 04 切换到“数据”选项卡下，在“分级显示”组中单击“分类汇总”按钮，如图 8–50 所示。

姓名	所属部门	职务	基本工资
李丽	财务部	会计	800
赵燕	财务部	会计	800
何佳	技术部	技术员	1650
李明诚	技术部	专员	850
刘小强	技术部	技术员	1650
张诚	技术部	专员	850
邓洁	客户部	实习	600
舒小英	客户部	实习	600
张得群	客户部	高级专员	1600
周齐	客户部	经理	2500
何明天	生产部	高级专员	1600
李军	生产部	经理	2500
王林	生产部	专员	850

图 8-49 数据重新排列

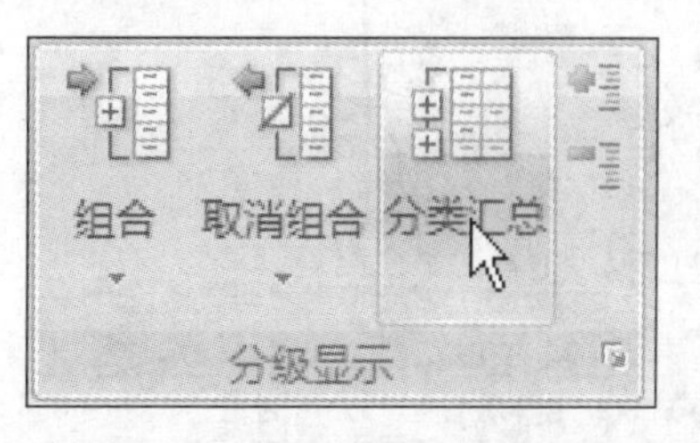

图 8-50 使用分类汇总功能

问题 8-21： 如何快速调整工作表的显示比例？

在工作簿窗口下方的状态栏中，拖动鼠标调整显示比例滑块，快速调整表格的显示比例效果。

Step 05 打开“分类汇总”对话框，单击“分类字段”下拉列表按钮，在展开的列表中单击“所属部门”选项，如图 8–51 所示。

Step 06 设置汇总方式为“求和”，选中“基本工资”复选框，再单击“确定”按钮，如图 8–52 所示。

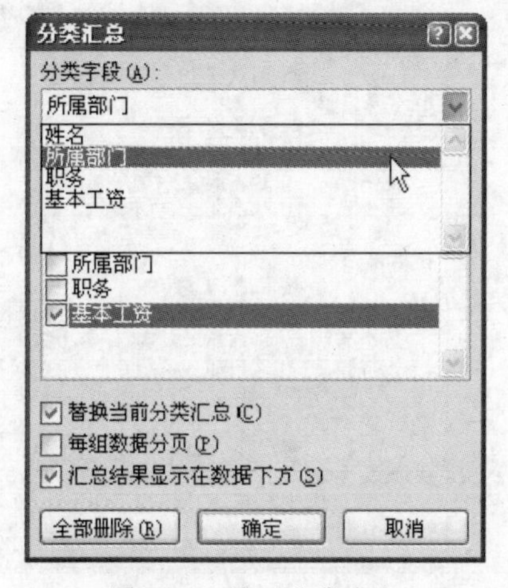

图 8-51 设置分类字段

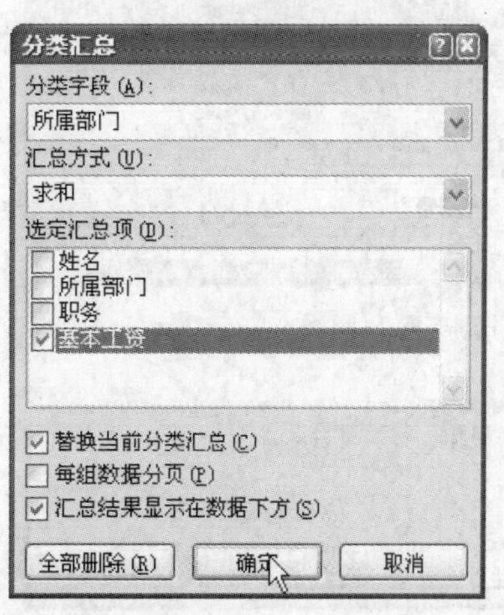

图 8-52 设置汇总方式和汇总项

问题 8-22： 如何取消表格的分类汇总计算结果？

打开“分类汇总”对话框，单击“全部删除”按钮，再单击“确定”按钮即可删除所有的分类汇总计算结果。

Step 07 在表格中显示分类汇总计算结果，用户可以看到表格按不同的所属部门对基本工资进行求和，如图 8-53 所示。

Step 08 在表格右侧单击折叠按钮，可将汇总计算明细数据进行显示与隐藏设置，如图 8-54 所示。

	A	B	C	D
1	姓名	所属部门	职务	基本工资
2	李丽	财务部	会计	800
3	赵燕	财务部	会计	800
4		财务部 汇总		1600
5	何佳	技术部	技术员	1650
6	李明诚	技术部	专员	850
7	刘小强	技术部	技术员	1650
8	张诚	技术部	专员	850
9		技术部 汇总		5000
10	邓洁	客户部	实习	600
11	舒小英	客户部	实习	600
12	张得群	客户部	高级专员	1600
13	周齐	客户部	经理	2500
14		客户部 汇总		5300
15	何明天	生产部	高级专员	1600
16	李军	生产部	经理	2500
17	王林	生产部	专员	850
18		生产部 汇总		4950
19		总计		16850

图 8-53　显示汇总计算结果

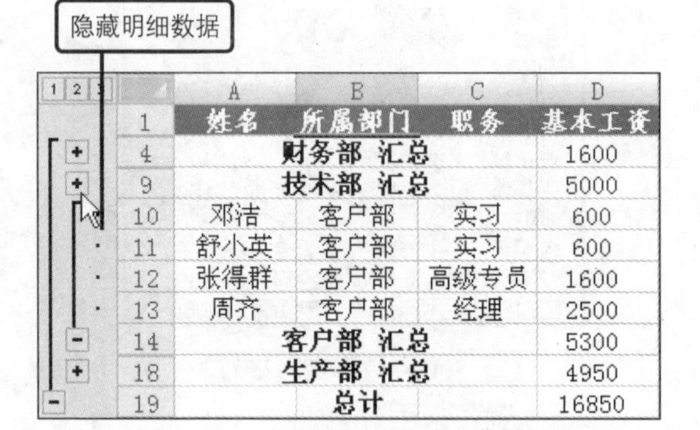

	A	B	C	D
1	姓名	所属部门	职务	基本工资
4		财务部 汇总		1600
9		技术部 汇总		5000
10	邓洁	客户部	实习	600
11	舒小英	客户部	实习	600
12	张得群	客户部	高级专员	1600
13	周齐	客户部	经理	2500
14		客户部 汇总		5300
18		生产部 汇总		4950
19		总计		16850

图 8-54　隐藏明细数据

Step 09 再次打开“分类汇总”对话框，设置汇总方式为“计数”，在“选定汇总项”列表框中选中“所属部门”和“基本工资”复选框，取消选中“替换当前分类汇总”复选框，再单击“确定”按钮，如图 8-55 所示。

Step 10 在表格中显示嵌套汇总计算结果，对所属部门和基本工资项进行计数，如图 8-56 所示。

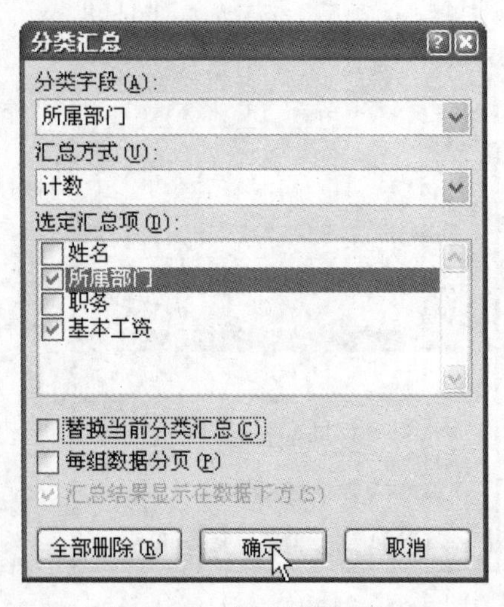

图 8-55　设置分类汇总

	A	B	C	D
1	姓名	所属部门	职务	基本工资
2	李丽	财务部	会计	800
3	赵燕	财务部	会计	800
4	财务部 计数	2		2
5		财务部 汇总		1600
6	何佳	技术部	技术员	1650
7	李明诚	技术部	专员	850
8	刘小强	技术部	技术员	1650
9	张诚	技术部	专员	850
10	技术部 计数	4		4
11		技术部 汇总		5000
12	邓洁	客户部	实习	600
13	舒小英	客户部	实习	600
14	张得群	客户部	高级专员	1600
15	周齐	客户部	经理	2500
16	客户部 计数	4		4
17		客户部 汇总		5300
21	生产部 计数	3		3
22		生产部 汇总		4950
23	总计数	16		13
24		总计		16850

图 8-56　显示嵌套汇总结果

8.5 创建数据透视表与数据透视图

在分析表格数据时，用户还可以使用 Excel 的数据透视表与数据透视图功能，设置需要查看的字段信息，并根据需要对字段进行排序、筛选等操作设置。同时用户还可以根据数据透视表来创建相应的数据透视图，使用图表来形象化的分析数据信息。

原始文件： 第 8 章\原始文件\分类汇总计算.xlsx

最终文件： 第 8 章\最终文件\数据透视表和数据透视图.xlsx

Step 01 打开原始文件“分类汇总计算.xlsx”，切换到“插入”选项卡下，在“表”组中单击“数据透视表”按钮，在展开的列表中单击“数据透视表”选项，如图 8-57 所示。

Step 02 打开“创建数据透视表”对话框，选择“选择一个表或区域”单选按钮，再单击“表/区域”文本框后的折叠按钮，如图 8-58 所示。

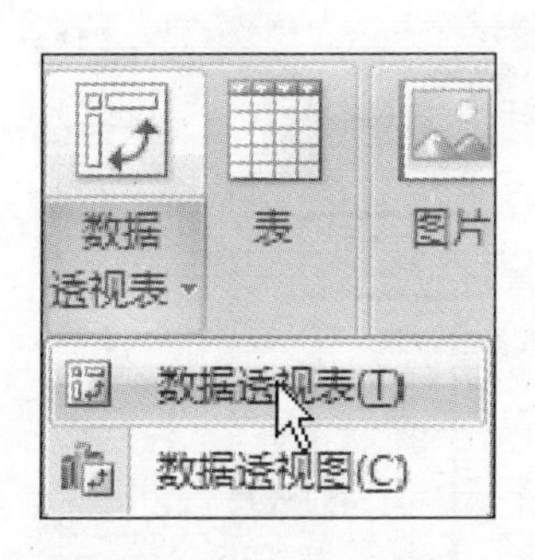

图 8-57　插入数据透视表

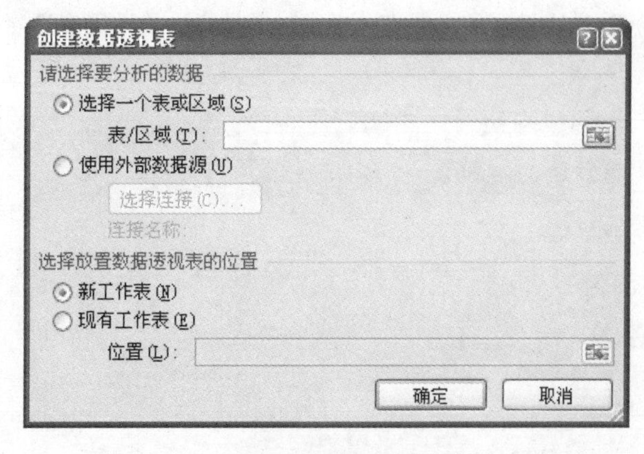

图 8-58　设置分析区域

问题 8-23：　如何设置在当前工作表中插入数据透视表？

打开“创建数据透视表”对话框，设置需要分析的数据区域，并选择“现有工作表”单选按钮，设置单元格引用位置，再单击“确定”按钮即可。

Step 03 在工作表中拖动鼠标选中 A1:D14 单元格区域，并单击“创建数据透视表”对话框中的折叠按钮，如图 8-59 所示。

Step 04 返回到“创建数据透视表”对话框中，选择“新工作表”单选按钮，再单击“确定”按钮，如图 8-60 所示。

问题 8-24：　如何显示与隐藏“数据透视表字段列表”窗格？

在数据透视表工具“选项”选项卡下的“显示/隐藏”组中单击“字段列表”按钮，设置显示或隐藏数据透视表字段列表窗格即可。

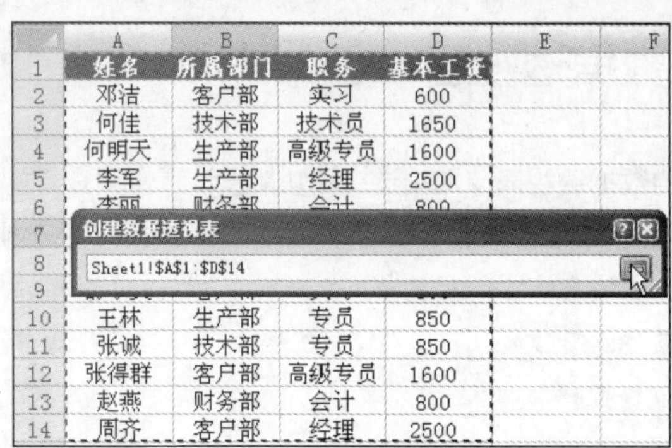

	A	B	C	D
1	姓名	所属部门	职务	基本工资
2	邓洁	客户部	实习	600
3	何佳	技术部	技术员	1650
4	何明天	生产部	高级专员	1600
5	李军	生产部	经理	2500
10	王林	生产部	专员	850
11	张诚	技术部	专员	850
12	张得群	客户部	高级专员	1600
13	赵燕	财务部	会计	800
14	周齐	客户部	经理	2500

图 8-59　选定表区域

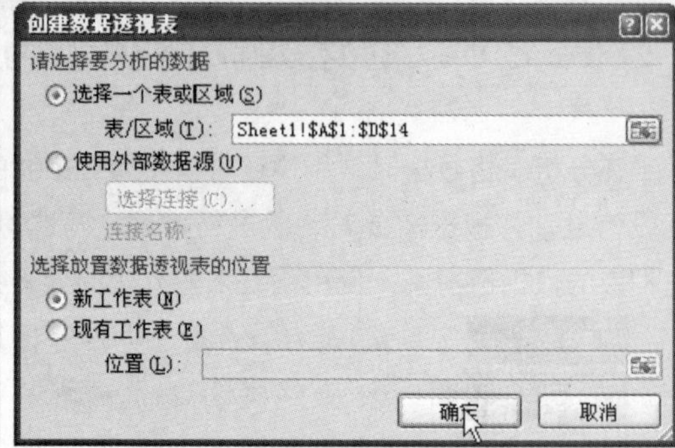

图 8-60　设置数据透视表位置

Step 05 在“数据透视表字段列表”窗格中的“选择要添加到报表的字段”列表框中选中需要添加的字段内容，如图 8−61 所示。

Step 06 在“在以下区域间拖动字段”区域中设置不同字段在数据透视表中显示的位置，如图 8−62 所示。

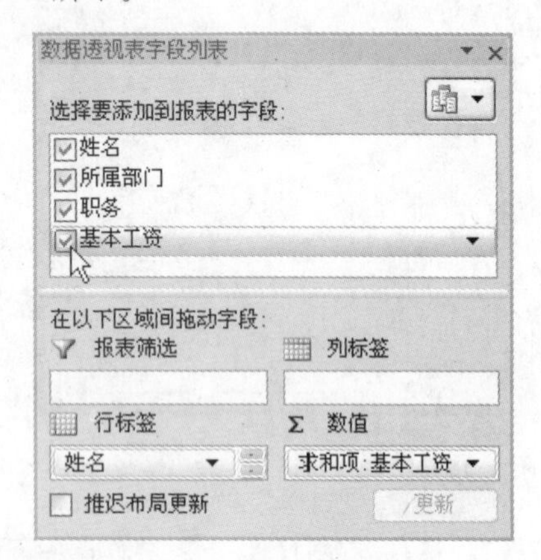

图 8-61　添加报表字段

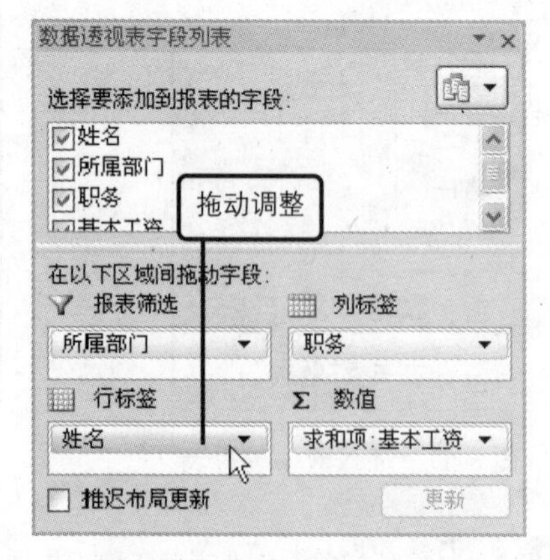

图 8-62　设置字段显示位置

问题 8-25:　如何删除“数值”区域中的字段内容？

在“数据透视表字段列表”窗格的“在以下区域间拖动字段”区域中的“数值”列表中，单击需要删除字段右侧的下拉列表按钮，在展开的列表中单击“删除字段”选项即可。

Step 07 在数据透视表中显示设置的字段内容，如图 8−63 所示。

Step 08 单击“所属部门”下拉列表按钮，在展开的列表中选中“选择多项”复选框，并选中“财务部”和“技术部”复选框，再单击“确定”按钮，如图 8−64 所示。

问题 8-26:　如何移动数据透视表？

在“选项”选项卡下单击“操作”组中的“移动数据透视表”按钮，在打开的“移动数据透视表”对话框中设置移动的位置，再单击“确定”按钮即可。

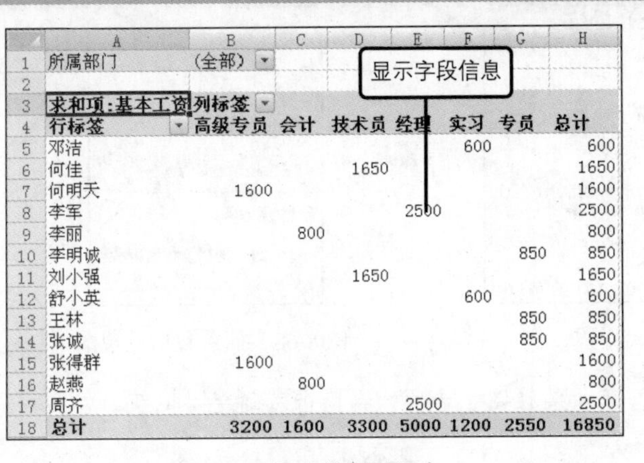

	A	B	C	D	E	F	G	H
1	所属部门	(全部)						
2								
3	求和项:基本工资	列标签						
4	行标签	高级专员	会计	技术员	经理	实习	专员	总计
5	邓洁					600		600
6	何佳			1650				1650
7	何明天	1600						1600
8	李军				2500			2500
9	李丽		800					800
10	李明诚						850	850
11	刘小强			1650				1650
12	舒小英					600		600
13	王林						850	850
14	张诚						850	850
15	张得群	1600						1600
16	赵燕		800					800
17	周齐				2500			2500
18	总计	3200	1600	3300	5000	1200	2550	16850

图 8-63　显示数据透视表

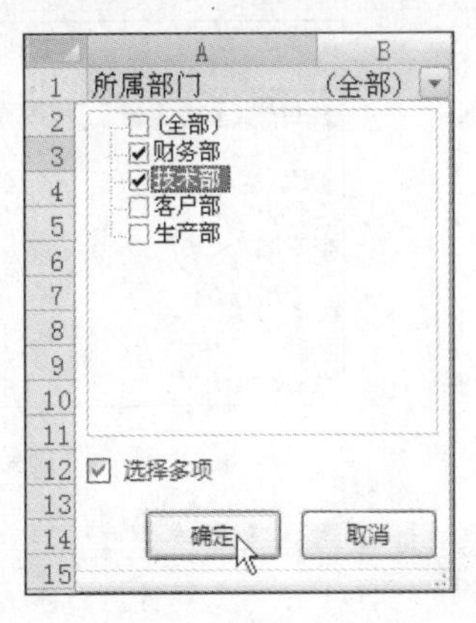

图 8-64　设置筛选内容

Step 09 返回到数据透视表中，可以看到数据透视表显示筛选后的数据信息，如图 8–65 所示。

Step 10 切换到数据透视表工具“设计”选项卡下，在“数据透视表样式”组中单击“数据透视表样式浅色 4”选项，如图 8–66 所示。

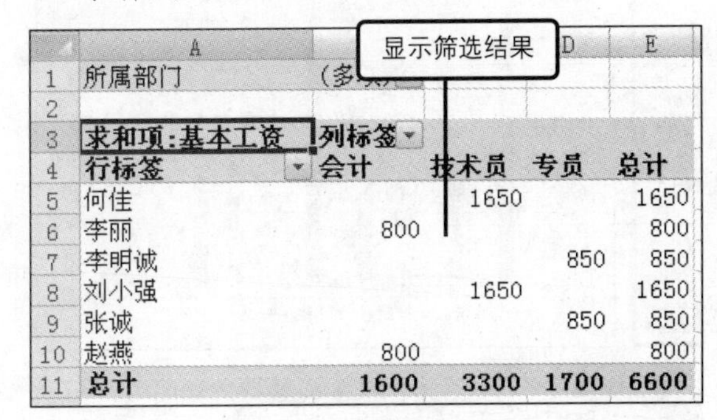

	A	B	C	D	E
1	所属部门	(多项)			
2					
3	求和项:基本工资	列标签			
4	行标签	会计	技术员	专员	总计
5	何佳		1650		1650
6	李丽	800			800
7	李明诚			850	850
8	刘小强		1650		1650
9	张诚			850	850
10	赵燕	800			800
11	总计	1600	3300	1700	6600

图 8-65　显示筛选信息

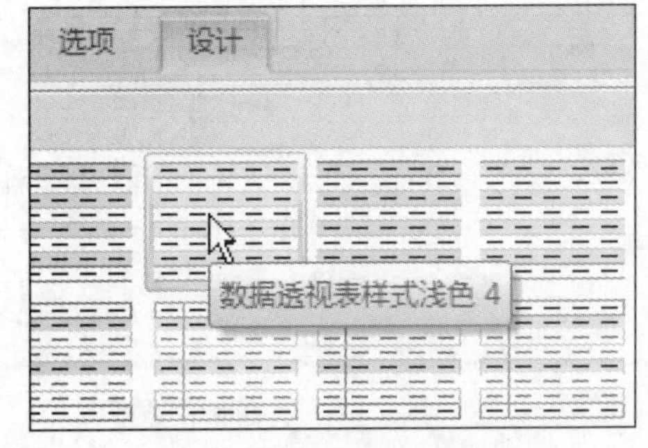

图 8-66　设置数据透视表样式

问题 8-27：如何快速删除数据透视表？

在“选项”选项卡下单击“操作”组中的“清除”按钮，在展开的列表中单击“全部清除”选项即可。

Step 11 此时可以看到数据透视表显示指定的样式效果，如图 8–67 所示。

Step 12 在“选项”选项卡下单击“工具”组中的“数据透视图”按钮，如图 8–68 所示。

问题 8-28：如何查看数据透视图筛选窗格？

在数据透视图工具“分析”组中单击“显示/隐藏”组中的“数据透视图筛选”按钮，即可打开“数据透视图筛选窗格”窗格，用于设置数据透视图中的活动字段。

所属部门	(多项)			
求和项:基本工资	列标签			
行标签	会计	技术员	专员	总计
何佳		1650		1650
李丽	800			800
李明诚			850	850
刘小强		1650		1650
张诚			850	850
赵燕	800			800
总计	1600	3300	1700	6600

图 8-67　应用数据透视表样式

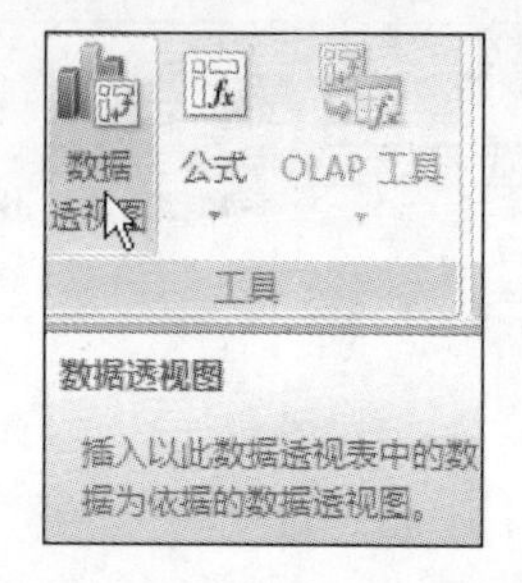

图 8-68　插入数据透视图

Step 13 打开“插入图表”对话框，单击“簇状圆柱图”选项，再单击“确定”按钮，如图 8-69 所示。

Step 14 在工作表中生成由数据透视表中数据创建的数据透视图，如图 8-70 所示。

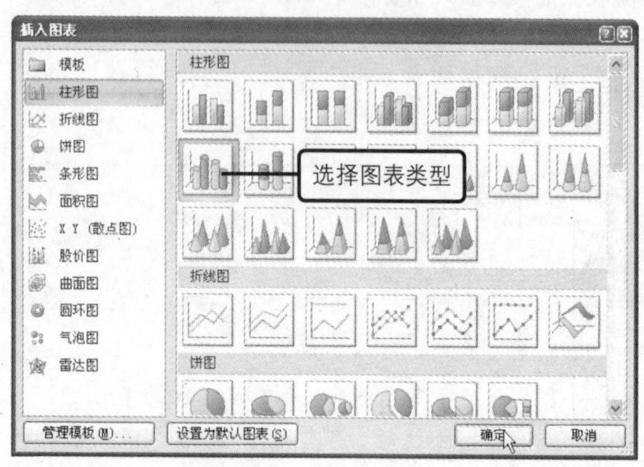

图 8-69　选择图表类型

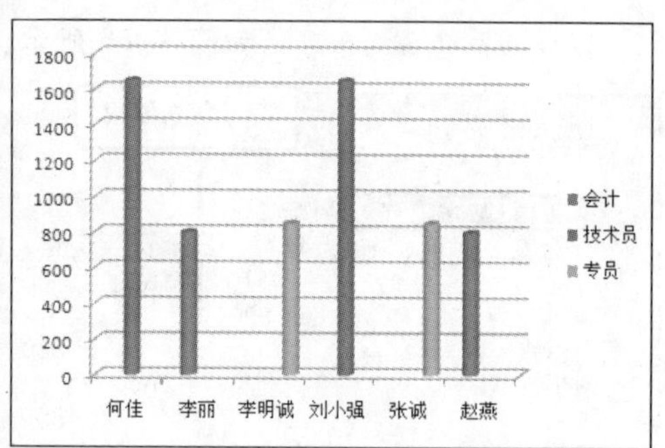

图 8-70　生成数据透视图

问题 8-29:　如何更改数据透视表源数据？

在数据透视表工具“选项”选项卡下，单击“数据”组中的“更改数据源”按钮，在展开的列表中单击“更改数据源”选项打开“更改数据透视表数据源”对话框，在其中设置需要更改的源数据区域即可。

Step 15 在“设计”选项卡下单击“移动图表”按钮，如图 8-71 所示。

Step 16 打开“移动图表”对话框，选择“新工作表”单选按钮，再单击“确定”按钮，如图 8-72 所示。

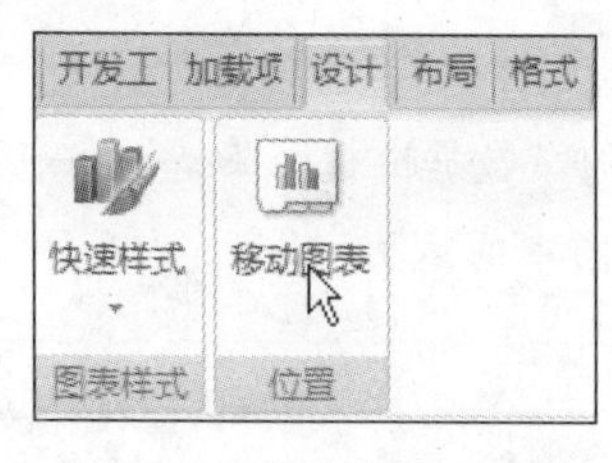

图 8-71　移动数据透视表

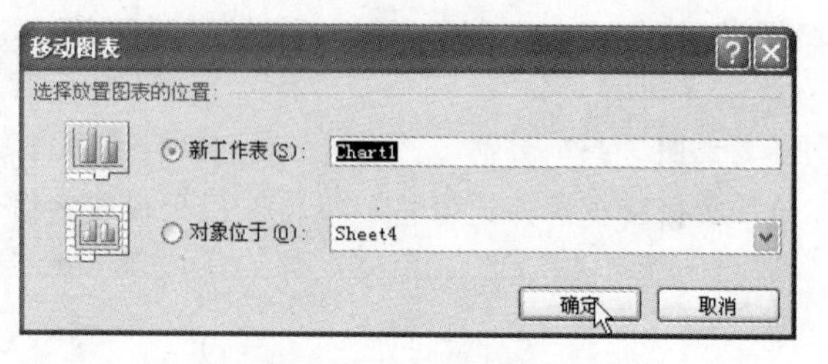

图 8-72　设置位置

问题 8-30： 如何刷新数据透视表中的数据信息？

在数据透视表工具“选项”选项卡下单击“数据”组中的“刷新”按钮，在展开的列表中单击“全部刷新”选项即可。

Step 17 在“数据透视图筛选窗格”窗格中单击“报表筛选”下拉列表按钮，在展开的列表中选中“选择多项”复选框，再单击“确定”按钮，如图 8–73 所示。

Step 18 在“数据透视图筛选窗格”窗格中，设置数据透视图上的活动字段内容，如图 8–74 所示。

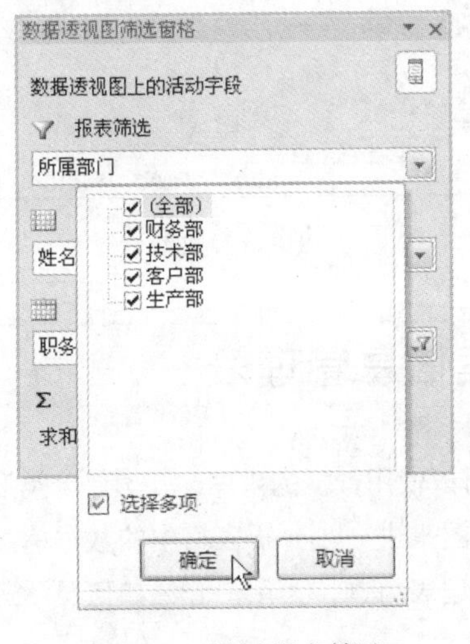

图 8-73 设置报表筛选

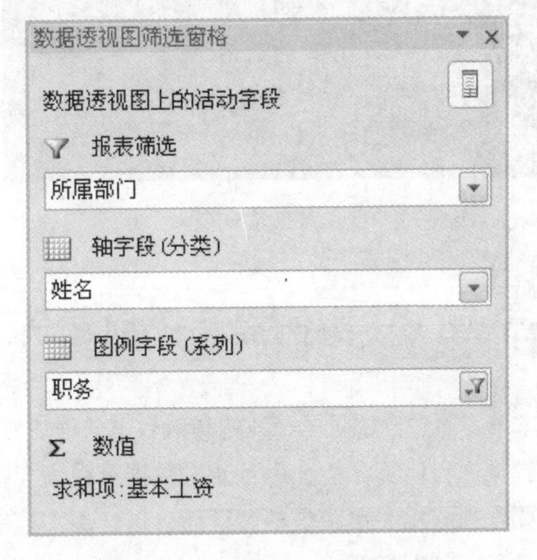

图 8-74 设置活动字段

Step 19 在“设计”选项卡下单击“图表样式”组中的“样式 42”选项，如图 8–75 所示。

Step 20 在“设计”选项卡下单击“快速布局”按钮，在展开的列表中单击“布局 4”选项，如图 8–76 所示。

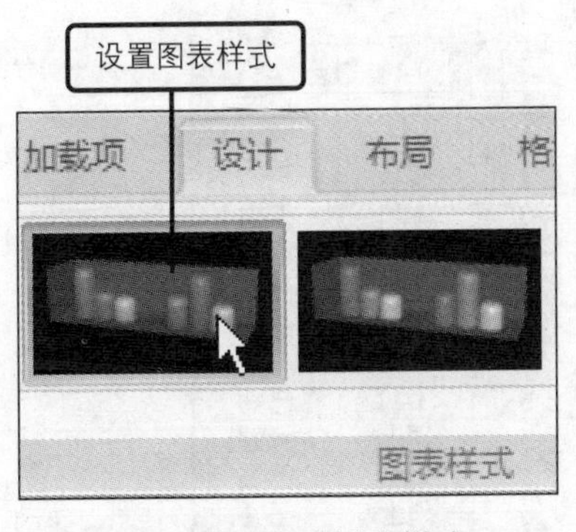

图 8-75 设置图表样式

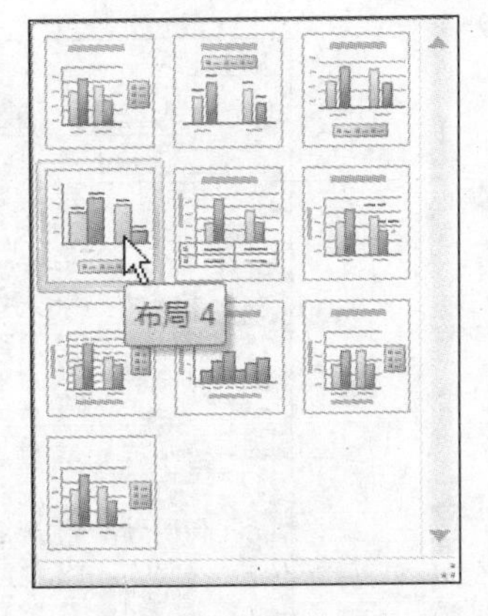

图 8-76 快速布局

Step 21 图表被移动到新的工作表中，查看设置后的图表效果如图 8–77 所示。

Step 22 切换到数据透视表工作表中，用户可以看到数据透视表中显示的数据内容与数据透视图中相关字段信息相同，如图 8-78 所示。

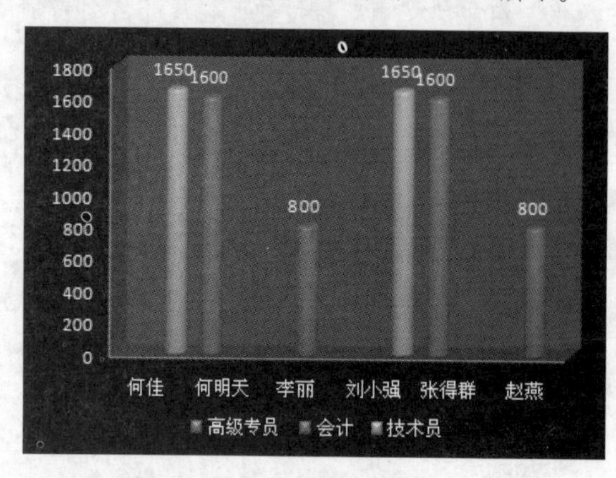

图 8-77　查看数据透视图

数据透视表随数据透视图改变

所属部门	(全部)			
求和项:基本工资	列标签			
行标签	高级专员	会计	技术员	总计
何佳			1650	1650
何明天	1600			1600
李丽		800		800
刘小强			1650	1650
张得群	1600			1600
赵燕		800		800
总计	**3200**	**1600**	**3300**	**8100**

图 8-78　查看数据透视表

8.6　实例提高：创建员工档案信息管理表

本章为用户介绍了 Excel 的高效数据处理功能，用户可以使用数据的排序、筛选、分类汇总功能对数据进行计算分析，也可通过数据透视表与数据透视图来进一步分析表格中的数据信息，显示需要查询的相关字段内容。下面以创建员工档案信息管理表为例，为用户介绍如何灵活运用所学的多项数据处理功能。

原始文件：第 8 章\原始文件\员工档案信息.xlsx

最终文件：第 8 章\最终文件\员工档案信息.xlsx

Step 01 打开原始文件“员工档案信息.xlsx 工作表”，查看表格中相关数据信息，如图 8-79 所示。

	A	B	C	D	E	F	G
1	员工档案信息表						
2	姓名	所在部门	职务	年龄	工龄	学历	婚姻状况
3	李明	技术部	经理	33	5	大专	已婚
4	张诚	技术部	技术员	32	5	硕士	已婚
5	何佳	技术部	技术员	34	4	本科	已婚
6	李明诚	技术部	实习技术员	27	3	本科	未婚
7	李涛	客户部	经理	42	5	中专	已婚
8	张晓群	客户部	专员	28	5	大专	已婚
9	邓捷	客户部	高级专员	43	5	中专	已婚
10	舒小英	客户部	实习专员	29	4	本科	已婚
11	李军	生产部	机修工	38	5	本科	已婚
12	何明天	生产部	机修工	37	5	硕士	已婚
13	林立	生产部	机修工	26	4	大专	已婚
14	赵燕	财务部	财务经理	34	5	硕士	已婚
15	李丽	财务部	会计	28	5	本科	未婚
16	罗雪梅	行政部	经理	38	5	大专	已婚
17	赵磊	行政部	司机	29	4	本科	未婚

图 8-79　查看表格数据

Step 02 在员工档案信息表下方输入筛选条件数据信息，如图 8-80 所示。

I17 ▾ f_x

	A	B	C	D	E	F	G
18	姓名	所在部门	职务	年龄	工龄	学历	婚姻状况
19				>30		硕士	
20							

输入筛选条件

图 8-80　输入筛选条件

Step 03 切换到“数据”选项卡下，在“排序和筛选”组中单击“高级”按钮，如图 8-81 所示。

Step 04 打开“高级筛选”对话框，设置列表区域为 A2:G17 单元格区域，如图 8-82 所示。

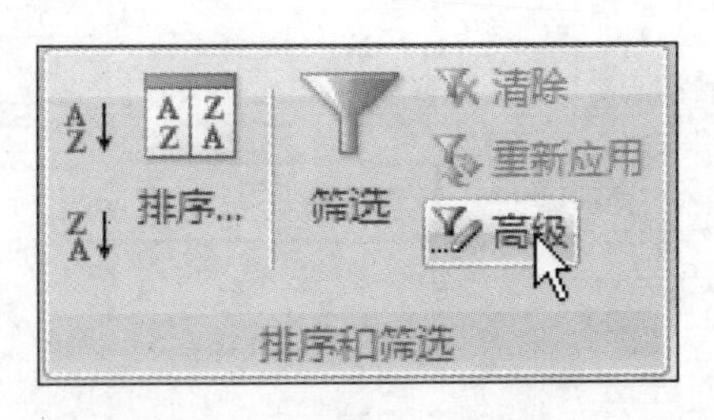

图 8-81　设置高级筛选

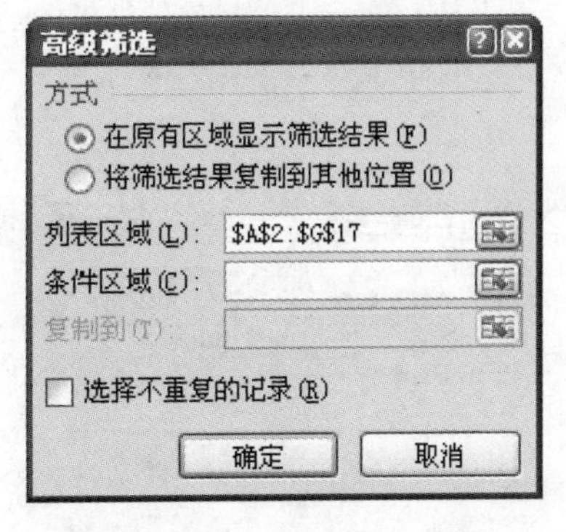

图 8-82　设置列表区域

Step 05 设置条件区域为 A18:G19 单元格区域，如图 8-83 所示。

Step 06 选择“将筛选结果复制到其他位置”单选按钮，设置复制到引用 A20 单元格，再单击“确定”按钮，如图 8-84 所示。

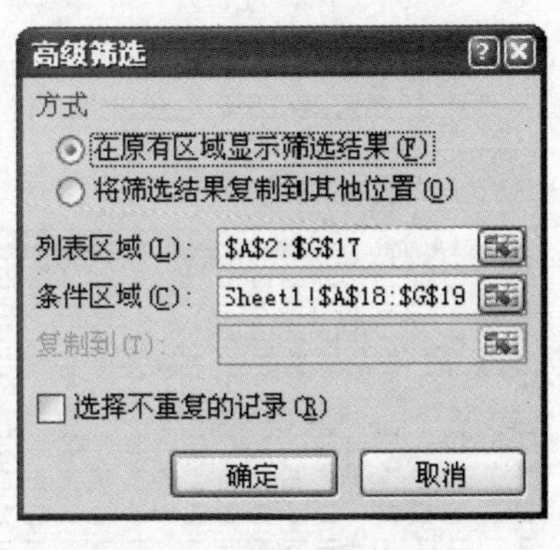

图 8-83　设置条件区域

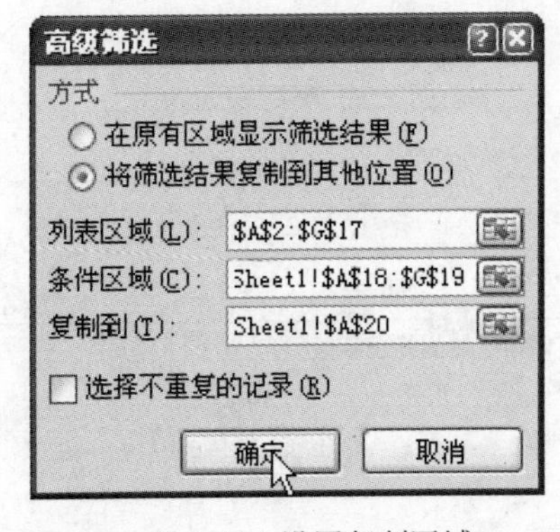

图 8-84　设置复制区域

Step 07 设置完成后，在指定复制区域显示数据筛选结果，如图 8-85 所示。

Step 08 切换到“插入”选项卡下，在“表”组中单击“数据透视表”按钮，在展开的列表中单击“数据透视表”选项，如图 8-86 所示。

显示筛选结果

姓名	所在部门	职务	年龄	工龄	学历	婚姻状况
			>30		硕士	
姓名	所在部门	职务	年龄	工龄	学历	婚姻状况
张诚	技术部	技术员	32	5	硕士	已婚
何明天	生产部	机修工	37	5	硕士	已婚
赵燕	财务部	财务经理	34	5	硕士	已婚

图 8-85　显示筛选结果

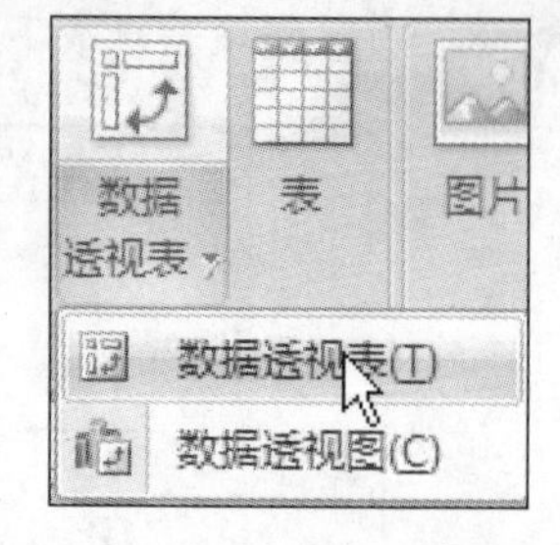

图 8-86　插入数据透视表

Step 09 打开“创建数据透视表”对话框，选择“选择一个表或区域”单选按钮，设置“表/区域”引用 A2:G17，并选择“新工作表”单选按钮，再单击“确定”按钮，如图 8—87 所示。

Step 10 在“数据透视表字段列表”窗格中选择需要添加的字段内容，如图 8—88 所示。

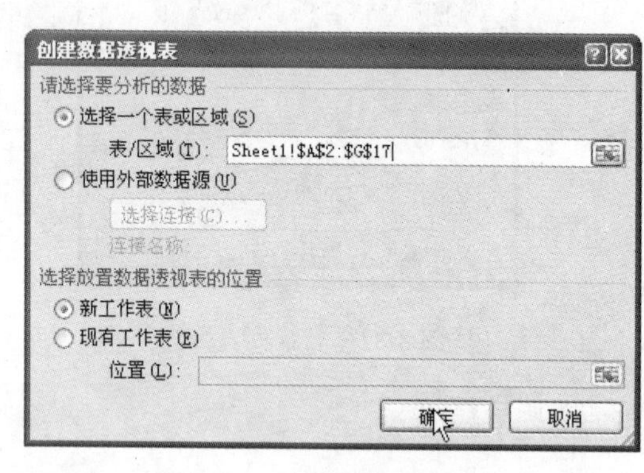

图 8-87　创建数据透视表

数据透视表字段列表

选择要添加到报表的字段:

姓名
所在部门
职务
年龄
工龄
学历
婚姻状况

选择需要添加的字段

图 8-88　添加字段内容

Step 11 在“在以下区域间拖动字段”区域中设置不同字段的显示位置，在其中进行调整即可，如图 8—89 所示。

Step 12 在“设计”选项卡下单击“数据透视表样式”组中的“数据透视表样式中等深浅 18”选项，如图 8—90 所示。

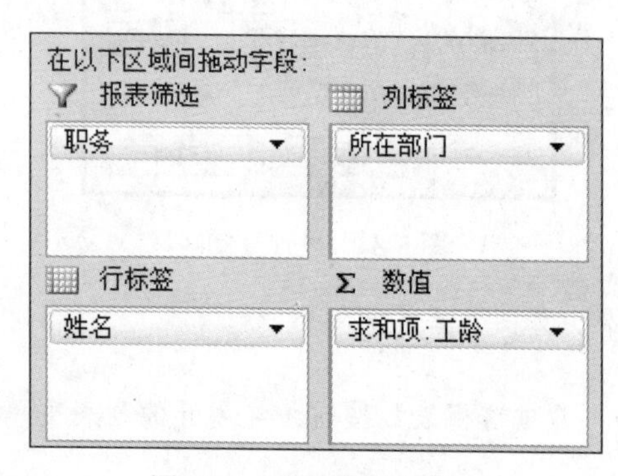

图 8-89　设置字段位置

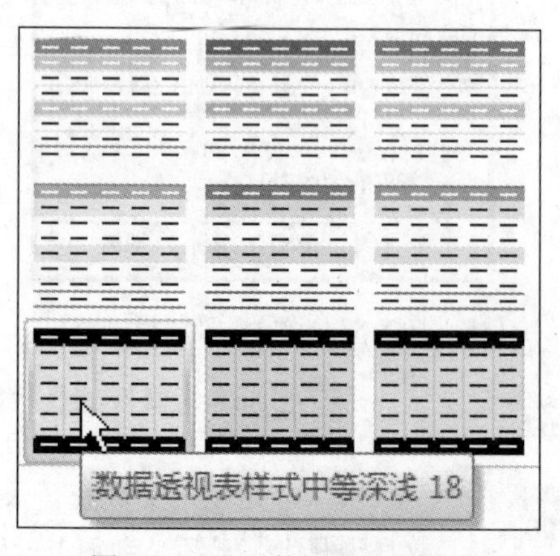

图 8-90　设置数据透视表样式

Step 13 在“选项”选项卡下单击“活动字段”组中的“字段设置”按钮，如图 8-91 所示。

Step 14 打开“值字段设置”对话框，在“汇总方式”选项卡下的“计算类型”列表框中单击“平均值”选项，再单击“确定”按钮，如图 8-92 所示。

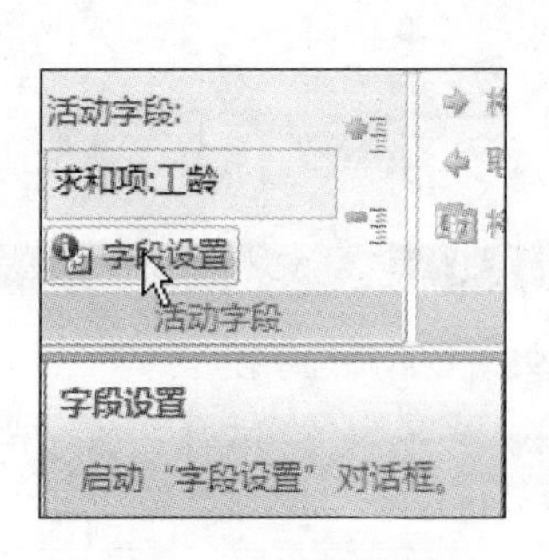

图 8-91　字段设置

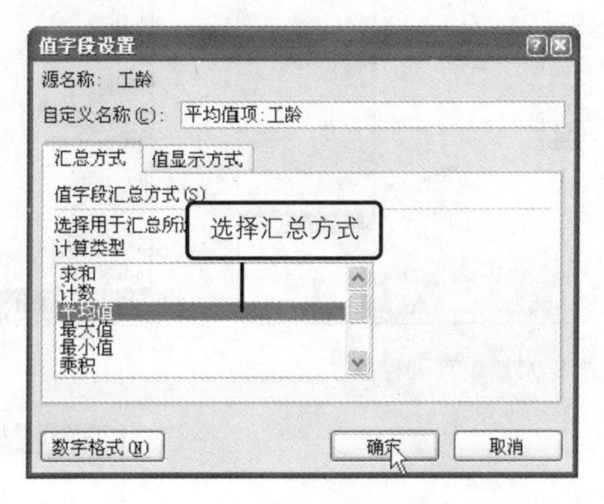

图 8-92　设置汇总方式

Step 15 在工作表中显示数据透视表相关字段信息，并在汇总区域显示平均值计算结果，如图 8-93 所示。

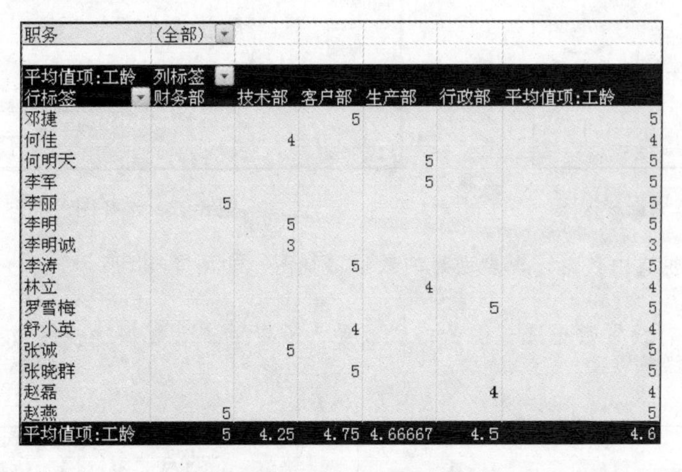

职务　(全部)

平均值项:工龄 行标签	列标签 财务部	技术部	客户部	生产部	行政部	平均值项:工龄
邓捷			5			5
何佳		4				4
何明天				5		5
李军				5		5
李丽	5					5
李明		5				5
李明诚		3				3
李涛			5			5
林立				4		4
罗雪梅					5	5
舒小英			4			4
张诚		5				5
张晓群			5			5
赵磊					4	4
赵燕	5					5
平均值项:工龄	5	4.25	4.75	4.66667	4.5	4.6

图 8-93　查看数据透视表信息

Step 16 单击列标签右侧的下拉列表按钮，在展开的列表中取消选中“全选”复选框，并选中需要显示的部门选项，再单击“确定”按钮，如图 8-94 所示。

Step 17 返回到数据透视表中，可以看到数据透视表中显示筛选后的数据信息，如图 8-95 所示。

Step 18 切换到“选项”选项卡下，在“工具”组中单击“数据透视图”按钮，如图 8-96 所示。

Step 19 打开“插入图表”对话框，单击“带数据标记的雷达图”选项，再单击“确定”按钮，如图 8-97 所示。

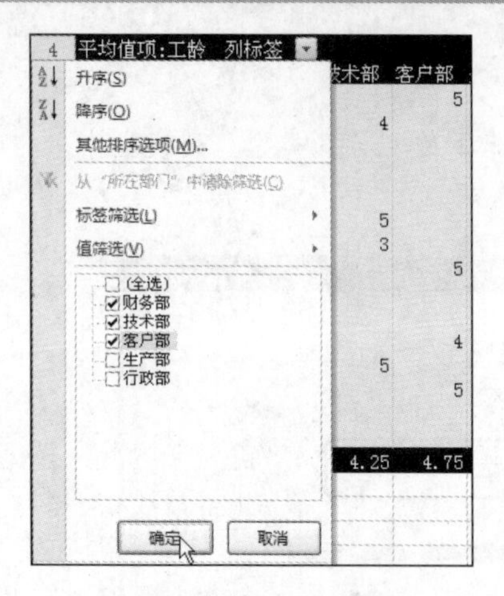

图 8-94 设置列标签字段

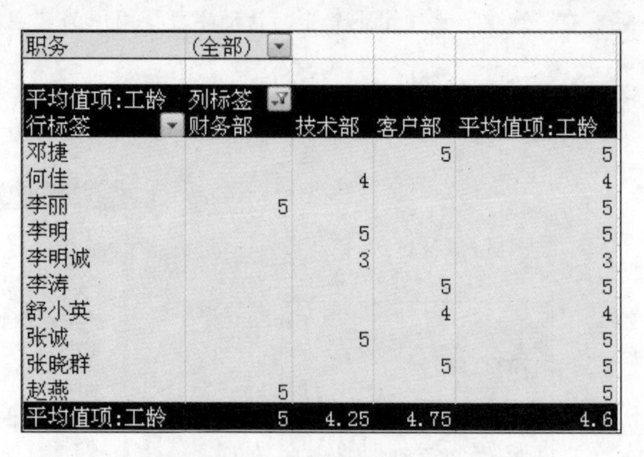

职务	(全部)			
平均值项:工龄	列标签			
行标签	财务部	技术部	客户部	平均值项:工龄
邓捷			5	5
何佳		4		4
李丽	5			5
李明		5		5
李明诚		3		3
李涛			5	5
舒小英			4	4
张诚		5		5
张晓群			5	5
赵燕	5			5
平均值项:工龄	5	4.25	4.75	4.6

图 8-95 显示筛选字段

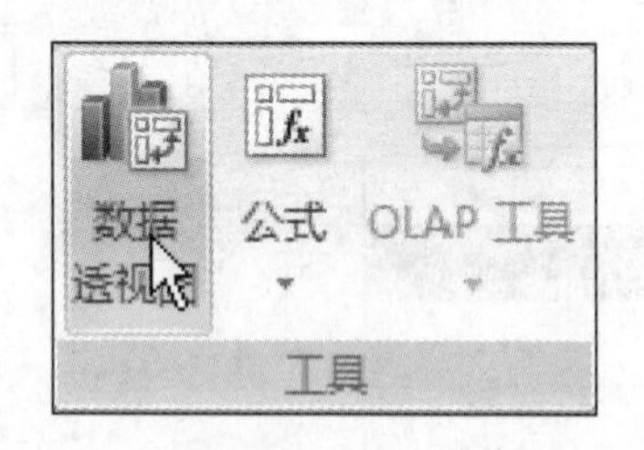

图 8-96 插入数据透视图

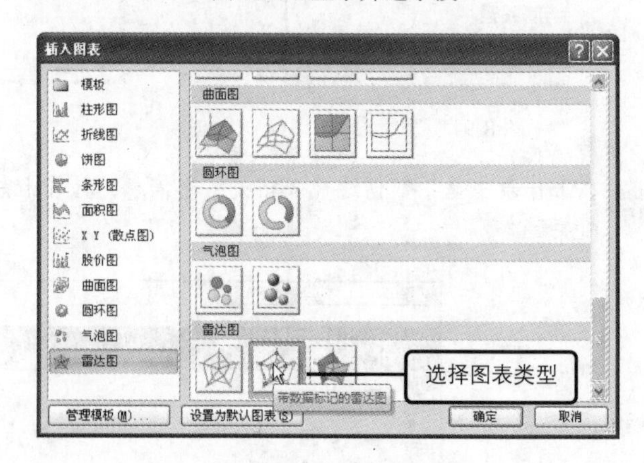

图 8-97 选择图表类型

Step 20 在工作表中生成由数据透视表创建的数据透视图，如图 8-98 所示。

Step 21 根据需要自行设置数据透视图的格式效果，设置后查看数据透视图效果如图 8-99 所示。

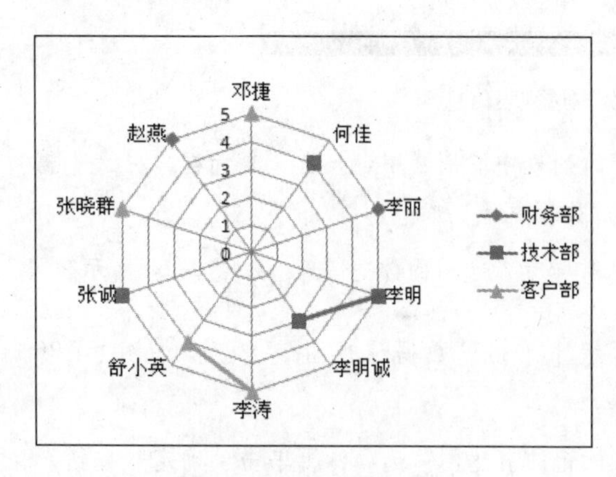

图 8-98 生成数据透视图

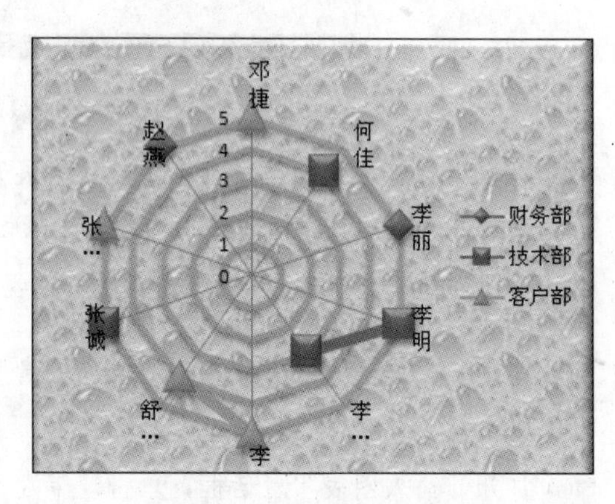

图 8-99 查看图表效果

公式与函数在高效办公中的使用

公式和函数是 Excel 为用户提供的最基本最重要的应用工具，对公式与函数的了解和掌握越深，运用 Excel 分析处理数据就越熟练。可以说，公式是 Excel 的核心，Excel 提供了丰富的环境来创建复杂的公式，在公式中可能只需要运用少量的运算符，结合 Excel 提供的函数，就可以把 Excel 变成功能强大的数据分析工具。

9.1 Excel 中公式的应用

在 Excel 中公式用于对不同的数据进行统计计算，用户可以根据需要设置将公式中的数值进行加、减、乘、除等不同方式的运算。用户也可以在公式中插入函数，完成复杂类型的数据计算操作，本节将主要为用户介绍如何在 Excel 中使用公式，并对公式进行编辑与计算。

9.1.1 公式的编辑与输入

1. 公式的基本元素

公式是对工作表的数值进行计算和操作的等式，一般以等号（=）开始。当在任意空白单元格中输入等号时，Excel 就默认为用户开始输入一个公式，在输公式内容后，按【Enter】键即可完成公式的输入并计算公式结果。公式的基本元素包括：运算符、单元格引用、值或常量以及工作表函数。下面分别为用户介绍这几类不同的基本元素，如图 9-1 所示，公式编辑栏中的详细公式内容，表示对 A1 和 B2 单元格中的数值进行求乘积计算。

SUMIF　　=A1*B1

	A	B	C	D
1	2	3	=A1*B1	

图 9-1　公式的组成元素

- 运算符：运算符对公式的元素进行特定类型的计算，一个运算符就是一个符号，例如“*”。
- 单元格引用：利用特殊引用格式对需要的单元格中的数据进行引用，例如 A1 和 B1 单元格。

- 值或常量：直接输入公式的值或文本，例如“2”或“3”。
- 工作表函数：包括一些函数和参数，用于返回一定的函数值。

问题 9-1： 常见的公式错误包括哪些？

常见公式错误包括：左括号和右括号不匹配；没有使用冒号表示区域；没有输入所需的参数。

2．运算符的优先级

当 Excel 计算一个公式的值时，可使用某种特定的规则来决定公式中每一部分的运算顺序。用户可通过使用这些公式来得到理想的计算结果，Excel 中运算符的优先级如表 9-1 所示。

表 9-1 运算符的优先级

优先级	符号	运算符
1	^	幂运算
2	*	乘号
2	/	除号
3	+	加号
3	–	减号
4	&	连接符号
5	=	等于符号
5	<	小于符号
5	>	大于符号

3．手动输入公式

用手动输入公式同样是在选定的单元格中输入一个等号（=）开始。手动输入公式的方法，比较适合对 Excel 公式和函数较熟练的用户，对于 Excel 的运算符、函数名及函数用法都能灵活运用，下面简单介绍手动输入公式的具体方法。

Step 01 选中需要输入公式的单元格，如 D1 单元格，输入需要计算的公式内容，此时可以看到在公式编辑栏中同样显示输入的公式，输入完成后单击编辑栏前的“输入”按钮，如图 9-2 所示。

Step 02 完成公式的输入后，在 D1 单元格中将显示公式计算结果，如图 9-3 所示。

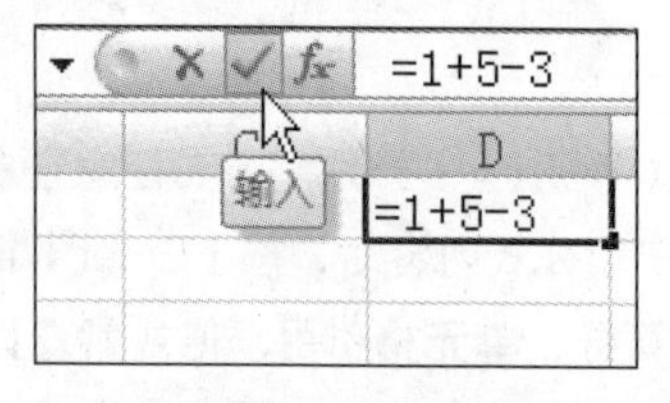

图 9-2 输入公式

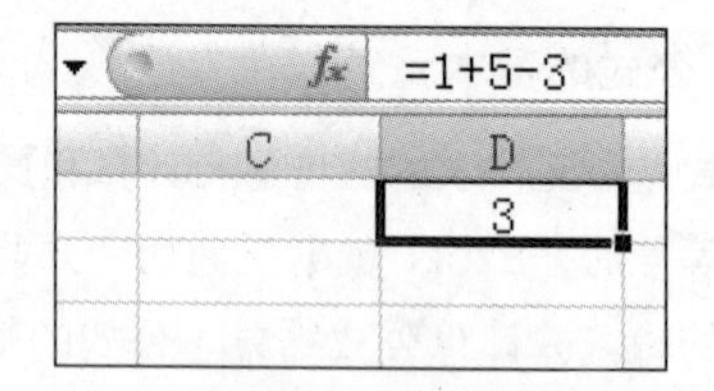

图 9-3 查看公式计算结果

问题 9-2： 如何快速的计算公式的结果？

在完成公式内容的编辑后，用户可以按下键盘中的【Enter】快捷键，快速计算公式的结果。

4．半自动输入公式

用户在编辑公式时，如果仅使用手动输入的方法，在单元格数据较多时，则显得的较为烦琐，并且容易出错，导致计算错误。此时可以使用鼠标选定引用单元格的方法，将需要计算数值所在的单元格或单元格区域进行引用，完成公式的输入操作。

Step 01 新建一个工作簿，在工作表中 B1 和 C1 单元格中分别输入“5”和“8”，在 D1 单元格中输入等号“=”，如图 9-4 所示。

Step 02 单击 B1 单元格，可以看到公式中引用了该单元格，如图 9-5 所示。

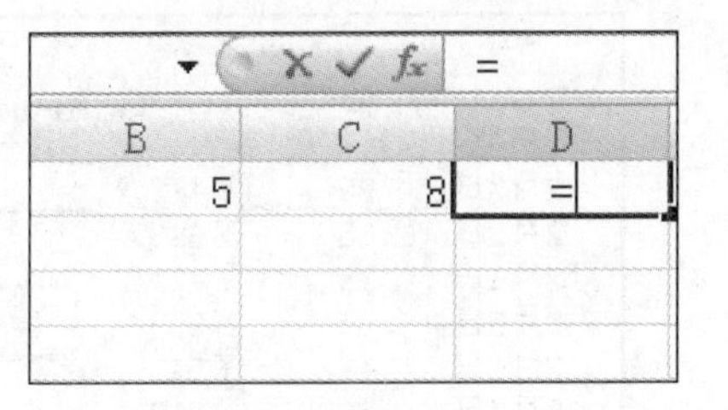

图 9-4 输入相关内容

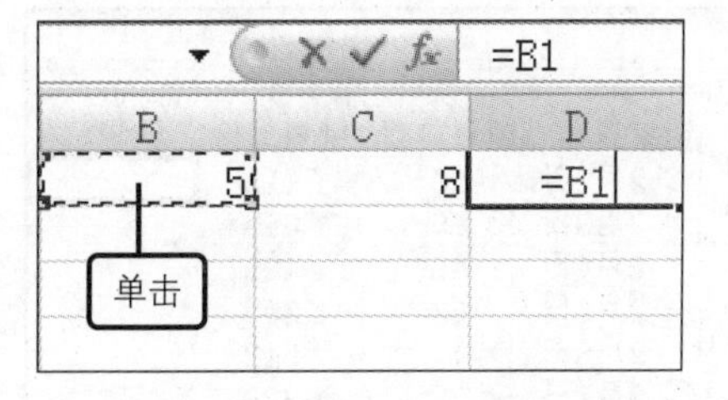

图 9-5 引用 B1 单元格

问题 9-3: 如何在工作簿中修改计算精度？

打开“Excel 选项”对话框，切换到“公式”选项卡下，在“计算选项”区域中的“最大误差”文本框中进行修改，再单击“确定”按钮即可。

Step 03 输入运算符“+”，再单击 C1 单元格，完成公式的编辑后，单击“输入”按钮，如图 9-6 所示。

Step 04 在 D1 单元格中即可显示公式计算结果，如图 9-7 所示。同样，用户还可以在编辑栏中查看详细的公式内容。

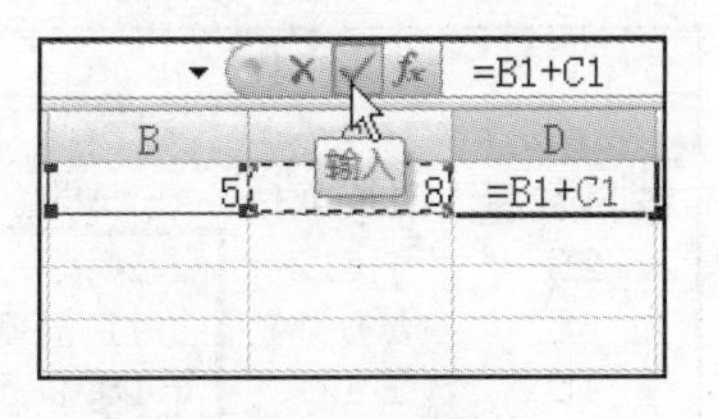

图 9-6 计算公式

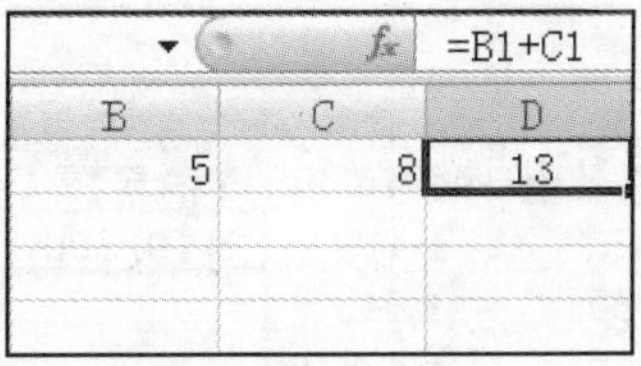

图 9-7 显示公式计算结果

问题 9-4: 如何隐藏计算结果中的零值？

打开“Excel 选项”对话框，切换到“高级”选项卡下，在“此工作表的显示选项”区域中取消选中“在具有零值的单元格中显示零”复选框，再单击“确定”按钮即可。

9.1.2 复制公式

当表格中含有大量相同的公式内容需要进行计算时，用户可以使用复制公式的方法，来简化重复输入公式的操作过程，复制公式中单元格引用地址会随计算结果所在的单元格变化而相应改变，下面为用户介绍如何使用复制公式的方法来进行计算操作。

原始文件： 第 9 章\原始文件\复制公式.xlsx

最终文件： 第 9 章\最终文件\复制公式.xlsx

Step 01 打开原始文件“复制公式.xlsx”，用户需要对销售额进行计算，选中要输入公式的 D2 单元格，如图 9-8 所示。

Step 02 在 D2 单元格中输入公式“=B2*C2”，再单击公式编辑栏前的“输入”按钮，如图 9-9 所示。

D2

	A	B	C	D
1	销售日期	销售数量	销售单价	销售额
2	2月2日	25	￥412	
3	2月3日	65	￥643	
4	2月4日	45	￥421	
5	2月5日	65	￥355	
6	2月6日	41	￥542	
7	2月7日	32	￥329	

图 9-8　选中单元格

SUMIF　=B2*C2　输入

A	B	C	D
销售日期	销售数量	销售单价	销售额
2月2日	25	￥412	=B2*C2
2月3日	65	￥643	
2月4日	45	￥421	
2月5日	65	￥355	
2月6日	41	￥542	
2月7日	32	￥329	

图 9-9　输入公式

问题 9-5：如何设置在单元格中始终显示公式而非计算结果？

在“公式”选项卡下的“公式审核”组中单击“显示公式”按钮，即可设置在工作表中始终显示公式内容。

Step 03 在 D2 单元格显示公式计算结果，并将鼠标放置在 D2 单元格右下角，向下拖动鼠标复制公式到 D7 单元格，如图 9-10 所示。

Step 04 在复制公式选定的单元格区域中显示公式计算结果，如图 9-11 所示。

=B2*C2

B	C	D
销售数量	销售单价	销售额
25	￥412	￥10,300
65	￥643	
45	￥421	
65	￥355	
41	￥542	
32	￥329	

图 9-10　复制公式

=B2*C2

B	C	D
销售数量	销售单价	销售额
25	￥412	￥10,300
65	￥643	￥41,795
45	￥421	￥18,945
65	￥355	￥23,075
41	￥542	￥22,222
32	￥329	￥10,528

图 9-11　查看计算结果

问题 9-6：如何设置在编辑栏中隐藏公式内容？

选中需要隐藏公式的单元格，打开“设置单元格格式”对话框，切换到“保护”选项卡下，选中“隐藏”复选框，单击“确定”按钮。再切换到“审阅”选项卡下，单击“更改”组中的“保护工作表”按钮，在打开的对话框中选中“选定锁定单元格”复选框，设置将工作表进行保护即可。

9.1.3 单元格引用方式

用户在编辑公式的过程中，常常需要对数值所在的单元格或单元格区域进行引用。在计算不同单元格公式时，常常会使用复制公式的方法来简化公式的输入过程，由于引用的单元格地址含有不确定因素，因此用户在复制公式的过程中，需要设置单元格不同的引用方式。Excel 中单元格的引用方式包括：相对引用、绝对引用、混合引用三种不同的方式。用户可以根据需要选择合适的引用方法。

1．相对引用

默认情况下，对单元格的引用方式为相对引用，相对引用的单元格地址会随变量单元格的改变而改变，自动调整其相应的单元格地址。在公式的编辑中，相对引用单元格地址最为常见，可以方便用户对复制公式的使用。

Step 01 以上一例中计算销售额为例，在 D2 单元格中输入公式“=B2*C2”，引用 B2 和 C2 单元格中的值，如图 9-12 所示。

Step 02 向下拖动鼠标复制公式，计算完成后选中 D4 单元格，在公式编辑栏中可以看到复制的公式自动对单元格的引用地址进行更改，如图 9-13 所示。这是由于用户在编辑公式时使用相对引用方式，引用的单元格地址会随单元格的改变而改变。

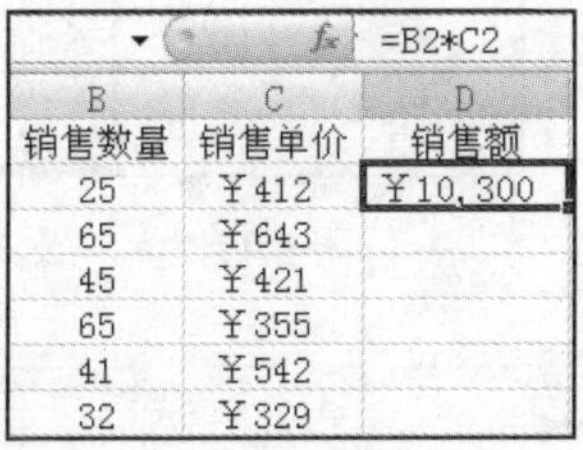

=B2*C2

B	C	D
销售数量	销售单价	销售额
25	￥412	￥10,300
65	￥643	
45	￥421	
65	￥355	
41	￥542	
32	￥329	

图 9-12 输入公式

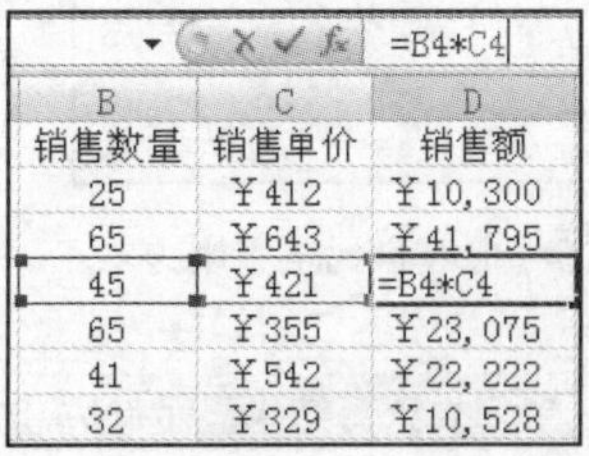

=B4*C4

B	C	D
销售数量	销售单价	销售额
25	￥412	￥10,300
65	￥643	￥41,795
45	￥421	=B4*C4
65	￥355	￥23,075
41	￥542	￥22,222
32	￥329	￥10,528

图 9-13 查看公式

2．绝对引用

当目标单元格与被引用单元格之间没有相对关系时，即引用的单元格不会随变量单元格的变化而改变时，则可以使用绝对引用方式对单元格地址进行设置。下面为用户介绍如何在公式中使用绝对引用单元格地址进行计算。

原始文件： 第 9 章\原始文件\绝对引用.xlsx

最终文件： 第 9 章\最终文件\绝对引用.xlsx

Step 01 打开原始文件“绝对引用.xlsx”，假设产品销售单价相同，计算在不同销售日期下的销售额状况，选中 D2 单元格，如图 9-14 所示。

Step 02 在 D2 单元格中输入计算公式“=B2*C2”，如图 9-15 所示。

问题 9-7： 如何快速更改单元格的引用方式？

选中公式中需要更改引用方式的单元格地址，按键盘中的【F4】键，按一次时，由相对引用更改为绝对引用；按两次时，更改为行绝对引用；按三次时，更改为列绝对引用；按四次时，更换回相对引用。

	A	B	C	D
1	销售日期	销售数量	销售单价	销售额
2	2月2日	25	￥500	
3	2月3日	65		
4	2月4日	45		
5	2月5日	65		
6	2月6日	41		
7	2月7日	32		

图 9-14　选中单元格

B	C	D
销售数量	销售单价	销售额
25	￥500	=B2*C2
65		
45		
65		
41		
32		

图 9-15　输入公式

Step 03 选中公式中的 C2 单元格，按键盘中的【F4】键，将其单元格引用方式更改为绝对引用，如图 9-16 所示。

Step 04 向下拖动鼠标复制公式，计算不同销售日期的销售额，如图 9-17 所示。

B	C	D
销售数量	销售单价	销售额
25	￥500	=B2*$C$2
65		
45		
65		
41		
32		

图 9-16　更改单元格引用方式

B	C	D
销售数量	销售单价	销售额
25	￥500	￥12,500
65		￥32,500
45		￥22,500
65		￥32,500
41		￥20,500
32		￥16,000

图 9-17　复制公式

问题 9-8：当公式计算结果显示#N/A 时，原因可能是什么？

当公式计算结果显示#N/A 时，原因可能是公式中引用的数据对公式不可用。

Step 05 选中复制公式中的任意单元格，可以看到引用单元格中绝对引用的单元格地址固定不变，如图 9-18 所示。

	A	B	C	D
1	销售日期	销售数量	销售单价	销售额
2	2月2日	25	￥500	￥12,500
3	2月3日	65		￥32,500
4	2月4日	45		￥22,500
5	2月5日	65		=B5*$C$2
6	2月6日	41		￥20,500
7	2月7日	32		￥16,000

图 9-18　查看单元格引用地址

3．混合引用

混合引用包含行绝对引用与列绝对引用，通常称为部分绝对引用。例如：在行绝对引用中，当公式被复制，列自动调整，但行保持不变，行绝对引用的方法是 A$1；而在列绝对引用中，当公式被复制时，行自动调整，但列保持不变，列绝对引用的方法是$A1。

原始文件： 第 9 章\原始文件\混合引用 1.xlsx、混合引用 2.xlsx

最终文件： 第 9 章\最终文件\混合引用 1.xlsx、混合引用 2.xlsx

Step 01 打开原始文件“混合引用 1.xlsx”，选中需要输入公式的 B2 单元格，如图 9-19 所示。

Step 02 在 B2 单元格中输入公式，并设置单元格的引用方式，如图 9-20 所示。

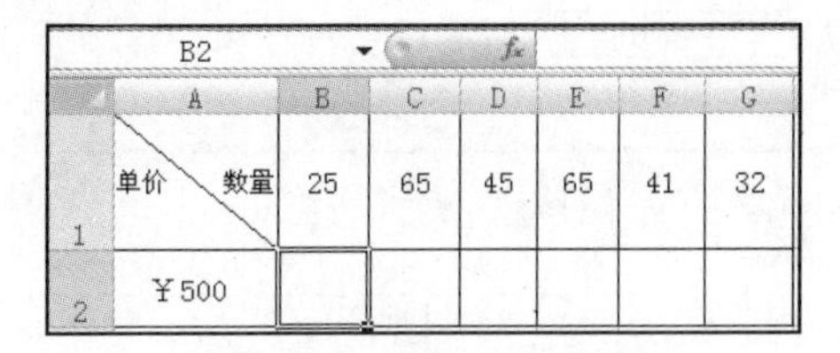

图 9-19　查看表格数据

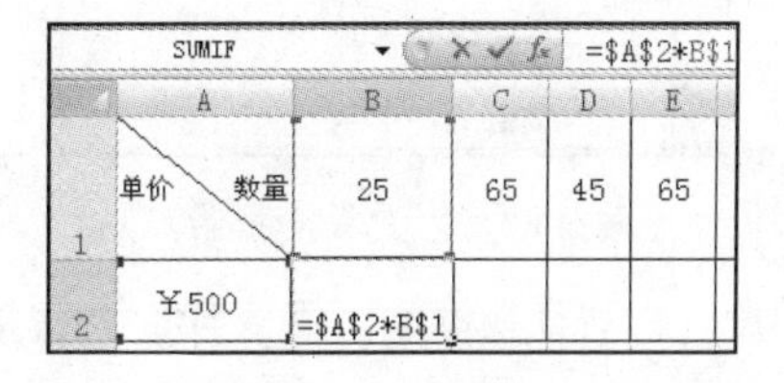

图 9-20　输入公式

问题 9-9：　如何修改公式？

选中需要更改公式的单元格，在公式编辑栏中进行公式的修改编辑，修改完成后按“输入”按钮即可。

Step 03 向右拖动鼠标复制公式，并选中 F2 单元格，查看单元格引用地址，可以看到行绝对引用地址随列单元格改变而行保持不变，如图 9-21 所示。

SUMIF　=$A$2*F$1

	A	B	C	D	E	F	G
1	单价 数量	25	65	45	65	41	32
2	￥500	￥12,500	￥32,500	￥22,500	￥32,500	=$A$2*F$1	￥16,000

图 9-21　复制公式

问题 9-10：　什么是迭代计算？

迭代计算是指对工作表进行重复的重新计算，直到满足特定的条件为止。

Step 04 打开原始文件“混合引用 2.xlsx”，查看表格数据，用户需要计算在相同数量不同单价下的销售额，如图 9-22 所示。

Step 05 在 B2 单元格中输入公式“=$A2*$B$1”，设置单元格的引用方式，如图 9-23 所示。

问题 9-11：　输入公式后，显示######，可能的原因是什么？

可能的原因包括：列宽不足；应用了不同的数字格式；引用了日期与时间格式的数值。

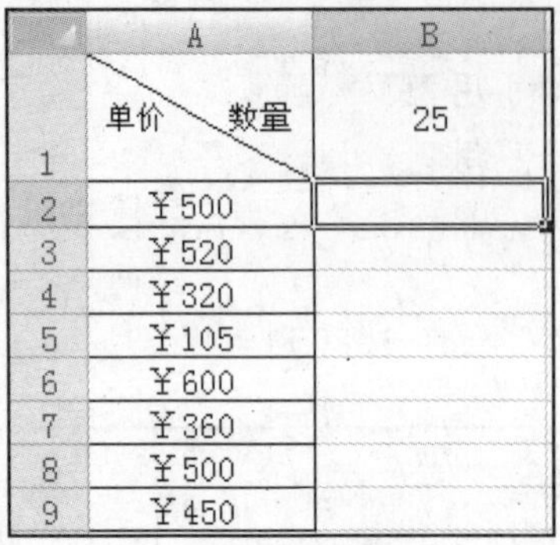

	A	B
1	单价　数量	25
2	￥500	
3	￥520	
4	￥320	
5	￥105	
6	￥600	
7	￥360	
8	￥500	
9	￥450	

图 9-22　查看表格数据

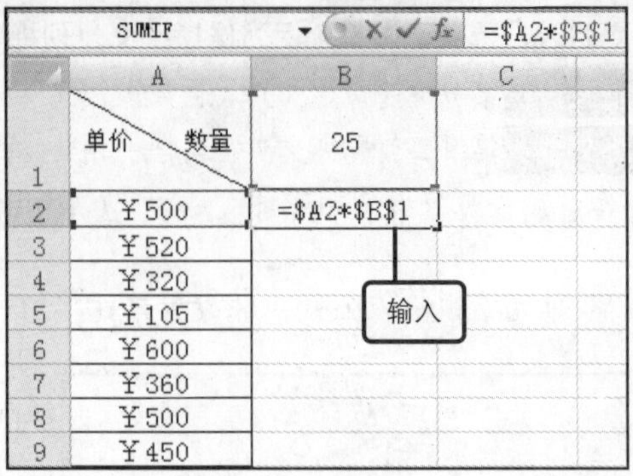

SUMIF　=$A2*$B$1

	A	B	C
1	单价　数量	25	
2	￥500	=$A2*$B$1	
3	￥520		
4	￥320		
5	￥105		
6	￥600		
7	￥360		
8	￥500		
9	￥450		

输入

图 9-23　输入公式

Step 06 向下拖动鼠标复制公式，计算不同单价下的销售额，如图 9-24 所示。

Step 07 选中 B5 单元格，可以看到复制公式中的 A5 单元格地址随行改变而改变，但列保持不变，如图 9-25 所示。

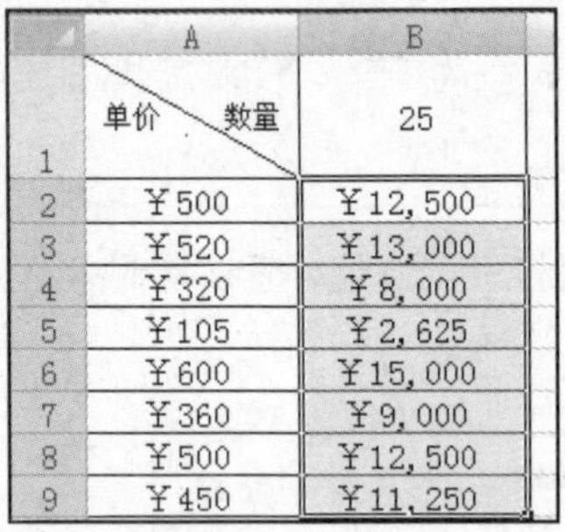

	A	B
1	单价　数量	25
2	￥500	￥12,500
3	￥520	￥13,000
4	￥320	￥8,000
5	￥105	￥2,625
6	￥600	￥15,000
7	￥360	￥9,000
8	￥500	￥12,500
9	￥450	￥11,250

图 9-24　复制公式

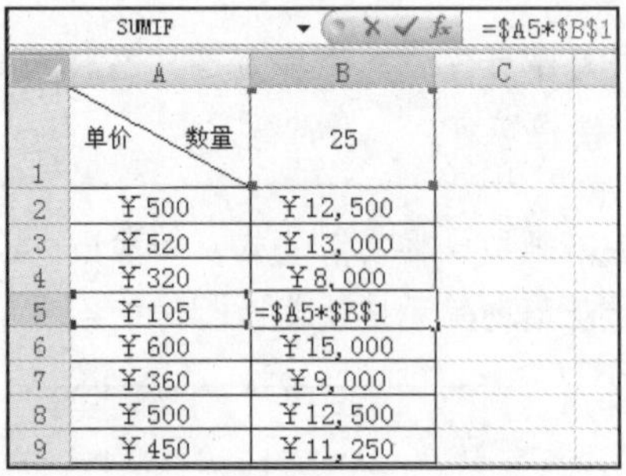

SUMIF　=$A5*$B$1

	A	B	C
1	单价　数量	25	
2	￥500	￥12,500	
3	￥520	￥13,000	
4	￥320	￥8,000	
5	￥105	=$A5*$B$1	
6	￥600	￥15,000	
7	￥360	￥9,000	
8	￥500	￥12,500	
9	￥450	￥11,250	

图 9-25　查看引用单元格

9.2　函数简化公式编辑

强大的函数功能把 Excel 与普通的电子表格区分开来，普通的电子表格（如 Word 中的表格）只能完成一般的表格制作功能，进行相当简单的数据处理，如排序、求和等，而且操作复杂。

函数处理数据的方式与公式处理数据的方式是相同的，函数通过接收参数，并对所接收的参数进行相关的运算，最后返回计算结果。大多数情况下，函数的计算结果是数值，但也可以返回文本、引用、逻辑值、数组或工作表的信息。

Excel 中的函数其实就是一些预定义的公式，使用一些称为参数的特定数值按特定的顺序或结构进行计算。函数的语法都一样，其基本形式为：=函数名（参数 1，参数 2，参数 3，…）。括号必须成对出现，且括号都不能有空格。

9.2.1　函数的类别

在 Excel 中，提供了大量的内置函数，这些函数涉及到许多工作领域，如财务、工程、统计、数据库、时间、数学等。这些函数都集成在“公式”选项卡下的“函数库”组中，如图 9-26 所示。用户可以单击不同的函数类别按钮，在展开的列表中选择需要插入的函数。

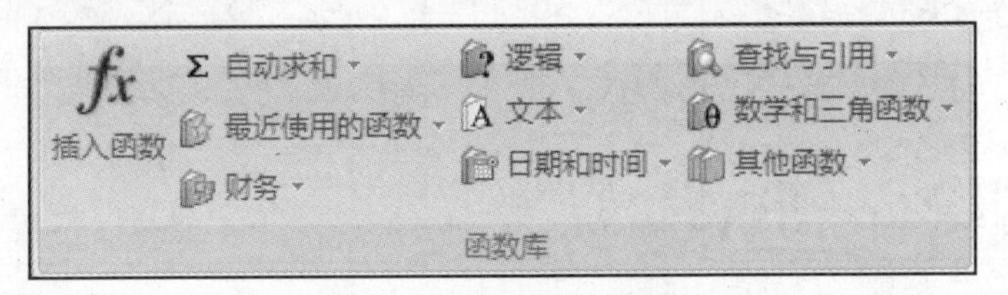

图 9-26 “函数库”组

问题 9-12: 如何快速插入财务类函数?

切换到“公式”选项卡下，在“函数库”组中单击“财务”下拉列表按钮，在展开的列表中选择需要插入的函数类别即可。

下面分别为用户介绍不同函数的主要功能，需要注意的是，后四类函数集成在“函数库”组中的“其他函数”类中。

- 财务函数：进行财务分析及财务数据的计算。
- 逻辑函数：进行逻辑判定、重要条件检查。
- 文本函数：对公式、单元格中的字符、文本进行格式化或运算。
- 日期与时间函数：对公式中所涉及的日期和时间进行计算、设置及格式化处理。
- 查找和引用函数：在数据清单和表格中查找特定内容。
- 数学和三角函数：用来进行数学和角度方面的计算。
- 数据库函数：对数据清单中的数据进行分析、查找、计算等。
- 工程函数：用于工程数据分析处理。
- 信息函数：对单元格或公式中数据类型进行判定。
- 统计函数：对工作表数据进行统计分析。

9.2.2 函数在公式中的使用

1. 使用“插入函数”对话框

当用户需要在公式中插入函数内容时，可以使用“插入函数”对话框进行操作，在该对话框中选择需要插入的函数类别，再在打开的“函数参数”对话框中设置选定函数的参数内容，即可在完成函数设置同时编辑完成公式内容，计算相应的公式结果。

原始文件： 第 9 章\原始文件\插入函数对话框.xlsx
最终文件： 第 9 章\最终文件\插入函数对话框.xlsx

Step 01 打开原始文件“插入函数对话框.xlsx”，查看表格中的数据，并选中需要计算合计的 B6 单元格，如图 9-27 所示。

Step 02 切换到“公式”选项卡下，单击“函数库”组中的“插入函数”按钮，如图 9-28 所示。

	A	B
1	销售地区	销售量
2	东部	1200
3	南部	3600
4	北部	5200
5	西部	3200
6	合计:	

图 9-27 查看表格数据

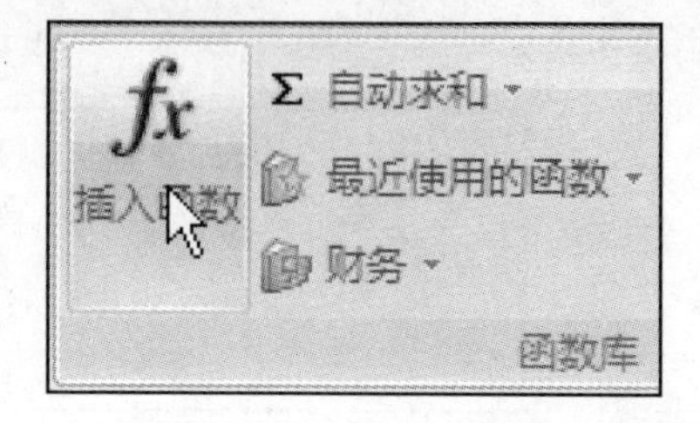

图 9-28 插入函数

问题 9-13: 如何快速的打开“插入函数”对话框?

在公式编辑栏前单击“插入函数”按钮，可快速的打开“插入函数”对话框，在其中选择需要插入的函数内容。

Step 03 打开“插入函数”对话框，单击“或选择类别”下拉列表按钮，在展开的列表中单击“数学与三角函数”选项，如图 9-29 所示。

Step 04 在“选择函数”列表框中单击 SUM 选项，此时可在下方查看该函数的功能，再单击“确定”按钮，如图 9-30 所示。

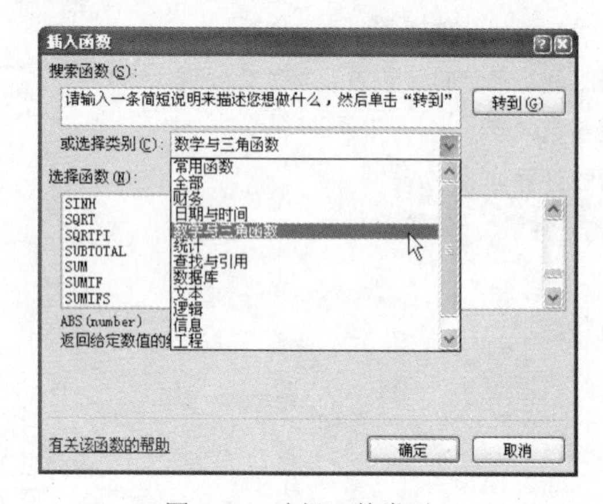

图 9-29 选择函数类别

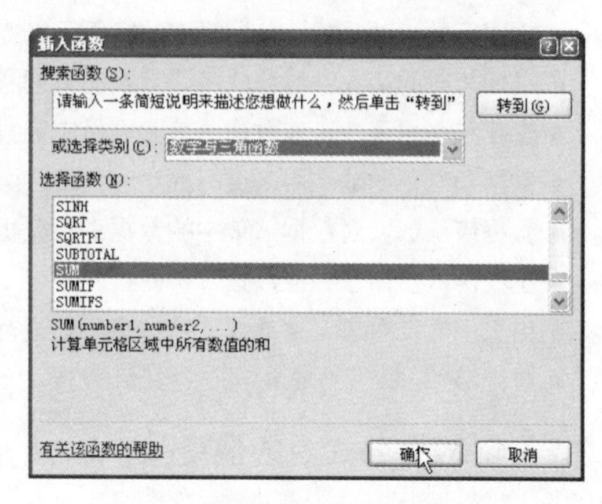

图 9-30 选择函数

问题 9-14: 如何定义单元格名称?

在“公式”选项卡下单击“定义的名称”组中的“定义名称”按钮，打开“新建名称”对话框，设置需要定义的名称及定义名称的引用单元格区域，设置完成后单击“确定”按钮即可。

Step 05 打开“函数参数”对话框，设置参数选定单元格区域 B2:B5，再单击“确定”按钮，如图 9-31 所示。

Step 06 设置完成后返回到表格中，可以看到在 B6 单元格中显示公式计算结果，如图 9-32 所示。

函数参数
SUM
Number1 B2:B5 = {1200;3600;5200;3200}
Number2 = 数值
设置参数
= 13200
计算单元格区域中所有数值的和
Number1: number1,number2,... 1 到 255 个待求和的数值。单元格中的逻辑值和文本将被忽略。但当作为参数键入时，逻辑值和文本有效
计算结果 = 13200
有关该函数的帮助(H)
确定
取消

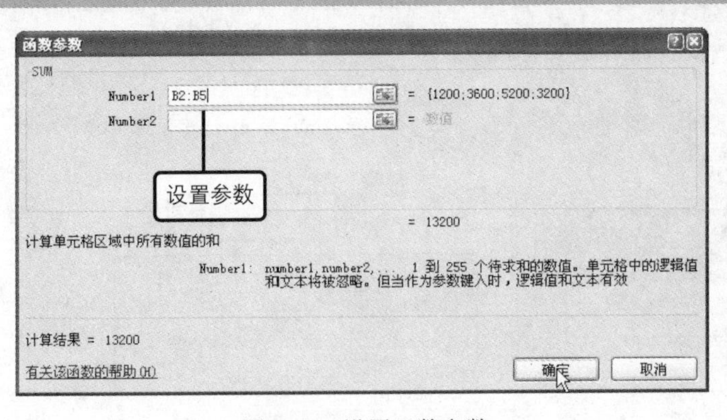

图 9-31 设置函数参数

A B
1 销售地区 销售量
2 东部 1200
3 南部 3600
4 北部 5200
5 西部 3200
6 合计: 13200
7

图 9-32 查看公式计算结果

问题 9-15: 如何获取当前时间？

选中需要输入当前时间的单元格，输入函数“=NOW ()”，即可获取当前时间。

2. 函数记忆式输入

用户可以直接在公式编辑栏中输入需要插入的函数内容，Excel 具有函数记忆式输入功能，即当用户输入函数的开头字母时，所有以该字母开头的函数都将显示在函数列表中，用户可以在提供的函数列表中快速选择需要插入的函数，并设置函数的参数内容，完成公式的编辑。

最终文件: 第 9 章\最终文件\函数记忆式输入.xlsx

Step 01 继续上一例中的表格数据，用户还需要对表格计算平均值，选中 B7 单元格，如图 9-33 所示。

Step 02 在公式编辑栏中输入“=A”，此时会打开函数列表，显示所以有 A 开头的函数内容，选择需要计算平均值的 AVERAGE 选项，并双击该选项，在编辑栏中插入该函数，如图 9-34 所示。

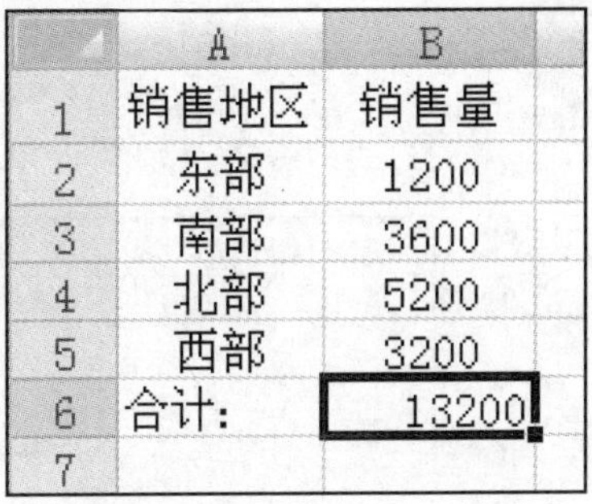

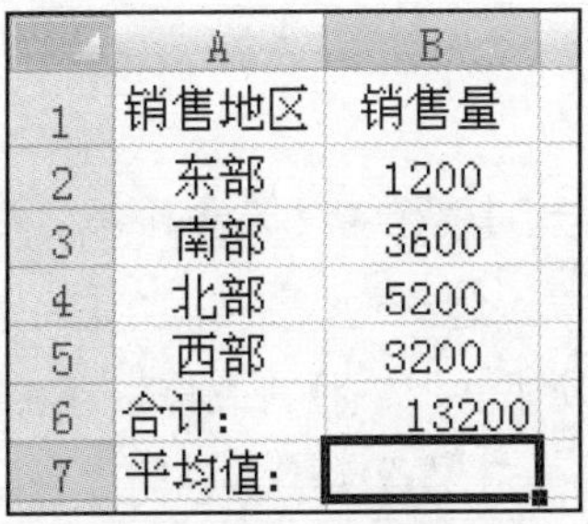

A B
1 销售地区 销售量
2 东部 1200
3 南部 3600
4 北部 5200
5 西部 3200
6 合计: 13200
7 平均值:

图 9-33 选中单元格

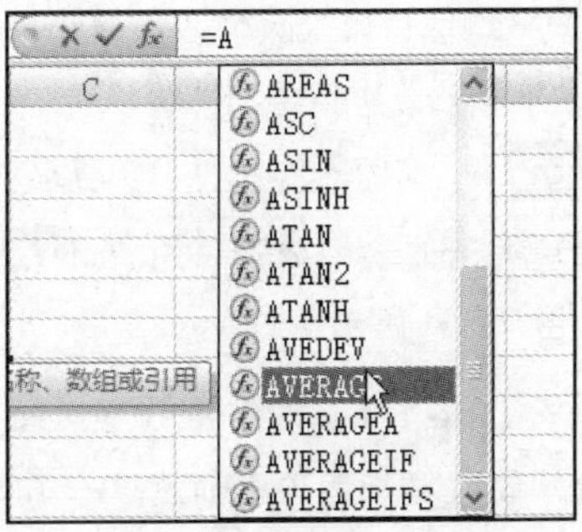

=A
C
AREAS
ASC
ASIN
ASINH
ATAN
ATAN2
ATANH
AVEDEV
AVERAGE
AVERAGEA
AVERAGEIF
AVERAGEIFS
称、数组或引用

图 9-34 选择函数

问题 9-16: 如何取消函数的记忆式输入功能？

打开“Excel 选项”对话框，切换到“公式”选项卡下，取消选中“公式记忆式键入”复选框即可。

Step 03 在公式编辑栏中插入选定的函数，此时需要为函数设置参数内容，如图 9–35 所示。

Step 04 由于需要对 B2:B5 单元格区域中的数值求平均值，因此设置参数为 B2:B5，再输入“)”完成公式的编辑，如图 9–36 所示。

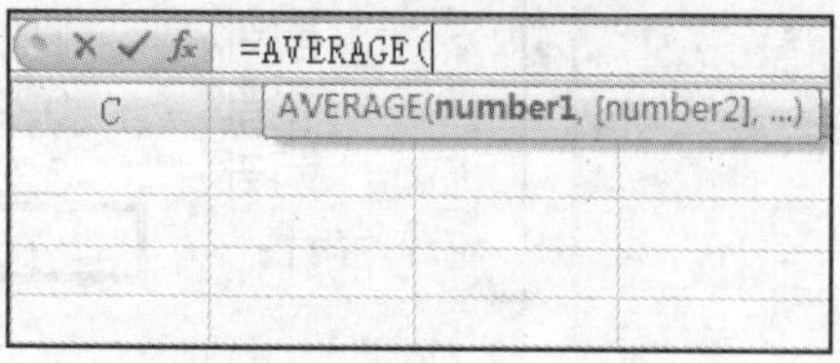

=AVERAGE(

AVERAGE(**number1**, [number2], ...)

图 9-35　插入函数

完成公式编辑

=AVERAGE(B2:B5)

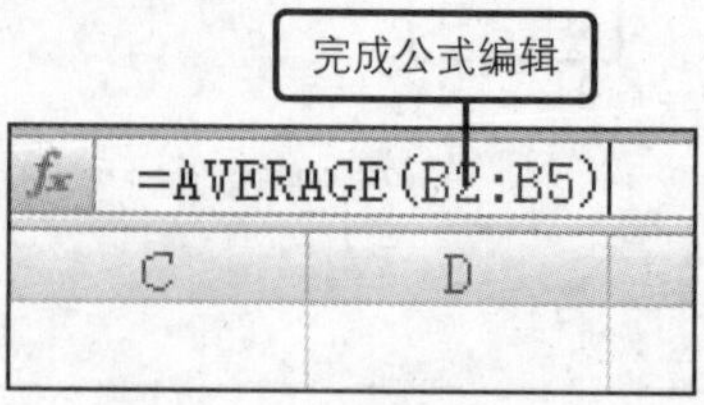

图 9-36　设置函数参数

问题 9-17：如何更改公式错误标记的颜色效果？

打开“Excel 选项”对话框，切换到“公式”选项卡下，在“错误检查”组中单击“使用此颜色标识错误”按钮，在展开的列表中单击需要使用的颜色效果即可。

Step 05 计算完成后返回到工作表中，查看公式计算结果，如图 9–37 所示。

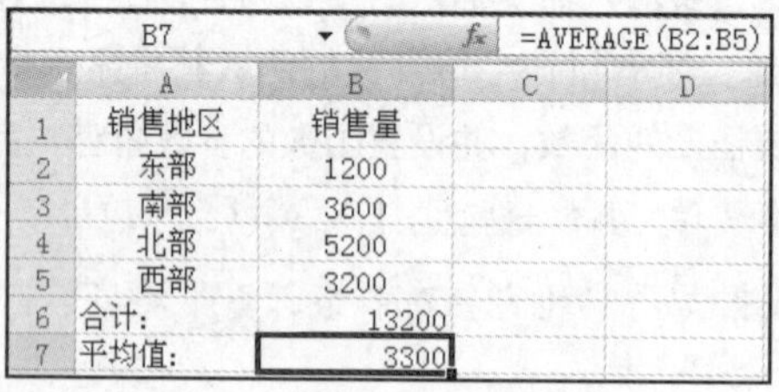

B7　=AVERAGE(B2:B5)

	A	B	C	D
1	销售地区	销售量		
2	东部	1200		
3	南部	3600		
4	北部	5200		
5	西部	3200		
6	合计:	13200		
7	平均值:	3300		

图 9-37　查看公式计算结果

3. 自动求和功能

Excel 的自动求和功能为用户提供了不同的常用函数内容，用户可以使用该功能对表格中数据进行求和、求平均值、求最大值、求最小值的计算。下面以计算销售量最大值为例，为用户介绍如何使用自动求和功能进行求和计算。

最终文件： 第九章\最终文件\自动求和功能.xlsx

Step 01 继续上一例中的表格数据，用户还需要对最大值进行求解计算，选中输入公式的 B8 单元格，如图 9–38 所示。

Step 02 在“公式”选项卡下的“函数库”组中单击“自动求和”下拉列表按钮，在展开的列表中单击“最大值”选项，如图 9–39 所示。

问题 9-18：如何查看公式的求值过程？

选中需要查看公式计算过程的单元格，在“公式”选项卡下的“公式审核”组中单击“公式求值”按钮，打开“公式求值”对话框，单击“求值”按钮，即可查看详细的计算过程。

	A	B
1	销售地区	销售量
2	东部	1200
3	南部	3600
4	北部	5200
5	西部	3200
6	合计:	13200
7	平均值:	3300
8	最大值:	

图 9-38　查看表格数据

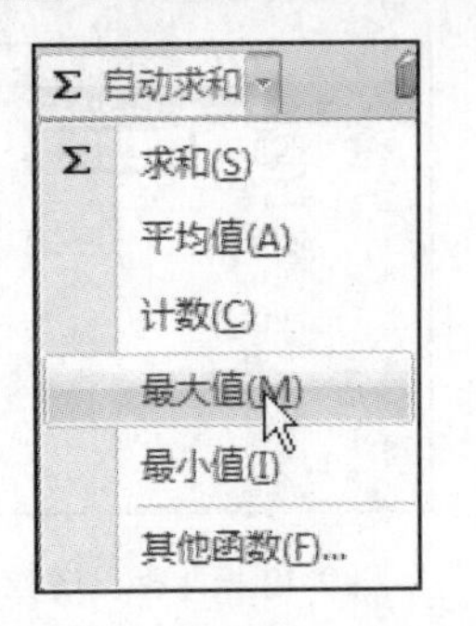

图 9-39　使用自动求和功能

Step 03 在 B8 单元格中插入求最大值函数，拖动鼠标选中参数 B2:B5 单元格区域，如图 9—40 所示。

Step 04 完成公式的计算，查看计算的最大值结果，如图 9—41 所示。

SUM　=MAX(B2:B5)

	A	B	C	D
1	销售地区	销售量		
2	东部	1200		
3	南部	3600		
4	北部	5200		
5	西部	3200		
6	合计:	13200		
7	平均值:	3300		
8	最大值:	=MAX(B2:B5)		
9		MAX(number1, [number2], ...)		

调整参数区域

图 9-40　插入函数

	A	B
1	销售地区	销售量
2	东部	1200
3	南部	3600
4	北部	5200
5	西部	3200
6	合计:	13200
7	平均值:	3300
8	最大值:	5200

图 9- 41　查看计算结果

问题 9-19:　如何追踪从属单元格?

选中计算结果所在的单元格，在“公式”选项卡下的“公式审核”组中单击“追踪从属单元格”按钮，即可显示受公式值影响的从属单元格。

4. 嵌套函数的使用

当用户在计算表格数据时，如果仅使用一个函数无法完成公式内容的编辑，则可以使用嵌套函数的使用方式，将不同的函数进行嵌套使用，从而简化编辑公式的过程，计算出正确的公式结果。

原始文件： 第 9 章\原始文件\嵌套函数的使用.xlsx

最终文件： 第 9 章\最终文件\嵌套函数的使用.xlsx

Step 01 打开原始文件“嵌套函数的使用.xlsx”，可以看到用户需要对销售指标进行计算，假定四川地区销售指标为 3000，江西地区为 2000，湖南地区为 1500，上海地区为 5000，选中需要输入公式的 B2 单元格，如图 9—42 所示。

Step 02 在 B2 单元格中输入公式“=IF(A2="四川","3000",IF(A2="江西","2000",IF(A2="湖南","1500","5000")))”，并计算公式结果，如图 9—43 所示。

	A	B	C
1	销售地区	销售指标	
2	四川		
3	江西		
4	湖南		
5	四川		
6	江西		
7	上海		
8	四川		
9	上海		
10	湖南		

图 9-42　查看表格数据

=IF(A2="四川","3000",IF(A2="江西","2000",IF(A2="湖南","1500","5000")))

A	B	C	D	E
销售地区	销售指标			
四川	3000			
江西				
湖南				
四川				
江西				
上海				
四川				
上海				
湖南				

图 9- 43　输入公式

问题 9-20：　IF()函数的功能是什么？

IF()函数用于判断是否满足某个条件，如果满足则返回一个值，如果不满足则返回另一个值，IF()函数最多可嵌套 7 层。其函数语法结构为 IF（logical_test,value_if_true,value_if_false）。

Step 03 向下拖动鼠标复制公式，即可显示不同地区的销售指标相关数据，如图 9-44 所示。

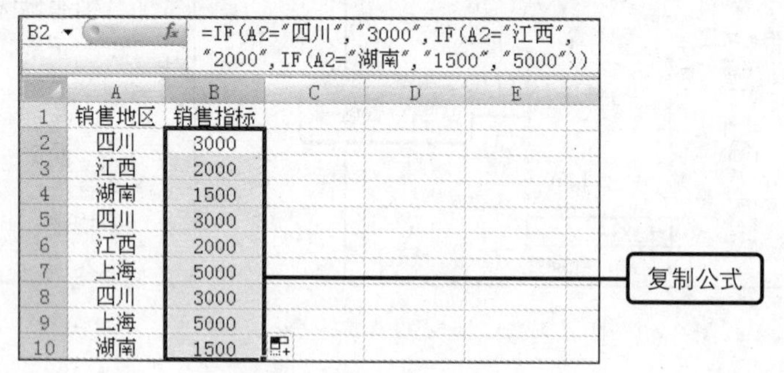

B2　=IF(A2="四川","3000",IF(A2="江西","2000",IF(A2="湖南","1500","5000")))

	A	B	C	D	E
1	销售地区	销售指标			
2	四川	3000			
3	江西	2000			
4	湖南	1500			
5	四川	3000			
6	江西	2000			
7	上海	5000			
8	四川	3000			
9	上海	5000			
10	湖南	1500			

图 9-44　复制公式

问题 9-21：　IF()函数的不同参数含义是什么？

IF()函数的语法结构为（logical_test,value_if_true,value_if_false），其中参数 logical_test 指定任何可能被计算为 TRUE 或 FALSE 的数值或表达式。参数 value_if_true 指定 logical_test 为 TRUE 时的返回值。参数 value_if_false 指定 logical_test 为 FALSE 时的返回值。

9.3　常用函数的使用

9.3.1　使用统计函数进行统计分析

统计函数用于对数据区域进行统计与分析，可用来解决工作中的一些数据按条件统计、最值分析等数据问题。本节以分析产品销售量为例，为用户介绍如何统计分析销量最小值、中位数及产品个数相关数据，其具体的操作方法如下。

原始文件： 第 9 章\原始文件\统计函数.xlsx

最终文件： 第 9 章\最终文件\统计函数.xlsx

Step 01 打开原始文件“统计函数.xlsx”，查看表格中的相关数据信息，并选中需要计算最小值的D3单元格，如图9-45所示。

Step 02 切换到“公式”选项卡下，在“函数库”组中单击“其他函数”按钮，在展开的列表中单击“统计”选项，并单击MIN选项，如图9-46所示。

	A	B	C	D
1	产品销量统计表			
2	产品类型	销量		
3	A产品	250	最小值:	
4	B产品	360	中位数:	
5	C产品	520	产品个数:	
6	D产品	640		
7	E产品	520		
8	F产品	450		
9				

图 9-45 查看表格数据

统计(S)
工程(E)
多维数据集(C)
信息(I)
MEDIAN
MIN
MINA
MODE

图 9-46 插入函数

问题 9-22: MIN()函数的功能是什么?

MIN()函数用于返回一组数值中的最小值，其语法结构为（number1,number2...），其中number指定求取最小值的1～255个数值、空单元格、逻辑值或文本数值。

Step 03 打开“函数参数”对话框，设置函数的参数内容，再单击“确定”按钮，如图9-47所示。

Step 04 设置完成后返回到工作表中，可以看到D3单元格中显示公式计算结果，并可在编辑栏中查看详细的公式内容，如图9-48所示。

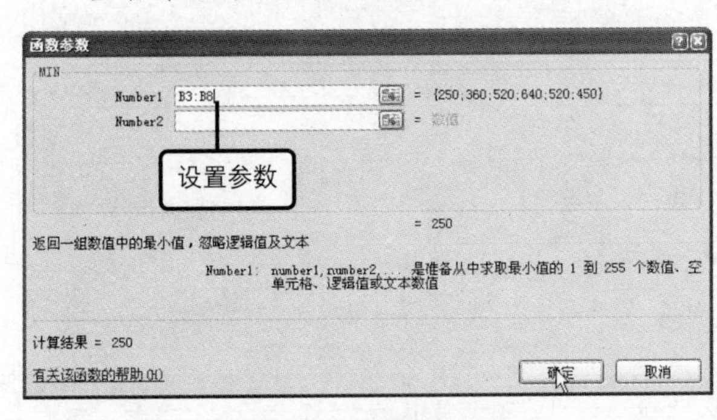

图 9-47 设置函数参数

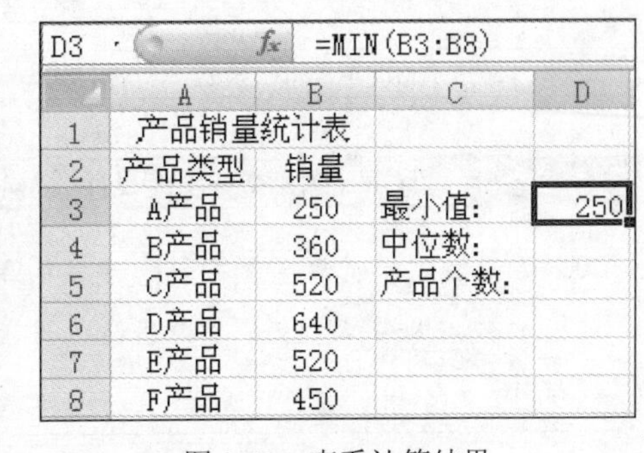
D3 =MIN(B3:B8)

	A	B	C	D
1	产品销量统计表			
2	产品类型	销量		
3	A产品	250	最小值:	250
4	B产品	360	中位数:	
5	C产品	520	产品个数:	
6	D产品	640		
7	E产品	520		
8	F产品	450		

图 9-48 查看计算结果

Step 05 选中D4单元格，输入公式“=MEDIAN(B3:B8)”，可以看到引用的参数单元格区域呈选中状态，输入完成后单击“输入”按钮，如图9-49所示。

Step 06 完成公式的计算后，可以看到在D4单元格中显示计算的中位数结果，选中需要统计产品个数的D5单元格，单击公式编辑栏前的“插入函数”按钮，如图9-50所示。

问题 9-23: MEDIAN()函数的功能是什么?

MEDIAN()函数用于求取一组数值的中值。其语法结构为（number1,number2...），其中number指定求取中值的1～255个数字、名称、数组或数组引用。

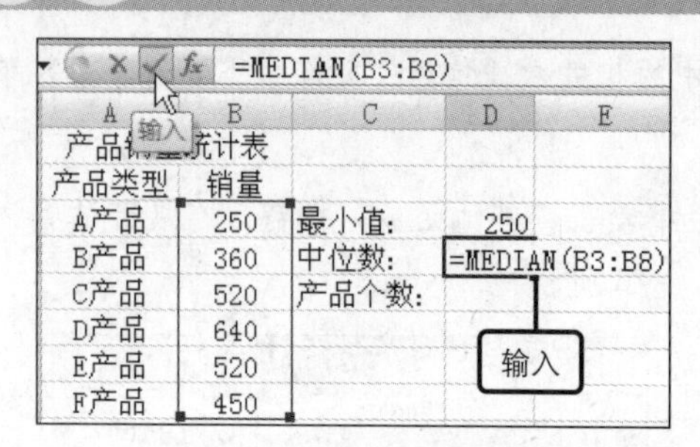

图 9-49　计算中位数

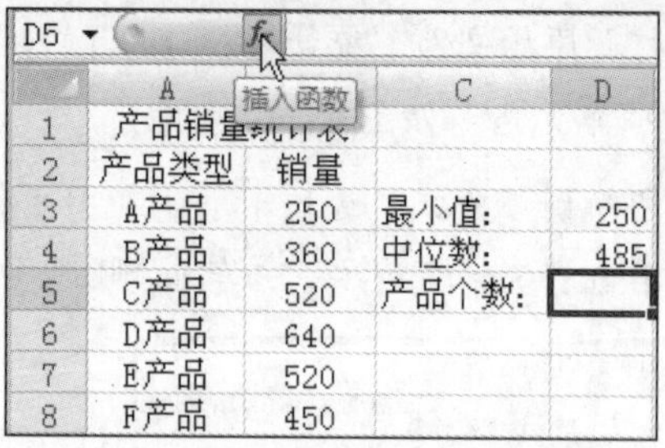

D5 | =插入函数

	A	B	C	D
1	产品销量统计表			
2	产品类型	销量		
3	A产品	250	最小值:	250
4	B产品	360	中位数:	485
5	C产品	520	产品个数:	
6	D产品	640		
7	E产品	520		
8	F产品	450		

图 9-50　插入函数

Step 07 打开“插入函数”对话框，设置“或选择类别”为“统计”，在“选择函数”列表框中单击 COUNT 选项，再单击“确定”按钮，如图 9-51 所示。

Step 08 打开“函数参数”对话框，设置函数的参数内容，并单击“确定”按钮，如图 9-52 所示。

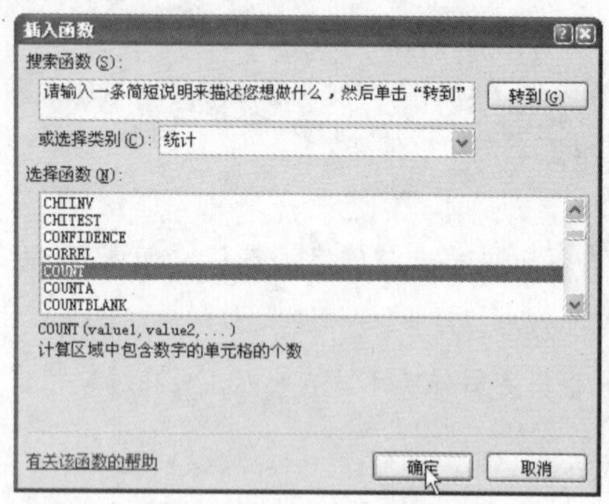

图 9-51　插入函数

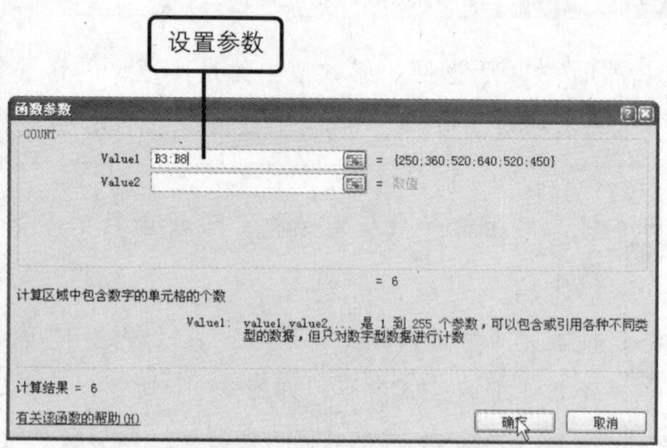

图 9-52　设置函数参数

问题 9-24: COUNT()函数的功能是什么？

COUNT()函数用于计算区域中包含数字的单元格个数。其语法结构为 (value1, value 2...)，其中参数 value 指定 1~255 个参数，可以包含或引用不同类型的数据，但只对数字型数据进行计数。

Step 09 完成函数的设置后，返回到工作表中，查看公式计算结果，如图 9-53 所示。

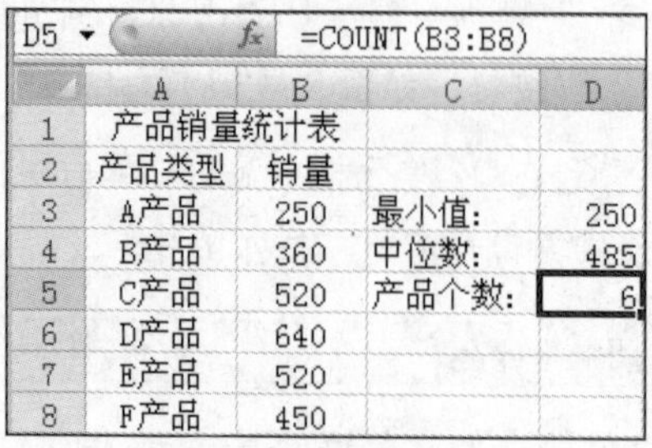

D5 | =COUNT(B3:B8)

	A	B	C	D
1	产品销量统计表			
2	产品类型	销量		
3	A产品	250	最小值:	250
4	B产品	360	中位数:	485
5	C产品	520	产品个数:	6
6	D产品	640		
7	E产品	520		
8	F产品	450		

图 9-53　计算产品个数

问题 9-25：当需要对数据区域中满足给定条件的单元格数目进行计算时，可以使用什么函数？

COUNTIF()函数用于计算某个区域中满足给定条件的单元格数目。其语法结构为 COUNTIF(range,criteria)，其中参数 range 指定要计算其中非空单元格数目的区域，参数 criteria 指定以数字、表达式或文本形式定义的条件。

9.3.2 使用财务函数核算经费

当用户需要使用 Excel 表格对财务数据进行核算分析时，则可以使用 Excel 函数库中提供的财务函数功能。财务函数大致可以分为五类，分别是固定资产折旧计算、本金和利息计算、投资计算、报酬率计算和证券计算。不同的财务函数涵盖面不同，下面以简单的本金和利息类函数计算为例，为用户简单介绍财务函数的使用方法。

1. FV()函数计算未来值

当用户需要某基金进行定期存款时，可以使用财务函数来计算在固定年利率及存款金额下，某段时期内可获得的存款未来值金额，从而帮助用户更好的了解该基金的存入金额及其相应的未来值金额。

原始文件： 第 9 章\原始文件\未来值计算.xlsx
最终文件： 第 9 章\最终文件\未来值计算.xlsx

Step 01 打开原始文件“未来值计算.xlsx”，查看表格中的相关数据信息，并选中需要计算未来值的 B6 单元格，如图 9-54 所示。

Step 02 切换到“公式”选项卡下，在“函数库”组中单击“财务”按钮，在展开的列表中单击 FV 选项，如图 9-55 所示。

	A	B
1	存款未来值计算	
2	已存金额	20000
3	年利率	5%
4	每月存款	1000
5	存款时间（年）	10
6	存款未来值	
7		

图 9-54 查看表格数据

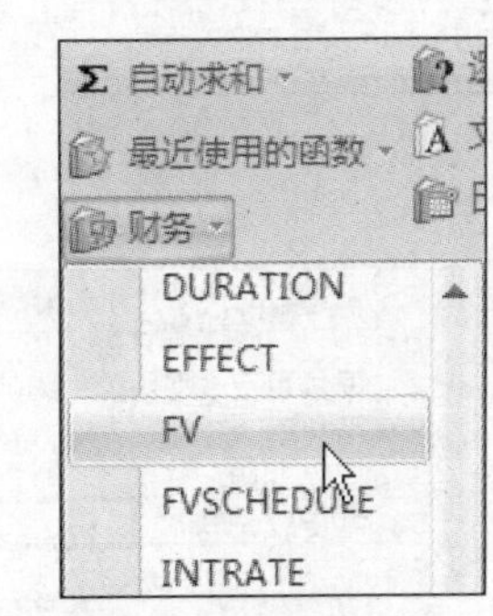

图 9-55 插入函数

问题 9-26：FV()函数的功能是什么？

FV()函数用于计算基于固定利率和等额分期付款方式下，返回某项投资的未来值。其语法结构为 FV (rate,nper,pmt,pv,type)。在设置函数参数时，需要注意的是利率、总投资期及各期所获得的金额单位必须是一致的。例如，利率为月利率时，总投资期应为总月份数，各期存款金额为月存款金额。

Step 03 打开“函数参数”对话框，设置函数的参数内容，再单击“确定”按钮，如图 9–56 所示。

Step 04 返回到工作表中，查看公式计算结果，如图 9–57 所示。

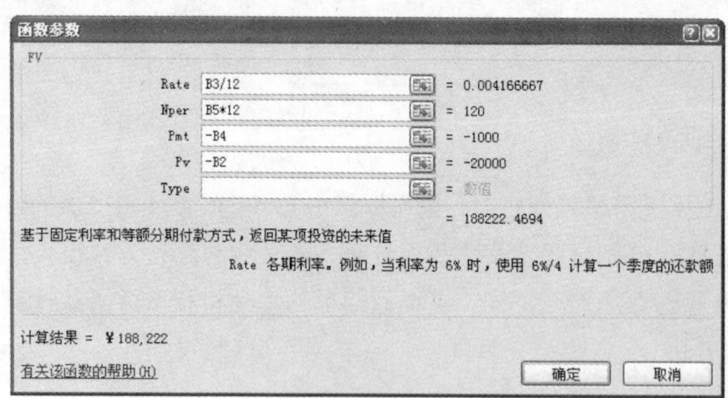

图 9-56 设置函数参数

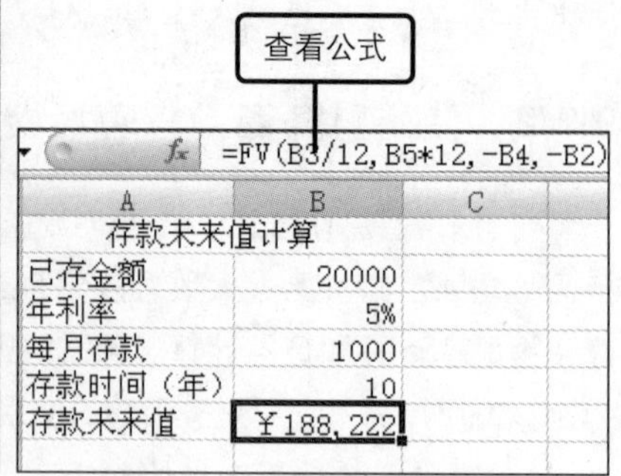

A	B	C
存款未来值计算		
已存金额	20000	
年利率	5%	
每月存款	1000	
存款时间（年）	10	
存款未来值	¥188,222	

图 9-57 查看公式计算结果

2. PV()函数计算现值

在计算贷款投资相关数据信息时，用户还可以使用财务函数中的 PV()函数进行计算求值，下面以计算可贷款总额为例，计算在固定年利率及贷款期限下每月可支付还款额为 1800 时，用户可获取的贷款总额，其具体的操作与计算方法如下。

原始文件： 第 9 章\原始文件\贷款现值计算.xlsx

最终文件： 第 9 章\最终文件\贷款现值计算.xlsx

Step 01 打开原始文件“贷款现值计算.xlsx”，选中需要显示计算结果的 B5 单元格，如图 9–58 所示。

Step 02 在公式编辑栏中输入“=P”，在展开的函数列表中双击 PV 选项，如图 9–59 所示。

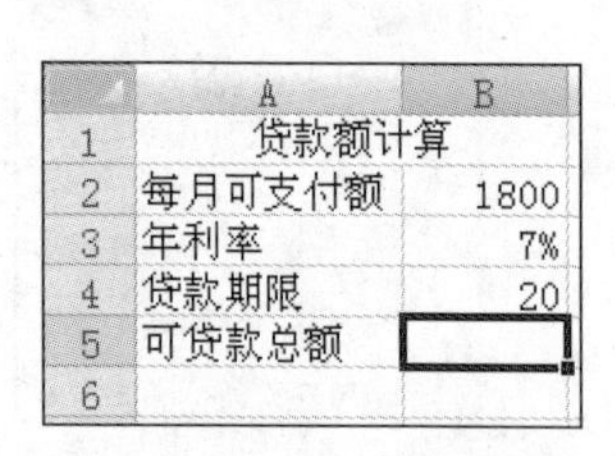

	A	B
1	贷款额计算	
2	每月可支付额	1800
3	年利率	7%
4	贷款期限	20
5	可贷款总额	
6		

图 9-58 查看表格数据

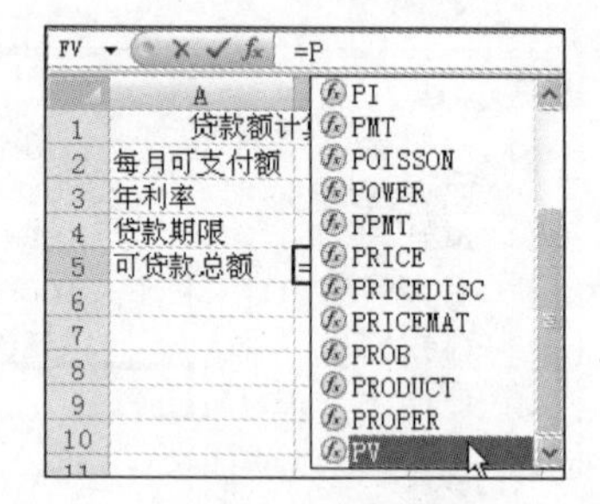

图 9-59 插入函数

问题 9-27： PV()函数的功能是什么？

PV()函数用于返回某项投资的一系列将来偿还额的当前总值或一次性偿还额的现值。其语法结构为 PV (rate,nper,pmt,fv,type)。在设置函数参数时，需要注意的是利率、总投资期及各期所获得的金额单位必须是一致的。例如，利率为月利率时，总投资期应为总月份数，各期存款金额为月存款金额。

Step 03 插入选定的函数后，单击编辑栏前的“插入函数”按钮，打开“函数参数”对话框，设置相关参数内容，再单击“确定”按钮，如图 9-60 所示。

Step 04 返回到工作表中，查看公式计算结果如图 9-61 所示。

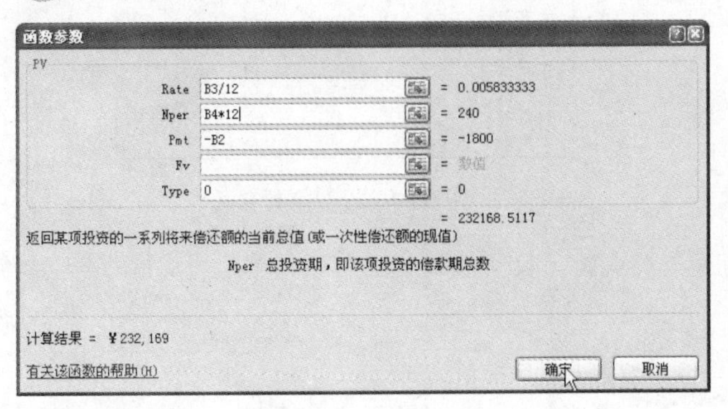

图 9-60 设置函数参数

B5 =PV(B3/12,B4*12,-B2,,0)

	A	B	C
1	贷款额计算		
2	每月可支付额	1800	
3	年利率	7%	
4	贷款期限	20	
5	可贷款总额	¥232,169	
6			
7			

图 9-61 查看计算结果

9.4 实例提高：制作员工年度考核成绩分析表

本章为用户介绍了如何使用 Excel 中的公式与函数功能，对表格数据进行统计与计算。本例将为用户介绍如何使用公式与函数功能对员工年度考核成绩情况进行统计与分析，从而了解不同员工、不同部门的考核成绩情况。

原始文件： 第 9 章\原始文件\员工年度考核成绩分析.xlsx

最终文件： 第 9 章\最终文件\员工年度考核成绩分析.xlsx

Step 01 打开原始文件“统计函数.xlsx”，查看表格中的相关数据信息，并选中需要输入公式的单元格 F3，如图 9-62 所示。

	A	B	C	D	E	F	G
1	员工年度考核成绩分析						
2	员工姓名	所属部门	安全知识	生产技术	职业道德	总分	平均成绩
3	刘敏	财务部	90	64	60		
4	张婧	行政部	50	87	80		
5	王强	生产部	60	90	78		
6	森伟	行政部	80	56	85		
7	黄明	生产部	65	80	90		
8	邓林	生产部	62	97	60		
9	杨青	财务部	90	60	70		
10	张新	生产部	90	70	80		

图 9-62 查看表格数据

Step 02 切换到“公式”选项卡下，在“函数库”组中单击“自动求和”按钮，如图 9-63 所示。

Step 03 选中表格中的 C3:E3 单元格区域作为函数的参数内容，完成公式的编辑，如图 9-64 所示。

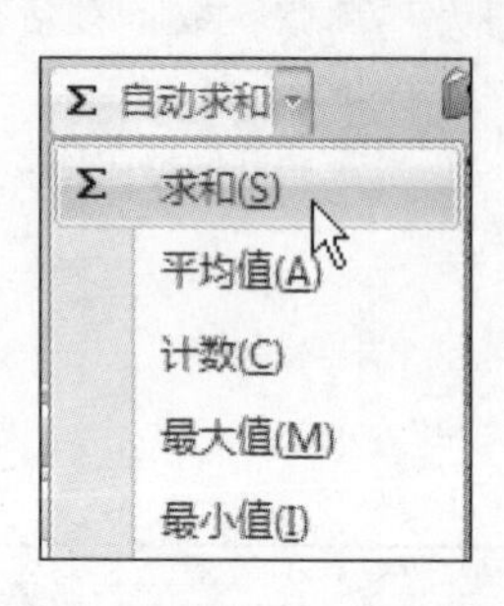

图 9-63 使用自动求和功能

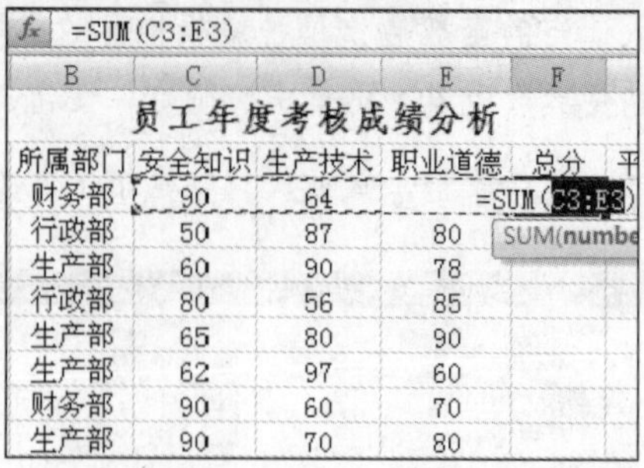

=SUM(C3:E3)

B	C	D	E	F
员工年度考核成绩分析				
所属部门	安全知识	生产技术	职业道德	总分
财务部	90	64		=SUM(C3:E3)
行政部	50	87	80	SUM(numbe
生产部	60	90	78	
行政部	80	56	85	
生产部	65	80	90	
生产部	62	97	60	
财务部	90	60	70	
生产部	90	70	80	

图 9-64 设置函数参数

Step 04 完成公式的编辑后向下拖动鼠标复制公式到 F10 单元格，计算不同员工的成绩总分，如图 9-65 所示。

Step 05 选中需要计算平均成绩的 G3 单元格，如图 9-66 所示。

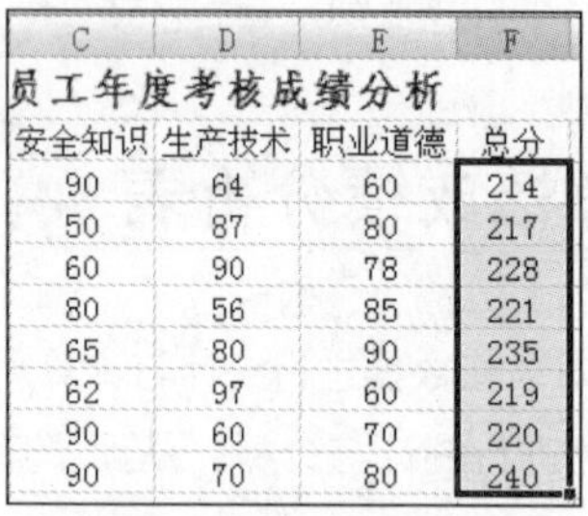

C	D	E	F
员工年度考核成绩分析			
安全知识	生产技术	职业道德	总分
90	64	60	214
50	87	80	217
60	90	78	228
80	56	85	221
65	80	90	235
62	97	60	219
90	60	70	220
90	70	80	240

图 9-65 复制公式

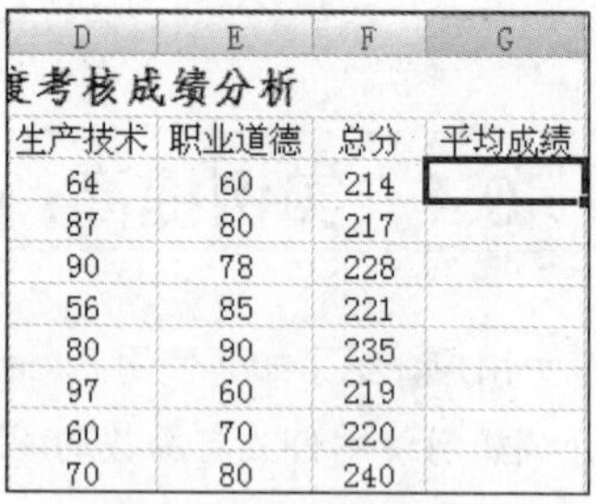

D	E	F	G
度考核成绩分析			
生产技术	职业道德	总分	平均成绩
64	60	214	
87	80	217	
90	78	228	
56	85	221	
80	90	235	
97	60	219	
60	70	220	
70	80	240	

图 9-66 选定单元格

Step 06 再次单击“函数库”组中的“自动求和”按钮，在展开的列表中单击“平均值”选项，如图 9-67 所示。

Step 07 在 G3 单元格中输入计算平均成绩的公式内容“=AVERAGE(C3:E3)”，如图 9-68 所示。

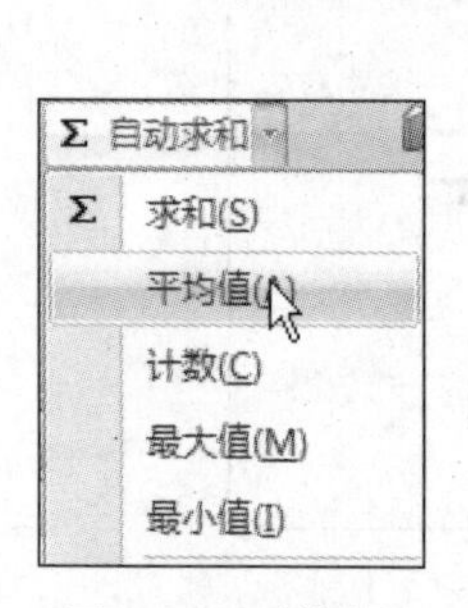

图 9-67 平均值

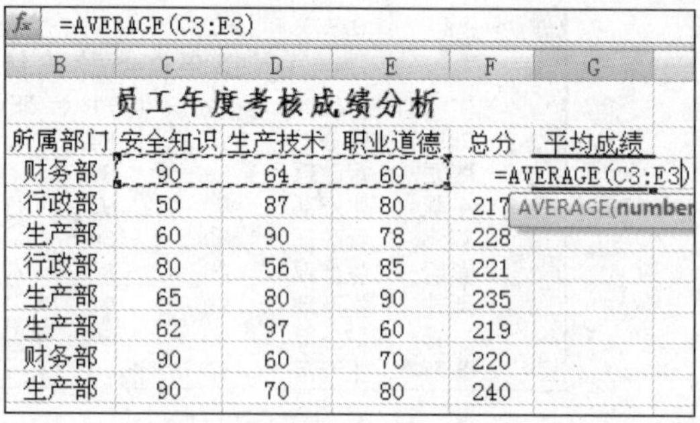

=AVERAGE(C3:E3)

B	C	D	E	F	G
员工年度考核成绩分析					
所属部门	安全知识	生产技术	职业道德	总分	平均成绩
财务部	90	64	60	=AVERAGE(C3:E3)	
行政部	50	87	80	217	AVERAGE(number
生产部	60	90	78	228	
行政部	80	56	85	221	
生产部	65	80	90	235	
生产部	62	97	60	219	
财务部	90	60	70	220	
生产部	90	70	80	240	

图 9-68 计算平均值

Step 08 向下拖动鼠标复制公式，计算不同员工的平均成绩，如图 9-69 所示。

Step 09 用户需要设置计算结果显示一位小数，因此在“数字”组中单击“减小小数位数”按钮，调整数据的小数位数，如图 9-70 所示。

D	E	F	G
度考核成绩分析			
生产技术	职业道德	总分	平均成绩
64	60	214	71.33333
87	80	217	72.33333
90	78	228	76
56	85	221	73.66667
80	90	235	78.33333
97	60	219	73
60	70	220	73.33333
70	80	240	80

图 9-69　复制公式

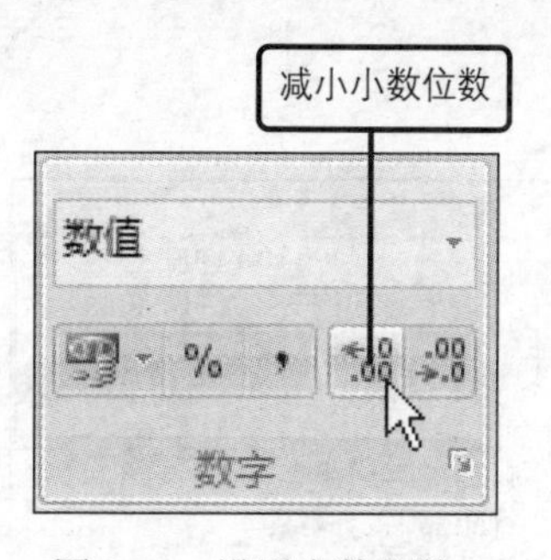

图 9-70　设置小数位数

Step 10 设置完成后，可以看到选定的单元格区域显示一位小数效果，如图 9-71 所示。

Step 11 用户还需要对员工的最高平均成绩进行统计，选中 C12 单元格，如图 9-72 所示。

度考核成绩分析			
生产技术	职业道德	总分	平均成绩
64	60	214	71.3
87	80	217	72.3
90	78	228	76.0
56	85	221	73.7
80	90	235	78.3
97	60	219	73.0
60	70	220	73.3
70	80	240	80.0

图 9-71　小数位数效果

C12 ▾ fx

	A	B	C
11			
12	最高平均成绩:		
13	最低平均成绩:		
14	财务部平均成绩:		
15	行政部平均成绩:		
16	生产部平均成绩:		
17			

图 9-72　选定单元格

Step 12 在 C12 单元格中输入公式 “=MAX(G3:G10)”，计算最高平均成绩，如图 9-73 所示。

Step 13 在 C13 单元格中输入公式 “=MIN(G3:G10)”，计算最低平均成绩，如图 9-74 所示。

C12 ▾ fx =MAX(G3:G10)

	A	B	C
10	张新	生产部	90
11			
12	最高平均成绩:		80.0
13	最低平均成绩:		
14	财务部平均成绩:		
15	行政部平均成绩:		
16	生产部平均成绩:		

图 9-73　计算最高平均值

C13 ▾ fx =MIN(G3:G10)

	A	B	C
11			
12	最高平均成绩:		80.0
13	最低平均成绩:		71.3
14	财务部平均成绩:		
15	行政部平均成绩:		
16	生产部平均成绩:		
17			

图 9-74　计算最低平均值

Step 14 选中 C14 单元格，在编辑栏中输入 “=AV”，在弹出的函数列表中双击 AVERAGEIF 选项，如图 9-75 所示。

Step 15 打开 “函数参数” 对话框，设置函数参数内容，指定求平均值的条件及需要求值的区域，设置完成后单击 “确定” 按钮，如图 9-76 所示。

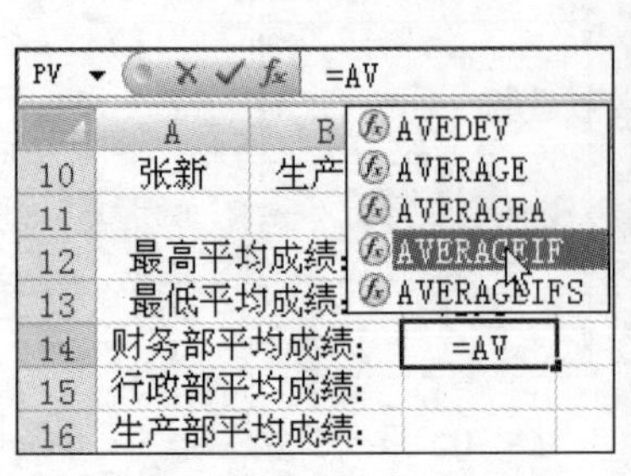

图 9-75 插入函数

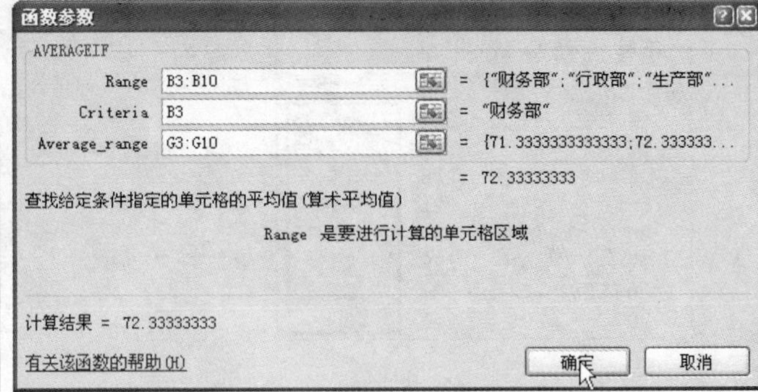

图 9-76 设置函数参数

Step 16 完成公式的编辑，返回到表格中查看公式计算结果，如图 9—77 所示。

Step 17 在 C15 单元格中输入公式"=AVERAGEIF(B3:B10,B4,G3:G10)"，计算行政部平均成绩，如图 9—78 所示。

C14 =AVERAGEIF(B3:B10,B3,G3:G10)

	A	B	C	D	E
10	张新	生产部	90	70	80
11					
12	最高平均成绩:		80.0		
13	最低平均成绩:		71.3		
14	财务部平均成绩:		72.3333		
15	行政部平均成绩:				
16	生产部平均成绩:				

图 9-77 计算财务平均成绩

=AVERAGEIF(B3:B10,B4,G3:G10)

A	B	C	D	E
张新	生产部	90	70	80
最高平均成绩:		80.0		
最低平均成绩:		71.3		
财务部平均成绩:		72.3333		
行政部平均成绩:		73		
生产部平均成绩:				

图 9-78 计算行政部平均成绩

Step 18 在 C16 单元格中输入公式"=AVERAGEIF(B3:B10,B5,G3:G10)"，计算生产部平均成绩，如图 9—79 所示。

Step 19 选中 C14:C16 单元格区域，设置数据显示的小数位数效果，如图 9—80 所示，完成表格相关数据的计算分析。

=AVERAGEIF(B3:B10,B5,G3:G10)

A	B	C	D	E
张新	生产部	90	70	80
最高平均成绩:		80.0		
最低平均成绩:		71.3		
财务部平均成绩:		72.3333		
行政部平均成绩:		73		
生产部平均成绩:		76.8333		

图 9-79 计算生产部平均成绩

	A	B	C
11			
12	最高平均成绩:		80.0
13	最低平均成绩:		71.3
14	财务部平均成绩:		72.3
15	行政部平均成绩:		73.0
16	生产部平均成绩:		76.8
17			
18			

图 9-80 设置小数位数

Excel 中 VBA 的高效应用

Visual Basic 简称 VB，是一种可视化开发的环境。VBA 就是在 VB 环境下用于开发应用程序的语言，是使复杂的应用程序自动化的语言之一。即使以前没有编写过代码，也可以通过运用 VBA 开发的自动化程序，创建用户所需的解决方案，提高办公的效率。

VBA 继承了 VB 的很多编程方法，在语法结构上几乎完全相同，两种语言支持对象属性和方法大多相同，因此这两种语言代码是通用的。掌握并学会运用 VBA 不仅可以高效办公，同时也大大提高了工作的效率，同时对 VB 语言的学习也可打下坚实的基础。

10.1 VBA 语法

像其他语言一样，编写一个 VBA 程序的基础就是语法。只有掌握了 VBA 语法结构及其重要的组成元素，才可以有效地编写正确的 VBA 程序代码。本节将为用户介绍如何使用开发工具启用代码编辑器、VBA 语言运算符及程序控制结构等相关内容。

10.1.1 使用开发工具

与 Word 中设置在功能区显示“开发工具”选项卡的操作方法相同，用户可以打开“Excel 选项”对话框，在“常用”选项卡下选中“在功能区显示‘开发工具’选项卡”复选框，在 Excel 操作窗口中显示如图 10-1 所示的“开发工具”选项卡。用户可以在该选项卡中设置执行代码的编辑、控件的添加等相关操作。

图 10-1 “开发工具”选项卡

问题 10-1： 如何在窗口中隐藏显示“开发工具”选项卡？

打开“Excel 选项”对话框，在“常用”选项卡下取消选中“在功能区显示‘开发工具’选项卡”复选框，再单击“确定”按钮即可。

Step 01 在“开发工具”选项卡下的“代码”组中单击“Visual Basic”按钮，如图 10−2 所示。

Step 02 打开 VB 代码编辑窗口，用户可以在该窗口中编辑代码来实现需要执行的操作，如图 10−3 所示。

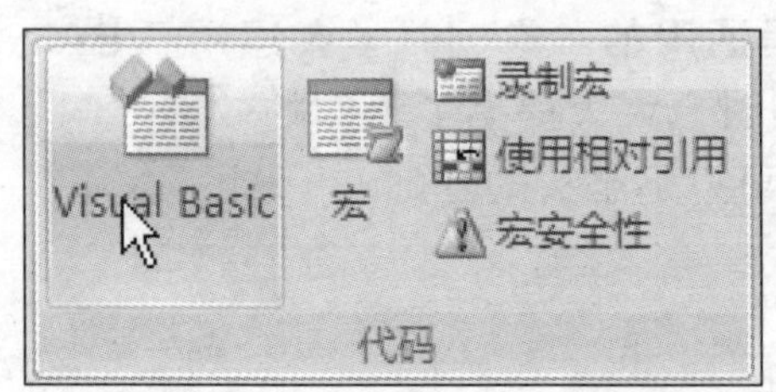

图 10-2 启用 VB 代码编辑功能

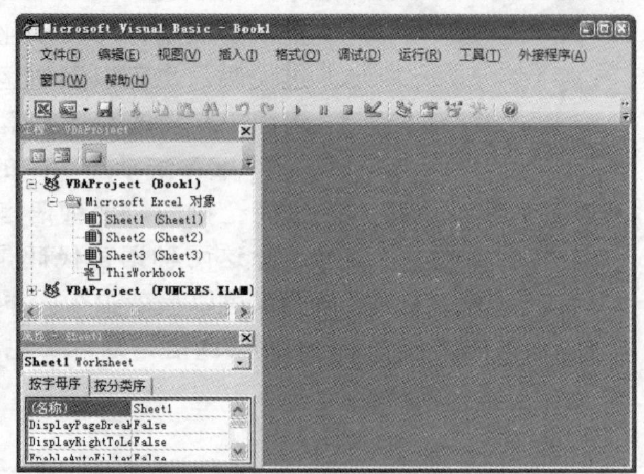

图 10-3 打开代码编辑窗口

问题 10-2： 什么是 VBA 宏？

宏是指一系列用 Excel 能够执行的名字保存的命令。就像做每件事情，完成某项任务都有固定的工作任务流程一样，Excel 的宏录制器就是将这样的一系列操作流程记录下来，并自动转换为 VBA 代码，实现所需的功能。也就是说，当创建宏后，下次再进行操作时，就可以使用宏来实现操作流程的自动化，从而实现相同功能的自动完成。

10.1.2 了解 VBA 语言运算符

在一个操作中计算是难免的，对于不同的运算需要使用不同的运算符，根据功能的不同，运算符可以分为算术运算符、比较运算符、字符串运算符和逻辑运算符四种，根据操作数的不同，运算符分为一元运算和二元运算两种。

由关键字、运算符、变量、字符串常数、数字或对象组合成 VBA 的表达式。表达式可用来执行运算、操作字符或测试数据。

1. 算术运算符

算术运算符是指用来进行数值运算的符号，是最常用也最为简单的运算符。VBA 中的算术运算符包括七种不同的类型，如表 10−1 所示。

表 10-1 算术运算符

运算符号	名称	运算符号	名称
+	加法运算	–	减法运算
*	乘法运算	/	除法运算
^	指数运算	\	取商运算
Mod	取余运算		

问题 10-3：如何使用加法运算符？

加法运算符用于求两数之和，其语法结构为 result=expression1＋ expression2，其中 result 存放运算结果，expression1 为表达式 1，expression2 为表达式 2。加法运算符也可以用做字符串的串接。

2．比较运算符

比较运算符用来表示两个或多个值或表达式之间的关系。这些运算符包括小于、大于、大于等于、小于等于、不等和等于。其语法结构为 result=expression1 comparisonoperator expression2，其中表达式 expression1 和表达式 expression2 通过运算符 comparisonoperator 进行比较，比较的结果存储于变量 result 中。

返回结果有三种可能，True、False 和 Null。当 expression1 或 expression2 中有一个值为 Null 时，结果取值为 Null。比较运算符通常用于进行表达式结果的比较，其比较结果如表 10–2 所示。

表 10-2 比较运算符结果取值

运算符	返回值为 True	返回值为 False
<	expression1<expression2	expression1>=expression2
<=	expression1<=expression2	expression1>expression2
>	expression1>expression2	expression1<=expression2
>=	expression1>=xpression2	expression1<expression2
=	expression1=expression2	expression1<>expression2
<>	expression1<>expression2	expression1=expression2

3．逻辑运算符

逻辑运算符是用于执行逻辑运算的运算符。

（1）And 运算符

其用于对两个表达式进行逻辑连接，语法结构为 result=expression1 And expression2，如果两个表达式 expression1、expression2 的值都是 True，则返回值为 True。如果其中一个表达式的值是 False，则返回值是 False。

（2）Eqv 运算符

其用于对两个表达式进行逻辑等价运算，语法结构为 result=expression1 Eqv expression2，如果两个表达式 expression1、expression2 中，有一个值是 Null，则返回值也为 Null。如果两个表达式都不是Null，则返回结果如表10-3所示。

（3）Imp运算符

其用于对两个表达式进行逻辑蕴涵运算，语法结构为result=expression1 Imp expression2，只有当表达式expression1为True，表达式expression2为False时，返回结果为False，其他返回结果如表10-4所示。

表10-3 Eqv运算符结果取值

expression1	expression2	result
True	True	True
True	False	False
False	False	False
False	True	True

表10-4 Imp运算符结果取值

expression1	expression2	result
True	True	True
True	False	False
False	True	True
False	False	True

（4）Not运算符

其用来对表达式进行逻辑否定运算，语法结构为result=Not expression，当表达式expression为True时，结果为False，当表达式为False时，结果为True。

（5）Or运算符

其用来对两个表达式进行逻辑析取运算，又称逻辑或，语法结构为result=expression1 Or expression2，当expression1和expression2表达式中至少有一个为True时，则结果为True。

（6）Xor运算符

其用来对两个表达式进行逻辑异或运算，语法结构为result=expression1 Xor expression2，当表达式expression1和expression2中有且只有一个值为True时，则结果为True。如果表达式中有一个为Null，则结果为Null。

4．运算符的优先级

在一个表达式中进行若干操作时，每一部分都会按预先确定的顺序进行计算求解，这称为运算符的优先顺序。

在表达式中，当运算符不止一种时，要先处理算术运算符，接着处理比较运算符，然后再处理逻辑运算符，所有比较运算符的优先顺序都相同，也就是说，要按其出现的顺序从左到右进行处理。

而算术运算符和逻辑运算符则必须按表10-5中的优先顺序进行处理，由上到下优先级别由高到低。

表10-5 运算符优先级别

逻辑运算符	算术运算符
Nod	^
And	-（负数）
Or	*/
Xor	\
Eqv	Mod
Imp	+-

问题 10-4：　如何更改运算符的优先级？

使用括号可以改变优先级，在括号之外的运算符优先级不变，在括号之内的运算优先顺序不变。但括号外的运算优先级别低于括号内的运算优先级。

10.1.3　指定程序控制结构

完成任何一件任务都需要一定的业务流程，对于编程语言也是如此。VBA 语言需要使用 VBA 流程来控制程序代码的执行过程。如果一个程序缺少了流程控制，执行时就会发生混乱现象。

正确使用控制语句，程序的执行就会变得有条不紊。利用不同的流程控制结构来完成不同的功能。本节将分别为用户介绍不同的程序控制结构。

1．顺序结构

顺序结构是一类最简单的结构，是按照语句出现的顺序一条一条执行。顺序语句常常夹杂在一些循环结构和选择结构中。

2．循环结构

如果一段代码需要重复执行多次，那么顺序结构就不能满足用户的需要了。循环结构的控制流程可以达到重复执行的一行或是一段代码的目的，但是有的循环可以指定循环次数，有的无法指定循环次数。

在 VBA 中循环结构可以用以下三种方法来实现：

（1）Do...Loop 语句

当条件成立为 True 时，或直到条件变为 True 时，重复执行一个语句段中的命令。

问题 10-5：　如何使用 Do...Loop 语句？

Do...Loop 语句是按条件进行循环的，循环次数无法确定。在 Do...Loop 语句中可以在任何位置放置任意个数的 Exit Do 语句，随时跳出 Do...Loop 循环。Exit Do 通常用于条件判断之后。

（2）For...Next 语句

使用一个计数器，指定循环次数来重复执行一组语句。此语句的语法具有以下几个部分，如表 10-6 所示。

表 10-6　For...Next 语句组成

部　　分	描　　述
变量	用做循环计数器的数值变量
初始值	用于设置 counter 的初始值
终止值	用于设置 counter 的终止值
步长	可选参数。counter 的步长，默认为 1
语句	放在 For 和 Next 之间的一条或多条语句，将被执行指定的次数

（3）For Each...Next 语句

针对一个数组或集合中的每个元素，重复执行一组语句。此语句的语法具体有以下几个部分，如表 10–7 所示。

表 10-7 For Each...Next 语句组成

部分	描述
数组元素	集合或数组中所有元素的变量
数组名	对象集合或数组的名称
语句	可选参数，针对数组中的每一项执行的一条或多条语句

3. 选择语句

VBA 中语句默认情况是按顺序执行的，只有遇到循环结构或选择结构时，执行的顺序才发生改变。在 VBA 中，除了顺序结构和循环结构外，还定义了一些可以控制程序流程的语句，这些语句提供选择功能。

VBA 中的选择控制语句有单重选择和多重选择两种。单重选择使用 If...Then...Else 来实现，多重选择使用 Select Case 或 If...Then...Else If Then...来实现。

（1）If...Then...Else

用于根据表达式值的两种情况，有条件的选择执行语句。

（2）Select Case

用于根据表达式的值，决定执行几组语句中的哪一个。

（3）If...Then...If Then...

用于根据表达式的值的多种情况，有条件地选择执行一组语句，分别根据不同的情况执行不同的语句。

问题 10-6：如何使用 If...Then...Else If Then...语句？

If...Then...If Then...语句提供了更强的结构化与适应性。Else 和 Else... If 子句都是可选的。在 If 块中，可以放置任意多个 Else... If 子句，但都必须在 Else 子句之前。If 块也可以是嵌套的。

10.2 控件与窗体

在编辑工作表的过程中，用户可以为其添加控件或窗体来完善工作表的编辑内容。插入控件按钮用于对其按钮代码进行编写，从而方便用户对工作表执行需要的操作，使用相应的控件按钮即可。用户窗体则是一种更强大的用户界面，用户窗体设计和工作表界面设计类似，用户可以在用户窗体中添加各种控件，从而使制作的工作表更加规范系统化。

10.2.1 插入表单控件

用户可以为工作表插入表单控件，并为插入的控件指定需要执行的宏命令，方便用户对工作表进行操作管理。本例以将公司名称大小写转换为例，为用户介绍如何添加用于转换字母大小写的控件按钮，并对按钮代码进行编写。需要注意的是，用户在编辑代码时，将调用 Excel 的内置函数来实现字母全部大写和全部小写的功能，同时编写自定义函数实现将单词的首字母大写功能。

原始文件： 第 10 章\原始文件\表单控件.xlsx

最终文件： 第 10 章\最终文件\表单控件.xlsm

Step 01 打开原始文件“表单控件.xlsx”，查看表格中的数据信息，如图 10-4 所示。

Step 02 切换到“开发工具”选项卡下，在“代码”组中单击“Visual Basic”按钮，如图 10-5 所示。

订单表				
订货单位	英文名称	订单号	金额	日期
通菱电子	tong ling ectronics	03021A	3388	2008-2-14
通菱电子	tong ling ectronics	03032A	4214	2008-2-15
胜达电子	sheng da ectronics	03042A	133.08	2008-2-16
希望网络	xi wang	03120A	4774	2008-2-17
明通电子	ming tong ectronics	03101A	8008	2008-2-18
方正电子	fang zheng ectronics	03025A	3542	2008-2-19
宏巨电子	hong ju ectronics	03030A	5082	2008-2-20
威化公司	wei hua company	03028A	4158	2008-2-21
胜达电子	sheng da ectronics	03123A	1694	2008-2-22
宏巨电子	hong ju ectronics	03126A	214	2008-2-23
胜达电子	sheng da ectronics	03134A	133.08	2008-2-24
方正电子	fang zheng ectronics	03137A	4774	2008-2-25
明通电子	ming tong ectronics	03234A	847	2008-2-26
赛尔电子	si er ectronics	03401A	3542	2008-2-27
明通电子	ming tong ectronics	03403A	1309	2008-2-28
方正电子	fang zheng ectronics	03511A	1155	2008-2-29
宏巨电子	hong ju ectronics	03429A	1694	2008-3-1
赛尔电子	si er ectronics	03444A	1694	2008-3-2

图 10-4 查看表格数据

图 10-5 Visual Basic 按钮

问题 10-7： 如何快速启动 VBA 代码编辑器？

在 Excel 2007 应用程序窗口中按快捷键【Alt+F11】，即可快速打开 VBA 代码编辑窗口。

Step 03 打开代码窗口，在菜单栏中单击“插入”命令，在展开的列表中单击“模块”命令，如图 10-6 所示。

Step 04 在新建的“表单控制.xlsx–模块 1（代码）”窗口中输入如图 10-7 所示的代码内容，指定执行将选定单元格区域的数据转换为大写形式的操作。

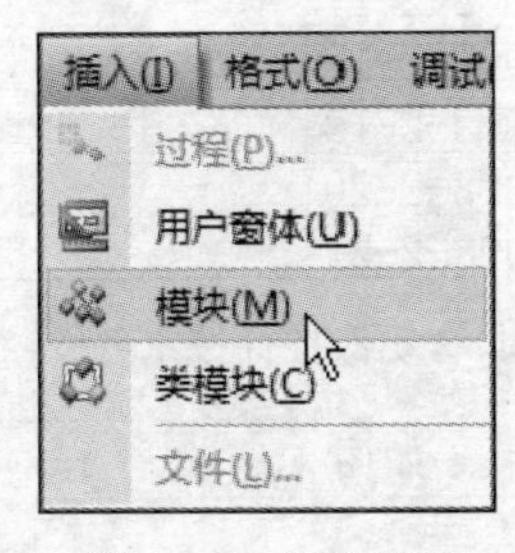

图 10-6 插入模块

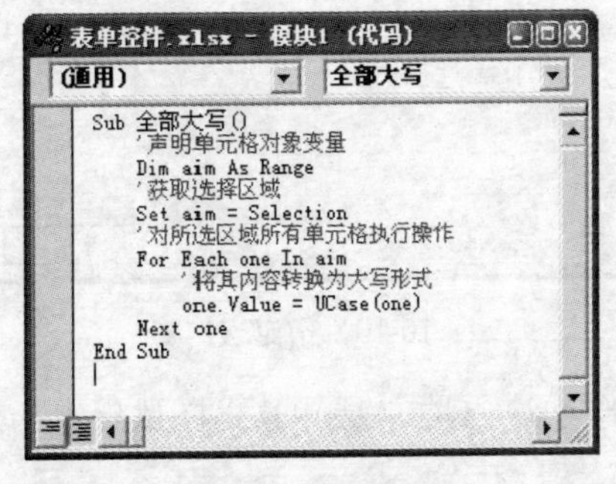

图 10-7 编写代码

Step 05 返回到工作簿窗口中，在“开发工具”选项卡下单击“插入”按钮，在展开的列表中单击“按钮（窗体控件）”选项，如图 10-8 所示。

Step 06 在工作表中拖动鼠标绘制表单控件按钮，如图 10-9 所示。

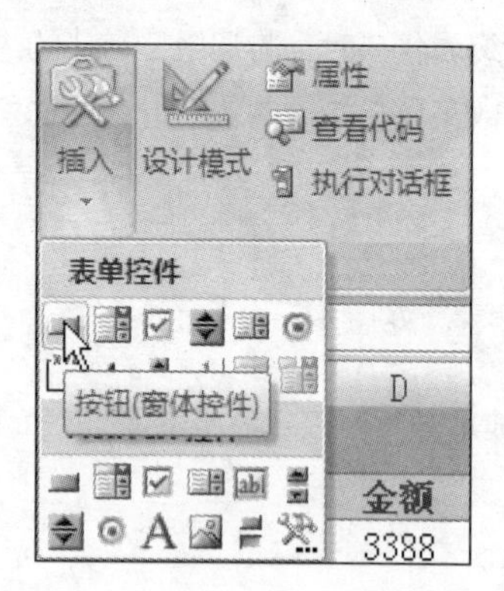

图 10-8　插入控件

D	E	F	G
金额	日期		
3388	2008-2-14		
4214	2008-2-15		
133.08	2008-2-16		
4774	2008-2-17		
8008	2008-2-18		
3542	2008-2-19		
5082	2008-2-20		
4158	2008-2-21		

按钮 1
拖动绘制

图 10-9　绘制控件按钮

问题 10-8：如何设置控件按钮的字体格式效果？

在需要设置字体格式效果的控件按钮上方右击，在弹出的快捷菜单中单击“设置控件格式”命令，打开“设置控件格式”对话框，在“字体”选项卡下进行操作设置即可。

Step 07 绘制完成后释放鼠标，即可打开“指定宏”对话框，在“宏名”列表框中选中“全部大写”选项，再单击“确定”按钮，如图 10-10 所示。

Step 08 返回到工作表中，将按钮名称进行更改，如图 10-11 所示，再在工作表中选定需要设置为大写的单元格区域，单击“全部大写”按钮。

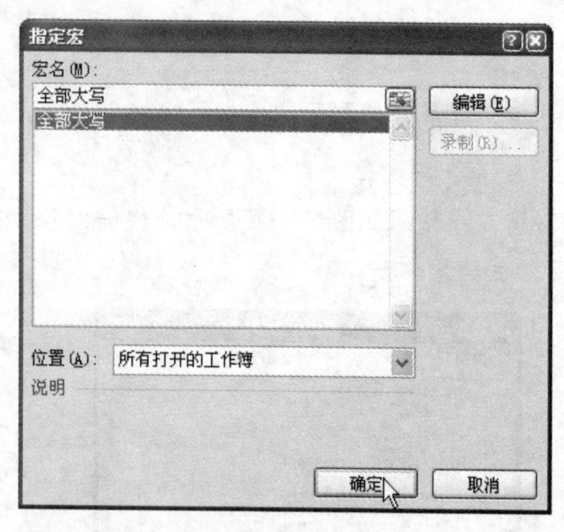

图 10-10　指定宏

D	E	F	G
金额	日期		
3388	2008-2-14		
4214	2008-2-15		
133.08	2008-2-16		
4774	2008-2-17		
8008	2008-2-18		
3542	2008-2-19		
5082	2008-2-20		
4158	2008-2-21		

全部大写

图 10-11　更改控件按钮名称

Step 09 此时可以看到工作表中选定区域的数据更改为大写字母效果，如图 10-12 所示。

Step 10 在代码窗口中再次插入模块，并在“表单控制.xlsx–模块 2（代码）”窗口中输入如图 10–13 所示的代码内容，设置将表格中选定区域的数据更改为小写字母。

订货单位	英文名称	订单号
通菱电子	TONG LING ECTRONICS	03021A
通菱电子	TONG LING ECTRONICS	03032A
胜达电子	SHENG DA ECTRONICS	03042A
希望网络	XI WANG	03120A
明通电子	MING TONG ECTRONICS	03101A
方正电子	FANG ZHENG ECTRONICS	03025A
宏巨电子	HONG JU ECTRONICS	03030A
威化公司	WEI HUA COMPANY	03028A
胜达电子	SHENG DA ECTRONICS	03123A
宏巨电子	HONG JU ECTRONICS	03126A
胜达电子	SHENG DA ECTRONICS	03134A
方正电子	FANG ZHENG ECTRONICS	03137A
明通电子	MING TONG ECTRONICS	03234A

图 10-12　更改为大写字母

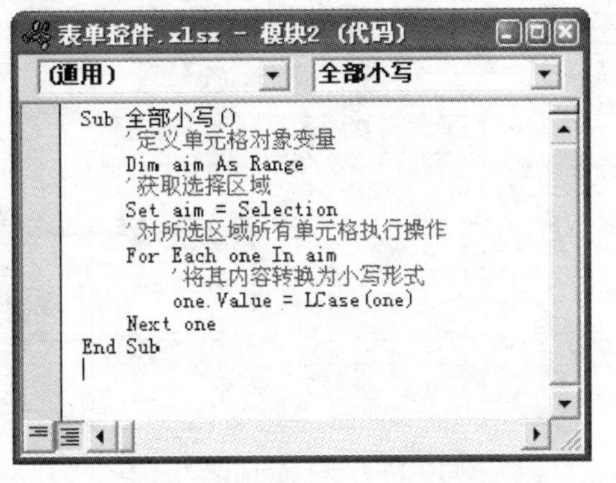

图 10-13　编辑小写字母代码

问题 10-9：　如何将多个控件按钮组合为一个整体？

按下【Ctrl】的同时单击选中多个控件按钮并右击，在弹出的快捷菜单中单击“组合”命令，在级联列表中单击“组合”选项。

Step 11 在工作表中拖动鼠标绘制表单控件按钮，如图 10–14 所示。

Step 12 绘制完成后，即可打开“指定宏”对话框，在宏列表框中单击“全部小写”选项，再单击“确定”按钮，如图 10–15 所示。

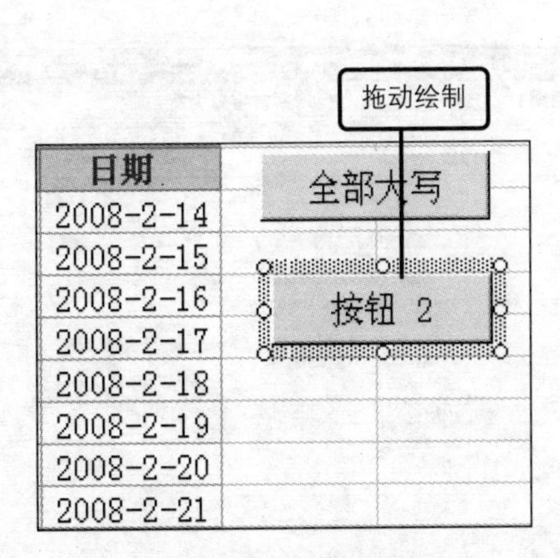

图 10-14　绘制控件按钮

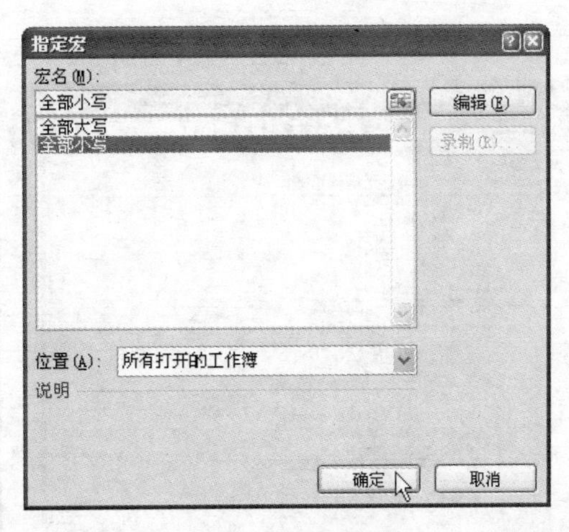

图 10-15　指定宏

问题 10-10：　如何快速删除工作表中的控件按钮？

右击需要删除的控件按钮，再按键盘中的【Delete】键进行删除即可。

Step 13 更改控件按钮的名称，并选中需要更改为小写字母的单元格区域，再单击“全部小写”按钮，如图 10-16 所示。

Step 14 此时，可以看到在工作表中选定区域显示小写字母效果，如图 10-17 所示。

金额	日期
3388	2008-2-14
4214	2008-2-15
133.08	2008-2-16
4774	2008-2-17
8008	2008-2-18
3542	2008-2-19
5082	2008-2-20
4158	2008-2-21
1694	2008-2-22
214	2008-2-23

全部大写

全部小写

单击

图 10-16　设置全部改为小写

英文名称	订单号
tong ling ectronics	o3021a
tong ling ectronics	o3032a
sheng da ectronics	o3042a
xi wang	o3120a
ming tong ectronics	o3101a
fang zheng ectronics	o3025a
hong ju ectronics	o3030a
WEI HUA COMPANY	03028A
SHENG DA ECTRONICS	03123A
HONG JU ECTRONICS	03126A

图 10-17　显示小写字母效果

问题 10-11：　在 VBA 中子程序命名应注意些什么？

在命名程序时需要注意的是程序名不能与单元格地址相似，例如不能将其命名为 F2，因为 F2 是一个单元格地址。程序名应该是用于描述此程序所处理的任务，通常使用一个动词和名称的组合构成程序名，但应尽量避免程序名过长。

Step 15 使用相同的方法插入一个新的模块，在模块代码窗口中输入设置首字母大写代码内容，如图 10-18 所示。

Step 16 由于代码内容较长，因此用户需要在模块代码窗口中继续输入完整的代码内容，如图 10-19 所示。

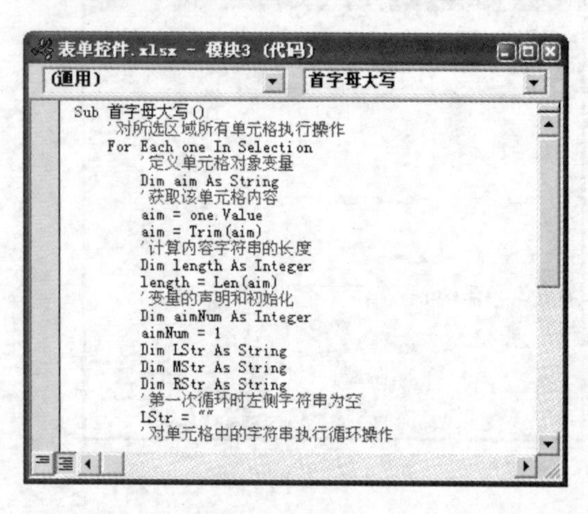

图 10-18　输入代码

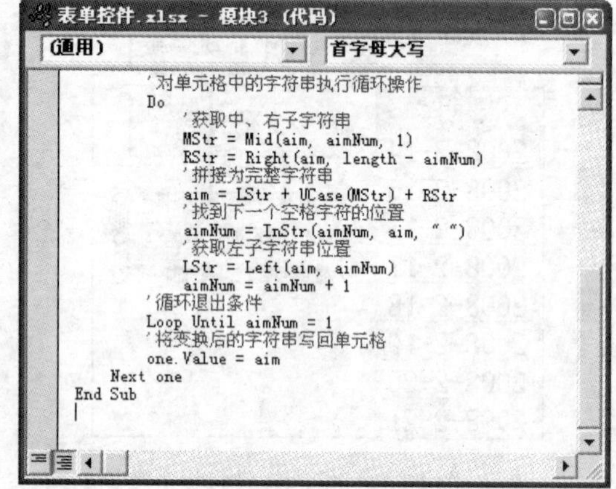

图 10-19　输入代码

问题 10-12：　如何对编写的 VBA 程序进行调试？

在 VBA 代码窗口中单击菜单栏中的“调试”命令，在展开的列表中单击“逐语句”命令，此时在代码编辑窗口中会对每个步骤进行调试。

Step 17 在工作表中绘制控件按钮，并打开“指定宏”对话框，选中“首字母大写”选项，并单击“确定”按钮，如图 10-20 所示。

Step 18 返回到工作表中更改控件按钮名称，并选中需要设置的单元格区域，再单击“首字母大写”按钮，如图 10-21 所示。

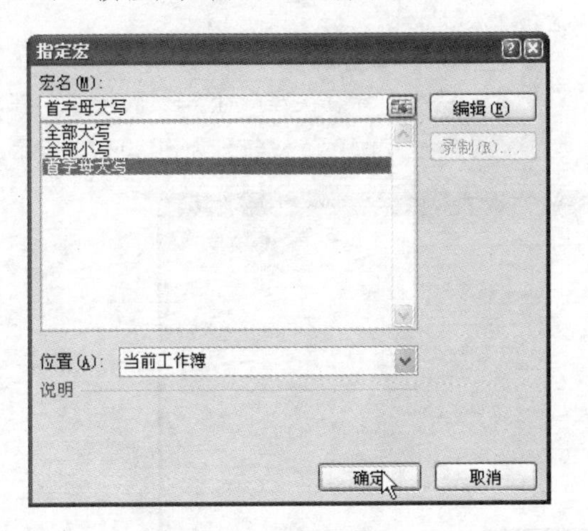

图 10-20 指定宏

金额	日期
3388	2008-2-14
4214	2008-2-15
133.08	2008-2-16
4774	2008-2-17
8008	2008-2-18
3542	2008-2-19
5082	2008-2-20
4158	2008-2-21
1694	2008-2-22
214	2008-2-23

全部大写　全部小写　首字母大写

图 10-21 使用控件按钮

问题 10-13: 如何设置宏安全性?

在“开发工具”选项卡下，单击“代码”组中的“宏安全性”按钮，打开“信任中心”对话框，在“宏设置”选项卡下进行操作设置即可。

Step 19 此时可以看到选定单元格区域显示为首字母大写效果，完成工作表的制作，及控件按钮的添加，用户可以使用不同的控件按钮来执行不同的操作，如图 10-22 所示。

订单表

订货单位	英文名称	订单号	金额	日期
通菱电子	Tong Ling Ectronics	03021a	3388	2008-2-14
通菱电子	Tong Ling Ectronics	03032a	4214	2008-2-15
胜达电子	Sheng Da Ectronics	03042a	133.08	2008-2-16
希望网络	Xi Wang	03120a	4774	2008-2-17
明通电子	Ming Tong Ectronics	03101a	8008	2008-2-18
方正电子	Fang Zheng Ectronics	03025a	3542	2008-2-19
宏巨电子	Hong Ju Ectronics	03030a	5082	2008-2-20
威化公司	WEI HUA COMPANY	03028A	4158	2008-2-21
胜达电子	SHENG DA ECTRONICS	03123A	1694	2008-2-22
宏巨电子	HONG JU ECTRONICS	03126A	214	2008-2-23
胜达电子	SHENG DA ECTRONICS	03134A	133.08	2008-2-24
方正电子	FANG ZHENG ECTRONICS	03137A	4774	2008-2-25
明通电子	MING TONG ECTRONICS	03234A	847	2008-2-26

首字母大写效果

全部大写　全部小写　首字母大写

图 10-22 完成表格制作

Step 20 由于启用了宏，因此在完成工作簿的编辑并保存时，会弹出如图 10-23 所示的提示对话框，单击“否”按钮即可。

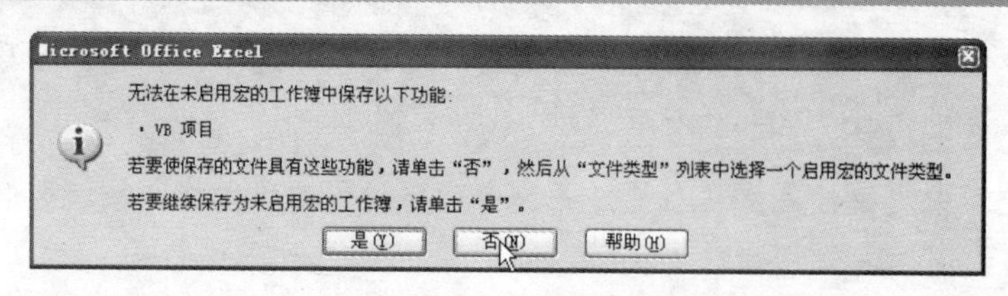

图 10-23 保存工作簿

Step 21 打开“另存为”对话框，设置保存位置和文件名，单击“保存类型”下拉列表按钮，在展开的列表中单击“启用宏的工作簿.xlsm”选项，再单击“保存”按钮，如图 10-24 所示。

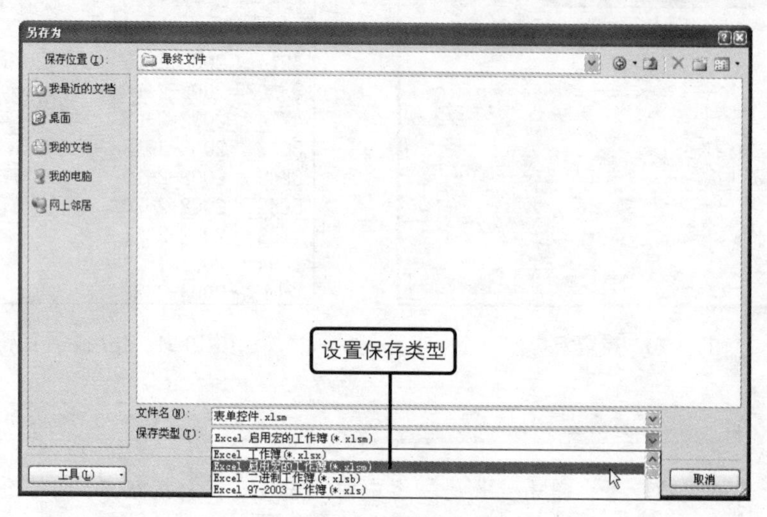

图 10-24 设置保存类型

10.2.2 插入 ActiveX 控件

用户除了可以使用表单控件设置按钮需要执行的宏命令外，还可以为工作表添加 ActiveX 控件，并在代码编辑窗口中完成对 ActiveX 控件的代码编辑。本节将为用户介绍如何使用 ActiveX 控件。Excel 自带有查找和替换功能，但是如果用户需要将相同的查找内容进行标识并在工作表中突出显示出来，则查找替换功能无法实现这一效果，此时用户可以为工作表添加 ActiveX 控件，并为控件指定执行操作的代码内容，实现标识工作表中重复数据的目的。

原始文件： 第 10 章\原始文件\ActiveX 控件.xlsx

最终文件： 第 10 章\最终文件\ActiveX 控件.xlsm

Step 01 打开原始文件“ActiveX 控件.xlsx”，查看表格中的数据信息，如图 10-25 所示。

Step 02 切换到“开发工具”选项卡下，在“控件”组中单击“插入”按钮，在展开的列表中单击“命令按钮”选项，如图 10-26 所示。

问题 10-14： 如何插入图像控件？

切换到“开发工具”选项卡下，在“控件”组中单击“插入”按钮，在展开的列表中单击“图像”按钮，并在工作表中添加图像控件即可。

	A	B	C	D	E	F
1	出货表					
2	购货单位	产品代码	数量	单价	货品总额	日期
3	通菱电子	256331030A	2	161.00	322	2008-2-1
4	通菱电子	256331040A	2	107.00	214	2008-2-2
5	通菱电子	256313410A	3	44.36	133.08	2008-2-3
6	通菱电子	256340010A	62	77.00	4774	2008-2-4
7	明通电子	256340020A	104	77.00	8008	2008-2-5
8	明通电子	256340040A	46	77.00	3542	2008-2-6
9	宏巨电子	256340020A	66	77.00	5082	2008-2-7
10	威化公司	256340040A	54	77.00	4158	2008-2-8
11	胜达电子	256340010A	22	77.00	1694	2008-2-9
12	宏巨电子	256331040A	2	107.00	214	2008-2-10
13	胜达电子	256313410A	3	44.36	133.08	2008-2-11
14	胜达电子	256340010A	62	77.00	4774	2008-2-12
15	胜达电子	256340020A	11	77.00	847	2008-2-13
16	宏巨电子	256340040A	46	77.00	3542	2008-2-14
17	通菱电子	256340020A	17	77.00	1309	2008-2-15

图 10-25 查看表格数据

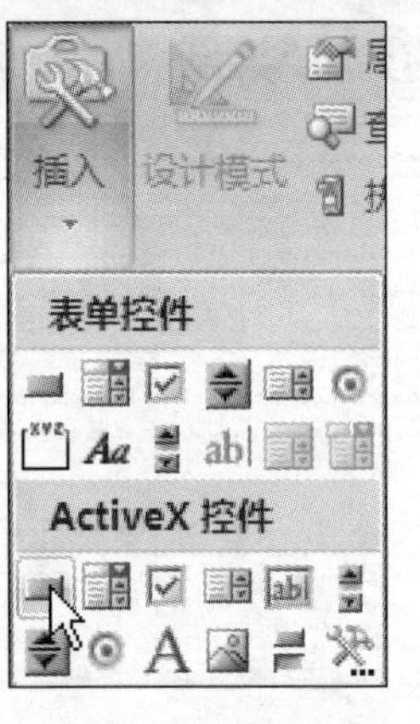

图 10-26 插入控件

Step 03 在工作表中拖动鼠标绘制控件按钮，如图 10-27 所示。

Step 04 绘制完成后在控件按钮上方右击，在弹出的快捷菜单中单击“属性”命令，如图 10-28 所示。

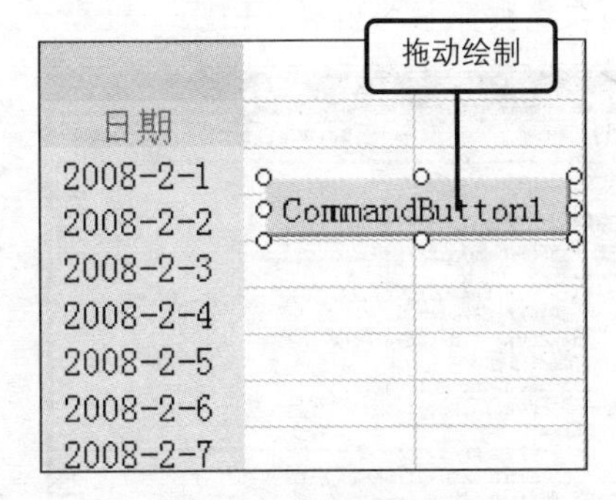

图 10-27 绘制控件按钮

图 10-28 设置属性

问题 10-15：如何设置 ActiveX 控件的字体效果？

在“属性”窗格中，单击 Font 栏后的按钮，打开“字体”对话框，在该对话框中即可设置按钮标题的字体格式效果。

Step 05 打开“属性”窗格，在“(名称)”栏中输入 FuncCol，如图 10-29 所示。

Step 06 在 Caption 栏中输入“关闭”，设置按钮显示的文本标题，如图 10-30 所示。

问题 10-16：如何进入与退出设计模式？

当用户在工作表中插入 ActiveX 控件按钮后，对该按钮进行代码编辑和属性设置时，都需要在“设计模式”状态下进行操作，当用户完成操作设置后，需要退出设计模式，才可以使用插入的控件按钮并执行相应的操作。此时，在“开发工具”选项卡下的“控件”组中单击“设计模式”按钮，使其不呈选中状态即可。

图 10-29　设置名称

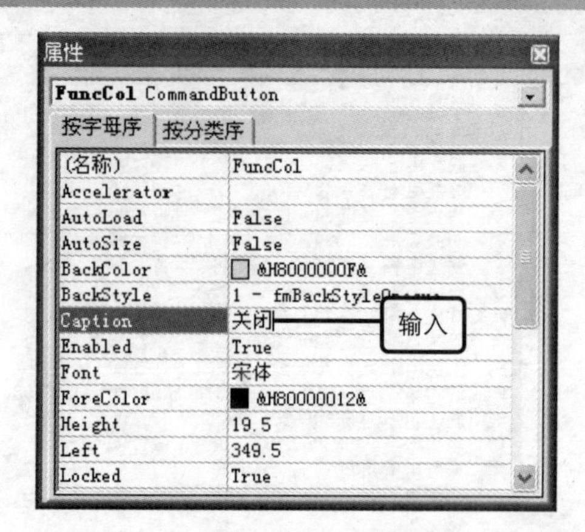

图 10-30　设置标题

Step 07 返回到工作表中，可以看到控件按钮显示设置的标题内容，在按钮上方右击，在弹出的快捷菜单中单击“查看代码”命令，如图 10-31 所示。

Step 08 打开代码窗口，输入 FuncCol_()子过程的全部代码，即按钮被按下时自动执行，并且变量会在开启和关闭状态之间切换，按钮上的标题也随之改变，代码内容如图 10-32 所示。

图 10-31　查看代码

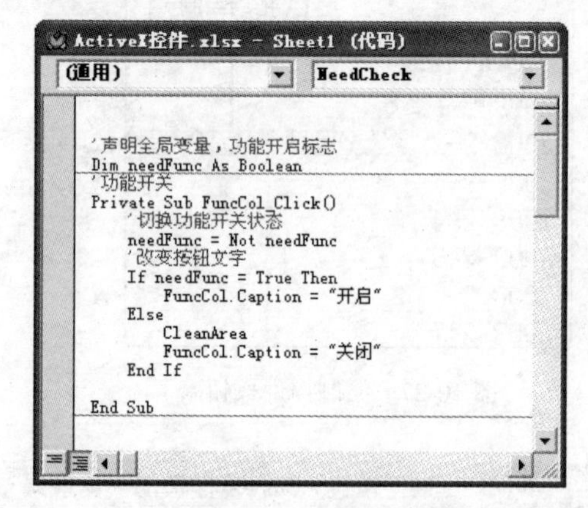

图 10-32　编辑代码-1

问题 10-17：　什么是变量？

VBA 代码中的变量使程序变得更加灵活，在程序设计过程中，要使用变量，就首先需要对变量进行说明，然后可以对变量进行赋值和使用，如果没有对变量进行说明就使用，程序会出现语法错误。变量的值不仅存在变化，而且对于一定的范围变量，存在一定的变量生存周期。

Step 09 在代码窗口中继续输入第二段代码内容，包含 Worksheet_Activate()子过程的全部代码，如图 10-33 所示。其中 Worksheet_Activate()在工作表被激活时自动执行，会将按钮恢复为关闭状态，并清除上一次的标示结果。

Step 10 在代码窗口中输入第三段代码内容，包含 Worksheet_SelectionChange()子过程的全部代码，如图 10—34 所示。其中 Worksheet_ Selection Change ()在用户选中另一个单元格时执行，并将所有重复的单元格标示出来。

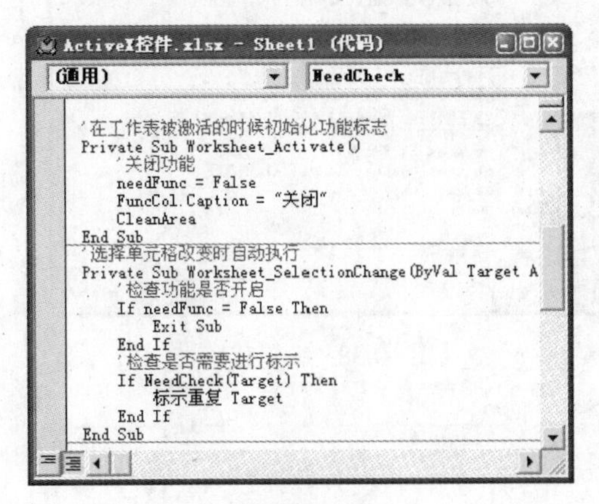

图 10-33 编辑代码-2

```
ActiveX控件.xlsx - Sheet1 (代码)
(通用)                NeedCheck
'检查功能区域
Function NeedCheck(Target As Range) As Boolean
    '只选择了一个单元格
    If Target.Count <> 1 Then
        NeedCheck = False
        Exit Function
    End If
    '单元格的内容非空
    If Target.Value = "" Then
        NeedCheck = False
        Exit Function
    End If
    '用区域的交集来判断单元格的位置
    Dim test, result As Range
    Set test = Union(Range("A1:A40"), Range("B1:B40", Range("F1:F40")))
    Set result = Intersect(Target, test)

    If Not result Is Nothing Then
        NeedCheck = True
    Else
        NeedCheck = False
    End If
End Function
```

图 10-34 编辑代码-3

Step 11 完成控件按钮的代码编辑后，用户还需要为工作表插模块，在 VBA 代码窗口中单击菜单栏中的“插入”命令，在展开的列表中单击“模块”命令，如图 10—35 所示。

Step 12 打开代码编辑窗口，输入如图 10—36 所示的代码内容，该代码段包含标示重复 (Target As Range) 子过程的全部代码，是本功能的主体函数。调用 GetArea()函数获取搜索的区域，然后在该区域中检查单元格，将内容相同的单元格用红色、加粗的字体格式标识出来。

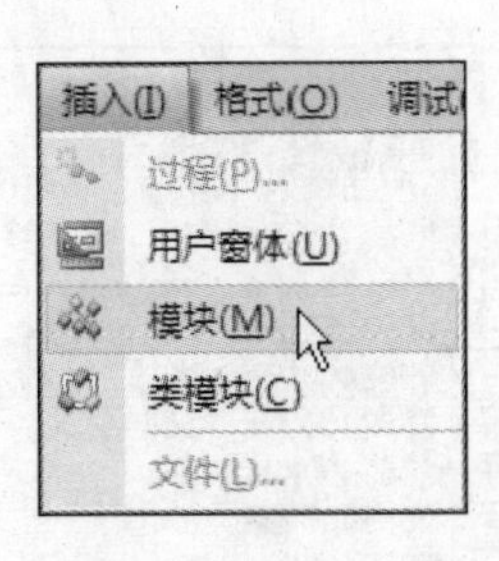

图 10-35 插入模块

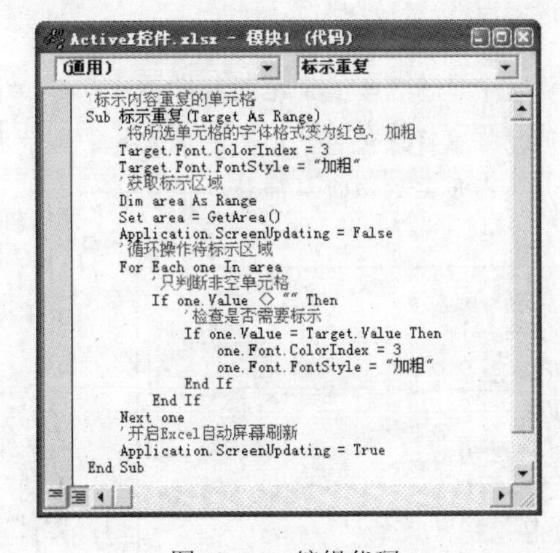

图 10-36 编辑代码

Step 13 在代码窗口中继续输入下一段代码，如图 10—37 所示。该代码段包含 CleanArea()子过程的全部代码，将曾标示过的单元格恢复为初始状态，从而不影响下一次的标识。

Step 14 在代码窗口中继续输入下一段代码，如图 10—38 所示。该代码段包含有 GetArea()函数的全部代码，返回一个区域，在这个区域号查找内容相同的单元格都会被标出来，如果用户需要在其他区域中执行查找，则可以修改该区域的代码。

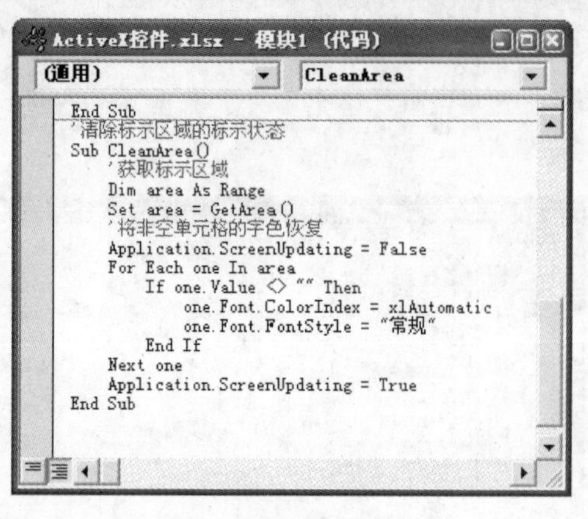

图 10-37　编辑代码

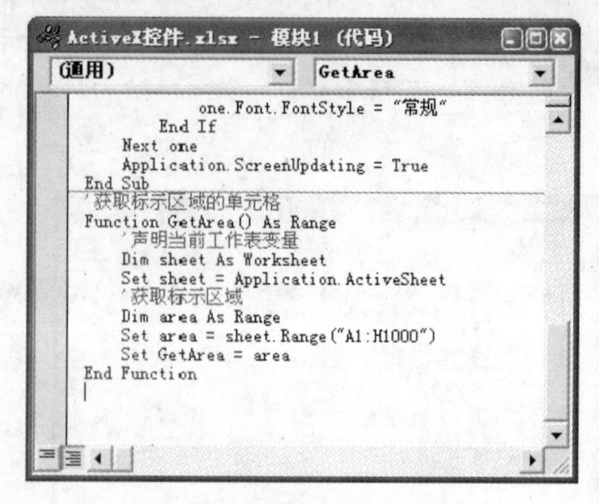

图 10-38　编辑代码

问题 10-18：　什么是变量的生存周期？

不同的变量使用的时间长短及在程序中要的保留的时间不同。变量的生存周期即是变量保留其值的这段时间。一般来说，变量生存周期的原则是，在哪部分定义就在哪部分起作用。例如，在模块中定义则在该模块中起作用，在方法中定义则在方法中起作用。如果在代码的运行期间，变量的值一直没有改变，则其会继续保有它的初始值直到丢失作用范围为止。

Step 15 编辑完成后返回到工作表中，单击“关闭”按钮，此时按钮自动更改为“开启”，如图 10-39 所示。

Step 16 在工作表中单击需要查询相同数据的单元格如 A5 单元格，此时所有与 A5 单元格内容相同的单元格都将以红色、加粗的字体效果显示出来，如图 10-40 所示。用户可以使用相同的方法查找表格中重复的数据信息。

日期
2008-2-1
2008-2-2
2008-2-3
2008-2-4
2008-2-5
2008-2-6
2008-2-7

开启

图 10-39　使用控件按钮

	A	B	C	D
1			出货表	
2	购货单位	产品代码	数量	单价
3	通菱电子	256331030A	2	161.00
4	通菱电子	256331040A	2	107.00
5	通菱电子	256313410A	3	44.36
6	通菱电子	256340010A	62	77.00
7	明通电子	256340020A	104	77.00
8	明通电子	256340040A	46	77.00
9	宏巨电子	256340020A	66	77.00
10	威化公司	256340040A	54	77.00
11	胜达电子	256340010A	22	77.00

图 10-40　查找重复数据

10.2.3　插入窗体控件

用户窗体是一种更强大的用户界面，用户窗体设计和工作表界面设计类似，用户可以在用户窗体中添加各种控件，用户窗体的属性和窗体中控件的属性都可以根据用户的需要进行修改设置。根据用户需要分析的结果，为设计好的用户窗体界面中添加有实际操作意义的代码，为美观精致的外表充实以实用的功能，一个既好用又美观的用户窗体便设计完成了。

原始文件： 第 10 章\原始文件\16464465.jpg

最终文件： 第 10 章\最终文件\用户窗体.xlsm

Step 01 新建一个工作簿，切换到“开发工具”选项卡下，单击“代码”组中的“Visual Basic”按钮，如图 10-41 所示。

Step 02 打开 VBA 代码窗口，单击菜单栏中的“插入”命令，在弹出的快捷菜单中单击“用户窗体”选项，如图 10-42 所示。

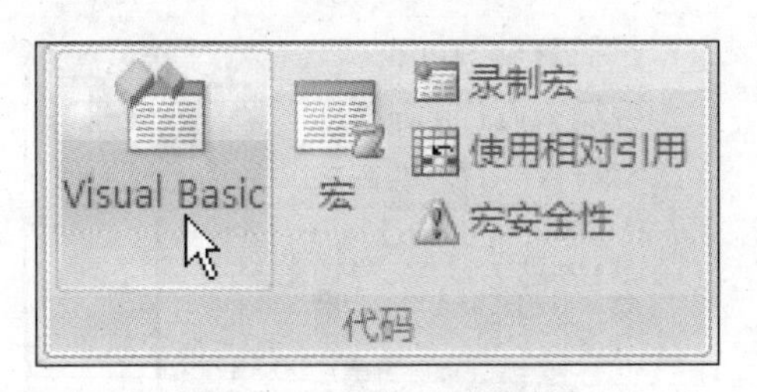

图 10-41　打开 VBA 窗口

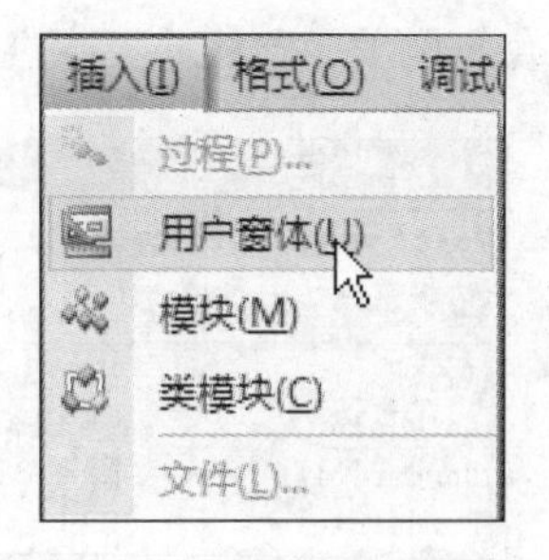

图 10-42　插入用户窗体

问题 10-19：　什么是用户窗体？

用户窗体是在应用程序中自定义的对话框和窗口，是个性化的界面，包括一些控件，通过窗体中的控件可获取用户需要的信息。

Step 03 在 VBA 代码窗口中打开“用户窗体”窗口，并创建一个默认名为 UserForm1 的用户窗体，如图 10-43 所示。

Step 04 在创建的用户窗体上方右击，在弹出的快捷菜单中单击“属性”命令，如图 10-44 所示。

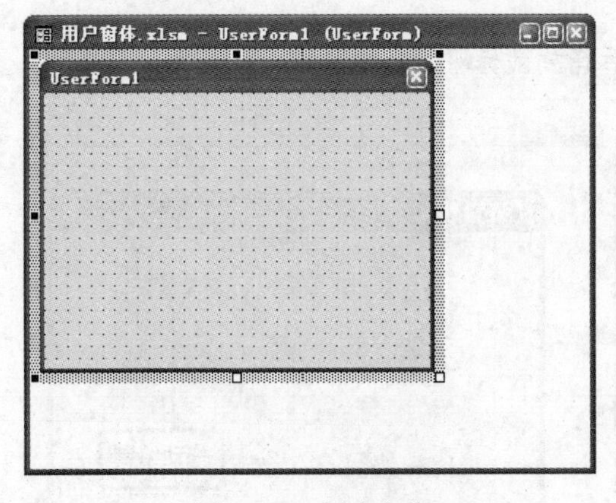

图 10-43　创建窗体

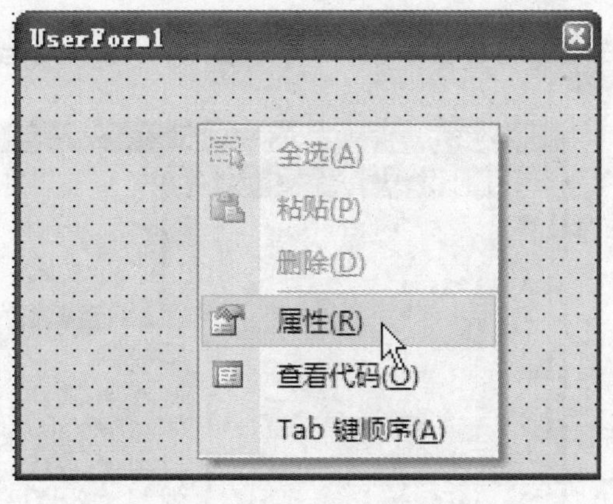

图 10-44　设置属性

问题 10-20：　如何更改窗体的底色？

当用户需要更改用户窗体的底色时，可以在“属性”窗格中单击 BackColor 后的浏览按钮，在展开的列表中选择需要设置的颜色，包括“调色板”和“系统”选项卡，用户可以根据需要指定合适的颜色效果。

Step 05 打开“属性”窗格，在 Caption 栏中显示默认的窗体名称，如图 10-45 所示。

Step 06 在 Caption 栏中输入“工资管理系统”，更改用户窗体的名称，如图 10-46 所示。

属性 - UserForm1

UserForm1 UserForm

按字母序 | 按分类序

(名称)	UserForm1
BackColor	&H8000000F&
BorderColor	&H80000012&
BorderStyle	0 - fmBorderStyle[N]
Caption	UserForm1
Cycle	0 - fmCycleAllForm
DrawBuffer	32000
Enabled	True
Font	宋体

图 10-45　查看默认窗体名称

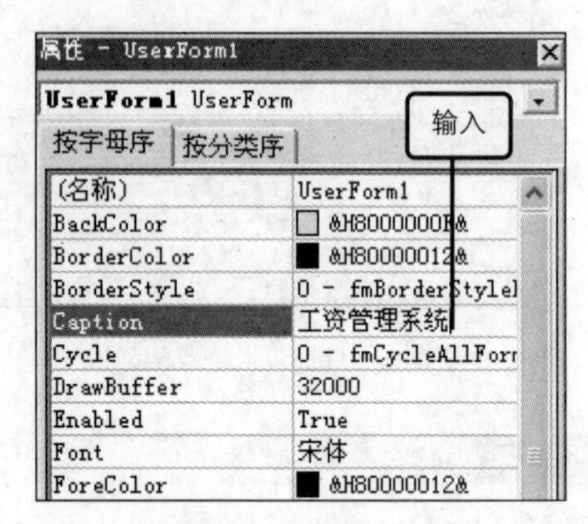

图 10-46　更改窗体名称

问题 10-21：　如何通过菜单栏打开“属性”窗格？

在 VBA 代码窗口中单击菜单栏中的“视图”命令，在展开的列表中单击“属性窗口”命令即可。

Step 07 此时，可以看到用户窗体的名称被更改，在“工具箱”窗格中单击“文字框”按钮，如图 10-47 所示。

Step 08 拖动鼠标在窗体中绘制文字框，绘制完成后释放鼠标即可，如图 10-48 所示。

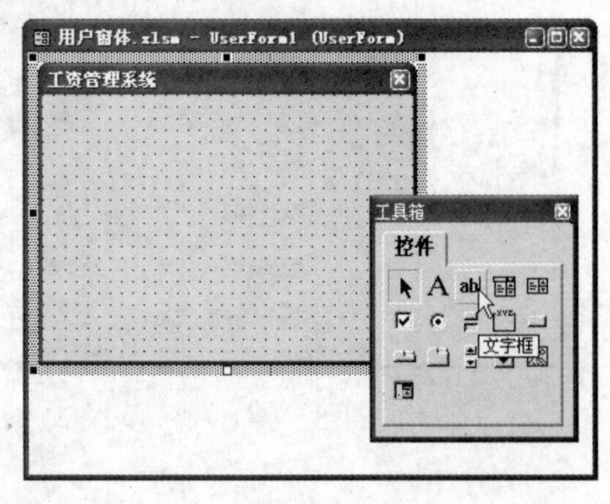

图 10-47　插入文字框

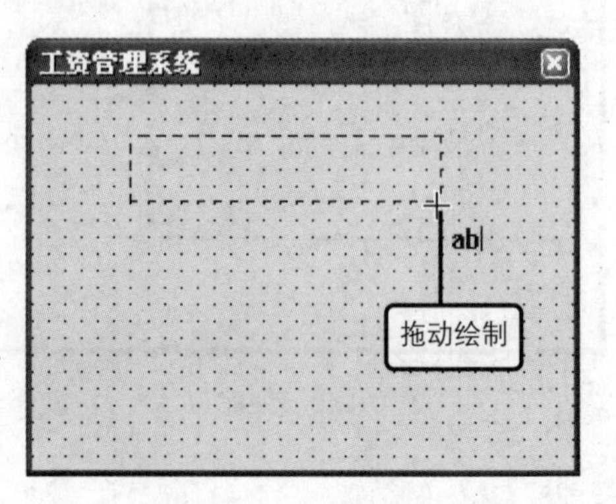

图 10-48　绘制文字框

问题 10-22：标签控件的作用是什么？

在用户窗体中，标签用于显示说明或注释的文字，一般在设计窗体中用标签来为一些没有标题的控件添加标题，标签默认的属性是 Caption，默认的事件为单击事件 Click，即鼠标单击的动作，但在一般情况下，标签控件只用于显示不接受用户的输入。

Step 09 在绘制的文字框中输入需要添加的文本内容，如图 10-49 所示。

Step 10 用户还可以为窗体添加按钮，在“工具箱”窗格中单击“命令按钮”按钮，如图 10-50 所示。

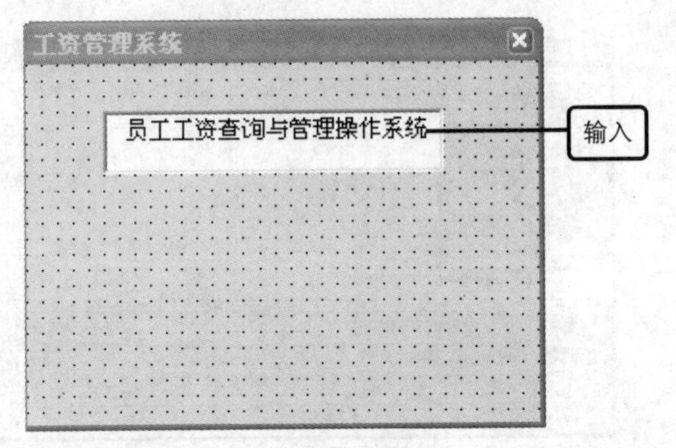

图 10-49　添加文本信息

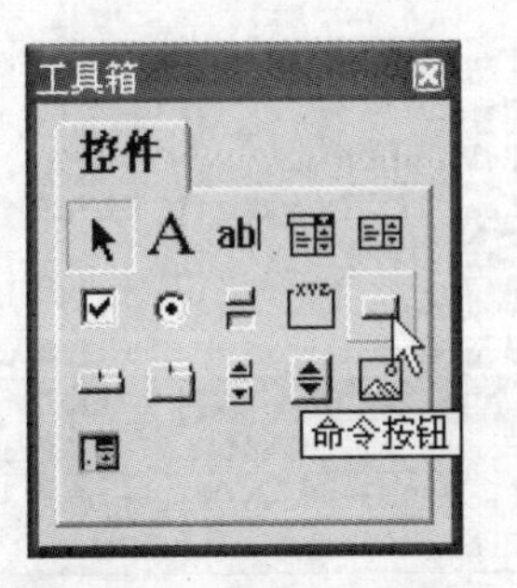

图 10-50　插入命令按钮

问题 10-23：文字框控件的作用是什么？

文字框控件用于输入文本、数字、公式或者单元格，如果文字框绑定了数据源，那么当文字框中的内容修改后的数据源的值也随之改变。

Step 11 拖动鼠标在窗体中绘制命令按钮，并使用相同的方法为窗体再次添加一个命令按钮，如图 10-51 所示。

Step 12 绘制完成后，对按钮名称进行更改，如图 10-52 所示 。

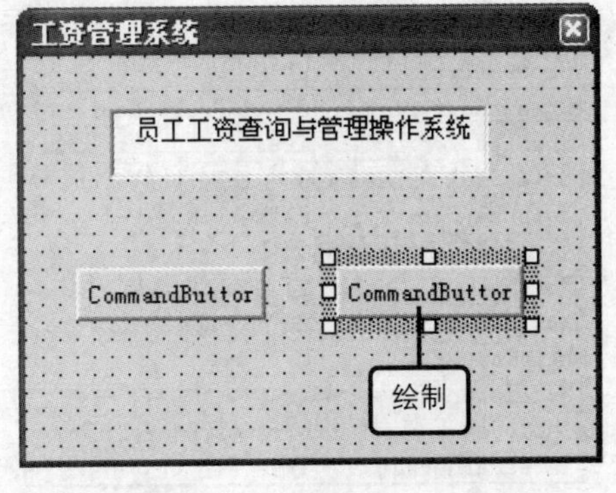

图 10-51　绘制命令按钮

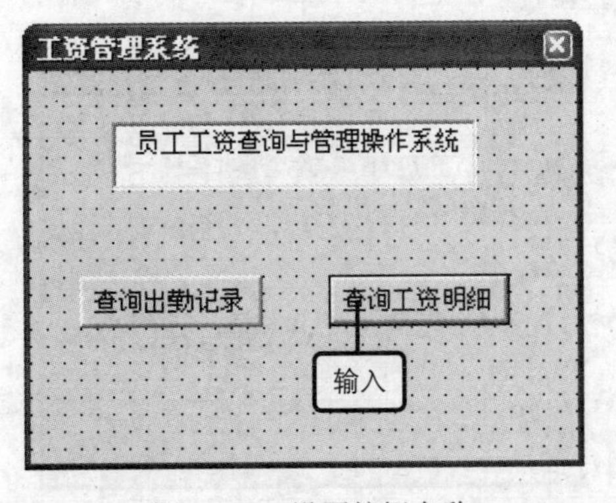

图 10-52　设置按钮名称

问题 10-24：　命令按钮控件的作用是什么？

命令按钮控件的默认事件是单击事件 Click，命令按钮是最常见的控件之一，使用命令按钮可控制一些操作，如“新建”、“保存”、“退出”等，根据用户制作的用户窗体进行自定义设置即可，并可对按钮指定宏或事件过程的代码。

Step 13 选中窗体，在“属性”窗格中单击 Picture 栏后的浏览按钮，如图 10-53 所示。

Step 14 在打开“加载图片”对话框中设置查找范围，即插入图片的路径，选中需要插入的图片，再单击“打开”按钮，如图 10-54 所示。

ForeColor	&H80000012&
Height	156
HelpContextID	0
KeepScrollBarsVisit	3 - fmScrollBarsB
Left	0
MouseIcon	(None)
MousePointer	0 - fmMousePointe
Picture	(None)
PictureAlignment	2 - fmPictureAl
PictureSizeMode	0 - fmPictureSize
PictureTiling	False

图 10-53　设置窗体图片

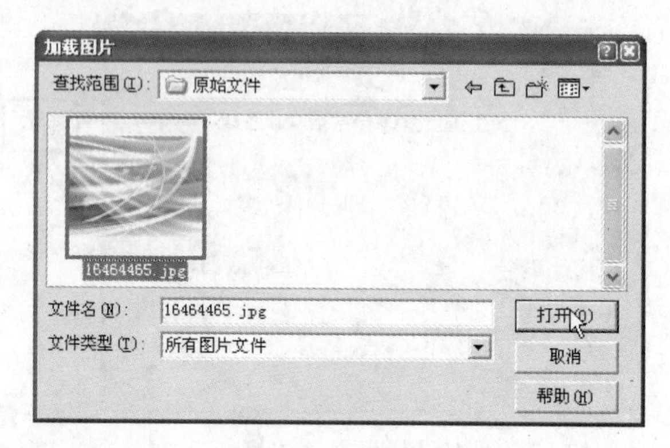

图 10-54　加载图片

问题 10-25：　在设置用户窗体界面时，需要注意的几点是什么？

为了设计出美观并且实用的用户界面，需要从三个方面着手：用户窗体的整体格局为从上到下，从左到右；控件的显示及排列需整齐，字体大小规范化，避免生僻字的出现；默认控件的次序应依次，可方便用户在调整控件时的操作。

Step 15 返回到窗体中，可以看到窗体显示插入的图片作为窗体背景效果，如图 10-55 所示。

Step 16 选中窗体中的文字框，在“属性”窗格中单击 Font 栏后的浏览按钮，如图 10-56 所示。

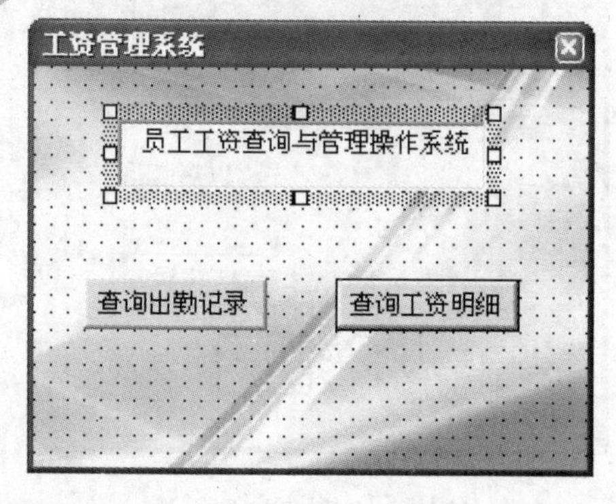

图 10-55　查看窗体效果

ControlTipText	
DragBehavior	0 - fmDragBehavior
Enabled	True
EnterFieldBehavior	0 - fmEnterFieldBe
EnterKeyBehavior	False
Font	宋体
ForeColor	&H80000008&
Height	24
HelpContextID	0
HideSelection	True
IMEMode	0 - fmIMEModeNoCon
IntegralHeight	True

图 10-56　设置文字框字体

问题 10-26： 如何快速的运行用户窗体？

用户完成用户窗体的编辑制作后，需要运行该窗体时，可以按键盘中的【F5】快捷键，快速的运行制作完成的用户窗体。

Step 17 打开“字体”对话框，设置字体为“宋体”，大小为“小五”，选中“下画线”复选框，再单击“确定”按钮，如图 10-57 所示。

Step 18 完成文字框字体效果的设置后，查看制作完成的用户窗体效果，如图 10-58 所示。

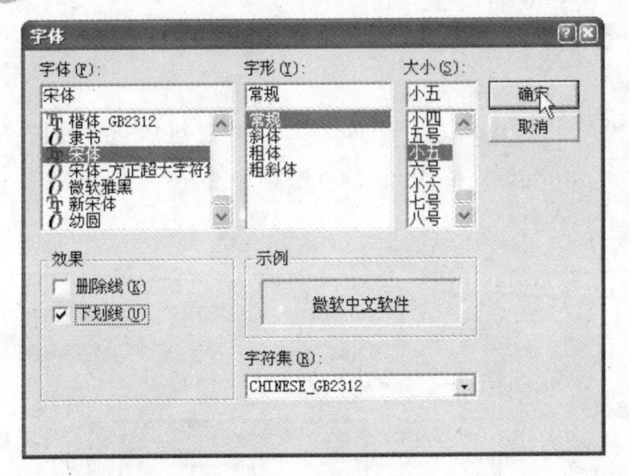

图 10-57 设置字体

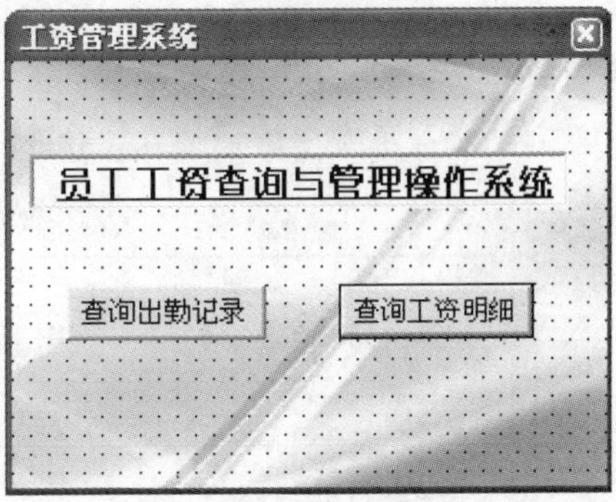

图 10-58 查看窗体效果

Step 19 完成窗体的制作后，用户可以运行窗体查看制作完成后的效果，在 VBA 代码窗口中单击菜单栏中的“运行”命令，在展开的列表中单击“运行子过程/用户窗体”命令，如图 10-59 所示。

Step 20 系统自动切换到工作簿窗口中，并显示制作完成的用户窗体，如图 10-60 所示。如果用户为用户窗体中的命令按钮添加了需要执行操作的相关代码内容，则单击窗体中的按钮可执行相应的操作。由于本节仅为用户介绍窗体的制作与格式效果的设置，因此按钮代码内容用户可以根据前两节介绍的控件按钮功能，自行进行编辑设置，使窗体达到更为美观并且实用的效果。

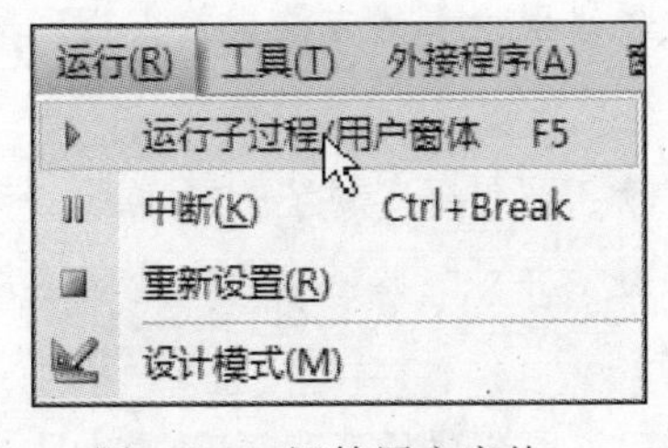

图 10-59 运算用户窗体

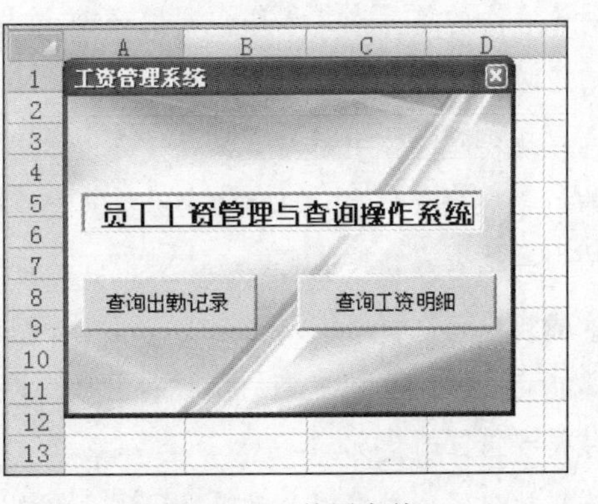

图 10-60 使用窗体

10.3 实例提高：制作员工工龄自动统计表

公司对在职员工进行管理时，常常需要分析不同员工的工龄。员工的工龄常常与工资级别、员工等级等多方面有所关联，同时工龄的长短常常还直接影响职位的晋升。当对员工工龄进行计算时，如果手动对每一个员工的工作年限进行计算，则显得较为烦琐，本实例为用户介绍如何自定义 VBA 函数来快速地完成企业员工的工龄计算，达到快速高效的目的。

原始文件： 第 10 章\原始文件\员工工龄统计.xlsx

最终文件： 第 10 章\最终文件\员工工龄统计.xlsm

Step 01 打开原始文件“员工工龄统计.xlsx”，查看表格中的数据信息，如图 10-61 所示。

Step 02 切换到“开发工具”选项卡下，在“代码”组中单击“Visual Basic”按钮，打开 VBA 窗口，单击菜单栏中的“插入”命令，在弹出的菜单中单击“模块”命令，如图 10-62 所示。

	A	B	C	D	E
1	员工工龄统计				
2	姓名	参加工作时间	年	月	工龄
3	叶超	2001-6-9			
4	杨华明	2003-12-7			
5	何志刚	2006-11-19			
6	陈明	2003-11-1			
7	刘华军	1996-6-8			
8	杨学明	1997-3-2			
9	李志新	2000-5-7			
10	张建设	2001-6-9			
11	尚淑华	1995-8-3			
12	张小娜	1990-12-5			
13	白志国	1990年五月8号			
14	尹亦平	1988-10-9			
15	屈明	1983-10-3			
16	李伟	1993-1-10			
17	唐飞	1990-2-10			

图 10-61　查看表格数据

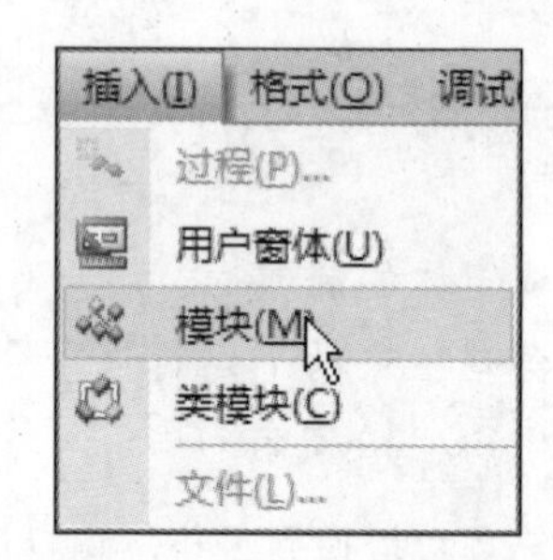

图 10-62　插入模块

Step 03 在模块代码窗口中输入第一段代码，用于计算工龄子过程的前半部分代码，如图 10-63 所示。本段代码通过调用 Chcek()函数来判断用户选择区域的有效性，再循环访问所选区域的每一个单元格，并对每个单元格调用 NeedCheck()函数，检查单元格的内容是否合法。对于合法的单元格，程序会调用 Age()过程计算其具体工龄，并将结果显示在指定单元格的旁边。

Step 04 在模块代码窗口中输入第二段代码，如图 10-64 所示。此代码中包括了计算工龄子过程的后半部分代码和 NeedCheck()函数。NeedCheck()函数用错误检查的方法来检查指定单元格的内容是否为日期信息。

Step 05 在模块代码窗口中输入第三段代码，如图 10-65 所示。该代码实现了 Age()函数，可以计算指定日期距当前日期的年数和月数，即员工的工龄。并且，此函数特别处理了月份相减需要借位的情况。

Step 06 在模块代码窗口中输入第四段代码，如图 10-66 所示。此代码段实现了 GetStr()函数，将指定的年份和月份数字转换为对应的时间字符串。

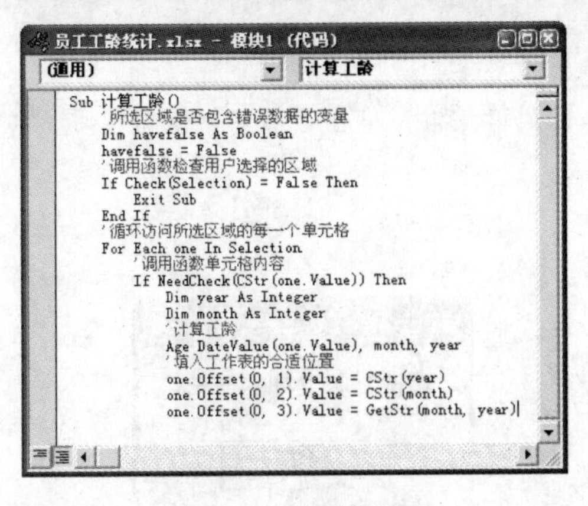

图 10-63　编辑代码-1

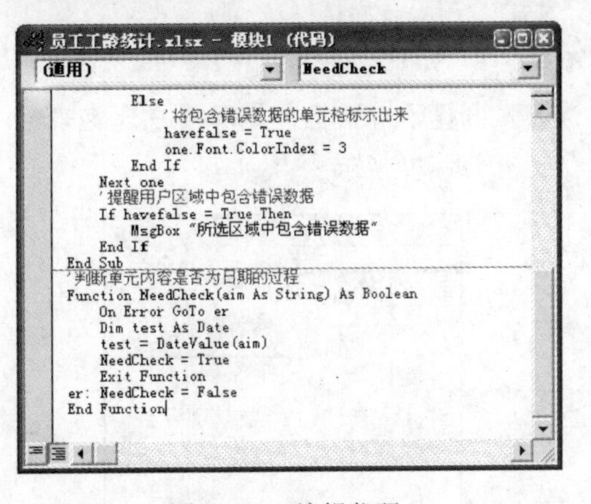

图 10-64　编辑代码-2

```
员工工龄统计.xlsx - 模块1 (代码)
(通用)    Age
    Exit Function
er: NeedCheck = False
End Function
'计算工龄的过程
Function Age(start As Date, Rmonth As Integer, Ryear As Integer) As Integer
    '获取起始年月和终止年月
    Dim startyear As Integer
    Dim startmonth As Integer
    startyear = year(start)
    startmonth = month(start)
    Dim overyear As Integer
    Dim overmonth As Integer
    overyear = year(Date)
    overmonth = month(Date)
    '查看是否需要借位
    If overmonth < startmonth Then
        overmonth = overmonth + 12
        overyear = overyear - 1
    End If
    '计算工龄的年和月
    Ryear = overyear - startyear
    Rmonth = overmonth - startmonth
End Function
```

图 10-65　编辑代码-3

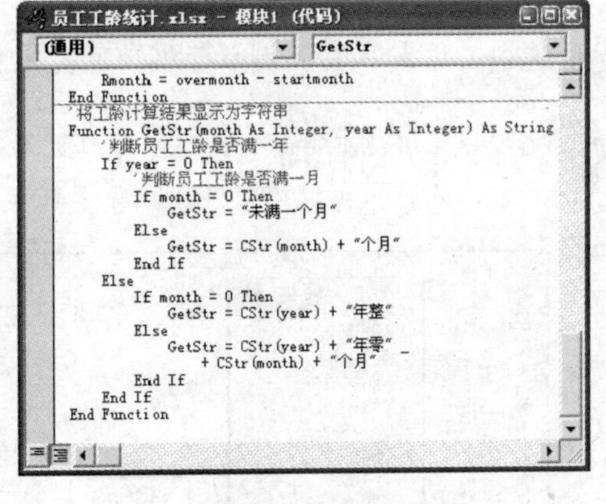

图 10-66　编辑代码-4

Step 07 在模块代码窗口中输入第五段代码，如图 10-67 所示。此代码段实现 Check()函数，检查用户所选区域的有效性，用户选择的区域只能含有一列，并且只能选择第二列的单元格区域。

Step 08 完成代码内容的编辑后，返回到工作表中，在工作表中插入表单控件按钮，绘制完成控件按钮后，在打开的“指定宏”对话框中选中“计算工资”宏名选项，再单击“确定”按钮，如图 10-68 所示。

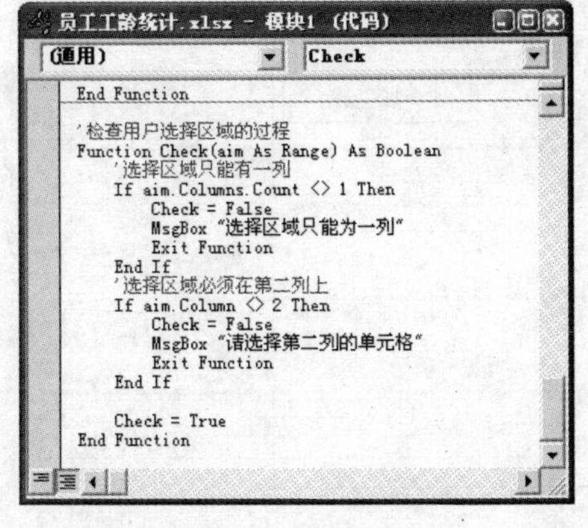

图 10-67　编辑代码-5

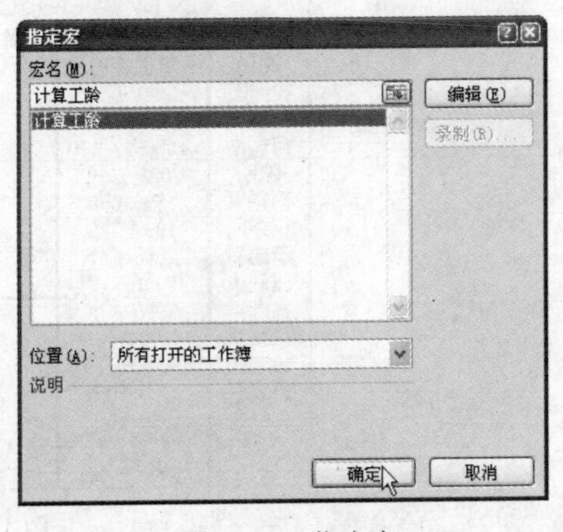

图 10-68　指定宏

Step 09 返回到工作表中，将控件按钮名称定义为“计算工龄”，并单击该按钮，如图 10-69 所示。

Step 10 弹出提示对话框，提示用户选定表格中的第二列单元格，单击“确定”按钮即可，如图 10-70 所示。

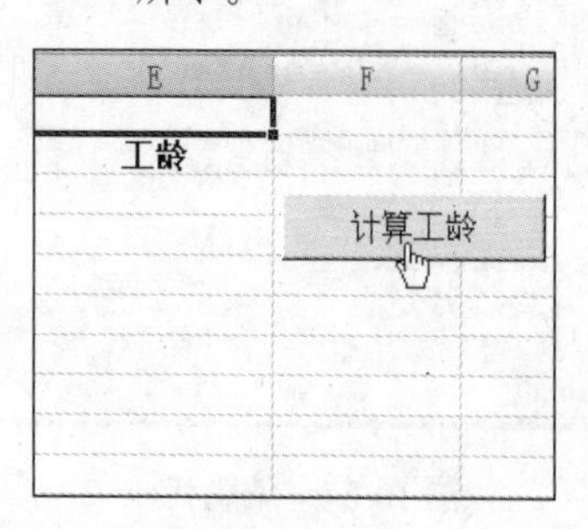

图 10-69　编辑控件按钮名称

图 10-70　提示信息

Step 11 选中工作表中 B、C 列单元格，再次单击“计算工龄”按钮，如图 10-71 所示。

Step 12 此时会弹出提示信息，提示用户只能选定一列数据，单击“确定”按钮即可，如图 10-72 所示。此时，可以得出，用户需要选定 B 列单元格。

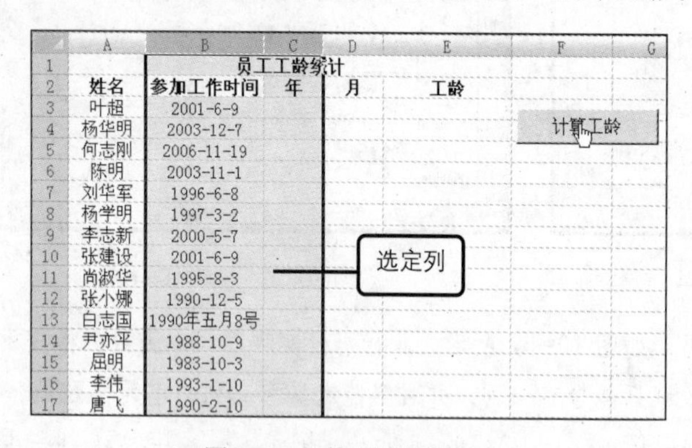

	A	B	C	D	E
1		员工工龄统计			
2	姓名	参加工作时间	年	月	工龄
3	叶超	2001-6-9			
4	杨华明	2003-12-7			
5	何志刚	2006-11-19			
6	陈明	2003-11-1			
7	刘华军	1996-6-8			
8	杨学明	1997-3-2			
9	李志新	2000-5-7			
10	张建设	2001-6-9			
11	尚淑华	1995-8-3			
12	张小娜	1990-12-5			
13	白志国	1990年五月8号			
14	尹亦平	1988-10-9			
15	屈明	1983-10-3			
16	李伟	1993-1-10			
17	唐飞	1990-2-10			

图 10-71　使用控件按钮

图 10-72　提示信息

Step 13 选中表格中的 B 列单元格，再单击“计算工龄”按钮，如图 10-73 所示。

A	B	C	D	E
	员工工龄统计			
姓名	参加工作时间	年	月	工龄
叶超	2001-6-9			
杨华明	2003-12-7			
何志刚	2006-11-19			
陈明	2003-11-1			
刘华军	1996-6-8			
杨学明	1997-3-2			
李志新	2000-5-7			
张建设	2001-6-9			
尚淑华	1995-8-3			
张小娜	1990-12-5			
白志国	1990年五月8号			
尹亦平	1988-10-9			
屈明	1983-10-3			
李伟	1993-1-10			
唐飞	1990-2-10			

计算工龄

选定列

图 10-73　计算工龄

Step 14 此时，工作表自动对不同员工的工龄进行计算，并将计算结果显示在相应的单元格中，由于 13 行数据中员工的参加工作时间格式不对，因此不显示计算结果，并突出显示错误格式的参加工作时间，如图 10-74 所示。使用该控件按钮，可以快速的对员工的工龄数据进行统计计算。

	A	B	C	D	E
1		员工工龄统计			
2	姓名	参加工作时间	年	月	工龄
3	叶超	2001-6-9	6	9	6年零9个月
4	杨华明	2003-12-7	4	3	4年零3个月
5	何志刚	2006-11-19	1	4	1年零4个月
6	陈明	2003-11-1	4	4	4年零4个月
7	刘华军	1996-6-8	11	9	11年零9个月
8	杨学明	1997-3-2	11	0	11年整
9	李志新	2000-5-7	7	10	7年零10个月
10	张建设	2001-6-9	6	9	6年零9个月
11	尚淑华	1995-8-3	12	7	12年零7个月
12	张小娜	1990-12-5	17	3	17年零3个月
13	白志国	1990年五月8号			
14	尹亦平	1988-10-9	19	5	19年零5个月
15	屈明	1983-10-3	24	5	24年零5个月
16	李伟	1993-1-10	15	2	15年零2个月
17	唐飞	1990-2-10	18	1	18年零1个月

图 10-74　显示计算结果

制作员工业绩评测表

企业需要对在职员工进行业绩的评估，从而了解企业的发展趋势与当前状况。评估的目的通常有两种“员工个人业绩提升”与“激励组织业绩提升”。前者着眼于通过激励个体员工，提高其业绩，进而促进组织业绩；后者则直接将视点放在了组织业绩提升上。本章将为用户介绍如何使用 Excel 工作表制作员工业绩评测表，并通过正确的评测流程来执行相关评测，从而了解企业员工的实际工作情况及工作业绩能力，帮助企业更好的管理员工并有效提升员工工作的积极性。

最终文件： 第 11 章\最终文件\员工业绩评测.xlsx

11.1 制作业绩测评流程图

为了提供满足企业组织结构要求并符合法律的信息，业绩评估系统必须提供精确可靠的数据。通常企业需要按固定的系统流程来实施，从而增强数据的可靠性。业绩评测需要按固定的流程执行，本节将为用户介绍如何制作一个精美的业绩测评流程图，用于说明详细的测评方法与流程经过。

11.1.1 插入 SmartArt 流程图

业绩评估系统必须提供一个可行的流程来进行实施，从而方便企业对员工业绩的评估与比较。在说明企业员工业绩测评流程时，用户可以使用 SmartArt 图形功能来进行表达，将复杂的过程简明扼要的表述出来，本节将为用户详细介绍如何在工作表中插入与设置 SmartArt 图形。

Step 01 新建一个工作簿，切换到“插入”选项卡下，在“插图”组中单击“插入 SmartArt 图形”按钮，如图 11-1 所示。

Step 02 打开“选择 SmartArt 图形”对话框，在“全部”选项卡下单击“垂直 V 形列表”选项，再单击“确定”按钮，如图 11-2 所示。

问题 11-1：SmartArt 图形中的多向循环图有什么功能？

多向循环图用于表示可在任何方向发生的阶段、任务或事件的连续序列，常用于说明具有循环意义的示意图。

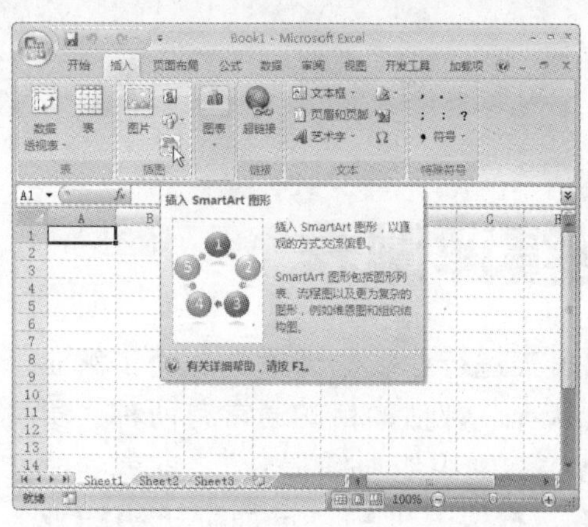

图 11-1 “插入 SmartArt 图形”按钮

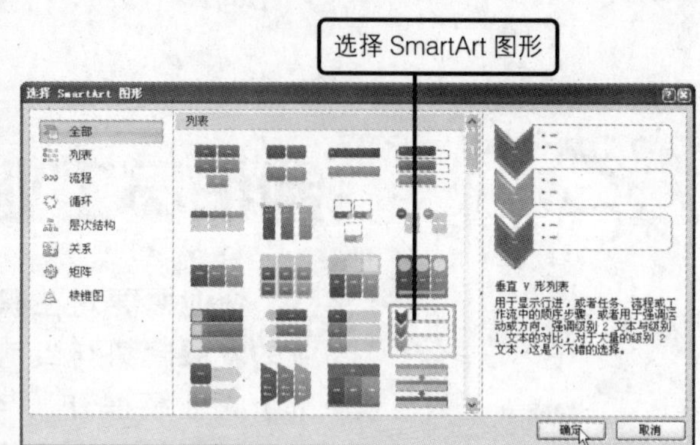

图 11-2 选择 SmartArt 图形

Step 03 在工作表中插入选定类型的 SmartArt 图形，如图 11-3 所示。

Step 04 在 SmartArt 图形不同的形状图形内输入需要添加的文本信息内容，如果用户还需要添加形状图形，则首先选定末端的形状图形，如图 11-4 所示。

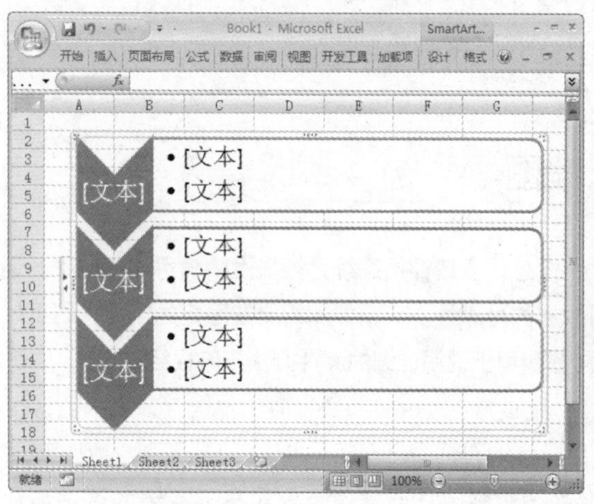

图 11-3 插入 SmartArt 图形

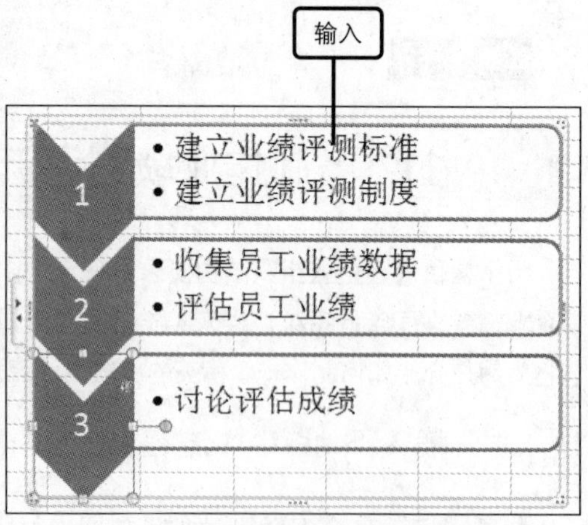

图 11-4 输入文本内容

Step 05 在 SmartArt 图形工具“设计”选项卡下的“创建图形”组中单击“添加形状”按钮，在展开的列表中单击“在后面添加形状”选项，如图 11-5 所示。

Step 06 在指定形状图形下方插入新的形状，输入需要添加的文本信息，如图 11-6 所示。

问题 11-2：如何删除 SmartArt 图形中的形状图形？

在 SmartArt 图形中选中需要删除的形状图形，按键盘中的【Delete】键进行删除即可。

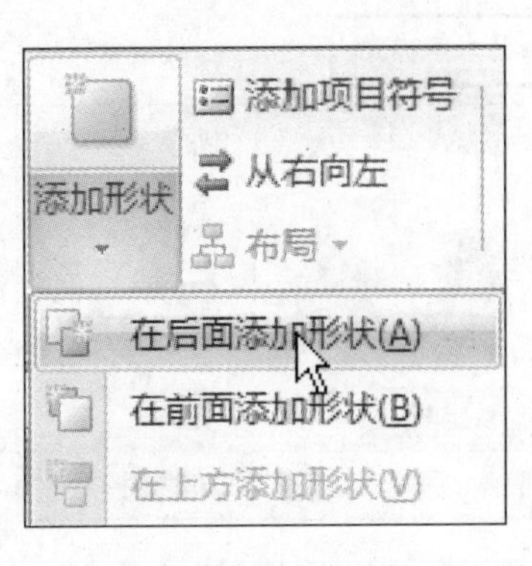

图 11-5　添加形状

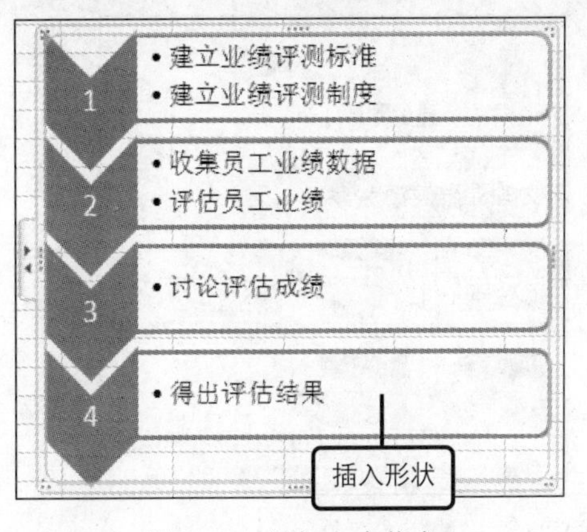

图 11-6　添加文本信息

Step 07 选中 SmartArt 图形，在“设计”选项卡下单击“更改布局”按钮，在展开的列表中单击“垂直框列表”选项，如图 11-7 所示。

Step 08 单击“更改颜色”按钮，在展开的列表中单击“彩色范围-强调文字颜色 2 至 3”选项，如图 11-8 所示。

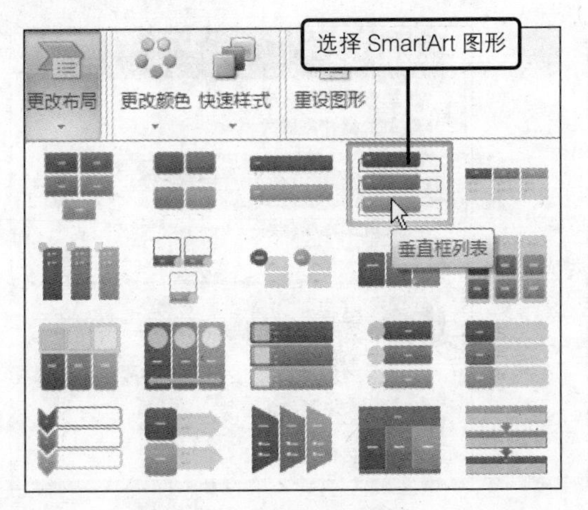

图 11-7　更改布局

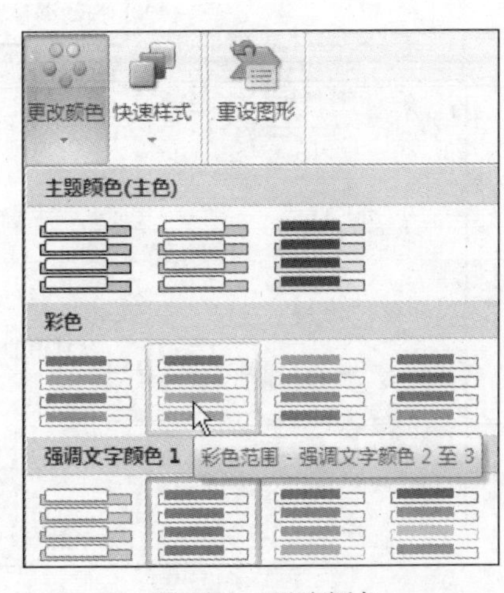

图 11-8　更改颜色

Step 09 单击“快速样式”按钮，在展开的列表中单击“强烈效果”选项，如图 11-9 所示。

Step 10 选中 SmartArt 图形，切换到“格式”选项卡下，在“艺术字样式”组中单击“填充-强调文字颜色 2，暖色粗糙棱台”选项，如图 11-10 所示。

问题 11-3：　为什么无法撤销上次操作？

此类现象是正常的，在 Excel 中并不是所有的操作都可以撤销的，例如打开文件、保存文档、新建文档等操作，需要注意的是“撤销”命令只适用于每一步可撤销的操作。

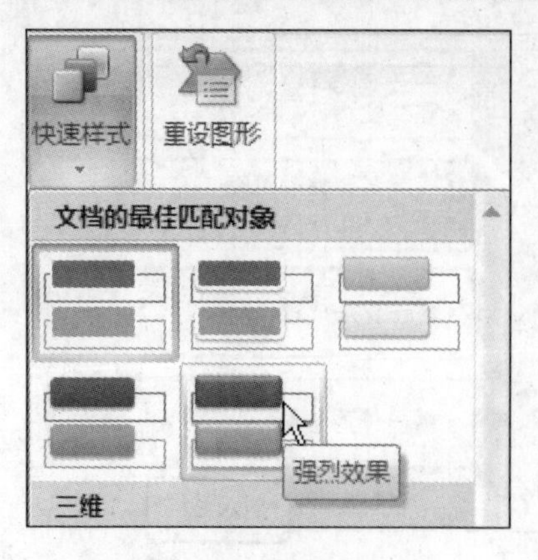

图 11-9　快速样式

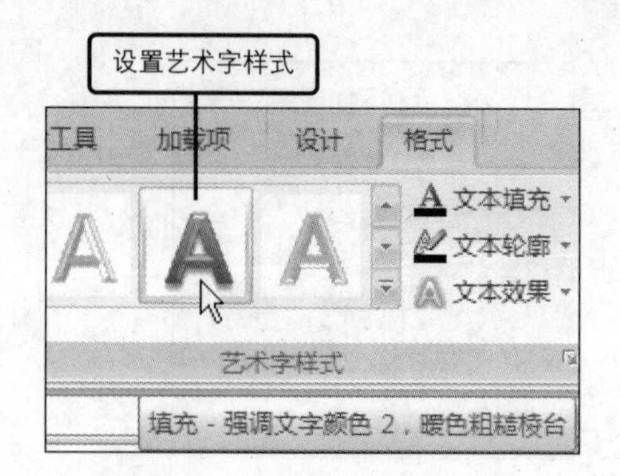

图 11-10　设置艺术字样式

Step 11 设置完成后查看 SmartArt 图形效果，选中图形将鼠标光标放置边框位置上，当鼠标光标呈双向箭头样式时，拖动以调整图形大小，如图 11-11 所示。

Step 12 设置完成后，查看制作完成的 SmartArt 图形效果，如图 11-12 所示。

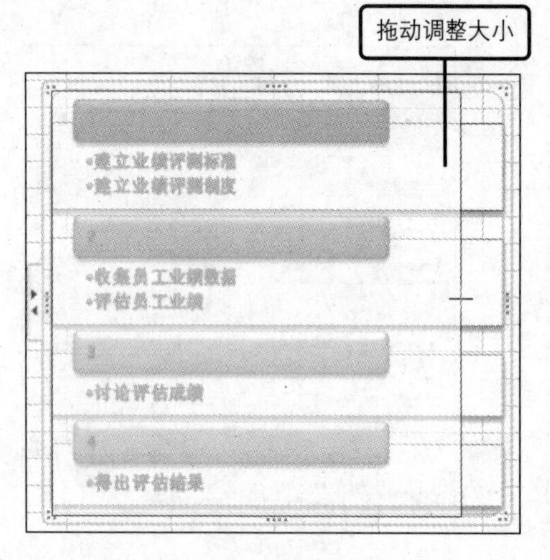

图 11-11　调整 SmartArt 图形大小

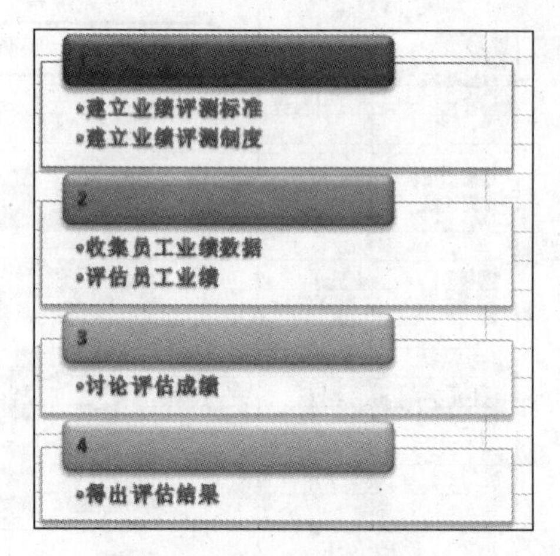

图 11-12　查看 SmartArt 图形效果

问题 11-4：　如何设置工作表自动保存，避免数据意外丢失？

打开“Excel 选项”对话框，切换至“保存”选项卡下，选中“保存自动恢复信息时间间隔”复选框，在其后的文本框中对间隔分钟进行设置，再单击“确定”按钮即可。

11.1.2　插入标题艺术字

在设计制作流程图时，用户还可以为其添加标题性的说明文字内容，使用插入艺术字功能，在幻灯片中插入带有艺术字样式效果的文本，使幻灯片更加新颖美观。

Step 01 切换到“插入”选项卡下，在“文本”组中单击“艺术字”按钮，如图 11-13 所示。

11 制作员工业绩评测表
12 PowerPoint基础办公知识与操作
13 为幻灯片添加效果
14 幻灯片在高效办公中的放映与发布
15 制作公司未来战略企划案

Step 02 在展开的列表中单击“填充–强调文字颜色 1，内部阴影–强调文字颜色 1”选项，如图 11–14 所示。

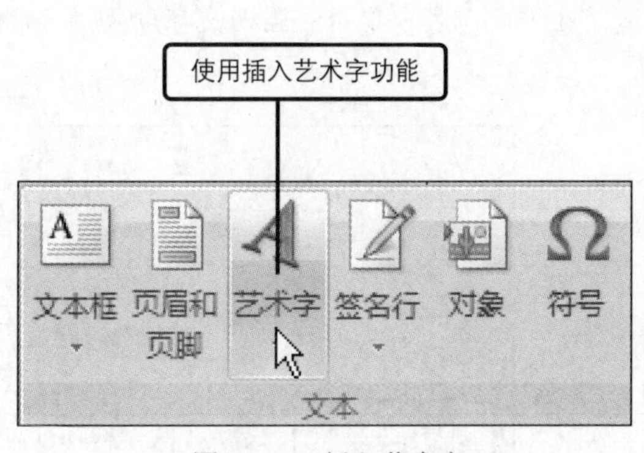

图 11-13　插入艺术字

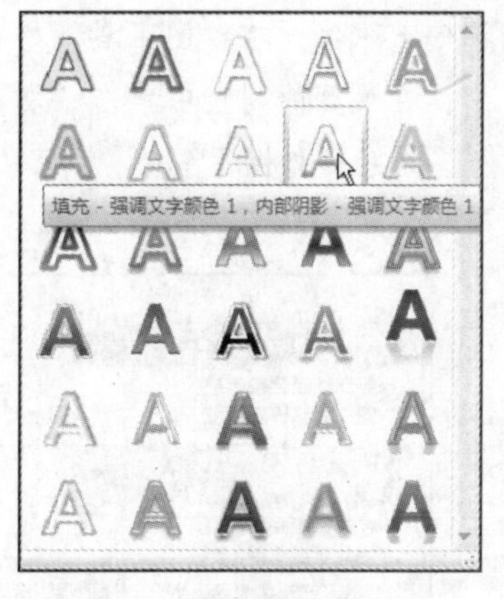

图 11-14　选择艺术字样式

Step 03 在工作表中插入选定样式的艺术字，显示默认的艺术字文本内容，如图 11–15 所示。

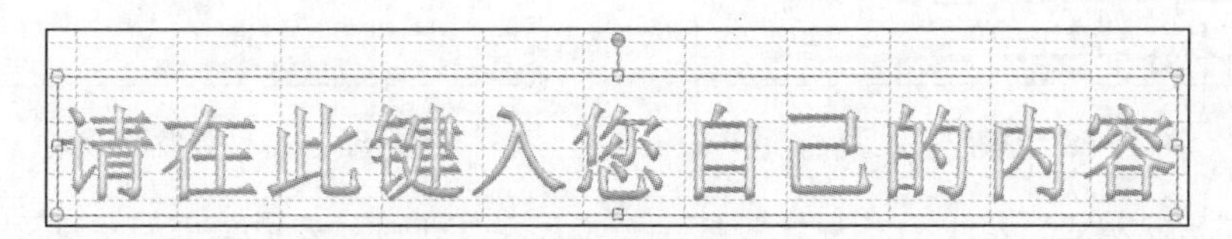

图 11-15　插入艺术字

Step 04 选中艺术字，并输入需要显示为标题的文字内容，如图 11–16 所示。

Step 05 选中艺术字，切换到“开始”选项卡下，在“字体”组中单击“方向”按钮，在展开的列表中单击“竖排文字”选项，如图 11–17 所示。

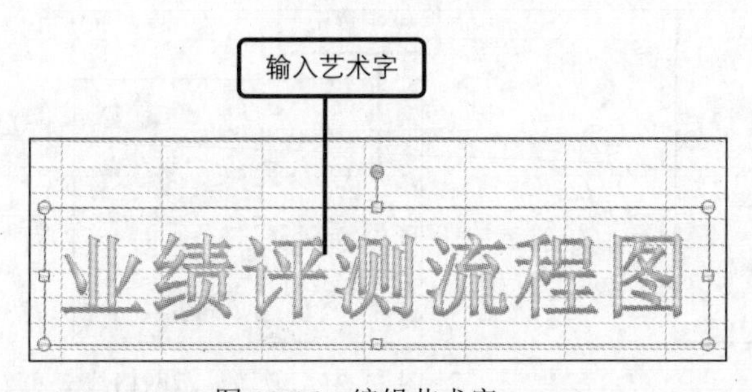

图 11-16　编辑艺术字

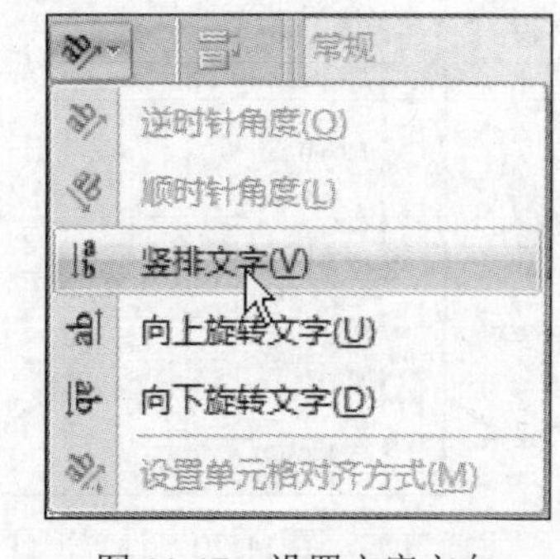

图 11-17　设置文字方向

问题 11-5：　如何将工作表上的网格线打印出来？

切换到“页面布局”选项卡下，在“页面设置”组中单击对话框启动器，打开“页面设置”对话框，切换到“工作表”选项卡下，在“打印”区域中选中“网格线”复选框即可。

Step 06 此时艺术字显示竖排方向效果，拖动艺术字将其放置在工作表中合适的位置处，如图 11–18 所示。

Step 07 选中艺术字，在绘图工具"格式"选项卡下的"艺术与样式"组中单击"文本效果"按钮，在展开的列表中单击"发光"选项，在级联列表中单击"强调文字颜色 3，18pt 发光"选项，如图 11–19 所示。

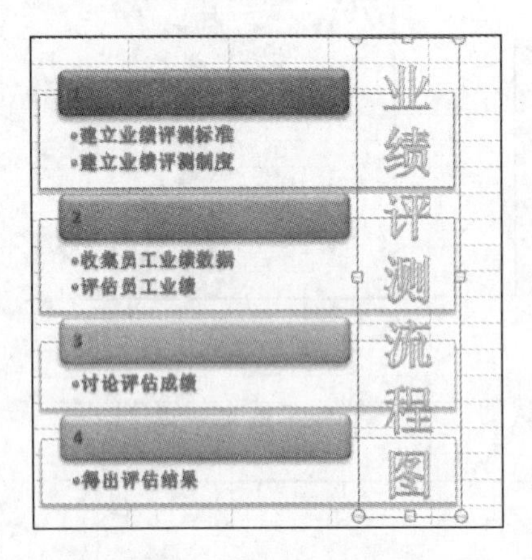

图 11-18　调整艺术字位置

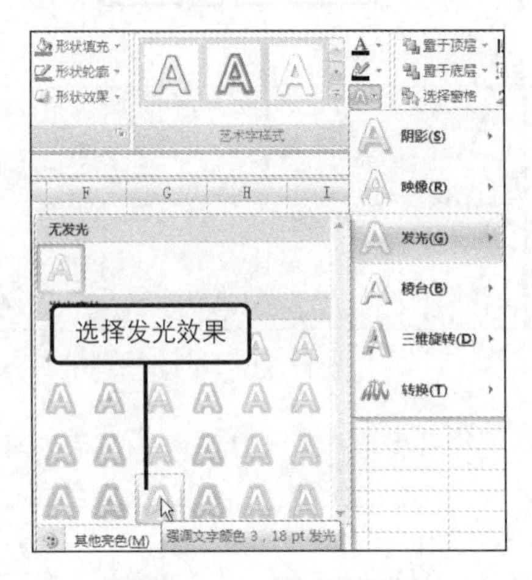

图 11-19　设置发光效果

Step 08 单击"形状样式"组中的"形状效果"按钮，在展开的列表中单击"预设"选项，在级联列表中单击"预设 7"选项，如图 11–20 所示。

Step 09 设置完成后切换到"视图"选项卡下，在"显示/隐藏"组中取消选中"网格线"复选框，如图 11–21 所示。

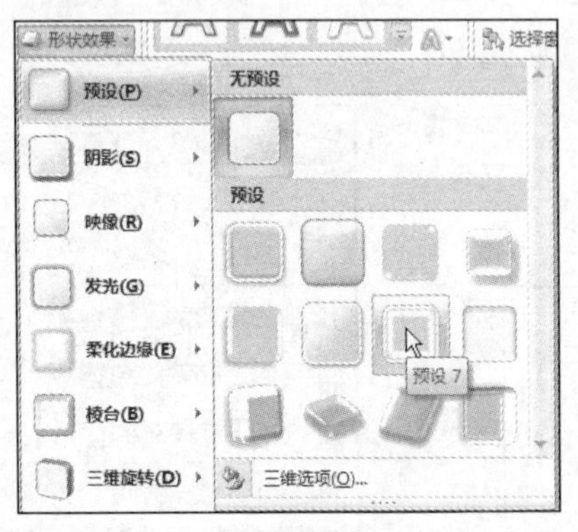

图 11-20　设置形状效果

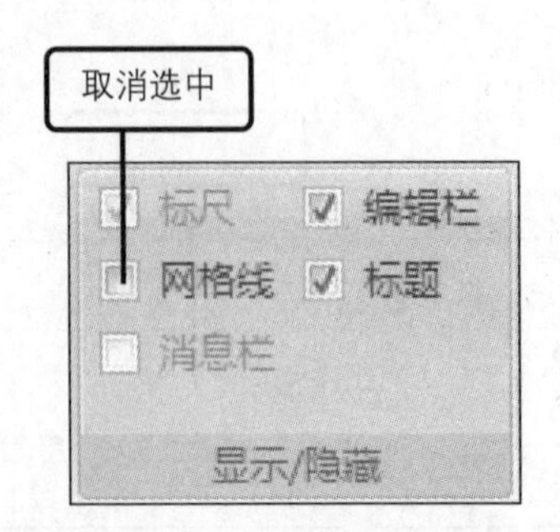

图 11-21　取消显示网格线

问题 11-6：如何快速调整工作表数据内容的显示比例？

在 Excel 工作窗口中，拖动窗口下方状态栏中"显示比例"滑块即可调整显示比例。其正常的显示比例为 100%，向右拖动时放大显示，向左拖动时缩小显示。

Step 10 设置完成后查看艺术字效果，如图 11-22 所示。

Step 11 重命名工作表标签，并在工作表标签位置上方右击，在弹出的快捷菜单中单击“工作表标签颜色”选项，在其级联菜单中单击“橙色”选项，如图 11-23 所示。

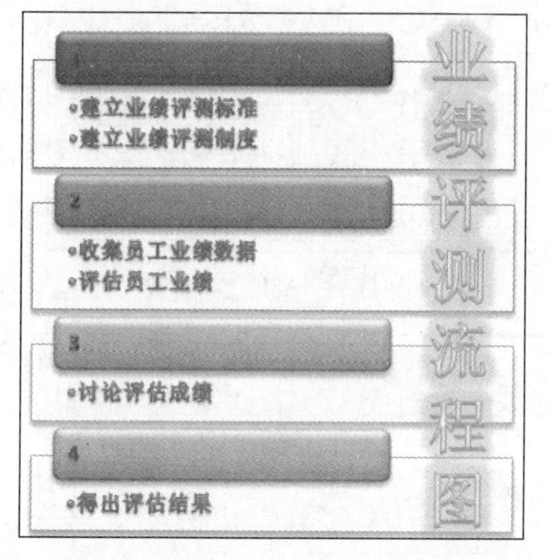

图 11-22　查看艺术字效果

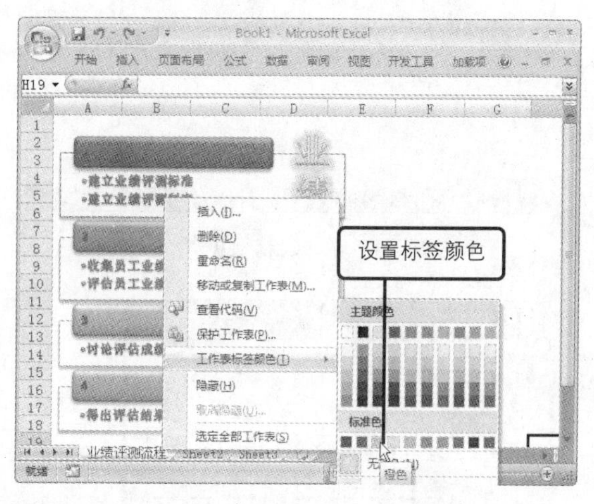

图 11-23　设置工作表标签颜色

11.2　评估员工业绩

企业员工业绩的评估可按上节中介绍的测评流程来进行，从而使评测更为准确高效。由于在实例的讲解中无法依次介绍所有环节的评定过程，因此在本节介绍评估员工业绩的过程中，详细为用户介绍员工月度业绩情况、员工工作能力及工作态度、员工等级评定这三个方面的业绩评估方法，帮助用户了解使用 Excel 电子表格进行评估与分析的具体操作方法。

11.2.1　员工月度业绩比较图表

在评估员工业绩情况时，常常需要对企业员工的月度销售情况进行比较与分析。本节将以分析企业员工一季度销售业绩情况为例，介绍如何对前三个月的销售额进行统计，并创建柱形图表比较不同员工在不同月份的具体销售情况。

Step 01 在 Sheet2 工作表中输入员工一季度业绩表相关数据内容，并选中 A2:D7 单元格区域，如图 11-24 所示。

Step 02 切换到“开始”选项卡，单击“样式”组中的“套用表格格式”按钮，在展开的列表中单击“表样式浅色 11”选项，如图 11-25 所示。

Step 03 打开“套用表格式”对话框，设置表数据的来源引用单元格区域“$A$2:$D$7”，选中“表包含标题”复选框，再单击“确定”按钮，如图 11-26 所示。

Step 04 设置完成后返回到工作表中，可以看到选定单元格区域套用指定的表格式，如图 11-27 所示。

	A	B	C	D
1	员工一季度业绩表			
2	员工姓名	一月销售量	二月销售量	三月销售量
3	李明	320	642	672
4	张婧	650	423	652
5	王小璐	720	342	742
6	杨蒲林	512	380	722
7	张东方	352	712	423
8				
9				
10				
11				
12				
13				

业绩评测流程 Sheet2 Sheet3

图 11-24 输入表格数据

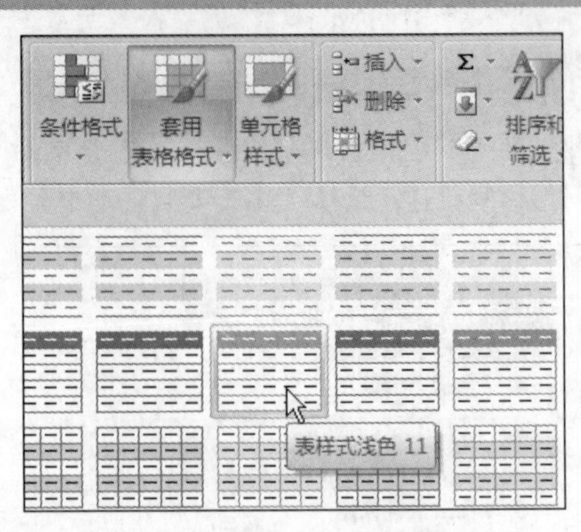

图 11-25 套用表格格式

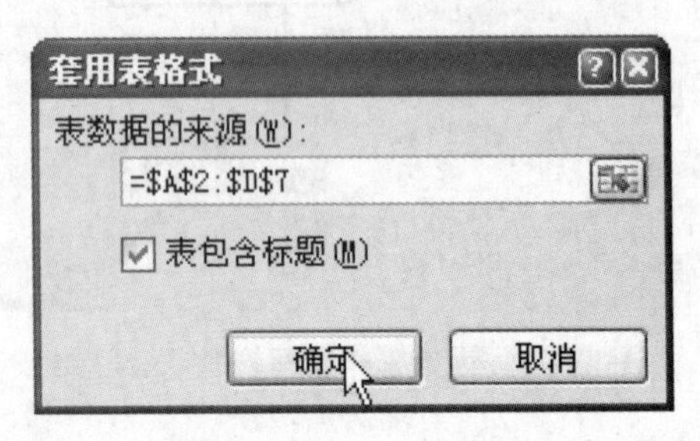

图 11-26 设置表格式

套用表样式

	A	B	C	D
1	员工一季度业绩表			
2	员工姓	一月销售	二月销售	三月销售
3	李明	320	642	672
4	张婧	650	423	652
5	王小璐	720	342	742
6	杨蒲林	512	380	722
7	张东方	352	712	423
8				
9				

图 11-27 套用表格式

问题 11-7: 如何将套用格式的表格转换为普通区域?

选中套用格式表格中的任意单元格，在图表工具“设计”选项卡下单击“工具”组中的“转换为区域”按钮，即可将表格转换为普通表格。

Step 05 在 E2 单元格中输入“一季度总销售量”，并选中 E3 单元格，如图 11-28 所示。

Step 06 切换到“公式”选项卡下，在“函数库”组中单击“自动求和”按钮，在展开的列表中单击“求和”选项，如图 11-29 所示。

输入

C	D	E
二月销售	三月销售	一季度总销售
642	672	
423	652	
342	742	
380	722	
712	423	

图 11-28 计算一季度总销售量

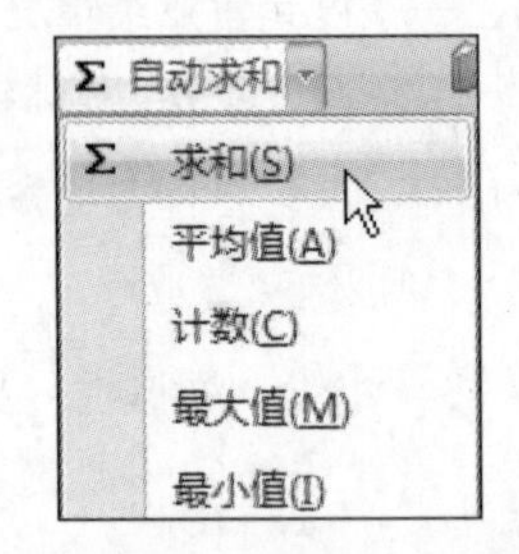

图 11-29 使用求和功能

Step 07 在 E 列单元格中显示自动求和计算结果，计算不同员工的一季度总销售量，如图 11-30 所示。

Step 08 单击“一季度总销售量”右侧的下拉列表按钮，在展开的列表中单击“降序”选项，如图 11–31 所示。

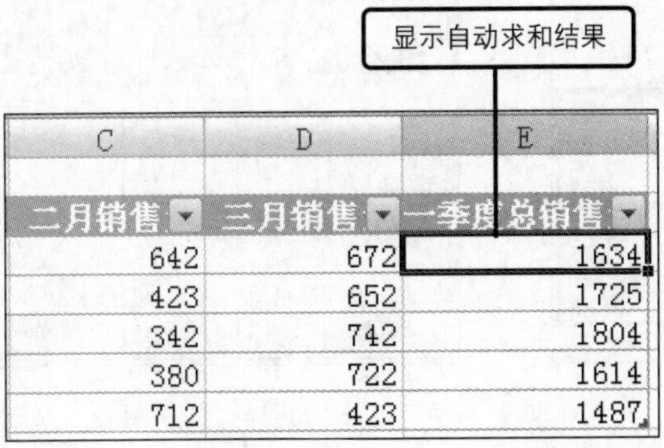

显示自动求和结果

C	D	E
二月销售	三月销售	一季度总销售
642	672	1634
423	652	1725
342	742	1804
380	722	1614
712	423	1487

图 11-30　显示计算结果

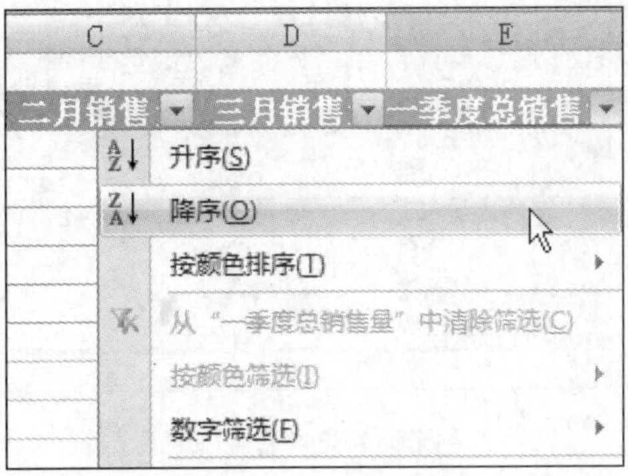

C	D	E
二月销售	三月销售	一季度总销售

升序(S)
降序(O)
按颜色排序(T)
从“一季度总销售量”中清除筛选(C)
按颜色筛选(I)
数字筛选(F)

图 11-31　设置降序

Step 09 表格中的数据按一季度总销售量重新进行降序排列，如图 11–32 所示。

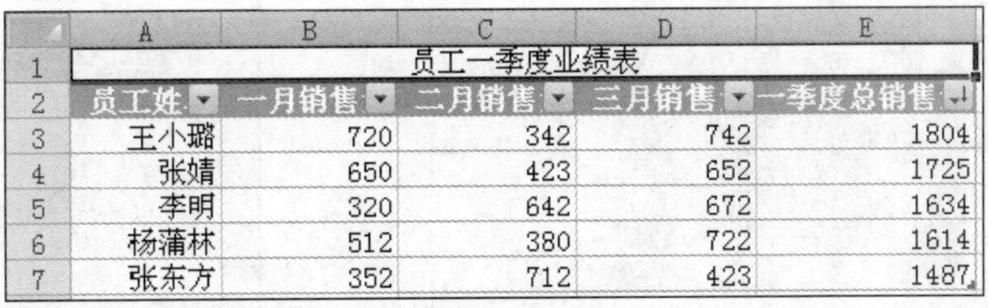

	A	B	C	D	E
1	员工一季度业绩表				
2	员工姓	一月销售	二月销售	三月销售	一季度总销售
3	王小璐	720	342	742	1804
4	张婧	650	423	652	1725
5	李明	320	642	672	1634
6	杨蒲林	512	380	722	1614
7	张东方	352	712	423	1487

图 11-32　重新排序数据

问题 11-8：如何在工作簿中一次性插入多个工作表？

按下【Shift】键的同时，选定需要添加的与工作表相同数目的工作表标签，即如果需要一次性添加两个工作表，则需选定两个工作表标签，再切换到“开始”选项卡下，在“单元格”组中单击“插入”按钮，在展开的列表中单击“插入工作表”选项，即可同时插入两个工作表。

Step 10 选定表格中用于创建数据的源数据区域 A2:D7，如图 11–33 所示。

Step 11 在“插入”选项卡下单击“图表”组中的“柱形图”按钮，在展开的列表中单击“簇状柱形图”选项，如图 11–34 所示。

Step 12 在工作表中生成由选定数据创建的柱形图，显示默认的图表格式效果，如图 11–35 所示。

Step 13 在“设计”选项卡下单击“快速布局”按钮，在展开的列表中单击“布局 5”选项，如图 11–36 所示。

选定图表源数据

	A	B	C	D
1		员工一季度业绩表		
2	员工姓	一月销售	二月销售	三月销售
3	王小璐	720	342	742
4	张婧	650	423	652
5	李明	320	642	672
6	杨蒲林	512	380	722
7	张东方	352	712	423
8				

图 11-33　选定图表源数据

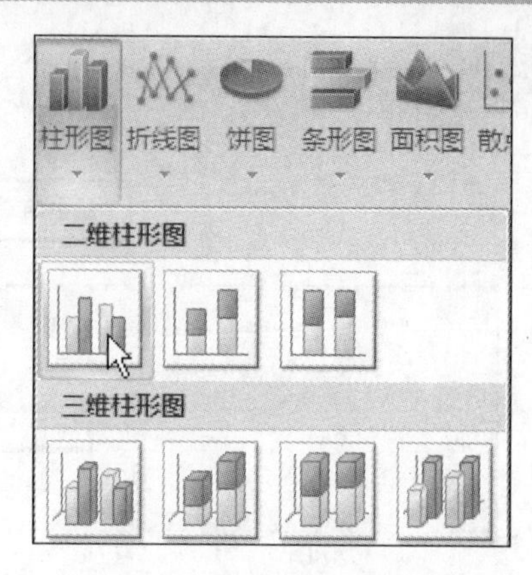

图 11-34　插入图表

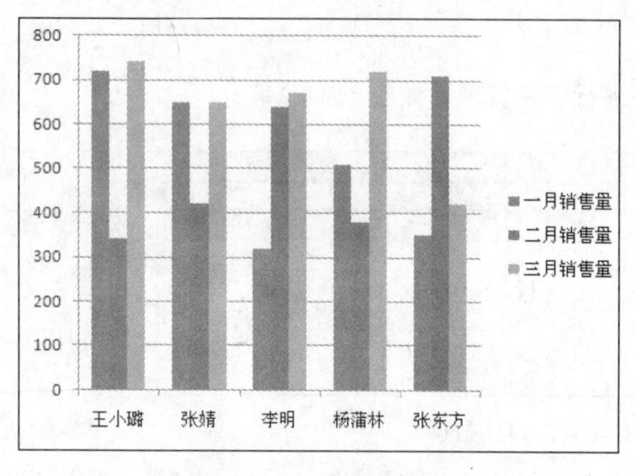

图 11-35　生成图表

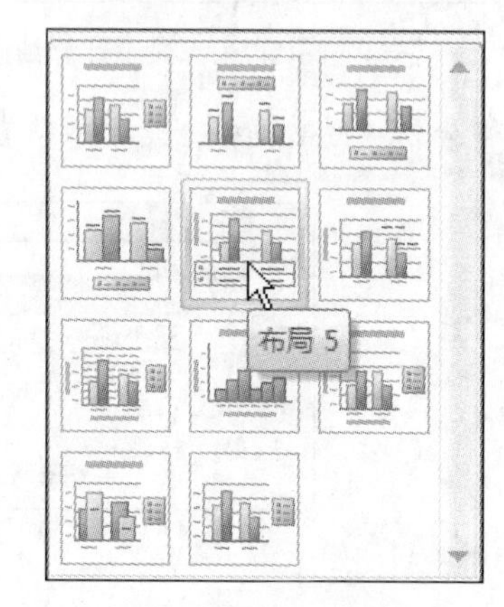

图 11-36　快速布局

问题 11-9：　如何快速调整工作表的显示比例大小？

拖动窗口下方的显示比例滑块进行调整即可。

Step 14 此时可以看到图表更改为指定的布局样式效果，在图表左侧的坐标轴标题文本框中输入需要添加的标题文本内容，如图 11–37 所示。

Step 15 在图表标题文本框中输入需要添加的图表标题文本内容，如图 11–38 所示。

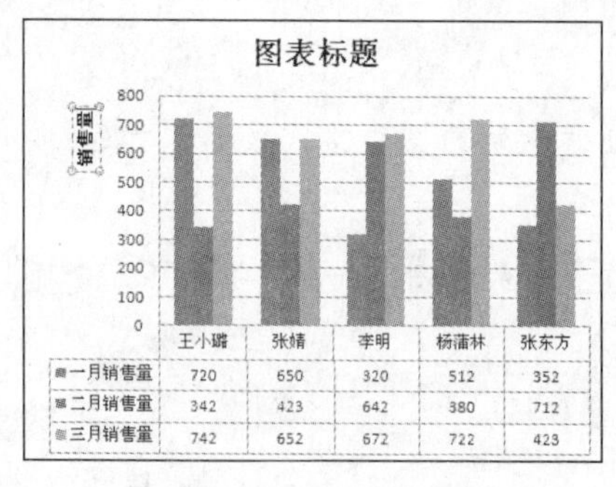

图 11-37　添加坐标轴标题

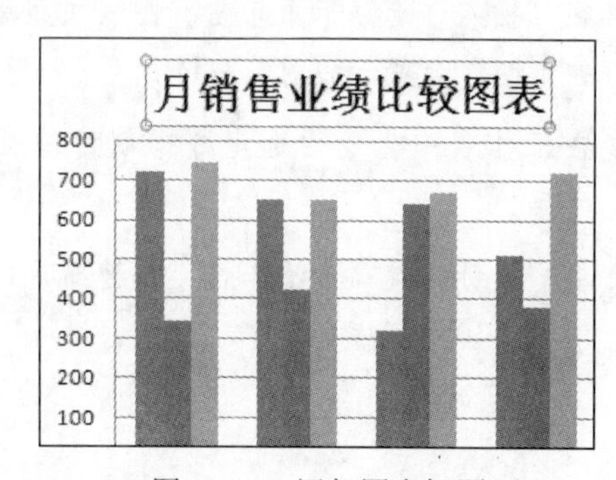

图 11-38　添加图表标题

Step 16 设置完成后在“设计”选项卡下的“位置”组中，单击“移动图表”按钮，如图 11–39 所示。

Step 17 打开“移动图表”对话框，选择“新工作表”单选按钮，并输入工作表名称，再单击“确定”按钮，如图 11–40 所示。

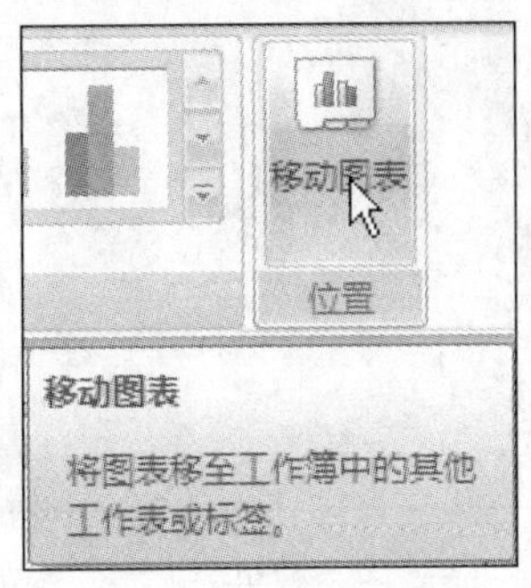

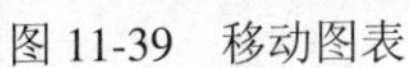

图 11-39　移动图表

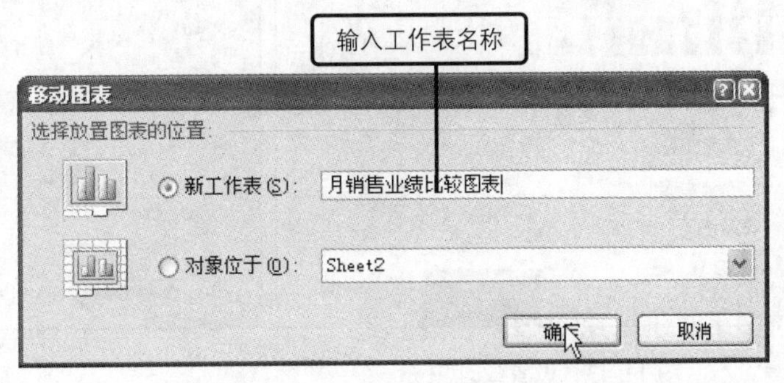

图 11-40　设置移动位置

问题 11-10：如何在同时打开的多个工作簿中进行窗口的切换？

在视图选项卡下，单击“窗口”组中的“切换窗口”按钮，在展开的列表中选择需要切换到的窗口选项即可。

Step 18 图表被移动到新的工作表中，如图 11–41 所示。

Step 19 选中图表，在“设计”选项卡下单击“快速样式”按钮，在展开的列表中单击“样式 34”选项，如图 11–42 所示。

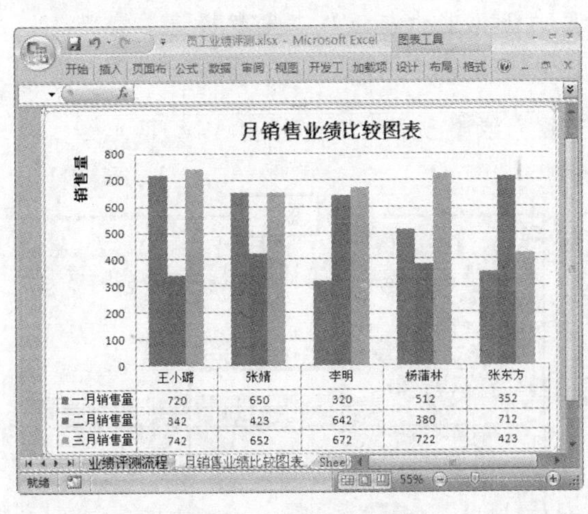

	王小璐	张婧	李明	杨蒲林	张东方
一月销售量	720	650	320	512	352
二月销售量	342	423	642	380	712
三月销售量	742	652	672	722	423

图 11-41　图表被移动

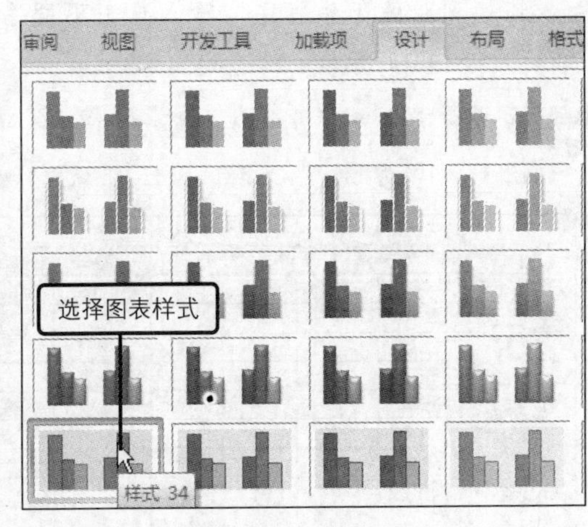

图 11-42　快速样式

Step 20 切换到“格式”选项卡下，单击“形状样式”组中的“形状填充”按钮，在展开的列表中单击“纹理”选项，并单击“画布”选项，如图 11–43 所示。

Step 21 完成图表的设置后，查看制作完成的“月销售业绩比较图表”，如图 11–44 所示。

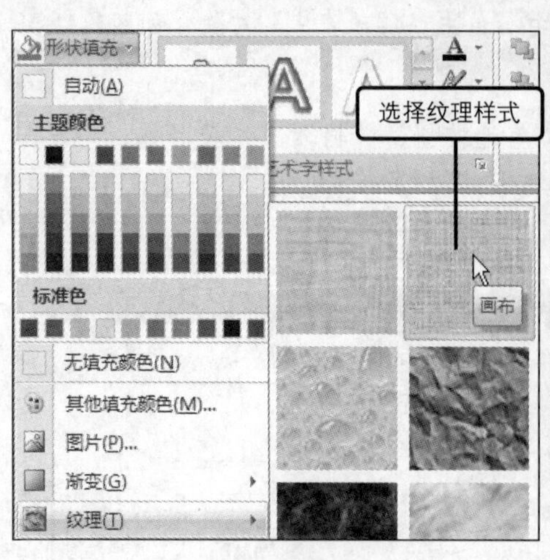

图 11-43　设置纹理填充

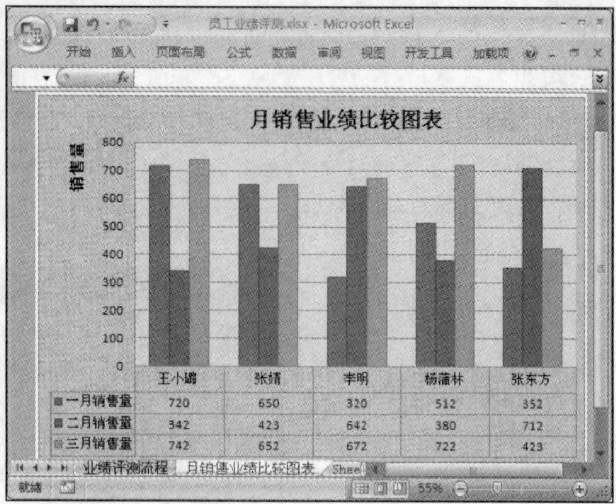

图 11-44　查看图表效果

问题 11-11：　用户可不可以设置将工作簿中的工作表全部隐藏？

不可以，在隐藏工作簿中的工作表时，至少需要保留一个工作表不被隐藏。

11.2.2　员工工作能力与态度评比

在员工业绩考核的过程中，员工的工作能力和工作态度直接决定着员工的工作业绩。因此，对员工工作能力和工作态度的评定是一个重要的环节。本节将为用户介绍如何根据记录的员工能力与态度考核记录表，对不同员工的工作能力与态度情况进行图表分析。

Step 01 切换到新的工作表中，输入员工不同季度的工作能力与工作态度考核记录情况，如图 11−45 所示。

Step 02 在考核记录表下方制作走势分析表格，并输入表格项目内容，选中 C14 单元格，如图 11−46 所示。

	A	B	C	D	E	F	G
1	工作能力与态度考核记录						
2	员工姓名		王小璐	张婧	李明	杨蒲林	张东方
3	工作能力	一季度	2	1	1	2	3
4		二季度	5	5	5	3	4
5		三季度	6	6	7	4	5
6		四季度	6	8	6	6	2
7	工作态度	一季度	3	1	4	4	6
8		二季度	3	6	5	5	5
9		三季度	2	5	2	2	2
10		四季度	5	3	1	1	4
11							

图 11-45　输入考核记录

选定

	A	B	C	D	E	F
11						
12						
13	员工工作能力和工作态度走势分析					
14	员工姓名：					
15			一季度	二季度	三季度	四季度
16		工作能力				
17		工作态度				
18						
19						

图 11-46　编辑表格

Step 03 切换到“数据”选项卡下，单击“数据工具”组中的“数据有效性”按钮，在展开的列表中单击“数据有效性”选项，如图 11−47 所示。

Step 04 打开“数据有效性”对话框，切换到“设置”选项卡下，单击“允许”下拉列表按钮，在展开的列表中单击“序列”选项，如图 11—48 所示。

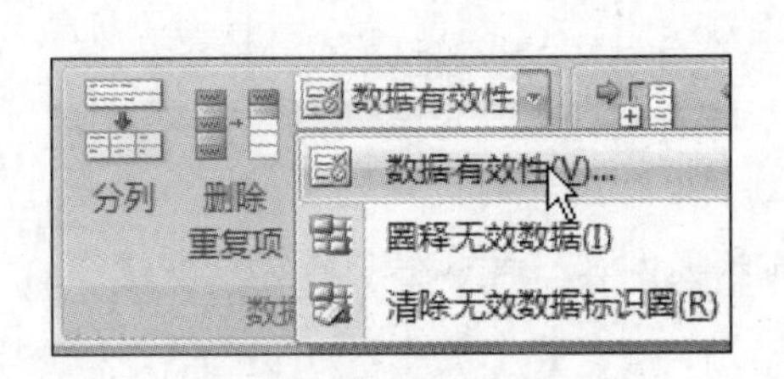

图 11-47　设置数据有效性

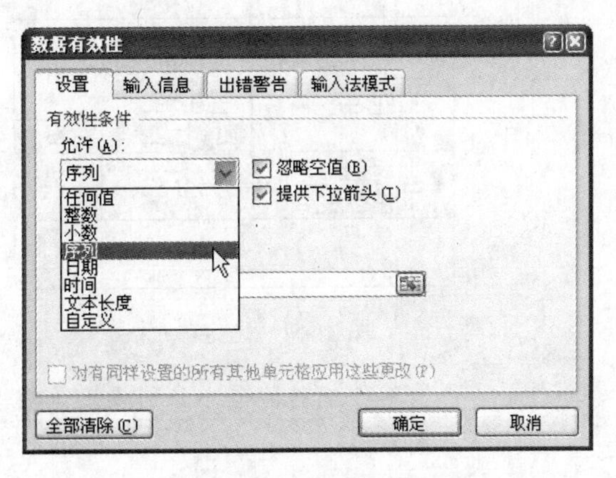

图 11-48　设置有效性条件

Step 05 设置来源引用单元格区域为“C2:G2”，设置完成后单击“确定”按钮，如图 11—49 所示。

Step 06 设置完成后返回到表格中，单击 C14 单元格区域右侧的下拉列表按钮，在展开的列表中可选择需要输入的数据，如图 11—50 所示。

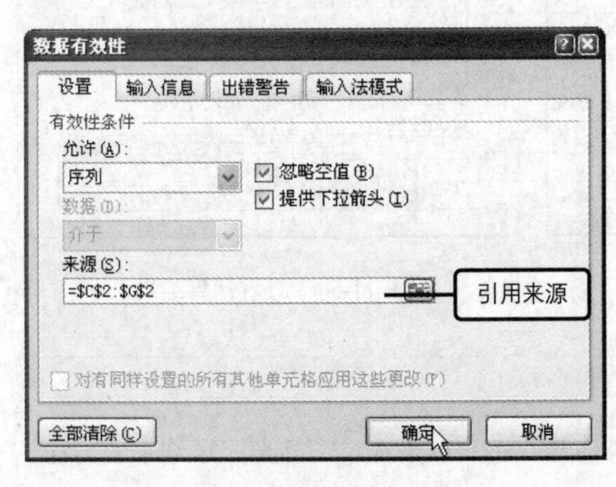

图 11-49　设置来源

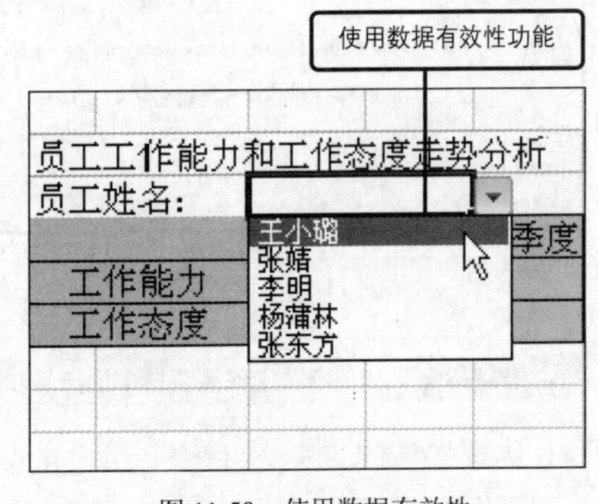

图 11-50　使用数据有效性

问题 11-12：　如何突出显示表格中无效的数据内容？

如果用户设置了表格单元格数据的有效性，则在完成表格内容的输入后，用户可以通过圈释无效数据来查看输入的情况，在“数据”选项卡下单击“数据工具”组中的“数据有效性”按钮，在展开的列表中单击“圈释无效数据”选项即可。

Step 07 选中表格中的 C16 单元格，用户需要计算员工一季度的工作能力，如图 11—51 所示。

Step 08 在“公式”选项卡下，单击“函数库”组中的“查找与引用”按钮，在展开的列表中单击 HLOOKUP 选项，如图 11—52 所示。

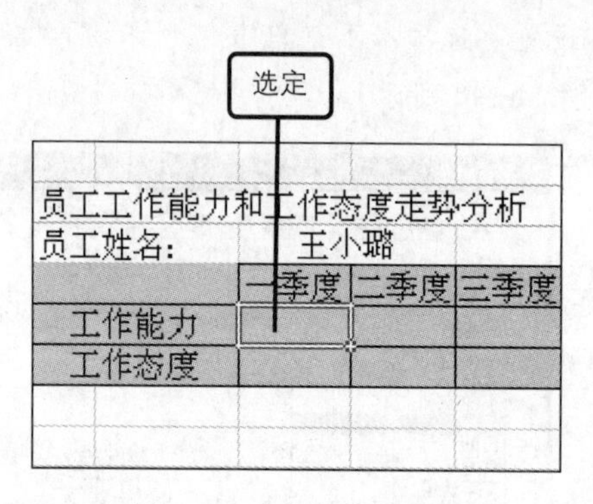

图 11-51　选定单元格

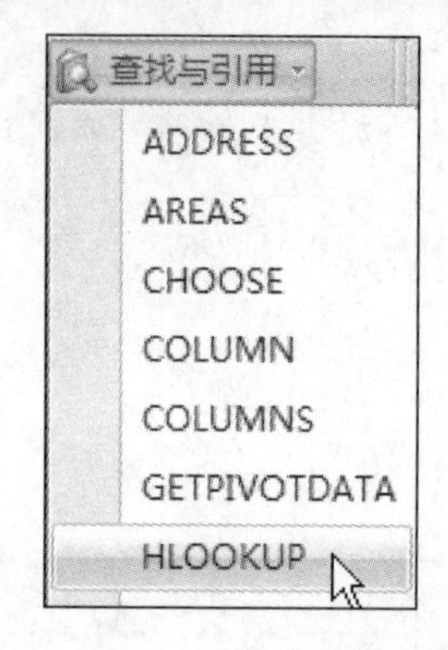

图 11-52　插入函数

Step 09 打开“函数参数”对话框，分别设置函数的不同参数内容，再单击“确定”按钮，如图 11-53 所示。

Step 10 设置完成后返回到工作表中，在公式编辑栏中可看到输入的公式内容，在 C16 单元格中显示公式计算结果，如图 11-54 所示。

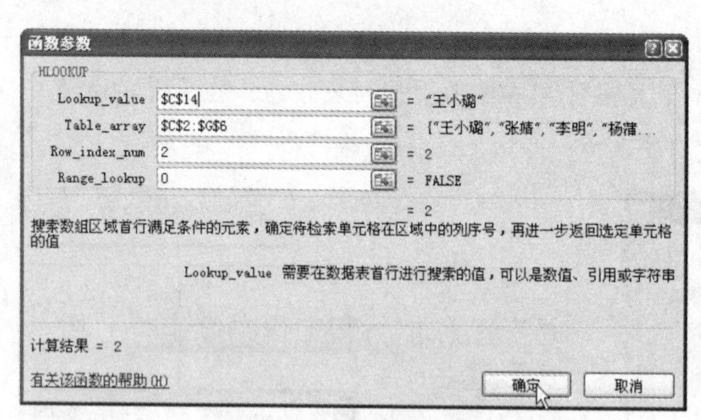

图 11-53　设置函数参数

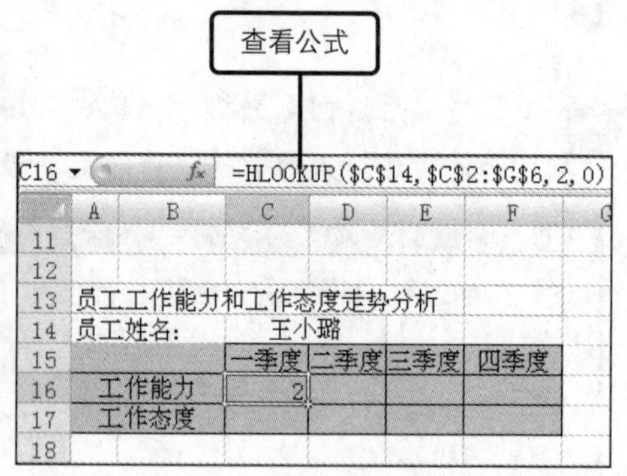

图 11-54　查看计算结果

问题 11-13：如何隐藏工作簿窗口中的行号和列标内容？

切换到“页面布局”选项卡下，在“工作表选项”组中取消选中“标题”区域中的“查看”复选框即可。

Step 11 当用户需要计算员工二季度工作能力时，可使用相同的函数来完成公式的编辑。但需要注意的是，函数中引用的参数设置有所不同，应用相同的方法计算不同季度的员工工作能力成绩，如图 11-55 所示。

Step 12 在 C17 单元格中输入公式“=HLOOKUP($C$14,$C$2:$G$10,6,0)”，计算员工的工作态度成绩，并使用相同的方法计算不同季度的工作态度成绩，如图 11-56 所示。

Step 13 完成公式的编辑后，用户可以使用数据有效性功能计算不同员工的工作能力和工作态度。例如，单击 C14 单元格区域右侧的下拉列表按钮，在展开的列表中单击“李明”选项，如图 11-57 所示。

Step 14 选择员工后，在表格中显示指定员工的工作能力和工作态度相关数据，如图 11—58 所示。

=HLOOKUP($C$14,$C$2:$G$6,3,0)

员工工作能力和工作态度走势分析
员工姓名： 王小璐

	一季度	二季度	三季度	四季度
工作能力	2	5	6	6
工作态度				

图 11-55 计算工作能力

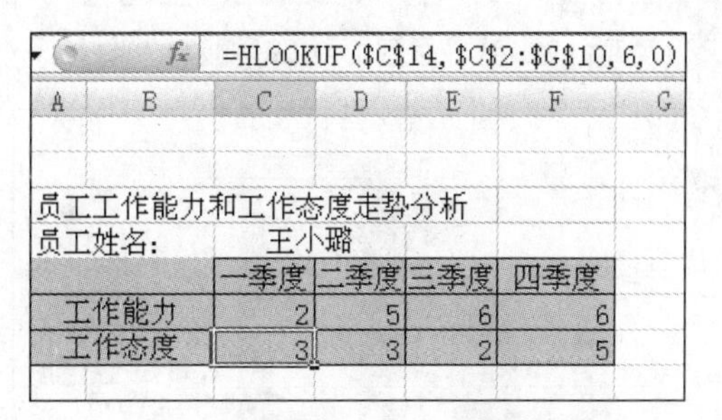
=HLOOKUP($C$14,$C$2:$G$10,6,0)

员工工作能力和工作态度走势分析
员工姓名： 王小璐

	一季度	二季度	三季度	四季度
工作能力	2	5	6	6
工作态度	3	3	2	5

图 11-56 计算工作态度

员工工作能力和工作态度走势分析
员工姓名： 李明
王小璐
张婧
李明
杨蒲林
张东方

图 11-57 选择员工

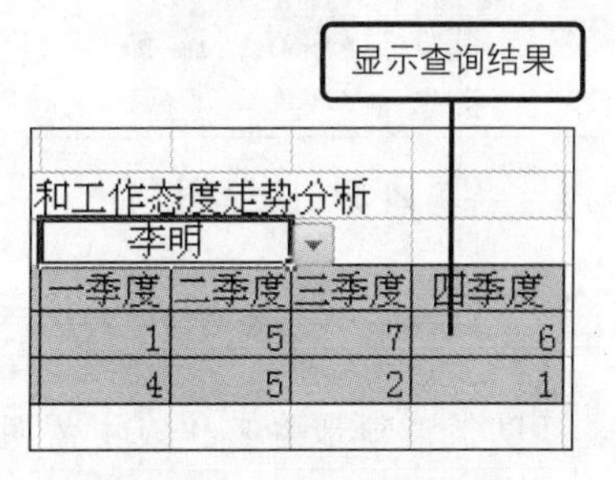

和工作态度走势分析
李明

一季度	二季度	三季度	四季度
1	5	7	6
4	5	2	1

图 11-58 显示查询结果

问题 11-14：如何设置单元格的数据有效性为日期内容？

在“数据”选项卡下，单击“数据工具”组中的“数据有效性”按钮，在展开的列表中单击“数据有效性”选项，打开“数据有效性”对话框，设置有效性条件为“日期”，并设置输入日期的范围即可。

Step 15 选定表格中 A15:F17 单元格区域，作为创建图表的源数据，如图 11—59 所示。

Step 16 切换到“插入”选项卡下，单击“图表”组中的“柱形图”按钮，在展开的列表中单击“簇状柱形图”选项，如图 11—60 所示。

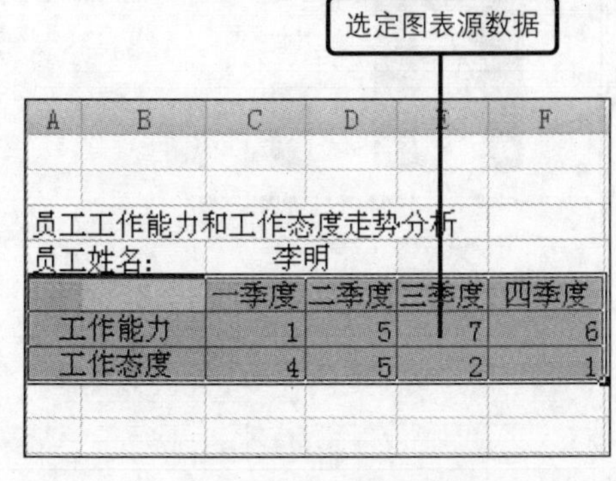

员工工作能力和工作态度走势分析
员工姓名： 李明

	一季度	二季度	三季度	四季度
工作能力	1	5	7	6
工作态度	4	5	2	1

图 11-59 选定图表源数据

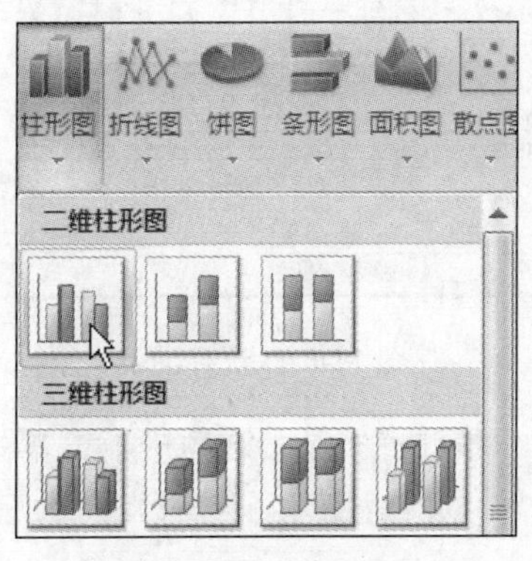

图 11-60 插入图表

Step 17 在工作表中生成由选定数据创建的图表，如图 11-61 所示。

Step 18 在图表“工作能力”数据系列位置上方右击，在弹出的快捷菜单中单击“更改系列图表类型”命令，如图 11-62 所示。

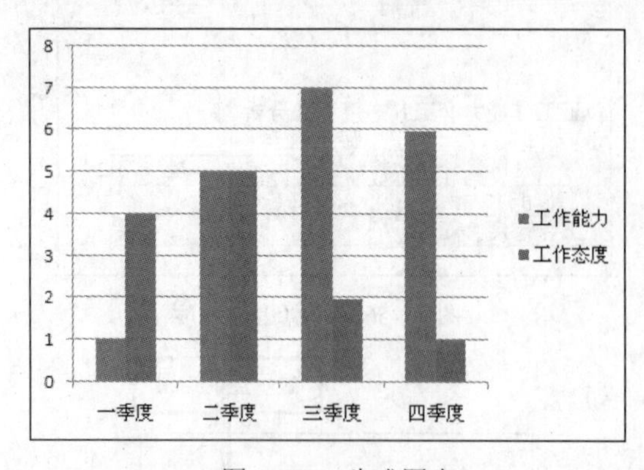

图 11-61　生成图表

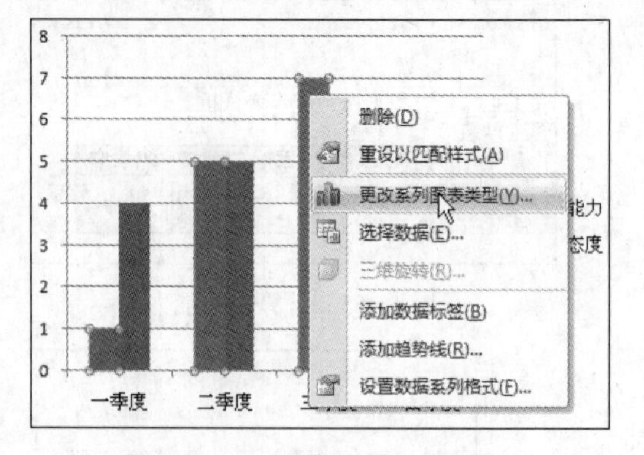

图 11-62　更改数据系列图表类型

问题 11-15：　如何为图表添加数据表？

数据表可以很清晰地将工作表中的源数据内容显示在图表中，用户为图表添加数据表时，可以在图表工具“布局”选项卡下单击“标签”组中的“数据表”按钮，在展开的列表中选择需要添加数据表选项即可。

Step 19 打开“更改图表类型”对话框，切换到“折线图”选项卡下，单击“带数据标记的折线图”选项，再单击“确定”按钮，如图 11-63 所示。

Step 20 返回到图表中，可以看到“工作能力”数据系列更改为折线图类型，如图 11-64 所示。

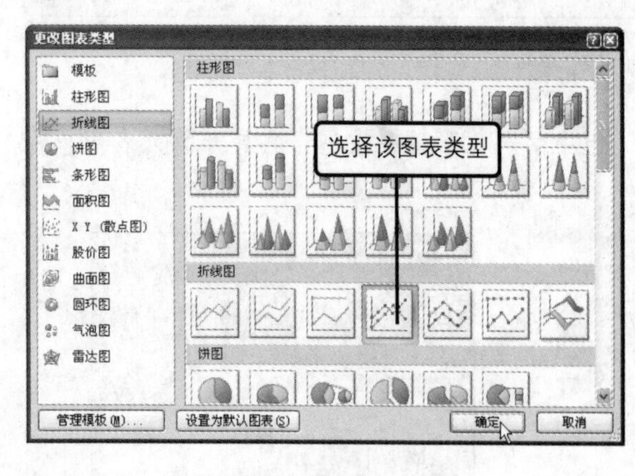

图 11-63　选择图表类型

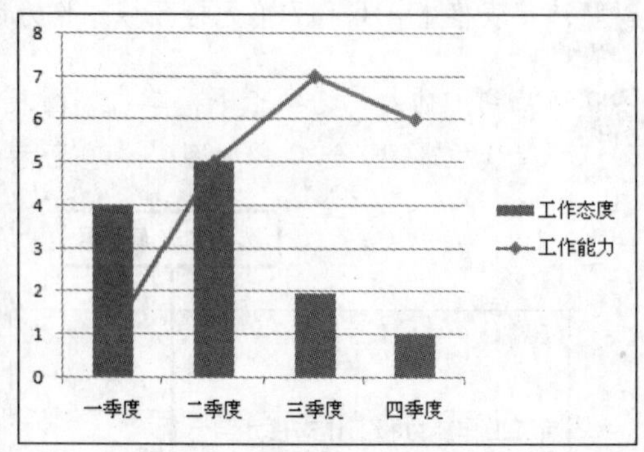

图 11-64　更改图表类型

Step 21 切换到“布局”选项卡下，单击“标签”组中的“图例”按钮，在展开的列表中单击“在顶部显示图例”选项，如图 11-65 所示。

Step 22 图表中的图例显示在图表顶部，拖动调整图表将其放置在表格下方，并将其调整到合适的大小，如图 11-66 所示。

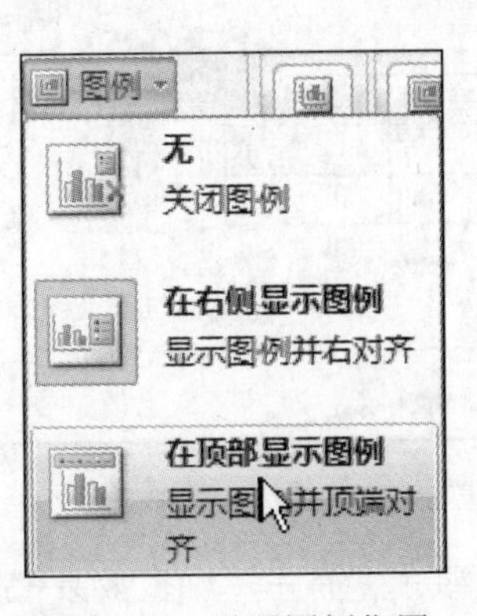

图 11-65　设置图例位置

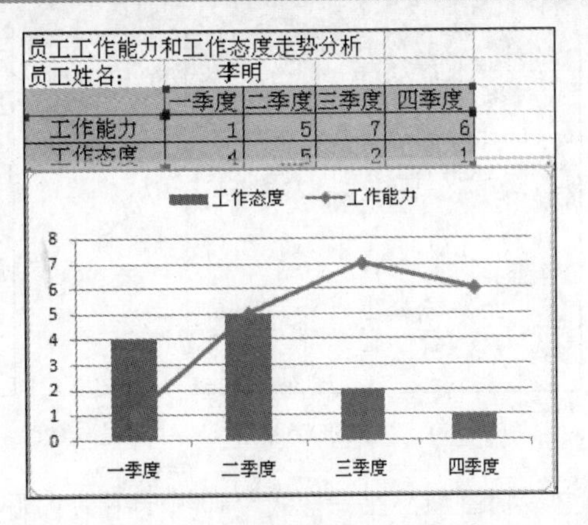

图 11-66　调整图表位置和大小

问题 11-16：**如何为图表中所有的数据系列都添加数据标签内容？**

在“布局”选项卡的“当前所选内容”组中设置将图表中的“图表区”选中，再单击“标签”组中的“数据标签”按钮，在展开的列表中选择需要添加的标签选项，即可为整个图表添加数据标签内容。

Step 23 选中图表，在“设计”选项卡下的“形状样式”组中，单击“细微效果–强调颜色 6”选项，如图 11–67 所示。

Step 24 图表区显示指定的形状样式效果，如图 11–68 所示。

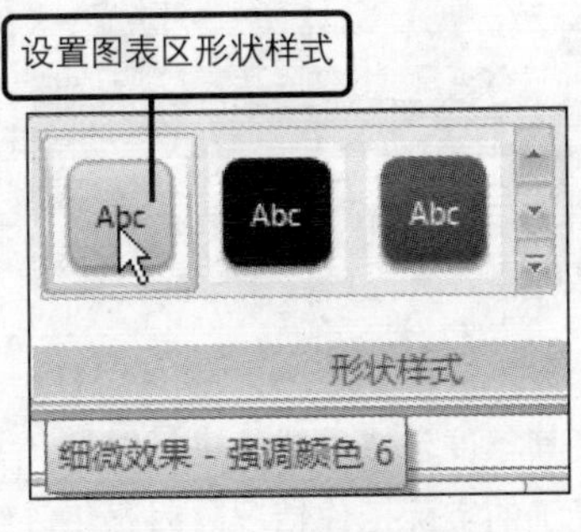

图 11-67　设置形状样式

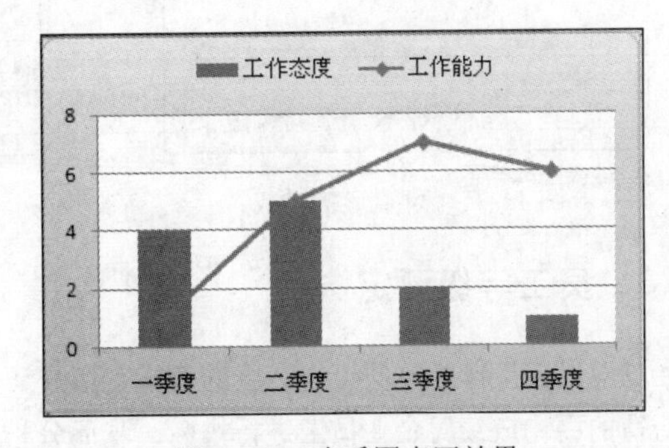

图 11-68　查看图表区效果

Step 25 切换到“插入”选项卡，在“插入”组中单击“形状”按钮，在展开的列表中单击“圆角右箭头”选项，如图 11–69 所示。

Step 26 拖动鼠标在工作表中绘制圆角右箭头图形，绘制完成后拖动外侧的绿色控点按钮，调整图形的旋转角度，如图 11–70 所示。

问题 11-17：**如何设置图表显示以千为单位的纵坐标轴？**

在“布局”选项卡下，单击“坐标轴”组中的“坐标轴”按钮，在展开的列表中单击“主要纵坐标轴”选项，在级联列表中单击“显示千单位坐标轴”选项即可。

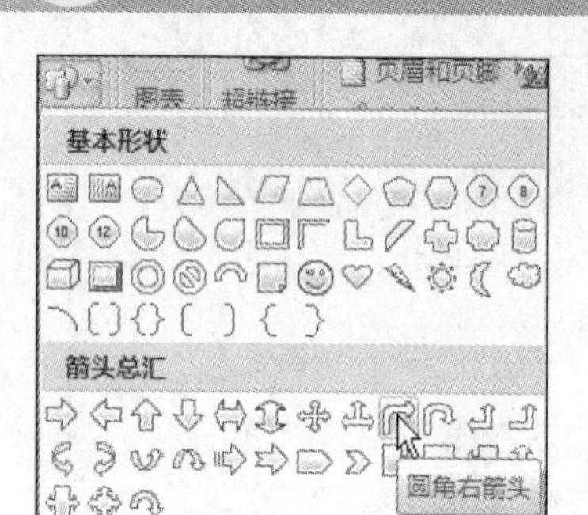

图 11-69　插入形状图形

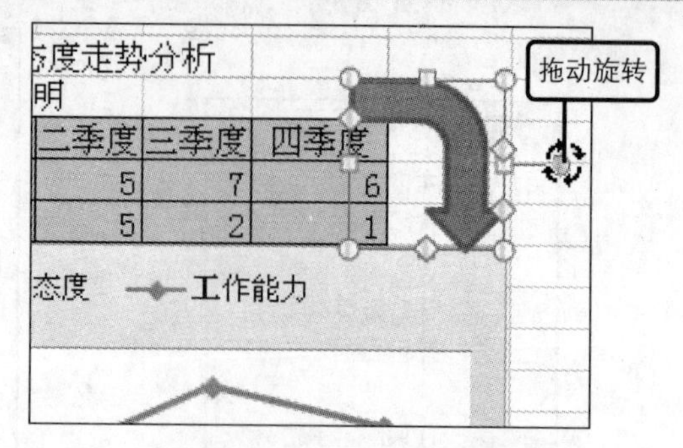

图 11-70　调整图形旋转角度

Step 27 选中形状图形，在“格式”选项卡下的“形状样式”组中，单击“细微效果–强调颜色 2”选项，如图 11–71 所示。

Step 28 对工作表进行重命名，完成图表和形状图形的制作，查看设置完成后的工作表效果如图 11–72 所示。

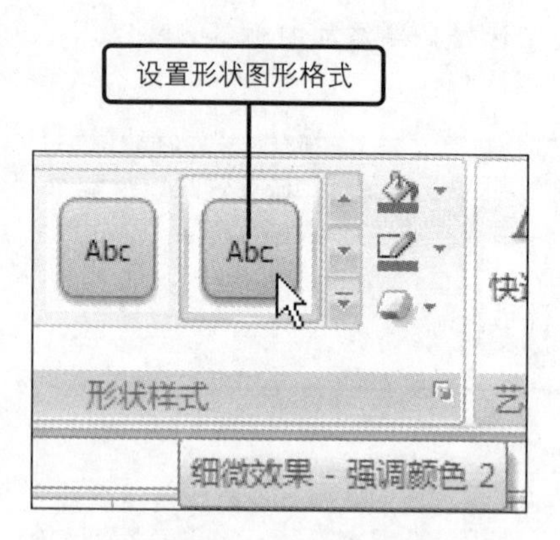

图 11-71　设置形状样式

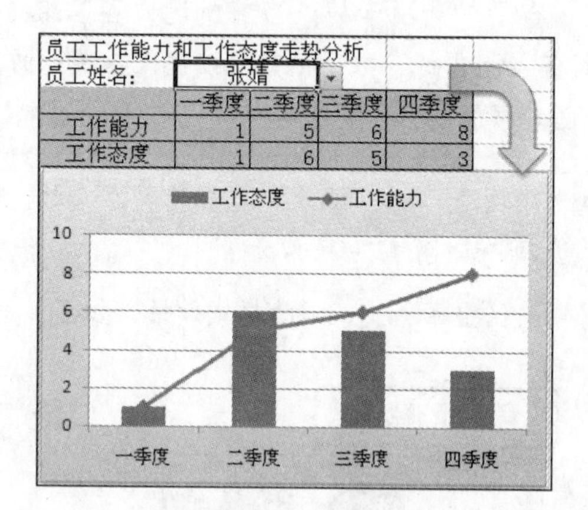

图 11-72　查看工作表效果

11.2.3　员工等级评定

通过对员工工作能力及工作态度的考核，用户还需要将其年度考核总成绩进行统计，并根据计算所得的平均成绩对企业员工进行排名，从而分析企业员工的实际工作情况。对员工等级的评定，是对员工一年以来工作情况客观综合的评估，在员工的考核中同样占据极其重要的地位，本节将为用户介绍如何对企业员工的等级进行划分与评定。

Step 01 用户需要在工作簿中插入新的工作表，在工作表标签位置处单击“插入工作表”按钮，如图 11–73 所示。

Step 02 插入新的工作表后，在“工作能力与态度分析”表中选定 A2:G2 单元格区域并右击，在弹出的快捷菜单中单击“复制”命令，如图 11–74 所示。

Step 03 切换到新建的工作表中，在表格中输入“员工等级评定”表格标题内容，并选中 A2 单元格，如图 11–75 所示。

Step 04 在“开始”选项卡下单击“剪贴板”组中的“粘贴”按钮，在展开的列表中单击“转置”选项，如图 11–76 所示。

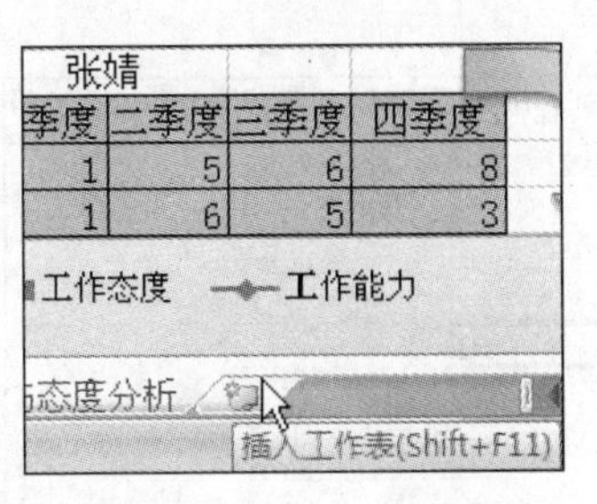

图 11-73　插入工作表

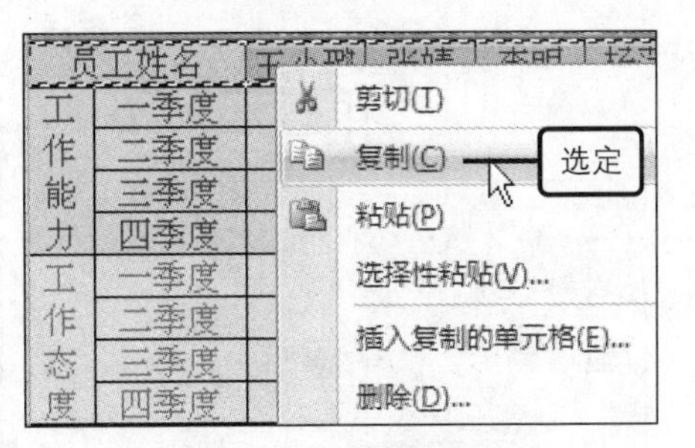

图 11-74　复制数据

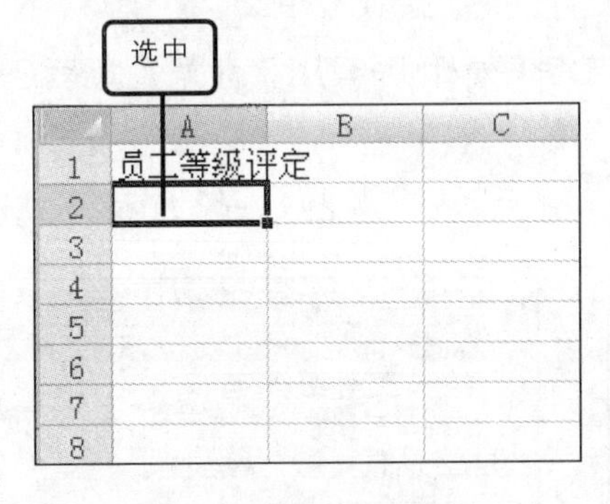

图 11-75　输入表格标题

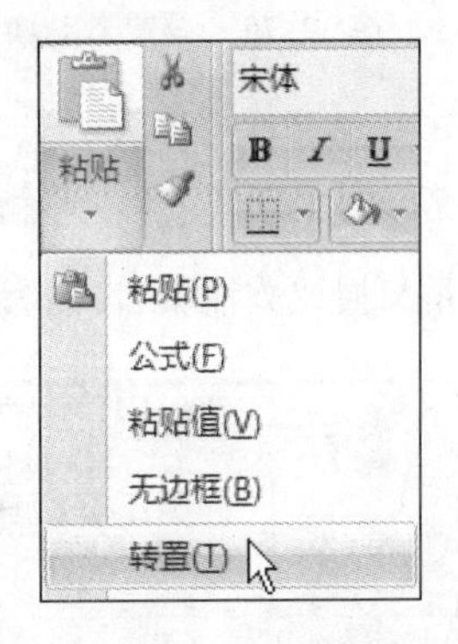

图 11-76　转置粘贴

问题 11-18：　如何取消对输入公式的计算？

用户可以使用删除的方法将编辑栏中的公式内容进行删除，也可以单击编辑栏左侧的“取消”按钮删除输入的公式内容。

Step 05 在表格中粘贴转置的表格数据，如图 11–77 所示。

Step 06 在表格中输入需要计算的项目内容，并根据需要设置单元格的合并居中格式效果，如图 11–78 所示。

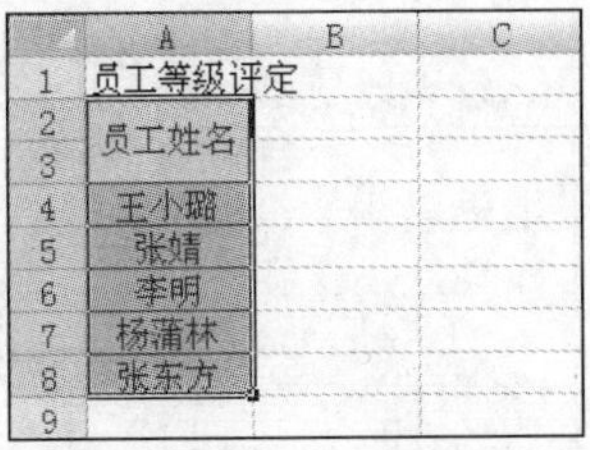

图 11-77　粘贴转置数据

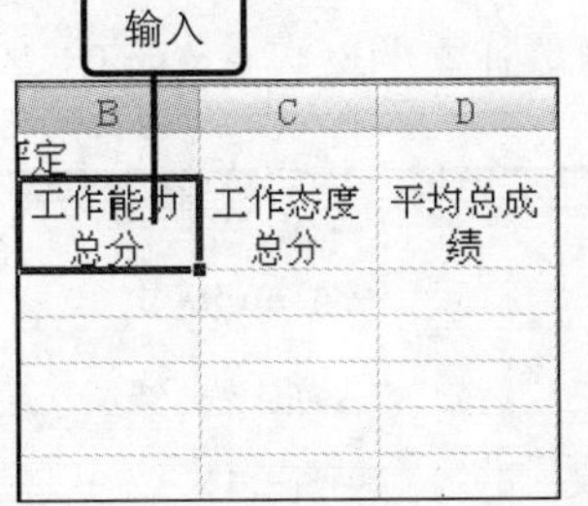

图 11-78　输入项目内容

Step 07 选中不能完全显示单元格数据的单元格，在“开始”选项卡下的“对齐方式”组中单击“自动换行”按钮，如图 11–79 所示。

Step 08 用户还可以为单元格套用单元格样式效果，使表格更加精美，用户需要对不同员工的工作能力总分进行计算，在 B4 单元格中输入公式“=SUM(工作能力与态度分析!C3:C6)”，并查看公式计算结果，如图 11-80 所示。

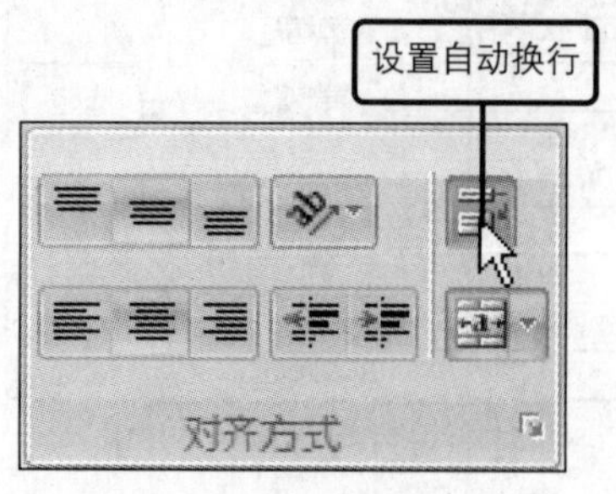

图 11-79　设置自动换行

=SUM(工作能力与态度分析!C3:C6)

A	B	C	D	E	
员工等级评定					
员工姓名	工作能力总分	工作态度总分	平均总成绩	名次	等
王小璐	19				
张婧					
李明					
杨蒲林					
张东方					

图 11-80　计算员工工作能力总分

Step 09 在 B5 单元格中输入公式“=SUM(工作能力与态度分析!D3:D6)”，计算员工张婧的工作能力总分，如图 11-81 所示。

Step 10 使用相同的方法编辑公式计算不同员工的工作能力总分，如图 11-82 所示。

=SUM(工作能力与态度分析!D3:D6)

A	B	C	D	E	F
员工等级评定					
员工姓名	工作能力总分	工作态度总分	平均总成绩	名次	等级
王小璐	19				
张婧	20				
李明					
杨蒲林					
张东方					

图 11-81　计算员工能力总分

=SUM(工作能力与态度分析!G3:G6)

B	C	D	E	F
员工等级评定				
工作能力总分	工作态度总分	平均总成绩	名次	等级
19				
20				
19				
15				
14				

图 11-82　编辑公式完成计算

问题 11-19：用户如何编辑修改公式？

用户可以在工作表中双击需要修改公式的单元格，将鼠标光标置于其中再重新进行编辑，也可以选定需要修改的单元格，在公式编辑栏中进行修改。

Step 11 在 C 列单元格中编辑公式计算不同员工的工作态度总分，如图 11-83 所示。

Step 12 选中需要计算平均总成绩的 D4 单元格，如图 11-84 所示。

=SUM(工作能力与态度分析!G7:G10)

A	B	C	D	E	F
员工等级评定					
员工姓名	工作能力总分	工作态度总分	平均总成绩	名次	等级
王小璐	19	13			
张婧	20	15			
李明	19	12			
杨蒲林	15	12			
张东方	14	17			

图 11-83　计算工作态度总分

B	C	D	E
员工等级评定			
工作能力总分	工作态度总分	平均总成绩	名次
19	13		
20	15		
19	12		
15	12		
14	17		

图 11-84　选定单元格

Step 13 切换到“公式”选项卡下，在“函数库”组中单击“自动求和”按钮，在展开的列表中单击“平均值”选项，如图 11—85 所示。

Step 14 在公式编辑栏中显示公式内容，单击“输入”按钮，对公式进行求解计算，如图 11—86 所示。

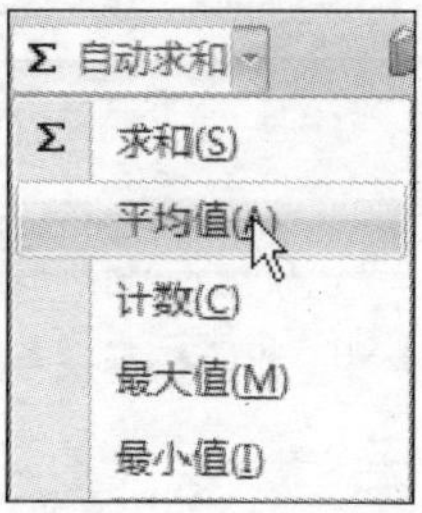

图 11-85　计算平均值

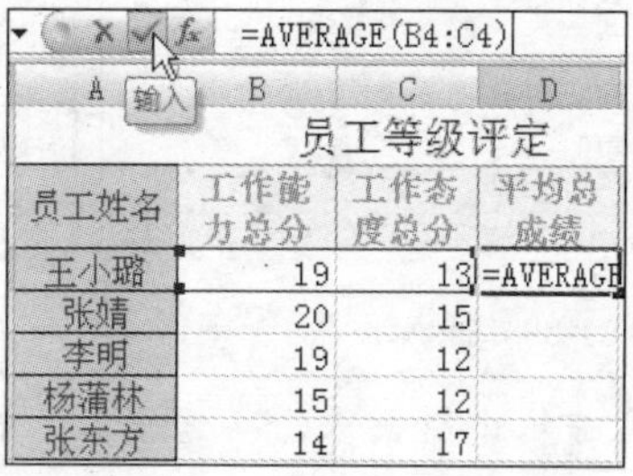

图 11-86　计算公式

问题 11-20：如何快速的打开 Excel 的帮助功能，并查找帮助？

在打开的 Excel 窗口标题栏右侧单击“Micrsoft office Excel 帮助”按钮，或是按下键盘中的【F1】键，打开帮助窗口。在“搜索”对话框中输入需要搜索的内容，单击“搜索”按钮进行搜索即可。

Step 15 在 D4 单元格中显示公式计算结果，拖动鼠标向下复制公式，计算不同员工的平均总成绩，如图 11—87 所示。

Step 16 选中需要计算名称的 E4 单元格，如图 11—88 所示。

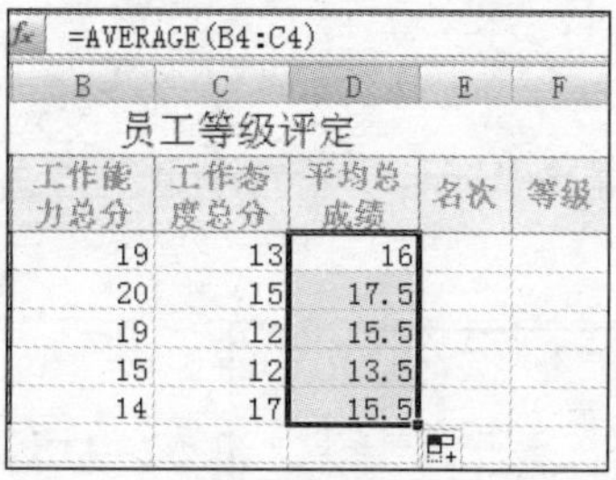

图 11-87　复制公式

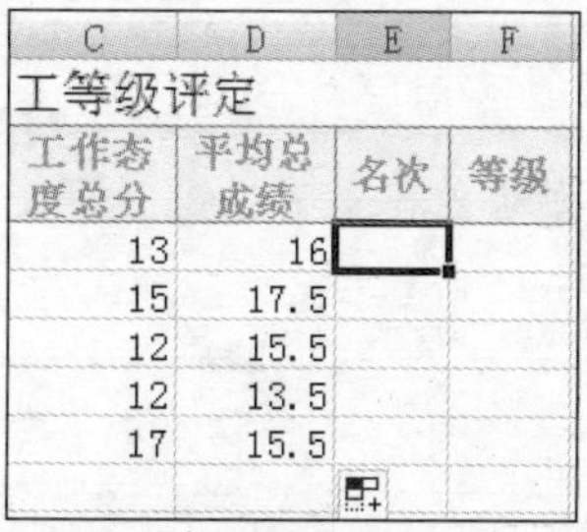

图 11-88　选定单元格

Step 17 在“公式”选项卡下单击“其他函数”按钮，在展开的列表中单击“统计”选项，在级联列表中单击 RANK 选项，如图 11—89 所示。

Step 18 打开“函数参数”对话框，分别设置不同的参数内容，再单击“确定”按钮，如图 11—90 所示。

问题 11-21：如何将工作表移动到其他的工作簿中？

用户需要保证同时打开移动与被移动的工作簿，再选定需要移动的工作表标签并右击，在弹出的快捷菜单中单击“移动或复制工作表”命令，打开“移动或复制工作表”对话框，单击“工作簿”下拉列表按钮，在展开的列表中选择需要移动到的工作簿即可。

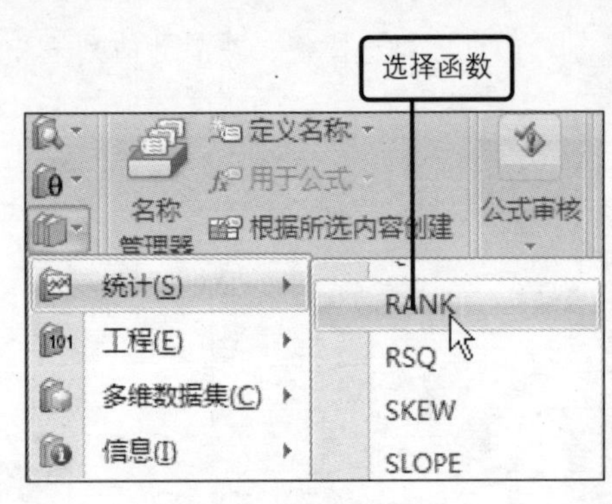

图 11-89　插入函数

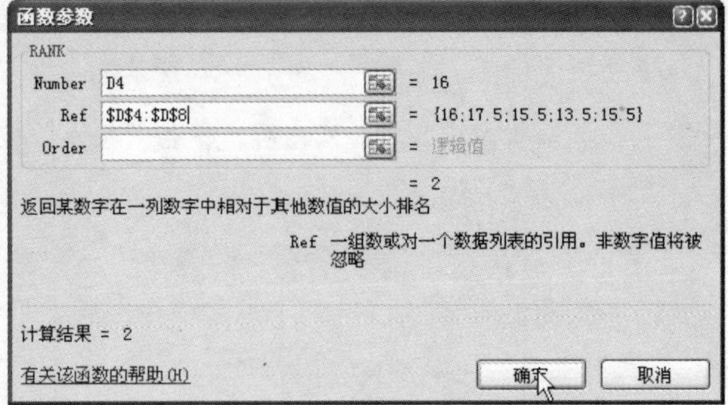

图 11-90　设置函数参数

Step 19 在 E4 单元格中显示公式计算结果，向下拖动鼠标复制公式，计算不同员工的名次，如图 11–91 所示。

Step 20 假定员工等级按名次的高低进行划分，名次越高的等级越高，等级从 A 向下进行排序，因此在 F4 单元格中输入公式“=IF(E4=1,"A",IF(E4=2,"B",IF(E4=3,"C",IF(E4=4,"D","E"))))”，并计算结果，如图 11–92 所示。

B	C	D	E	F
员工等级评定				
工作能力总分	工作态度总分	平均总成绩	名次	等级
19	13	16	2	
20	15	17.5	1	
19	12	15.5	3	
15	12	13.5	5	
14	17	15.5	3	

图 11-91　复制公式

=IF(E4=1,"A",IF(E4=2,"B",IF(E4=3,"C",IF(E4=4,"D","E"))))

B	C	D	E	F
员工等级评定				
工作能力总分	工作态度总分	平均总成绩	名次	等级
19	13	16	2	B
20	15	17.5	1	
19	12	15.5	3	
15	12	13.5	5	
14	17	15.5	3	

图 11-92　输入公式

Step 21 向下拖动鼠标复制公式，计算不同员工的等级排名情况，并查看制作完成的表格，如图 11–93 所示。

	A	B	C	D	E	F
1	员工等级评定					
2–3	员工姓名	工作能力总分	工作态度总分	平均总成绩	名次	等级
4	王小璐	19	13	16	2	B
5	张婧	20	15	17.5	1	A
6	李明	19	12	15.5	3	C
7	杨蒲林	15	12	13.5	5	E
8	张东方	14	17	15.5	3	C

图 11-93　计算员工等级

PowerPoint 基础办公知识与操作

PowerPoint 用于制作不同类型的演示文稿，并以幻灯片形式进行展示与说明。本章将从基础办公知识开始，首先为用户介绍如何新建与删除幻灯片，接着引入幻灯片视图的基本概念，分别向用户介绍四种不同视图的功能与作用。在制作幻灯片的过程中，为了使演示文稿的幻灯片具有统一的外观，常常会使用母版功能，不同的母版具有不同的设置功能，以方便用户对幻灯片进行制作。PowerPoint 还为用户提供了丰富的背景和配色方案，用于制作更为精美的幻灯片效果。

12.1 幻灯片基础操作设置

演示文稿由不同的幻灯片组成，用户需要在 PowerPoint 窗口中编辑不同的幻灯片内容来完成演示文稿的制作。在制作演示文稿时，用户需要在其中根据需要插入不同的幻灯片进行编辑，也可以根据需要将多余的幻灯片进行删除，或批量设置幻灯片的版式效果，本节将为用户介绍幻灯片的基础操作与设置方法。

12.1.1 新建带版式空白幻灯片

当用户启动 PowerPoint 2007 应用程序时，演示文稿中将自动生成一张标题样式的幻灯片，在编辑演示文稿的过程中，用户还需要添加新的幻灯片来完成演示文稿的制作。本节将为用户介绍如何在演示文稿中插入带版式的空白幻灯片，其具体的操作方法如下。

Step 01 启动 PowerPoint 2007 应用程序，即已新建了一个演示文稿，并自动生成一张标题样式的空白幻灯片，如图 12-1 所示。

Step 02 切换到“开始”选项卡下，在“幻灯片”组中单击“新建幻灯片”按钮，如图 12-2 所示。

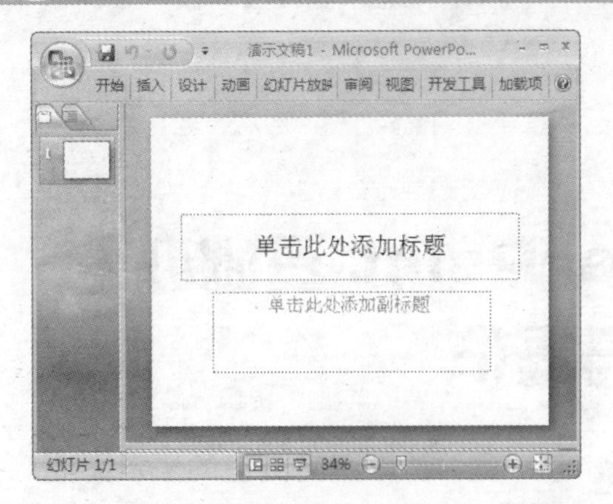

图 12-1　新建演示文稿

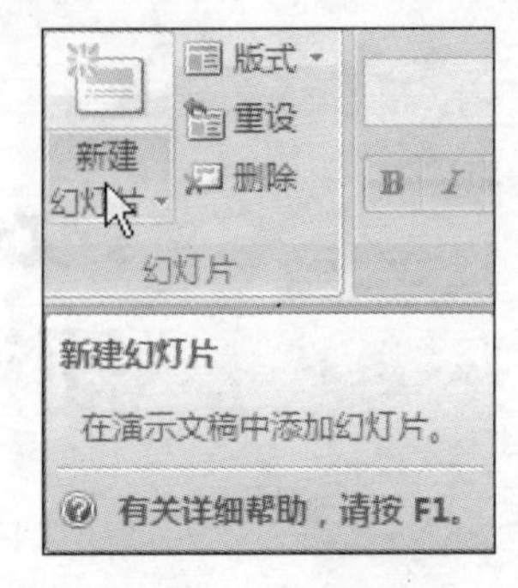

图 12-2　新建幻灯片

问题 12-1：　如何更改当前幻灯片的版式效果？

在 PowerPoint 窗口左侧窗格的“幻灯片”选项卡中，选中需要更改版式的幻灯片，再单击“开始”选项卡下“幻灯片”组中的“版式”按钮，在展开的列表中选择需要更改的版式即可。

Step 03 在展开的列表中单击“比较”选项，选择需要插入的幻灯片的版式，如图 12-3 所示。

Step 04 在演示文稿中插入选定版式的空白幻灯片，并可在左侧的幻灯片列表中看到插入的新幻灯片，如图 12-4 所示。

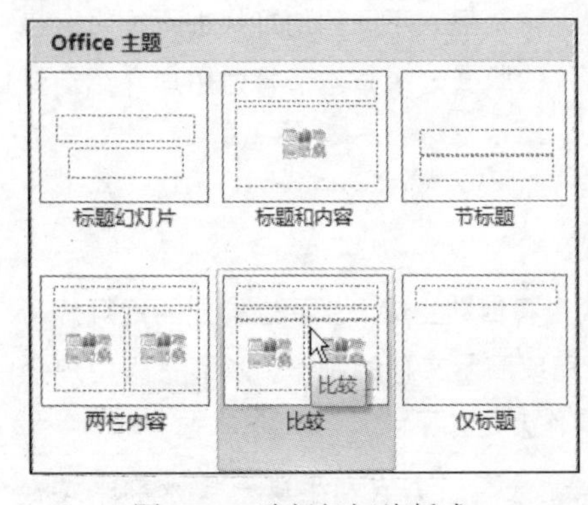

图 12-3　选择幻灯片版式

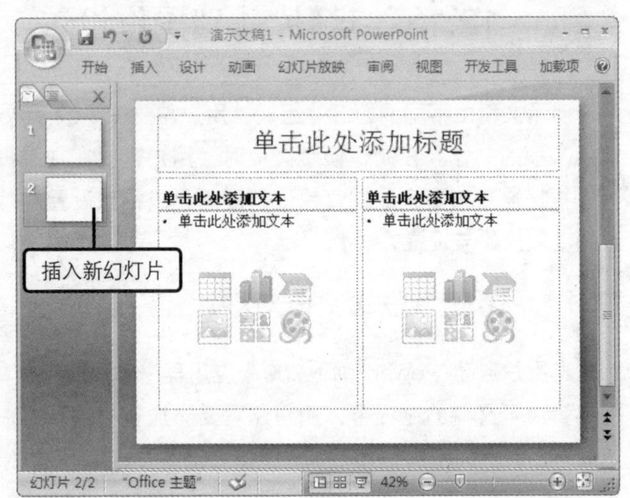

图 12-4　插入新幻灯片

问题 12-2：　如何快速的删除演示文稿中的幻灯片？

选中需要删除的幻灯片，在“开始”选项卡下“幻灯片”组中单击“删除幻灯片”按钮即可。用户也可以在左侧的窗格“幻灯片”选项卡中选中需要删除的幻灯片，直接按键盘中的【Delete】键，快速删除选定的幻灯片。

12.1.2 批量套用幻灯片版式

用户在编辑演示文稿的过程中，常常需要为其中的幻灯片设置不同的版式效果，当需要设置大量的幻灯片为相同的版式效果时，用户可以设置为其套用所需的版式，下面为用户介绍如何批量套用幻灯片版式。

原始文件： 第 12 章\原始文件\幻灯片基础操作设置.pptx

最终文件： 第 12 章\最终文件\更改版式.pptx

Step 01 打开原始文件“幻灯片基础操作设置.pptx”，按下键盘中的【Ctrl】键，在左侧窗格的“幻灯片”选项卡中单击鼠标同时选中需要更改版式的多张幻灯片，如图 12-5 所示。

Step 02 切换到“开始”选项卡下，在“幻灯片”组中单击“版式”按钮，如图 12-6 所示。

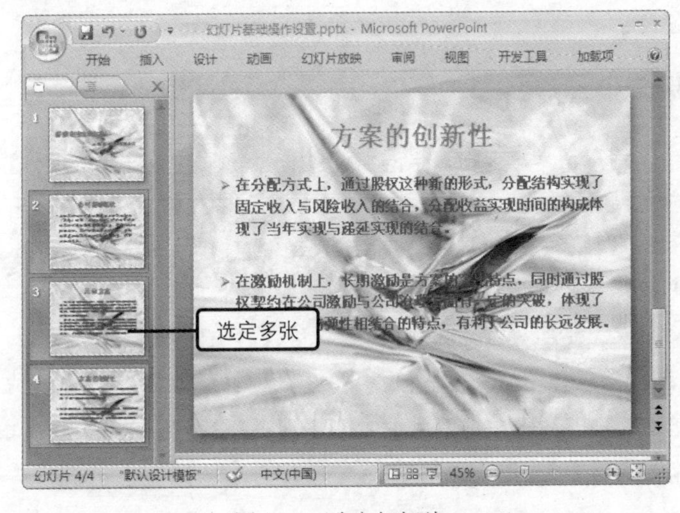

图 12-5 选定幻灯片

图 12-6 设置幻灯片版式

问题 12-3：如何调整演示文稿中不同幻灯片的顺序？

在 PowerPoint 窗口左侧窗格的“幻灯片”选项卡中，选中需要调整顺序的幻灯片，拖动鼠标调整其在幻灯片窗格中的排列顺序即可。

Step 03 在展开的列表中单击“垂直排列标题与文本”选项，如图 12-7 所示。

Step 04 返回到演示文稿窗口中，单击已更改版式后的任意幻灯片，可以看到其版式效果更改为指定的垂直排列标题与文本效果，如图 12-8 所示。

问题 12-4：如何重新设置幻灯片版式效果？

当用户需要将幻灯片占位符的位置、大小和格式重新设置为默认效果时，可以选中需要重新设置的幻灯片，在“开始”选项卡下的“幻灯片”组中单击“重设”按钮。

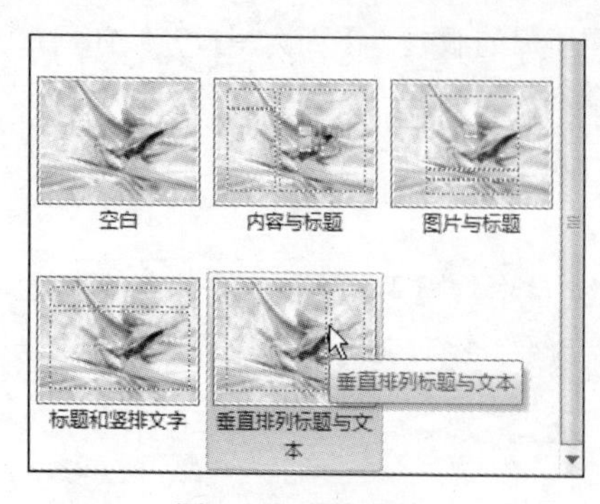

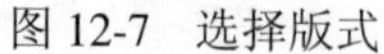
图 12-7 选择版式

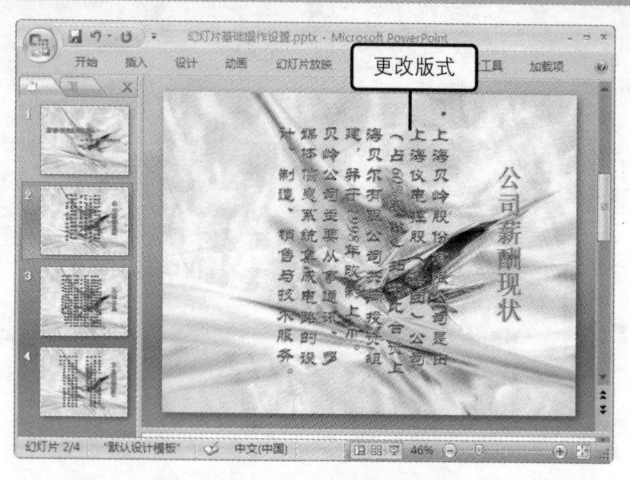

图 12-8 查看版式效果

12.1.3 在幻灯片窗格中删除多张幻灯片

在演示文稿的编辑与修改过程中，用户常常需要将多余的幻灯片内容进行删除，用户可以在幻灯片窗格中将需要删除的幻灯片执行删除操作，也可选中多张需要删除的幻灯片，再在“开始”选项卡下执行删除操作，下面介绍同时删除多张幻灯片的操作方法。

原始文件： 第 12 章\原始文件\幻灯片基础操作设置.pptx

最终文件： 第 12 章\最终文件\删除多张幻灯片.pptx

Step 01 打开原始文件“幻灯片基础操作设置.pptx”，按下键盘中的【Ctrl】键，在左侧窗格的“幻灯片”选项卡中单击鼠标同时选中需要删除的多张幻灯片，如图 12-9 所示。

Step 02 切换到“开始”选项卡下，在“幻灯片”组中单击“删除”按钮，如图 12-10 所示。

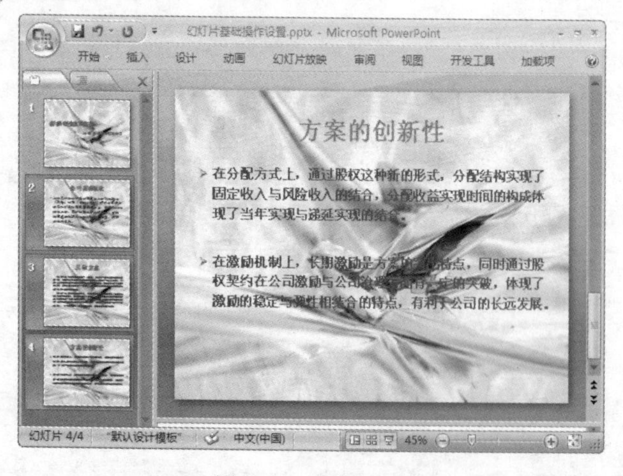

图 12-9 选定幻灯片

图 12-10 删除幻灯片

问题 12-5：如何设置幻灯片中文本内容的字体格式效果？

在幻灯片中选中需要设置字体格式效果的文本内容，或选中文字所在的占位符，在“开始”选项卡下的“字体”组中进行操作设置即可。

Step 03 返回到演示文稿窗口中，可以看到选定的多张幻灯片已被删除，如图 12-11 所示。

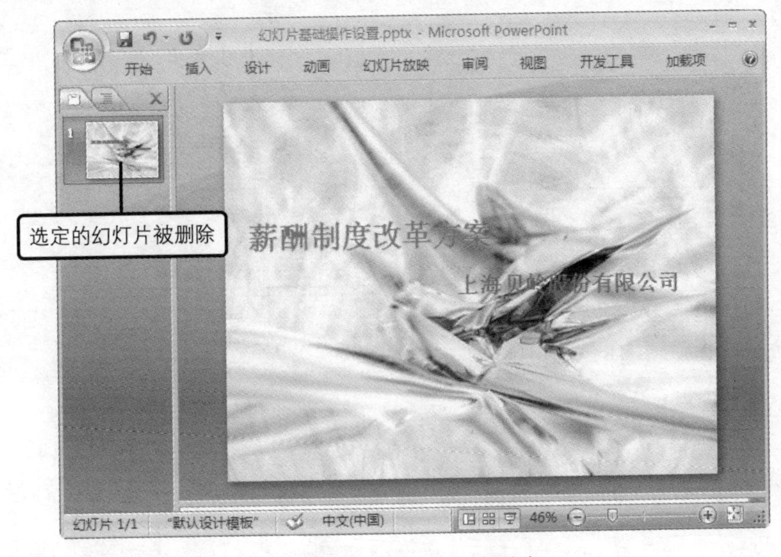

图 12-11　幻灯片被删除

问题 12-6：　如何删除幻灯片中的占位符？

幻灯片的不同版式效果其实是由不同的占位符构成的，通常不同版式的幻灯片含有标题占位符、文本占位符、图片占位符等多种不同类型的占位符，当用户需要对占位符进行删除时，在幻灯片中选中需要删除的占位符，再按键盘中的【Delete】键即可。

12.2　切换演示文稿的不同视图方式

PowerPoint 为用户提供了四种不同的视图方式用于满足用户制作演示文稿的需要，本节分别为用户介绍如何使用普通视图、幻灯片浏览视图、备注页视图及幻灯片放映视图四种不同的视图方式，查看制作完成的演示文稿内容。

原始文件： 第 12 章\原始文件\幻灯片基础操作设置.pptx

1. 普通视图

幻灯片的普通视图包括了大纲视图和幻灯片视图。其中幻灯片视图是使用率较高的视图方式之一，所有的幻灯片编辑操作都可以在该视图方式下进行。大纲视图可以方便用户组织演示文稿结构和编辑文本。下面为用户介绍如何使用普通视图。

Step 01 打开原始文件“幻灯片基础操作设置.pptx”，切换到“视图”选项卡下，在“演示文稿视图”组中单击“普通视图”按钮，如图 12-12 所示。

Step 02 切换到普通视图方式下，用户可以在窗口左侧的窗格中的“幻灯片”选项卡下单击需要查看的幻灯片，右侧的幻灯片区域中就会显示相应的幻灯片，如图 12-13 所示。

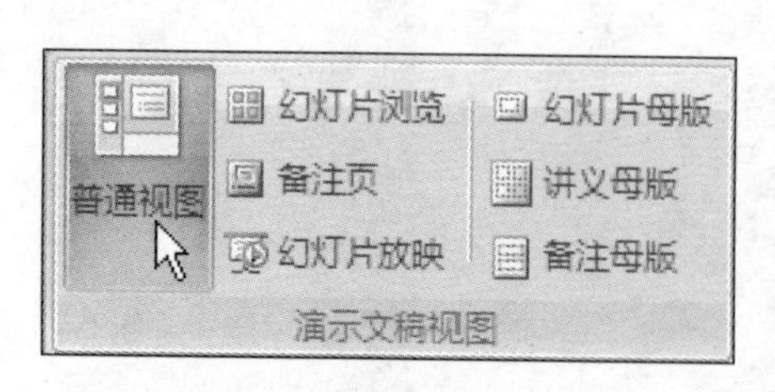

图 12-12　设置普通视图

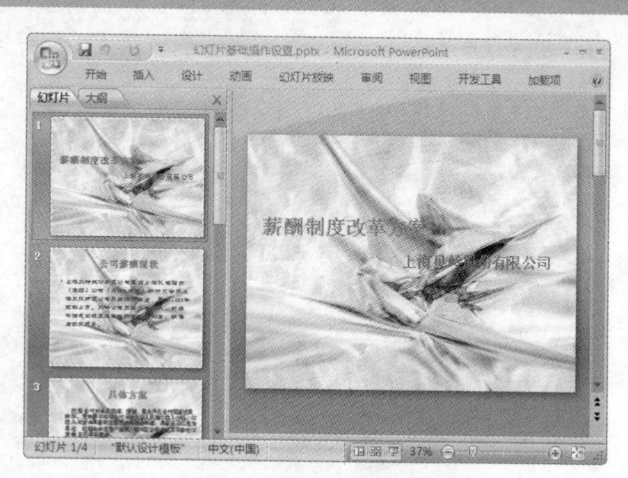

图 12-13　切换到普通视图

问题 12-7：　普通视图方式下的幻灯片视图与大纲视图有什么区别？

幻灯片视图即显示演示文稿中不同幻灯片的缩略图效果。在大纲视图中，仅显示不同幻灯片的文本内容，而其他的图形、图片、表格、艺术字等内容都不会显示出来。

Step 03 在左侧的窗格中单击“大纲”标签，切换到大纲视图方式下，用户可以查看幻灯片中详细的文本内容，如图 12–14 所示。

Step 04 单击该窗格右上角的“关闭”按钮，关闭该窗格，此时窗口中只显示单张幻灯片，用户可以拖动右侧的垂直滚动条或单击幻灯片切换按钮，切换演示文稿中的幻灯片进行查看，如图 12–15 所示。

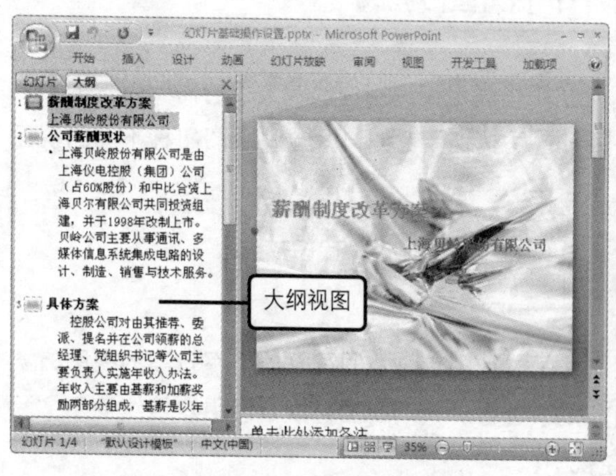

图 12-14　幻灯片大纲视图

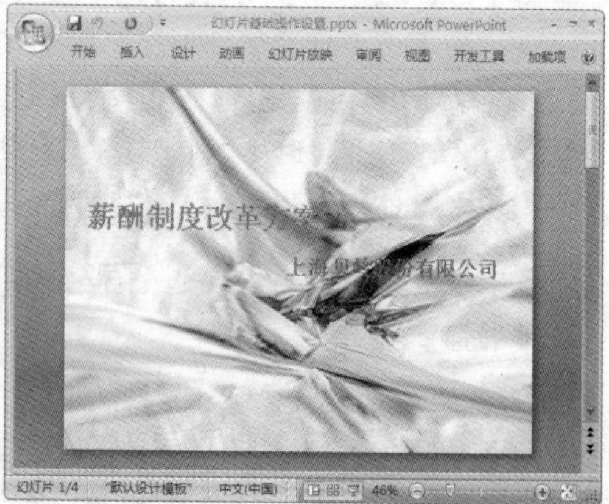

图 12-15　显示单张幻灯片

2．浏览视图

幻灯片浏览视图可以帮助用户很方便的选择演示文稿中需要查看的幻灯片，并对演示文稿的整体效果进行预览。

Step 01 在“视图”选项卡下的“演示文稿视图”组中单击“幻灯片浏览”按钮，如图 12-16 所示。

Step 02 切换到幻灯片浏览视图方式下，此时演示文稿中的所有幻灯片内容都以缩略图的效果显示在窗口中，并自动对幻灯片进行编号显示在幻灯片右下角，如图 12-17 所示。在浏览视图方式下，不能对幻灯片进行编辑，当用户需要编辑幻灯片时，双击需要编辑的幻灯片，即可切换到普通视图方式下，此时再对其执行编辑操作即可。

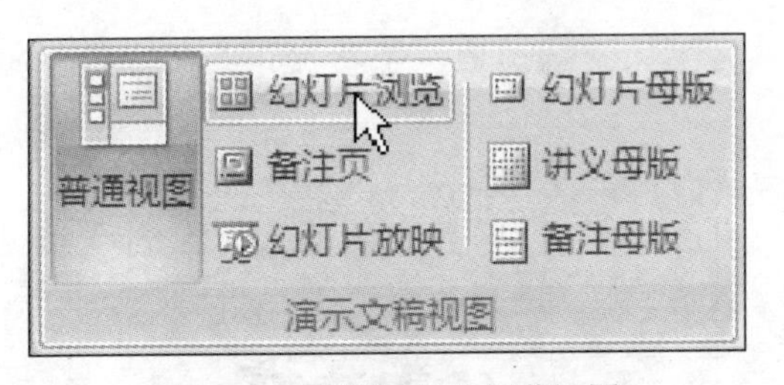

图 12-16　设置幻灯片浏览视图

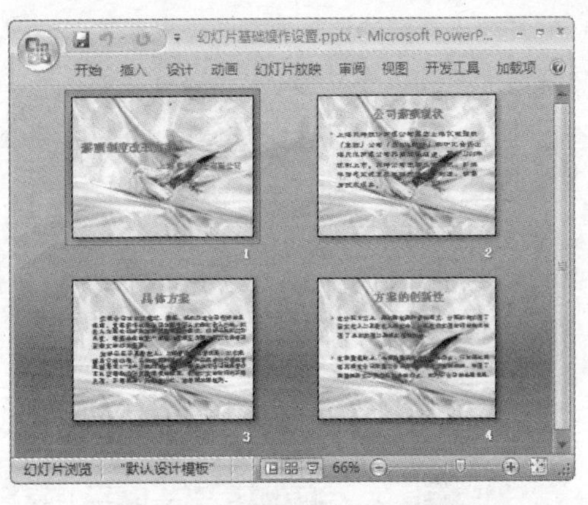

图 12-17　显示幻灯片浏览视图

3. 备注页视图

在普通视图方式下，切换到“幻灯片”选项卡，右侧窗格下方会显示一个较小的备注窗格，用户可以在此为幻灯片添加备注内容。当用户需要为幻灯片添加更多的备注信息时，则可以切换到备注页视图方式下，在提供的备注框中输入需要添加的备注信息。

Step 01 打开原始文件“幻灯片基础操作设置.pptx”，切换到“视图”选项卡下，在“演示文稿视图”组中单击“备注页”按钮，如图 12-18 所示。

Step 02 切换到幻灯片备注页视图方式下，在幻灯片下方显示备注页文本框，用户可以在其中为幻灯片添加备注内容，如图 12-19 所示。拖动窗口右侧的垂直滚动条可在不同的幻灯片之间进行切换。

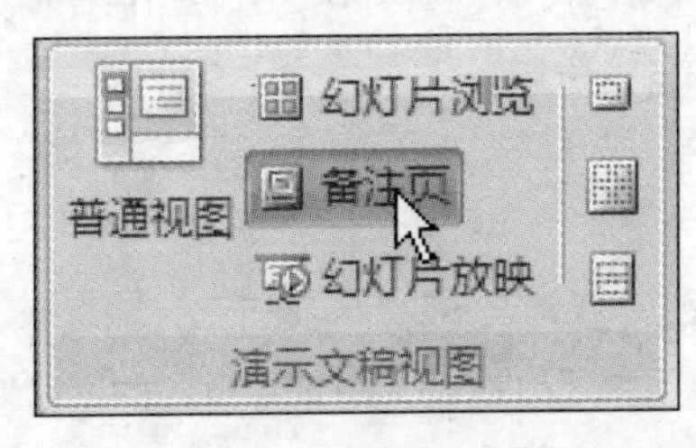

图 12-18　设置备注页视图

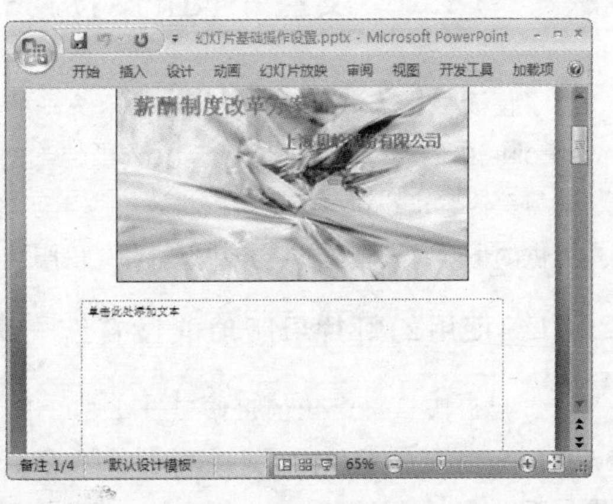

图 12-19　备注页视图

问题 12-8： 如何快速切换到普通视图方式下？

在 PowerPoint 窗口下方的状态栏中单击“普通视图”按钮，即可快速的切换到普通视图方式。

4．幻灯片放映视图

在幻灯片放映视图方式下，用户可以将演示文稿中的幻灯片内容以全屏的方式显示出来，使幻灯片处于真实的放映状态。如果用户设置了动画、画面切换等效果，则将在幻灯片放映视图中体现出来。

Step 01 打开原始文件“幻灯片基础操作设置.pptx”，切换到“视图”选项卡下，在“演示文稿视图”组中单击“幻灯片放映”按钮，如图 12-20 所示。

Step 02 此时幻灯片切换到全屏视图方式下，并且从演示文稿的第一张幻灯片开始放映，如图 12-21 所示。

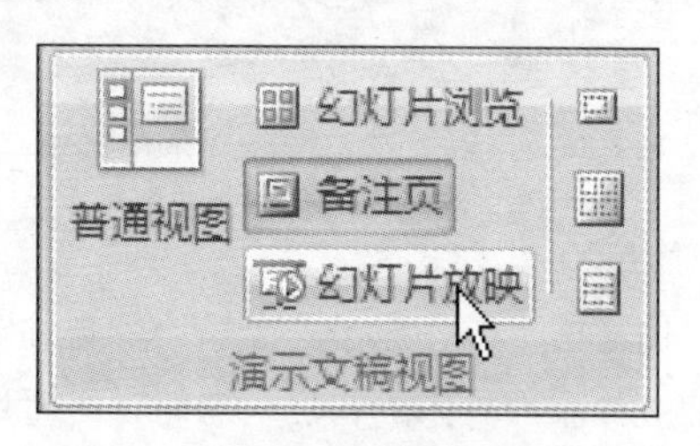

图 12-20 设置幻灯片放映视图

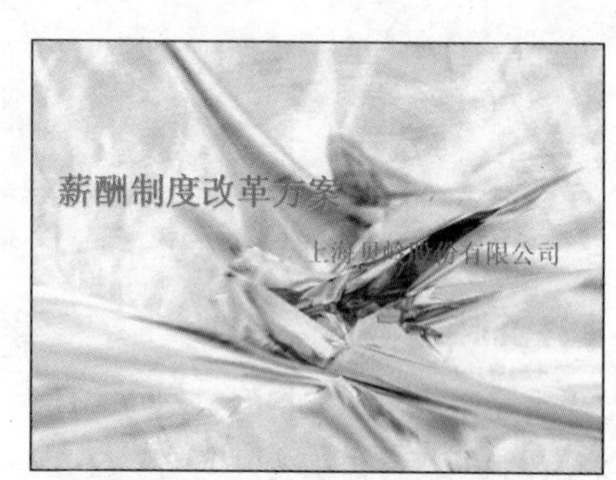

图 12-21 全屏放映幻灯片

问题 12-9： 如何快速切换到幻灯片放映视图方式？

在 PowerPoint 窗口中按快捷键【F5】键，即可快速切换到幻灯片放映视图方式中。

12.3 设置不同的幻灯片母版效果

为了使演示文稿中所有的幻灯片显示统一的风格效果，用户可以使用母版对其进行设置。PowerPoint 中的母版用于设置演示文稿中每张幻灯片的预设格式，用户只需要对其母版中的格式、背景等内容进行设置，便可以将效果应用到当前演示文稿中的所有幻灯片中。PowerPoint 为用户提供的母版有三种类型，分别为幻灯片母版、讲义母版和备注母版。

12.3.1 使用幻灯片母版功能设置统一风格

幻灯片母版是最常用的母版设计类型，用户可以在此设置需要创建的演示文稿样式。PowerPoint 2007 中提供的幻灯片母版同时包括了标题母版，用户可以在设计幻灯片母版的同时对标题母版样式进行设置。

标题母版是专门为标题幻灯片设置格式所用的。通常在制作演示文稿时，作为封面的幻灯片会区别于其他的幻灯片样式。演示文稿中除标题幻灯片外，其余的幻灯片都可以由幻灯片母版进行设置，幻灯片母版的所有设置都会应用到演示文稿的所有幻灯片中。

最终文件： 第 12 章\最终文件\幻灯片母版设置.pptx

Step 01 新建一个演示文稿，切换到“视图”选项卡下，在“演示文稿视图”组中单击“幻灯片母版”按钮，如图 12—22 所示。

Step 02 切换到幻灯片母版视图方式下，在左侧的幻灯片窗格中单击“标题幻灯片版式”即切换到第二张幻灯片，如图 12—23 所示。

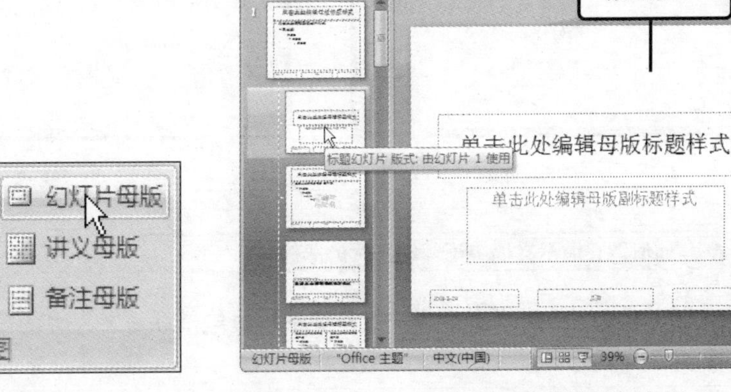

图 12-22　设置幻灯片母版　　　图 12-23　切换标题幻灯片

问题 12-10：　如何在幻灯片母版中插入占位符？

切换到幻灯片母版视图方式下，选中需要设置的标题母版或幻灯片母版，在“幻灯片母版”选项卡的“母版版式”组中单击“插入占位符”按钮，在展开的列表中选择需要插入的占位符。

Step 03 在幻灯片母版视图方式下，用户可以切换到“幻灯片母版”选项卡下，对幻灯片母版进行设置，如图 12—24 所示。

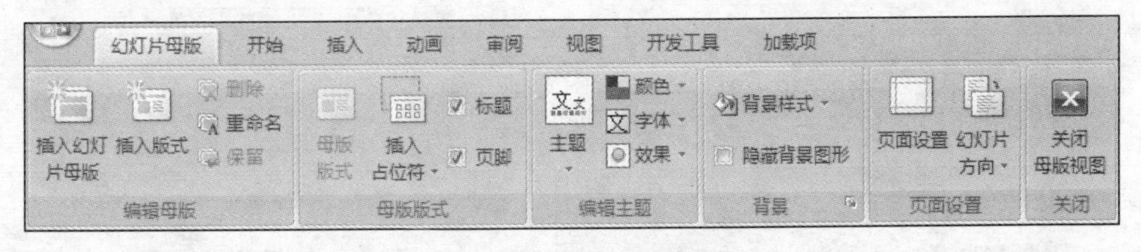

图 12-24　幻灯片母版选项卡

问题 12-11：　如何为幻灯片套用主题样式？

切换到幻灯片母版视图方式下，在“幻灯片母版”选项卡中，单击“编辑主题”组中的“主题”按钮，在展开的列表中单击需要应用的主题样式即可。

Step 04 在标题幻灯片中，选中母版标题占位符并右击，在弹出的浮动工具栏中设置标题字体的格式效果，如图 12-25 所示。

Step 05 选中母版副标题占位符并右击，在弹出的浮动工具栏中设置标题字体的格式效果，如图 12-26 所示。

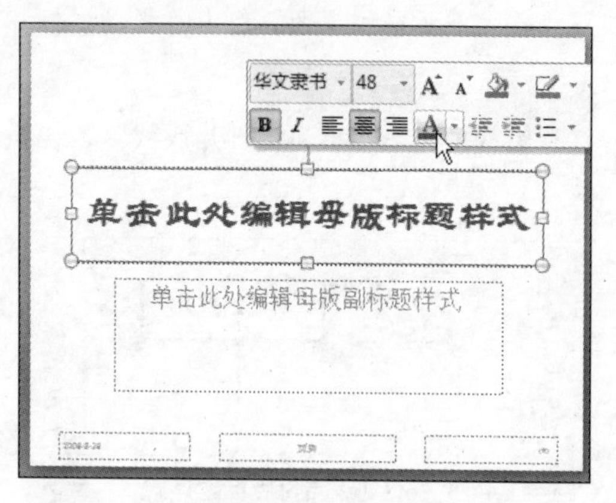

图 12-25　设置母版标题

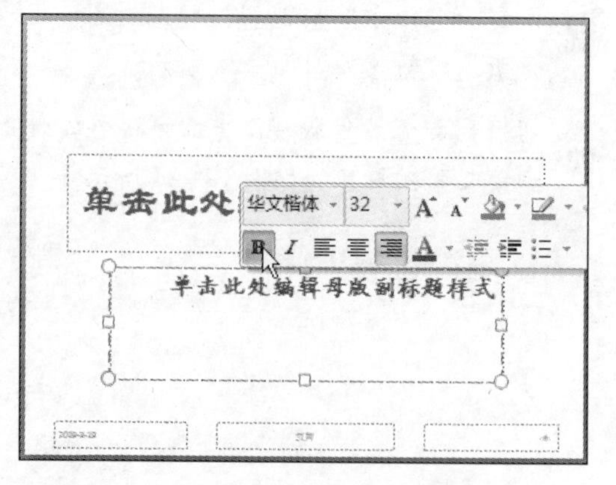

图 12-26　设置母版副标题

问题 12-12：　如何调整演示文稿中不同幻灯片的顺序？

在 PowerPoint 窗口左侧的窗格中，选中需要调整顺序的幻灯片，拖动鼠标调整其在幻灯片窗格中的排列顺序即可。

Step 06 切换到“插入”选项卡下，在“插图”组中单击“剪贴画”按钮，如图 12-27 所示。

Step 07 打开“剪贴画”窗格，单击“搜索”按钮，如图 12-28 所示。

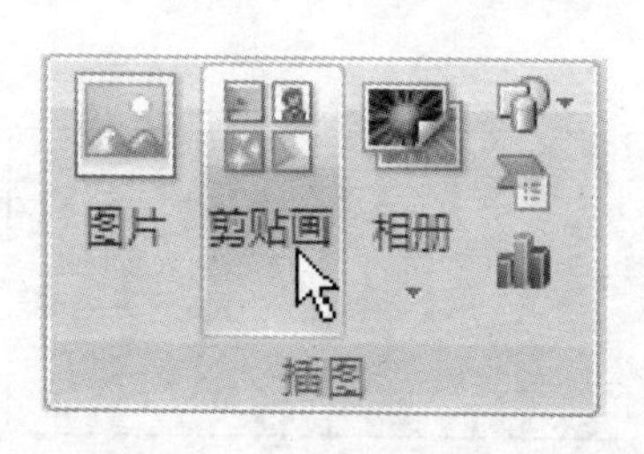

图 12-27　插入剪贴画

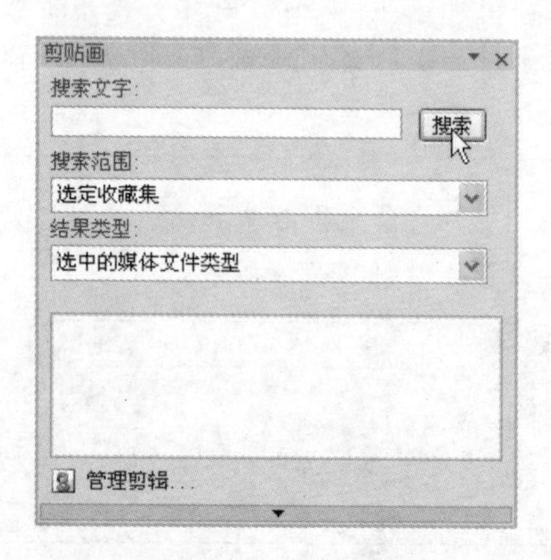

图 12-28　搜索剪贴画

问题 12-13：　如何重新设置幻灯片版式效果？

当用户需要将幻灯片占位符的位置、大小和格式重新设置为默认效果时，则可以选中需要重新设置的幻灯片，在“开始”选项卡下的“幻灯片”组中单击“重设”按钮。

Step 08 在剪贴画窗格中显示搜索的剪贴画内容，单击需要插入的剪贴画右侧的下拉列表按钮，在展开的列表中单击“插入”选项，如图 12-29 所示。

Step 09 在幻灯片中插入选定的剪贴画，用户可以拖动鼠标调整剪贴画的大小和旋转效果，如图 12-30 所示。

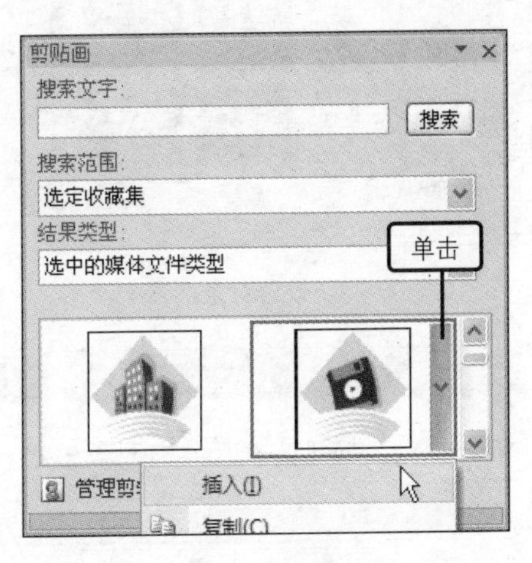

图 12-29　插入剪贴画

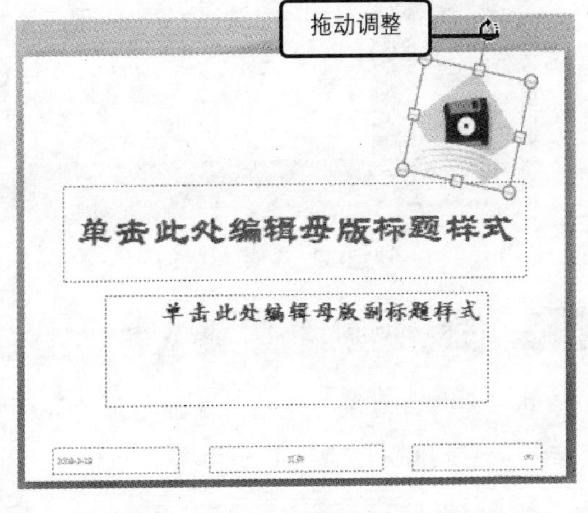

图 12-30　调整剪贴画

Step 10 选中图片，在图片工具“格式”选项卡下，单击“图片样式”组中的“矩形投影”选项，如图 12-31 所示。

Step 11 查看设置后的剪贴画效果，如图 12-32 所示。

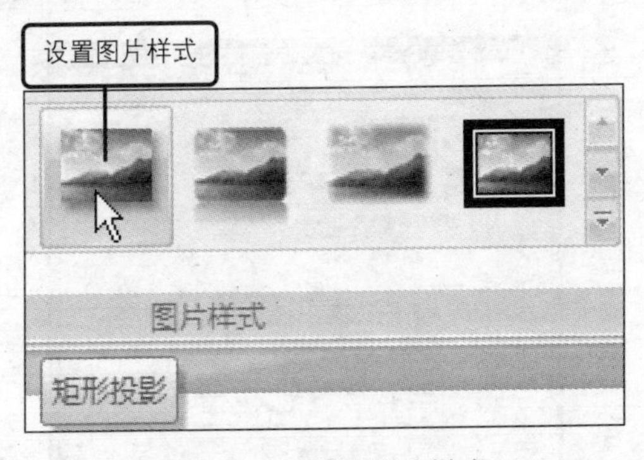

图 12-31　设置图片样式

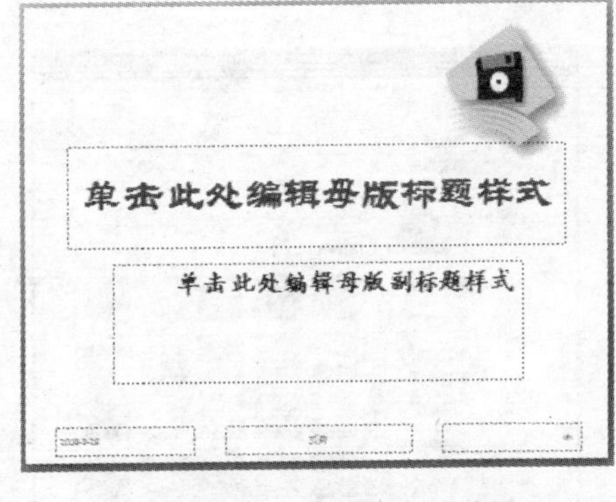

图 12-32　查看剪贴画效果

问题 12-14：　如何快速插入剪贴画？

在“剪贴画”任务窗格中搜索需要插入的剪贴画，在需要插入的剪贴画上方直接单击，即可插入该剪贴画。

Step 12 单击演示文稿中的第一张幻灯片，切换到母版幻灯片中，如图 12-33 所示。

Step 13 单击“幻灯片母版”选项卡下的“背景”组中的“背景样式”按钮，在展开的列表中单击“设置背景格式”选项，如图 12-34 所示。

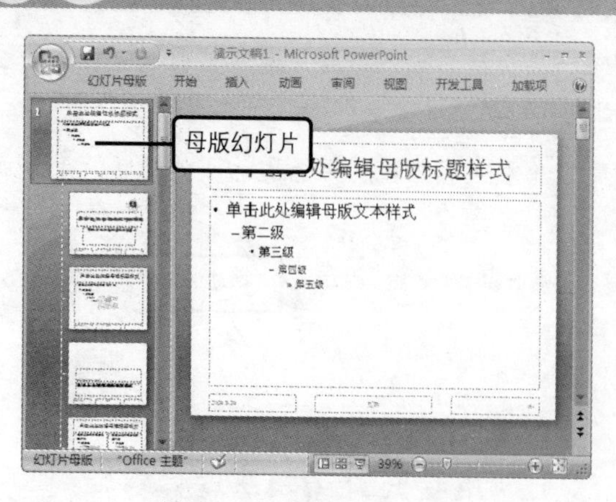

图 12-33 切换母版幻灯片

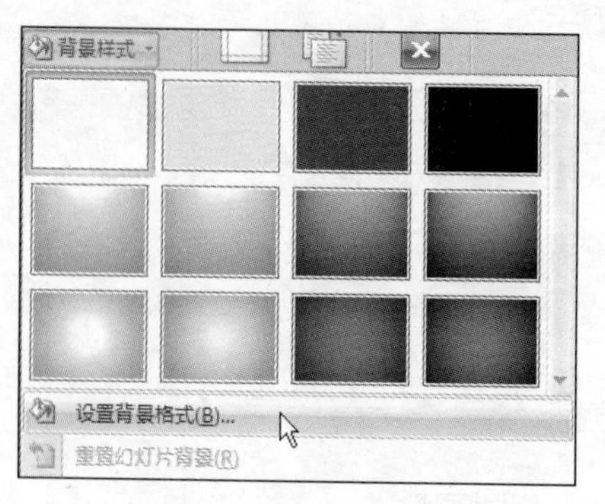

图 12-34 设置背景格式

问题 12-15: 如何删除幻灯片背景效果?

单击“幻灯片母版”选项卡下的“背景”组中的“背景样式”按钮，在展开的列表中单击“重置幻灯片背景”选项即可。

Step 14 打开“设置背景格式”对话框，切换到“填充”选项卡下，选择“渐变填充”单选按钮，再单击“预设颜色”下拉列表按钮，在展开的列表中单击“雨后初晴”选项，如图 12—35 所示。

Step 15 单击“方向”下拉列表按钮，在展开的列表中单击“线性对角”选项，再单击“关闭”按钮，如图 12—36 所示。

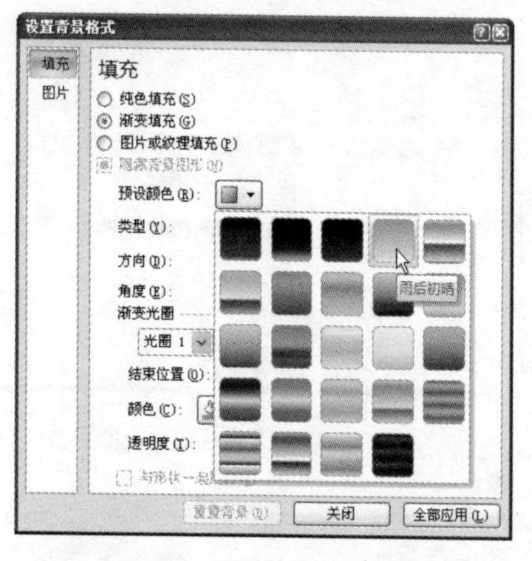

图 12-35 设置渐变填充

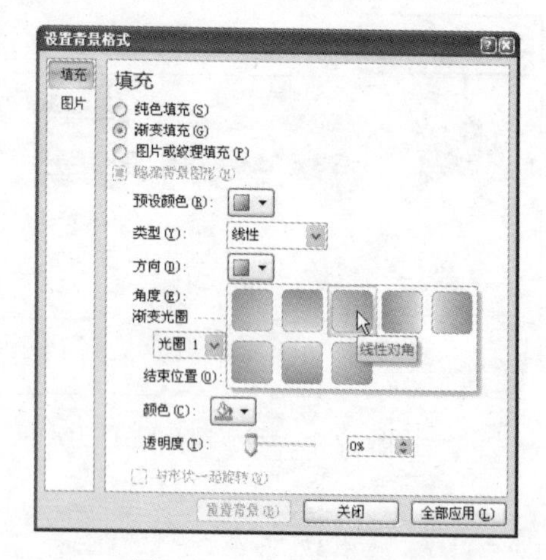

图 12-36 设置渐变方向

问题 12-16: 如何重新设置幻灯片背景纯色填充效果?

切换到“幻灯片母版”选项卡，在“背景”组中单击“背景样式”按钮，在展开的列表中单击“设置背景样式”选项，打开“设置背景格式”对话框，切换到“填充”选项卡下，单击选中“纯色填充”单选按钮，再单击“颜色”按钮，在展开的列表中选择需要设置的颜色即可。

Step 16 完成幻灯片母版的设计后，在“幻灯片母版”选项卡下单击“关闭”组中的“关闭母版视图”按钮，退出幻灯片母版视图，如图 12—37 所示。

Step 17 返回到普通视图方式下，可以看到演示文稿中的第一张标题幻灯片已显示出设置的效果，如图 12—38 所示。

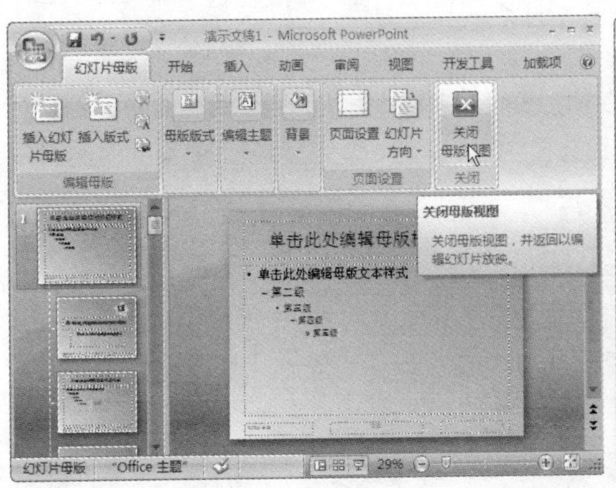

图 12-37 关闭母版视图

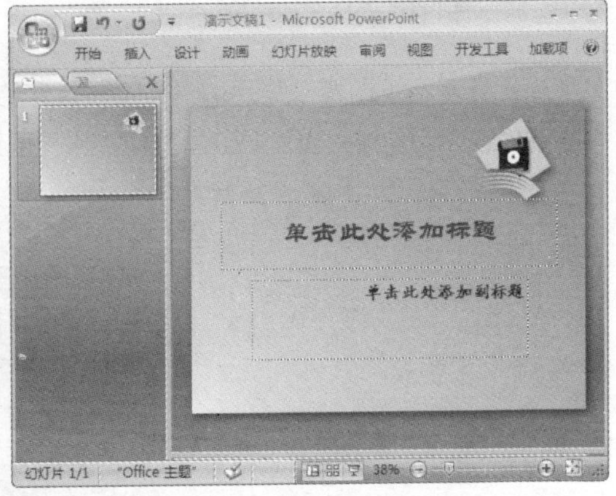

图 12-38 查看标题幻灯片

问题 12-17：如何设置纯色填充背景的透明度？

打开“设置背景格式”对话框，切换到“填充”选项卡下，拖动“透明度”滑块，即可调整背景颜色的透明度效果。

Step 18 在“开始”选项卡下单击“新建幻灯片”按钮，在展开的列表中单击“比较”选项，如图 12—39 所示，在展开的列表中所有的幻灯片都应用了设置的幻灯片母版样式效果。

Step 19 在演示文稿中插入“比较”样式的幻灯片，并显示为设置的母版效果，如图 12—40 所示。

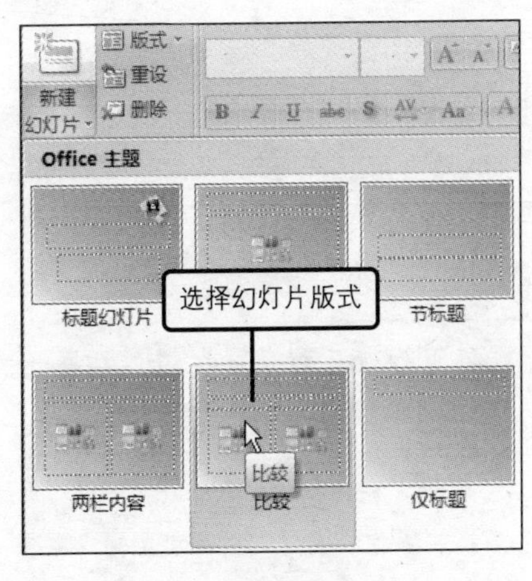

图 12-39 新建幻灯片

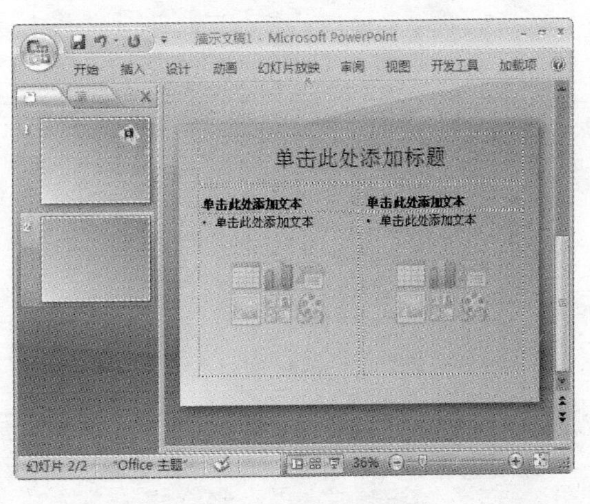

图 12-40 插入新幻灯片

问题 12-18：　如何隐藏幻灯片背景效果？

切换到“幻灯片母版”选项卡下，在“背景”组中选中“隐藏背景图形”复选框，即可隐藏背景效果。

12.3.2　制作讲义类母版

讲义母版用于设置幻灯片的讲义及其打印格式。使用讲义母版，用户可以将多张讲义幻灯片内容制作在一张幻灯片页面中以便打印。用户可以选择 1 张、2 张、3 张、4 张、6 张或 9 张显示在一页中进行打印，下面介绍其具体的操作设置方法。

Step 01 新建一个演示文稿，切换到“视图”选项卡下，在“演示文稿视图”组中单击“讲义母版”按钮，如图 12-41 所示。

Step 02 切换到讲义母版视图中，可以看到讲义母版中包括页眉区、页脚区、日期区、数字区及虚线框占位符，用户可以在此为幻灯片编辑讲义内容，如图 12-42 所示。

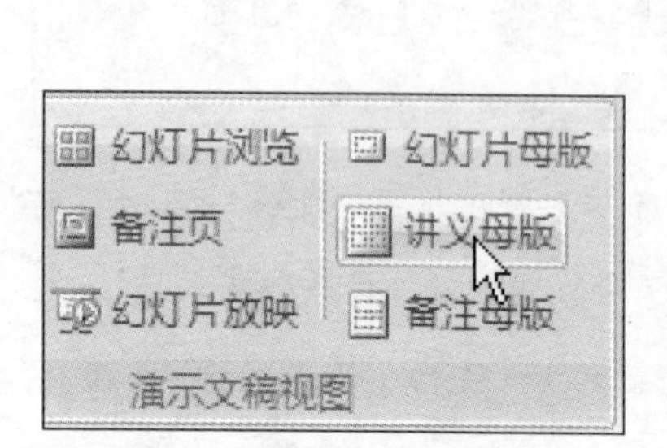

图 12-41　设置讲义母版

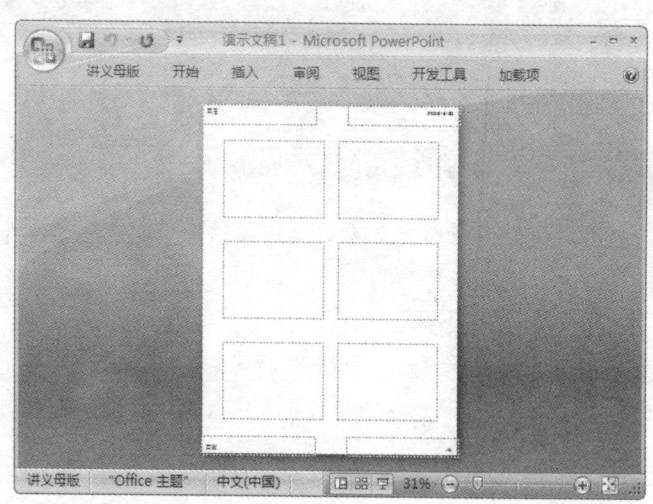

图 12-42　切换讲义母版视图

问题 12-19：　如何设置讲义的页面方向？

切换到讲义母版视图方式下，在“页面设置”组中单击“讲义方向”按钮，在展开的列表中单击选择需要应用的方向效果即可。

Step 03 在“讲义母版”选项卡下单击“页面设置”组中的“每页幻灯片数量”按钮，在展开的列表中单击“2 张幻灯片”选项，如图 12-43 所示。

Step 04 此时在演示文稿窗口的幻灯片页面中显示两张幻灯片，如图 12-44 所示。用户可以根据需要设置讲义母版显示的幻灯片数量。

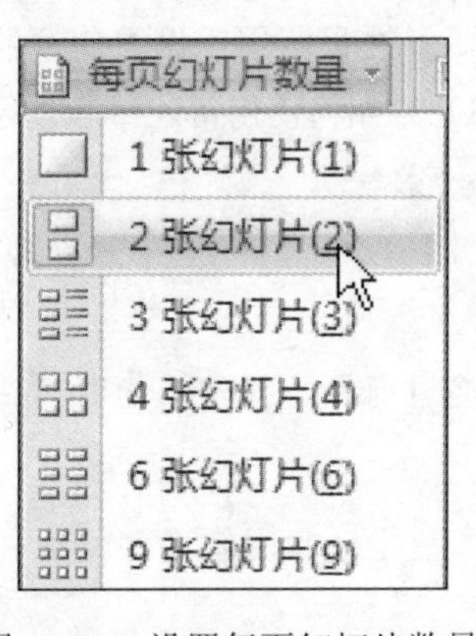

图 12-43　设置每页幻灯片数量

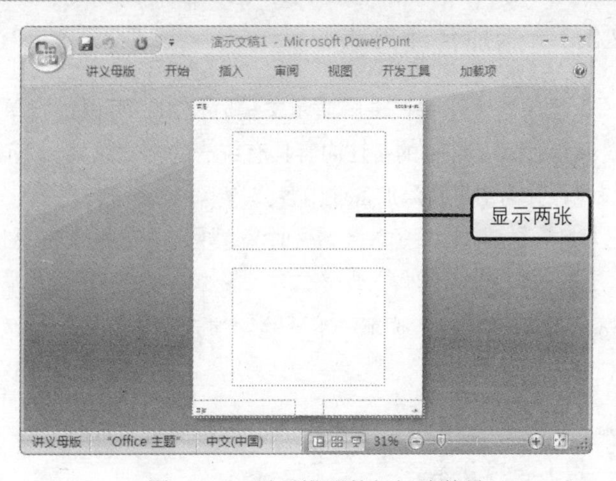

图 12-44　显示设置的幻灯片数量

问题 12-20：　如何设置讲义页面中显示三张幻灯片？

切换到讲义母版视图方式下，在“页面设置”组中单击“幻灯片方向”按钮，在展开的列表中单击“3 张幻灯片”选项即可。

Step 05 在窗口中单击左上角的 Office 按钮，在弹出的菜单中单击“打印”命令，如图 12-45 所示。

Step 06 打开“打印”对话框，单击“打印内容”下拉列表按钮，在展开的列表中单击“讲义”选项，并在“讲义”区域中设置每页幻灯片的数量及顺序，设置完成后单击“确定”按钮，即可将制作完成的讲义幻灯片内容进行打印，如图 12-46 所示。

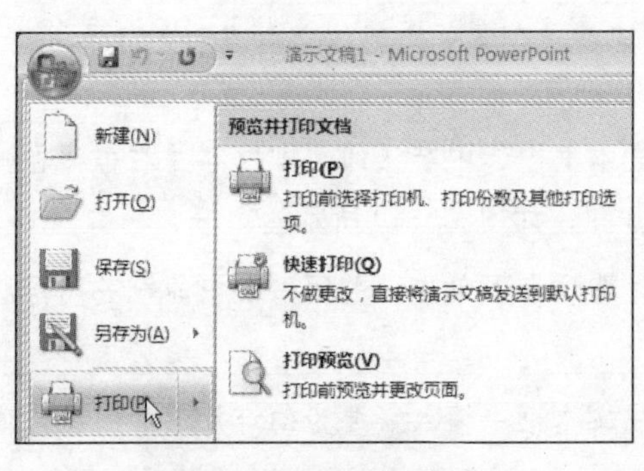

图 12-45　打印演示文稿

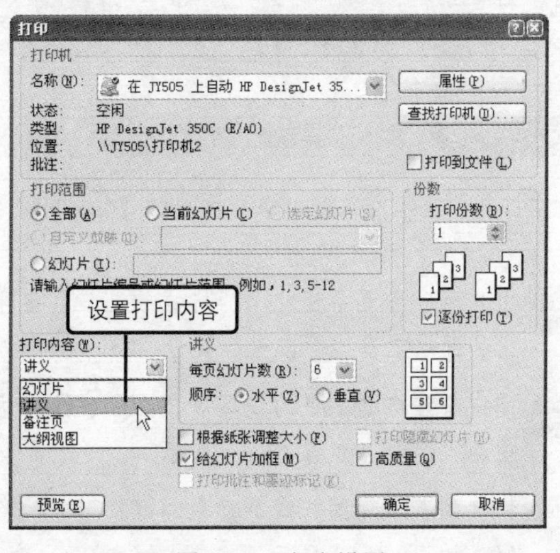

图 12-46　打印设置

问题 12-21：　如何退出讲义母版视图方式？

切换到讲义母版视图方式下，在“讲义母版”选项卡下单击“关闭”组中的“关闭母版视图”按钮。

12.3.3 添加备注母版

备注用于演示者在讲解演示文稿时使用，可以进行单独打印。备注母版用于设置备注的格式，从而使演示文稿的备注内容具有统一的格式效果，下面为用户介绍如何使用备注母版进行操作设置，并为幻灯片添加备注内容。

原始文件：第 12 章\原始文件\幻灯片基础操作设置.pptx

最终文件：第 12 章\最终文件\备注母版.pptx

Step 01 切换到“视图”选项卡下，在“演示文稿视图”组中单击“备注母版”按钮，如图 12-47 所示。

Step 02 切换到备注母版视图方式下，备注母版由页眉区、页脚区、数字区和文本区等组成，如图 12-48 所示。

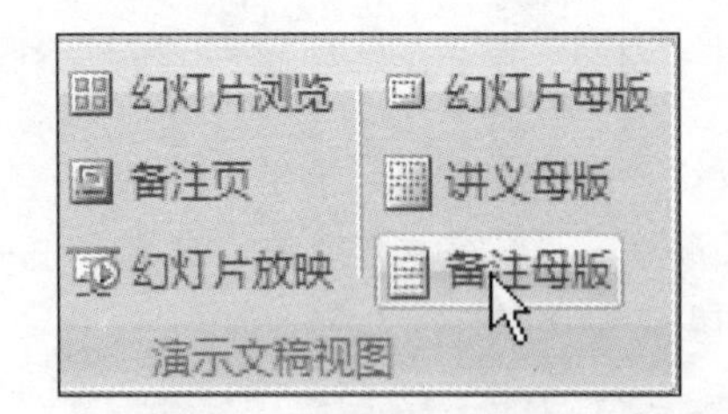

图 12-47　设置备注母版

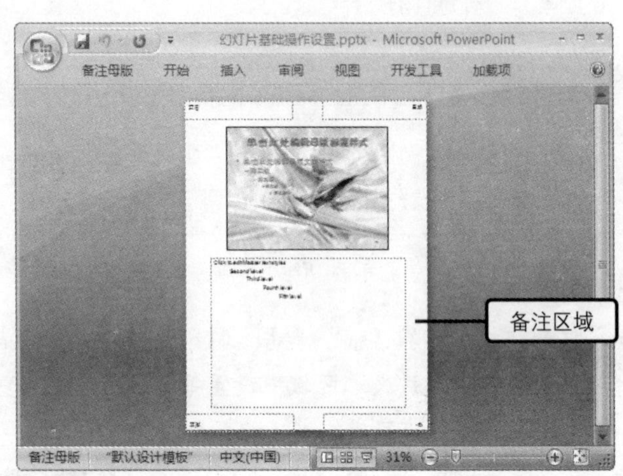

图 12-48　备注母版视图

问题 12-22：　如何快速新建一个演示文稿？

在打开的演示文稿窗口中按快捷键【Ctrl+N】，即可快速创建一个新的空白演示文稿。

Step 03 用户可以设置备注文本的格式效果，在备注文本框中选中默认的文本内容并右击，在弹出的浮动工具栏中设置字号为“24”，字形为加粗，如图 12-49 所示。

Step 04 完成备注格式效果的设置后，在“备注母版”选项卡下单击“关闭”组中的“关闭母版视图”按钮，如图 12-50 所示。

Step 05 切换到普通视图方式下，在幻灯片下方的备注文本框中输入需要为幻灯片添加的备注内容，如图 12-51 所示。

Step 06 切换到“视图”选项卡下，在“演示文稿视图”组中单击“备注页”按钮，如图 12-52 所示。

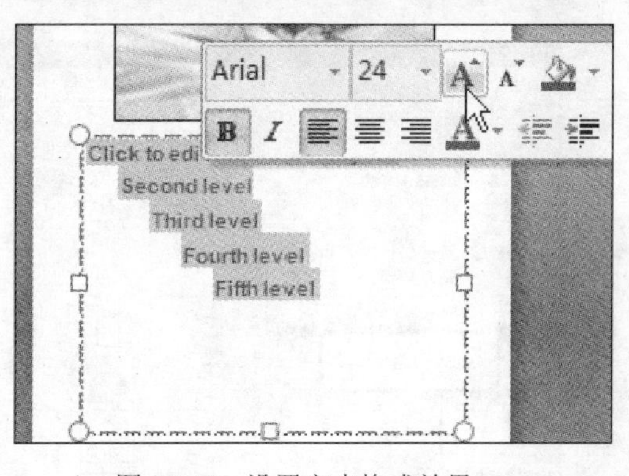

图 12-49　设置文本格式效果

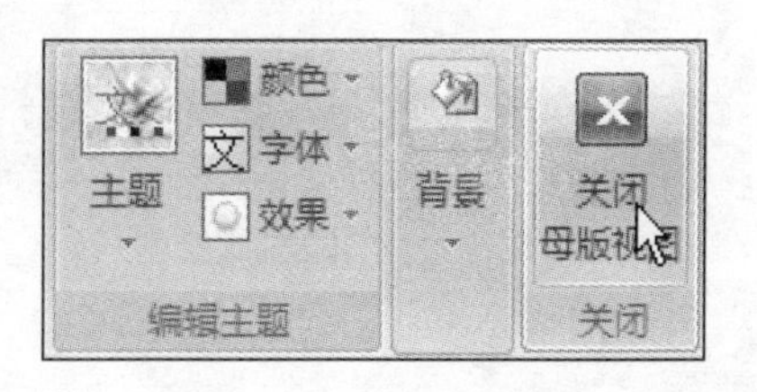

图 12-50　关闭母版视图

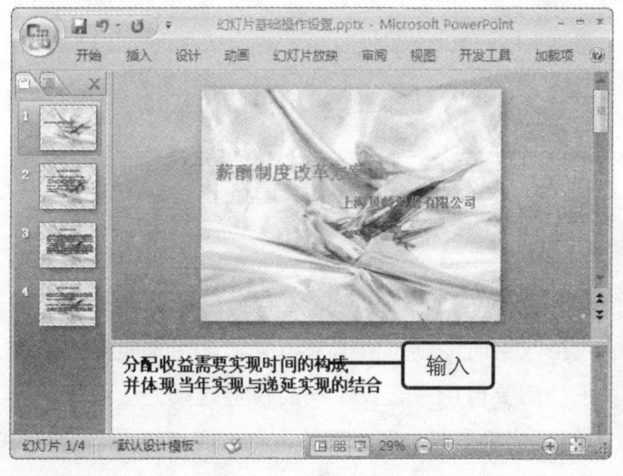

图 12-51　添加备注

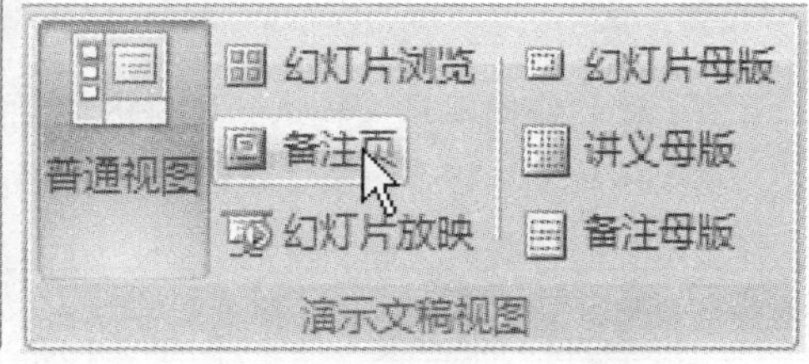

图 12-52　切换到备注页视图

问题 12-23：　如何快速退出 PowerPoint 应用程序？

在 PowerPoint 窗口中，按下快捷键【Alt+F4】键，即可快速退出 PowerPoint 应用程序。

Step 07 此时切换到备注页视图方式下，用户可以查看添加的备注内容，并可以看到备注内容显示为设置的格式效果，如图 12—53 所示。

Step 08 用户可以设置打印幻灯片备注内容，打开“打印”对话框，单击“打印内容”下拉列表按钮，在展开的列表中单击“备注页”选项，如图 12—54 所示，再单击“确定”按钮即可。

问题 12-24：　演示文稿的文件名最多可输入多少个字符？

演示文稿的文件名最多可含有 256 个字符，不能使用空格。

图 12-53 查看备注内容

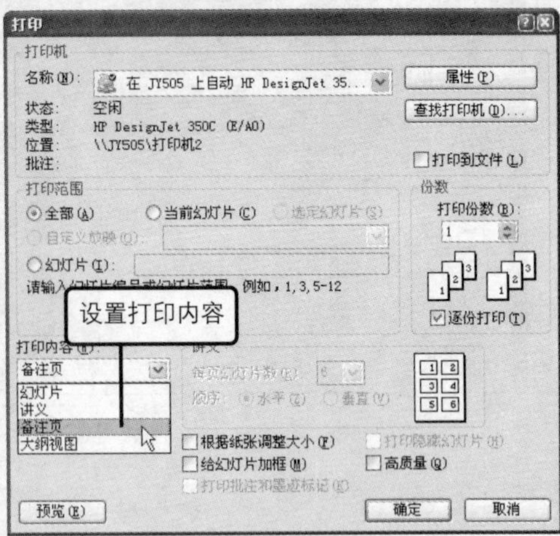

图 12-54 打印备注页

12.4 幻灯片背景和主题方案设置

为了使制作的演示文稿达到更好的视觉效果，用户可以为演示文稿中的幻灯片设置背景样式，当用户需要将整个演示文稿设置为统一的风格效果时，则可以为演示文稿套用主题样式。在设置演示文稿背景与主题方案时，用户还可以根据需要自行设置其不同的视觉效果，从而使制作的演示文稿更加的美观大方，本节将为用户介绍幻灯片背景与主题方案的设置与应用。

12.4.1 快速应用幻灯片背景

PowerPoint 为用户提供了多种可直接套用的幻灯片背景样式，用户可以直接选择合适的背景样式对演示文稿进行设置。下面为用户介绍如何快速应用幻灯片背景效果，其具体的操作与设置方法如下。

原始文件： 第 12 章\原始文件\背景和主题方案.pptx

最终文件： 第 12 章\最终文件\快速应用背景效果.pptx

Step 01 打开原始文件“背景和主题方案.pptx”，可以看到制作的演示文稿内容，如图 12–55 所示。

Step 02 切换到“设计”选项卡下，在“背景”组中单击“背景样式”按钮，在展开的列表中单击“样式 10”选项，如图 12–56 所示。

问题 12-25：如何设置仅对当前幻灯片应用背景样式效果？

切换到需要设置的幻灯片中，在“设计”选项卡下单击“背景”组中的“背景样式”按钮，在展开的列表中单击“设置背景格式”选项，打开“设置背景格式”对话框，设置需要应用的背景效果，再单击“关闭”按钮，即可仅为当前幻灯片应用指定的背景效果。

图 12-55 打开演示文稿　　　　图 12-56 设置背景样式

Step 03 设置完成后可以看到，演示文稿中所有幻灯片应用了设置的背景效果，如图 12–57 所示。

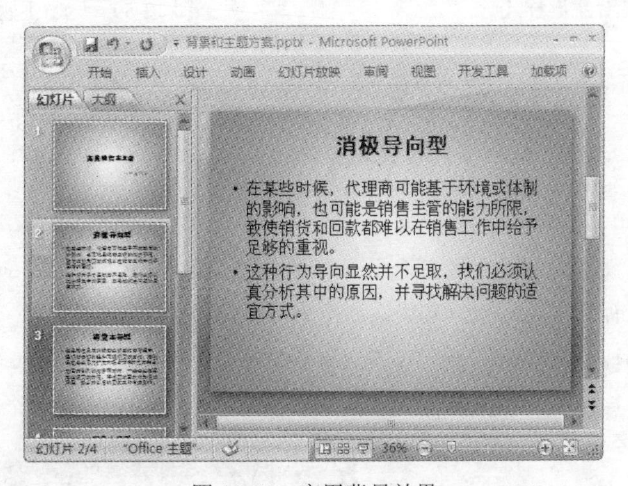

图 12-57 应用背景效果

12.4.2 套用幻灯片主题样式

PowerPoint 为用户提供了多种可直接套用的幻灯片主题样式效果，用户可以使用这些不同的主题效果为演示文稿设置统一的风格效果。用户也可以根据需要自定义主题样式的颜色、字体等效果，并将其添加到自定义主题样式中，以方便以后设置演示文稿时使用，下面为用户介绍如何套用并自定义设置主题样式。

原始文件：第 12 章\原始文件\背景和主题方案.pptx

最终文件：第 12 章\最终文件\套用主题样式.pptx

Step 01 打开原始文件"背景和主题方案.pptx"，切换到"设计"选项卡下，单击"主题"下拉列表按钮，在展开的列表中单击"华丽"选项，如图 12–58 所示。

Step 02 设置完成后，可以看到演示文稿应用了选定的主题样式效果，如图 12–59 所示 。

图 12-58 选择主题样式

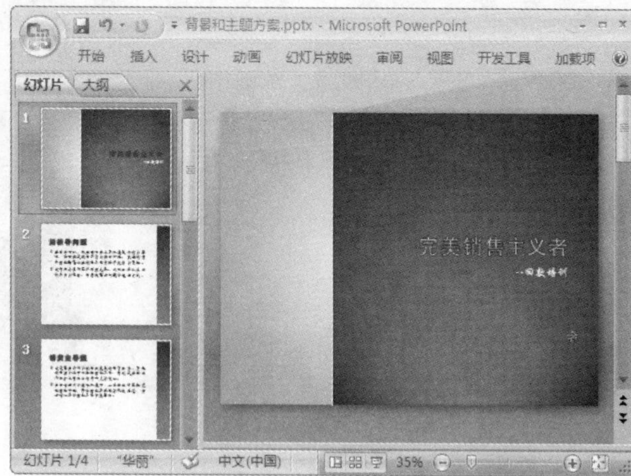

图 12-59 应用主题样式

问题 12-26: 如何设置快速访问工具栏中“撤销”按钮的可撤销次数?

打开“PowerPoint 选项”对话框，切换到“高级”选项卡下，在“编辑选项”区域中的“最多可取消操作数”文本框中输入需要的次数即可。

Step 03 用户可以自定义主题样式中的颜色效果，单击“主题”组中的“颜色”按钮，在展开的列表中单击“新建主题颜色”选项，如图 12-60 所示。

Step 04 打开“新建主题颜色”对话框，在“主题颜色”区域中单击“文字/背景-深色 1”下拉列表按钮，在展开的列表中单击“金色，背景 2，深色 50%”选项，如图 12-61 所示。

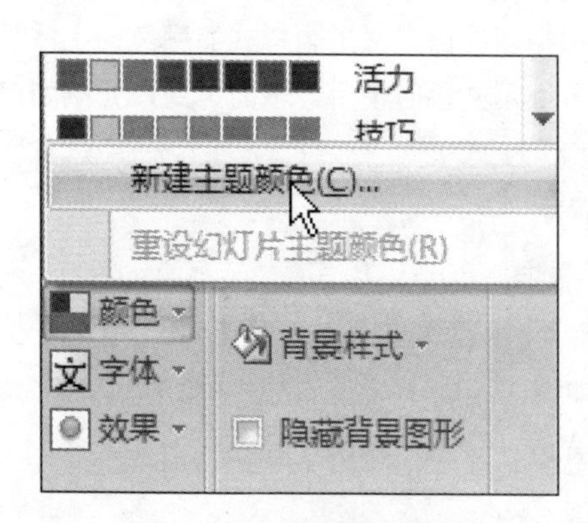

图 12-60 新建主题颜色

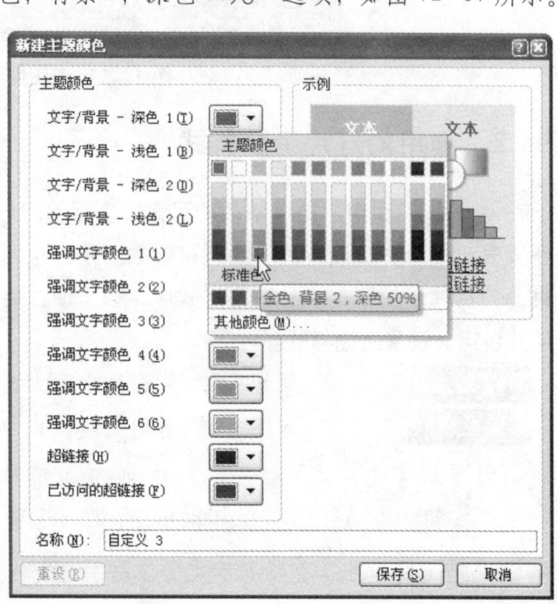

图 12-61 设置主题颜色

问题 12-27：　创建演示文稿的四种常用方法是什么？

这四种方法分别为：创建空白演示文稿；根据已安装模板创建；根据已有文件创建和根据现有内容创建。

Step 05 用户可以根据需要自行设置主题颜色中不同对象的颜色效果，设置完成后在“名称”文本框中输入自定义主题颜色的名称，再单击“保存”按钮，如图 12—62 所示。

Step 06 返回到演示文稿中，可以看到幻灯片应用了自定义的主题颜色效果，如图 12—63 所示。

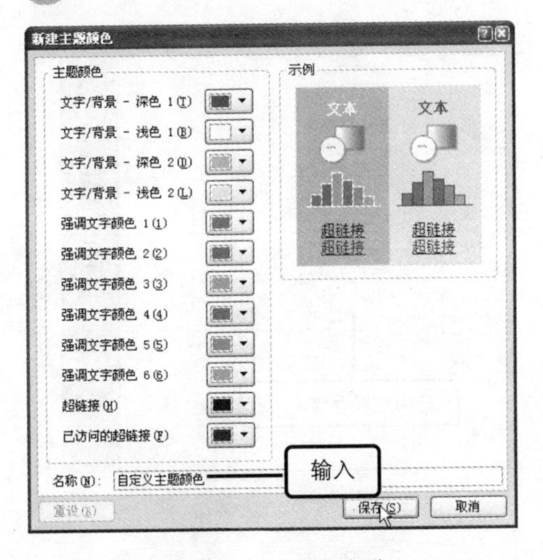

图 12-62　定义名称

图 12-63　应用自定义主题颜色

问题 12-28：　演示文稿的普通视图中包括了哪两种视图？

演示文稿的普通视图中包括了大纲视图和幻灯片视图。

Step 07 在“设计”选项卡下的“主题”组中单击“颜色”按钮，在展开的列表中可以看到自定义区域中显示“自定义主题颜色”选项，如图 12—64 所示。

Step 08 如果用户需要删除自定义的主题颜色，可在“自定义”区域中需要删除的自定义颜色选项上右击，在弹出的快捷菜单中单击“删除”命令，如图 12—65 所示。

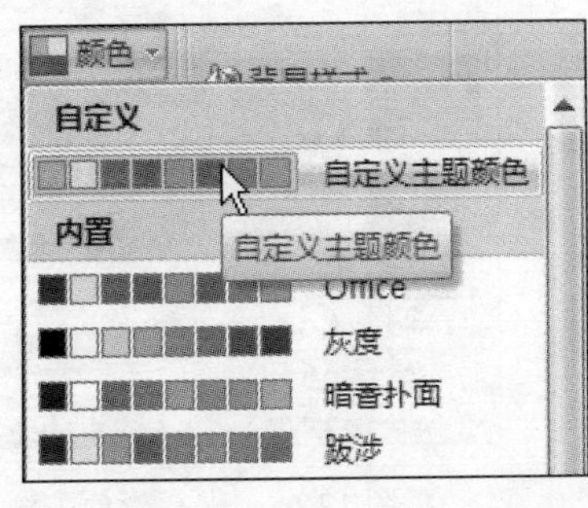

图 12-64　查看自定义主题颜色

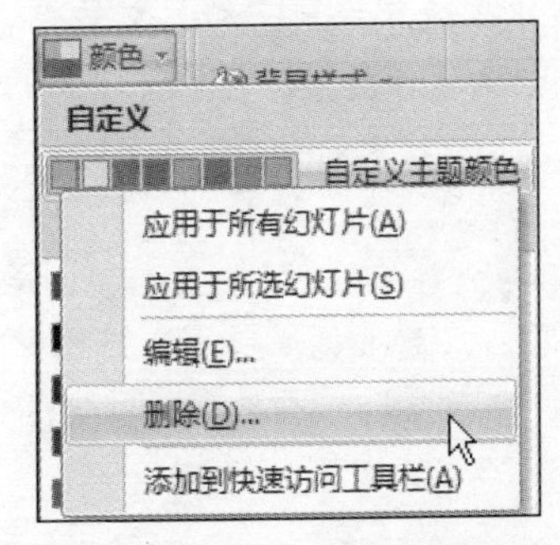

图 12-65　删除自定义主题颜色

问题 12-29：如何将主题样式效果仅应用于当前幻灯片？

单击“设计”组中的“主题”下拉列表按钮，选择需要应用的主题样式，并在该主题选项上右击，在弹出的快捷菜单中单击“应用于选定幻灯片”选项即可。

Step 09 用户可以设置主题样式的字体效果，在“主题”组中单击“字体”按钮，在展开的列表中单击“跋涉”选项，如图 12–66 所示。

Step 10 设置完成后，切换到演示文稿中的第二张幻灯片，可以看到幻灯片中的文本内容显示指定的字体效果，如图 12–67 所示。

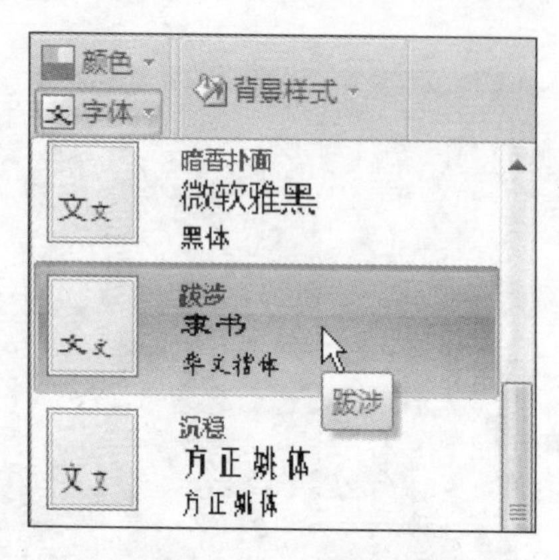

图 12-66 设置字体

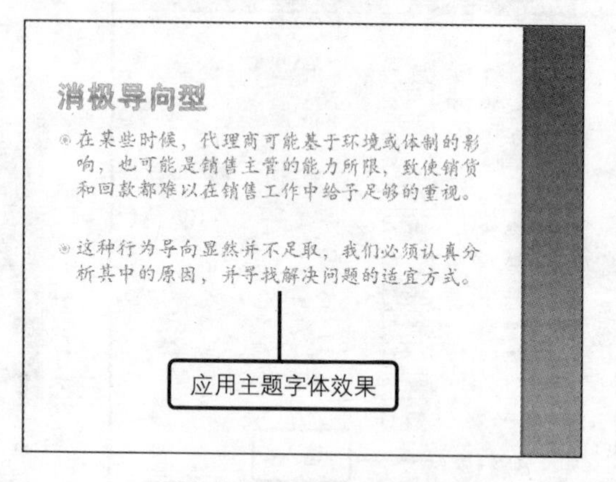

图 12-67 查看字体效果

问题 12-30：用户在幻灯片中插入图片后，演示文稿文件会变得很大，该如何解决此问题？

切换到图片工具“格式”选项卡下，在“调整”组中单击“压缩图片”按钮，打开“压缩图片”对话框，设置相关选项内容即可。

Step 11 完成主题样式的设置后，用户可以将当前主题样式效果进行保存，方便以后使用，单击“主题”下拉列表按钮，在展开的列表中单击“保存当前主题”选项，如图 12–68 所示。

Step 12 打开“保存当前主题”对话框，保持默认的保存位置和保存类型，在“文件名”文本框中输入需要定义的主题名称，再单击“保存”按钮，如图 12–69 所示。

图 12-68 保存当前主题

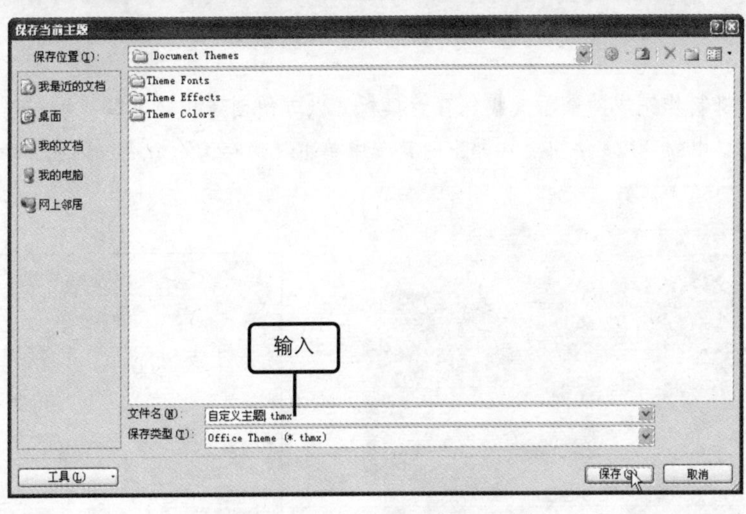

图 12-69　设置保存选项

问题 12-31:　PowerPoint 中插入表格时，插入的表格是否自动应用了样式效果？

PowerPoint 中插入的表格样式是由当前幻灯片应用的主题效果决定的。

Step 13 完成保存操作后，返回到演示文稿中，单击“设计”选项卡下的“主题”下拉列表按钮，在展开的列表中可以看到“自定义”区域中显示自定义的主题内容，如图 12-70 所示。

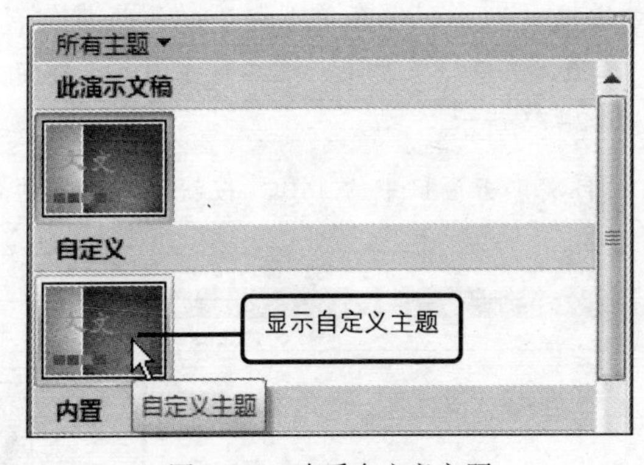

图 12-70　查看自定义主题

12.5　保存和使用自定义模板

当用户完成演示文稿的制作后，由于设置的格式效果为常用的演示文稿格式效果，此时则可以将其保存为模板，以方便以后在制作同类演示文稿时使用。本节将为用户介绍如何保存演示文稿模板内容，并使用自定义保存的模板来创建演示文稿，其具体的操作方法如下。

原始文件：第 12 章\原始文件\自定义模板.pptx

Step 01 打开原始文件“自定义模板.pptx”，如图 12-71 所示。

Step 02 用户可以将制作完成的演示文稿保存为模板，以方便创建相同类型演示文稿时的使用，因此单击窗口中的 Office 按钮，在弹出的菜单中单击“另存为”命令，如图 12-72 所示。

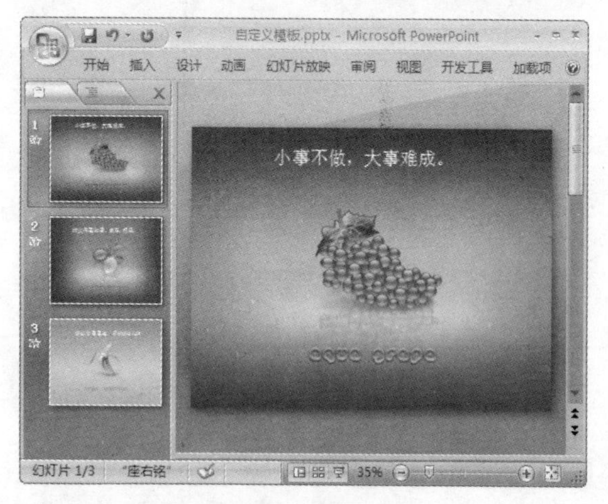

图 12-71　查看文件

图 12-72　另存演示文稿

问题 12-32：　如何在演示文稿中快速插入新幻灯片？

按【Ctrl+M】或【Shift+Enter】组合键可以快速向演示文稿中插入一张新幻灯片。

Step 03 打开“另存为”对话框，单击“保存类型”下拉列表按钮，在展开的列表中单击“PowerPoint 模板”选项，并在“文件名”文本框中输入需要定义的模板名称，再单击“保存”按钮，如图 12-73 所示。

Step 04 完成模板的保存后，再次单击窗口中的 Office 按钮，在弹出的菜单中单击“新建”命令，如图 12-74 所示。

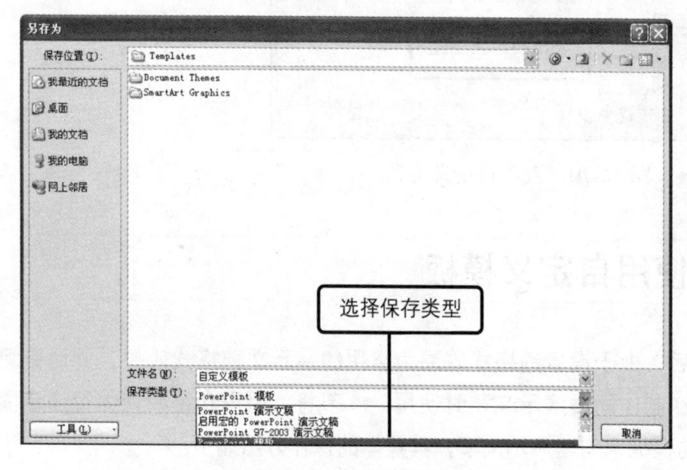

图 12-73　保存模板

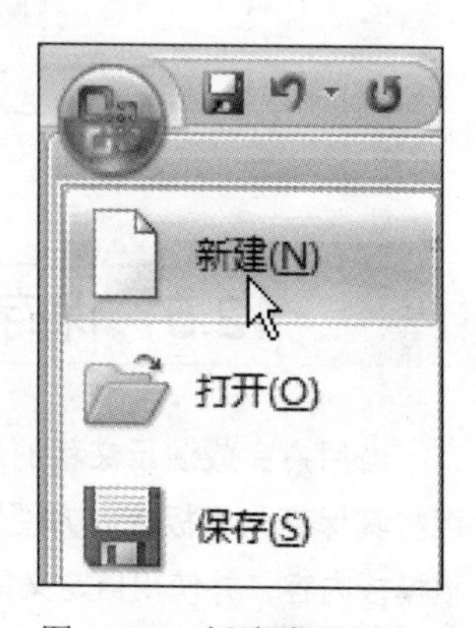

图 12-74　新建演示文稿

问题 12-33：幻灯片母版中可设置的对象包括哪些？

用户可以在幻灯版母版视图中对幻灯片对象内容在幻灯片上的放置位置、文本和对象占位符的大小、文本样式、背景、颜色主题、效果和动画等进行设置。

Step 05 打开“新建演示文稿”对话框，在“模板”列表中单击“我的模板”选项，如图 12-75 所示。

Step 06 打开“新建演示文稿”对话框，在“我的模板”列表中显示已保存的自定义模板内容，选中该模板，再单击“确定”按钮，如图 12-76 所示，即可创建由模板生成的新演示文稿。

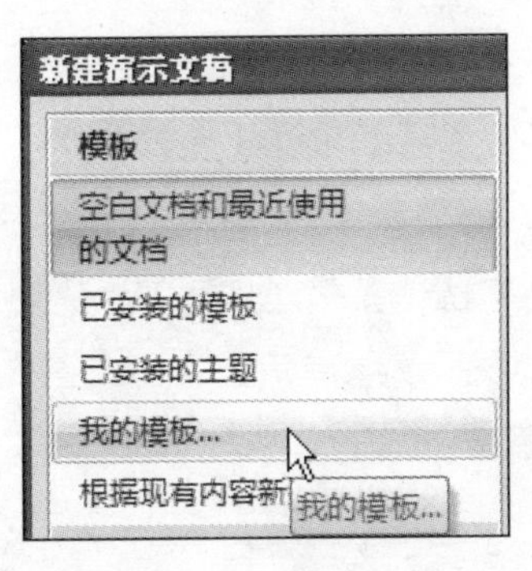

图 12-75　新建演示文稿

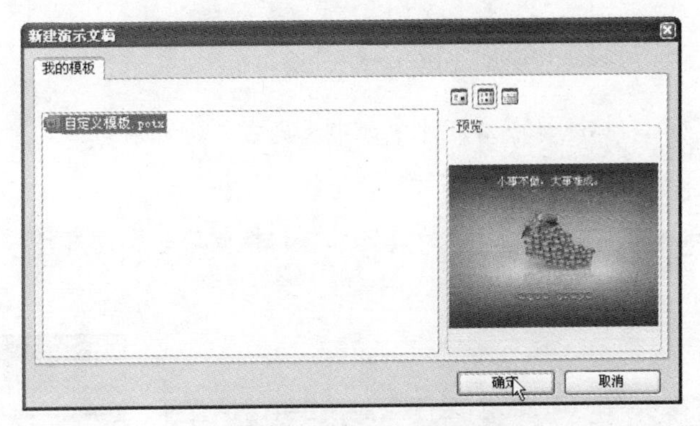

图 12-76　使用自定义模板

问题 12-34：如何快速从放映方式返回到原来的视图方式？

按【Esc】键可以快速从放映方式返回到原来的视图方式。

12.6　实例提高：制作企业营销管理演示文稿

本章为用户介绍了 PowerPoint 2007 的基础办公知识及常用操作设置功能，用户可以使用这些功能制作简单的演示文稿内容，以满足工作的需要。本例将为用户介绍如何使用本章所学的相关知识制作企业营销管理演示文稿，并对其进行简单的格式效果设置，使其达到更好的视觉效果。

最终文件：第 12 章\最终文件\企业营销管理演示文稿.pptx

Step 01 新建一个演示文稿，切换到“视图”选项卡下，在“演示文稿视图”组中单击“幻灯片母版”按钮，如图 12-77 所示。

Step 02 切换到幻灯片母版视图方式下，在“幻灯片母版”选项卡下单击“主题”按钮，在展开的列表中单击“都市”选项，如图 12-78 所示。

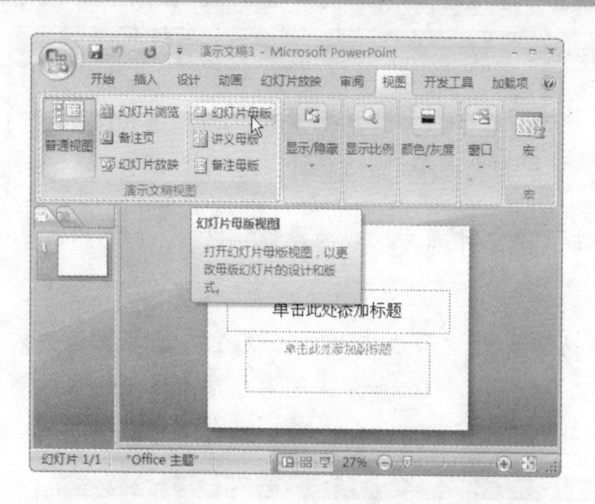

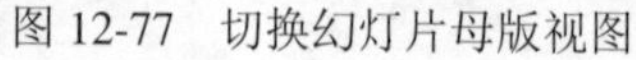
图 12-77　切换幻灯片母版视图

图 12-78　应用主题

Step 03 在标题母版幻灯片中选中标题占位符并右击，在弹出的浮动工具栏中设置标题的字体格式效果，如图 12-79 所示。

Step 04 完成标题幻灯片的设置后，切换到第一张幻灯片中，用户可以设置幻灯片母版的效果，如图 12-80 所示。

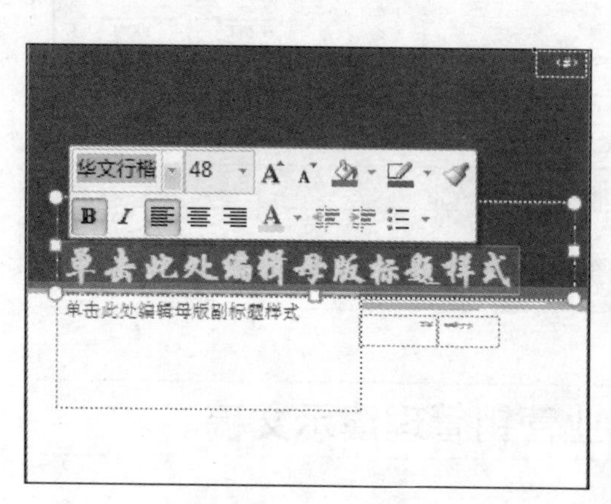

图 12-79　设置标题

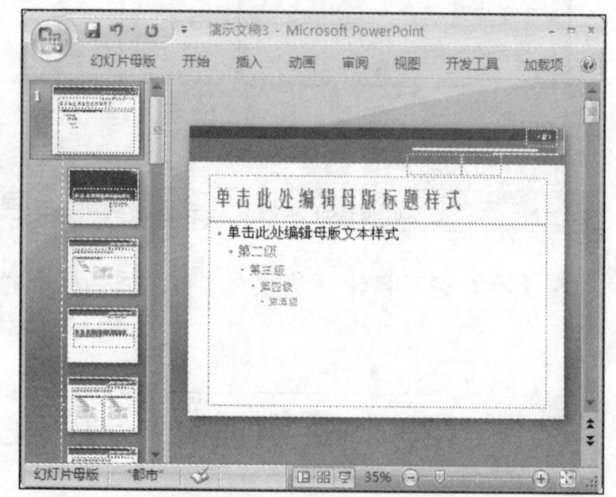

图 12-80　设置幻灯片母版

Step 05 在“幻灯片母版”选项卡下单击“背景”组中的“背景样式”按钮，在展开的列表中单击“设置背景格式”选项，如图 12-81 所示。

Step 06 打开“设置背景格式”对话框，切换到“填充”选项卡下，选择“图片或纹理填充”单选按钮，再单击“纹理”下拉列表按钮，在展开的列表中单击“羊皮纸”选项，如图 12-82 所示。

Step 07 完成幻灯片母版效果的设置后，用户可以切换回普通视图中，在“幻灯片母版”选项卡的“关闭”组中单击“关闭母版视图”按钮，如图 12-83 所示。

Step 08 切换到普通视图方式中，可以看到演示文稿中的幻灯片应用了设置的母版格式效果，在标题幻灯片中输入演示文稿标题相关文本内容，如图 12-84 所示。

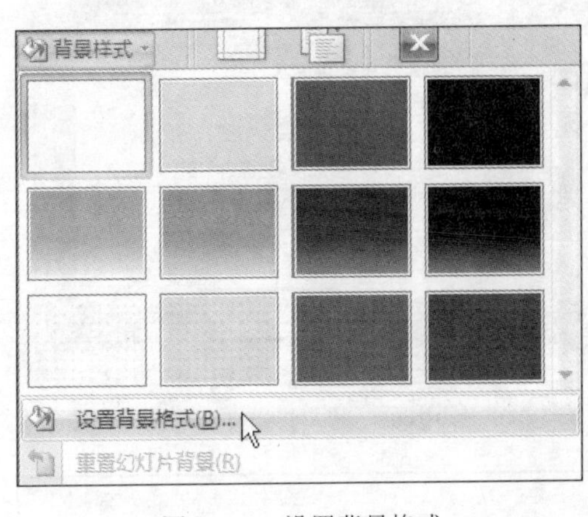

图 12-81 设置背景格式

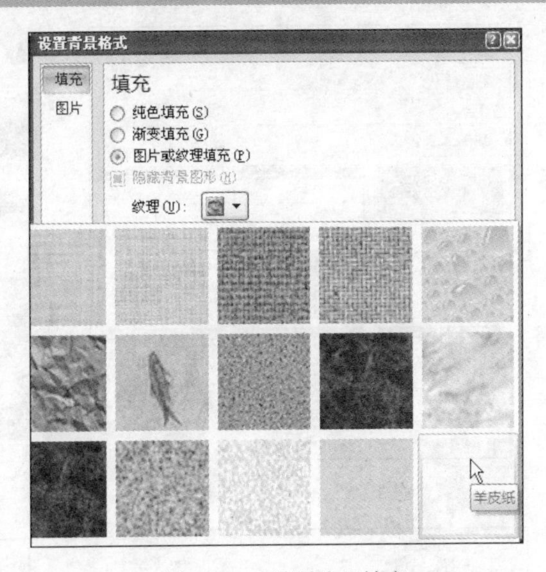

图 12-82 设置纹理填充

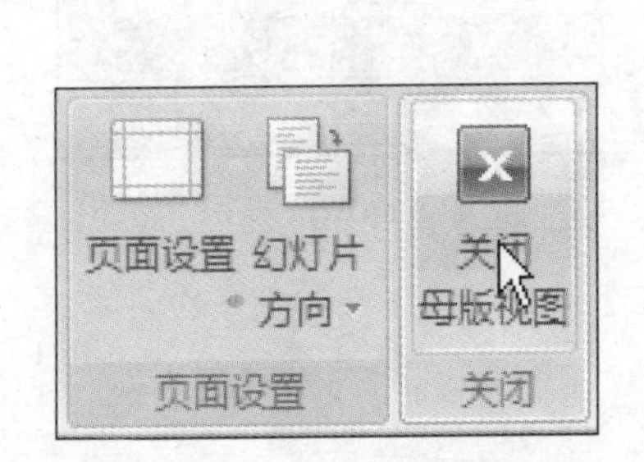

图 12-83 关闭母版视图

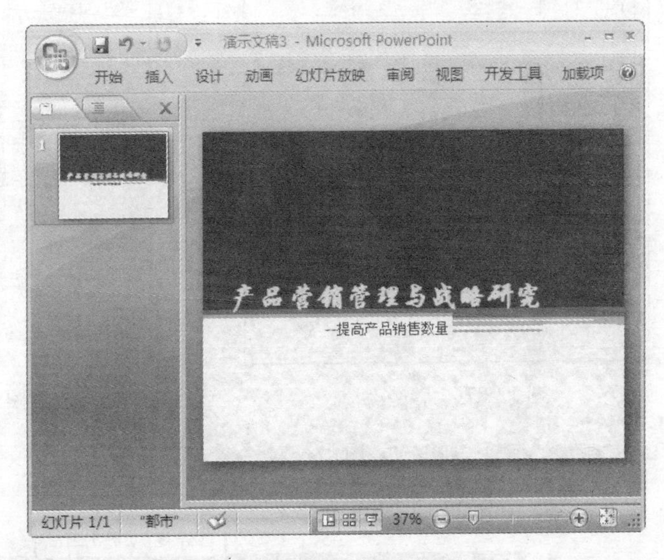

图 12-84 设置标题幻灯片

Step 09 在“开始”选项卡下的“幻灯片”组中单击“新建幻灯片”按钮，在展开的列表中单击“标题和内容”选项，如图 12-85 所示。

Step 10 在演示文稿中插入一张选定版式的新幻灯片，如图 12-86 所示，用户可以根据需要编辑幻灯片内容。

Step 11 再次单击“新建幻灯片”按钮，在展开的列表中单击“两栏内容”选项，如图 12-87 所示。

Step 12 在演示文稿中插入选定版式的幻灯片，在标题占位符及内容占位符中输入需要添加的文本内容，并单击占位符中的“插入 SmartArt 图形”按钮，如图 12-88 所示。

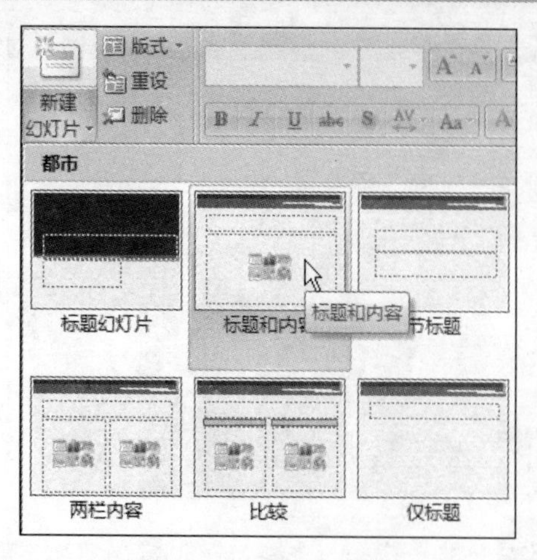

图 12-85 新建幻灯片

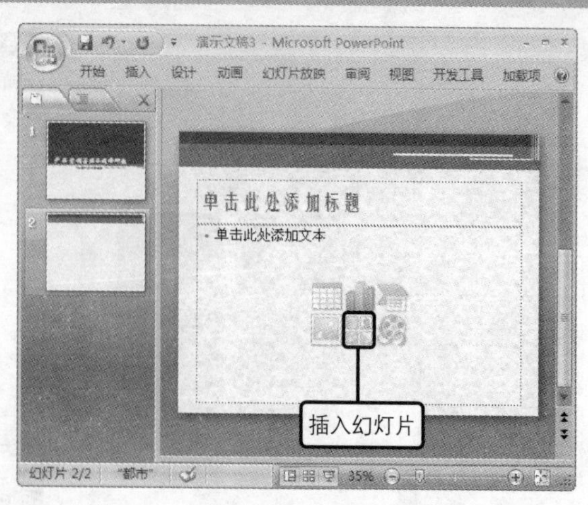

图 12-86 插入新幻灯片

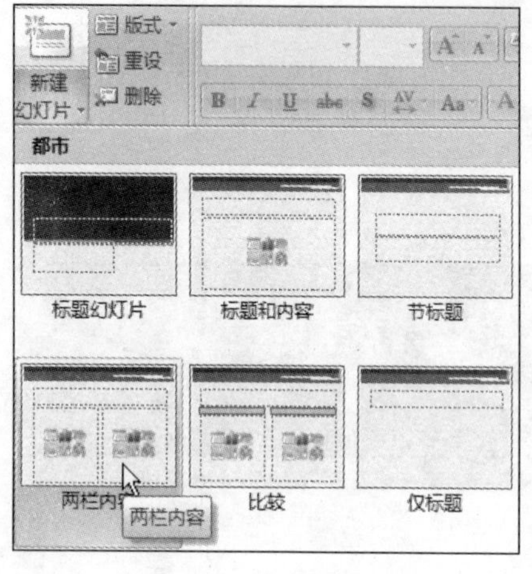

图 12-87 新建幻灯片

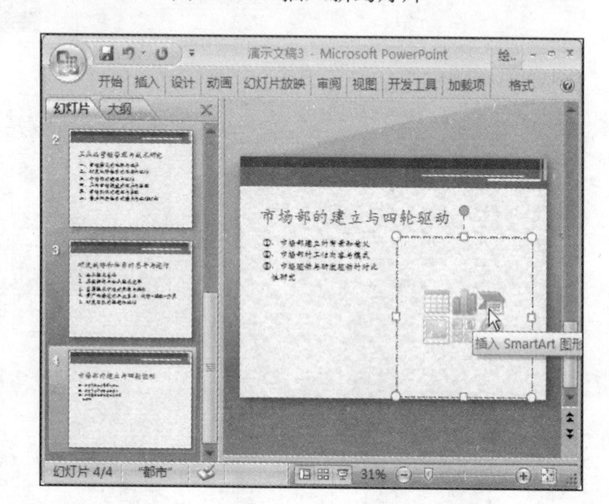

图 12-88 插入 SmartArt 图形

Step 13 打开“选择 SmartArt 图形”对话框，在“循环”选项卡下单击“块循环”选项，再单击“确定”按钮，如图 12—89 所示。

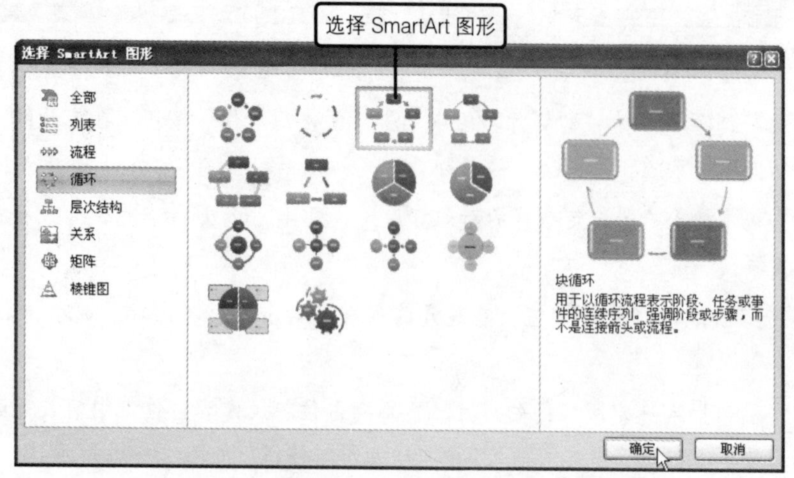

图 12-89 选择 SmartArt 图形

Step 14 在幻灯片中插入 SmartArt 图形，并根据需要编辑图形中的相关文本内容，将多余的图形进行删除，制作的 SmartArt 图形如图 12—90 所示。

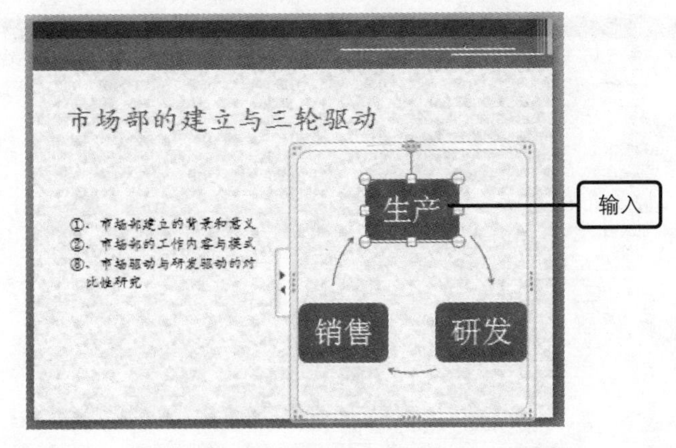

图 12-90　编辑 SmartArt 图形

Step 15 选中 SmartArt 图形，在 SmartArt 工具“设计”选项卡下，单击“SmartArt 样式”组中的“卡通”选项，如图 12—91 所示。

Step 16 单击“SmartArt 样式”组中的“更改颜色”按钮，在展开的列表中单击“彩色-强调文字颜色”选项，如图 12—92 所示。

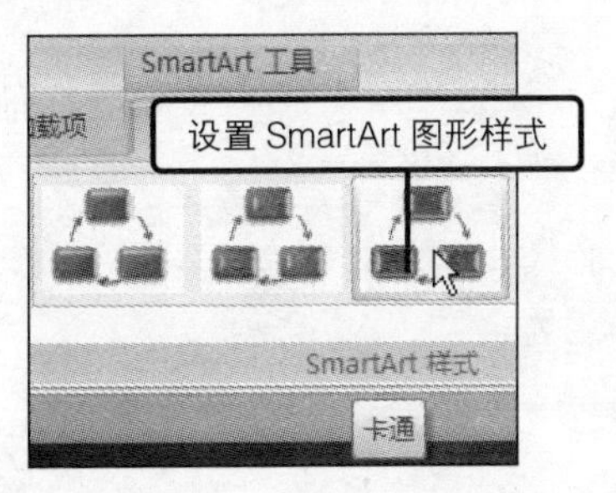

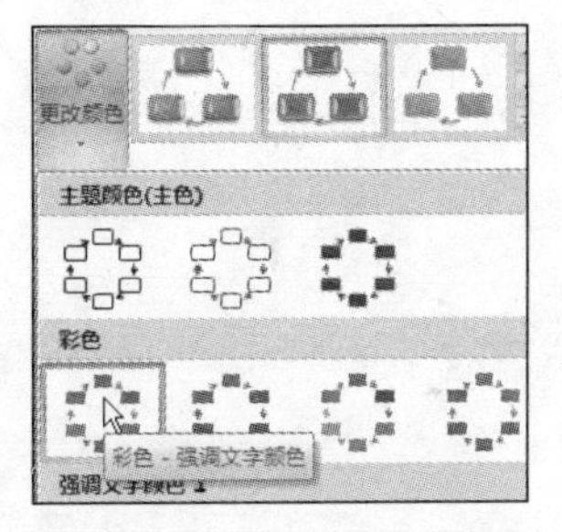

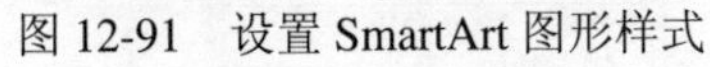

图 12-91　设置 SmartArt 图形样式　　图 12-92　SmartArt 图形颜色

Step 17 完成演示文稿的制作后，单击快速访问工具栏中的“保存”按钮，如图 12—93 所示。

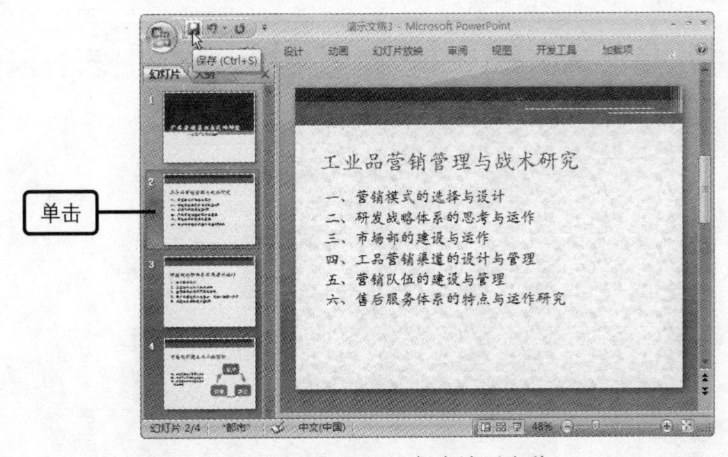

图 12-93　保存演示文稿

Step 18 打开“另存为”对话框，设置保存位置、文件名及文件类型，设置完成后单击“保存”按钮，如图 12-94 所示，将制作完成的演示文稿进行保存。

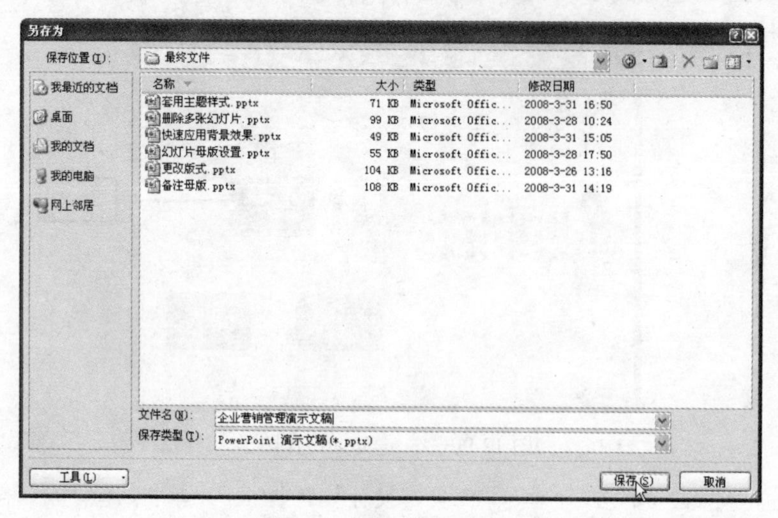

图 12-94 设置保存选项

为幻灯片添加效果

为了使演示文稿达到更好的放映效果，用户可以设置为其添加效果。如在幻灯片中插入动画、声音、视频对象等内容，从而使其在放映过程中显示更多的动画声音和视觉效果，使其更加的生动形象。PowerPoint 还为用户提供了链接功能，用户可以在幻灯片中插入超链接或动作按钮，用于将具有相互关系的幻灯片内容进行链接，方便用户在切换幻灯片时使用。通过对本章的学习，用户可以将编辑的演示文稿制作得更加完善，并且生动形象。

13.1 添加丰富的动画效果

演示文稿的动画效果是指在放映幻灯片时幻灯片中的各个主要对象不是一次全部显示，而是按照某个规律，以动画的方式逐个显示出来。一张幻灯片中通常包括文本框、艺术字、图片、表格等不同对象元素，用户可以根据需要为这些元素添加不同的动画效果。PowerPoint 为用户提供的自定义动画包括对象的进入、退出、强调及动作路径等效果，本节将分别为用户介绍具体的操作与设置方法。

原始文件： 第 13 章\原始文件\添加效果.pptx

最终文件： 第 13 章\最终文件\添加动画效果.pptx

13.1.1 设置对象进入效果

用户可以为幻灯片中的不同对象设置进入时的动画效果。对象的进入效果是指设置幻灯片放映过程中，对象进入放映界面时的动画效果，设置后可使演示文稿达到更加丰富的视觉效果，下面为用户介绍如何设置对象的进入动画效果。

Step 01 打开原始文件“添加效果.pptx”，查看编辑完成的演示文稿相关幻灯片内容，如图 13-1 所示。

Step 02 切换到“动画”选项卡下，在“动画”组中单击“自定义动画”按钮，如图 13-2 所示。

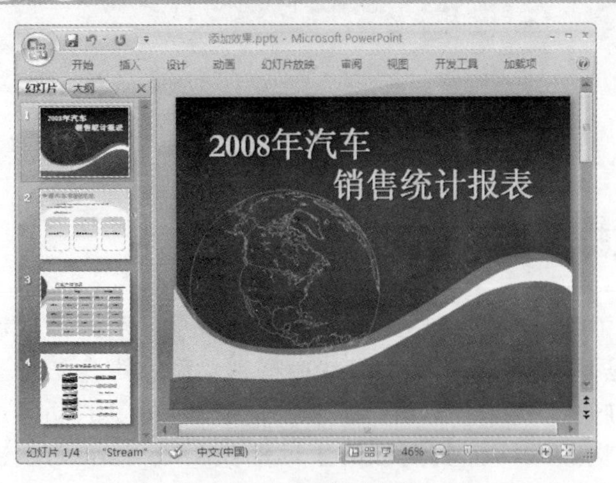

图 13-1　查看演示文稿

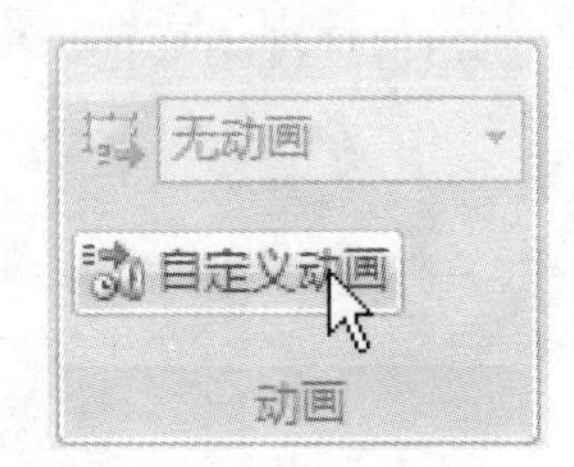

图 13-2　自定义动画

问题 13-1：　如何选择更多样式的进入动画效果？

打开“自定义动画”窗格，单击“添加效果”按钮，在展开的列表中单击“进入”选项，再级联列表中单击“其他效果”选项，打开“添加进入效果”对话框，选择需要使用的动画效果即可。

Step 03 在演示文稿窗口中打开“自定义动画”窗格，用户可以在此为幻灯片对象添加动画效果，如图 13-3 所示。

Step 04 切换到演示文稿中的第二张幻灯片，选中幻灯片中的文本占位符，如图 13-4 所示。

图 13-3　“自定义动画”任务窗格

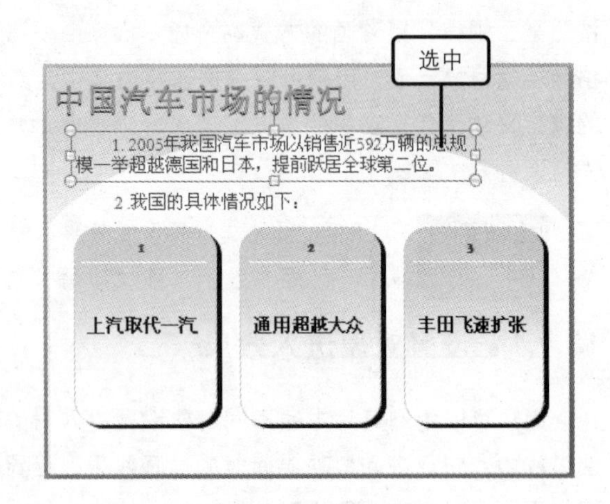

图 13-4　选定对象

问题 13-2：　如何快速删除已添加的动画效果？

在“自定义动画”窗格列表中选中需要删除的动画效果选项，再单击上方的“删除”按钮即可。

Step 05 在“自定义动画”窗格中单击“添加效果”按钮，在展开的列表中单击“进入”选项，再级联列表中单击“渐入”选项，如图 13–5 所示。

Step 06 在“自定义动画”窗格中单击“开始”下拉列表按钮，在展开的列表中单击“之后”选项，如图 13–6 所示。

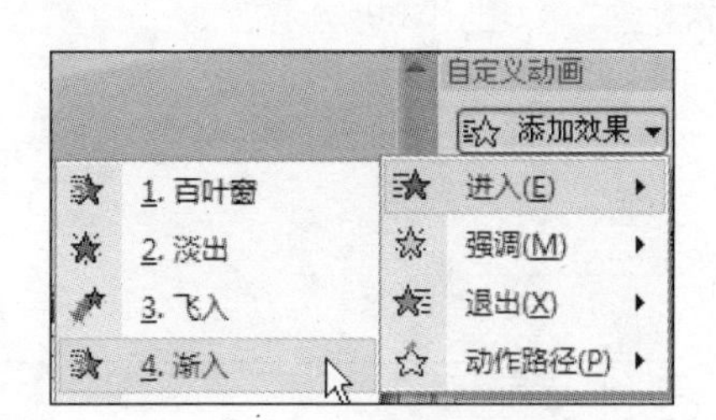

图 13-5　添加进入效果

图 13-6　设置开始方式

问题 13-3：　如何预览添加的动画效果？

在“自定义动画”窗格中单击“播放”按钮，即可在当前幻灯片中查看已添加的动画效果。如果单击“幻灯片放映”按钮，则可以切换到幻灯片放映视图方式下，查看演示文稿的放映效果，同时显示已添加的动画效果。

Step 07 在“自定义动画”窗格中单击“速度”下拉列表按钮，在展开的列表中单击“中速”选项，如图 13–7 所示。

Step 08 设置完成后，在“自定义动画”窗格中的列表中显示添加的动画效果，如图 13–8 所示。

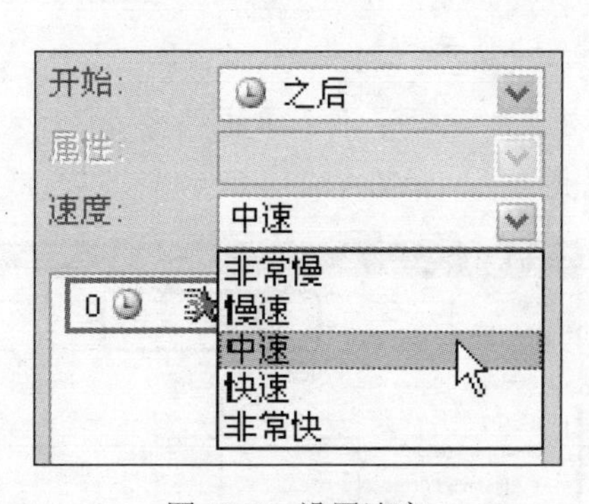

图 13-7　设置速度

图 13-8　查看添加动画

问题 13-4：　如何分辨已添加到幻灯片中的图片是位图还是矢量图？

如果图片显示单个像素并且模糊不清，则为位图；如果图片在放大过程中保持平滑且不显示像素，则为矢量图。

13.1.2 设置对象强调效果

当用户需要为幻灯片中的对象内容添加突出强调的动画效果时，可以在“自定义动画”窗格中设置其强调动画效果，其与设置对象的进入效果操作方法相似，下面为用户介绍如何添加对象的强调动画效果。

Step 01 选中幻灯片中需要添加强调动画效果的图形对象，如图 13-9 所示。

Step 02 在“自定义动画”窗格中单击“添加效果”按钮，在展开的列表中单击“强调”选项，在级联列表中单击“更改填充颜色”选项，如图 13-10 所示。

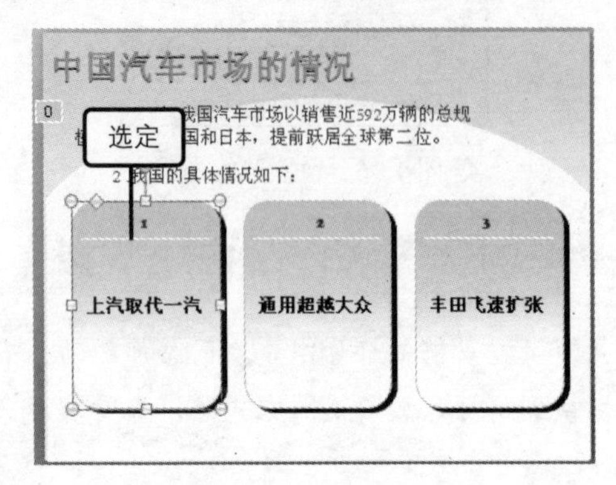

图 13-9 选定对象

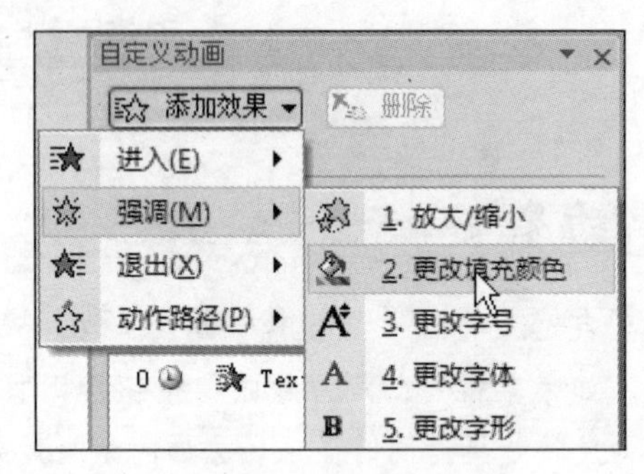

图 13-10 添加强调效果

问题 13-5：如何更改已设置对象的动画效果？

在“自定义动画”窗格中的列表中选中需要更改动画效果的选项，再单击“更改”按钮，在展开的列表中选择需要更改的动画效果即可。

Step 03 在“自定义动画”列表中选中添加的强调效果动画，并单击右侧的下拉列表按钮，在展开的列表中单击“效果选项”选项，如图 13-11 所示。

Step 04 打开“更改填充颜色”对话框，切换到“效果”选项卡下，单击“样式”下拉列表按钮，在展开的列表中选择需要应用的颜色样式选项，如图 13-12 所示。

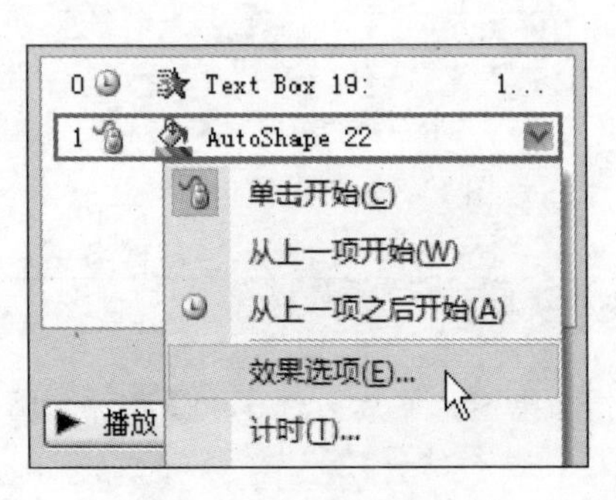

图 13-11 设置效果选项

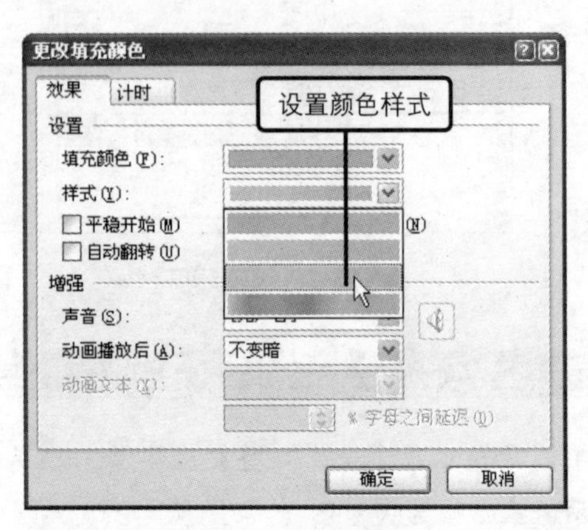

图 13-12 设置效果样式

11 制作员工业绩评测表
12 PowerPoint 基础办公知识与操作
13 为幻灯片添加效果
14 幻灯片在高效办公中的放映与发布
15 制作公司未来战略企划案

问题 13-6：　如何设置在播放完成动画后隐藏对象？

在“自定义动画”列表中选中需要设置的对象并右击，在展开的列表中单击“效果选项”选项，在打开的对话框中切换到“效果”选项卡下，单击“动画播放后”下拉列表按钮，在展开的列表中单击“播放动画后隐藏”选项，再单击“确定”按钮即可。

Step 05 切换到“计时”选项卡下，单击“开始”下拉列表按钮，在展开的列表中单击“之后”选项，如图 13–13 所示。

Step 06 单击“速度”下拉列表按钮，在展开的列表中单击“慢速（3 秒）”选项，再单击“确定”按钮，如图 13–14 所示。

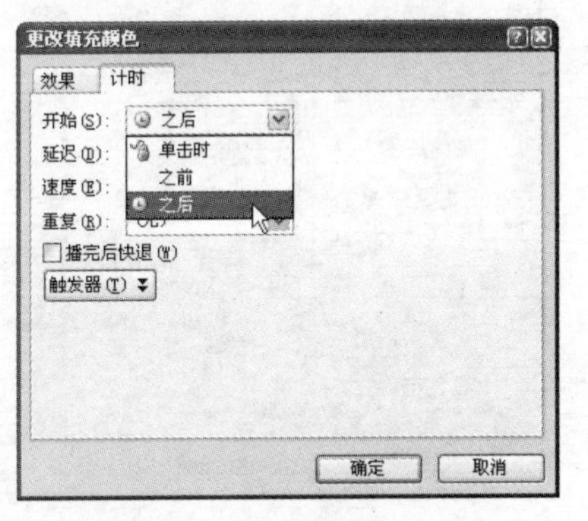

图 13-13　设置开始方式

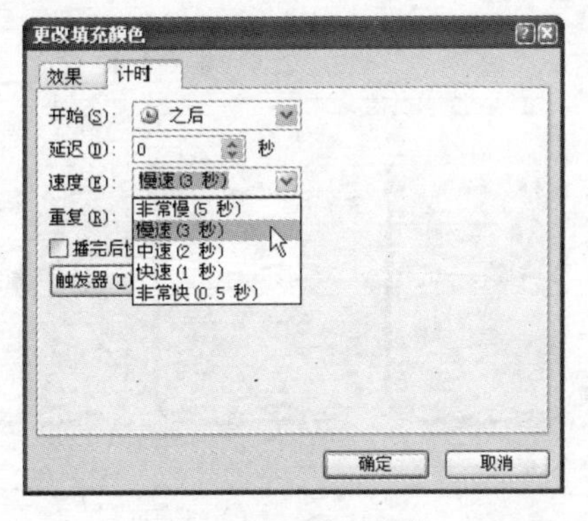

图 13-14　设置速度

问题 13-7：　如何重新排序不同对象的动画顺序？

在“自定义动画”窗格中选中需要调整动画顺序的选项，可以直接拖动鼠标在列表中将其调整到需要放置的位置。也可以单击下方的“重新排序”按钮，通过设置将其上移或下移进行调整。

Step 07 设置完成后，返回到“自定义动画”窗格中，用户可以看到在窗格中显示的相应动画效果，如图 13–15 所示。

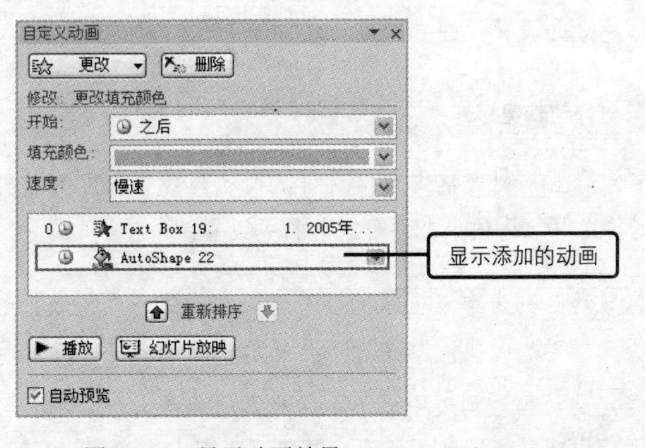

图 13-15　显示动画效果

13.1.3 设置对象退出效果

对于幻灯片中的对象内容，用户还可以为其添加退出放映界面的动画效果，从而使幻灯片达到更好的放映视觉效果，下面为用户介绍如何设置对象的退出动画效果。

Step 01 选中幻灯片中需要添加退出动画效果的图形对象，如图 13-16 所示。

Step 02 在“自定义动画”窗格中单击“添加效果”按钮，在展开的列表中单击“退出”选项，在级联列表中单击“其他效果”选项，如图 13-17 所示。

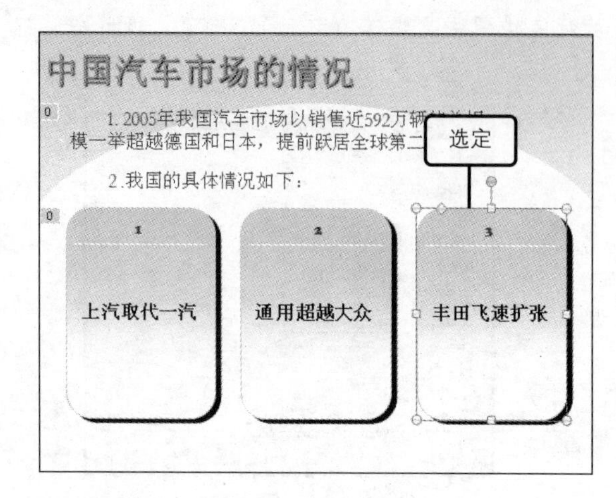

图 13-16 选定对象

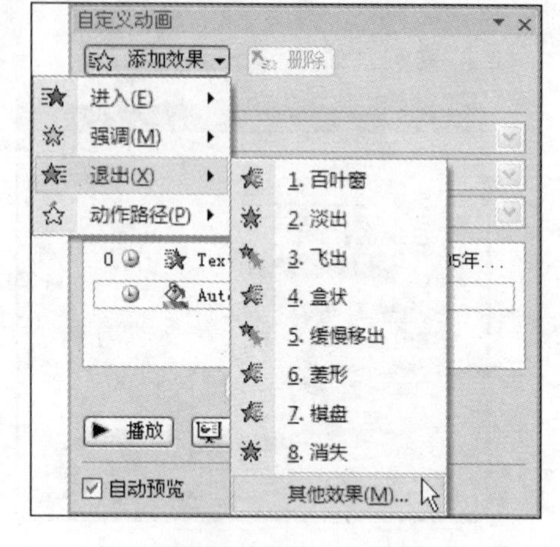

图 13-17 添加退出效果

问题 13-8：在幻灯片浏览视图中可以查看幻灯片的动画效果吗？

切换到幻灯片浏览视图中，单击设置了动画效果的幻灯片缩略图左下方的动画图标即可预览到动画效果。

Step 03 打开“添加退出效果”对话框，单击“百叶窗”选项，再单击“确定”按钮，如图 13-18 所示。

Step 04 返回到“自定义动画”窗格中，单击“方向”下拉列表按钮，在展开的列表中单击“垂直”选项，并设置开始方式为“之后”，如图 13-19 所示。

问题 13-9：如何快速打开“计时”选项卡？

在“自定义动画”列表框中直接双击某项动画效果，即可打开该动画效果对话框，在其中切换到“计时”选项卡，便可进行相关设置。

Step 05 在自定义动画列表中单击退出效果选项右侧的下拉列表按钮，在展开的列表中单击“显示高级日程表”选项，如图 13-20 所示。

Step 06 在“自定义动画”列表中显示不同对象的动画时长，用户还可以将鼠标放置在其进度条位置上，拖动鼠标调整其播放的时间，如图 13-21 所示。

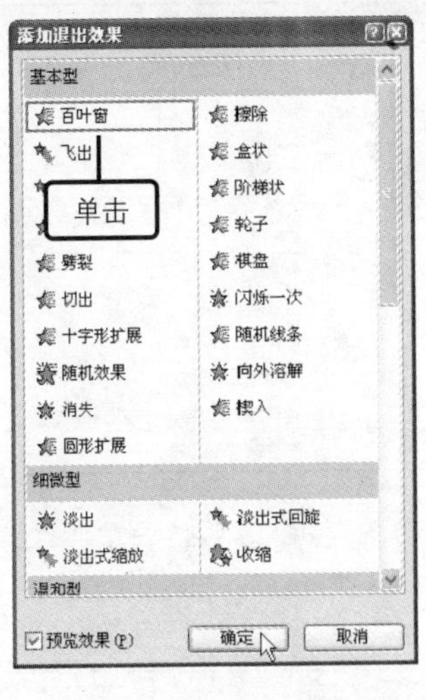

图 13-18　选择退出效果

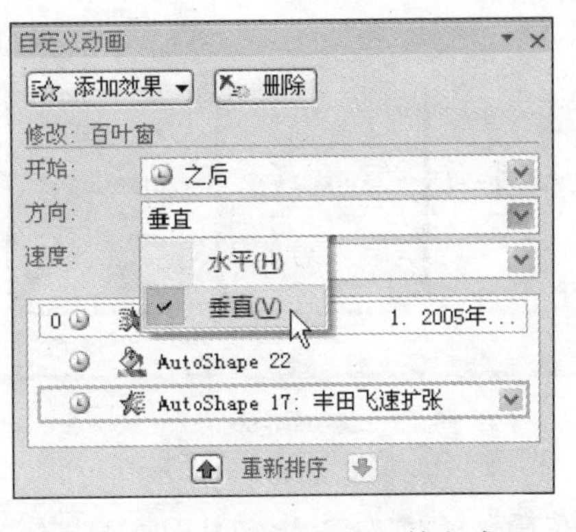

图 13-19　设置方向和开始方式

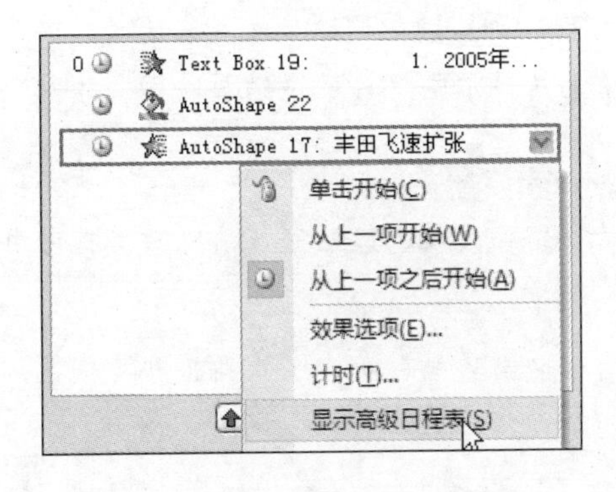

图 13-20　设置显示高级日程表

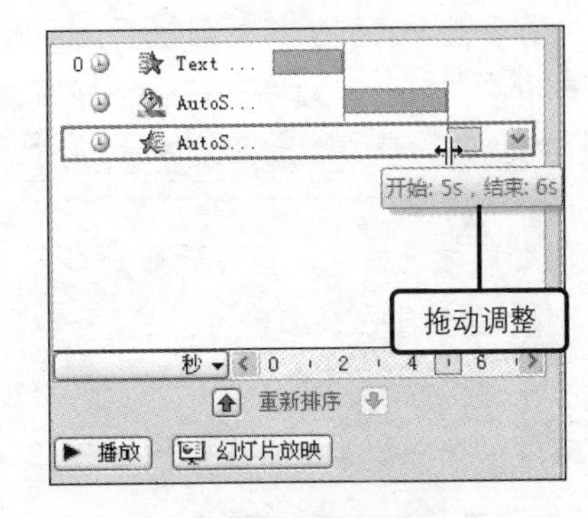

图 13-21　调整播放时间

问题 13-10：　如何精确控制某一对象的动画速度？

方法一：在“计时”选项卡中的“速度”组合框中直接输入速度时间值。

方法二：在高级日程表中拖动时间条来调整动画运行的时间。

13.1.4　自定义动作路径

用户除了可以直接套用 PowerPoint 提供的进入、退出及强调动画效果外，还可以根据需要自定义动作的路径，使对象内容按指定的路径进行动画。下面以绘制自定义曲线路径为例，为用户介绍如何添加自定义动作路径的动画效果。

Step 01 选中幻灯片中需要添加自定义动作路径的标题占位符，如图 13—22 所示。

Step 02 在“自定义动画”窗格中单击“添加效果”按钮，在展开的列表中单击“动作路径”选项，在级联列表中单击“绘制自定义路径”选项，并单击“自由曲线”选项，如图 13—23 所示。

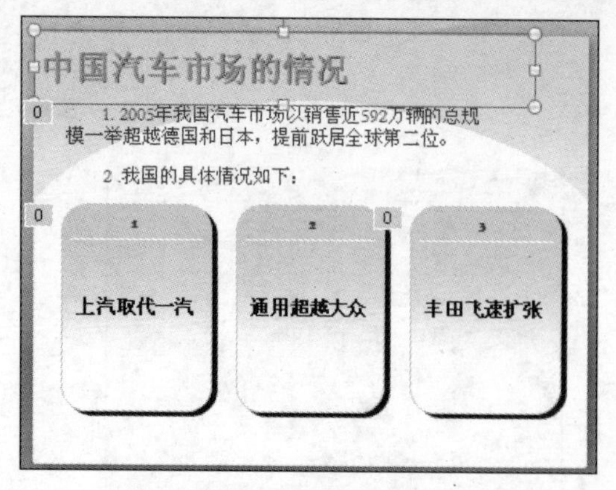

图 13-22　选定对象

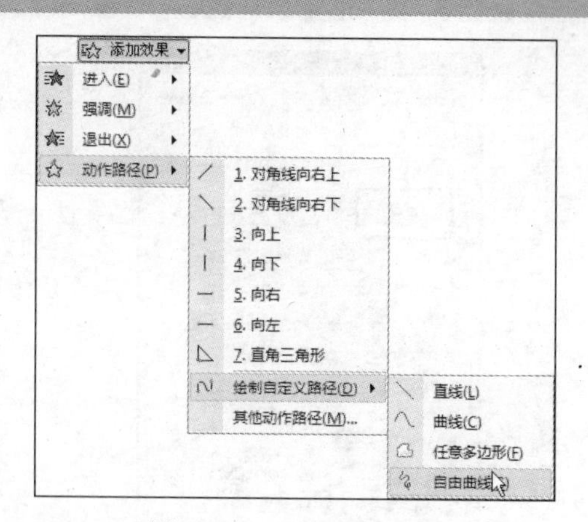

图 13-23　设置自由曲线

问题 13-11：　如何在编辑幻灯片同时预览其动画播放效果？

在普通视图方式下，切换到想要显示的幻灯片，按【Ctrl】键的同时单击“自定义放映”窗格中的“幻灯片放映”按钮，即可在屏幕的左上角显示幻灯片的微缩放映图，用户可以一边编辑一边预览其动画效果。

Step 03 此时鼠标呈笔状，拖动鼠标在幻灯片中绘制动作路径曲线，绘制完成后释放鼠标即可，如图 13–24 所示。

Step 04 在自定义窗格列表中选中添加的自定义动作路径动画效果，单击“重新排序”按钮，设置将其调整到第一个位置，如图 13–25 所示。

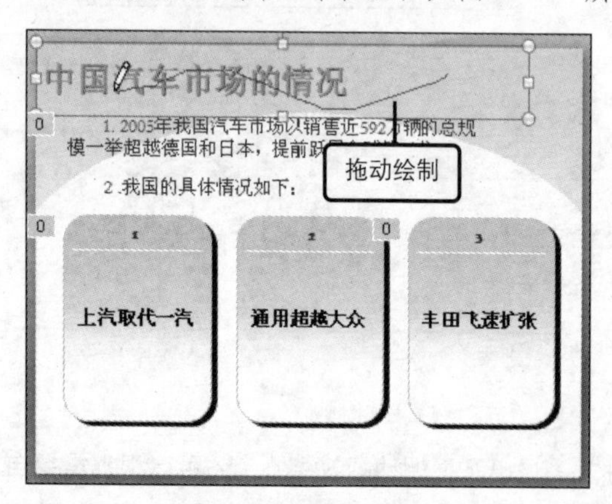

图 13-24　绘制动作路径

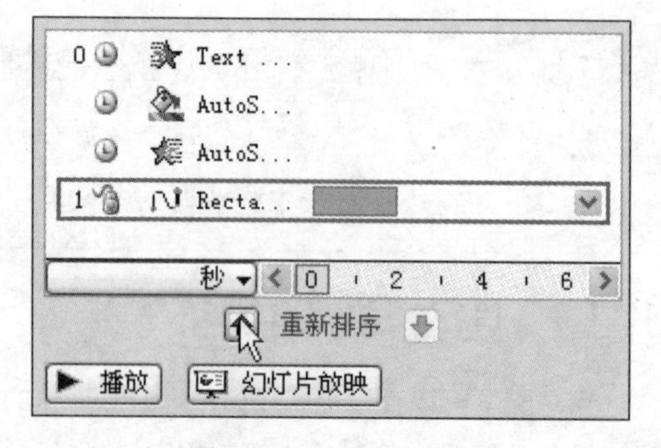

图 13-25　调整动作顺序

问题 13-12：　如何快速为所有幻灯片中某类对象添加同一动画效果？

进入幻灯片母版视图，在幻灯片母版中添加该对象，并为其设置动画效果即可。

Step 05 将自定义动作路径动画调整为第一个动画效果，再单击“播放”按钮，如图 13–26 所示，此时可以在窗口中预览幻灯片的放映效果。

Step 06 同时在“自定义动画”窗格列表中，用户可以看到显示的播放进度及时间效果，如图 13-27 所示，单击“停止”按钮则可停止幻灯片的播放。

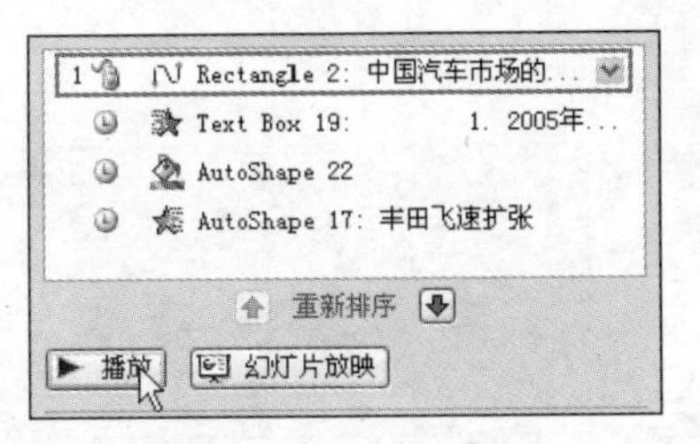

图 13-26　播放幻灯片

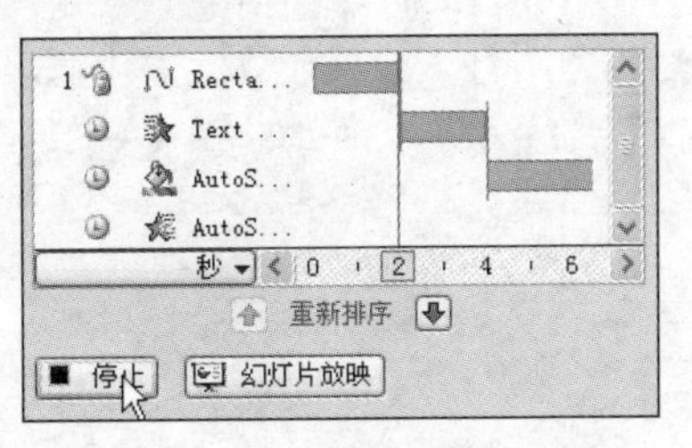

图 13-27　查看播放效果

问题 13-13：　如何使用动作路径设置某种退出效果？

使用自定义动作路径功能，在幻灯片中选定对象并绘制动作路径，将该动作路径终点拖动至幻灯片以外即可。

13.2　为幻灯片插入媒体剪辑

在制作演示文稿的过程中，用户可以为幻灯片插入媒体剪辑。用户在幻灯片中插入影片内容，可以使制作的幻灯片更加丰富生动；为幻灯片插入声音文件，可以使幻灯片有声有色，更加具有感染力。在插入媒体剪辑内容时，用户可以选择将 PowerPoint 自带的文件内容进行插入，也可以选择保存在计算机中的文件内容执行插入操作，本节将为用户介绍如何为幻灯片插入媒体剪辑内容。

13.2.1　插入影片添加视频效果

在编辑幻灯片内容时，用户可以为其插入影片文件。用户可以将 PowerPoint 自带的影片内容插入幻灯片中，也可以将保存在计算机中的已有影片内容插入到幻灯片中，并根据需要设置影片的播放方式和动画效果，从而使制作的幻灯片更加的丰富生动。

原始文件： 第 13 章\原始文件\添加效果.pptx、摄像 015.wmv

最终文件： 第 13 章\最终文件\插入影片.pptx

Step 01 打开原始文件“添加效果.pptx”，切换到第一张幻灯片，用户需要为其插入视频内容，如图 13-28 所示。

Step 02 切换到“插入”选项卡下，在“媒体剪辑”组中单击“影片”按钮，在展开的列表中单击“剪辑管理器中的影片”选项，如图 13-29 所示。

问题 13-14：　如何在幻灯片母版中插入影片？

切换到幻灯片母版视图方式下，在幻灯片母版中某一位置添加某一影片后，则该演示文稿的每张幻灯片中的相同位置处都会出现该影片图标。

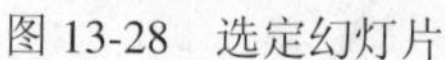
图 13-28　选定幻灯片

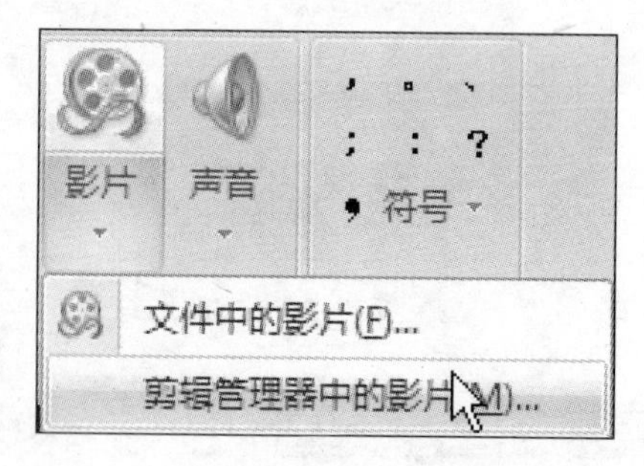

图 13-29　插入剪辑管理器中的影片

Step 03 打开“剪贴画”窗格，在列表中选择需要插入的影片，并单击右侧的下拉列表按钮，在展开的列表中单击“预览/属性”选项，如图 13-30 所示。

Step 04 打开“预览/属性”对话框，用户可以查看影片的动画效果，及其他相关信息内容，查看完成后单击“关闭”按钮，如图 13-31 所示。

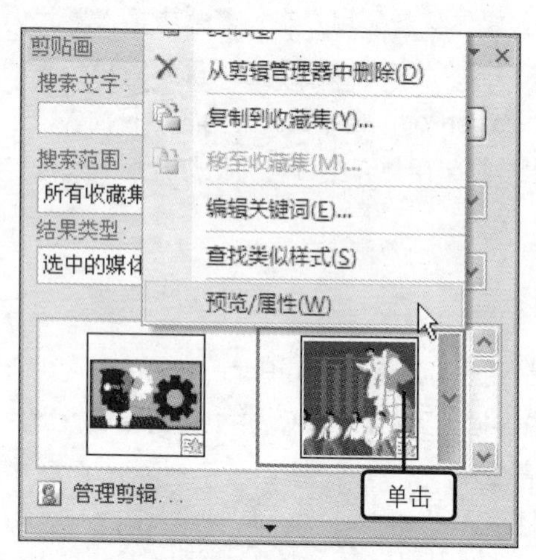

图 13-30　预览影片

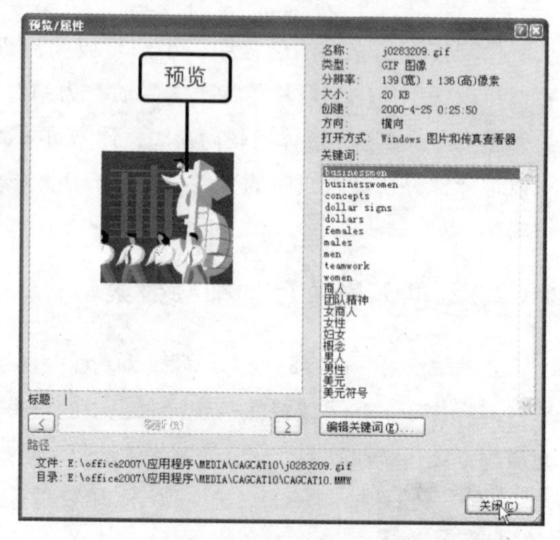

图 13-31　查看影片信息

问题 13-15：　如何调整影片显示大小至最佳效果比例？

在影片工具“选项”选项卡下单击“大小”组中的对话框启动器按钮，打开的“大小和位置”对话框，在“大小”选项卡中选中“幻灯片最佳比例”复选框即可设置最佳的宽度和高度比例。

Step 05 单击需要插入影片右侧的下拉列表按钮，在展开的列表中单击“插入”选项，如图 13-32 所示。

Step 06 在幻灯片中可以看到插入的影片内容，此时影片作为图片对象插入到幻灯片中，当幻灯片放映时，影片会自动进行播放，如图 13−33 所示，用户可以根据需要调整影片的大小和位置。

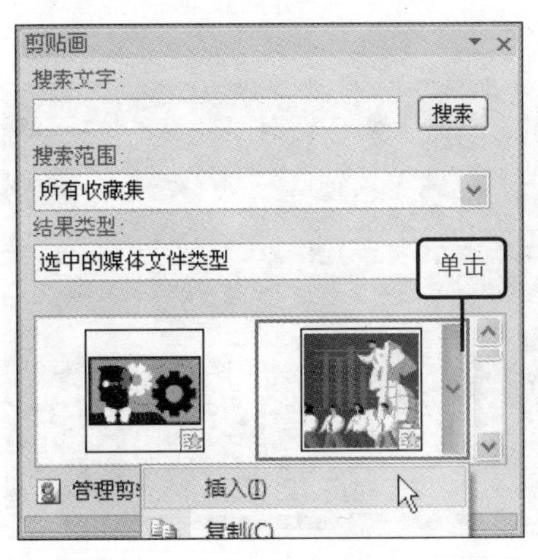

图 13-32　插入影片

图 13-33　显示插入的影片

Step 07 用户还可以在幻灯片中插入计算机中保存的影片内容，单击“影片”按钮，在展开的列表中单击“文件中的影片”选项，如图 13−34 所示。

Step 08 打开“插入影片”对话框，选择需要插入的影片，再单击“确定”按钮，如图 13−35 所示。

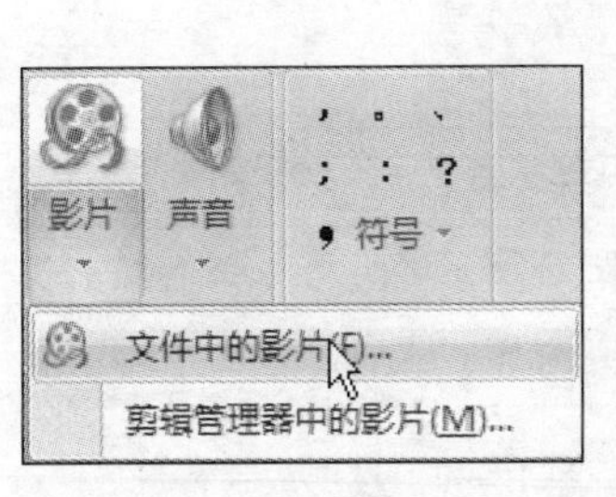

图 13-34　插入文件中的影片

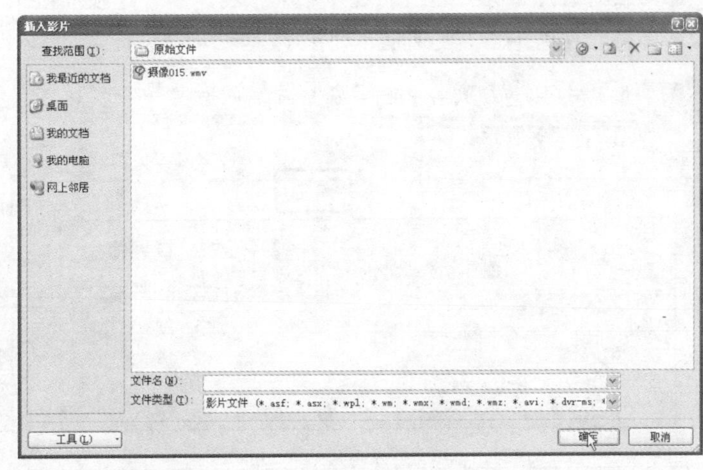

图 13-35　选择影片

问题 13-16:　如何快速删除插入到幻灯片中的影片内容?

在幻灯片中选中需要删除的影片，再按键盘中的【Delete】键，即可快速删除插入的影片。

Step 09 弹出提示对话框，提示用户设置幻灯片放映时开始播放影片的方式，单击“自动”按钮，如图13-36所示。

Step 10 返回到幻灯片中，可以看到插入的影片内容，用户可以调整其位置与大小，如图13-37所示。

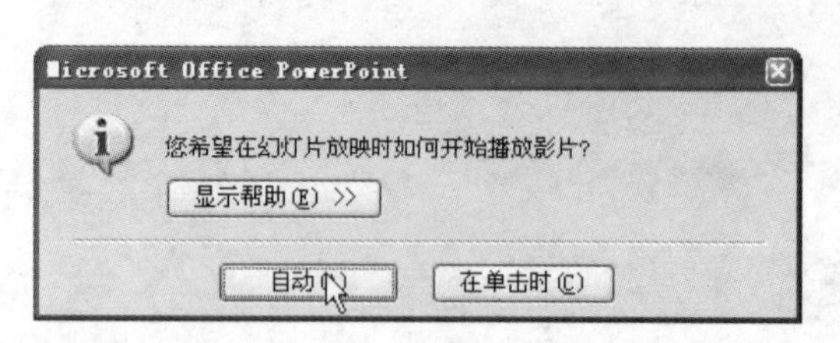

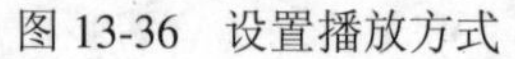

图13-36　设置播放方式

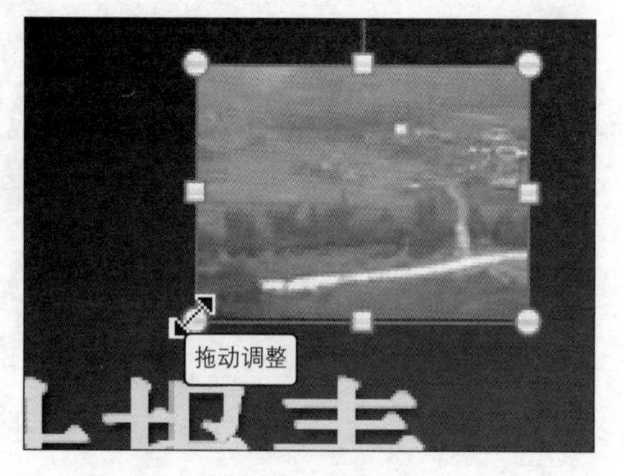

图13-37　调整影片

问题13-17：如何设置在放映幻灯片中影片内容时，全屏放映影片？

在影片工具“选项”选项卡下的“影片选项”组中选中“全屏播放”复选框即可。

Step 11 切换到影片工具“选项”选项卡下，在“影片选项”组中选中“放映时隐藏”和“循环播放，直到停止”复选框，如图13-38所示。

Step 12 单击“选项”选项卡下的“幻灯片放映音量”按钮，在展开的列表中单击“中”选项，如图13-39所示。

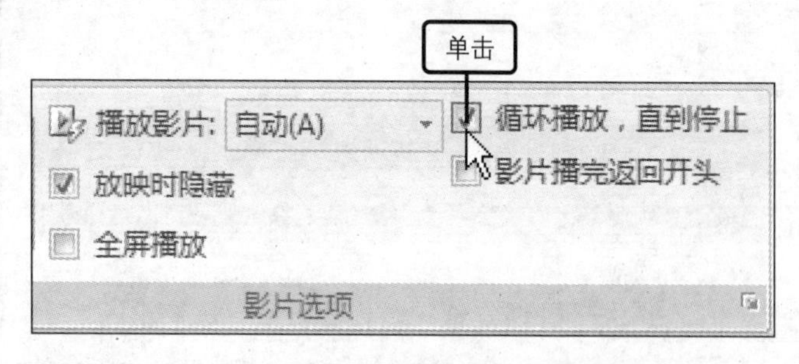

图13-38　设置影片选项

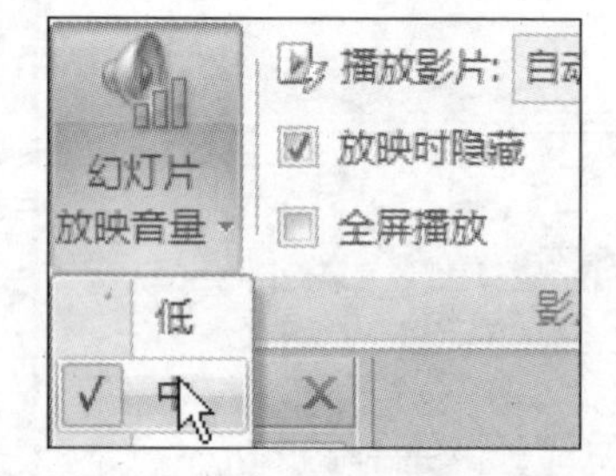

图13-39　设置放映音量

问题13-18：如何设置放映影片为静音效果？

在影片工具“选项”选项卡下单击“幻灯片放映音量”按钮，在展开的列表中单击“静音”选项即可。

Step 13 在“选项”选项卡下的“播放”组中，单击“预览”按钮，如图 13–40 所示，即可在当前幻灯片中查看影片的放映效果。

Step 14 如果需要设置精确的影片大小，可以在“选项”选项卡下的“大小”组中对其高度和宽度数值进行设置，如图 13–41 所示。

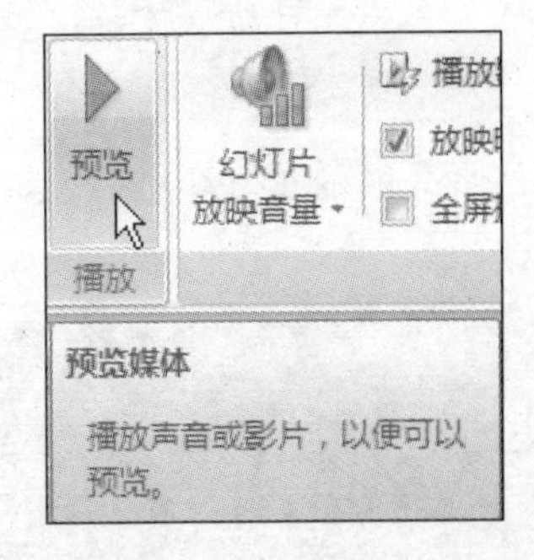

图 13-40　预览影片

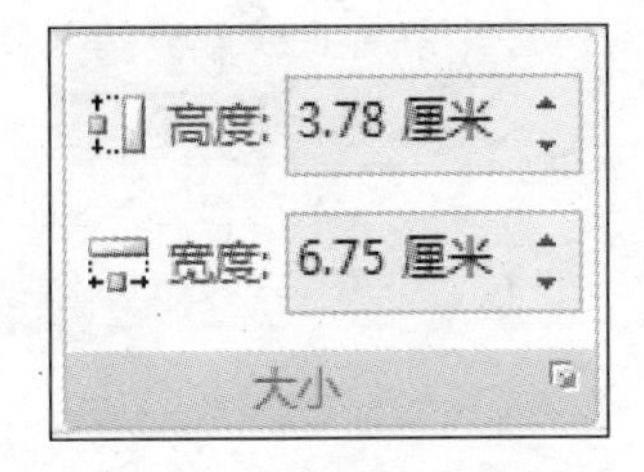

图 13-41　设置影片大小

13.2.2　插入声音添加音乐效果

用户除了可以为幻灯片插入视频文件外，还可以为其添加各种声音文件。PowerPoint 2007 支持在幻灯片中插入多种不同格式的声音文件，用户不仅可以插入 WAV 和 MIDI 格式的音乐文件，还可以添加 MP3 格式的声音文件。

原始文件： 第 13 章\原始文件\添加效果.pptx、贝多芬.mp3

最终文件： 第 13 章\最终文件\插入声音.pptx

Step 01 打开原始文件“添加效果.pptx”，选中第一张幻灯片，并切换到“插入”选项卡下，在“媒体剪辑”组中单击“声音”按钮，在展开的列表中单击“文件中的声音”选项，如图 13–42 所示。

Step 02 打开“插入声音”对话框，选中需要插入的声音文件，再单击“确定”按钮，如图 13–43 所示。

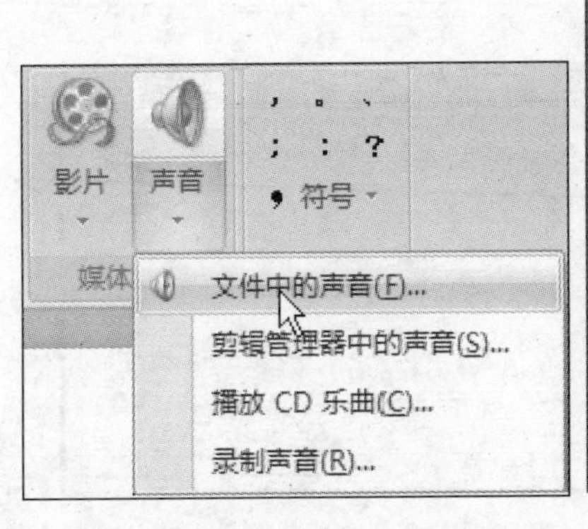

图 13-42　插入文件中的声音

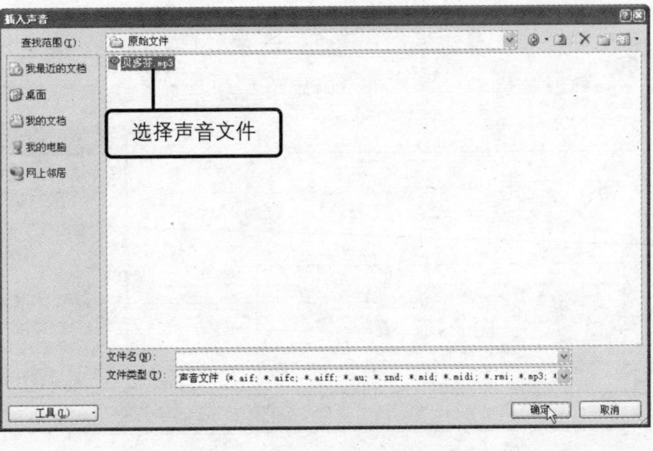

图 13-43　选择声音文件

问题 13-19：在演示文稿中加入多个声音文件需注意什么问题？

用户可以在演示文稿中插入多个声音文件，但添加完后，最好为它们分别设置播放和结束时间或者使用不同的触发器控制声音播放，以免它们同时播放互相冲突。

Step 03 弹出提示对话框，设置幻灯片放映时播放声音的方式，单击“自动”按钮，如图 13-44 所示。

Step 04 返回到幻灯片中，可以看到插入的声音文件以喇叭的形式显示在幻灯片中，如图 13-45 所示。

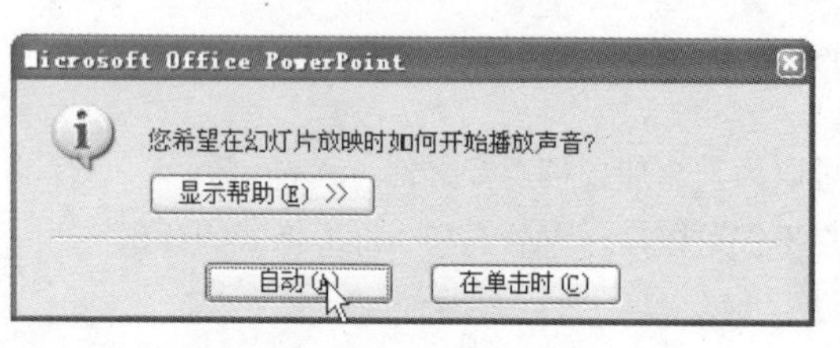

图 13-44　设置播放方式

图 13-45　插入声音图标

问题 13-20：在演示文稿中插入声音文件，可以在放映时进行音量控制吗？

在演示文稿中添加声音后，放映演示文稿的过程中声音文件的音量不能进行调整，而只能在普通视图中预先设置声音的音量。

Step 05 在声音工具“选项”选项卡下单击“声音选项”组中的对话框启动器按钮，如图 13-46 所示。

Step 06 打开“声音选项”对话框，选中“循环播放，直到停止”和“幻灯片放映时隐藏声音图标”复选框，再单击“确定”按钮，如图 13-47 所示。

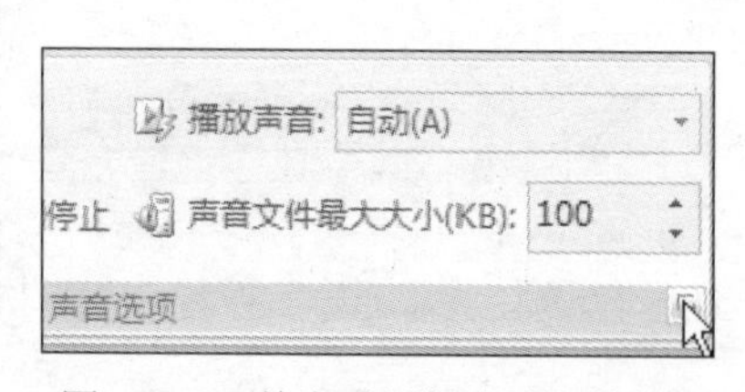

图 13-46　单击对话框启动器按钮

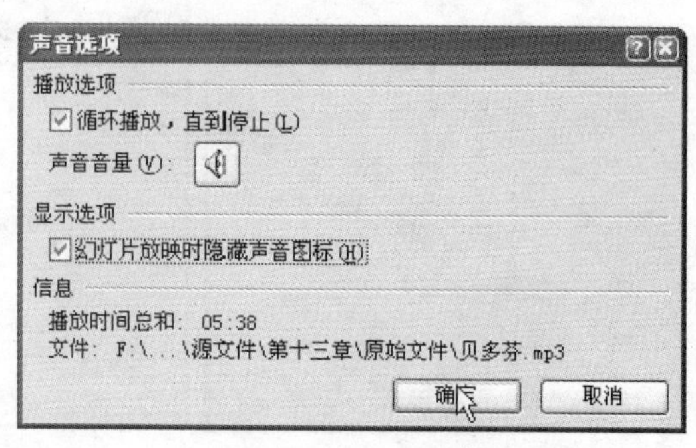

图 13-47　设置声音选项

问题 13-21：如何更改文件中插入的声音文件？

如果想使用新的声音文件，则选中需要被替换的声音文件将该声音图标删除，再重新进行添加即可。

Step 07 单击“幻灯片放映音量”按钮，在展开的列表中单击“中”选项，如图 13-48 所示。

Step 08 设置完成后，在幻灯片中双击声音图标，即可播放声音文件，预览声音效果，如图 13-49 所示。

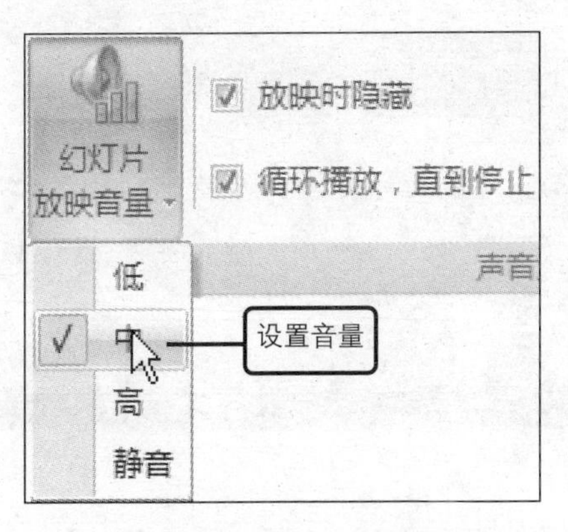

图 13-48 设置放映音量

图 13-49 预览声音效果

问题 13-22：如何设置声音图标的图片格式效果？

当用户在幻灯片中插入声音文件时，插入的文件将以图标的形式显示在幻灯片中，该图标在幻灯片普通视图中显示为图片，用户可以在图片工具“格式”选项卡下对其进行格式效果的设置。

13.3 添加链接

PowerPoint 为用户提供了链接功能，用户可以为幻灯片中不同的对象设置超链接或动作按钮，并对链接对象进行指定，从而方便在不同幻灯片之间切换的操作。超链接功能用于对幻灯片中已有对象内容指定链接，动作按钮则用于在幻灯片中添加相应的按钮，再对插入的按钮指定链接对象，用户可以根据需要选择合适的链接方式进行操作设置。

原始文件： 第 13 章\原始文件\添加链接.pptx

最终文件： 第 13 章\最终文件\添加链接.pptx

13.3.1 超链接功能的使用

在演示文稿中用户可以为任何文本或其他对象如图片、图形、表格等添加超链接从而实现与链接对象的快速切换操作。当用户在已添加链接对象的上方单击时，即可直接链接到其指定的位置处，大大方便了用户对演示文稿的编辑与制作，使其更加的完善，功能更为强大。

Step 01 打开原始文件“添加链接.pptx”，切换到第二张幻灯片，该幻灯片为演示文稿的目录幻灯片，用于执行切换幻灯片操作，如图 13–50 所示。

Step 02 选中幻灯片中需要添加链接的文字内容，如图 13–51 所示。

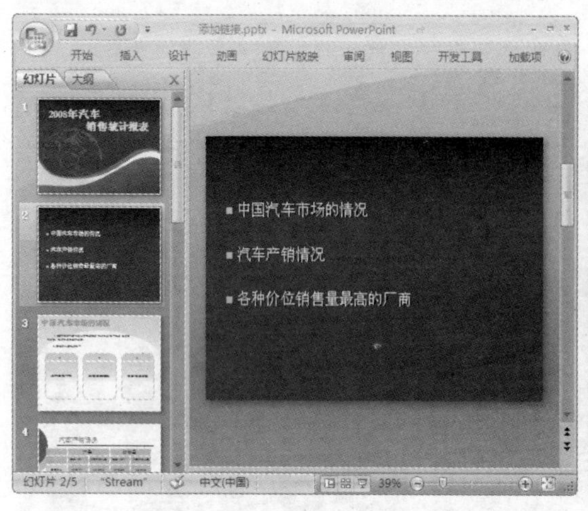

图 13-50　选定幻灯片

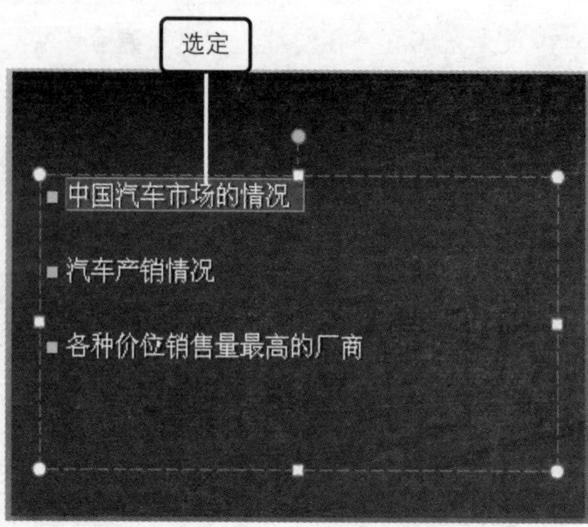

图 13-51　选定链接文字

问题 13-23：　什么是超链接？

超链接是从一张幻灯片到同一演示文稿中的另一张幻灯片的连接，或是从一张幻灯片到不同演示文稿中的另一张幻灯片、电子邮件地址、网页或文件等的连接。

Step 03 切换到“插入”选项卡下，单击“链接”组中的“超链接”按钮，如图 13–52 所示。

Step 04 打开“插入超链接”对话框，在“链接到”区域中单击“本文档中的位置”选项，如图 13–53 所示。

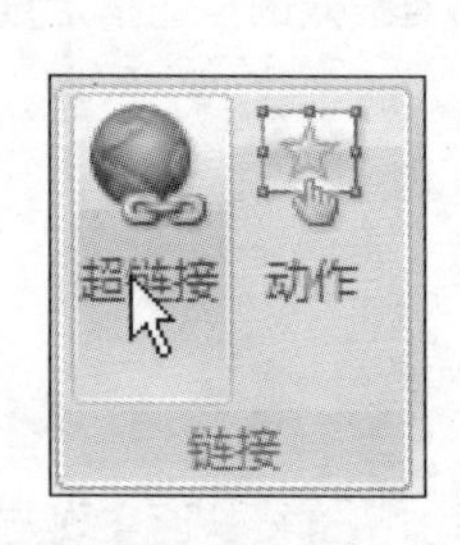

图 13-52　超链接按钮

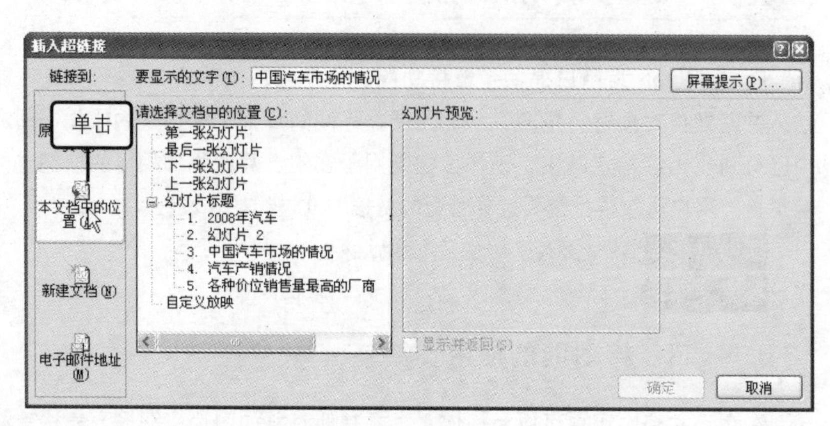

图 13-53　设置链接位置

Step 05 在“请选择文档中的位置”列表框中单击“3、中国汽车市场的情况”选项，再单击“屏幕提示”按钮，如图13–54所示。

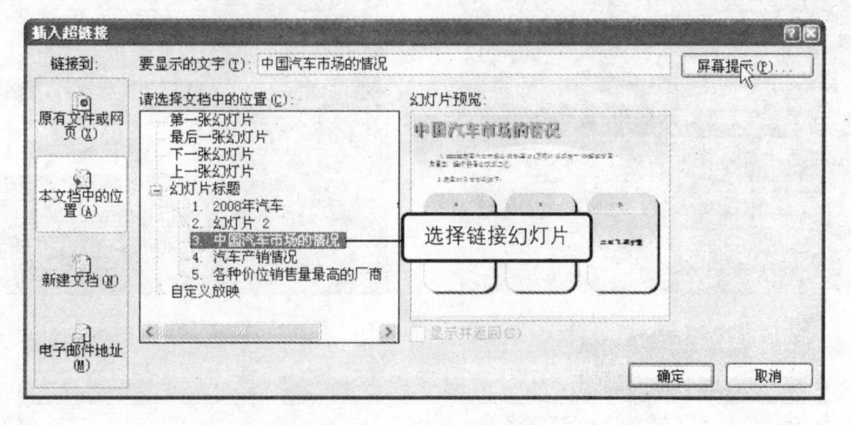

图 13-54 设置超链接对象

Step 06 打开“设置超链接屏幕提示”对话框，在“屏幕提示文字”文本框中输入需要添加的文字内容，再单击“确定”按钮，如图13–55所示。

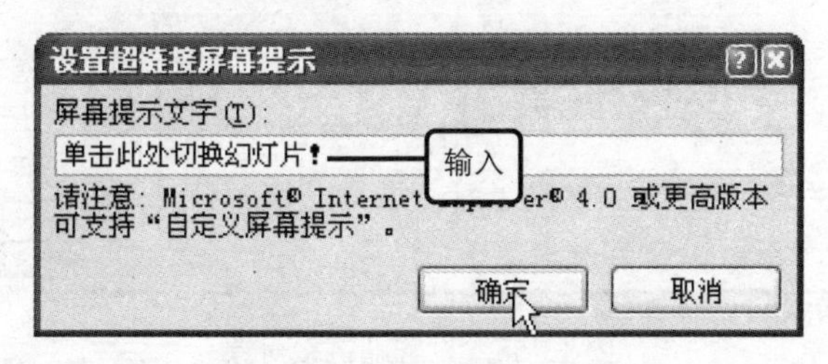

图 13-55 设置屏幕提示文字

问题 13-24: 如何更改超链接文本的颜色?

用户可以通过幻灯片主题功能来更改超链接文本的颜色，切换到“设计”选项卡下，在“主题”组中单击“颜色”按钮，在展开的列表中单击“新建主题颜色”选项，打开“新建主题颜色”对话框，在其中即可设置超链接文本的颜色效果。

Step 07 设置完成后返回到幻灯片中，可以看到添加了链接对象的文字内容显示超链接效果，如图13–56所示。

Step 08 选中幻灯片中需要添加链接的下一处文本内容并右击，在展开的列表中单击“超链接”选项，如图13–57所示。

Step 09 打开“插入超链接”对话框，单击“链接到”区域中的“本文档中的位置”选项，并在“请选择文档中的位置”列表框中单击“4 汽车产销情况”选项，再单击“确定”按钮，如图13–58所示。

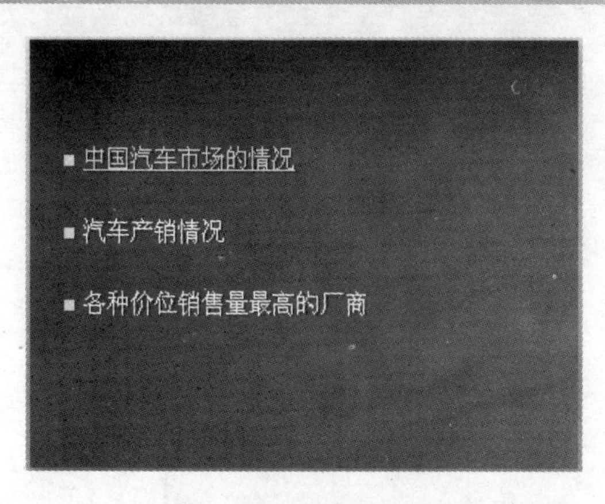

图 13-56 显示链接效果

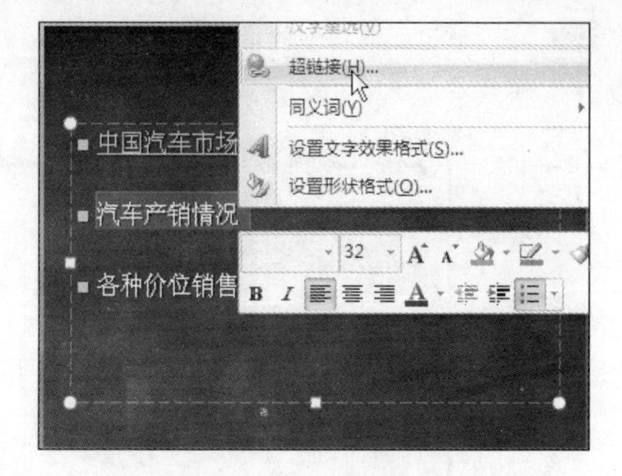

图 13-57 添加超链接

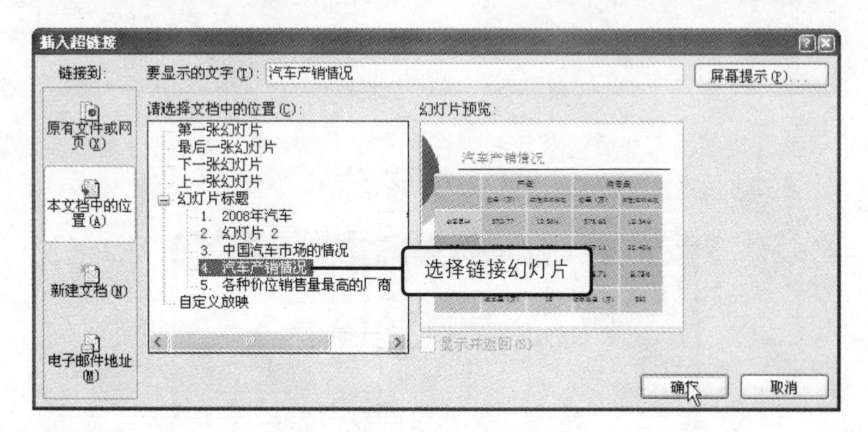

图 13-58 设置超链接对象

问题 13-25: 在普通视图方式下，单击已设置的超链接，为什么没有实现链接跳转？

超链接只有在幻灯片放映时才可以被激活，而在普通视图、幻灯片浏览视图中则不会被激活，用户可以进入幻灯片放映视图，再单击超链接跳转至目标位置。

Step 10 使用相同的方法分别为目录幻灯片中的不同文字内容指定链接的幻灯片，设置完成后切换到幻灯片放映视图方式中，在放映此幻灯片时，将鼠标放置在添加了超链接的文本内容上方，此时鼠标呈小手状，并显示屏幕提示文字内容，单击即可进行切换操作，如图 13—59 所示。

Step 11 切换到指定的幻灯片中，用户可以查看该幻灯片中相关信息内容，如图 13—60 所示。

问题 13-26: 如何去除超链接文本下的下画线？

用户可以直接对文本框而非文本设置超链接，此时在文本下方不会出现下画线。

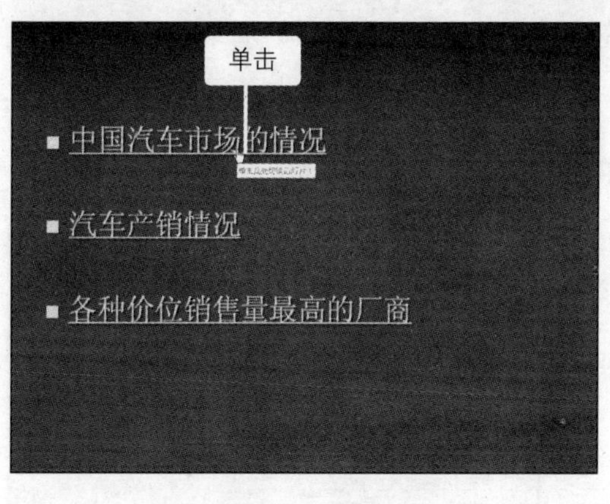

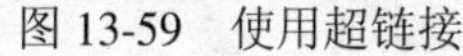

图 13-59　使用超链接

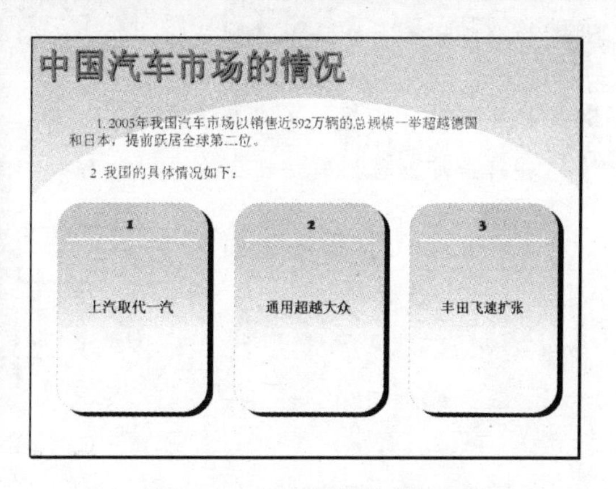

图 13-60　切换到链接的幻灯片

13.3.2　添加动作按钮进行快速切换

在幻灯片中用户还可以添加现成的动作按钮，来实现放映过程中激活某个链接对象或与其他幻灯片进行链接的功能。动作按钮使幻灯片之间的切换操作更加方便快捷，同时可使幻灯片更加的美观大方，下面介绍其具体的操作与使用方法。

Step 01　继续上一小节中的实例文件，切换到第三张幻灯片，如图 13-61 所示。

Step 02　切换到“插入”选项卡下，在“插图”组中单击“形状”按钮，在展开的列表中单击“动作按钮：自定义”选项，如图 13-62 所示。

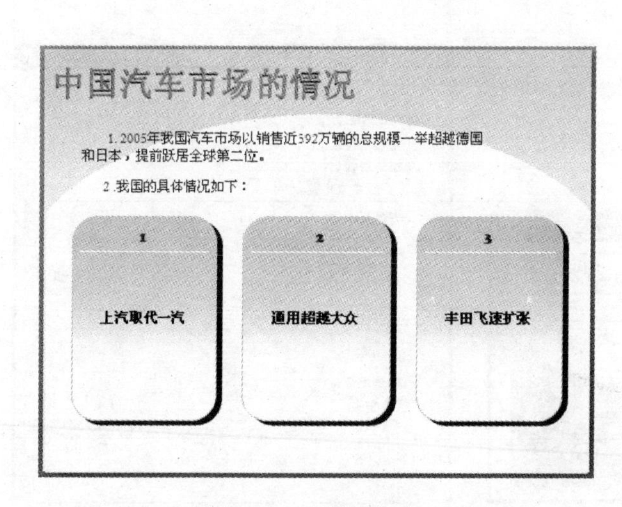

图 13-61　选定幻灯片

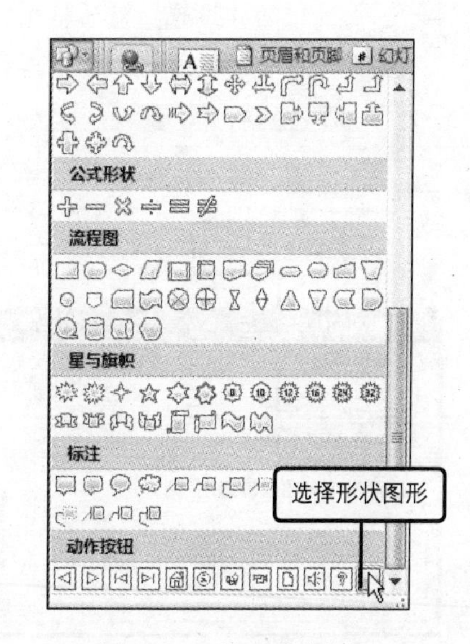

图 13-62　插入动作按钮

问题 13-27：　动作按钮的功能是什么？

动作按钮是一个现成的按钮，可将其插入到演示文稿中，也可以为其定义超链接。

Step 03 拖动鼠标在幻灯片中绘制动作按钮，绘制完成后释放鼠标，如图13-63所示。

Step 04 打开“动作设置”对话框，切换到“单击鼠标”选项卡下，选择“超链接到”单选按钮并单击其下拉列表按钮，在展开的列表中单击“幻灯片”选项，如图13-64所示。

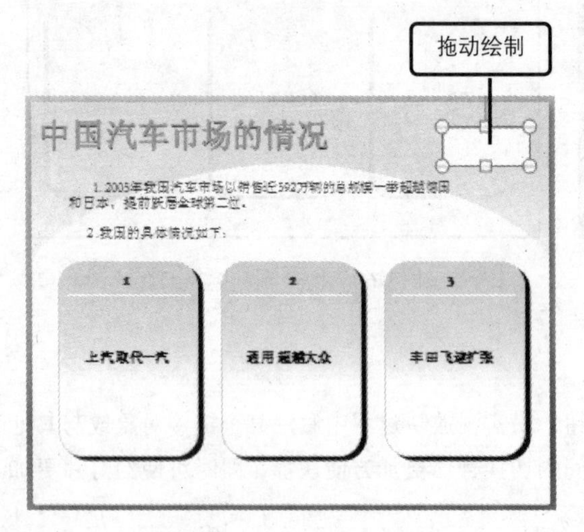

图13-63 绘制动作按钮

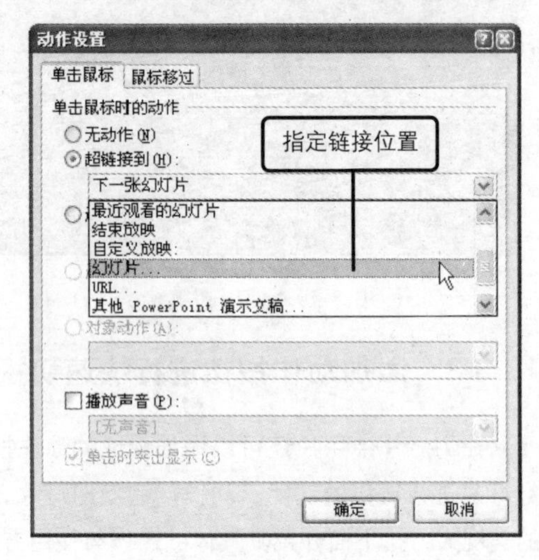

图13-64 指定链接位置

Step 05 打开“超链接到幻灯片”对话框，单击“2.幻灯片2”选项，再单击“确定”按钮，如图13-65所示。

Step 06 返回到“动作设置”对话框中，选中“播放声音”复选框，并单击其下拉列表按钮，在展开的列表中单击“单击”选项，如图13-66所示。

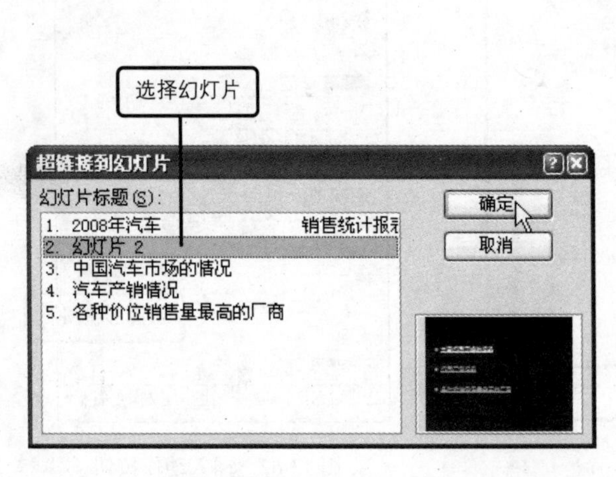

图13-65 选定幻灯片

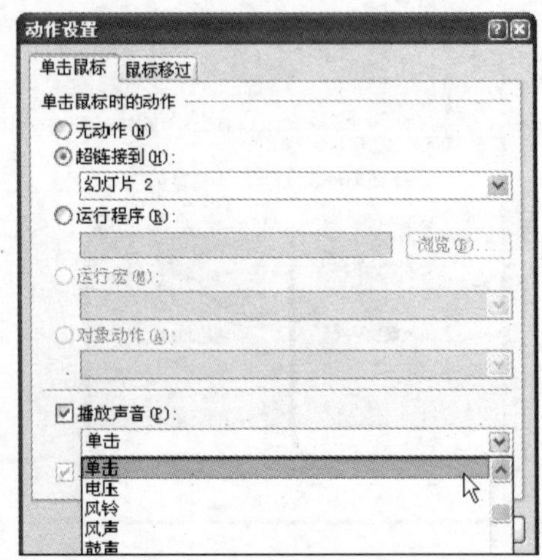

图13-66 设置播放动作

Step 07 完成链接设置后，返回到幻灯片中，在绘制的动作按钮上方右击，在展开的列表中单击“编辑文字”选项，如图13-67所示。

Step 08 在动作按钮中输入需要添加的文字内容，并设置其字体颜色为红色，如图13-68所示。

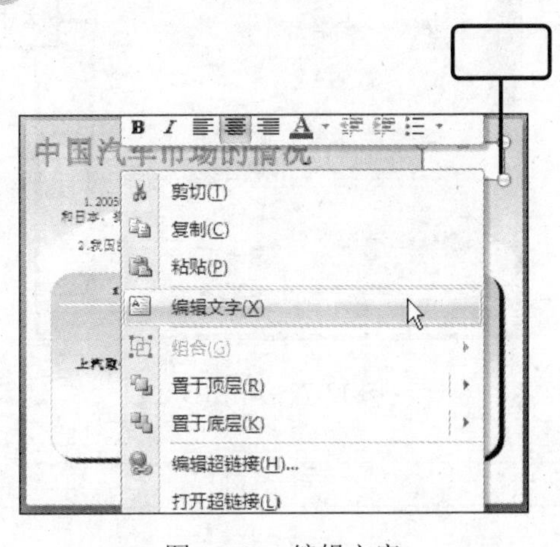

图 13-67　编辑文字

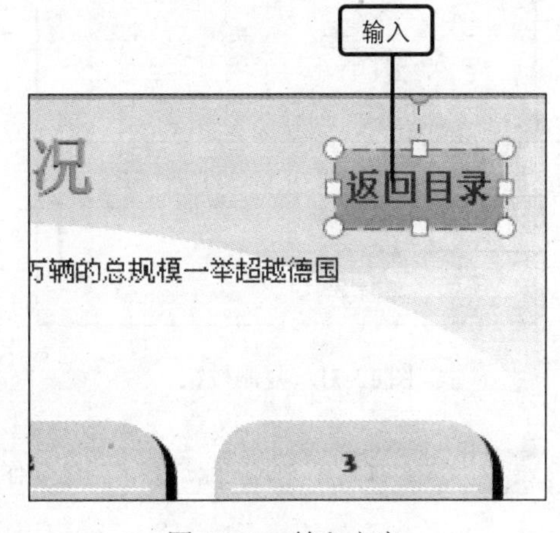

图 13-68　输入文字

问题 13-28：　如何设置当鼠标移过动作按钮时执行操作？

在动作按钮上方右击，在展开的列表中单击“编辑超链接”选项，打开“动作设置”对话框，切换到“鼠标移过”选项卡下，在其中设置动作按钮的链接对象，并单击“确定”按钮即可。

Step 09 在绘图工具“格式”选项卡下的“形状样式”组中单击“强烈效果–强调颜色2”选项，如图13–69所示。

Step 10 返回到幻灯片中，查看设置后的动作按钮效果，如图13–70所示。

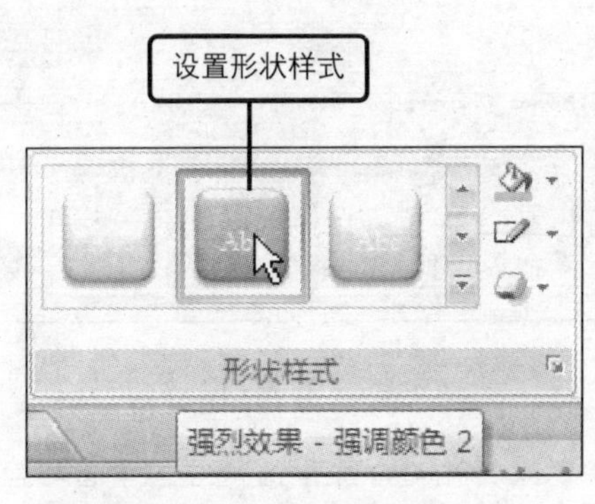

图 13-69　设置形状样式

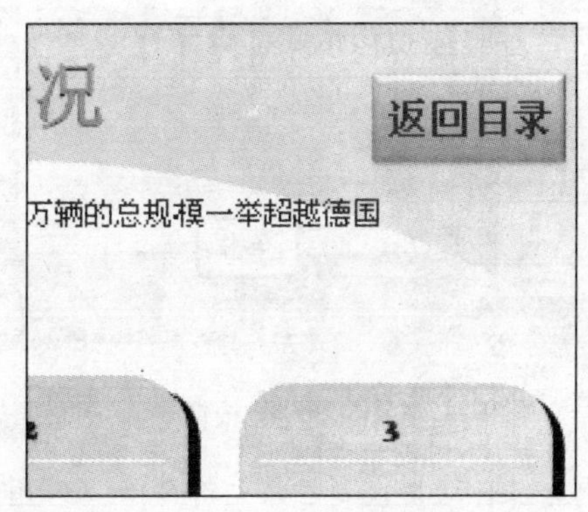

图 13-70　查看按钮效果

Step 11 在绘制的动作按钮上方右击，在展开的列表中单击“复制”选项，如图13–71所示。

Step 12 切换到下一张幻灯片中并右击，在展开的列表中单击“粘贴”选项，如图13–72所示。

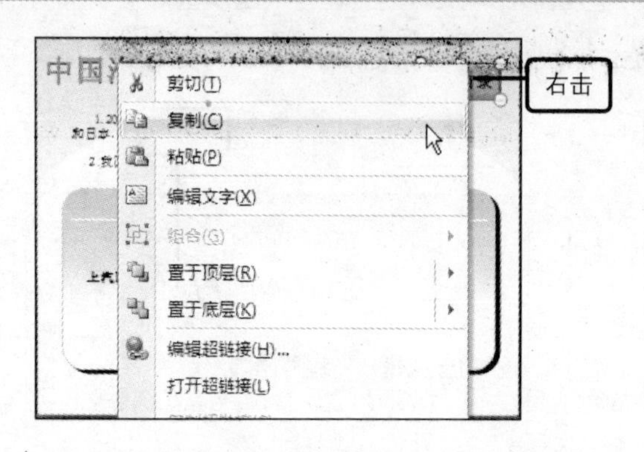

图 13-71　复制按钮

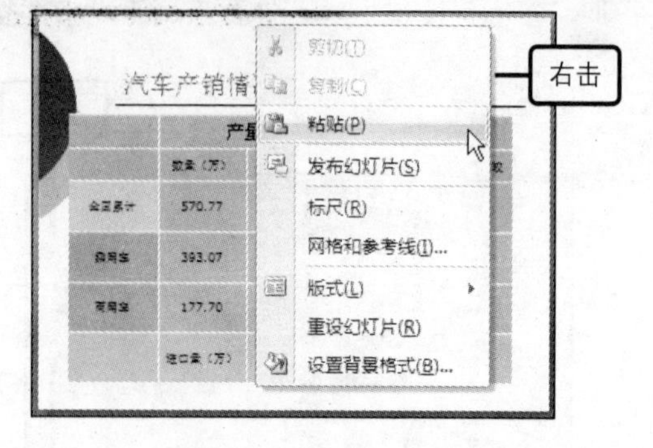

图 13-72　粘贴按钮

问题 13-29：　如何快速的删除幻灯片中的动作按钮？

在幻灯片中选中需要删除的动作按钮，再按键盘中的【Delete】键，即可快速的删除选定的动作按钮。

Step 13 使用相同的方法为第五张幻灯片粘贴相同的动作按钮，添加完成后单击状态栏中的放映幻灯片按钮，如图 13–73 所示。

Step 14 切换到全屏放映视图方式下，单击制作的动作按钮，如图 13–74 所示。

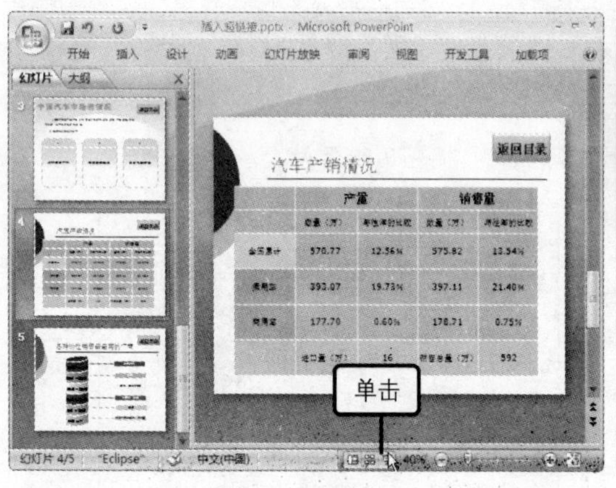

图 13-73　添加动作按钮

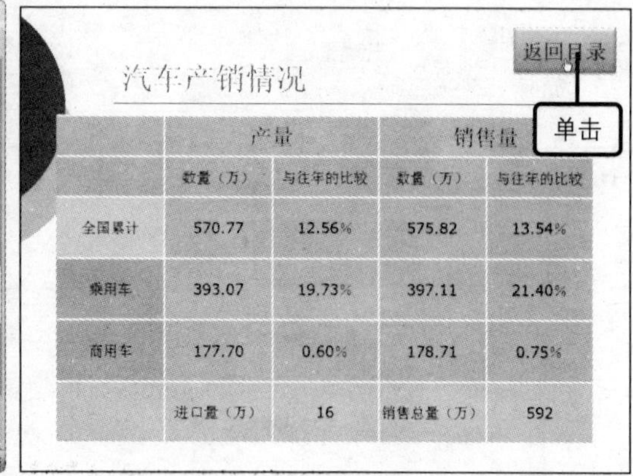

	产量		销售量	
	数量（万）	与往年的比较	数量（万）	与往年的比较
全国累计	570.77	12.56%	575.82	13.54%
乘用车	393.07	19.73%	397.11	21.40%
商用车	177.70	0.60%	178.71	0.75%
	进口量（万）	16	销售总量（万）	592

图 13-74　使用动作按钮

Step 15 此时，自动切换到目录幻灯片下，若用户需要查看其他幻灯片中的内容，单击相应的文字链接即可，如图 13–75 所示。

问题 13-30：　如何将 PowerPoint 演示文稿中的大纲转化为 Word 文档？

用户可以把演示文稿另存为 RTF 格式的文件，然后打开 Word 文档，通过 Word 文档在打开 RTF 格式的文档即可。

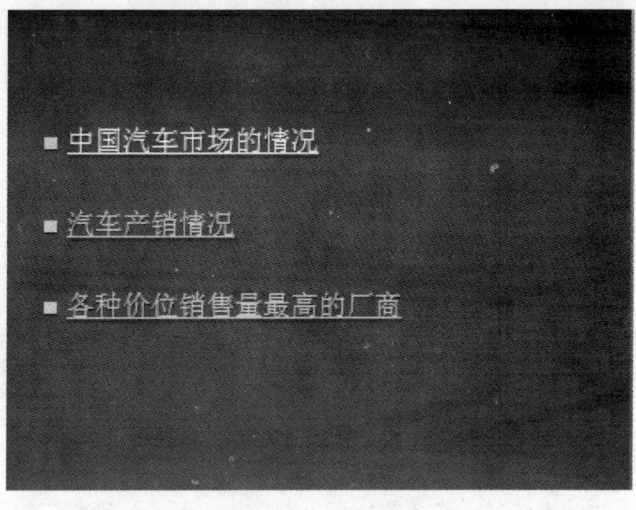

图 13-75　文字链接

13.4　实例提高：制作企业简介演示文稿

本章为用户介绍如何为幻灯片添加丰富的效果，如在幻灯片中插入视频影片、声音文件等，使其更加生动。为幻灯片中不同对象设置动画效果，使其在放映的过程中更加具有动画效果，在切换幻灯片时，指定不同幻灯片之间的链接关系，使幻灯片的切换更加方便快捷。本例将以制作企业简介相关演示文稿为例，为用户介绍如何灵活运用所学的操作与设置功能。

原始文件： 第 13 章\原始文件\企业简介.pptx、贝多芬.mp3

最终文件： 第 13 章\最终文件\企业简介.pptx

Step 01 打开原始文件“企业简介.pptx”，查看已编辑的演示文稿中相关幻灯片内容，如图 13-76 所示。

Step 02 选中第一张幻灯片中左上角的公司标志图片内容，如图 13-77 所示。

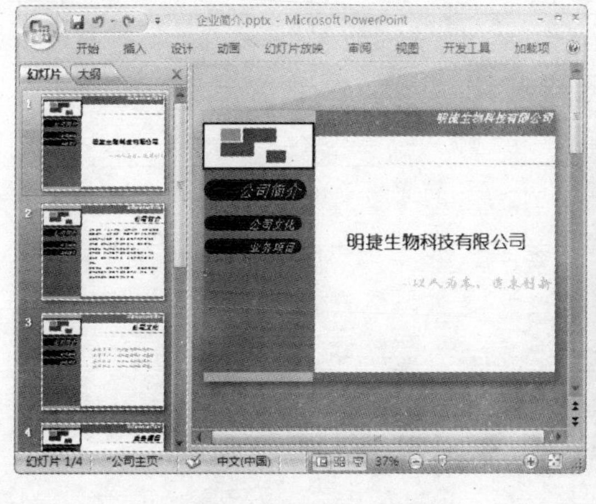

图 13-76　查看演示文稿

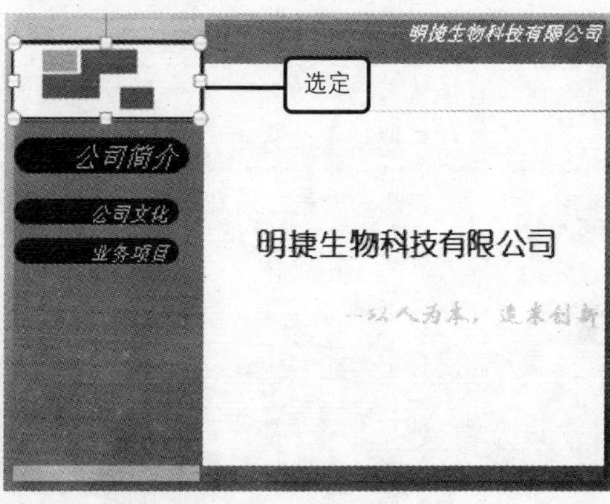

图 13-77　选定图片

Step 03 切换到“动画”选项卡下，单击“动画”组中的“自定义动画”按钮，如图 13-78 所示。

Step 04 打开“自定义动画”窗格，单击“添加效果”按钮，在展开的列表中单击“进入”选项，并单击“百叶窗”选项，如图 13-79 所示。

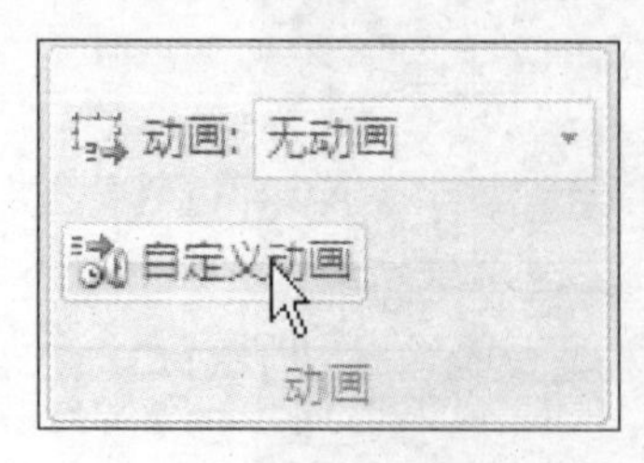

图 13-78 自定义动画

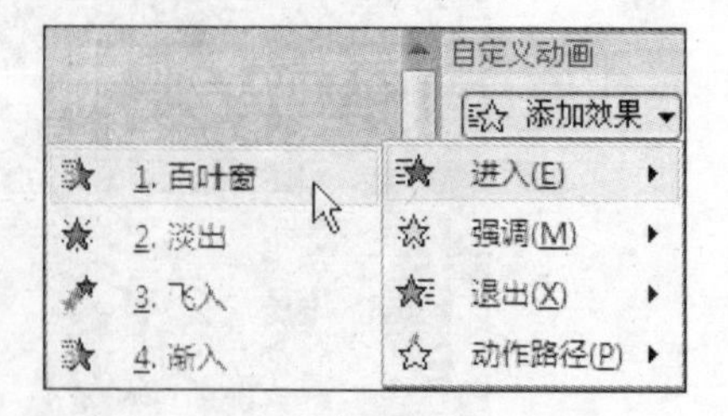

图 13-79 添加效果

Step 05 单击“开始”下拉列表按钮，在展开的列表中单击“之后”选项，如图 13-80 所示。

Step 06 在幻灯片中按下【Ctrl】键的同时单击选中标题与副标题占位符，如图 13-81 所示。

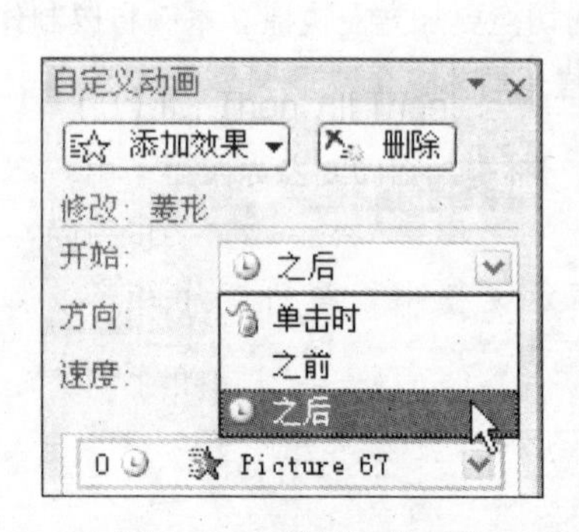

图 13-80 设置开始方式

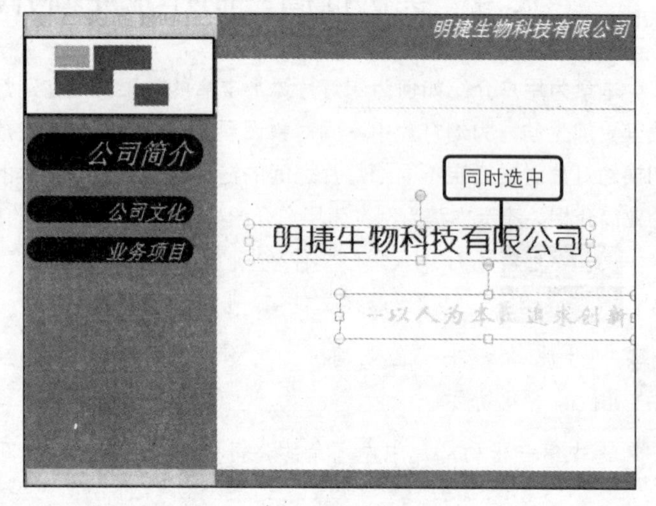

图 13-81 选中占位符

Step 07 在“自定义动画”窗格中单击“添加效果”按钮，在展开的列表中单击“强调”选项，并单击“其他效果”选项，如图 13-82 所示。

Step 08 打开“添加强调效果”按钮，单击“彩色波纹”选项，再单击“确定”按钮，如图 13-83 所示。

Step 09 完成动画效果的添加后，设置其开始方式为“之后”，并单击“速度”下拉列表按钮，在展开的列表中单击“中速”选项，如图 13-84 所示。

Step 10 切换到“插入”选项卡下，在“媒体剪辑”组中单击“声音”按钮，在展开的列表中单击“文件中的声音”选项，如图 13-85 所示。

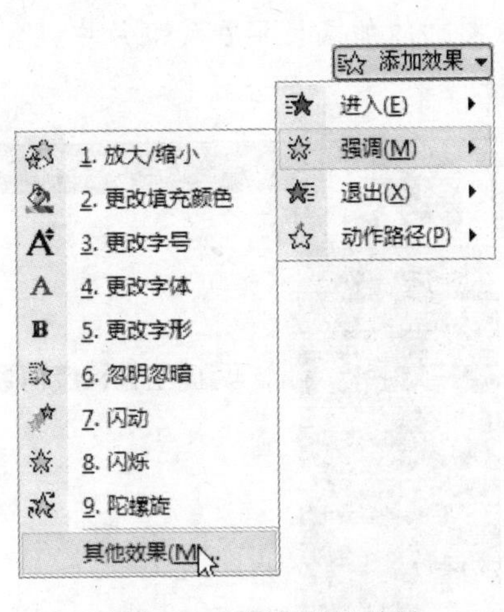

图 13-82 添加强调效果

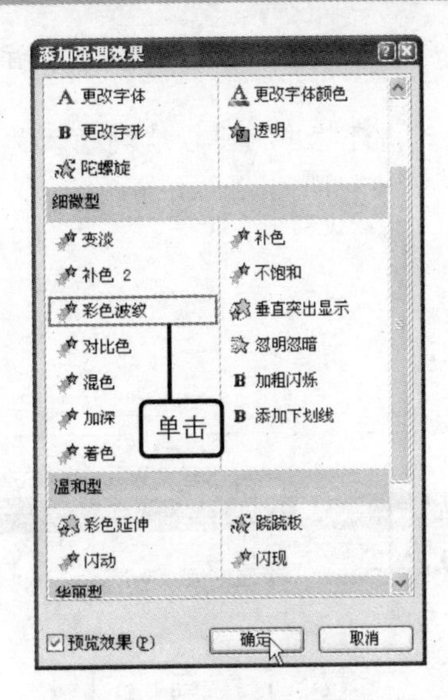

图 13-83 选择强调效果

图 13-84 设置速度

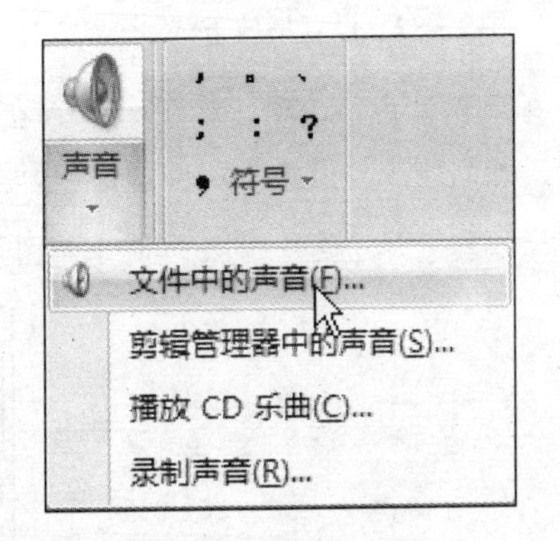

图 13-85 插入声音

Step 11 打开“插入声音”对话框，选择需要插入的声音文件，并单击“确定”按钮，如图 13–86 所示。

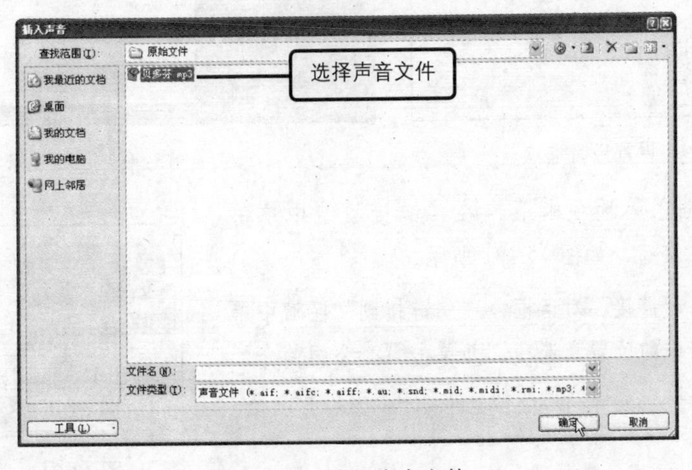

图 13-86 选择声音文件

Step 12 弹出提示对话框，设置开始播放声音的方式，单击“自动”按钮，如图13-87所示。

Step 13 返回到幻灯片中，可以看到插入的声音以图标的形式显示在幻灯片中，如图13-88所示。

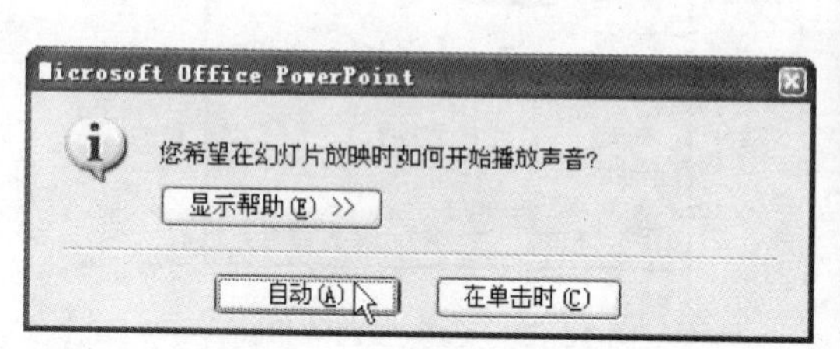

图13-87 设置播放方式

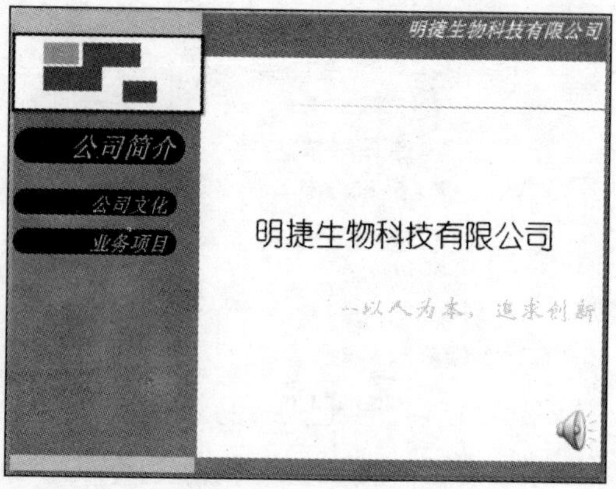

图13-88 显示声音图标

Step 14 切换到声音工具“选项”选项卡下，在“声音选项”组中选中“放映时隐藏”和“循环播放，直到停止”复选框，如图13-89所示。

Step 15 在第一张幻灯片中选中“公司简介”图形，如图13-90所示。

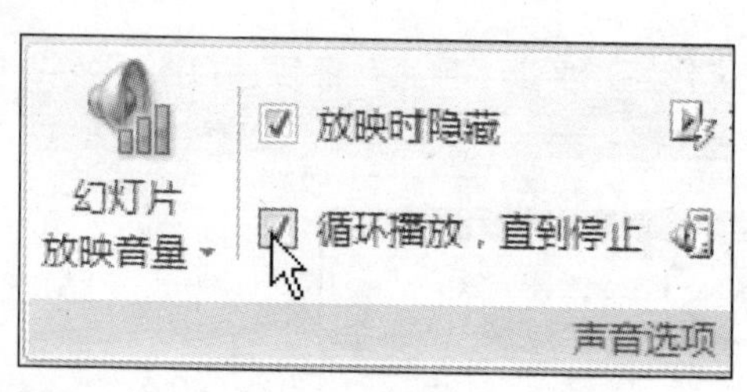

图13-89 设置声音选项

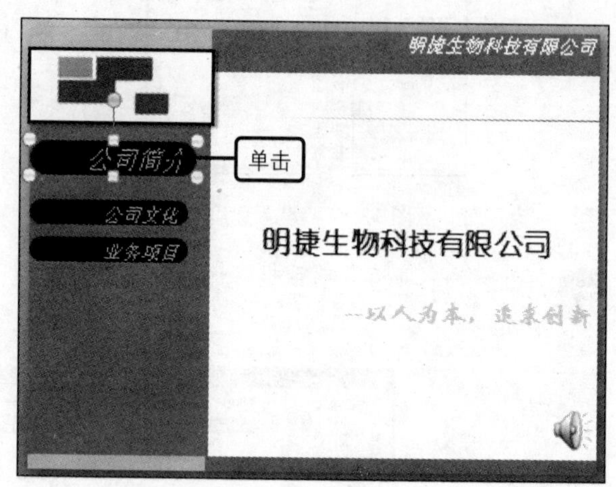

图13-90 选定对象

Step 16 切换到“插入”选项卡下，在“链接”组中单击“超链接”按钮，如图13-91所示。

Step 17 打开“插入超链接”对话框，在“链接到”区域中单击“本文档中的位置”选项，并单击“2 公司简介”选项，最后单击“确定”按钮，如图13-92所示。

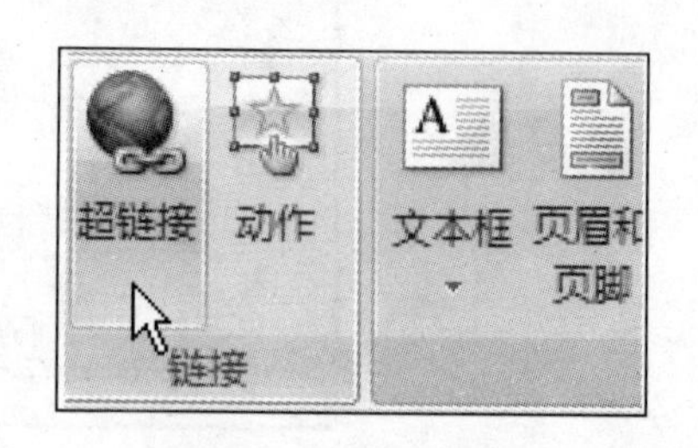

图13-91 插入超链接

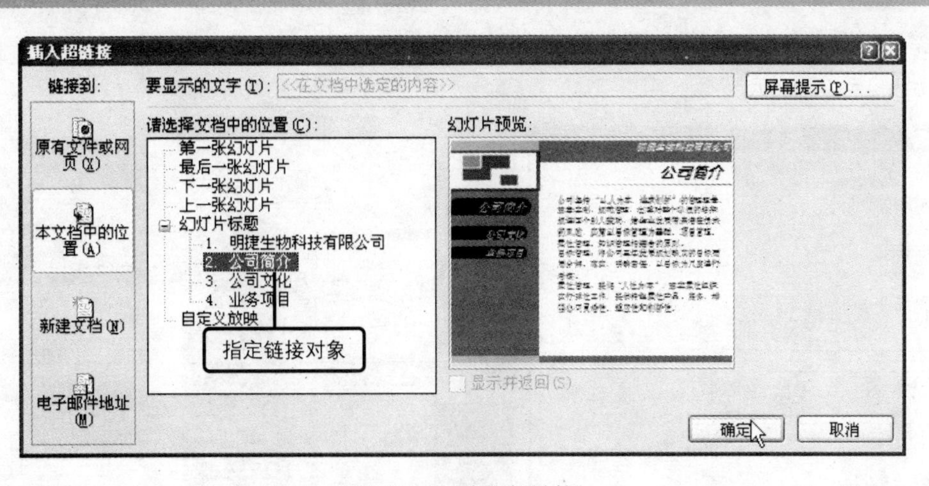

图 13-92　选择超链接

Step 18 使用相同的方法为幻灯片中的公司文化、业务项目图形对象指定链接对象。设置完成后切换到“插入”选项卡下，在“插图”组中单击“形状图形”按钮，在展开的列表中单击“动作按钮：第一张”选项，如图 13—93 所示。

Step 19 拖动鼠标在幻灯片中绘制动作按钮，如图 13—94 所示。

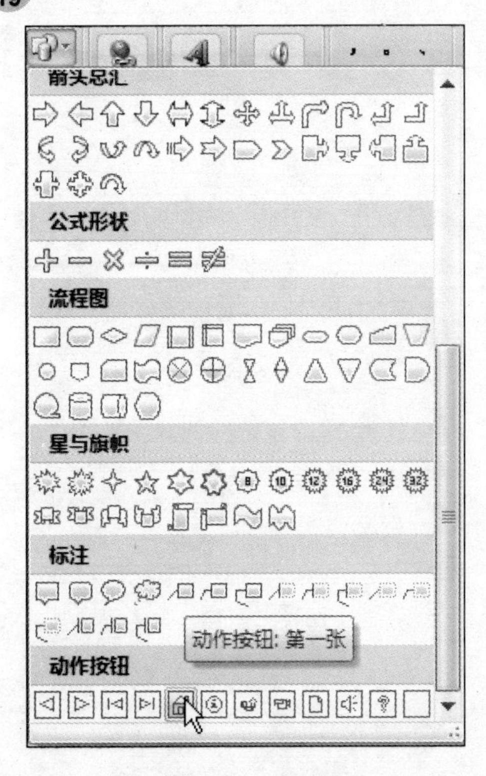

图 13-93　插入动作按钮

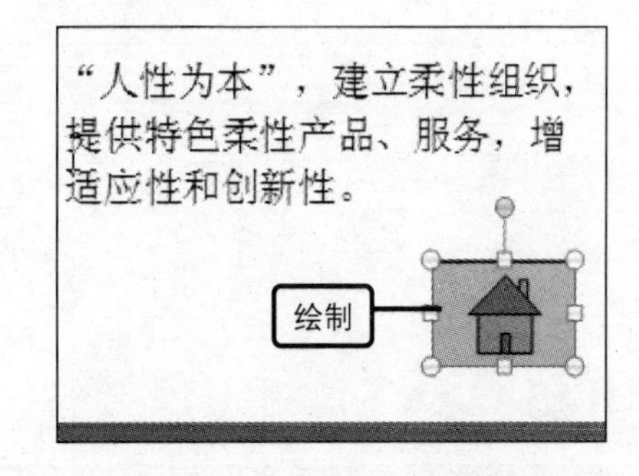

图 13-94　绘制动作按钮

Step 20 打开“动作设置”对话框，在“单击鼠标”选项卡下显示链接到第一张幻灯片，单击“确定”按钮即可，如图 13—95 所示。

Step 21 完成动作按钮的设置后，将该按钮复制到其余幻灯片中，完成演示文稿的编辑与制作，如图 13-96 所示。

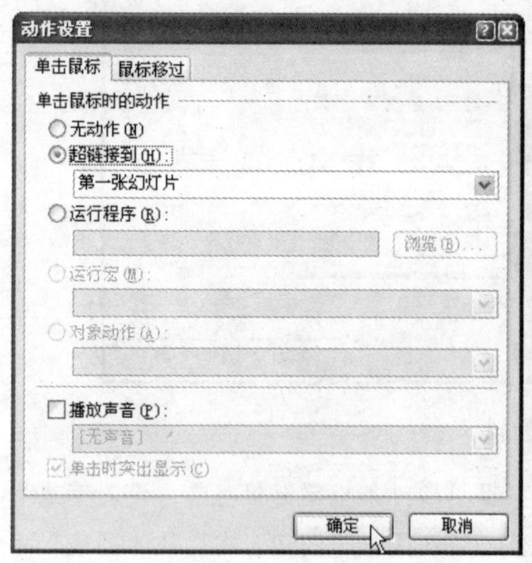

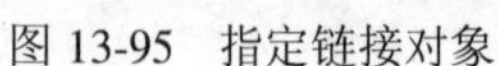
图 13-95　指定链接对象

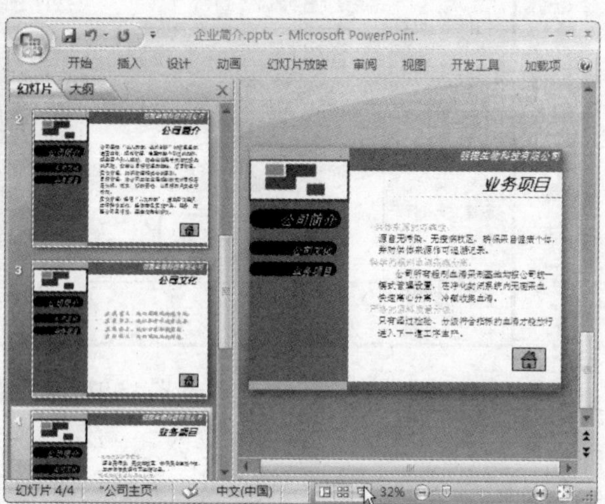

图 13-96　完成演示文稿的制作

幻灯片在高效办公中的放映与发布

为了达到真正的演示作用，在放映演示文稿之前，用户首先需要设置幻灯片的放映效果。PowerPoint 为用户提供了多种不同的放映方式，方便在不同的场合进行放映。在完成演示文稿的制作后，用户可以使用 PowerPoint 的发布功能，将演示文稿发布为 CD 数据包。PowerPoint 还为用户提供了强大的网络功能，用户可将演示文稿保存为网页，从而可以很方便的发布到 Web 网页站点，使用户在不同的地点不同的场合与不同的人员进行实时交流。

14.1　幻灯片放映设置

用户在放映演示文稿时，可以根据需要选择不同的放映方式进行播放，PowerPoint 为用户提供了幻灯片放映设置功能，用户不仅可以设置幻灯片的放映类型，还可以对放映选项、幻灯片换片方式等内容进行设置，从而使演示文稿按用户的需要进行更好的放映，下面介绍用户如何设置幻灯片放映选项。

原始文件： 第 14 章\原始文件\幻灯片放映设置.pptx

14.1.1　设置幻灯片放映方式

用户在放映幻灯片之前，可以首先对演示文稿的放映方式进行设置，如设置其放映类型、放映选项、换片方式等相关内容。本节将为用户介绍如何对演示文稿的放映方式进行设置，用户可以打开“设置放映方式”对话框进行操作设置，其具体的设置方法如下。

Step 01 打开原始文件“幻灯片放映设置.pptx”，查看编辑完成的演示文稿相关幻灯片内容，如图 14—1 所示。

Step 02 切换到“幻灯片放映”选项卡下，在“设置”组中单击“设置幻灯片放映”按钮，如图 14—2 所示。

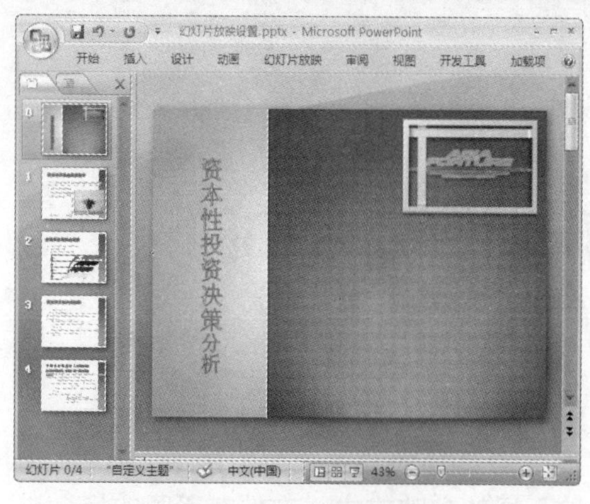
图 14-1　查看演示文稿

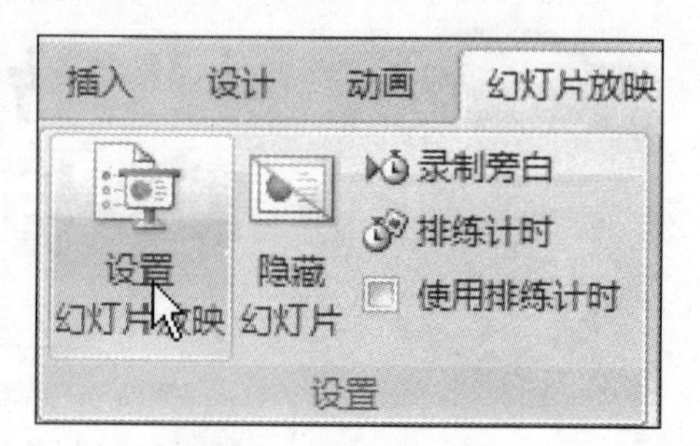

图 14-2　设置幻灯片放映

问题 14-1：　如何设置演示文稿中不同幻灯片的切换动画效果？

切换到“动画”选项卡下，在“切换到此幻灯片”组中单击“切换方案”下拉列表按钮，在展开的列表中选择需要应用的幻灯片切换动画效果即可。

Step 03 打开“设置放映方式”对话框，选择“演讲者放映（全屏幕）”单选按钮，如图 14-3 所示，再单击“确定”按钮。

Step 04 单击窗口状态栏中的“幻灯片放映”按钮，切换到演讲者全屏幕放映视图方式下，如图 14-4 所示。在这种方式下，演讲者拥有完整的控制权，可以采用自动或人工方式进行放映。

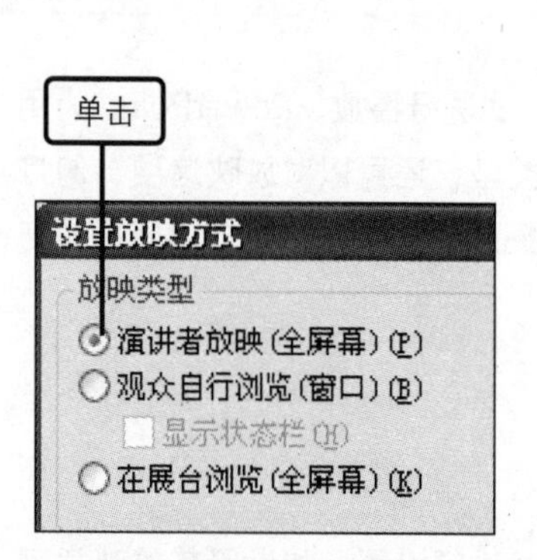

图 14-3　设置放映类型-1

图 14-4　使用演讲者放映方式

问题 14-2：　如何设置演示文稿为自动播放类型？

单击窗口中的 Office 按钮，在弹出的菜单中单击“另存为”命令，打开“另存为”对话框，单击“保存类型”下拉列表按钮，在展开的列表中单击“PowerPoint 放映.（*.ppsx）”选项，再单击“确定”按钮即可。

Step 05 用户可以使用其他的放映类型，打开“设置放映方式”对话框，选择“观众自行浏览（窗口）”单选按钮，并选中“显示状态栏”复选框，如图 14-5 所示，再单击“确定”按钮。

Step 06 单击窗口状态栏中的“幻灯片放映”按钮，切换到观众自行浏览方式下，如图 14-6 所示。在这种方式下，演示文稿显示在一个小型窗口中，用户可以在窗口右侧拖动滚动条从一张幻灯片切换到另一张幻灯片。

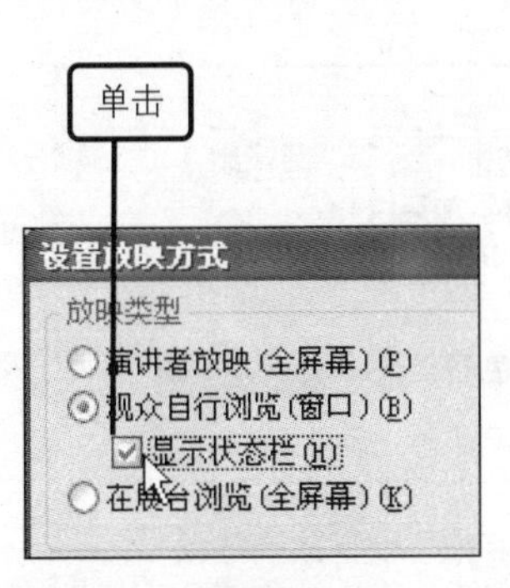

图 14-5　设置放映类型-2

图 14-6　观众自行浏览方式

问题 14-3：　何使用键盘操作放映幻灯片？

答：按【F5】快捷键，可以开始放映幻灯片，使用键盘上的【PageDown】键、【PageUp】键和方向键可以进行幻灯片的切换。

Step 07 打开“设置放映方式”对话框，选择“在展台浏览（全屏幕）”单选按钮，如图 14-7 所示，再单击“确定”按钮。

Step 08 单击窗口状态栏中的“幻灯片放映”按钮，切换到展台浏览方式下，如图 14-8 所示。在这种方式下，演示文稿通常被设置为自动放映，并且大多数控制命令不可用，以避免他人更改幻灯片放映，在每次放映完毕后会自动重新放映。

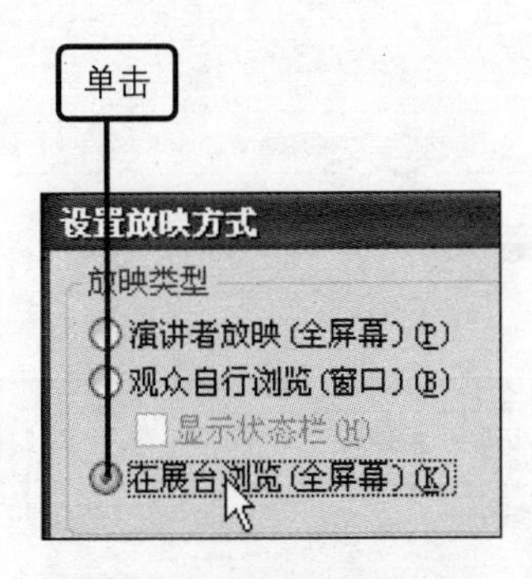

图 14-7　设置放映类型-3

图 14-8　展台浏览方式

问题 14-4： 如何在窗口模式下播放幻灯片？

放映幻灯片时，PowerPoint 默认的是以全屏形式播放幻灯片，如果用户需要在窗口模式下播放幻灯片，可在按住【Alt】键的同时，依次按下【D】键和【V】键即可在窗口中播放幻灯片。

Step 09 用户可以设置演示文稿的放映内容，打开“设置放映方式”对话框，在“放映幻灯片”区域中选择“全部”单选按钮，设置放映所有的幻灯片内容，如图 14-9 所示。

Step 10 用户可以设置放映选项，打开“设置放映方式”对话框，在“放映选项”区域中选中“循环放映，按 ESC 键终止”复选框，如图 14-10 所示，设置放映时自动循环进行放映。

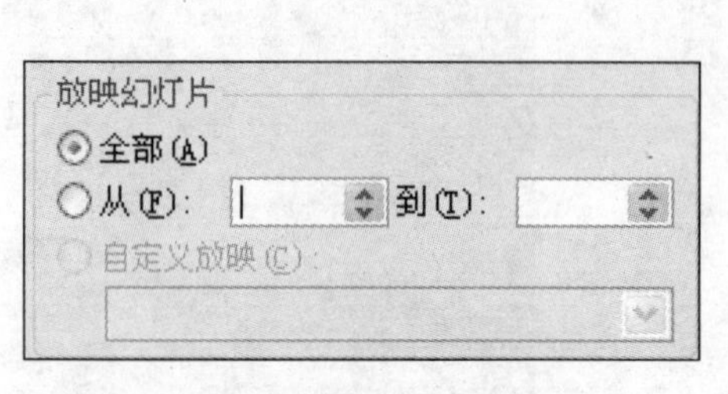

图 14-9 设置放映幻灯片内容

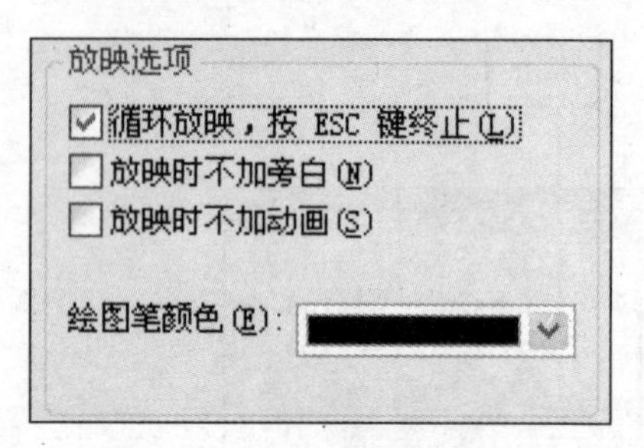

图 14-10 设置放映选项

问题 14-5： 如何设置放映演示文稿中的某一部分幻灯片内容？

打开“设置放映方式”对话框，在“放映幻灯片”区域中选择“从”单选按钮，并设置需要放映幻灯片的编号数值即可。

Step 11 用户可以设置放映幻灯片的换片方式，打开“设置放映方式”对话框，在“换片方式”区域中选择“手动”单选按钮，如图 14-11 所示。

Step 12 用户可以设置幻灯片放映的分辨率，打开“设置放映方式”对话框，单击“性能”区域中的“幻灯片放映分辨率”的下拉列表按钮，在展开的列表中可根据需要选择设置分辨率选项，如图 14-12 所示。

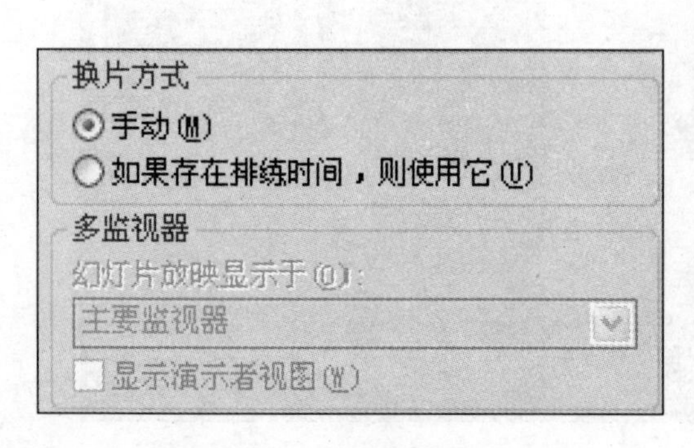

图 14-11 设置换片方式

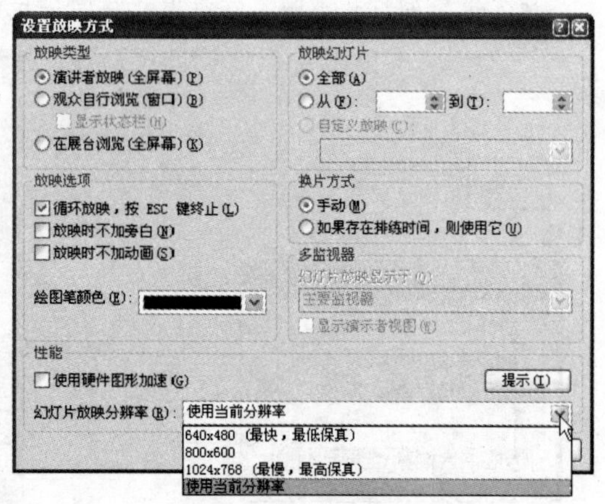

图 14-12 设置放映分辨率

问题 14-6：如何设置放映幻灯片时不显示动画效果？

打开“设置放映方式”对话框，在“放映选项”区域中选中“放映时不加动画”复选框即可。

14.1.2 自定义放映幻灯片

针对不同的场合或观众群，演示文稿放映的幻灯片内容也不尽相同。此时，用户可以使用 PowerPoint 的自定义放映功能，将演示文稿中需要放映的幻灯片内容进行添加，将其指定到自定义放映的新演示文稿中，完成自定义放映幻灯片的编辑，下面为用户介绍其具体的操作与设置方法。

原始文件： 第 14 章\原始文件\幻灯片放映设置.pptx

最终文件： 第 14 章\最终文件\自定义放映.pptx

Step 01 打开原始文件“幻灯片放映设置.pptx”，切换到“幻灯片放映”选项卡下，在“开始放映幻灯片”组中单击“自定义幻灯片放映”按钮，在展开的列表中单击“自定义放映”选项，如图 14-13 所示。

Step 02 打开“自定义放映”对话框，单击“新建”按钮，如图 14-14 所示。

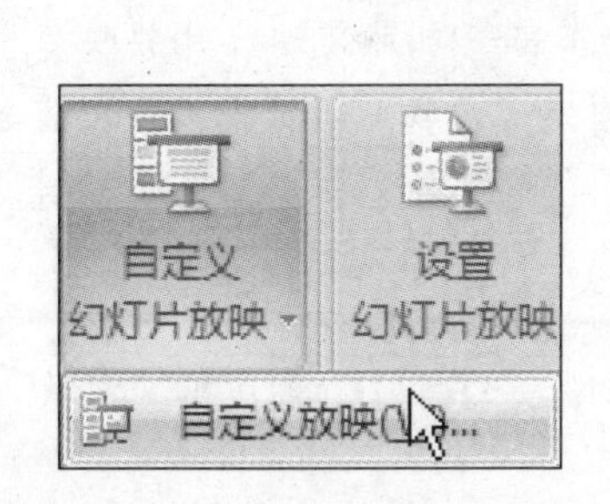

图 14-13 自定义放映

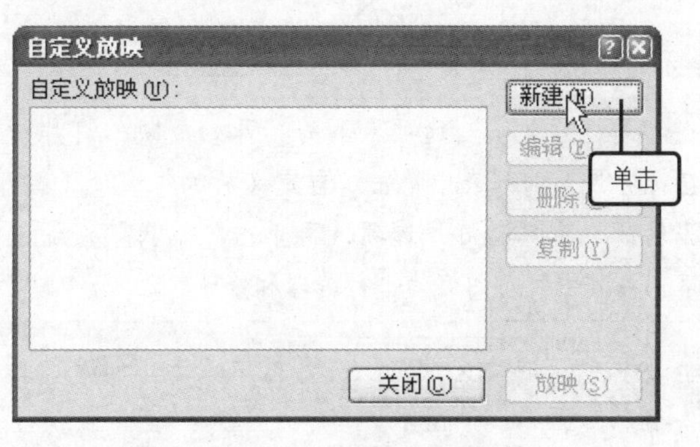

图 14-14 新建自定义放映

Step 03 打开“定义自定义放映”对话框，在“在演示文稿中的幻灯片”列表框中选择需要播放的幻灯片，再单击“添加”按钮，如图 14-15 所示。

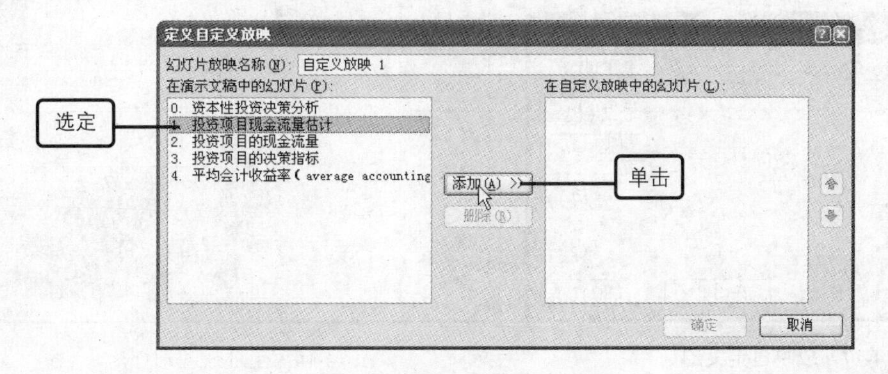

图 14-15 添加自定义幻灯片

问题 14-7：如何放映已自定义的幻灯片内容？

在“幻灯片放映”选项卡下的“开始放映幻灯片”组中单击“自定义幻灯片放映”按钮，在展开的列表中将显示已定义的自定义幻灯片选项，单击需要放映的自定义幻灯片内容即可。

Step 04 使用相同的方法添加需要定义为自定义放映的幻灯片内容，并在“幻灯片放映名称”文本框中输入自定义放映的名称内容，再单击“确定”按钮，如图 14-16 所示。

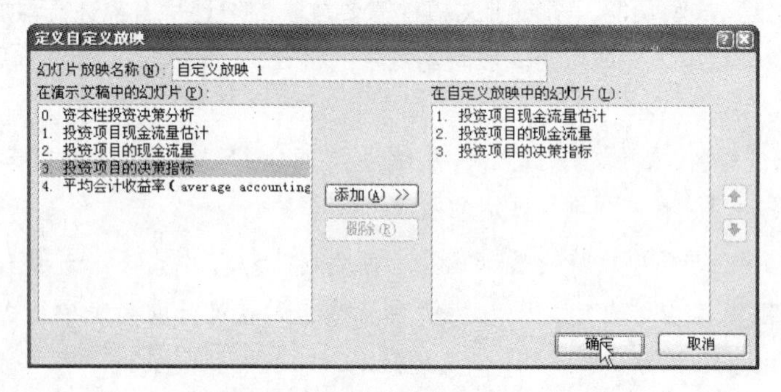

图 14-16 添加并设置幻灯片放映名称

问题 14-8：如何编辑已有的自定义幻灯片内容？

在“幻灯片放映”选项卡下的“开始放映幻灯片”组中单击“自定义幻灯片放映”按钮，在展开的列表中单击“自定义放映”选项，打开“自定义放映”对话框，选中需要编辑的自定义幻灯片选项，再单击“编辑”按钮，即可打开“定义自定义放映”对话框，在其中可对幻灯片进行编辑和修改。

Step 05 返回到“自定义放映”对话框中，选中新建的自定义放映幻灯片，再单击“放映”按钮，如图 14-17 所示。

Step 06 切换到全屏放映方式下，放映自定义的幻灯片内容，如图 14-18 所示。

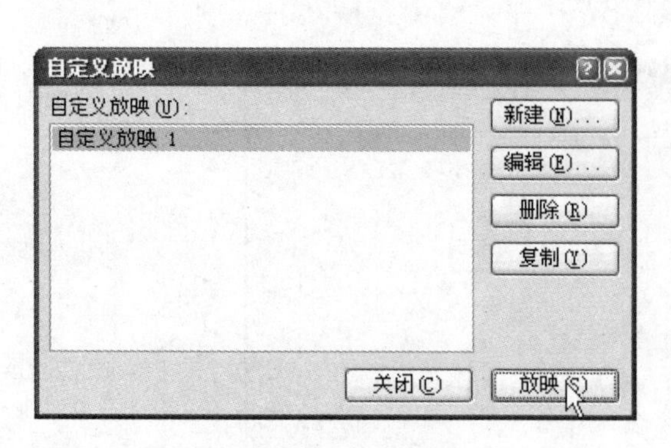

图 14-17 放映自定义幻灯片

图 14-18 全屏放映幻灯片

问题 14-9： 如何调整自定义放映幻灯片中幻灯片的放映顺序？

打开“定义自定义放映”对话框，在“在自定义放映中的幻灯片”列表中选中需要调整的幻灯片，再单击右侧的向上或向下顺序按钮进行调整即可。

14.1.3 为演示文稿录制旁白

在放映幻灯片的过程中，为了使幻灯片达到更好的说明效果，用户可以对演示文稿进行讲解。当用户需要在放映演示文稿的同时，自动对其中的幻灯片内容进行说明讲解，则可以使用录制旁白功能，将需要说明的信息添加到指定的幻灯片中，并将旁白进行保存，在放映演示文稿时，将自动对幻灯片中录制的旁白进行播放。用户在录制旁白时首先需要在计算机内安装声卡或内置声音硬件等设备，从而方便对旁白内容的录制，下面介绍如何通过麦克风对旁白进行录制。

原始文件： 第 14 章\原始文件\幻灯片放映设置.pptx

最终文件： 第 14 章\最终文件\录制旁白.pptx

Step 01 打开原始文件“幻灯片放映设置.pptx”，切换到需要录制旁白内容的幻灯片中，如图 14-19 所示。

Step 02 切换到“幻灯片放映”选项卡下，在“设置”组中单击“录制旁白”按钮，如图 14-20 所示。

图 14-19 选定幻灯片

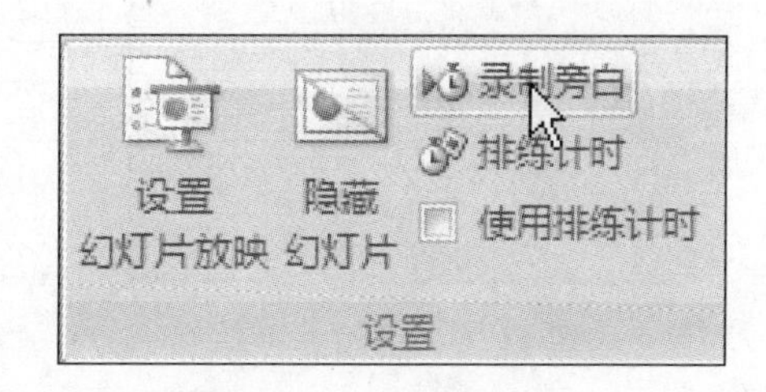

图 14-20 录制旁白功能

问题 14-10： 如果已经为幻灯片添加了旁白，可以再为它录制旁白吗？

可以，但新录制的旁白会覆盖掉原有的旁白。

Step 03 打开“录制旁白”对话框，在“当前录制质量”区域中显示当前计算机的磁盘使用情况及录制声音每秒的空间，磁盘的可用空间和最大可录制时间。如果用户需要设置录制的话筒级别，则单击“设置话筒级别”按钮，如图 14-21 所示。

Step 04 打开“话筒检查”对话框，使用麦克风测试话筒效果，并使用滑块调整音量值，设置完成后单击“确定”按钮，如图 14-22 所示。

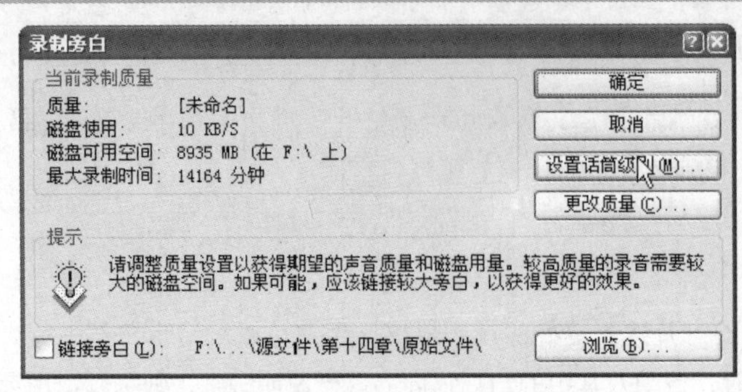

图 14-21 设置话筒级别

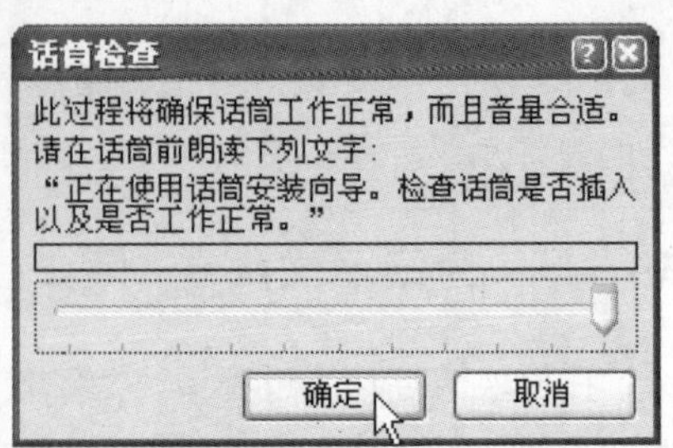

图 14-22 话筒检查

问题 14-11: 如何添加已有的旁白内容？

打开“录制旁白”对话框，选中“链接旁白”复选框，单击“浏览”按钮，在打开的“选择目录”对话框中选择需要插入的旁白文件内容即可。

Step 05 设置完成后返回到“录制旁白”对话框，单击“更改质量”按钮，如图 14—23 所示。

Step 06 打开“声音选定”对话框，单击“名称”下拉列表按钮，在展开的列表中选择“CD 音质”选项，再单击“确定”按钮，如图 14—24 所示。

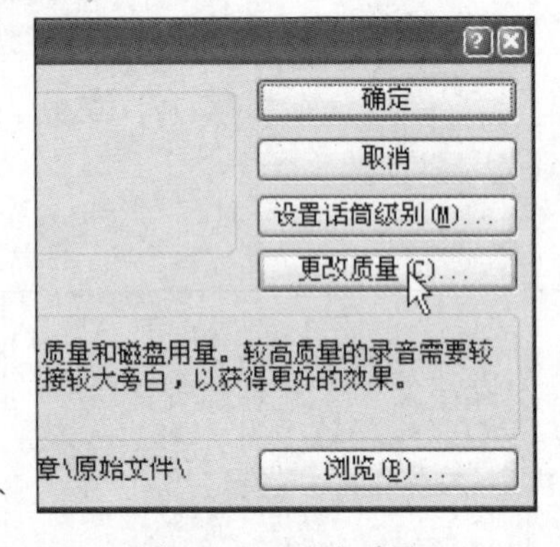

图 14-23 更改质量

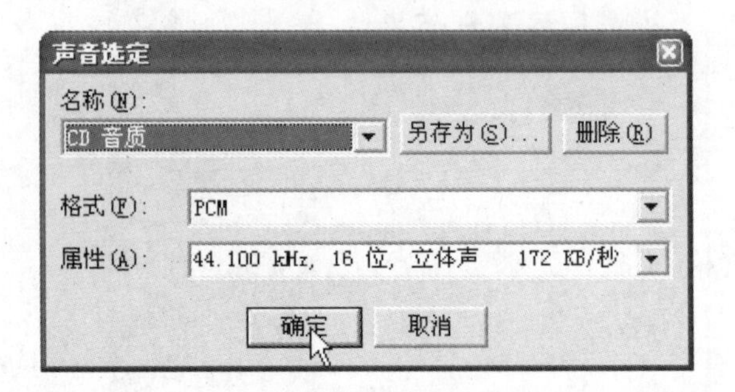

图 14-24 设置声音质量

问题 14-12: 如何设置声音选定为电话质量？

在“录制旁白”对话框中单击“更改质量”按钮，打开“声音选定”对话框，单击“名称”下拉列表按钮，在展开的列表中单击“电话质量”选项即可。

Step 07 设置完成后返回到“录制旁白”对话框中，单击“确定”按钮，开始录制旁白，如图 14—25 所示。

问题 14-13: 如何设置从第一张幻灯片开始录制旁白？

使用录制旁白功能，在“录制旁白”对话框中设置相关选项内容，并单击“确定”按钮，在弹出的“录制旁白”对话框中单击“第一张幻灯片”按钮即可。

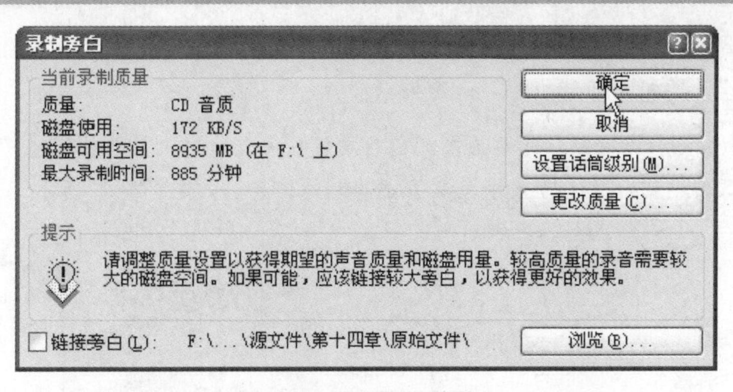

图 14-25　完成选项设置

Step 08 弹出“录制旁白”对话框，选择录制起始点，由于需要对选定的幻灯片进行录制，因此单击“当前幻灯片”按钮，如图 14-26 所示。

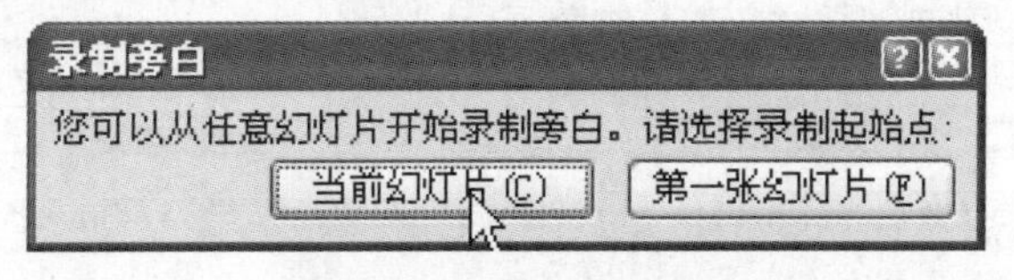

图 14-26　选择录制起始点

问题 14-14:　为什么某些字体会在演示文稿中丢失?

在其他的而非用户用来创建演示文稿的计算机上放映演示文稿时，某些 TrueType 字体可能不可用。为防止这种情况发生，在创建演示文稿时可嵌入某些 TrueType 字体。

Step 09 切换到全屏视图中，用户可以对着话筒录入需要添加的旁白内容，当需要录制下一张幻灯片时，在幻灯片上方右击，在弹出的快捷菜单中单击“下一张”命令，如图 14-27 所示。

Step 10 切换到下一张幻灯片中，录制旁白内容，录制完成后右击，在弹出的快捷菜单中单击“结束放映”选项，如图 14-28 所示。

图 14-27　切换到下一张幻灯片

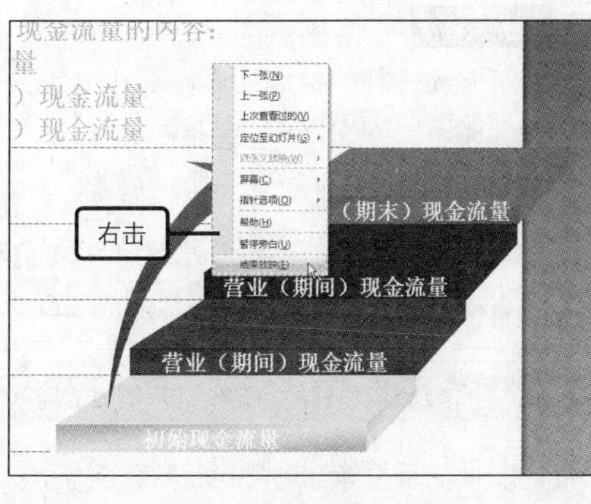

图 14-28　结束放映

Step 11 弹出提示对话框，提示用户是否保存幻灯片的排练时间，即播放录制旁白所需的时间，单击“保存”按钮即可，如图 14-29 所示。

Step 12 返回到 PowerPoint 窗口中，此时演示文稿自动切换到幻灯片浏览视图方式中，用户可以看到已录制旁白的幻灯片下方显示录制旁白的时间信息，如图 14-30 所示。

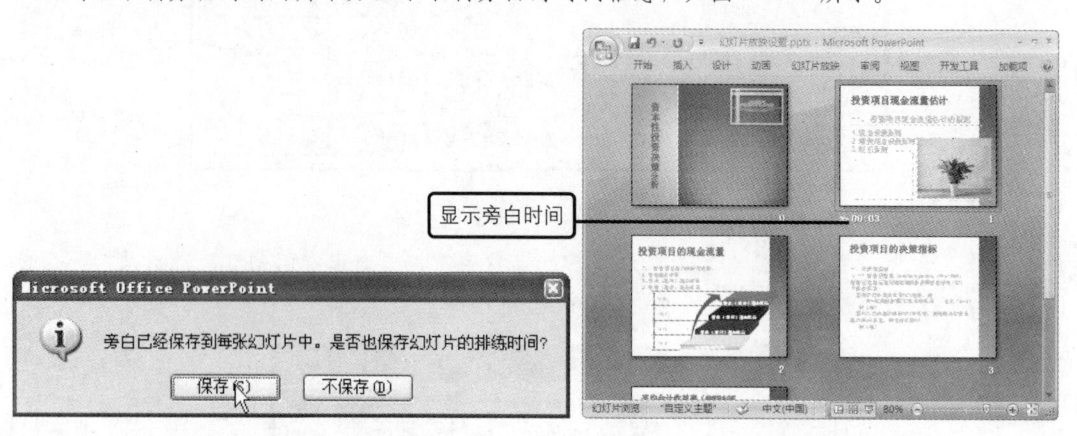

图 14-29　保存旁白与排练时间　　图 14-30　查看旁白时间

问题 14-15：　后缀为.PPS 与后缀为.PPT 的演示文稿的区别是什么？

后缀为.PPS 的演示文稿需要双击才能自动进入播放状态，这样可以避免后面幻灯片的内容提前曝光。后缀为.PPT 的演示文稿，双击后则进入的是编辑状态。

14.1.4　排练计时功能的使用

为了方便用户制作自动放映的演示文稿，可以使用排练计时功能，设置演示文稿中不同幻灯片的放映时间。在使用排练计时功能时，用户可以使用“预演”工具栏预先设置幻灯片的放映时间，同时系统会自动记录下每张幻灯片的放映时间及整个演示文稿的播放时间，设置完成后切换到全屏视图方式下即可自动以排练时间进行幻灯片切换播放。

原始文件： 第 14 章\原始文件\幻灯片放映设置.pptx

最终文件： 第 14 章\最终文件\排练计时.pptx

Step 01 打开原始文件“幻灯片放映设置.pptx”，切换到“幻灯片放映”选项卡下，在“设置”组中单击“排练计时”按钮，如图 14-31 所示。

Step 02 切换到全屏放映视图方式中，同时在幻灯片左上角显示“预演”工具栏，如图 14-32 所示，在工具栏中的“幻灯片放映时间”文本框中显示当前幻灯片的放映时间，每一张幻灯片在排练时都会从 0 开始计时，在工具栏最右侧显示已放映幻灯片的累计时间。

问题 14-16：　如何快速的指定幻灯片的播放时间？

用户可以使用排练计时功能，切换到全屏放映视图方式中，在“预演”工具栏中的“幻灯片放映时间”文本框中直接输入放映当前幻灯片所需的时间即可。

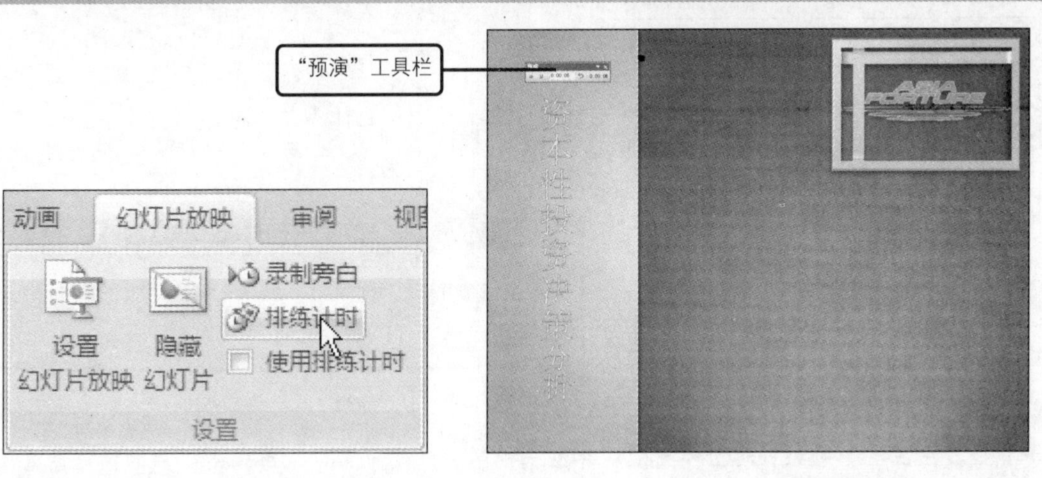

图 14-31　排练计时　　　　图 14-32　开始计时

Step 03 如果需要设置下一张幻灯片的放映时间，则单击"预演"工具栏中的"下一项"按钮，如图 14–33 所示。

Step 04 切换到下一张幻灯片中，如果用户需要暂停排练计时的录制过程，则单击"预演"工具栏中的"暂停"按钮，如图 14–34 所示。

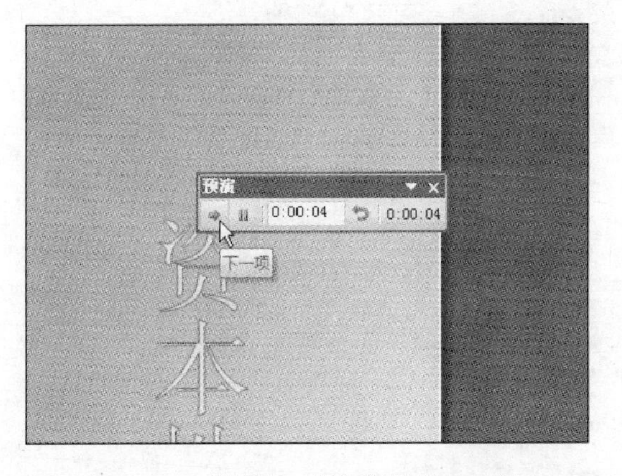

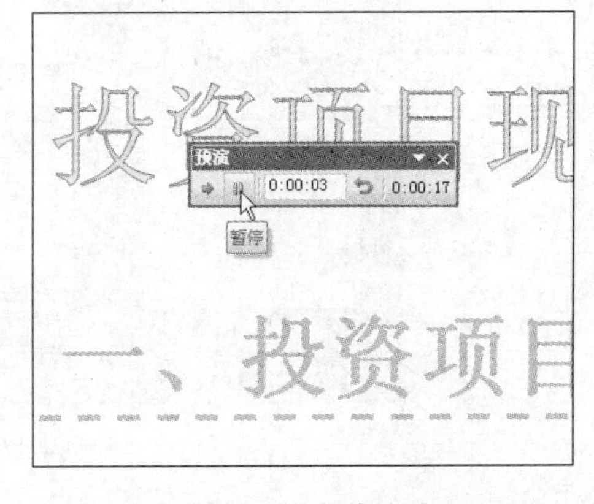

图 14-33　设置下一张幻灯片放映时间　　　　图 14-34　暂停计时

问题 14-17：　如何设置在切换幻灯片时同时发出切换声音？

切换到"动画"选项卡下，在"切换到此幻灯片"组中单击"切换声音"按钮，在展开的列表中选择需要设置的声音效果即可。

Step 05 如果用户需要重新设置当前幻灯片的排练时间，则在"预演"工具栏中单击"重复"按钮，再进行重新计时设置即可，如图 14–35 所示。

Step 06 完成演示文稿中不同幻灯片的排练计时设置后，按键盘中的【Esc】键退出全屏放映视图，此时会弹出提示对话框，询问用户是否保存新的排练时间，单击"是"按钮，如图 14–36 所示。

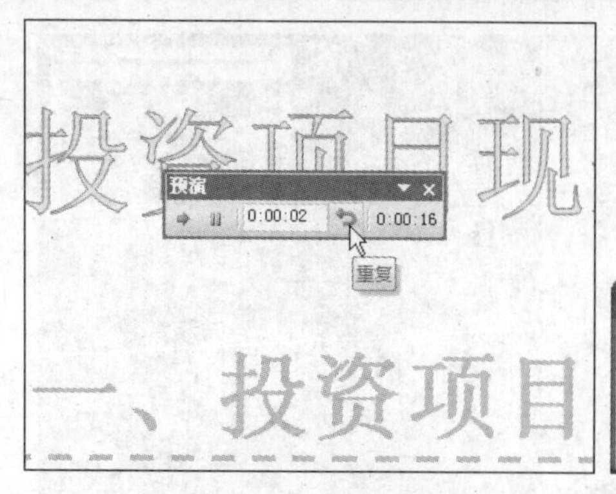

图 14-35 重新设置时间

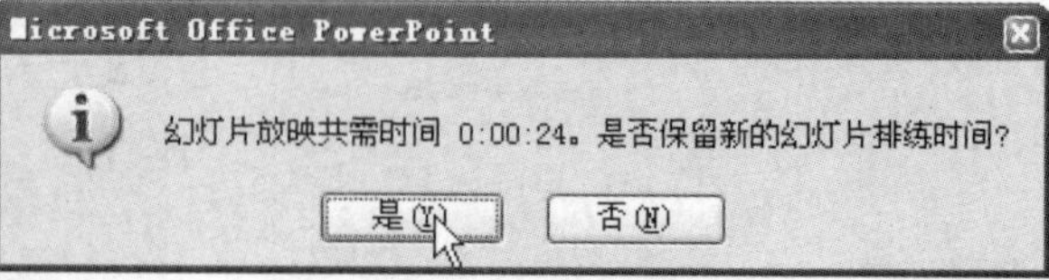

图 14-36 保存排练时间

Step 07 设置完成后，系统自动切换到幻灯片浏览视图中，用户可以在每张幻灯片的缩略图左下角查看幻灯片的放映时间，如图 14—37 所示。

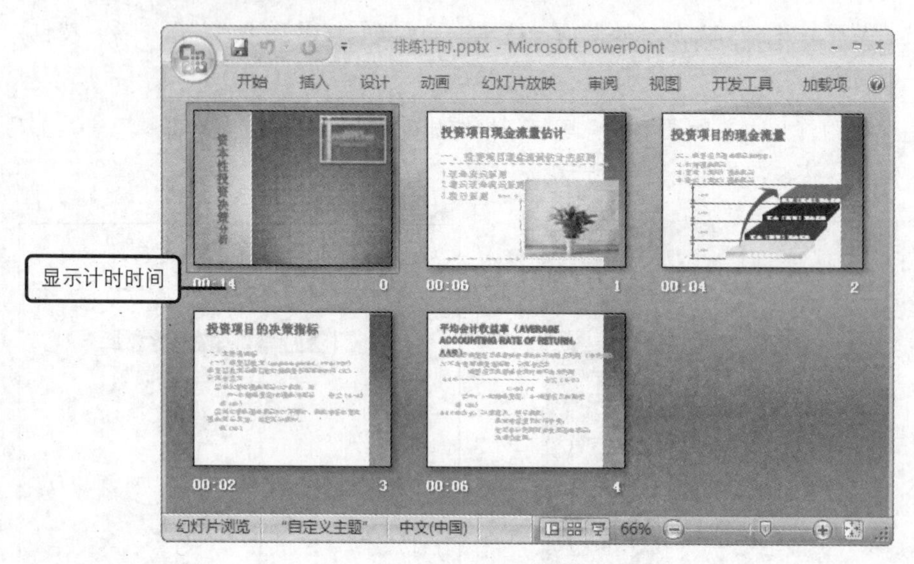

图 14-37 查看排练计时

问题 14-18：设置了排练计时，可以暂不使用它但又不删除它吗？

在“幻灯片放映”选项卡的“设置”组中，单击“设置幻灯片放映”按钮，打开“设置放映方式”对话框，在“换片方式”区域中，选择“手动”单选按钮即可。

14.2 快速发布演示文稿

完成演示文稿的制作后，用户除了可以将其进行放映外，常常还需要将其制作成 CD 或转移到其他的计算机上。此时则可以使用演示文稿的打包功能，将演示文稿内容进行复制保存，也可以使用网页发布功能，将演示文稿发布到网页上，以方便更多用户的查看与浏览，大大简化了用户对演示文稿的复制操作。

14.2.1 发布为 CD 数据包

演示文稿制作完成后，用户可以将其制作成 CD，以方便在其他场合中的使用。PowerPoint 为用户提供了将演示文稿发布为 CD 数据包的功能，用户可以将演示文稿直接复制到 CD 中，也可以将其复制到文件夹，以方便用户的使用。

原始文件： 第 14 章\原始文件\幻灯片放映设置.pptx

最终文件： 第 14 章\最终文件\投资决策分析

1. 复制到 CD

当用户需要将演示文稿复制到 CD 时，首先需要在刻录机中放置空白刻录盘并将 CD 插入到 CD 驱动器中。用户可以使用空白的可写放 CD（CD-R）、空白的可重写 CD(CD-RW)或包含可覆盖内容的 CD-RW。下面分别为用户介绍如何将演示文稿复制到 CD 和复制到文件夹的具体操作方法。

Step 01 打开原始文件“幻灯片放映设置.pptx”，在窗口中单击 Office 按钮，在弹出的菜单中单击“发布”命令，在其级联菜单中单击“CD 数据包”选项，如图 14-38 所示。

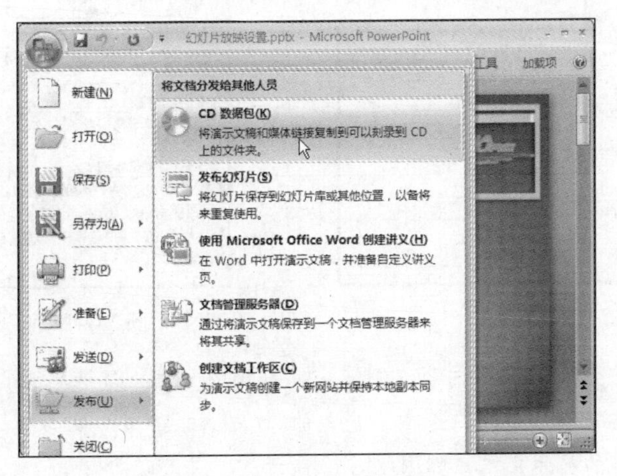

图 14-38 发布演示文稿

问题 14-19： 如何将演示文稿发布到幻灯片库？

打开需要发布的演示文稿，在窗口中单击 Office 按钮，在弹出的菜单中单击“发布”命令，在级联菜单中单击“发布幻灯片”选项，打开“发布幻灯片”对话框，选中需要发布的幻灯片内容，并设置发布位置，再单击“发布”按钮进行发布即可。

Step 02 由于打包的演示文稿为 2007 版本下的演示文稿内容，因此会弹出提示对话框，提示用户将文件更新到兼容的文件格式，单击“确定”按钮即可，如图 14-39 所示。

问题 14-20： 使用插入文件中的声音命令插入的声音和录制的声音有什么不同？

使用插入文件中的声音命令插入的声音是链接到演示文稿中，而录制的声音文件是被嵌入到演示文稿中的。

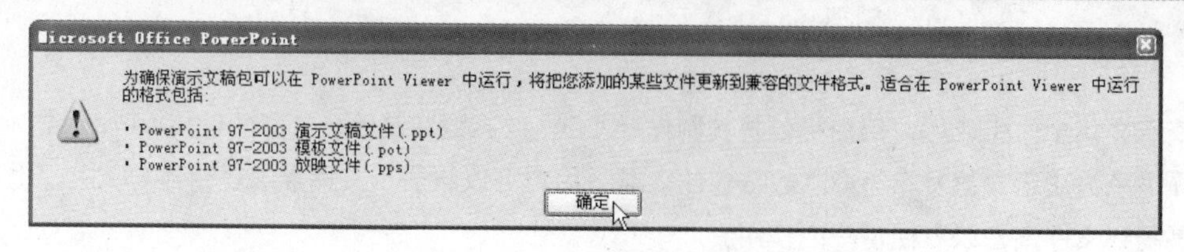

图 14-39　确定打包演示文稿

Step 03 打开“打包成 CD”对话框，在“将 CD 命名为”文本框中输入需要打包为 CD 的演示文稿名称，再单击“选项”按钮，如图 14-40 所示。

Step 04 打开“选项”对话框，默认情况下程序包类型设置为“查看器程序包”，以便更新文件格式在 PowerPoint Viewer 中进行播放。单击该选项下的下拉列表按钮，在展开的列表中单击“按指定顺序自动播放所有演示文稿”选项，如图 14-41 所示。

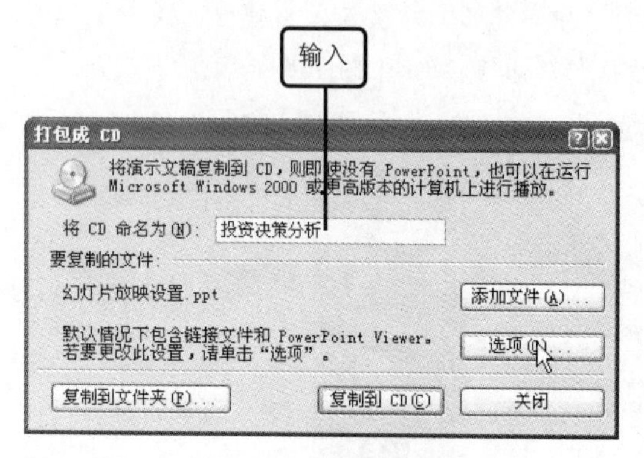

图 14-40　设置选项

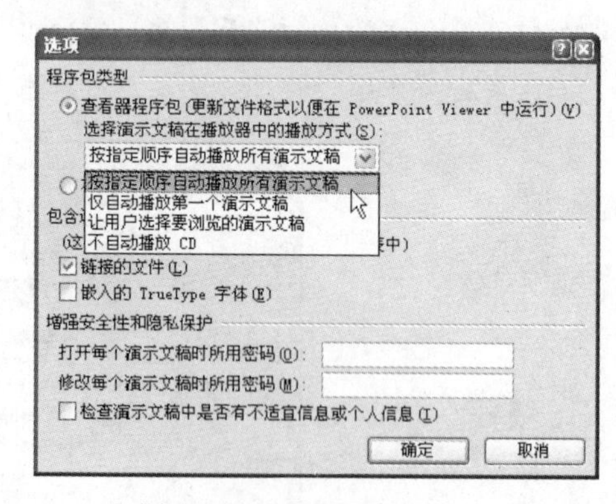

图 14-41　设置程序包类型

Step 05 如果演示文稿中带有超链接内容，则选中“链接的文件”复选框，以确保在打包的文件中同样包含超链接。如果用户选中“嵌入的 TrueType 字体”复选框，则确保在未安装该字体时也能正确的显示文本，如图 14-42 所示。

Step 06 如果用户需要为打包的文件设置密码内容，则在“增强安全性和隐私保护”区域中的“打开每个演示文稿时所用的密码”和“修改每个演示文稿时所用密码”文本框中分别输入密码内容，再单击“确定”按钮，如图 14-43 所示。

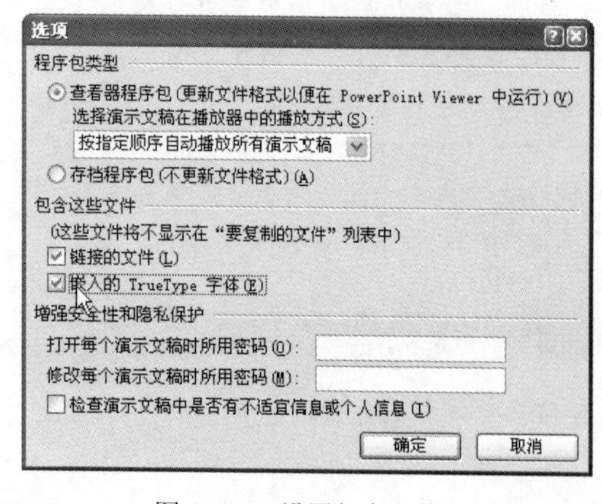

图 14-42　设置包含文件

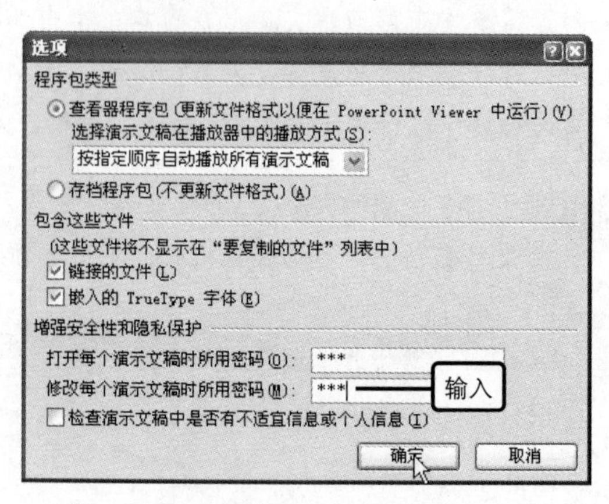

图 14-43　设置文件密码

Step 07 打开“确认密码”对话框，要求用户“重新输入打开权限密码”内容，输入完成后单击“确定”按钮，如图 14-44 所示。

Step 08 打开下一个“确认密码”对话框，在“重新输入修改权限密码”文本框中输入设置的密码内容，再单击“确定”按钮，如图 14-45 所示。

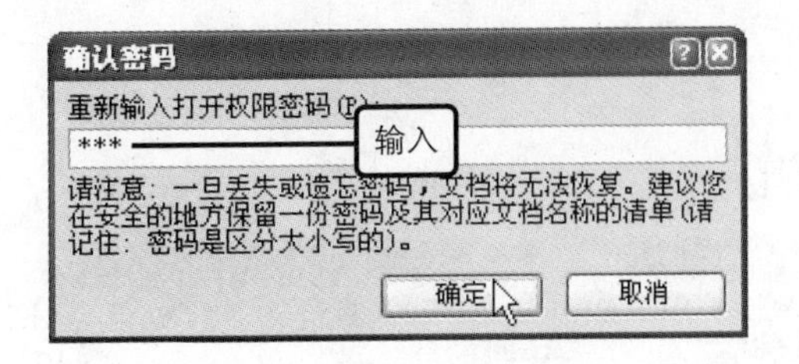

图 14-44　确认密码-1

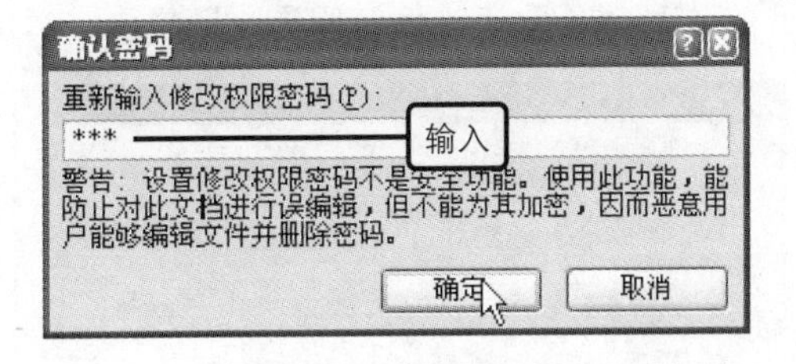

图 14-45　确认密码-2

问题 14-21：如何同时打包多个演示文稿？

打开“打包成 CD”对话框，单击“添加文件”按钮，打开“选择文件”对话框，在该对话框中选择需要添加的演示文稿文件内容，再对其进行复制操作即可。

Step 09 设置完成后返回到“打包成 CD”对话框，单击“复制到 CD”按钮，如图 14-46 所示。

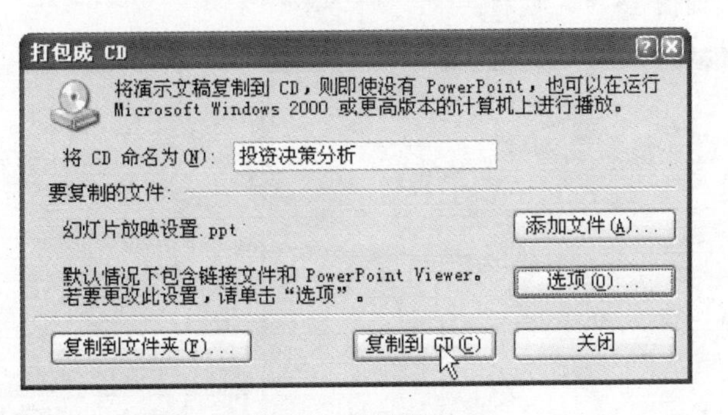

图 14-46　复制到 CD

问题 14-22：幻灯片放映时如何隐藏鼠标指针？

在幻灯片放映视图中单击左下角的“幻灯片放映”工具栏左起第 2 个按钮，在弹出的菜单中指向“箭头选项”命令，在其级联菜单中单击“永远隐藏”命令即可。

Step 10 打开提示对话框，提示用户是否确定将链接文件进行复制，单击“是”按钮即可，如图 14-47 所示，此时计算机开始将演示文稿保存到 CD 上。

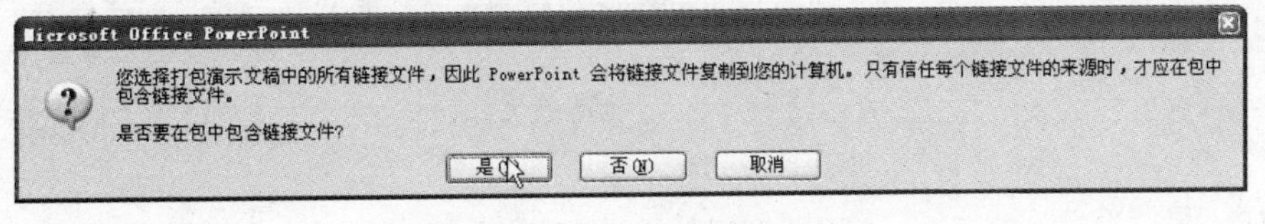

图 14-47　确定包含链接文件

2. 复制到文件夹

Step 01 用户也可以将演示文稿复制到文件夹中，打开“打包成 CD”对话框，设置完成复制选项后，单击“复制到文件夹”按钮，如图 14-48 所示。

Step 02 打开“复制到文件夹”对话框，在“文件夹名称”文本框中输入文件夹的名称，如果需要更改其默认的保存位置，则单击“浏览”按钮，如图 14-49 所示。

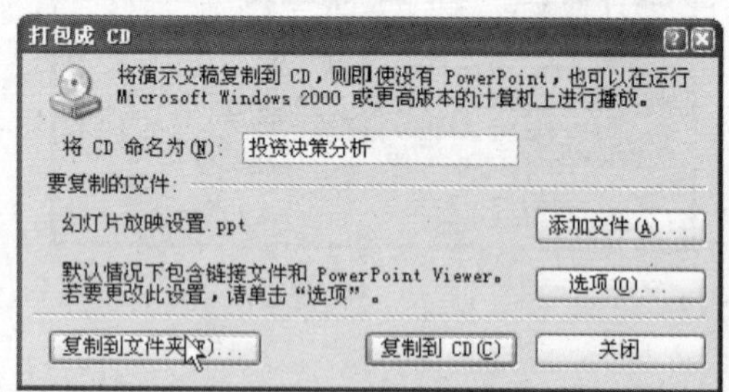

图 14-48　复制到文件夹

图 14-49　更改保存位置

Step 03 打开“选择位置”对话框，在“查找范围”文本框中设置需要保存文件夹的路径位置，设置完成后单击“选择”按钮，如图 14-50 所示。

Step 04 返回到“复制到文件夹”对话框，在“位置”文本框中显示设置的保存位置，再单击“确定”按钮，如图 14-51 所示。

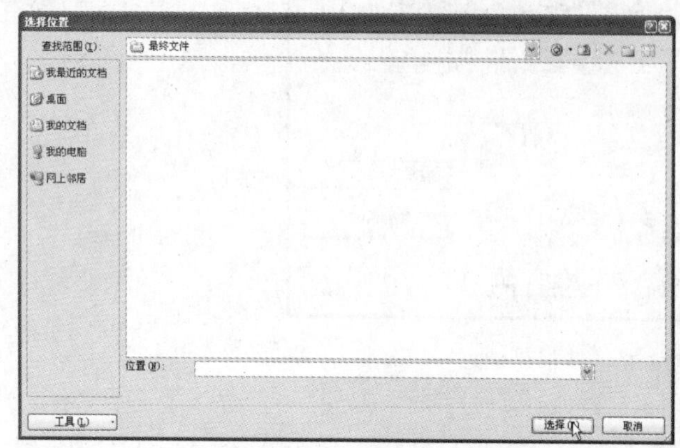

图 14-50　设置保存路径

图 14-51　完成设置

Step 05 弹出提示对话框，提示用户是否将链接文件进行复制，单击“是”按钮，如图 14-52 所示。

图 14-52　复制链接文件

问题 14-23：为什么有时不能将打包的演示文稿复制到 CD 中？

在装有 Windows XP 之前版本操作系统的计算机上，使用“打包成 CD”功能，可以将所有文件复制到文件夹中，但不能将文件直接复制到 CD 中，如果想要将打包的演示文稿复制到 CD 中，则需要使用第三方 CD 刻录软件。

Step 06 打开“正在将文件复制到文件夹”对话框，提示用户演示文稿正在被复制，如图 14—53 所示。

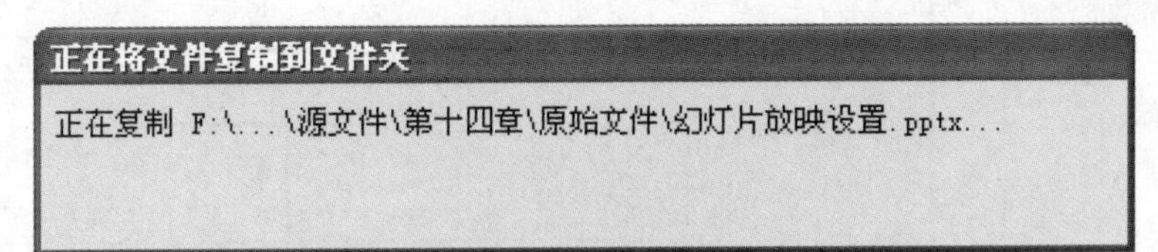

图 14-53　复制文件

Step 07 演示文稿复制完成后，打开保存的文件夹，此时可以看到复制的文件夹内容，如图 14—54 所示，双击该文件夹图标即可打开该文件夹。

Step 08 打开保存的文件夹，此时可以看到在该文件夹中保存了演示文稿、播放器及相关配置文件等内容，如图 14—55 所示。

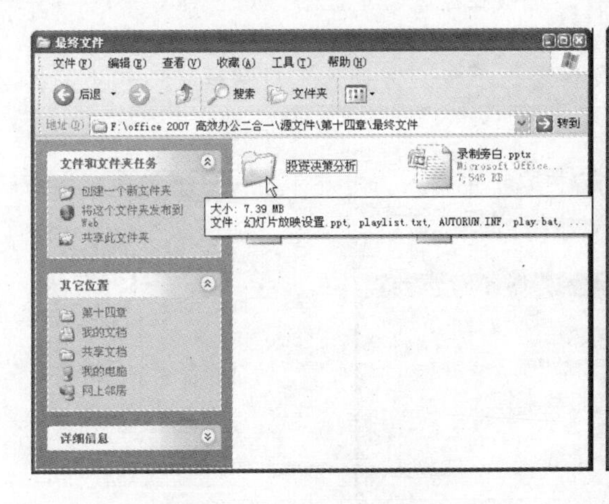

图 14-54　查看复制的文件夹

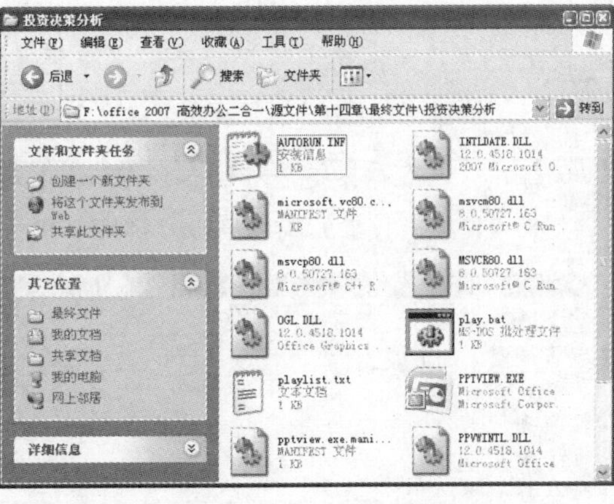

图 14-55　查看文件

14.2.2　保存并发布为网页

用户可以直接将演示文稿发布为网页内容，以方便在其他场合中的浏览与使用，大大增强演示文稿的实用性。下面介绍用户如何将演示文稿发布为网页，其具体的操作方法如下。

原始文件： 第 14 章\原始文件\幻灯片放映设置.pptx

最终文件： 第 14 章\最终文件\投资决策分析.htm

Step 01 打开原始文件“幻灯片放映设置.pptx”，在窗口中单击 Office 按钮，在弹出的菜单中单击“另存为”命令，如图 14—56 所示。

Step 02 打开“另存为”对话框，单击“保存类型”下拉列表按钮，在展开的列表中单击“网页(*.htm；*.html)”选项，如图 14-57 所示。

图 14-56　另存为演示文稿

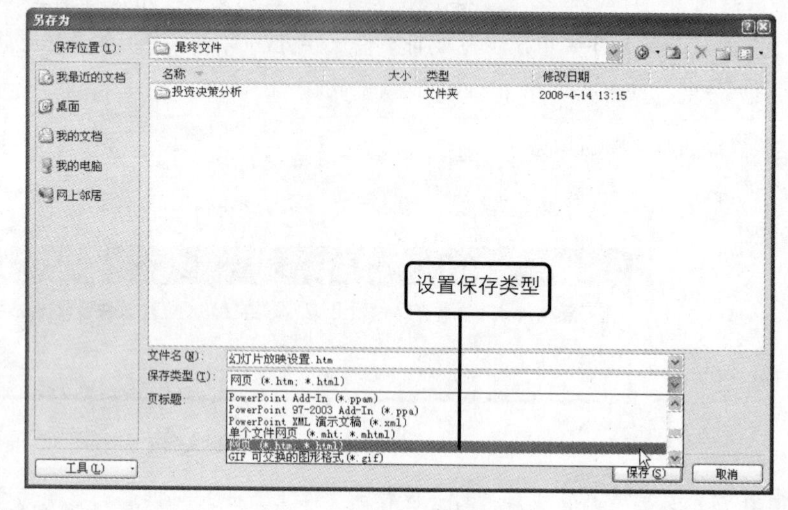

图 14-57　设置保存类型

问题 14-24：　什么是网页？

网页又称为 Web 页，是以 HTML 格式保存的文件，可以在浏览器中显示。

Step 03 用户可以为保存为网页的演示文稿更改页标题，单击“另存为”对话框中的“更改标题”按钮，如图 14-58 所示。

Step 04 打开“设置页标题”对话框，在“页标题”文本框中输入需要显示在浏览器标题栏中的文本内容，设置完成后单击“确定”按钮，如图 14-59 所示。

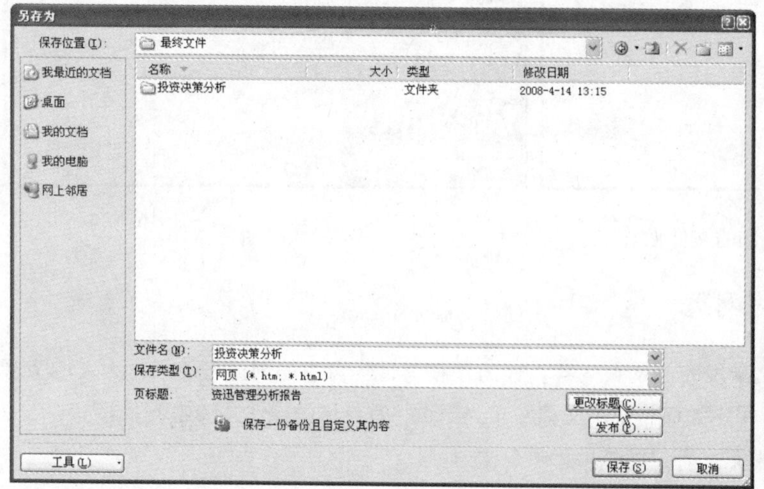

图 14-58　更改标题

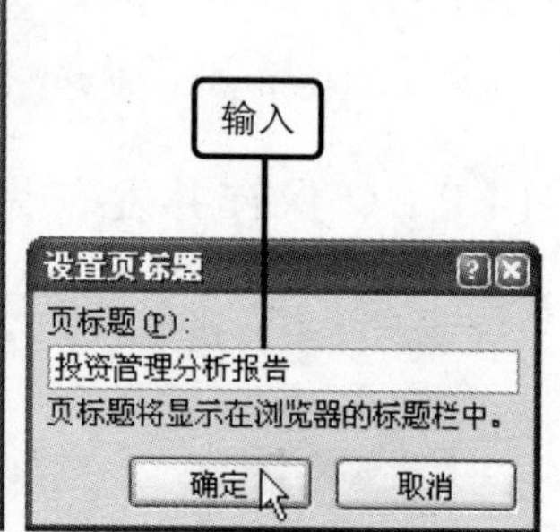

图 14-59　设置页标题

问题 14-25：　什么是浏览器？

浏览器是一种解释 HTML 文件、并显示网页的软件。Web 浏览器中最常用的是 IE 浏览器，它可以跟踪超链接、传输文件并播放嵌入网页中的音频和视频文件。

Step 05 设置完成后返回到“另存为”对话框中，此时用户可以对演示文稿进行发布，单击“发布”按钮，如图 14—60 所示。

Step 06 打开“发布为网页”对话框，用户可以对 Web 网页效果进行设置，单击“Web 选项”按钮，如图 14—61 所示。

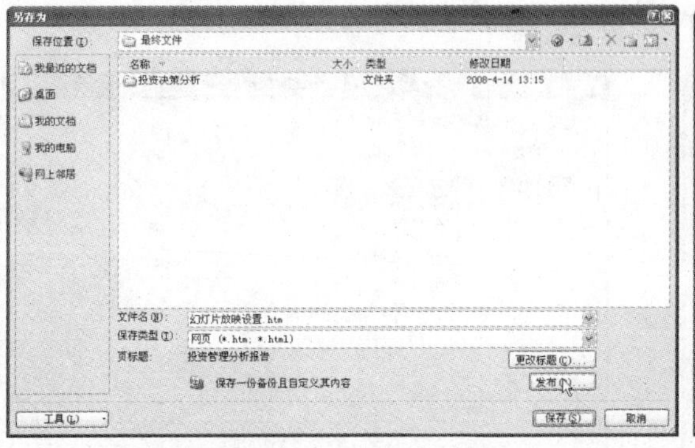

图 14-60　发布演示文稿

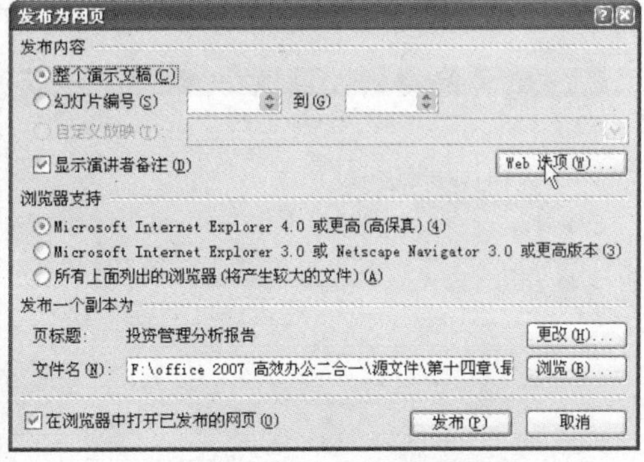

图 14-61　设置 Web 选项

Step 07 打开“Web 选项”对话框，切换到“常规”选项卡下，用户可以根据幻灯片的背景颜色来设置幻灯片浏览控件的颜色。选中“浏览时显示幻灯片动画”复选框，使转换的网页中显示演示文稿中的动画效果和幻灯片切换效果，如图 14—62 所示。

Step 08 切换到“浏览器”选项卡下，在“目标浏览器”区域中设置使用的浏览器。如果浏览器支持 PNG 格式（便携式网络图形）的图形文件，则可在“选项”列表框中选中“允许将 PNG 作为图形格式”复选框，选中“将新建网页保存为‘单个文件网页’复选框，则文件的保存类型为.mhtml 或.mht 格式，如图 14—63 所示。

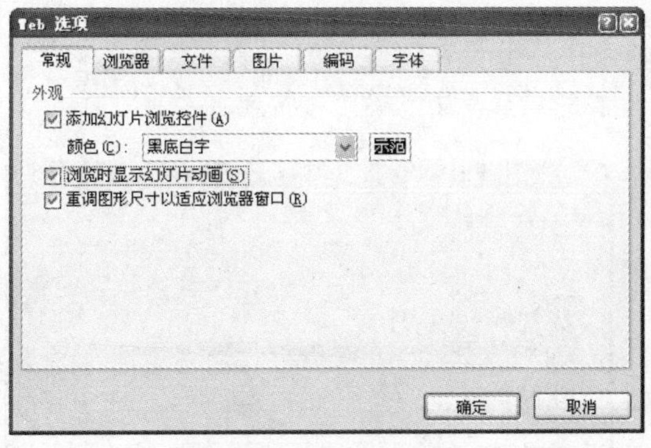

图 14-62　设置常规选项

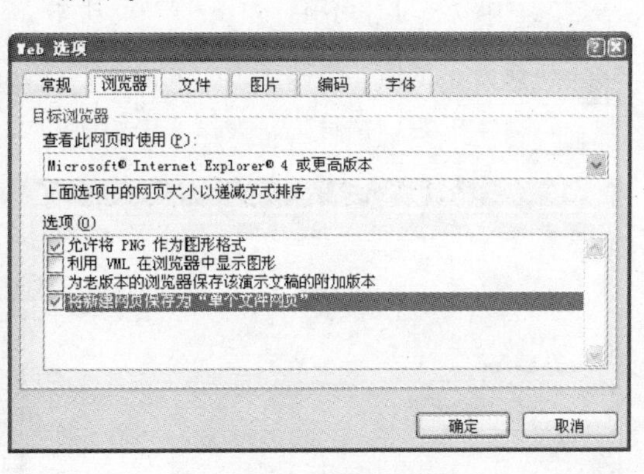

图 14-63　设置浏览器

问题 14-26：如何设置允许将 PNG 作为图形格式？

打开“Web 选项”对话框，在“浏览器”选项卡下的“选项”列表框中选中“允许将 PNG 作为图形格式”复选框即可。

Step 09 切换到“文件”选项卡下，选中“将支持文件组织到一个文件夹”复选框，即可将演示文稿中所有相关的图片或链接都保存在设置的文件夹中。如果取消选中该复选框，则所有与网页相关的文件都将与网页文件放在同一目录下，如图 14-64 所示。

Step 10 切换到“图片”选项卡下，单击“屏幕尺寸”下拉列表按钮，在展开的列表中用户可以选择分辨率，默认情况下使用“800×600”的网页分辨率，如图 14-65 所示。

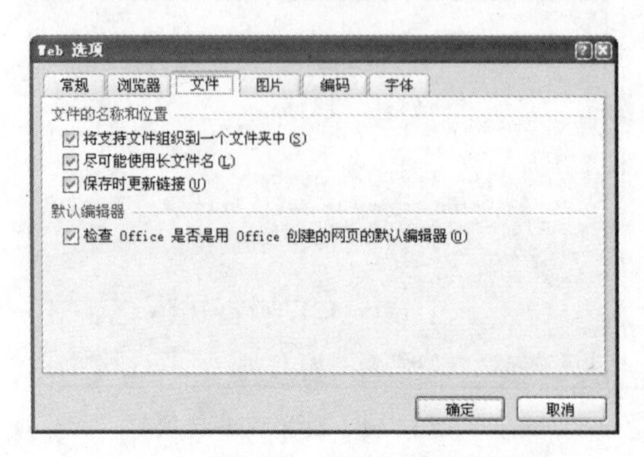

图 14-64　设置文件

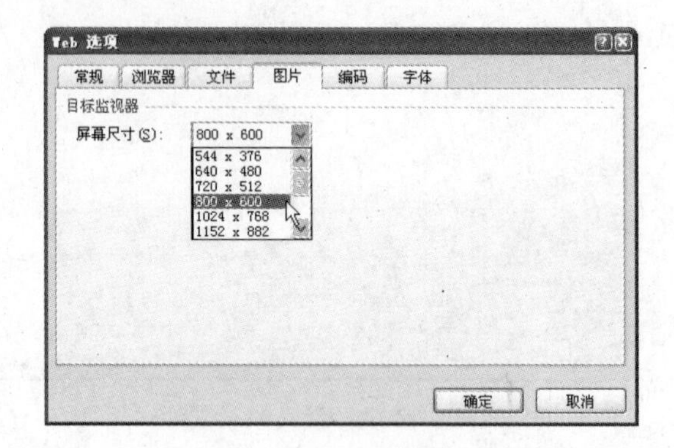

图 14-65　设置图片

问题 14-27：如何更改发布演示文稿的图片分辨率？

打开“Web 选项”对话框，切换到“图片”选项卡下，单击“屏幕尺寸”下拉列表按钮，在展开的列表中选择需要设置的尺寸大小即可。

Step 11 切换到“编码”选项卡下，在默认情况下“将此文档另存为”文本框中设置为“简体中文（GB2312）”选项，如图 14-66 所示。

Step 12 切换到“字体”选项卡下，如果用户使用的是简体中文版的 Windows 系统，则默认设置为“简体中文”字符集，如图 14-67 所示，设置完成后单击“确定”按钮。

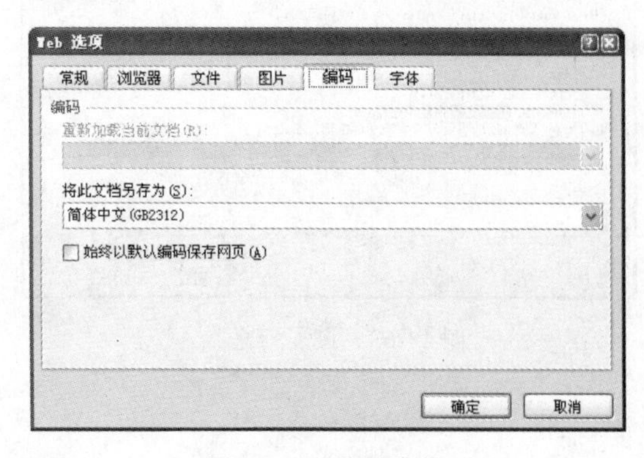

图 14-66　设置编码

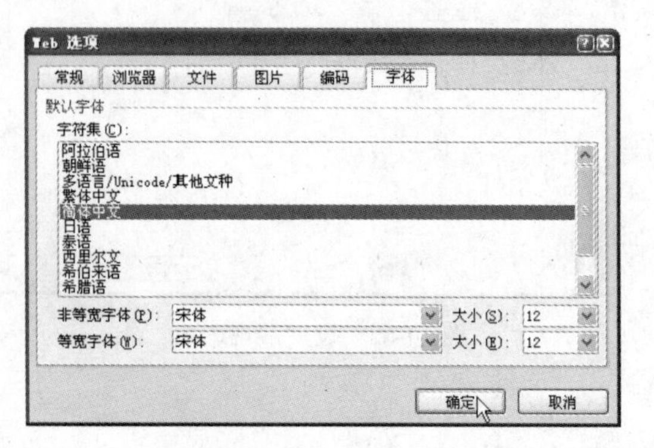

图 14-67　设置字体

问题 14-28：如何设置发布演示文稿的字体？

打开“Web 选项”对话框，切换到“字体”选项卡下，在“字符集”列表框中选择需要使用的字符选项即可。

Step 13 设置完成后返回到“发布为网页”对话框，单击“文件名”文本框后的“浏览”按钮，如图 14–68 所示。

Step 14 打开“发布为”对话框，在“保存位置”文本框中设置文件的保存位置，设置完成后单击“确定”按钮，如图 14–69 所示。

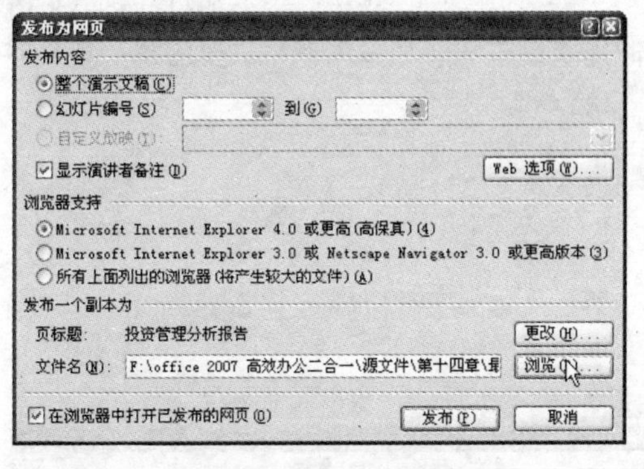

图 14-68 设置文件位置

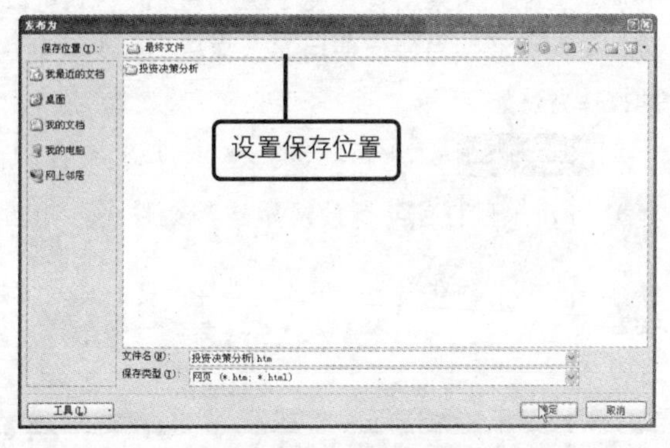

图 14-69 指定保存位置

问题 14-29：如何在“发布为网页”对话框中更改网页页标题？

打开“发布为网页”对话框，在“页标题”区域中显示当前发布网页的页标题内容，单击“更改”按钮可打开“设置页标题”对话框，输入需要设置的标题内容即可。

Step 15 设置完成后返回到“发布为网页”对话框，选中“在浏览器中打开已发布的网页”复选框，再单击“发布”按钮，如图 14–70 所示。

Step 16 系统自动启动 IE 浏览器，并在浏览器中打开该演示文稿内容，用户可以在其左侧的列表中选择需要查看的幻灯片内容，在网页左上角的标题位置显示了设置的页标题内容，如图 14–71 所示。

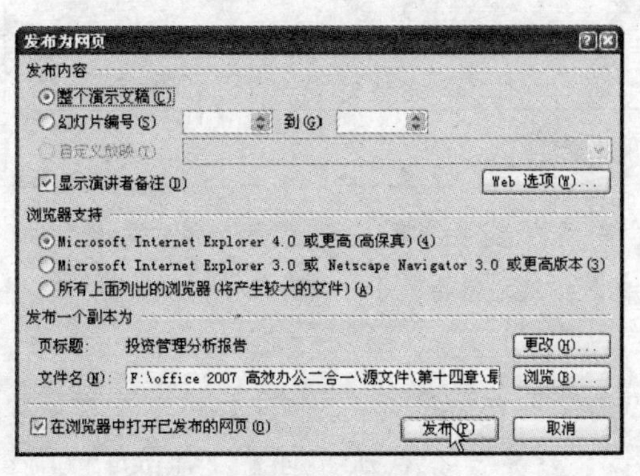

图 14-70 发布为网页

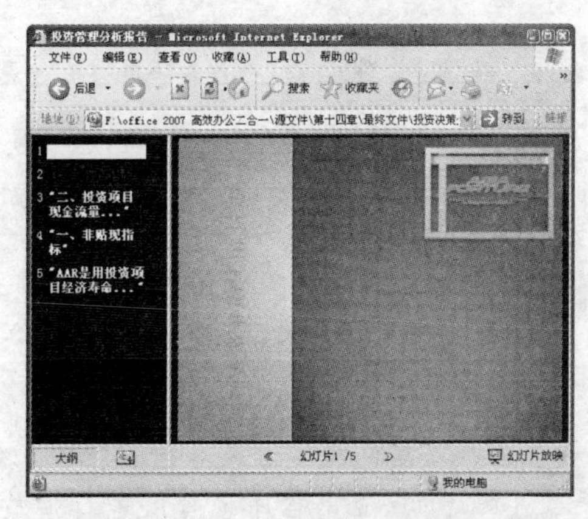

图 14-71 在浏览器中打开演示文稿

问题 14-30： 如何将发布为网页的演示文稿上传到因特网？

如果用户希望因特网上的更多用户也可以通过因特网浏览到发布的演示文稿内容，则可以租用 ISP 服务器空间或在网上找一个免费的服务器空间，然后将演示文稿网页文件、相关链接对象源文件上传到 Web 服务器的某个目录中。

14.2.3 放映打包后的演示文稿

用户打包演示文稿后，如果用户计算机上已安装了 PowerPoint 应用程序，则可直接播放打包的演示文稿。如果没有安装 PowerPoint ，则可以使用 PowerPoint Viewer 播放器打开该演示文稿。下面介绍用户如何使用演示文稿文件夹中默认的播放器放映打包后的演示文稿内容，其具体的操作方法如下。

最终文件： 第 14 章\最终文件\投资决策分析

Step 01 打开保存打包复制的演示文稿文件夹，如图 14-72 所示。

Step 02 打开保存打包演示文稿的文件夹，双击该文件夹中的播放器程序 PPTVIEW.EXE 图标，如图 14-73 所示。

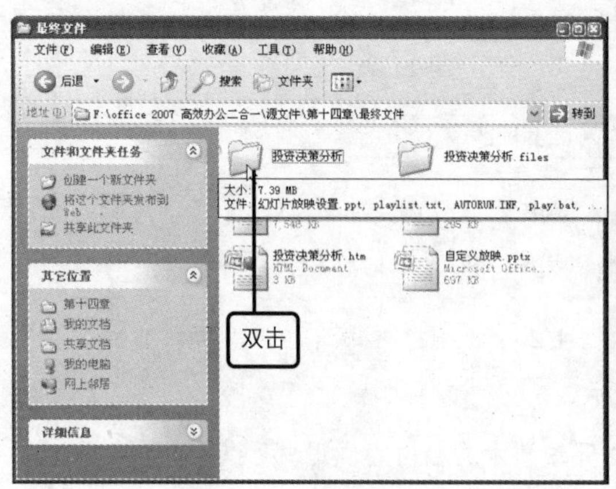

图 14-72 打开文件夹

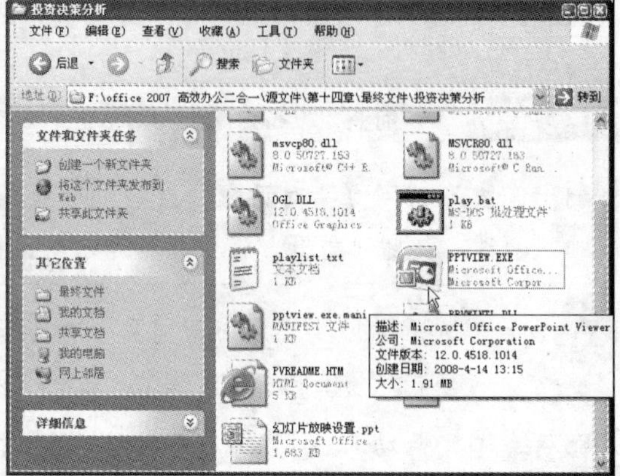

图 14-73 启动播放器

问题 14-31： PowerPoint 播放器不支持什么类型的文件？

PowerPoint 播放器不支持 PowerPoint95 或更早版本的 PowerPoint 文件格式。PowerPoint 播放器只能查看兼容 PowerPoint97 或更高版本的 PowerPoint 文件。

Step 03 由于在打包文件夹中同时复制了两个演示文稿内容，此时在打开的“Microsoft Office PowerPoint Viewer”对话框中，用户需选择要打开的演示文稿，再单击“打开”按钮，如图 14-74 所示。

Step 04 此时计算机开始播放打包的演示文稿，如图 14-75 所示。即使计算机中没有安装 PowerPoint 应用程序也可以进行播放。在播放结束后会自动返回到“Microsoft Office

PowerPoint Viewer”对话框中，用户可以再次选择需要放映的演示文稿，或单击该对话框右上角的“关闭”按钮将其关闭。

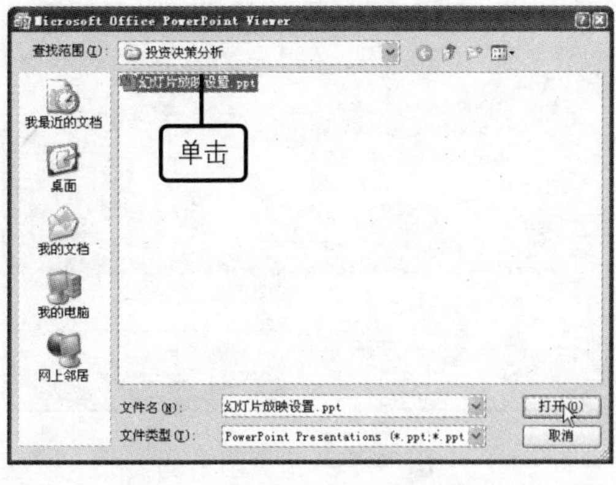

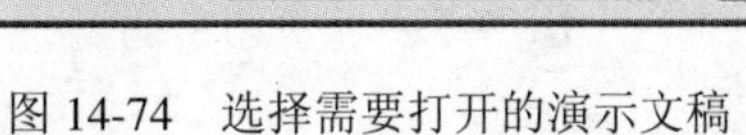

图 14-74 选择需要打开的演示文稿

图 14-75 放映演示文稿

问题 14-32: 如何操作能够把已经发布成网页格式的 PPT 文件再转存回.ppt 格式？

启动 PowerPoint 2007，在其中打开该网页文件，打开“另存为”对话框，选择保存类型为“演示文稿”，再单击“保存”按钮即可。

Step 05 设置完成后返回到“另存为”对话框中，此时用户可以对演示文稿进行发布，单击“发布”按钮，如图 14–76 所示。

Step 06 打开“发布为网页”对话框，用户可以对 Web 网页效果进行设置，单击“Web 选项”按钮，如图 14–77 所示。

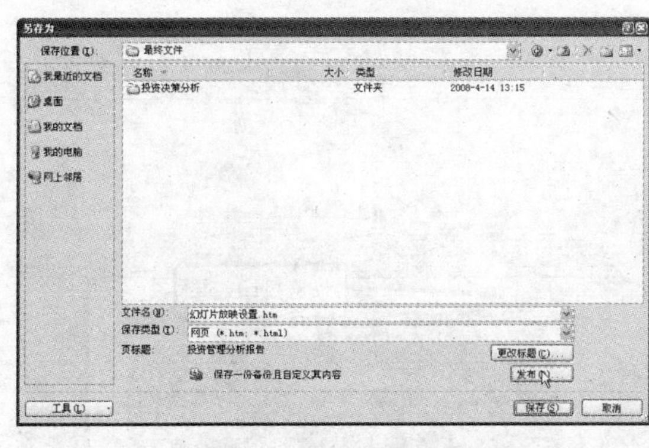

图 14-76 发布演示文稿

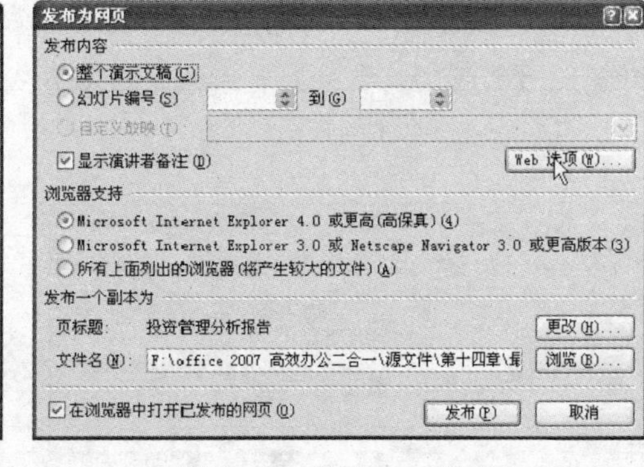

图 14-77 设置 Web 选项

Step 07 打开“Web 选项”对话框，切换到“常规”选项卡下，用户可以根据幻灯片的背景颜色来设置幻灯片浏览控件的颜色。选择“浏览时显示幻灯片动画”复选框，使转换的网页中显示演示文稿中的动画效果和幻灯片切换效果，如图 14–78 所示。

Step 08 切换到“浏览器”选项卡下，在“目标浏览器”区域中设置使用的浏览器。如果浏览器支持 PNG 格式的图形文件，即便携式网络图形的图形文件，则可在“选项”区域中选中

"允许 PNG 作为图形格式"和"将新建网页保存为'单个文件网页'"复选框，则文件的保存类型为.mhtml 或.mht 格式，如图 14-79 所示。

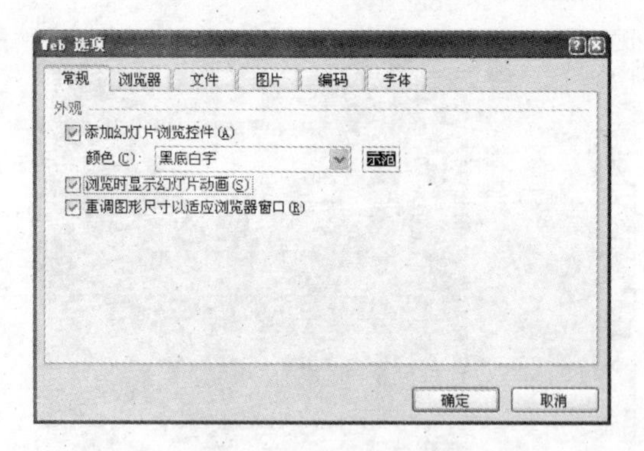

图 14-78 设置常规选项

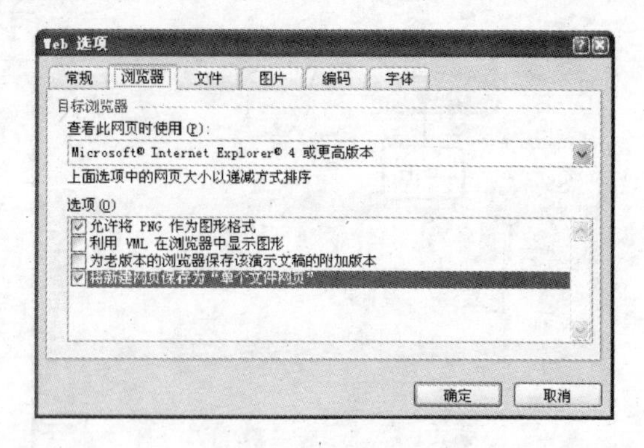

图 14-79 设置浏览器

14.3 实例提高：打印与发布产品推广演示文稿

用户可以使用 PowerPoint 制作产品推广演示文稿内容，在制作完成后用户可以将其进行打印，以方便用户的查看与携带。用户还可以将推广演示文稿发布为网页，从而方便更多的用户了解企业的新产品及产品相关信息，下面将为用户介绍如何将已制作完成的产品推广演示文稿进行打印与发布。

原始文件： 第 14 章\原始文件\产品推广.pptx

最终文件： 第 14 章\最终文件\产品推广.htm

Step 01 打开原始文件产品推广.pptx，单击窗口中的 Office 按钮，在弹出的菜单中单击"打印"命令，并在其级联菜单中单击"打印预览"命令，如图 14-80 所示。

Step 02 此时演示文稿切换到打印预览视图方式下，用户可以在窗口中查看演示文稿的打印效果，如图 14-81 所示。

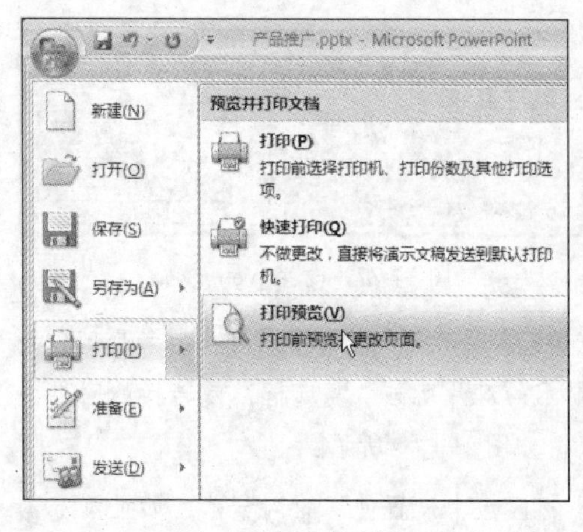

图 14-80 打印预览

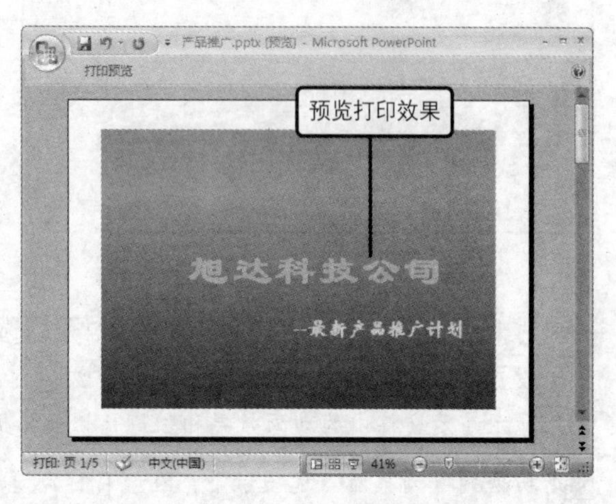

图 14-81 查看打印效果

Step 03 单击“打印预览”选项卡下“打印”组中的“选项”按钮，在展开的列表中单击“颜色/灰度”选项，在级联列表中单击“灰度”选项，如图 14–82 所示，设置幻灯片的打印颜色效果。

Step 04 此时幻灯片切换到灰色打印效果方式下，用户可以查看幻灯片的打印颜色效果，如图 14–83 所示。

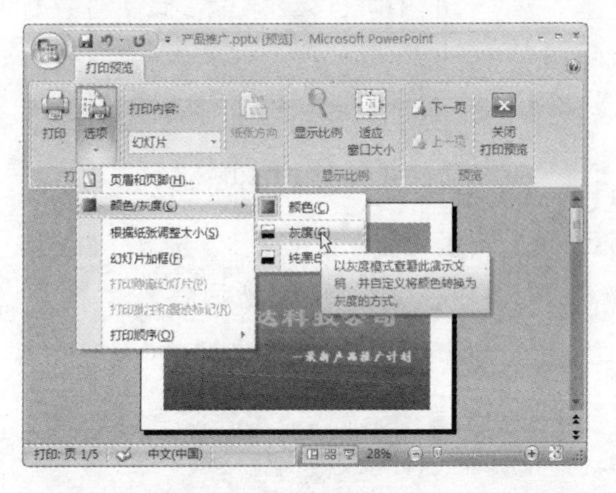

图 14-82 设置打印颜色

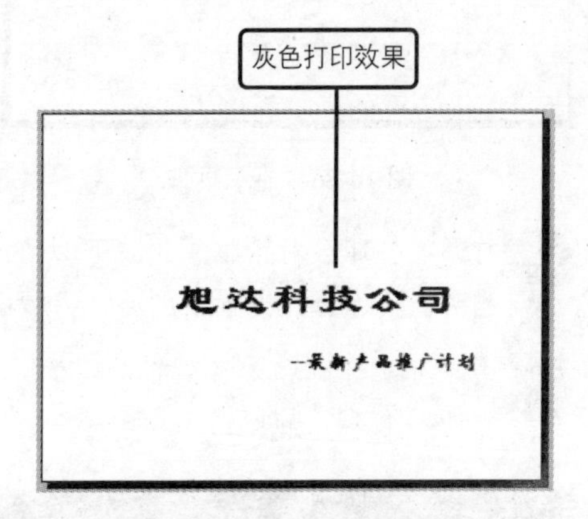

图 14-83 查看打印颜色效果

Step 05 如果用户需要为打印页面添加页眉和页脚内容，则在“打印预览”选项卡下单击“选项”按钮，在展开的列表中单击“页眉和页脚”选项，如图 14–84 所示。

Step 06 打开“页眉和页脚”对话框，切换到“幻灯片”选项卡下，选中“日期和时间”复选框，并选择“自动更新”单选按钮，为演示文稿中的幻灯片添加当前日期，用户还可以根据需要为幻灯片添加编号或页脚内容，在该选项卡下进行设置即可，设置完成后单击“全部应用”按钮，如图 14–85 所示。

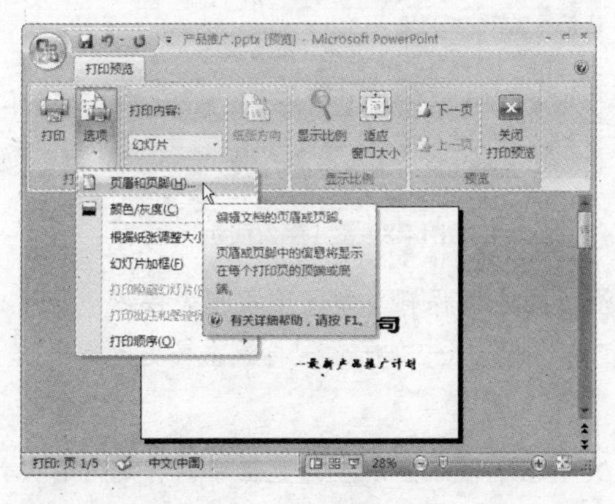

图 14-84 添加页眉和页脚

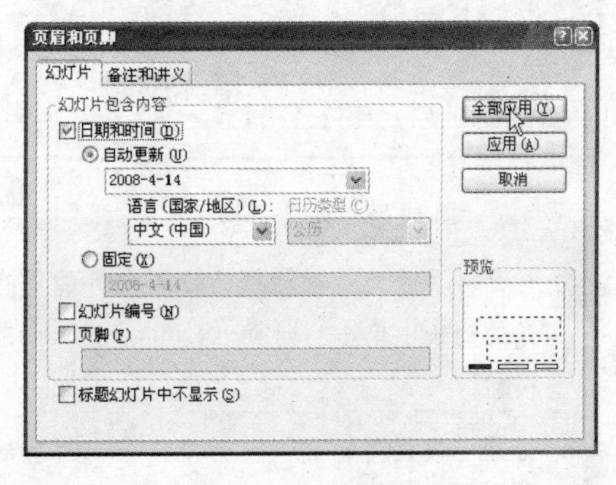

图 14-85 添加日期和时间

Step 07 此时在打印预览视图中的幻灯片窗口中，可以看到幻灯片页面中添加的日期页脚内容，如图 14–86 所示。

Step 08 设置完成打印效果后，用户可以对演示文稿进行打印，在“打印预览”选项卡下单击“打印”按钮，如图 14–87 所示。

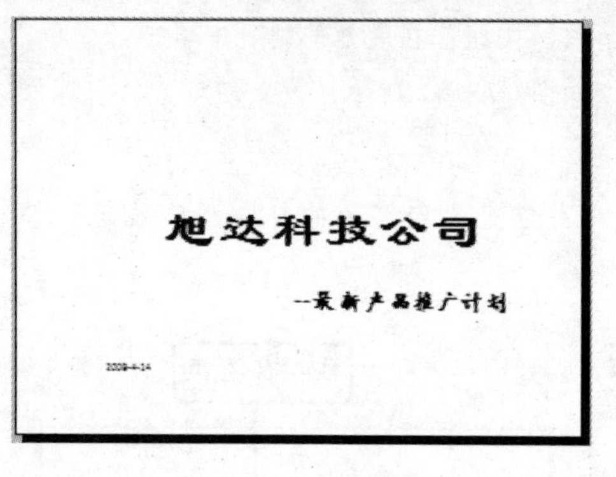

图 14-86　显示页脚

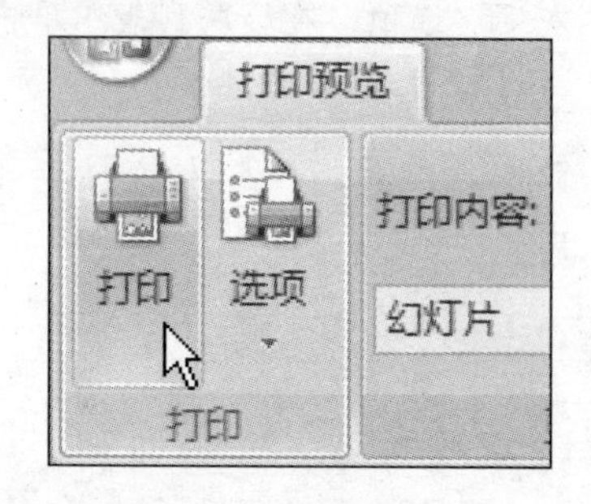

图 14-87　打印演示文稿

Step 09 打开“打印”对话框，用户可以在该对话框中设置演示文稿的打印范围、份数、内容等相关选项内容，设置完成后单击“确定”按钮进行打印，如图 14—88 所示。

Step 10 用户可以将演示文稿发布为网页，单击窗口中的 Office 按钮，在弹出的菜单中单击“另存为”命令，如图 17—89 所示。

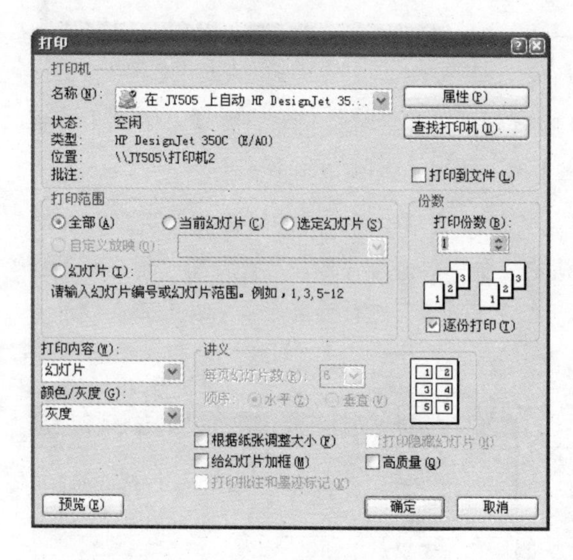

图 14-88　设置打印选项

图 14-89　另存为演示文稿

Step 11 打开“另存为”对话框，设置文件的保存位置，单击“保存类型”下拉列表按钮，在展开的列表中单击“网页（*.htm；*.html）”选项，如图 14—90 所示，再单击“更改标题”按钮。

Step 12 打开“设置页标题”对话框，在“页标题”文本框中输入显示在浏览器中的标题内容，再单击“确定”按钮，如图 14—91 所示。

Step 13 返回到“另存为”对话框中，单击“发布”按钮，如图 14—92 所示。

Step 14 打开“发布为网页”对话框，选中“在浏览器中打开已发布的网页”复选框，再单击“发布”按钮，如图 14—93 所示。

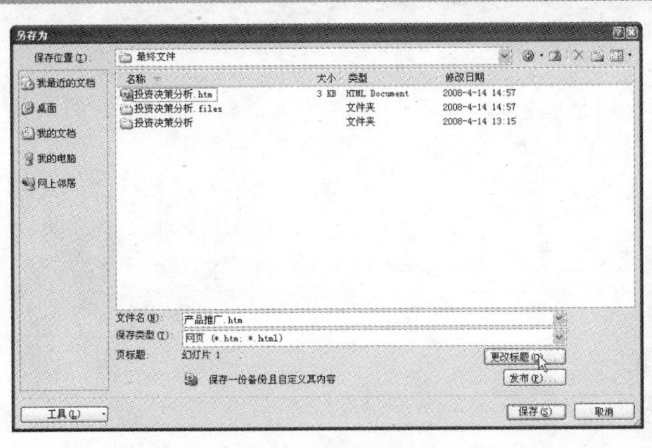

图 14-90　设置保存类型

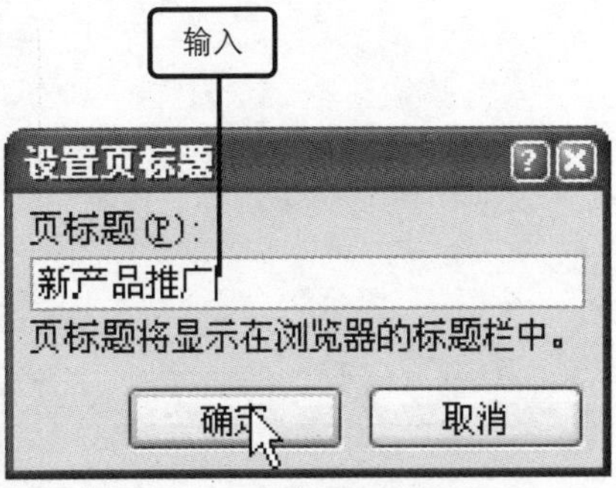

输入

设置页标题

页标题(P):

新产品推广

页标题将显示在浏览器的标题栏中。

确定　取消

图 14-91　设置页标题

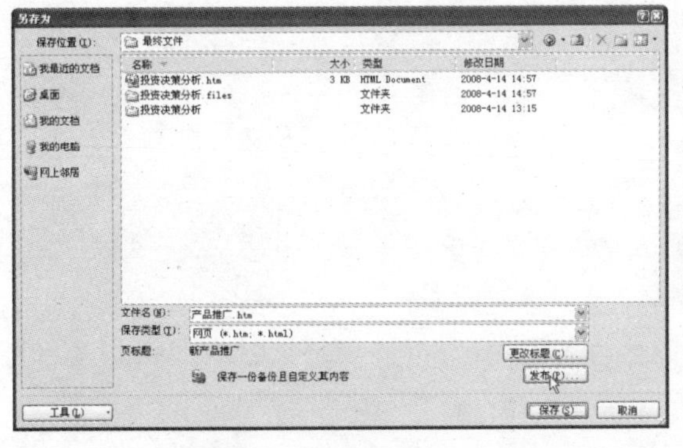

图 14-92　发布网页

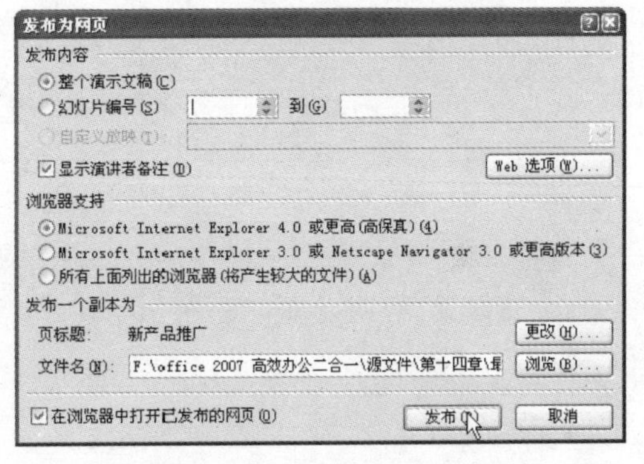

图 14-93　确定发布

Step 15 此时系统自动打开 IE 浏览器，在浏览器中可以看到发布的演示文稿内容，单击“下一张幻灯片”按钮，可切换到下一张幻灯片中，如图 14−94 所示。

Step 16 户可以使用此方法查看演示文稿中不同的幻灯片内容，如图 14−95 所示。

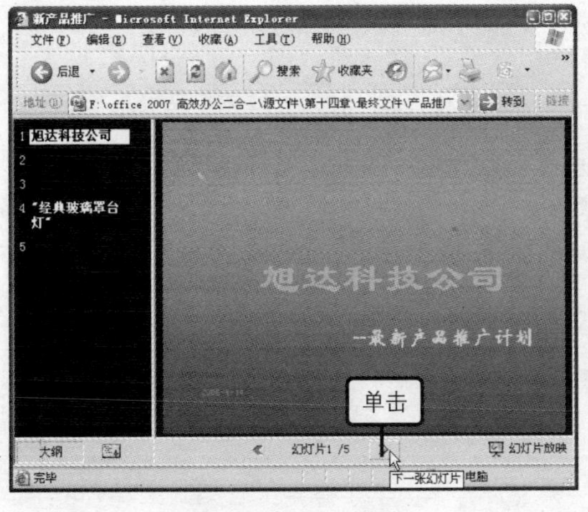

图 14-94　打开浏览器

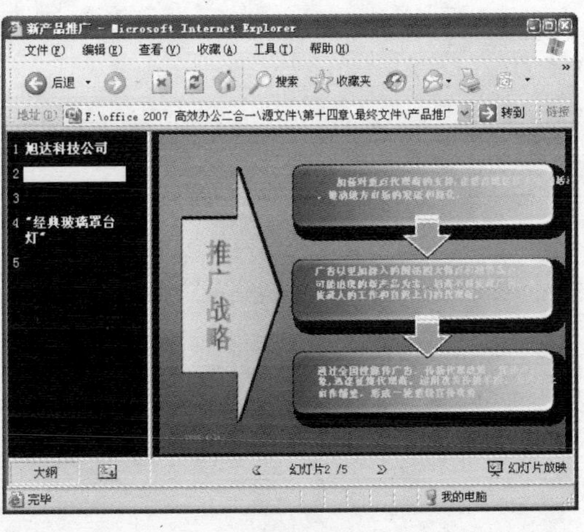

图 14-95　查看发布的幻灯片内容

制作公司未来战略企划案

用户可以使用 PowerPoint 来制作策略性的演示文稿内容，通过演示文稿中不同的幻灯片内容来分析与表达企业发展战略及规划相关内容，从而帮助企业制定发展目标。企划书并非是让人深思熟虑的东西，反而需要人们在瞬间对其内容一目了然。因此用户在编辑企划书演示文稿时，应将其制作得更为简洁明了，内容清晰。本章将为用户介绍如何灵活使用 PowerPoint 中的各项操作与设置功能，完成公司企划案演示文稿的编辑与制作。

原始文件：第 15 章\原始文件\098dt.jpg、memories 记忆.mp3

最终文件：第 15 章\最终文件\企划演示文稿.pptx、企划方案

15.1 设计企划案幻灯片母版

企划书应含有丰富的颜色效果，从而达到在视觉上给人以突出强调的目的，使其具有与众不同的效果。在设置企划书统一的风格效果时，用户可以使用幻灯片母版设置功能，通过对幻灯片母版及标题幻灯片母版的设置，使整个演示文稿风格统一。

15.1.1 设置幻灯片母版

幻灯片母版用于对演示文稿中除标题幻灯片外的其他幻灯片进行设置，用户可以在幻灯片母版页面中设置插入图片、形状图形、背景样式等多种效果，在完成幻灯片母版的设置后，演示文稿中创建的幻灯片将带有母版中所有的设置效果，从而简化重复设置的操作过程。

Step 01 新建一个演示文稿，切换到“视图”选项卡下，在“演示文稿视图”组中单击“幻灯片母版”按钮，如图 15-1 所示。

Step 02 切换到幻灯片母版视图方式下，在幻灯片窗格中单击第一张幻灯片即幻灯片母版，如图 15-2 所示，切换到该幻灯片中设置演示文稿的幻灯片母版效果。

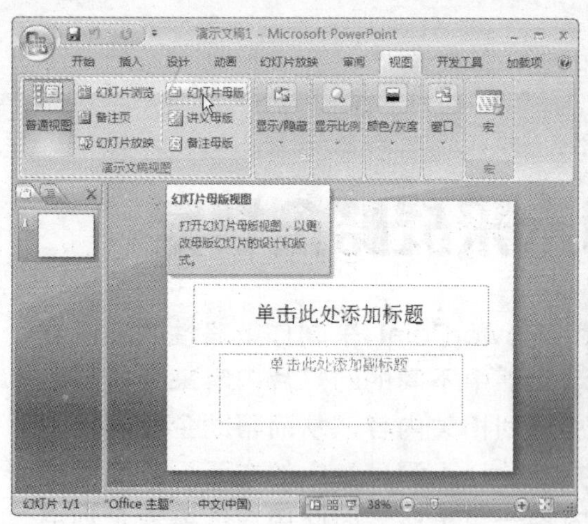

图 15-1　设置幻灯片母版视图

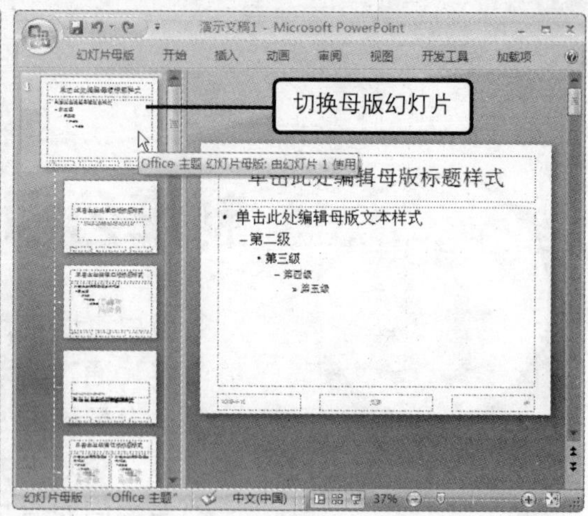

图 15-2　切换幻灯片

问题 15-1:	PowerPoint 窗口底部的状态栏中间显示的是当前幻灯片所使用的母版名称，如何重新命名该名称？

在幻灯片母版视图的左窗格中，右击需要重命名的幻灯片母版缩略图，然后在弹出的快捷菜单中单击“重命名母版”命令，在打开的“重命名母版”对话框中输入一个新名称，单击“重命名”按钮即可。

Step 03 在“幻灯片母版”选项卡下的“背景”组中单击“背景样式”按钮，在展开的列表中单击“样式 7”选项，如图 15–3 所示。

Step 04 此时可以看到所有的幻灯片都应用了指定的背景效果，切换到“插入”选项卡下，单击“插图”组中的“形状”按钮，在展开的列表中单击“矩形”选项，如图 15–4 所示。

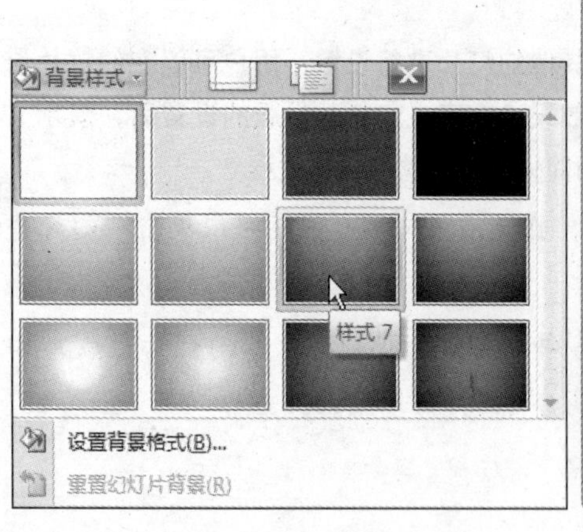

图 15-3　设置背景样式

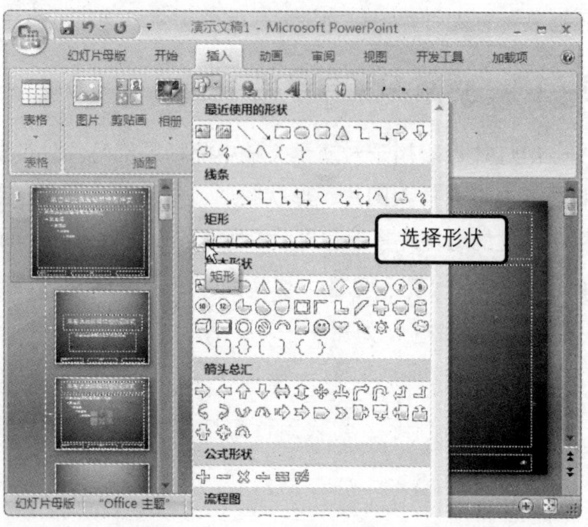

图 15-4　插入形状

Step 05 拖动鼠标在幻灯片中绘制矩形，绘制完成后释放鼠标，如图 15-5 所示。

Step 06 选中形状图形，在“格式”选项卡下的“形状样式”组中，单击“形状填充”按钮，在展开的列表中单击“无填充颜色”选项，如图 15-6 所示。

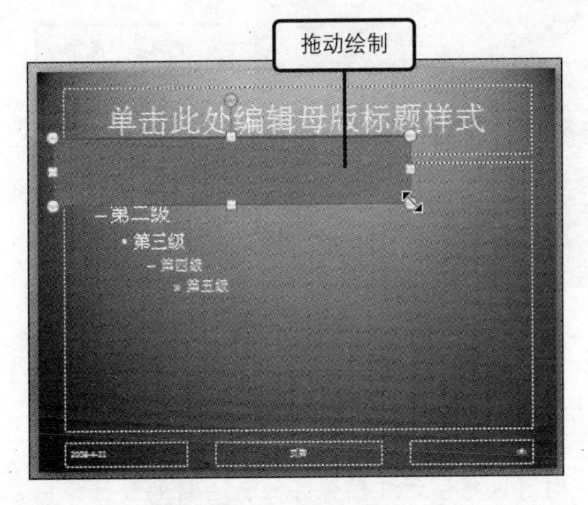

图 15-5 绘制形状图形

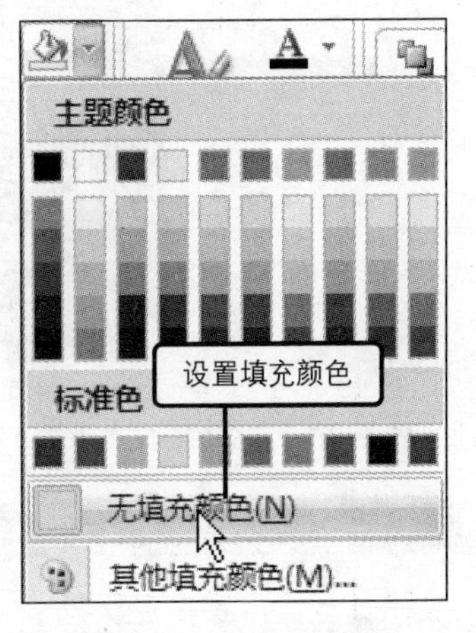

图 15-6 设置形状填充

问题 15-2: 母版视图中包括哪些占位符？

母版视图中包括标题区、对象区、日期区、页脚区、数字区占位符。

Step 07 同样，在该组中单击“形状轮廓”按钮，在展开的列表中单击“浅绿”选项，如图 15-7 所示。

Step 08 使用相同的方法绘制矩形图形，并设置图形为浅绿填充颜色效果，如图 15-8 所示。

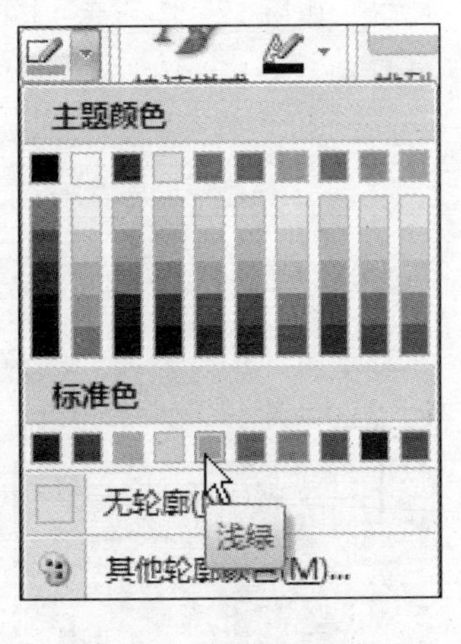

图 15-7 设置形状轮廓

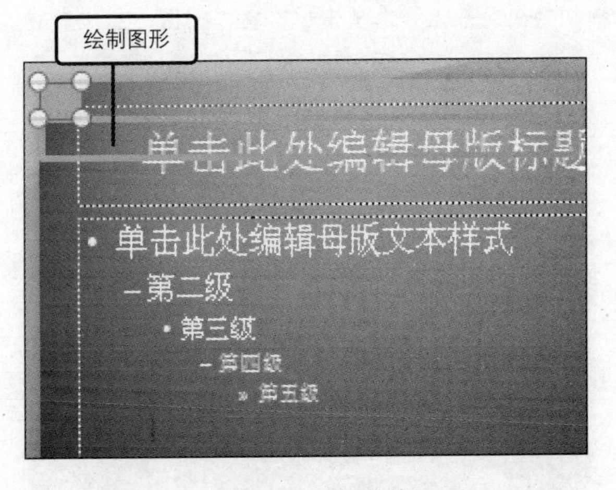

图 15-8 绘制矩形

Step 09 在幻灯片母版中复制多个形状图形，使幻灯片页面效果更加丰富，如图 15-9 所示，完成幻灯片母版的设计。

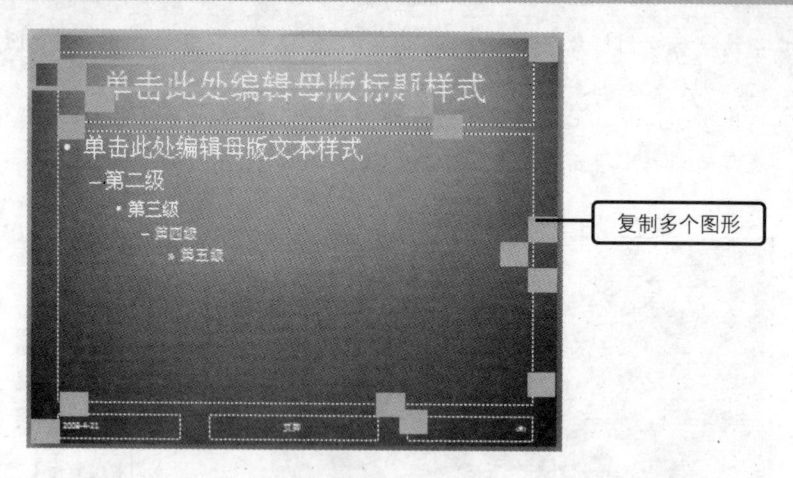

图 15-9　复制形状图形

问题 15-3：　如何在其他的演示文稿中再次使用设计的母版？

修改母版后，如果用户还需要再次使用，则可以将演示文稿保存为一个新的设计模板，以便在其他演示文稿中使用，从而避免重复设计制作幻灯片的操作过程。

15.1.2　设置标题幻灯片母版

当用户需要对演示文稿中的标题幻灯片进行格式效果的设置时，在幻灯片母版视图中，可以切换到标题幻灯片母版中进行操作设置，设置的效果将应用到演示文稿中的第一张标题幻灯片中。

Step 01 在左侧窗格的幻灯片选项卡中单击第二张幻灯片，即标题母版幻灯片，切换到该幻灯片中设置标题幻灯片母版样式，如图 15-10 所示。

Step 02 切换到“插入”选项卡下，在“插图”组中单击“图片”按钮，如图 15-11 所示。

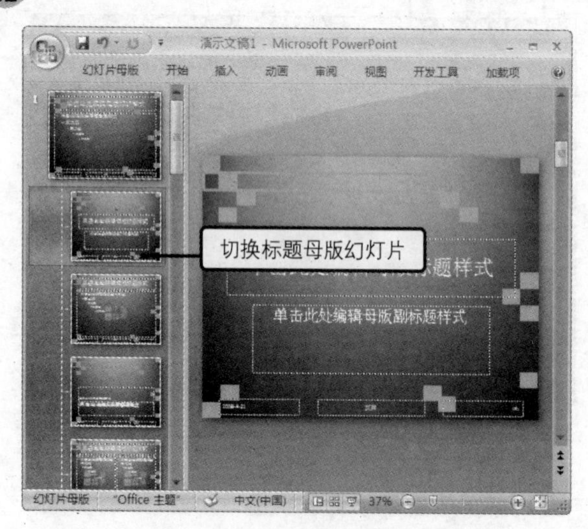

图 15-10　设置标题母版幻灯片

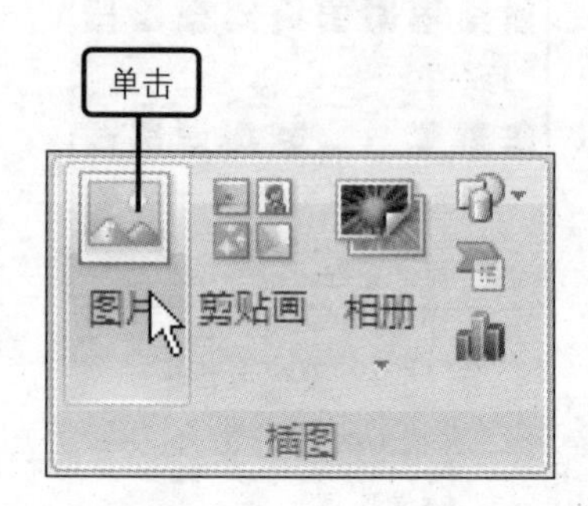

图 15-11　插入图片

问题 15-4：怎样分辨位于文件夹中的图片是位图还是矢量图？

如果图片位于文件夹中或桌面上，只需将鼠标指针移动到该文件上直到出现类型提示，文件类型是.bmp、.jpg 或.gif，则该图片是位图；图片是.png、.wmf 或.mix，则该图片是矢量图。

Step 03 打开“插入图片”对话框，选择需要插入的图片，再单击“插入”按钮，如图 15-12 所示。

Step 04 在幻灯片中插入选定的图片，拖动鼠标调整图片的大小与位置，设置其作为背景显示，如图 15-13 所示。

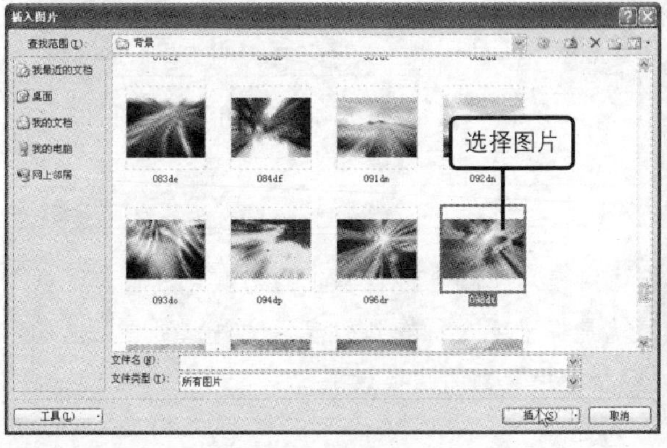

图 15-12　选择图片

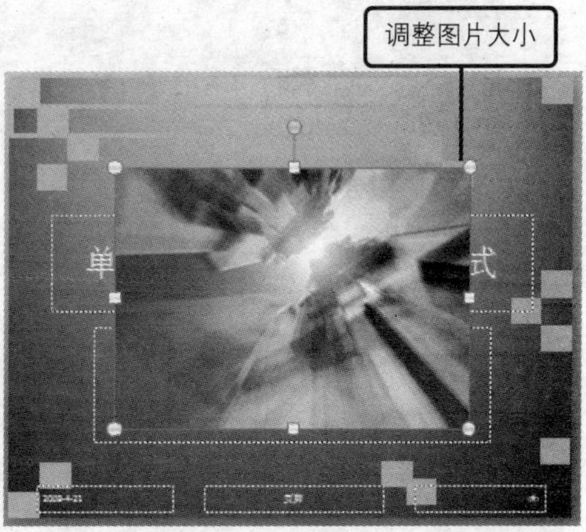

调整图片大小

图 15-13　调整图片大小

Step 05 设置图片作为背景大小显示后，用户还需要设置图片位置，在图片上方右击，在弹出的快捷菜单中单击“置于底层”命令，在其级联菜单中单击“置于底层”命令，如图 15-14 所示。

Step 06 此时，图片作为背景效果显示，文本占位符显示在图片上方，如图 15-15 所示。

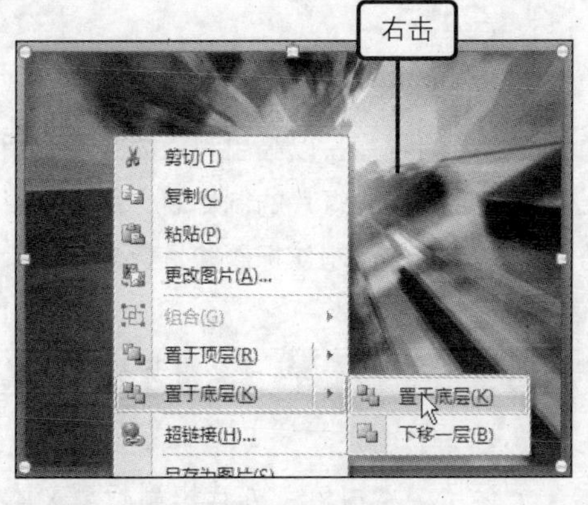

图 15-14　设置图片位置

图 15-15　作为背景显示

Step 07 在标题文本占位符上方右击，在弹出的浮动工具栏中设置字体的格式效果，并使用相同的方法设置副标题文本占位符的字体格式，如图 15-16 所示。

Step 08 完成标题幻灯片母版的设置后，用户可以关闭母版视图方式，在“幻灯片母版”选项卡下的“关闭”组中，单击“关闭母版视图”按钮，如图 15-17 所示。

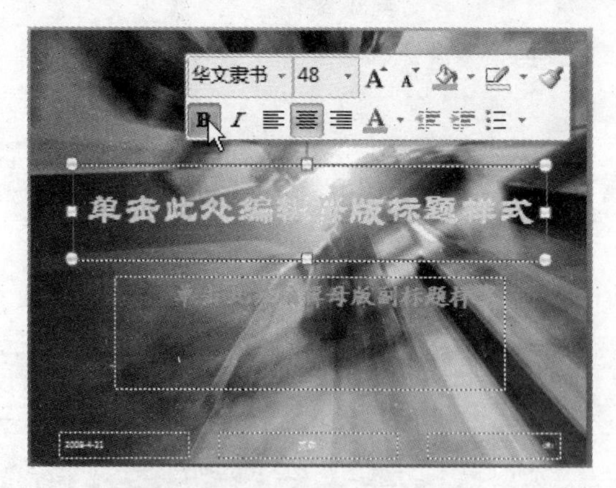

图 15-16　设置标题字体格式

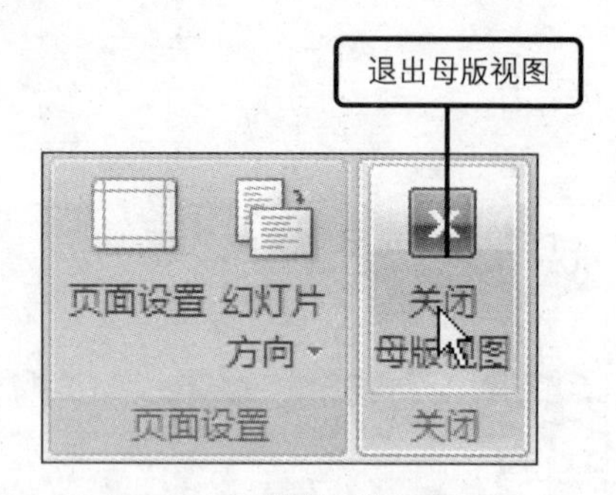

图 15-17　关闭母版视图

问题 15-5:　幻灯片放映视图的特点是什么？

幻灯片放映视图占据整个计算机屏幕，就像对演示文稿在进行真正的幻灯片放映。在这种全屏幕视图中，用户所看到的演示文稿就是将来观众所看到的演示文稿。用户可以看到图形、时间、影片、动画元素以及在实际放映中看到的切换效果。

15.2　制作企划案演示文稿内容

完成幻灯片母版效果的设置后，用户便可以切换到普通视图方式下对演示文稿具体的幻灯片内容进行编辑了。在编辑幻灯片内容时，所有幻灯片将应用设置的母版格式效果，从而使制作的演示文稿更加统一规范。

15.2.1　制作标题和目标方针幻灯片

在制作演示文稿时用户首先需要为其制作一个精美的标题幻灯片，以吸引观众的眼球，用户还可以在演示文稿中插入声音内容，使其更加丰富生动。完成标题幻灯片的制作后，用户可以根据需要选择版式插入新的幻灯片并进行编辑。本节将为用户介绍如何制作标题和目标方针幻灯片内容。

Step 01 返回到普通视图方式下，可以看到演示文稿中显示标题幻灯片，标题幻灯片显示设置的母版效果，如图 15-18 所示。

Step 02 在标题幻灯片中的文本占位符中分别输入演示文稿标题文本内容，并选中副标题文本占位符，如图 15-19 所示。

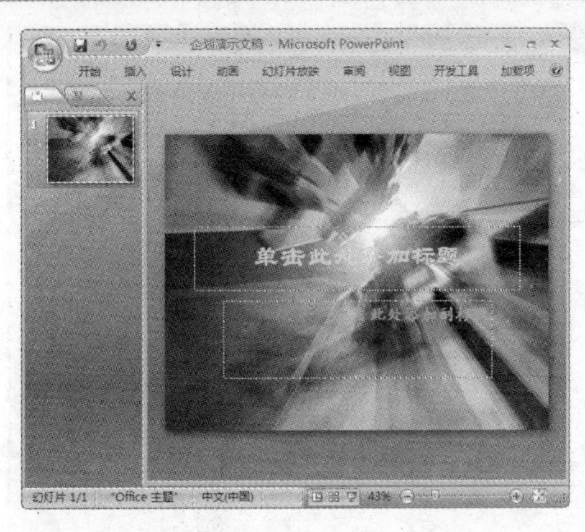

图 15-18　查看标题幻灯片

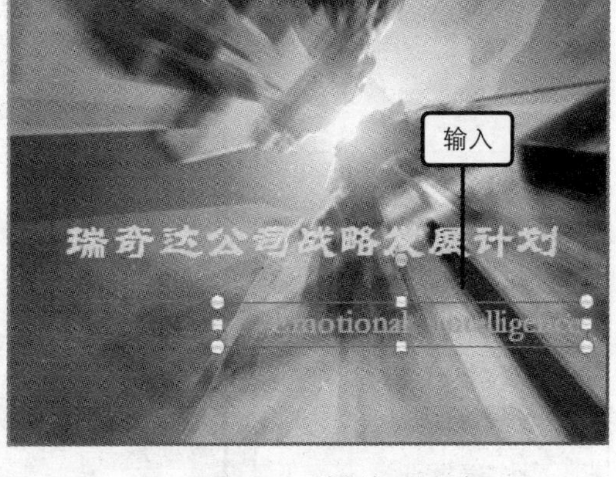

图 15-19　编辑标题文本

Step 03 切换到“格式”选项卡下，在“形状样式”组中单击“浅色 1 轮廓，彩色填充-深色 1”选项，如图 15-20 所示。

Step 04 设置完成后查看幻灯片中副标题文本占位符的格式效果，如图 15-21 所示。

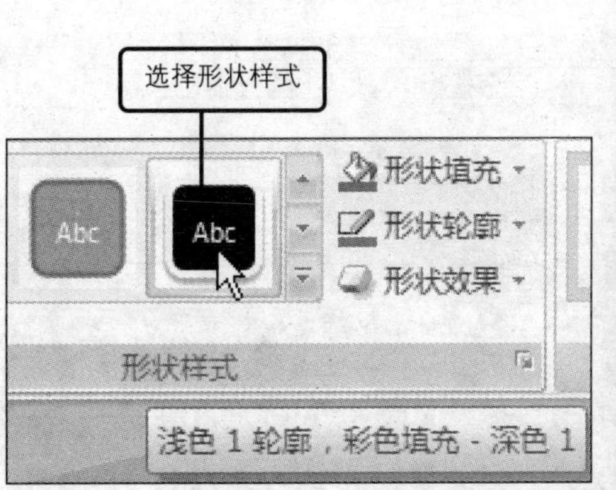

图 15-20　设置形状样式

图 15-21　查看幻灯片效果

问题 15-6：　使用哪个快捷键可以快速的插入新幻灯片？

按【Ctrl+M】或【Shift+Enter】快捷键均可以快速向演示文稿中插入一张新幻灯片。

Step 05 切换到“插入”选项卡下，单击“媒体剪辑”组中的“声音”按钮，在展开的列表中单击“文件中的声音”选项，如图 15-22 所示。

Step 06 打开“插入声音”对话框，选择需要插入的声音，再单击“确定”按钮，如图 15-23 所示。

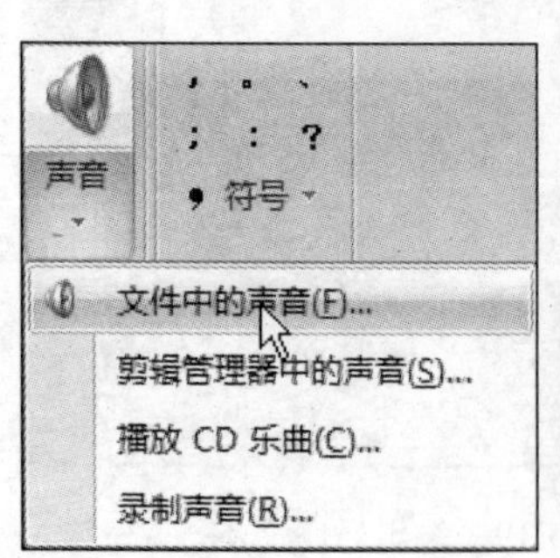

图 15-22 插入声音

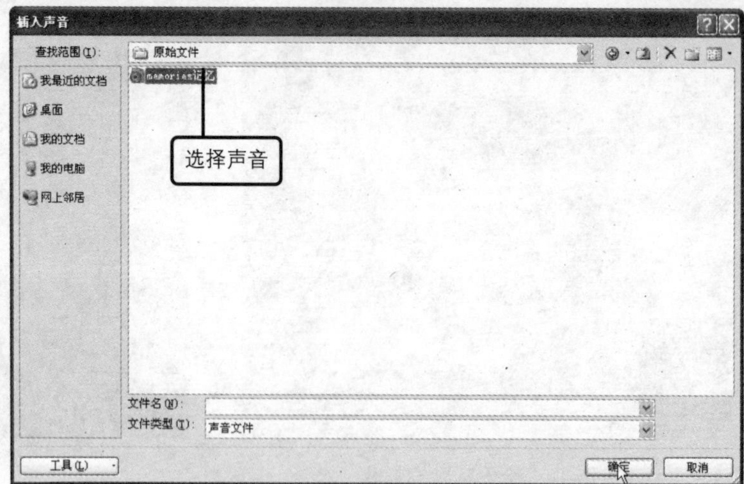

图 15-23 选择声音

Step 07 打开提示对话框，提示用户播放声音的方式，单击“自动”按钮，如图 15-24 所示。

Step 08 返回到幻灯片中，可以看到插入的声音图标，拖动鼠标调整图标在幻灯片中的位置，如图 15-25 所示。

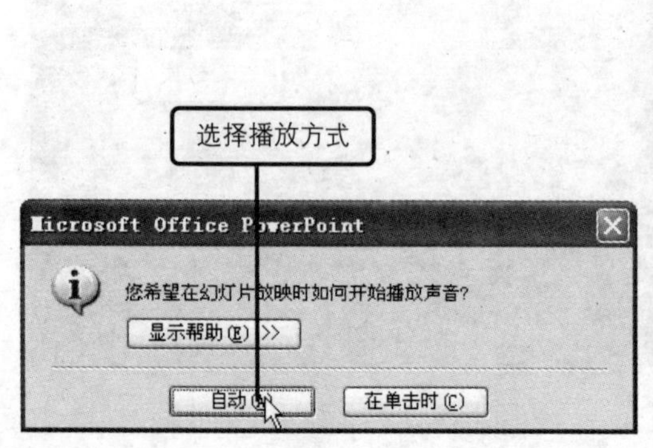

图 15-24 设置自动播放声音

图 15-25 调整图标位置

问题 15-7：如何在演示文稿中快速添加或删除幻灯片？

在“幻灯片浏览”窗格中单击某张幻灯片缩略图，然后直接按【Enter】键则可以在它后面插入新幻灯片；单击某张幻灯片缩略图，按【Delete】键则删除该张幻灯片。

Step 09 切换到声音工具“选项”选项卡下，在“声音选项”组中选中“放映时隐藏”和“循环播放，直到停止”复选框，如图 15-26 所示。

Step 10 在“选项”选项卡下，单击“声音选项”组中的“幻灯片放映音量”按钮，在展开的列表中单击“中”选项，如图 15-27 所示。

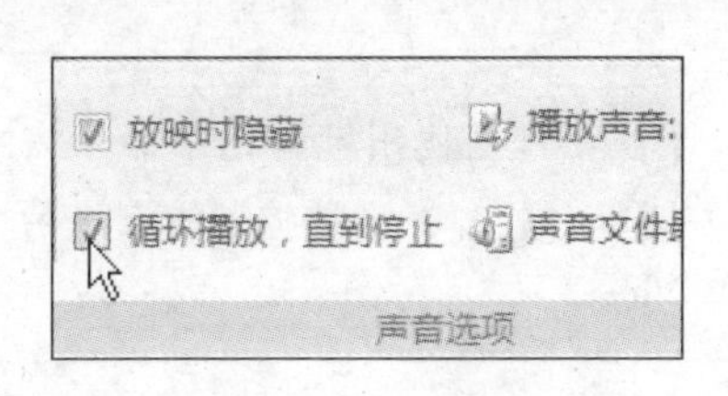

图 15-26 设置声音选项

图 15-27 设置幻灯片放映音量

Step 11 完成标题幻灯片的制作后，切换到“开始”选项卡下，单击“新建幻灯片”按钮，在展开的列表中单击“标题和内容”选项，如图 15-28 所示。

Step 12 在演示文稿中插入选定版式的幻灯片，并显示设置的母版效果，如图 15-29 所示。

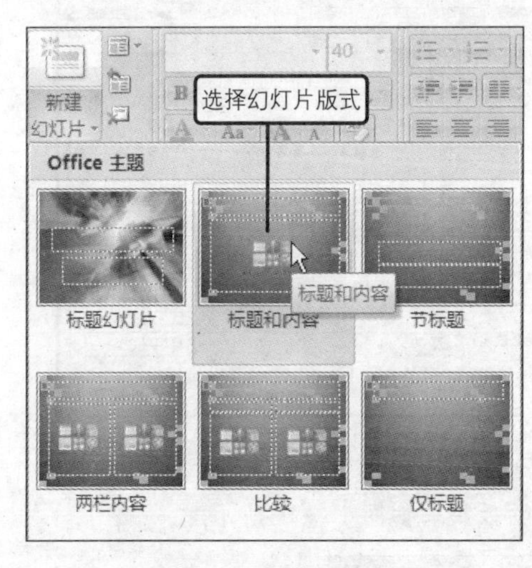

图 15-28 新建幻灯片

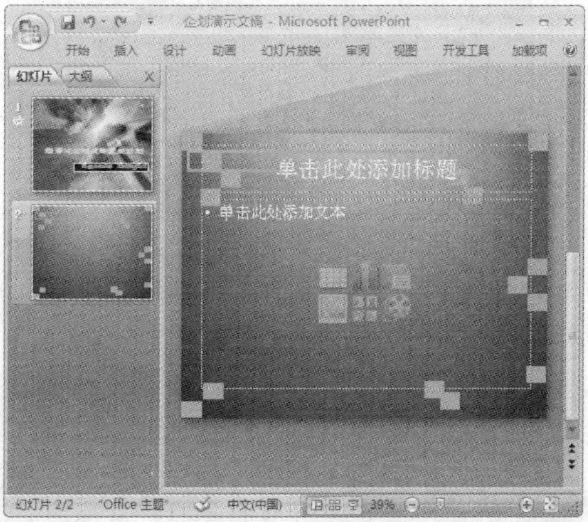

图 15-29 插入新幻灯片

Step 13 在幻灯片中输入需要添加的文本信息内容，并在内容占位符中选中输入的文本内容，如图 15-30 所示。

Step 14 切换到“开始”选项卡下，在“段落”组中单击“项目符号”下拉列表按钮，在展开的列表中单击“项目符号和编号”选项，如图 15-31 所示。

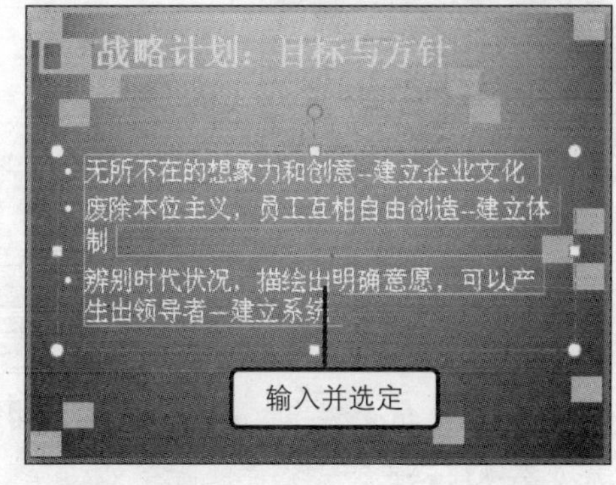

图 15-30 输入文本

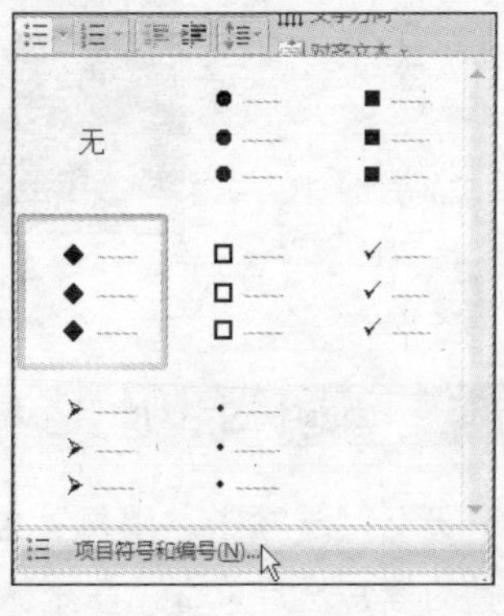

图 15-31 添加项目符号和编号

问题 15-8：选取文本还有什么快捷方式吗？

选取文本有多种方法，除了使用鼠标的方法等，还可以使用键盘选中部分文本。先将插入点移动至想要选取的文本的开始位置，按住【Shift】键，再按控制键盘上的方向键选取文本。

Step 15 打开“项目符号和编号”对话框，在“项目符号”选项卡下单击“箭头项目符号”选项，如图 15-32 所示。

Step 16 单击“颜色”下拉列表按钮，在展开的列表中单击“黄色”选项，再单击“确定”按钮，如图 15-33 所示。

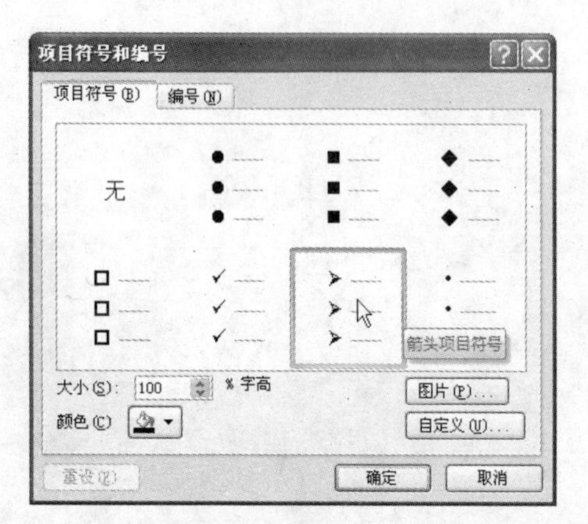

图 15-32 选择项目符号样式

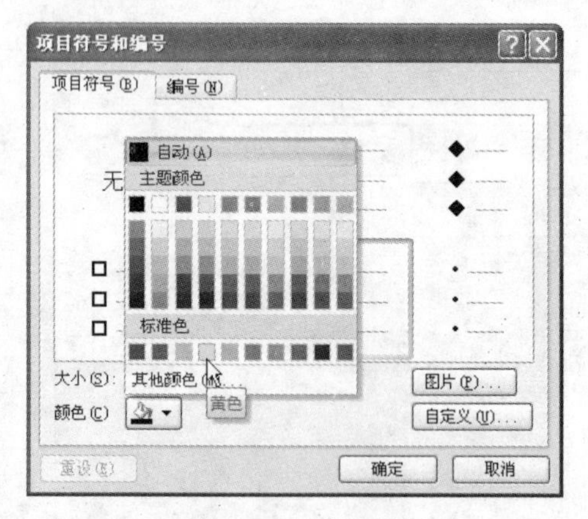

图 15-33 设置颜色

Step 17 返回到幻灯片中，查看设置完成后的幻灯片页面效果，如图 15-34 所示。

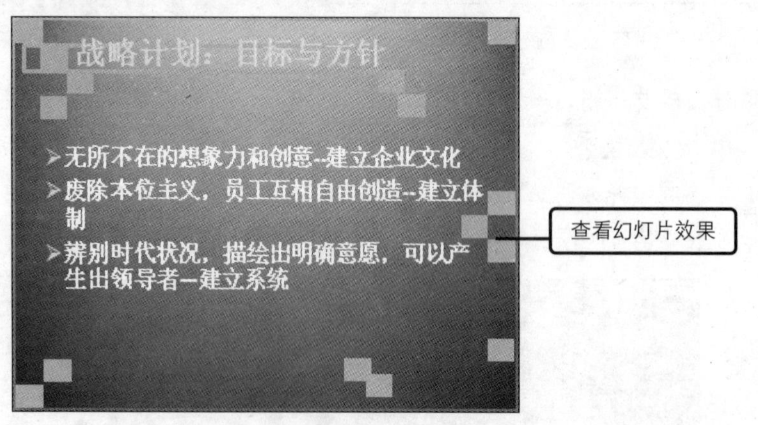

图 15-34 查看幻灯片效果

问题 15-9：如何快速把幻灯片中相同的文本内容统一修改为其他文本？

单击“开始”选项卡“编辑”组中的“替换”按钮，打开“替换”对话框，在其中设置替换的内容，然后单击“全部替换”按钮，一次替换符合此搜索条件的所有文本。

15.2.2　制作企业与合作商关系幻灯片

当用户需要在幻灯片中表达相互关系时，可以使用 SmartArt 图形进行分析说明。用户在创建企业与合作商关系图形时，为了更好地说明一方变化另一方也会跟着变化的相互关系，还可以在幻灯片中插入文本框进行说明解释，本节将为用户详细介绍幻灯片的制作过程，并为幻灯片中的不同对象添加动画效果。

Step 01 切换到“开始”选项卡下，在“幻灯片”组中单击“新建幻灯片”按钮，在展开的列表中单击“标题和内容”选项，如图 15-35 所示。

Step 02 在演示文稿中插入新的幻灯片，在标题占位符中输入需要添加的标题文本内容，如图 15-36 所示。

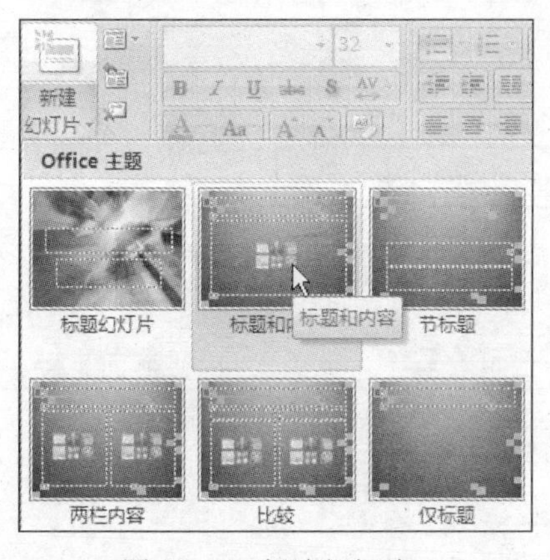

图 15-35　新建幻灯片

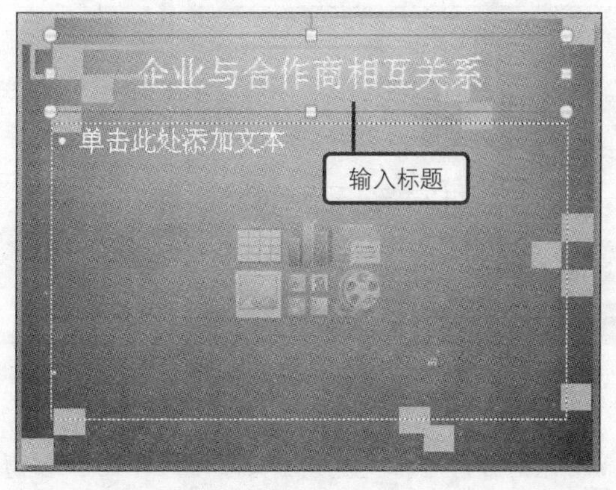

图 15-36　输入标题文本

Step 03 切换到上一张幻灯片中，拖动鼠标选中标题文本内容并右击，在弹出的浮动工具栏中单击“格式刷”按钮，如图 15-37 所示。

Step 04 切换到第三张幻灯片中，此时鼠标呈小刷子状态，拖动鼠标选中标题文本内容，设置相同的字体格式效果，如图 15-38 所示。

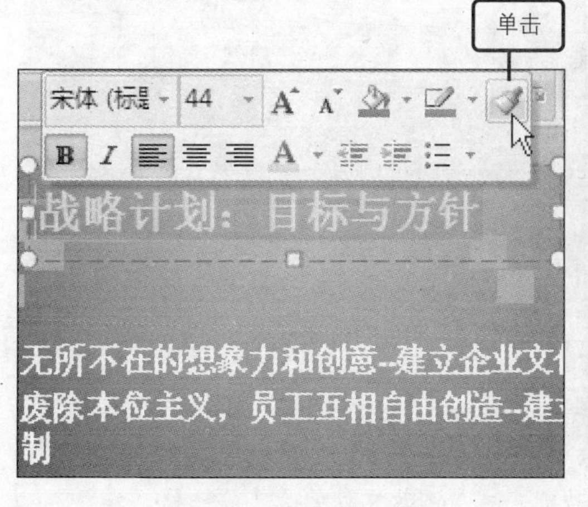

图 15-37　使用格式刷

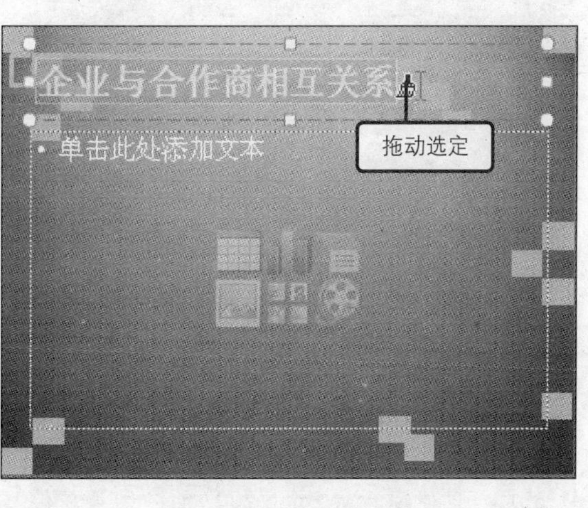

图 15-38　设置字体格式

问题 15-10： 如何清除文本的格式？

单击“字体”组中的“清除所有格式”按钮，即可清除选中的文字所有格式，只留下纯文本。

Step 05 在内容占位符中单击“插入 SmartArt 图形”按钮，如图 15-39 所示。

Step 06 打开“选择 SmartArt 图形”对话框，在“循环”选项卡下单击“多向循环”选项，再单击“确定”按钮，如图 15-40 所示。

图 15-39 插入 SmartArt 图形

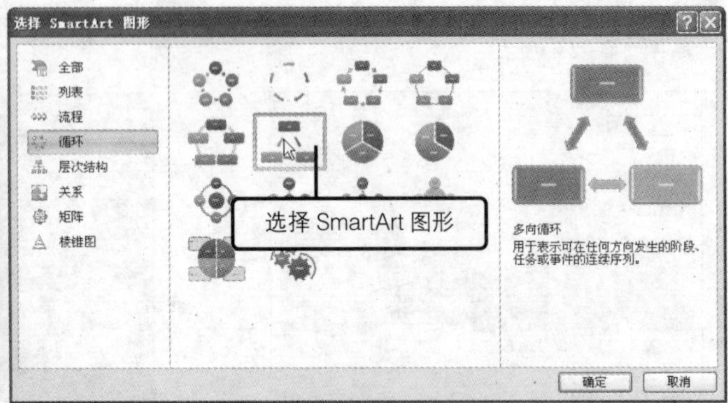

图 15-40 选择 SmartArt 图形

Step 07 在幻灯片中插入默认的 SmartArt 图形，如图 15-41 所示。

Step 08 在 SmartArt 图形形状中输入需要添加的文本内容，并拖动形状调整 SmartArt 图形的结构大小，如图 15-42 所示。

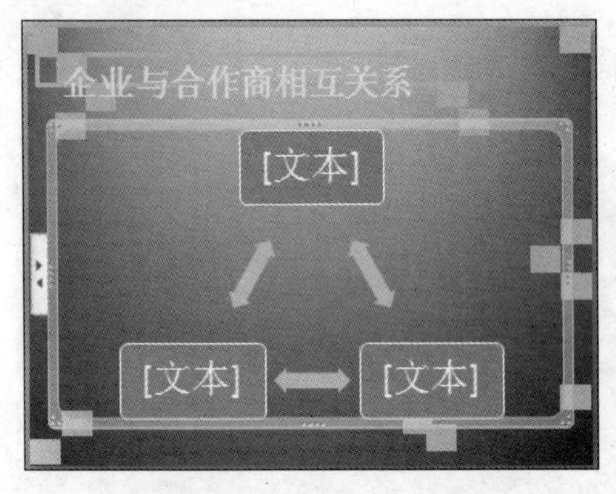

图 15-41 插入 SmartArt 图形

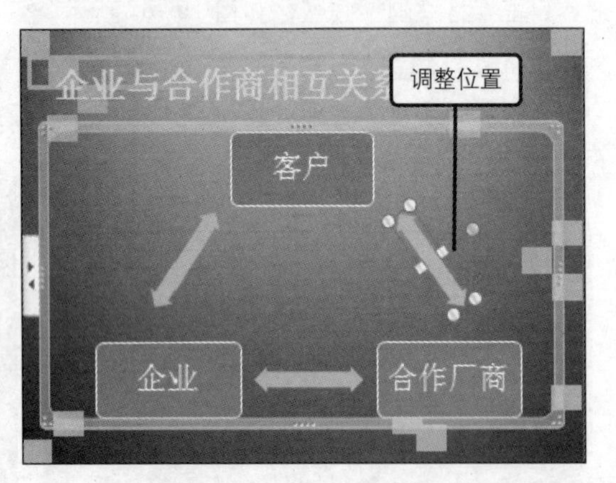

图 15-42 输入文本并调整大小

问题 15-11： 在幻灯片中添加图片后，演示文稿文件会变得很大，怎么解决？

用户可以使用 PowerPoint 2007 的“图片压缩”功能来减少图片文件的大小。

Step 09 选中 SmartArt 图形，在“设计”选项卡下的“SmartArt 样式”组中，单击“更改颜色”按钮，在展开的列表中单击“彩色范围—强调文字颜色 2 至 3”选项，如图 15—43 所示。

Step 10 单击该组中的“快速样式”按钮，在展开的列表中单击“卡通”选项，如图 15—44 所示。

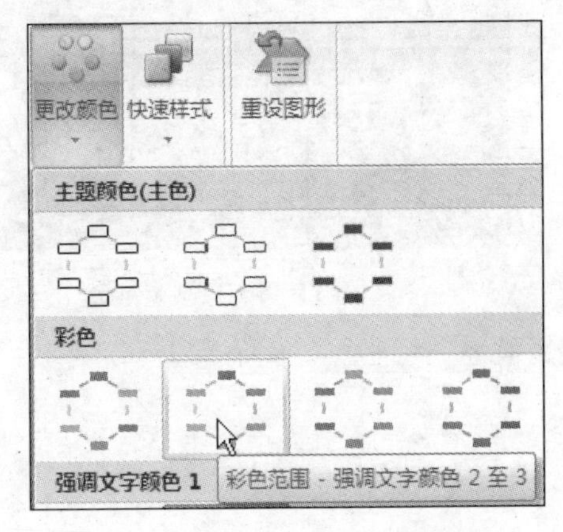

图 15-43　更改 SmartArt 图形颜色

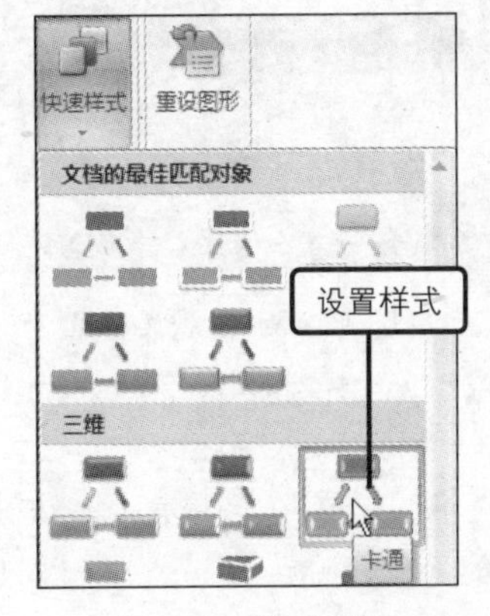

图 15-44　快速样式

Step 11 查看设置后的 SmartArt 图形效果，如图 15—45 所示。

Step 12 切换到“插入”选项卡下，在“文本”组中单击“文本框”按钮，在展开的列表中单击“横排文本框”选项，如图 15—46 所示。

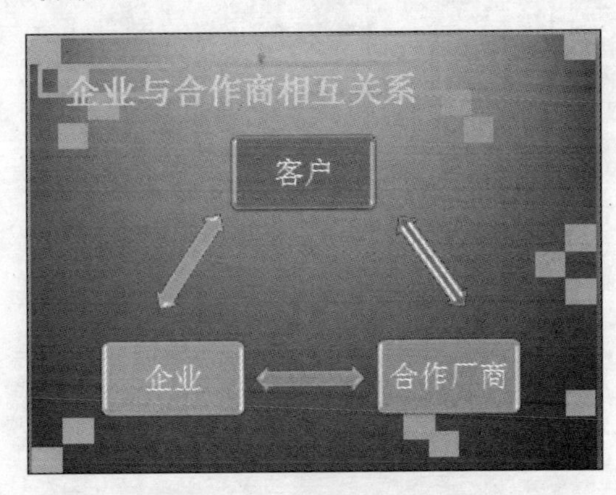

图 15-45　查看幻灯片效果

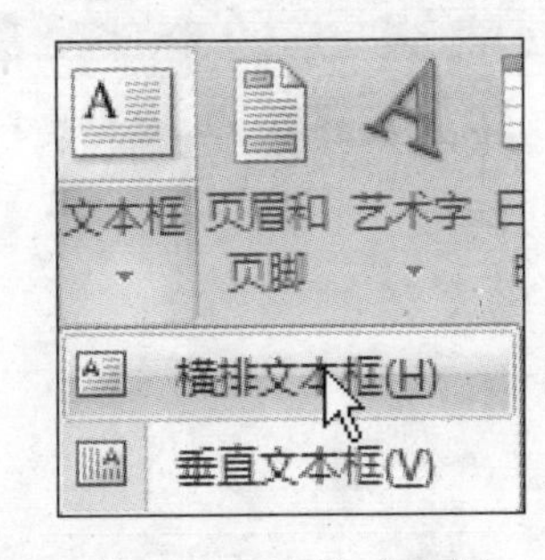

图 15-46　插入文本框

Step 13 在幻灯片中拖动鼠标绘制文本框，如图 15—47 所示。

Step 14 绘制完成后在文本框中输入需要添加的文本内容，选中文本框拖动鼠标进行复制，如图 15—48 所示。

问题 15-12：　按哪个方向拖动图片，图片不会变形？

沿图片的对角线方向拖动缩放图片，图片长宽比例不会改变，图片不会变形。

图 15-47 绘制文本框

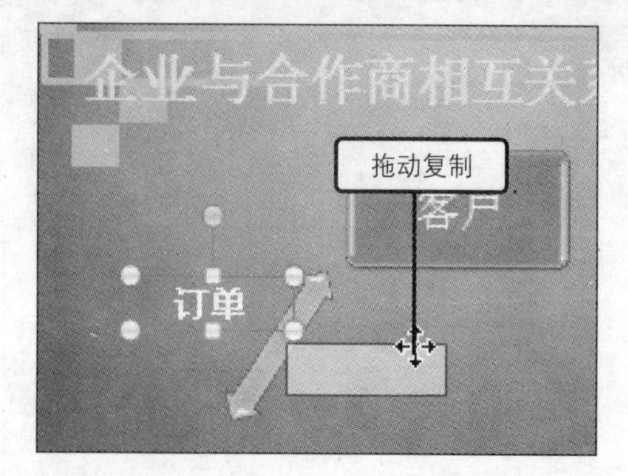

图 15-48 复制文本框

Step 15 复制多个文本框并编辑相关文本内容，选中所有的文本框，如图 15–49 所示。

Step 16 在“格式”选项卡下单击“快速样式”按钮，在展开的列表中单击“填充–强调文字颜色 6，渐变轮廓–强调文字颜色 6”选项，如图 15–50 所示。

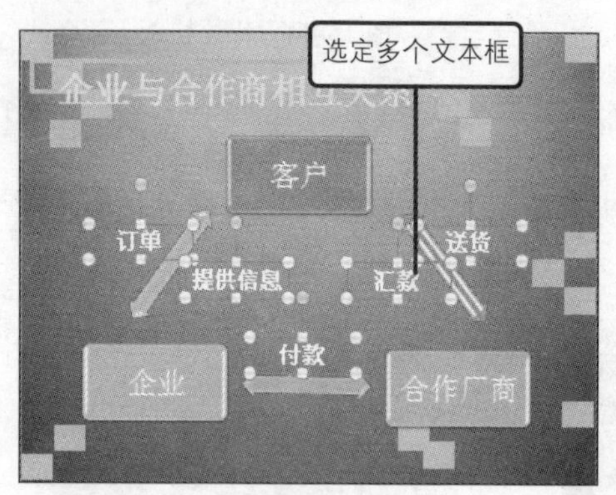

图 15-49 选定文本框

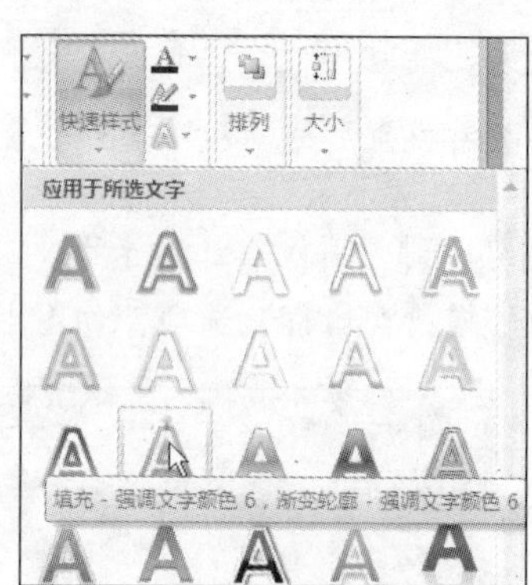

图 15-50 设置艺术字样式

Step 17 切换到“动画”选项卡下，在“动画”组中单击“自定义动画”按钮，如图 15–51 所示。

Step 18 打开“自定义动画”窗格，选中幻灯片中的 SmartArt 图形，需要为其添加动画效果，如图 15–52 所示。

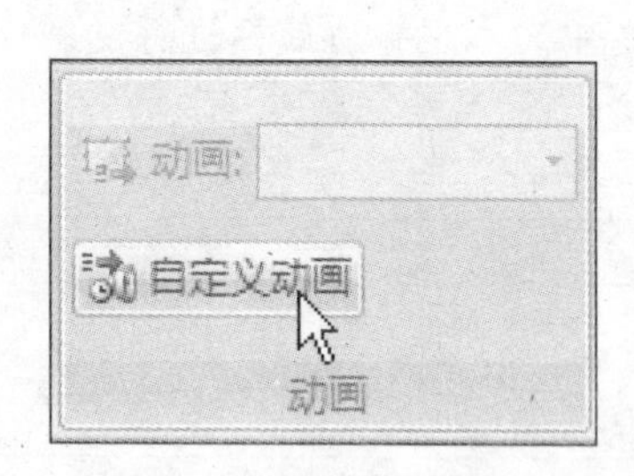

图 15-51 自定义动画

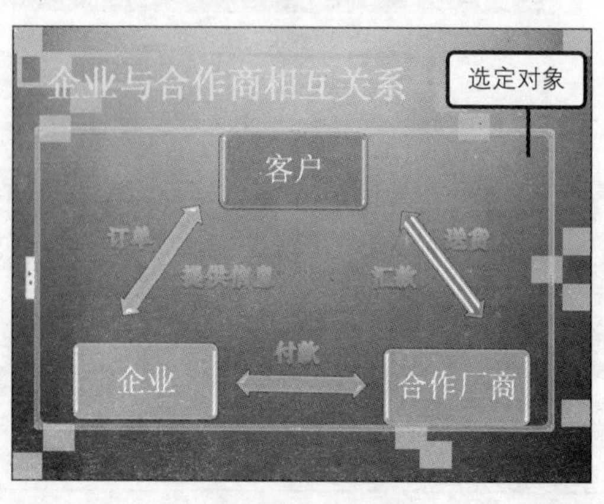

图 15-52 选定对象

问题 15-13：可以将文本转换为 SmartArt 图形吗？

用户可以在“开始”选项卡中的“段落”组中，单击“转换为 SmartArt 图形”按钮。

Step 19 在“自定义动画”窗格中单击“添加效果”按钮，在展开的列表中单击“进入”选项，在级联列表中单击“其他效果”选项，如图 15-53 所示。

Step 20 打开“添加进入效果”对话框，单击“渐入”选项，如图 15-54 所示。

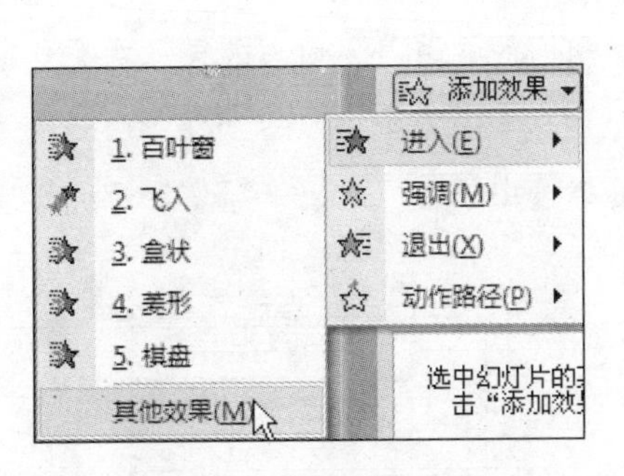

图 15-53 添加进入效果

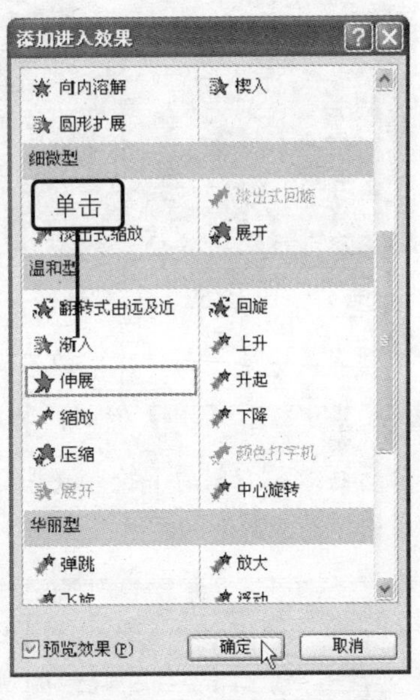

图 15-54 选择进入效果

Step 21 在“自定义动画”窗格中选中添加的动画效果，再单击“开始”下拉列表按钮，在展开的列表中单击“之后”选项，如图 15-55 所示。

Step 22 单击“速度”下拉列表按钮，在展开的列表中单击“中速”选项，如图 15-56 所示。

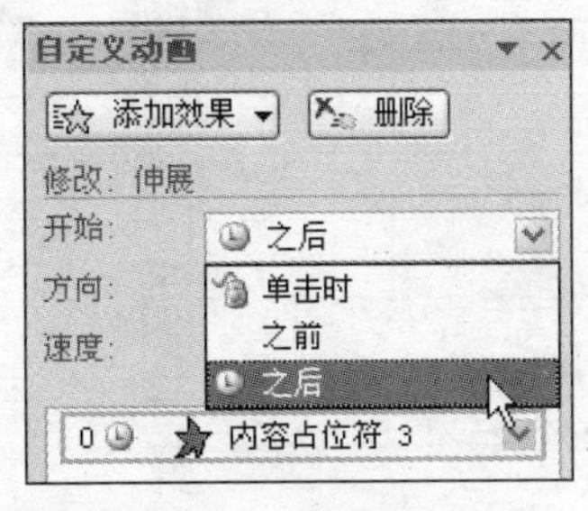

图 15-55 设置开始方式

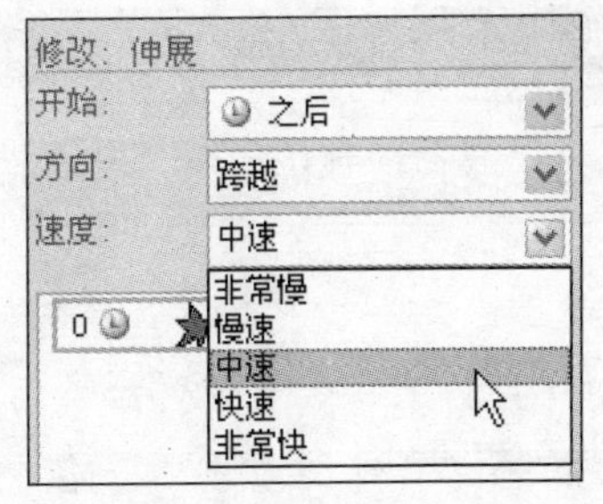

图 15-56 设置速度

问题 15-14：如何使两幅图片同时动作？

按住【Shift】键同时选中两幅图片，把两幅图片组合起来，然后为该组合设置动画效果即可。

Step 23 选中幻灯片中的文本框，需要为其添加动画效果，如图15-57所示。

Step 24 单击“添加效果”按钮，在展开的列表中单击“进入”选项，并单击“渐入”选项，如图15-58所示。

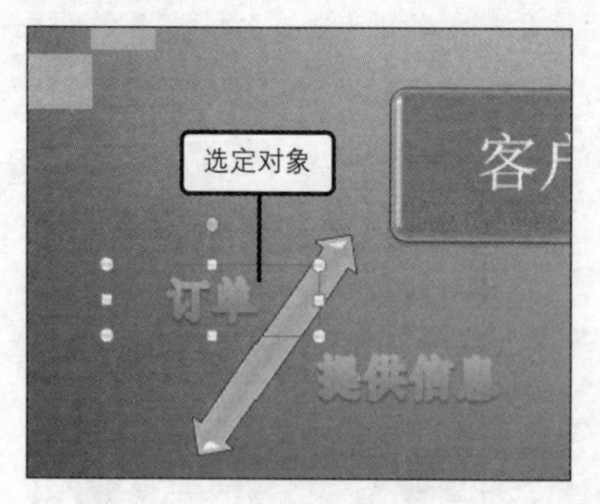

图15-57　选定对象

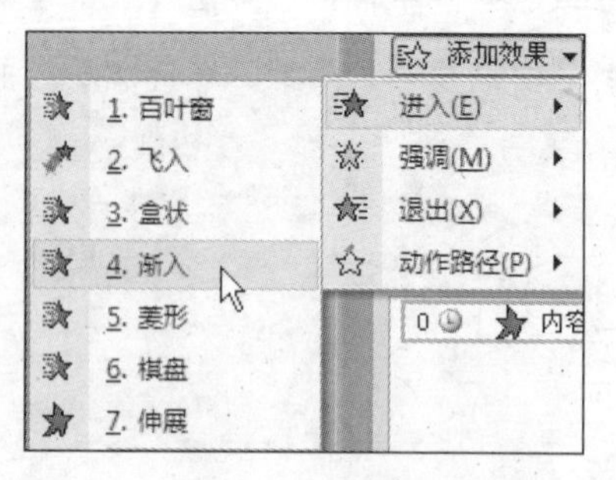

图15-58　添加效果

Step 25 使用相同的方法为幻灯片中的不同文本框添加相同的“渐入”动画效果，在“自定义动画”窗格中按下【Ctrl】键的同时单击选中所有的动画，如图15-59所示。

Step 26 单击动画效果右侧的下拉列表按钮，在展开的列表中单击“从上一项之后开始”选项，设置选定动画的开始方式，如图15-60所示。

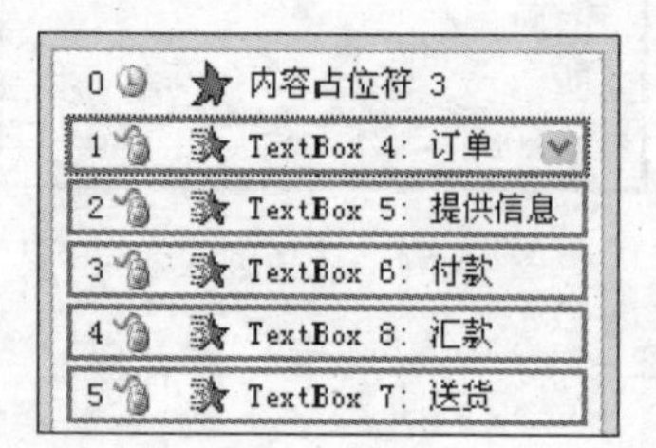

图15-59　选定所有动画

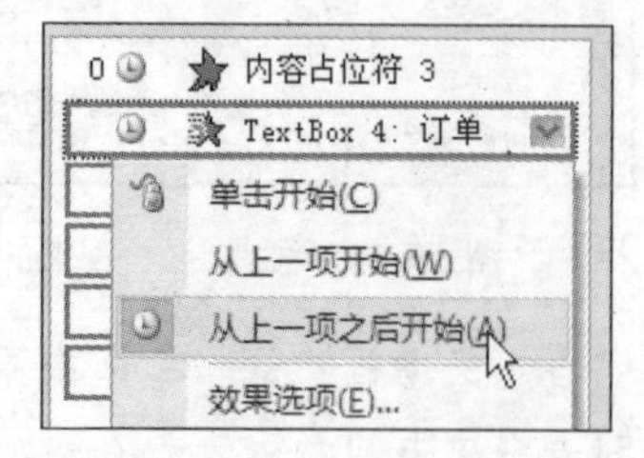

图15-60　设置开始方式

问题15-15：　如何快速使表格中多行的行高变为相同或多列的列宽变为相同？

在表格工具“布局”选项卡下，单击“单元格大小”组中的“分布行”或“分布列”按钮即可。

Step 27 完成幻灯片的动画效果设置后，用户可以单击“自定义动画”窗格中的“播放”按钮，查看当前幻灯片的播放效果，如图15-61所示。

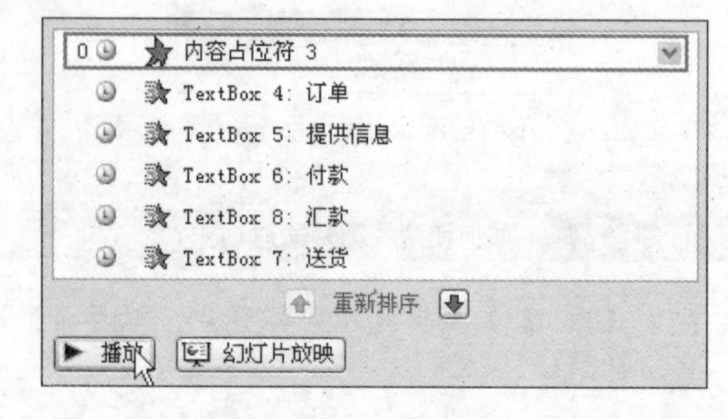

图15-61　播放幻灯片

15.2.3 制作市场情况分析幻灯片

为了使企业更好地发展，常常还需要对产品的市场销售情况进行分析，在编辑幻灯片时，可以使用表格与图表来分析销售额数据信息，通过表格将数据规范地显示在指定的行列单元格中，使用图表来查看不同销售地区的销售比较情况。在完成演示文稿的制作后，用户还可以设置幻灯片的切换方式与放映方式，下面介绍其具体的操作与设置方法。

Step 01 在演示文稿中插入版式为两栏内容的新幻灯片，在标题占位符中输入幻灯片标题并设置字体格式效果，在左侧的内容占位符中单击“插入表格”按钮，如图 15-62 所示。

Step 02 打开“插入表格”对话框，设置列数为 3，行数为 5，再单击“确定”按钮，如图 15-63 所示。

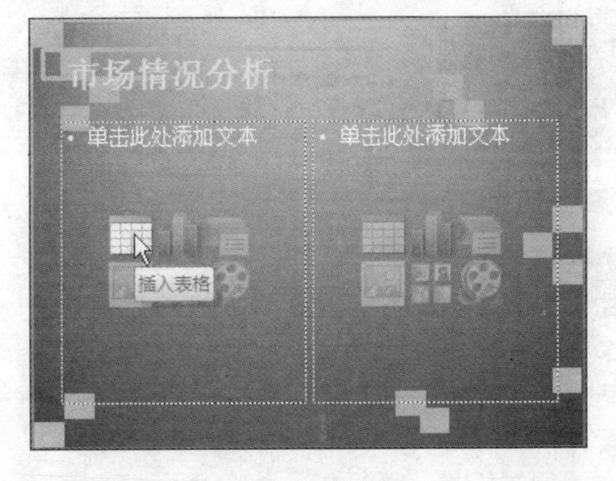

图 15-62　插入表格

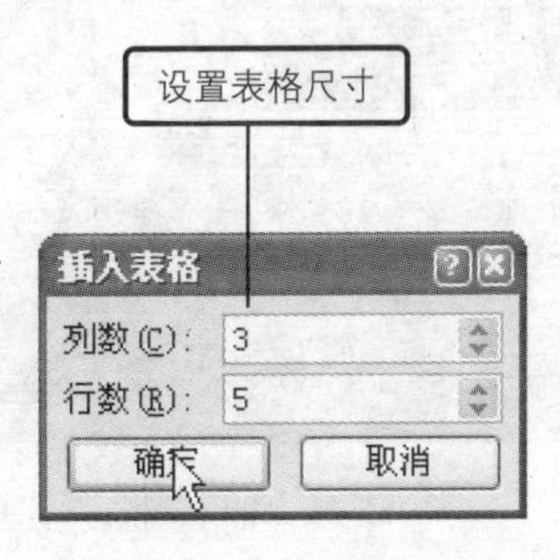

图 15-63　设置表格尺寸

Step 03 在幻灯片中插入指定尺寸的表格，在表格中输入需要添加的数据信息，如图 15-64 所示。

Step 04 选中表格，在“设计”选项卡下单击“表格样式”组中的“深色样式 1—强调 3”选项，如图 15-65 所示。

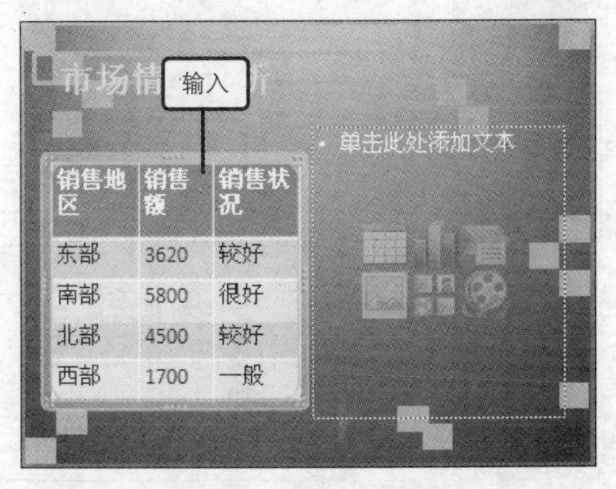

图 15-64　输入表格数据

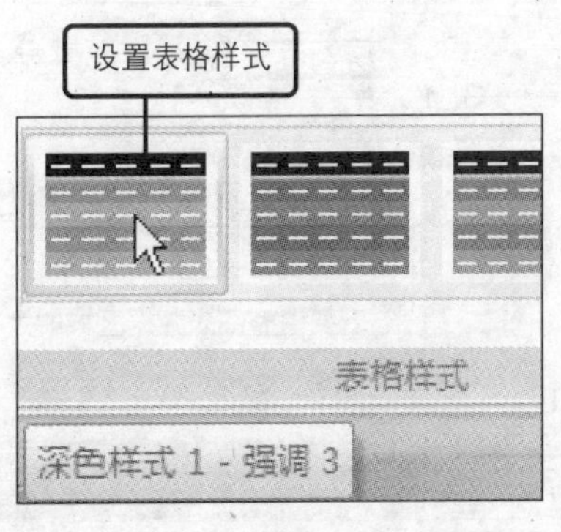

图 15-65　设置表格样式

问题 15-16：在 PowerPoint 2007 中插入的表格是否自动应用了样式？

是的，PowerPoint 2007 中插入表格的样式是系统根据当前幻灯片主题自动设置的。如在该表格中输入文本，字体颜色也是系统根据当前幻灯片主题自动设置的。

Step 05 表格应用指定的样式效果，在右侧的内容占位符中单击“插入图表”按钮，如图 15-66 所示。

Step 06 打开“插入图表”对话框，在“柱形图”选项卡下单击“簇状圆柱图”选项，再单击“确定”按钮，如图 15-67 所示。

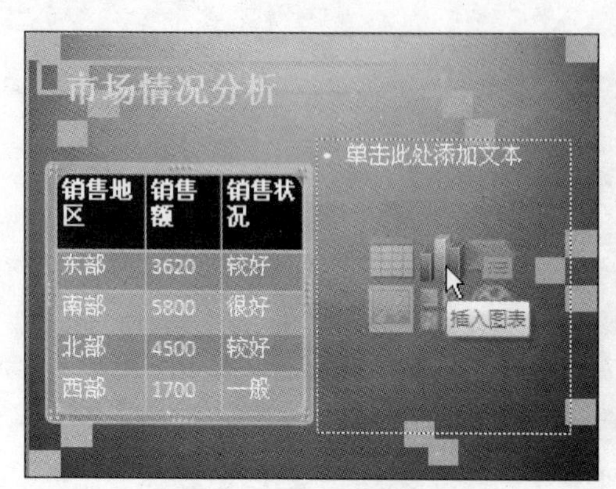

图 15-66 插入图表

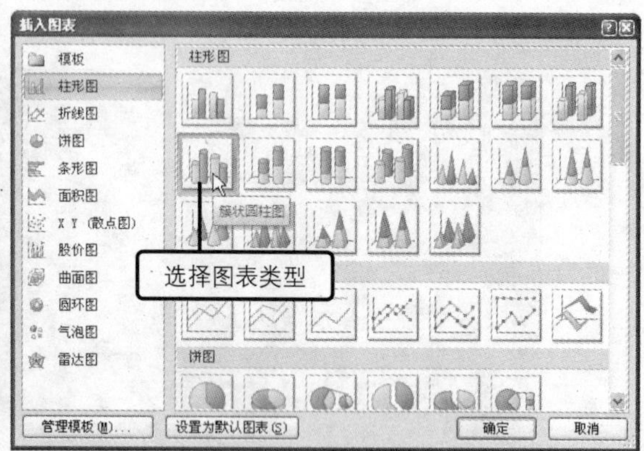

图 15-67 选择图表类型

Step 07 打开 Excel 应用程序窗口，在工作表中显示默认的图表源数据信息，如图 15-68 所示。

Step 08 在工作表中更改图表源数据内容，并调整数据区域的大小，选定作为源数据的单元格区域，如图 15-69 所示，编辑完成后关闭该窗口。

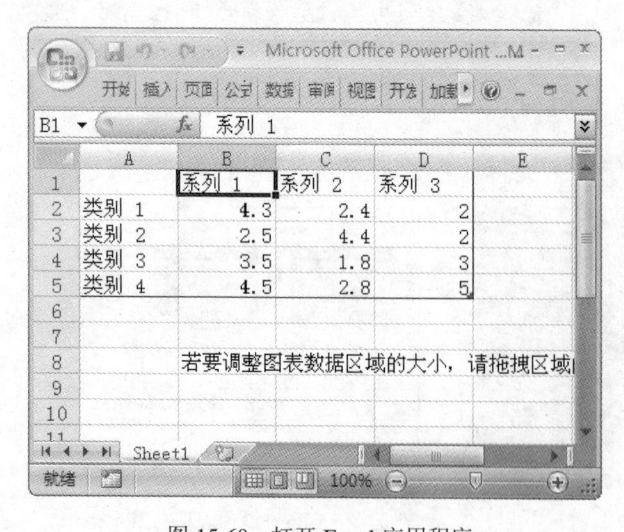

	A	B	C	D
1		系列 1	系列 2	系列 3
2	类别 1	4.3	2.4	2
3	类别 2	2.5	4.4	2
4	类别 3	3.5	1.8	3
5	类别 4	4.5	2.8	5

图 15-68 打开 Excel 应用程序

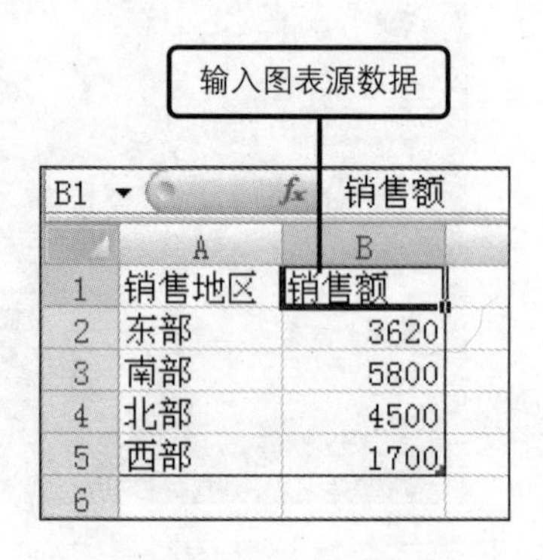

	A	B
1	销售地区	销售额
2	东部	3620
3	南部	5800
4	北部	4500
5	西部	1700

图 15-69 编辑源数据

问题 15-17：　柱形图通常在什么情况下应用？

排列在工作表的列或行中的数据可以绘制到柱形图中。柱形图用于显示一段时间内的数据变化或显示各项之间的比较情况。

Step 09 返回到幻灯片中，查看创建的图表内容，如图 15-70 所示。

Step 10 选中图表，切换到“布局”选项卡下，单击“标签”组中的“图例”按钮，在展开的列表中单击“在顶部显示图例”选项，如图 15-71 所示。

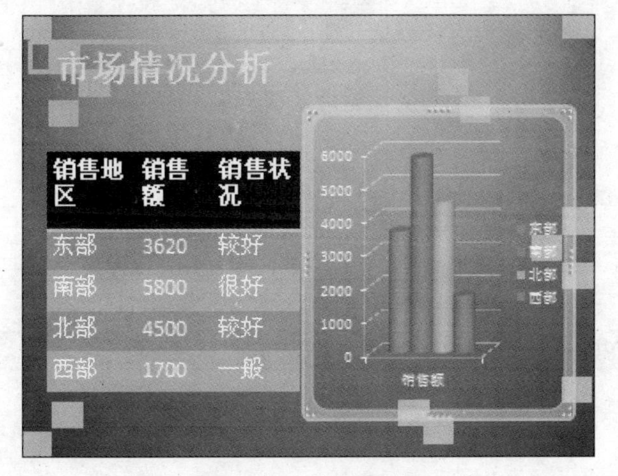

图 15-70　查看图表

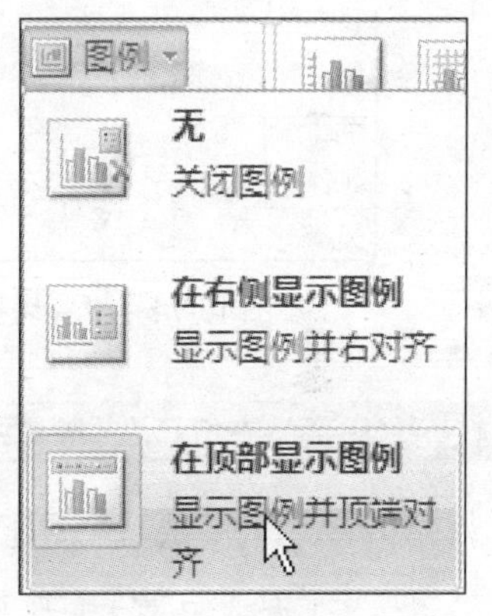

图 15-71　设置图例位置

Step 11 完成幻灯片的编辑，并查看制作完成后的幻灯片效果，如图 15-72 所示。

Step 12 切换到“动画”选项卡下，在“切换到此幻灯片”组中单击“切换方案”按钮，在展开的列表中单击“溶解”选项，如图 15-73 所示。

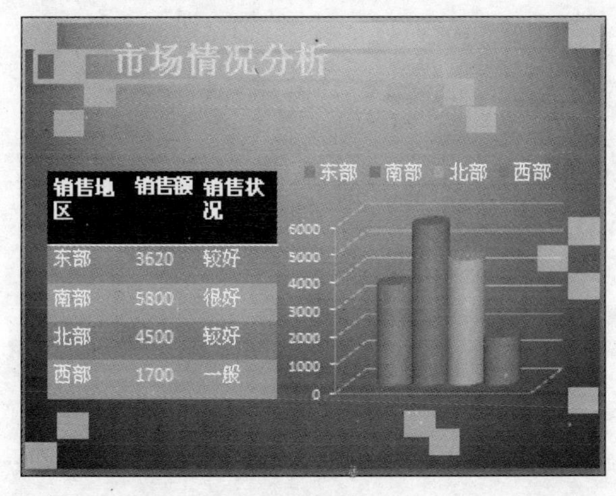

图 15-72　查看幻灯片

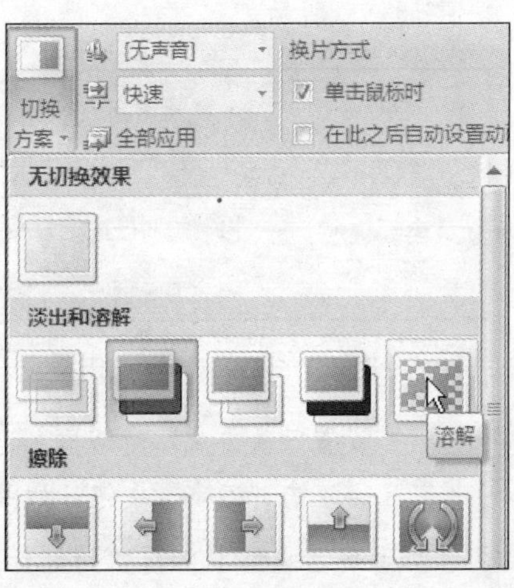

图 15-73　设置切换方案

Step 13 在“切换到此幻灯片”组中单击“切换声音”下拉列表按钮，在展开的列表中单击“风铃”选项，如图15–74所示。

Step 14 单击“切换速度”下拉列表按钮，在展开的列表中单击“中速”选项，如图15–75所示。

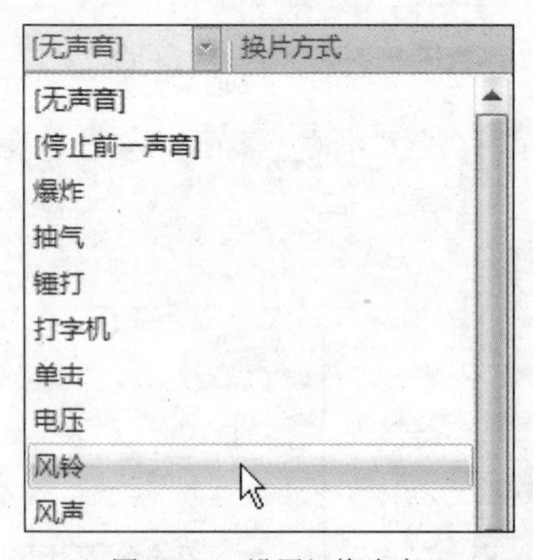

图15-74 设置切换声音

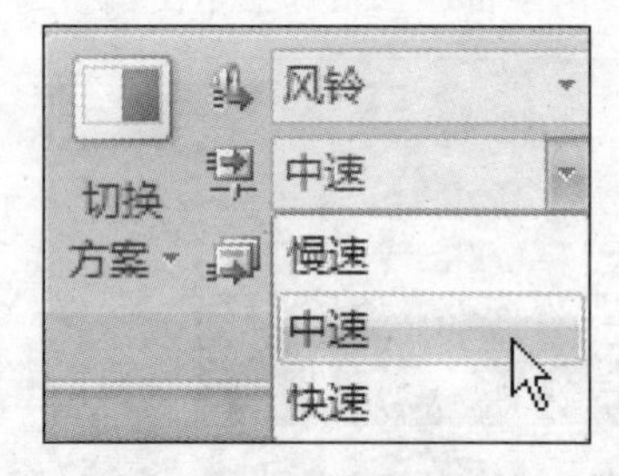

图15-75 设置切换速度

问题15-18：在幻灯片放映过程中，可以在右击幻灯片任何位置时都不出现快捷菜单吗？

打开“PowerPoint选项”对话框，切换到“高级”选项卡，在“幻灯片放映”选项区域中取消选中“鼠标右键单击时显示菜单”复选框即可。

Step 15 在“切换到此幻灯片”组中选中“单击鼠标时”复选框，再单击“全部应用”按钮，如图15–76所示。

Step 16 切换到“幻灯片放映”选项卡下，在“设置”组中单击“设置幻灯片放映”按钮，如图15–77所示。

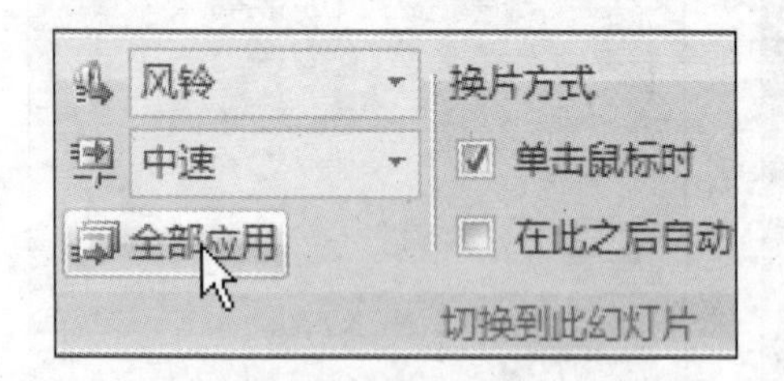

图15-76 设置全部应用

图15-77 设置幻灯片放映

Step 17 打开“设置放映方式”对话框，选择“演讲者放映（全屏幕）”、“全部”及“手动”单选按钮，再单击“确定”按钮，如图15–78所示。

Step 18 返回到演示文稿中，在“幻灯片放映”选项卡下的“开始放映幻灯片”组中单击“从头开始”按钮，如图15–79所示。

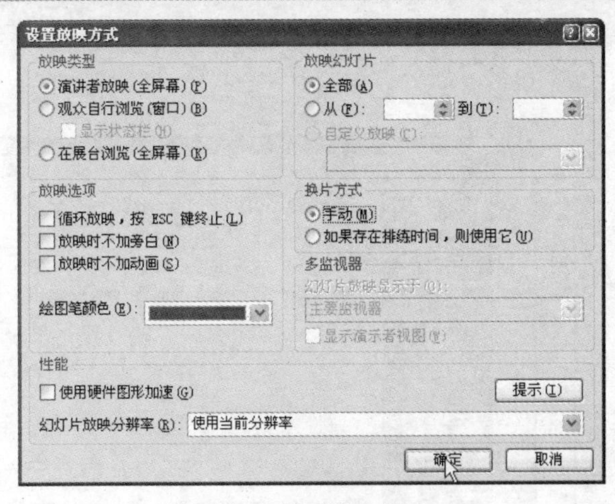

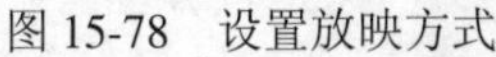

图 15-78　设置放映方式

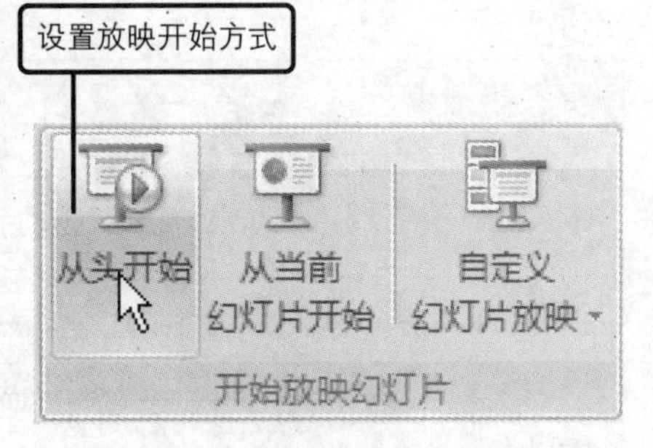

图 15-79　开始放映幻灯片

问题 15-19：　如何取消演示文稿放映结束时出现的黑屏？

打开“PowerPoint 选项”对话框，切换到“高级”选项卡，在“幻灯片放映”选项区域中取消选中“以幻灯片结束”复选框即可。

Step 19 切换到全屏放映视图方式下，开始放映演示文稿幻灯片内容，并播放声音文件及动画效果，如图 15-80 所示。

图 15-80　放映演示文稿

15.3　发布企划书演示文稿

用户可以将经常使用的幻灯片发布，将其保存到指定的文件夹中，从而方便用户下一次对该幻灯片的使用。下面介绍用户如何将企划案演示文稿内容进行发布。

Step 01 单击窗口中的 Office 按钮，在弹出的菜单中单击“发布”命令，在级联菜单中单击“发布幻灯片”命令，如图 15-81 所示。

Step 02 打开“发布幻灯片”对话框，在“选择要发布的幻灯片”列表中选中需要发布的幻灯片内容，再单击“浏览”按钮，如图15-82所示。

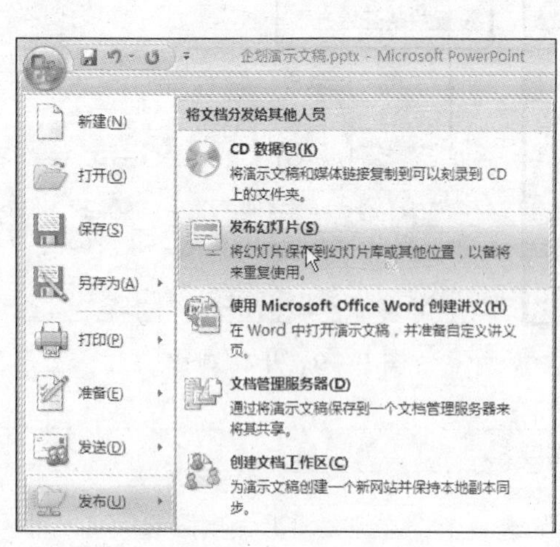

图15-81 发布幻灯片

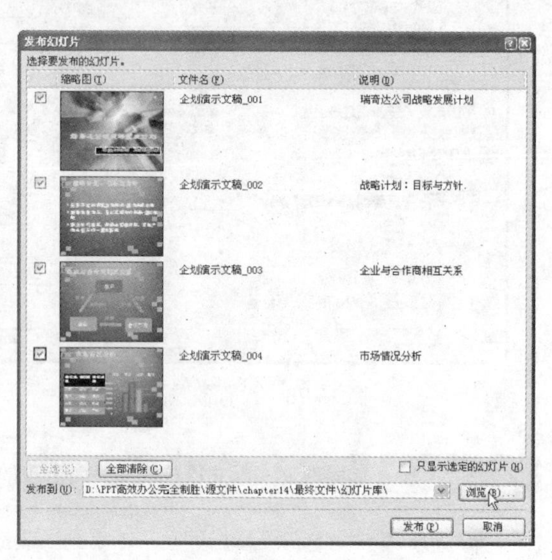

图15-82 选择发布幻灯片

问题15-20：PowerPoint演示文稿死掉后，打不开该如何处理？

用户使用其他的计算机，并将不能打开的演示文稿文件用PowerPoint 2000或PowerPoint 2003打开，然后再更换演示文稿的模板或将动画去删除，设置完毕后，最后回到用户原来使用的计算机上，将所有的禁用项目去除即可，回到正常状态后，用户就可以再像普通情况编辑演示文稿。

Step 03 打开“选择幻灯片库”对话框，设置保存的发布幻灯片位置，再单击“选择”按钮，如图15-83所示。

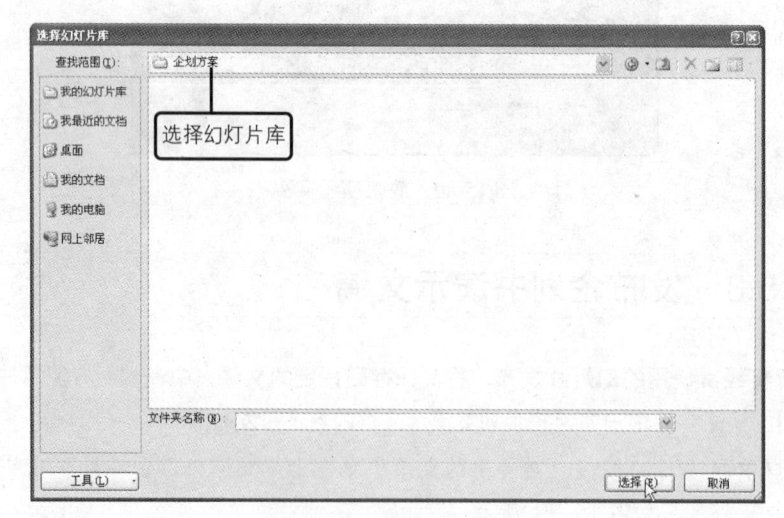

图15-83 选择幻灯片库

Step 04 设置完成后返回到“发布幻灯片”对话框，单击“发布”按钮，如图 15–84 所示。

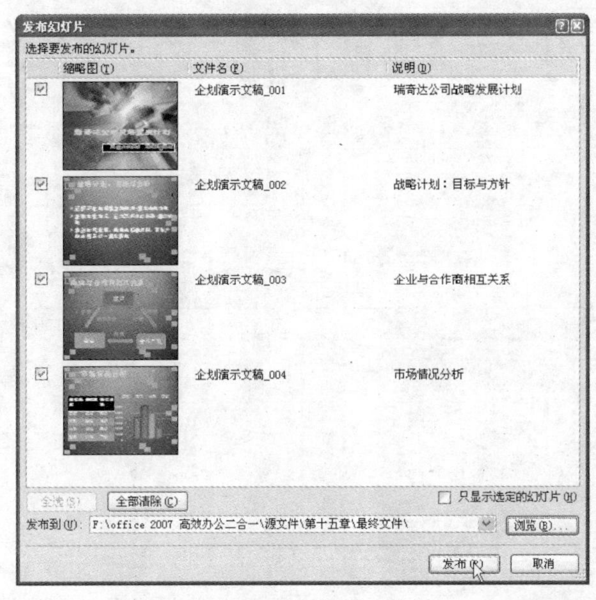

图 15-84　发布幻灯片

Step 05 发布完成后，打开保存发布幻灯片的文件夹，此时可以看到与保存相关的幻灯片内容，如图 15–85 所示。

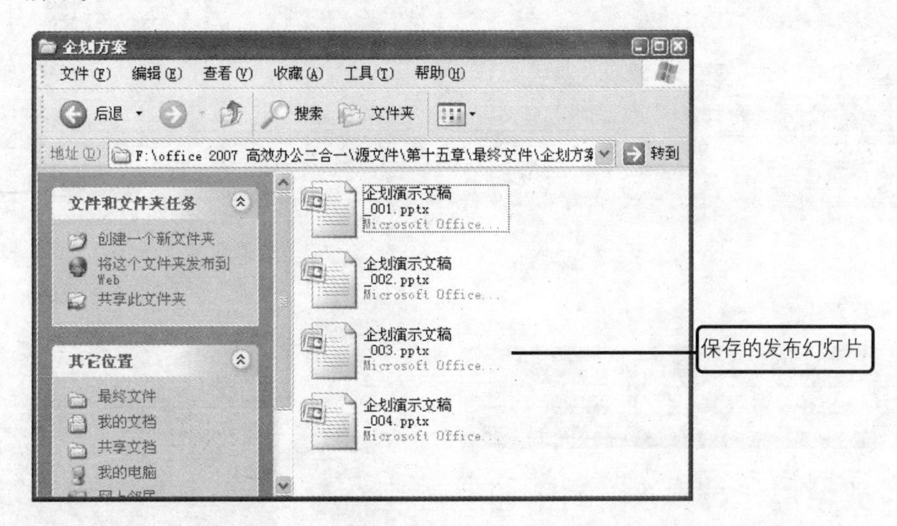

图 15-85　查看发布的幻灯片